中国植物病理学会
2018 年学术年会论文集

◎ 彭友良　王　琦　主编

Proceedings of the Annual Meeting of Chinese Society for Plant Pathology (2018)

中国农业科学技术出版社

图书在版编目（CIP）数据

中国植物病理学会2018年学术年会论文集／彭友良，王琦主编．—北京：中国农业科学技术出版社，2018.8

ISBN 978-7-5116-3793-2

Ⅰ.①中…　Ⅱ.①彭…②王…　Ⅲ.①植物病理学-学术会议-文集　Ⅳ.①S432.1-53

中国版本图书馆CIP数据核字（2018）第157730号

责任编辑　姚　欢
责任校对　贾海霞

出 版 者　中国农业科学技术出版社
北京市中关村南大街12号　邮编:100081
电　　话　(010)82106636(发行部)　(010)82106631(编辑室)
(010)82109703(读者服务部)
传　　真　(010) 82106631
网　　址　http://www.castp.cn
经 销 者　各地新华书店
印 刷 者　北京富泰印刷责任有限公司
开　　本　889 mm×1 194 mm　1/16
印　　张　37.5
字　　数　1 000千字
版　　次　2018年8月第1版　2018年8月第1次印刷
定　　价　100.00元

《中国植物病理学会 2018 年学术年会论文集》

编辑委员会

前 言

经中国植物病理学会第十届理事会研究决定，“中国植物病理学会第十一届全国会员代表大会暨2018年学术年会”将于2018年8月24—27日在北京召开。会议期间将完成中国植物病理学会理事会换届，交流我国植物病理学理论研究与实践的主要进展，以促进我国植物病理学科发展和科技创新。

会议通知发出后，全国各地植物病理学科技工作者投稿踊跃，为了便于交流，会议论文编辑组对收到的论文和摘要进行了编辑，并委托中国农业科学技术出版社出版。本论文集收录论文及摘要共511篇，其中真菌及真菌病害186篇、卵菌及卵菌病害30篇、病毒及病毒病害61篇、细菌及细菌病害44篇、线虫及线虫病害6篇、植物抗病性71篇、病害防治87篇，以及其他26篇。这些论文及摘要基本反映了近年来我国植物病理学科技工作者在植物病理学各个分支学科基础理论、应用基础研究与病害防治实践等方面取得的研究成果。

由于本论文集论文数量多，编辑工作量大，时间仓促，在编辑过程中，本着尊重作者意愿和文责自负的原则，对论文内容一般未做改动，仅对某些论文的编辑体例上和个别文字做了一些处理和修改，以保持作者的写作风貌。因此，论文集中如果存在不妥之处，诚请读者和论文作者谅解。另外，在本论文集发表的摘要不影响作者在其他学术刊物上发表全文。

本次会员代表大会及学术年会的召开，得到了中国农业大学、北京植物病理学会、北京市农林科学院、北京市植物保护站、中国农业科学院植物保护研究所等承办单位的鼎力支持。在大会筹办和论文集编辑出版期间，中国植物病理学会和上述单位的众多专家和工作人员，为本次大会的召开和论文集的出版，付出了辛勤劳动。在此，我们表示衷心的感谢！

最后，谨以此论文集庆贺“中国植物病理学会第十一届全国会员代表大会暨2018年学术年会”胜利召开，祝大会圆满成功！

编 者

2018年7月

目 录

第一部分 真菌

第二部分　卵菌

第三部分 病毒

第四部分 细菌

第五部分　线虫

第六部分　抗病性

第七部分　病害防治

第八部分 其他

第一部分　真　菌

Nitrate reductase required for sclerotial development and virulence formation in *Sclerotinia sclerotiorum*[*]

Pan Yuemin, Wei Junjun, Jiang Bingxin, Gao Zhimou[**]

(*College of Plant Protection*, *Anhui Agricultural University*, *Hefei* 230036, *China*)

Abstract: Nitrate reductase is a key enzyme in the process of nitrogen assimilation and is distributed in various organs and tissues of bacteria, fungi, and higher plants. In order to explore the function of this enzyme during the vegetative growth and pathogenesis of *Sclerotinia sclerotiorum*, the nitrate reductase-encoding gene of *S. sclerotiorum SsNR* was cloned and the gene silencing technique was used to analyze the roles of *SsNR* in *S. sclerotiorum*. The results showed that the growth rate of *SsNR* mutant colonies slowed down, the number of sclerotia was significantly reduced, the infection cushion was deformed, and the oxalic acid-producing ability was weakened. Under the influence of chemical stress factors, the transformants were highly sensitive to gongo red, sodium dodecyl sulfate, hydrogen peroxide, and sodium chloride. The diameters of the colonies were significantly inhibited, and the transformants were only insensitive to sorbitol. The inoculation test on the detached leaves of rapeseed showed that the lesion areas of wild-type strain accounted for 12.43%-13.66% of the entire leaf area. The analysis of expression level of pathogenicity related genes showed that the expressions of *Ggt*1, *Sac*1, and *Smk*3 genes were downregulated and the expressions of *Ubq* and *Cyp* genes were up-regulated. The above results indicated that *SsNR* played a critical role in the vegetative growth, sclerotia development, the formation of infection cushion, and pathogenesis of *S. sclerotiorum*.

Key words: *Sclerotinia sclerotiorum*; Nitrate reductase; Sclerotium; Pathogenicity

---

* 基金项目：公益性行业（农业）科研专项（201103016）

** 通信作者：高智谋，教授，主要研究方向为真菌学及植物真菌病害；E-mail：gaozhimou@126.com

Nitrate reductase is required for sclerotial development and virulence of *Sclerotinia sclerotiorum*

Pan Yuemin[1*], Wei Junjun[1*], Yao Chuanchun[2], Yang Guogen[1], Gao Zhimou[1**]

(1. *Department of Plant Pathology, College of Plant Protection, Anhui Agricultural University, Hefei* 230036, *China*;

2. *Anhui Academy of Agricultural Sciences, Hefei* 230036, *China*)

Abstract: *Sclerotinia sclerotiorum* (Lib.) de Bary is a necrotrophic pathogen which causes disease on many crops including rapeseed, soybean, sunflower, peanut, and other important economic crops. *Sclerotinia* stem rot (SSR) is one of the most important diseases on rapeseed in China, which causes significant yield losses and economic damage threaten to oil crop-production. Here, we characterized a nitrate reductase (SsNR) that play important roles in mycelia growth, sclerotia development and virulence. *SsNR* is highly expressed during sclerotial development. *SsNR*-silenced mutants showed abnormal in mycelia growth with short and branched tip, imperfect in sclerotia formation, and reduced virulence on rapeseed and soybean with abnormal in infection cushions formation and decreased in oxalic acid production. *SsNR*-silenced mutants are more sensitive to abiotic stress including Congo Red, SDS, H_2O_2 and NaCl except sorbitol. The expression level of pathogenicity related genes *SsGgt*1, *SsSac*1, and *SsSmk*3 are down-regulated while *SsUbq* and *SsCyp* are up-regulated in *SsNR*-silenced mutants. These results indicate that SsNR is important for *S. sclerotiorum* during growth and infection.

* These authors contributed equally to this work

** Corresponding author: Gao Zhimou; E-mail: gaozhimou@126.com

安徽蚌埠和砀山地区小麦白粉菌自然群体的 DNA 分子多态性分析*

宛　琼**，曹志强，齐永霞，陈　莉***，丁克坚***，张承启

（安徽农业大学植物保护学院，合肥　230036）

摘　要：小麦白粉病是由布氏白粉菌（*Blumeria graminis* f. sp. *tritici*）引起的一种小麦重要病害。安徽北部为该省小麦主要种植区，也是小麦白粉病发生的重要范围。本研究探讨了安徽北部的蚌埠和砀山地区小麦白粉菌自然发病群体的 AFLP 分子多态性特点。研究结果将为了解安徽蚌埠和砀山地区的小麦白粉菌群体遗传多样性特点及该病害的流行预测提供理论支持。

本研究分析了安徽省蚌埠（32 个）和砀山（18 个）地区共 50 个不同小麦白粉菌单孢堆菌株的 AFLP 分子多态性。结果显示，这 50 个小麦白粉菌所构成的总群体的 *Nei*'s 基因多样性指数（*H*）为 0.28，Shannon 多样性指数（*I*）为 0.45，表明其具有丰富的遗传多样性。蚌埠和砀山地区小麦白粉菌群体的 *Nei*'s 基因多样性指数分别为 0.28 和 0.26，Shannon 多样性指数（*I*）分别为 0.44 和 0.42，故蚌埠群体的遗传多样性水平略高于砀山群体，但总的来说，这两个群体均有着丰富的遗传多样性。两群体间遗传距离很小（0.015 9），遗传分化程度很低（遗传分化系数 Gst=0.020 3），且很高的基因流（Nm=24.112 9）进一步表明两地区群体间存在着非常广泛的基因交流。分子方差分析（AMOVA）结果表明，蚌埠和砀山地区小麦白粉病菌群体内部遗传变异占总变异的 100%，群体间遗传变异占总变异的 0%，表明两群体的遗传变异均来源于群体内部。蚌埠和砀山小麦白粉菌群体的基因型多样性分别为 0.50 和 0.44，表明两群体均存在丰富的基因型多样性，为 50%左右。综上所述结果表明，安徽蚌埠和砀山地区小麦白粉菌自然群体均具有丰富的遗传多样性，且两群体间亲缘关系很近，其遗传变异均来源于群体内部。

关键词：小麦白粉病；基因多样性；遗传分比

---

* 基金项目：国家自然科学基金（31401684）；公益性行业（农业）科研专项（201503130）；安徽省科技重大专项（17030701050）

** 第一作者：宛琼，女，讲师，主要从事植物病害流行学研究；E-mail：wanqiong_8689@163.com

*** 通信作者：丁克坚，教授，主要从事植物病害流行和综合治理研究；E-mail：zbd@ahau.edu.cn

陈莉，副教授，主要从事植物病害流行和综合治理研究；E-mail：Chenli31029@163.com

海南橡胶树棒孢霉落叶病病原鉴定与毒素蛋白分析

曲建楠[1*]，崔　佳[1]，刘　震[2]，缪卫国[2]，陈　迪[2]，左豫虎[1**]，刘　铜[2]
（1. 黑龙江八一农垦大学，大庆　163319；2. 海南大学热带农林学院，海口　570228）

摘　要： 由多主棒孢（*Corynespora cassiicola*）引起的巴西橡胶树棒孢霉落叶病是我国橡胶产区的一个重要病害。为了更加明确海南橡胶树棒孢霉落叶病菌的类型，2017 年 4—11 月在海南省澄迈县、儋州市、白沙黎族自治县、五指山市、乐东黎族自治县和保亭黎族苗族自治县 6 个地区采集了 300 余份橡胶棒孢霉落叶病病叶，对其病原菌进行分离、纯化及病原菌的鉴定。经分离纯化共获得 35 株菌株，所有菌株在 PDA 平板上菌落呈黑灰色，边缘灰白色，菌丝生长量缓慢，产孢较少，部分菌株在背面可以产生红褐色同心轮纹。对其产孢条件分析发现病菌在菌丝断裂后，通风光照培养 3d 可以刺激其产孢，分生孢子呈倒棍棒或圆柱状，直立或稍弯曲，橄榄色至深褪色，具有 3~20 个假隔膜。通过对 ITS、微管蛋白 β-tubulin、延伸因子 TEF-1 基因扩增和序列分析，结合形态学观察，35 株菌株均为多主棒孢菌。根据柯赫氏法则对所有菌株进行微伤口接种到橡胶 RRIM600 健康嫩叶上，10d 后均出现明显的“鱼骨”状坏死斑。通过对毒素蛋白检测，所有菌株均检测出 Cas5 毒素基因，未检测出其他毒素蛋白，由此推测海南省橡胶树棒孢霉落叶病菌为 Cas5 亚型。目前，关于病原菌的致病性、遗传多样性、Cas5 基因表达模式和其致病机理正在研究中。

关键词： 橡胶树棒孢落叶病；多主棒孢菌；Cas5 亚型；致病性

---

* 第一作者：曲建楠，硕士研究生，主要从事分子植物病理学研究；E-mail：18345638704@163.com
** 通信作者：左豫虎，教授，博士生导师，主要从事植物病理学研究；E-mail：zyhu@163.com
刘铜，教授，博士生导师，主要从事植物病理学和生物防治研究；E-mail：liutongamy@sina.com

小豆与豇豆单胞锈菌互作的蛋白质组学分析*

张金鹏**，杨　阳，康　静，殷丽华，柯希望，左豫虎***
（黑龙江八一农垦大学农学院植保系，大庆　163319）

摘　要： 由豇豆单胞锈菌（*Uromyces vignae*）引起的小豆锈病，是严重影响小豆产量及品质的重要病害，明确小豆抗锈病基因，深入探索小豆抗锈病的分子机理，将为抗病品种培育及利用抗病基因防治病害提供重要参考。因此，本研究在鉴定获得高抗锈病小豆资源的基础上，采用iTRAQ定量蛋白组学技术分析了小豆抗病品种响应锈菌侵染不同时期的差异表达蛋白，结果表明，接种后24 h（气孔下囊形成）、48 h（吸器形成）及120 h（花斑期）鉴定共获得154个差异表达蛋白。差异蛋白功能注释表明，接种后24 h活性氧代谢相关基因SOD、POD显著上调表达，接种后48 h和120 h抗病相关蛋白PR-2、PR-3、PR-4、PR-5及DIR22等显著上调表达。进一步的GO和KEGG富集分析发现，接种后24 h活性氧代谢及次级代谢物合成通路显著富集，接种后48 h差异蛋白主要富集于基因表答调控及类黄酮生物合成途径，接种后120 h显著富集的GO条目包括防卫反应、先天免疫反应，显著富集的代谢通路包括类黄酮生物合成、异黄酮生物合成、苯丙烷生物合成等。上述结果暗示小豆抗病品种对锈菌的抗性可能依赖于活性氧对下游防卫反应相关基因的激活效应。本研究通过比较分析病菌侵染不同阶段的差异表达蛋白，初步明确了参与小豆抗锈病关键基因及其可能的机制，对克隆抗锈病相关基因及利用抗病基因改良小豆资源的抗锈性具有重要意义。

关键词： 小豆；小豆锈病；豇豆单胞锈菌；蛋白质组学；抗病基因

---

* 基金项目：国家自然科学基金（31501629）；黑龙江省青年创新人才（UNPYSCT-2016201，UNPYSCT-2017113）

** 第一作者：张金鹏，硕士研究生，研究方向为植物病理学；E-mail：980413217@ qq. com
*** 通信作者：左豫虎，教授，主要从事植物病理学研究；E-mail：zyhu@ 163. com

烟田周边植物白粉病菌的分子鉴定及烟草白粉病菌寄主范围的研究*

向立刚[1,2**]，崔梦娇[2,3]，汪汉成[2***]，陈兴江[2]，陈　雪[4***]，代园凤[4]，余知和[1]

（1. 长江大学生命科学学院，荆州　434025；2. 贵州省烟草科学研究院，贵阳　550081；
3. 长江大学农学院，荆州　434025；4. 贵州省烟草公司毕节市公司，毕节　551700）

摘　要：烟草是一种重要的经济作物，广泛种植于我国各个省份。烟草白粉病的发生可造成烟叶质量的大幅下降，严重时可引起植株全株死亡。目前，国内外尚缺乏对烟草白粉病菌寄主范围的系统性研究。本文对引起烟草白粉病的二孢白粉菌（*Erysiphe cichoracearum* DC. 又为 *Golovinomyces cichoracearum* var.）开展贵州烟区其寄主范围的研究，以期获得烟草白粉病菌的寄主种类。研究结果表明，烟草生产季节在烟田周边共采集获得 15 种植物白粉病样品，包括菊科大丽花（*Dahlia pinnata* Cav.）、百日菊（*Zinnia elegans* Jacq.）、翅果菊［*Pterocypsela indica*（L.）Shih］、藿香蓟（*Ageratum conyzoides* L.）、金鸡菊（*Coreopsis drummondii* Torr. et Gray），旋花科打碗花（*Calystegia hederacea* Wal.），伞形科天胡荽（*Hydrocotyle sibthorpioides*），苏木科双荚决明（*Cassia bicapsularis* Linn.），禾本科牛筋草［*Eleusine indica*（L.）Gaertn.］，玄参科阿拉伯婆婆纳（*Veronica persica* Poir.），蓼科酸模（*Rumex acetosa* L.），小檗科十大功劳（*Mahonia*），马桑科马桑（*Coriaria nepalensis* Wall.），杜鹃花科杜鹃（*Rhododendron simsii* Planch.），及车前科车前草（*Plantago asiatica* L.）。基于引物 ITS1F 和 ITS4 扩增的真菌 ITS 序列的分析表明，大丽花、阿拉伯婆婆纳、车前草上的病原菌为二孢白粉病菌（*G. cichoracearum*）；百日菊、藿香蓟、金鸡菊、翅果菊上的病原菌为中国长春瓜类白粉菌（*Podosphaera xanthii*）；打碗花的病原菌为双叉旋花白粉菌（*Erysiphe convolvuli*）；天胡荽的为（*Podosphaera aphanis*）；杜鹃的为（*Erysiphe betae*）；牛筋草的为（*Blumeria graminis*）；双荚决明的为（*Oidium neolycopersici*）；酸模的为（*Erysiphe polygoni*）；十大功劳的为十字花科白粉菌（*Erysiphe cruciferarum*）；马桑的为（*Erysiphe* sp.）。以菊科大丽花、翅果菊、藿香蓟、金鸡菊、野茼蒿［*Crassocephalum crepidioides*（Benth.）S. Moore］、蒲公英（*Taraxacum mongolicum* Hand. -Mazz.）、苣荬菜（*Sonchus brachyotus* DC.）、苦苣菜（*Sonchus oleraceus* L.）、牛膝菊（*Galinsoga parviflora* Cav.）、一年蓬［（*Erigeron annuus*（L.）Pers.（*Aster annuus* L.）］、艾草（*Artemisia argyi* H. Lév. & Vaniot），车前科车前草，凤仙花科凤仙花（*Impatiens balsamina* L.），旋花科打碗花，伞形科天胡荽，苏木科双荚决明，禾本科牛筋草，玄参科阿拉伯婆婆纳，蓼科酸模，小檗科紫叶小檗和十大功劳，马桑科马桑，酢浆草科三叶草（*Trifolium repens* L.），蔷薇科月季（*Rosa chinensis* Jacq.），大戟科铁苋草（*Acalypha australis* L.），及茄科番茄（*Solanum lycopersicum*）共计 26 种植物叶片为材料，科赫氏法则回接烟草白粉病菌并进行病菌分子鉴定。结果表明，阿拉伯婆婆纳、车前草、大丽花 3 种植株的白粉病菌与烟草白粉病菌相同。为此，烟草白粉病在贵州烟田的转主寄主包括大丽花、车前草、阿拉伯婆婆纳，烟草白粉病防治时也应同时对这些寄主植物上的白粉病进行防治。

关键词：白粉病；二孢白粉菌；烟草；寄主范围

---

* 基金项目：贵州省科技厅优秀青年人才培养计划（黔科合平台人才［2017］5619）；中国烟草总公司贵州省公司科技项目（201603，201711，201714）

** 第一作者：向立刚，硕士研究生，主要从事烟草病虫害防治技术研究；E-mail：1475206901@ qq. com

*** 通信作者：陈雪，高级农艺师，主要从事烟草植物保护方面的研究；E-mail：248366944@ qq. com

汪汉成，博士，研究员，主要从事植物保护和微生物学方面研究；E-mail：xiaobaiyang126@ hotmail. com

荞麦立枯病病原菌的分离与鉴定*

赵江林**，江　兰，钟灵允，谭茂玲，赵　钢
（成都大学药学与生物工程学院/农业部杂粮加工重点实验室，成都　610106）

摘　要：荞麦（Buckwheat）是一种著名的药食同源特色杂粮作物，其营养丰富、保健功能强、经济价值高、开发前景广阔。我国是世界上荞麦种植面积最大的国家，主要集中种植在北方的内蒙古、陕西、山西、甘肃、宁夏，以及南方的云南、四川、贵州和西藏等省（自治区）。近年来，随着我国荞麦栽培面积的不断扩大及连作情况增多，荞麦病害也越发严重。在我国昆明、贵阳、通辽、凉山等多个荞麦产区，荞麦立枯病的发生较为严重，给当地荞麦的种植生产造成了严重的经济损失。目前关于荞麦立枯病病原菌特征的研究鲜见报道。因此，本研究采集具有典型立枯病症状的荞麦植株，分离纯化其病原菌，并通过形态学特征，同时结合 rDNA-ITS 序列特征分析比对等方法对该病原菌进行了鉴定。

结果表明，荞麦立枯病菌主要侵染幼苗，病部出现水渍状，逐渐腐烂，坏死，最后荞麦病苗倒伏死亡，发病率与当年出苗期的气象条件及栽培地的连作相关。从感病荞麦植株中分离纯化得到病原菌，其菌丝无色至褐色，分支，有隔，菌核深褐色，近球形。根据病原菌的形态特征及 ITS 序列分析结果，将病原菌确定为立枯丝核菌（*Rhizoctonia solani*，Rs-1）。该研究结果为进一步探究荞麦立枯病菌的致病机制及发病机理奠定了基础，同时也可为荞麦立枯病的综合防治管理提供一定依据。

关键词：荞麦；立枯病；立枯丝核菌；分离鉴定

---

* 基金项目：国家自然科学基金项目（31701358）；四川省教育厅科研项目（2081018032）

** 通信作者：赵江林，副教授，主要从事植物内生真菌及病原菌活性成分研究；E-mail：jlzhao@ cdu. edu. cn

Genetic diversity and pathogenicity of different propiconazole-sensitive isolates of *Bipolaris maydis* in Fujian Province*

Dai Yuli**, Gan Lin, Shi Niuniu, Ruan Hongchun,
Du Yixin, Chen Furu, Yang Xiujuan***
(*Fujian Key Laboratory for Monitoring and Integrated Management of Crop Pests, Institute of Plant Protection, Fujian Academy of Agricultural Sciences, Fuzhou* 350013, *China*)

Abstract: Sensitivity of *Bipolaris maydis* to propiconazole, genetic diversity and pathogenicity of different propiconazole-sensitive populations of *B. maydis* in Fujian Province were studied using methods of measuring the mycelial growth on the fungicide-amended media, inter-simple sequence repeat (ISSR) molecular markers and conidial suspension inoculation, respectively. Sensitivity test results indicated that propiconazole-resistance has been developed among isolates of *B. maydis* in Fujian Province, and resistance factors among resistant isolates ranged from 2. 1 to 9. 4. A total of 153 loci were detected in 55 isolates of *B. maydis* using 10 screened ISSR primers, and as high as 93. 46% of these loci were polymorphic loci. The percentages of polymorphic loci in the population of propiconazole-sensitive, -intermediary and -resistant were 77. 12%, 69. 93% and 81. 70%, respectively. The values of observed number of alleles, effective number of alleles, Nei's gene diversity, and Shannon's information index for the resistant population were higher than those for the sensitive population, suggesting that genetic diversity in the resistant population of *B. maydis* was more diverse than that of sensitive population. Clustering analysis indicated that genetic diversity of different propiconazole-sensitive populations had highly correlations with the level of fungicide resistance and geographical origin. Pathogenicity assays revealed that the different propiconazole-sensitive populations of *B. maydis* had highly virulent to 11 sweet corn cultivars. Nevertheless, the frequencies of high pathogenic isolates in the sensitive population on resistant cultivars were considerably less than those in the resistant population. These results provide a theoretical basis for the further study of genetic structure and the fungicide resistance monitoring of *B. maydis*.

Key words: Southern corn leaf blight; *Cochliobolus heterostrophus*; Pathogenicity; Genetic diversity

---

* 基金项目：福建省自然科学基金项目（2016J05073）；福建省农业科学院青年科技英才百人计划项目（YC2016-4）；福建省农业科学院博士启动基金项目（2015BS-4）；福建省农业科学院植物保护创新团队（STIT2017-1-8）

** 第一作者：代玉立，安徽霍邱人，助理研究员，博士，研究方向：真菌学及植物真菌病害；E-mail：dai841225@ 126. com

*** 通信作者：杨秀娟，福建建瓯人，研究员，研究方向：植物病理学；E-mail：yxjzb@ 126. com

Characterization of natural isolates of *Cochliobolus heterostrophus* associated with mating types, genetic diversity, and pathogenicity in Fujian Province, China*

Dai Yuli**, Gan Lin, Ruan Hongchun, Shi Niuniu,
Du Yixin, Chen Furu, Yang Xiujuan***

(*Fujian Key Laboratory for Monitoring and Integrated Management of Crop Pests, Institute of Plant Protection, Fujian Academy of Agricultural Sciences, Fujian* 350013, *China*)

Abstract: Due to the natural destructiveness and persistence of the southern corn leaf blight (SCLB) fungus *Cochliobolus heterostrophus*, the characterization of *C. heterostrophus* field isolates is essential to guide the rational distribution of resistance materials in corn-growing regions. In the present study, 102 field isolates collected from seven locations covering the entire region of Fujian Province, China, were assessed for mating type distribution, genetic diversity, and pathogenicity toward local corn varieties. Mating type detection via polymerase chain reaction indicated that 36.3% and 63.7% of isolates were MAT1-1 and MAT1-2, respectively; more than 80% of these isolates were confirmed using cross assays with known mating type isolates. Thirteen inter-simple sequence repeat (ISSR) markers within and among two mating type populations revealed a high level of DNA polymorphism for all combined isolates and between MAT1-1 and MAT1-2 populations. The MAT1-2 population was more diverse than the MAT1-1 population. The value of G_{ST} was 0.007 0, ranging from 0.039 9 to 0.304 4 based on analysis of combined isolates and individual regional populations, respectively, suggesting the presence of genetic differentiation in the two mating type populations from different locations. Pathogenicity assays revealed that both MAT1-1 and MAT1-2 populations were highly virulent to 11 local cultivars. The potential of sexual reproduction, existence of genetic diversity in the two mating type populations and pathogenicity suggest that *C. heterostrophus* populations have independently clonally adapted under natural field conditions during corn cultivation.

Key words: *Cochliobolus heterostrophus*; Mating type; Genetic diversity; Pathogenicity; Southern corn leaf blight

---

* 基金项目：福建省自然科学基金项目（2016J05073）；福建省农业科学院博士启动基金项目（2015BS-4）；福建省农业科学院青年科技英才百人计划项目（YC2016-4）；福建省属公益类科研院所专项（2014R1024-5）；福建省农业科学院植物保护创新团队（STIT2017-1-8）

** 第一作者：代玉立，安徽霍邱人，助理研究员，博士，研究方向：真菌学及植物真菌病害；E-mail：dai841225@126.com

*** 通信作者：杨秀娟，福建建瓯人，研究员，研究方向：植物病理学；E-mail：yxjzb@126.com

Isolation and identification of the pathogen causing potato black scurf

Linda Iradukunda*, Wang Tian, Zhan Fangfang, Zhan Jiasui**

(*Fujian Key Laboratory of Plant Virology, Institute of Plant Virology, Fujian Agricultural and Forestry University, Fuzhou* 350002, *China*)

Abstract: *Rhizoctonia solani* is a species complex which has been classified into 14 anastomosis groups (AG1-AG13 and AG-BI). *R. solani* AG-3, the causal agent of black scurf in potatoes, is an important potato pathogen causing significant yield and quality losses in potato production. In this study, six potato black scurf strains were isolated form the diseased potato tissues in Gansu potato producing areas. The six strains were identified as AG-3 preliminarily according to the results of morphological analysis and hyphal anastomosis reactions. In addition, two pairs of primers were designed based on the specific sequences of AG-3, which were used to amplify the genomic DNA of the six strains, respectively. The results indicated that the six strains were AG-3. PCR detection has time saving advantages over traditional isolation methods for detection of *R. solani* on infected plant tissue and provides a powerful tool of identification.

Key words: *Rhizoctonia solani*; Anastomosis group; Potato black scurf; Isolation; Molecular identification

* First author: Linda Iradukunda, female, master student, research direction for potato black scurf; E-mail: lidukunda@yahoo.fr

** Corresponding author: Zhan Jiasui, professor, research interests for population genetics; E-mail: Jiasui.zhan@fafu.edu.cn

The C_2H_2 transcription factor FolCzf1 is required for conidiation, virulence, and secondary mechanism of *Fusarium oxysporum* f. sp. *lycopersici*

Yang Shuai[1], Guo Pusheng[1], Yun Yingzi[1*], Won-Bo Shim[1,2], Wang Zonghua[1,3]

(1. *State Key Laboratory of Ecological Pest Control for Fujian and Taiwan Crops, College of Plant Protection, Fujian Agriculture and Forestry University, Fuzhou* 350002, *China*;
2. *Texas A&M University, Texas* 77843, *USA*;
3. *Institute of Oceanography, Minjiang University, Fuzhou* 350108, *China*)

Abstract: *Fusarium oxysporum* f. sp. *lycopersici* causes vascular wilt disease in tomato by penetrating the plant roots and colonizing the vascular tissue. In the present study, we found the expression level of a C_2H_2 transcription factor *FolCZF*1 significantly changes during 24 hours of early infection stage in tomato roots, of which homologs also affect the pathogenicity in *F. graminearum* and *Magnaporthe oryzae*, but the mechanisms responsible for these deficiencies were not further characterized in these pathogens. *F. oxysporum* holds different process to infect host roots compared with *F. graminearum* and *M. oryzae*, so we want to identify the role of *FolCZF*1 in the pathogenicity of *F. oxysporum*. Through gene deletion of *FolCZF*1 and further phenotypes analysis, we found that the deletion mutant of *FolCZF*1 completely lost virulence due to mutant's defects in invasive growth among host cells and coloniziton in the vascular tissue. In addition, FolCzf1 is involved in vegetative growth, conidiation, conidia morphology and biosynthesis of mycotoxin fusaric acid. Furthermore RNA-seq data confirmed that FolCzf1 plays an important role in the regulation of secondary metabolism pathways in *F. oxysporum* f. sp. *lycopersici*.

* Corresponding author: Yun Yingzi; E-mail: yingziyun@ fafu. edu. cn

Determination of bioactivity of culture filtrates of the pathogen causing black spots on the *Citrus maxima**

Lu Songmao[1**], Li Lirong[2], Lu Guodong[3], Lin Xiuxiang[1]

(1. *Fujian Institute of Tropic Crops*, *Zhangzhou* 363001, *China*;
2. *Zhangzhou Meteorological Experiment Station of Tropic Crops*, *Zhangzhou* 363001, *China*;
3. *Key Laboratory of Biopesticide and Chemical Biology*, *Ministry of Education*, *Fujian Agriculture and Forestry University*, *Fuzhou* 350000, *China*)

Abstract: [Objective] *Phyllosticta citriasiana*, the causal agent of Pomelos Black Spot, affects pomelos plants throughout subtropical climates in East Asia, causing a reduction in both fruit quantity and quality. Therefore, PBS is a major constraints in the production of high quality and wholesome pomelo fruits. Previous investigations showed that some bioactivity compounds including tauranin, PM-toxins B and C, phyllosinol, phyllostine, phycarone, brefeldin A, cholesterol and elsinochrome A-C had been isolated from some fungal strains of the genus *Phyllosticta*. Recently, *P. citriasiana* had been reported that its crude extracts could inhibit the growth of *Escherichia coli*, *Bacillus cereus*, and *Pseudomonas aeruginosa*, but little is documented about the bioactivities of the cultural filtrates of *P. citriasiana* on the host (*Citrus maxima*) leaves. In this study, the growth morphology and growth rate of *P. citriasiana* Pch-1 strain cultured in the different liquid media and the bioactivities of culture filtrates of Pch-1 strain on the wounded leaves of *Citrus maxima* cv. Guanximiyou were determined, to preliminarily understand the mechanism of Pch-1 strain infection host leaves and to help further isolation and identification phytotoxic components of Pch-1 strain. [Method] Initially, Pch-1 strain was cultured on the potato dextrose agar (PDA) and cultivated at 25℃ for 2 weeks. Three pieces of mycelial disks (5 mm) cut from margin of colony of Pch-1 strain, were kept in a flask with liquid media (100mL), such as oat liquid medium (OLM), potatoes dextrose liquid medium (PDLM), potatoes sugar liquid medium (PSLM), potatoes sugar potassium phosphate dibasic liquid medium (PSP), improved potatoes dextrose liquid medium (IPDLM), Richard liquid medium (RLM) and Czapek-dox liquid medium (CLM)) with three replications, respectively. The flasks were incubated on an orbital incubator at 120 r/min at 25℃ for 7days, to investigate the mycelia growth rate and the growth morphology of Pch-1 strain. In the other hand, the culture filtrates of Pch-1 strain grown in OLM (100~200mL) were collected after incubation for 10, 20 and 30 days, respectively. And these solutions were filtered through 4 layers of clean gauze and 0.22μm sterilized filtrators, respectively. Subsequently, the culture filtrates (60μL) were inoculated on detached wounded leaves of *Citrus maxima*, while controls were inoculated with sterile water, mycelia of Pch-1 strain, or sterile media, respectively. Then, the leaves were incubated at 25℃ for 4 to 11days (100% relative humidity), to observe the symptoms on the leaves. The bioactivities of culture filtrates processed by water bath at 50℃, 60℃, 70℃ and 80℃ for 15 minutes,

* 基金项目：福建省属公益类科研院所基本科研专项（2014R1028-5）

** 第一作者：卢松茂，助理研究员，主要从事植物病理学研究；E-mail：songmaolu@163.com

respectively, were determined by the detached leaf bioassay method. Furthermore, the culture filtrates of Pch-1 strain shake incubation in OLM (200mL) after 30 days, were concentrated to about 2.5% by evaporation under reduced pressure at 60℃, and finally filtered through 0.22μm sterilized filtrators. Then the culture filtrates were used to test its bioactivities at different concentrations (40×, 1×, 0.5×, 0.1× and 0.01×) by the above bioassay method. [Results] The results showed that the Pch-1 strain grew rapidly in the OLM at 25℃ (120r/min), following by PDLM, PSLM, PSP, and IPDLM. Also, the growth morphologies of Pch-1 strain were successfully manipulated into growing as pellets in submerged culture. By contrast, mycelia grew slowly in the RLM and CLM, and the growth morphologies of Pch-1 strain were small and irregular. The slightly wounded leaves, inoculation with the culture filtrates of Pch-1 strains cultivated in the OLM for 10 days at 25℃ (120r/min), exhibited brown spots after incubation for 4days, which symptoms were similar to Pch-1 strains infection on the slightly wounded leaves, while leaves inoculation with the sterile oat medium filtrates showed no brown spots. Interestingly, the filtrates from Pch-1 strain shake incubation after 10days, 20days, 30days (25℃, 120r/min), respectively, did not have significant differences on bioactivties against host leaves. In addition, the filtrates of *P. citriasiana* treated with a constant temperature water bath at 50℃, 60℃, 70℃ and 80℃ for 15 minutes, respectively, were all still active against the slightly wounded leaves causing brown spots. Furthermore, the 40 times (40×) culture filtrate showed the most strongest bioactivity against the host leaves, followed by the 1× and 0.5× culture filtrates. When the 40× culture filtrates were evaluated on the slightly wounded *Citrus maxima* leaves, they had been proved to be highly phytotoxic, causing black brown or tan spots rapidly on the leaves after moisturizing incubation for 4 days, and the leaves were severely degraded after 11 days, whereas the slightly wounded *Citrus maxima* leaves inoculated with the sterile water remained yellow green color. Nevertheless, the 0.1× and 0.01× culture filtrate exhibited no bioactivity against the host leaves. [Conclusion] Consequently, this studies indicate that the metabolites of *P. citriasiana* contain phytotoxic components, which accelerat the destruction of the cells of the pomelos leaves. Aslo, they are relatively high temperature (water bath at 80℃ for 15min) tolerant. These results could provide important information for preliminary study the pathogen infection mechanism, however, research on the isolation, purification and identification of phytotoxic substances of *P. citriasiana* Pch-1 strain needs to be further done.

Key words: Pomelos black spot; *Phyllosticta citriasiana*; Culture filtrates; Bioactivities

Identification of a new fungal disease on *Canna edulis* Ker in Guangdong*

Jiang Shangbo**, Shen Huifang, Zhang Jingxin, Sun Dayuan,
Pu Xiaoming, Yang Qiyun, Lin Birun***

(*Plant Protection Research Institute*, *Guangdong Academy of Agricultural Sciences*, *Guangzhou* 510640, *China*)

Abstract: *Canna edulis* Ker is an important economic crop in China. Recently, a stem wilt disease was found on the plant and caused severity loss in Wuhua, Guangdong Province. We isolated the fungal pathogen from the symptomatic tissues. The mycelium became white and fluffy, and the colony pigmentation was pale pink on potato dextrose agar (PDA) medium. Morphological characteristics of both microconidia and macroconidia were consistent with those of *Fusarium* spp. PCR was used to amplify the TEF-1α gene and RPB2 gene. The results indicated the isolates were most similar to *Fusarium fujikuri* with sequence identities greater than 99%. The purified isolates were determined for pathogenicity with Koch's postulates. These results confirmed that the pathogen caused stem wilt disease on *Canna edulis* Ker. According to our knownledge, this is the first report of *Fusarium fujikuri* caused stem wilt on *Canna edulis* Ker in China.

Key words: *Fusarium fujikuri*; Identification; *Canna edulis* Ker

---

* 基金项目：广东省自然科学基金团队项目（2015A030312002）；广东省科技计划（2016B020202003）

** 第一作者：蒋尚伯，硕士研究生，植物病理学；E-mail：1300042681@ qq. com

*** 通信作者：林壁润，研究员，主要从事作物病虫害防治研究；E-mail：linbr@ 126. com

南宁市桑白粉病病原菌的种类鉴定*

韩宁宁**，黄元腾吉，廖咏梅***
（广西大学农学院，南宁　530005）

摘　要：桑白粉病是广西南宁市田间桑叶的重要病害，分为桑里白粉病和桑表白粉病。田间条件下3月开始发生桑里白粉病，一个月后桑表白粉病出现，病害发生后可延续至翌年1月桑叶老化脱落。南宁市栽植的主要桑品种均有桑里白粉病发生，但桑表白粉病仅在台湾大果桑品种上发现。在广西大学农场分别采集桑里白粉病和桑表白粉病的病叶，用毛笔扫下病斑表面的白粉及黑色小颗粒，用光学显微镜观察，发现桑里白粉病菌分生孢子棍棒状，闭囊壳球形，附属丝顶端刚直且尖，基部膨大成球状，与杨俐（2013）描述的桑生球针壳（*Phyllactinia moricola*）的形态特征一致；桑表白粉病菌分生孢子梗顶端单生分生孢子，短圆柱形或椭圆形；闭囊壳球形或扁球形，附属丝顶端有曲膝状弯曲，与Meeboon等（2017）描述的桑白粉菌（*Erysiphe mori*）的形态特征一致。

提取桑白粉病菌总DNA，用真菌通用引物ITS1/ITS4进行PCR扩增及测序，发现桑里白粉病菌与桑生球针壳（D84385.1）的同源性为99%，选取同源性高的桑生球针壳、榛球针壳（*P. guttata*）、杨球针壳（*P. populi*）等的ITS序列进行系统发育分析，发现桑里白粉病菌与桑生球针壳（D84385.1）聚在同一分枝；根据形态特征和ITS序列分析，鉴定桑里白粉病菌为桑生球针壳（*Phyllactinia moricola*）。桑表白粉病菌ITS序列与桑白粉菌（KY910120.1）的同源性为99%，系统发育树单独一个分枝；用28s rRNA D1/D2引物（Meeboon *et al.*，2017）进行PCR扩增及测序，发现桑表白粉病菌与桑白粉菌（KR048132.1）的同源性为99%，与含油白粉菌（*E. oleosa*）（LC028999.1）的同源性为99%；下载GenBank上发布的桑白粉菌和含油白粉菌所有28s rRNA序列进行系统发育分析，发现桑表白粉病菌与桑白粉菌（KR048132.1）和含油白粉菌（LC028999.1）聚为一枝。据郑儒永等（1987）报道，含油白粉菌的寄主为椴（*Tilia tuan*），未见为害桑叶的报道，其子囊孢子为5~8个。桑表白粉病菌与桑白粉菌子囊孢子均为3~5个。根据形态特征和ITS序列、28s rRNA D1/D2序列分析，鉴定桑表白粉病菌为桑白粉菌。郑儒永等（1987）报道桑表白粉病菌为钩丝壳菌（*Uncinula mori*），本文首次报道桑表白粉病菌为桑白粉菌（*Erysiphe mori*）。

关键词：桑里白粉病；桑生球针壳；桑表白粉病；桑白粉菌

---

* 基金项目：广西科学研究与技术开发计划项目（桂科重14121002-4-4）
** 第一作者：韩宁宁，硕士生，主要从事桑白粉病的研究；E-mail：946930230@qq.com
*** 通信作者：廖咏梅，教授，主要从事植物病理学研究；E-mail：liaoym@gxu.edu.cn

轮枝镰孢菌14-3-3蛋白编码基因的功能研究*

余 梅[1]，邹承武[2]，姚姿婷[2]，张木清[2,3]，陈保善[2,3]**
（1. 广西大学生命科学与技术学院，南宁 530004；
2. 亚热带农业生物资源保护与利用国家重点实验室，南宁 530004；
3. 广西大学农学院；南宁 530004）

摘 要：甘蔗梢腐病（Pokkahboeng disease，PBD）是影响甘蔗生产的最重要的病害之一。轮枝镰孢菌（*Fusarium verticillioides*）是该病害的最主要的病原菌，对其基因功能进行研究有助于为将来控制该病害的发生提供参考。14-3-3蛋白是一种高度保守的酸性调节蛋白，由两个同源或者异源的单体构成二聚体，从而发挥作用。为明确14-3-3蛋白编码基因在*F. verticillioides*中的功能，本研究从甘蔗梢腐病样品中分离的*F. verticillioides*代表菌株CNO1中克隆到两个14-3-3蛋白的同源基因，分别把它们命名为*FVbmh*1与*FVbmh*2。利用同源重组方法分别敲除了这两个基因，得到敲除株Δ*FVbmh*1与Δ*FVbmh*2，结果发现：① Δ*FVbmh*1与野生型相比在与培养基上菌落大小无明显差异，Δ*FVbmh*2与野生型菌株CNO1相比在与培养基上生长明显减小，表明*FVbmh*2基因影响生长。②与CNO1相比，Δ*FVbmh*1对氯化钠的渗透压敏感性无明显差异，对山梨醇的渗透压敏感性增强；Δ*FVbmh*2对氯化钠与山梨醇的的渗透压敏感性都增强，表明*FVbmh*2基因能够增强CNO1菌株对高渗环境的耐受力。③ Δ*FVbmh*1孢子产量与野生型无明显差异，而Δ*FVbmh*2孢子产量在培养7天与14天时均显著低于CNO1，表明*FVbmh*2基因影响产孢量。④ Δ*FVbmh*1的孢子大小与CNO1无明显差异，而Δ*FVbmh*2的孢子形态发生变化。⑤ Δ*FVbmh*1与Δ*FVbmh*2对刚果红（0.5mg/L）的敏感性增强。⑥离体甘蔗叶片接种实验结果表明，Δ*FVbmh*1与Δ*FVbmh*2均对寄主的致病力均显著下降。本实验的研究结果表明*FVbmh*1与*FVbmh*2基因对轮枝镰孢菌的生长、产孢以及致病力等方面具有重要作用。

关键词：轮枝镰孢菌；14-3-3蛋白；基因功能；致病力

* 基金项目：广西蔗糖产业协同创新中心资助
** 通信作者：陈保善，教授；E-mail：chenyaoj@ gxu. edu. cn

CRISPR/Cas9 介导的轮枝镰刀菌基因编辑系统的构建*

周秋娟[1]，邹承武[2]，姚姿婷[2]，张木清[2,3]，陈保善[2,3]**
（1. 广西大学生命科学与技术学院，南宁　530004；2. 广西大学农学院，南宁　530004；
3. 亚热带农业生物资源保护与利用国家重点实验室；南宁　530004）

摘　要：轮枝镰刀菌（*Fusarium verticillioides*）是甘蔗梢腐病（Pokkah boeng disease，PBD），最主要的病原菌之一，但是目前对其致病力相关基因的研究极少。为了高效率地研究轮枝镰刀菌的致病力相关基因，我们选择丝状真菌密码子优化的 Cas9 和稻瘟病菌（*Pyricularia oryzae*）的内源 RNA 聚合酶 IIIU6 启动子，将 Cas9 表达盒和 sgRNA 表达盒放在同一个载体上，构建了 CRISPR/Cas9 介导的轮枝镰刀菌基因编辑系统。研究结果表明，该系统可以识别目标序列并靶向进行基因置换，其介导同源重组的敲除效率为 48%，而单一同源重组的基因敲除效率仅为 26%。该基因编辑系统的建立为轮枝镰刀菌的基因功能研究奠定了基础。

关键词：轮枝镰刀菌；CRISPR/Cas9；基因编辑

---

* 基金项目：广西蔗糖产业协同创新中心资助

** 通信作者：陈保善，教授；E-mail：chenyaoj@ gxu. edu. cn

杧果炭疽病菌不同毒力菌株基因组测序及比较分析*

李其利**，卜俊燕，舒　娟，唐利华，黄穗萍，郭堂勋，莫贱友***
（广西农业科学院植物保护研究所/广西作物病虫害生物学重点实验室，南宁　530007）

摘　要：炭疽病是杧果的重要病害之一，严重影响杧果的产量和商品价值。本研究在明确中国杧果炭疽病菌种类、优势种群及其致病力分化的基础上，采用 Solexa 测序技术对 44 株不同毒力的杧果炭疽病菌菌株进行全基因组测序、组装和基因预测，通过比较基因组学关联分析不同致病力菌株的基因组差异。结果表明，杧果炭疽菌不同菌株基因组大小均在 56Mb 左右，GC 含量在 49.97%～60.69%。其中 QZ-3 测序质量最好，组装之后获得 9 个染色体，基因组大小为 56Mbp，GC 含量为 53.31%。基因组测序的 N50 长度为 13.6Mbp。预测出 15 487个基因编码序列、681 个非编码 RNA 和 1 631 942个重复序列。在基因功能注释的基础上进一步分析了一些可能影响基因功能的 SNPs 在基因组上的分布情况。结果发现，在所注释的 SNP 中，有 6 260个 SNPs 参与密码子提前终止事件，3 065个 SNPs 会改变基因组上的剪接供体和受体位点，15 668个 SNPs 可引起起始甲硫氨酸残基的改变，而 1 207个 SNPs 则会将终止子替换成某种氨基酸残基，导致该段 DNA 将翻译出一段更长的开放阅读框。下一步将以测序质量较好的 QZ-3 基因组为参考基因组，检测不同杧果炭疽菌菌株基因组插入缺失变异 Indel 和结构变异 SV，根据 SNP 和 Indel 在不同菌株的变异位点找出基因组上的变异热区；结合转录组数据进行与致病相关的基因预测，并验证部分基因的功能，为进一步深入研究杧果炭疽菌生物学、致病机理等奠定基础。

关键词：杧果炭疽病菌；基因组测序；基因组变异；比较基因组学

---

* 基金项目：国家自然科学基金（31560526，31600029）；国家现代农业产业技术体系广西杧果创新团队建设专项；广西留学回国重点基金（2016GXNSFCB380004）；广西农业科学院科技发展基金（桂农科 2017JZ01，2018YM22）

** 第一作者：李其利，副研究员，主要研究方向为果树病害及其防治；E-mail：liqili@ gxaas. net

*** 通信作者：莫贱友，研究员，主要研究方向为植物真菌病害及其防治；E-mail：mojianyou@ gxaas. net

中国杧果炭疽病菌鉴定及致病力分化研究*

李其利[1,2]**，卜俊燕[3]，郭堂勋[1,2]，唐利华[1,2]，黄穗萍[1,2]，余知和[3]***，莫贱友[1,2]***

（1. 广西农业科学院植物保护研究所，南宁　530007；

2. 广西作物病虫害生物学重点实验室，南宁　530007；

3. 长江大学生命科学学院，荆州　434025）

摘　要：杧果是我国热带地区的重要特色水果，目前主要种植于广西、海南、云南、四川、广东、福建、贵州等省区。炭疽病是杧果的重要病害之一，严重影响杧果的产量和品质。该病的发生与炭疽菌种类及其致病力关系密切，而我国杧果炭疽菌的种群分布、致病力分化尚不明确。本文对采自中国7省（或自治区）（广西、海南、云南、四川、贵州、广东、福建）的杧果叶、枝条和果实炭疽病样本进行了炭疽菌属真菌的分离，共获得270个杧果炭疽菌菌株。选择其中165个代表菌株，通过菌落培养特性、分生孢子、附着胞形态学观察和核糖体转录间隔区序列（ITS）、肌动蛋白基因（Actin gene-ACT）、几丁质合成酶A基因（chitin synthase A gene-CHS I）、3-磷酸甘油醛脱氢酶基因（glyeeraldehydes-3-phosphate dehydrogenase gene-GAPDH）、β-微管蛋白基因（β-tubulin Gene-TUB2）和ApMat（apn2和MAT1-2-1基因间隔区序列）等分子系统学分析，共鉴定出14个种：亚洲炭疽菌 *Colletotrichum asianum*，暹罗炭疽菌 *Colletotrichum siamense*，果生炭疽菌 *Colletotrichum fructicola*，胶孢炭疽菌 *Colletotrichum gloeosporioides*，喀斯特炭疽菌 *Colletotrichum karstii*，? 香蕉炭疽菌 *Colletotrichum musae*，内生炭疽菌 *Colletotrichum endophytica*，斯高维尔炭疽菌 *Colletotrichum scovillei*，柯氏炭疽菌 *Colletotrichum cordylinicola*，热带炭疽菌 *Colletotrichum tropicale*，长直孢炭疽菌 *Colletotrichum gigasporum*，剪炭疽菌 *Colletotrichum cliviae*，辽宁炭疽菌 *Colletotrichum liaoningense*，江西炭疽菌 *Colletotrichum jiangxiense*。其中，亚洲炭疽为中国杧果炭疽病菌的优势种，广泛地分布于中国的7个省，占比32.12%，其次是果生炭疽，占26.06%和暹罗炭疽菌，占24.85%。在海南省、云南省和贵州省分别发现了11个中国新记录种，其中香蕉炭疽菌、内生炭疽菌、柯氏炭疽菌、长直孢炭疽菌、辽宁炭疽菌、江西炭疽菌和斯高维尔炭疽菌为世界范围杧果上首次发现的新记录种。

采用离体叶片和果实接种测定了165个杧果炭疽菌菌株的致病力，结果表明，不同菌株在杧果果实和叶片上的致病力均出现明显分化，可分为强中弱三个致病力类型。在杧果果实的致病力测定中，其平均病斑直径在0.58~4.61cm，强致病菌株44株，占26.7%；中等致病力菌株有61株，占37.0%；弱致病菌株60株，占36.3%。在杧果叶片的致病力测定中，其平均病斑直径在0.59~4.60cm，强致病菌株44株，占26.7%；中等致病力菌株有72株，占43.6%；弱致病菌株49株，占29.7%。致病力最强的菌株是亚洲炭疽菌FJ31-1，致病力最弱的菌株是暹罗炭疽菌SC2-1。强致病力菌株在我国不同省区均有分布，且致病力强弱与地理来源无显著相关性。

关键词：杧果炭疽病菌；鉴定；致病力分化

---

* 基金项目：国家自然科学基金（31560526，31600029）；国家现代农业产业技术体系广西杧果创新团队建设专项；广西留学回国重点基金（2016GXNSFCB380004）；广西农业科学院科技发展基金（桂农科2017JZ01，2018YM22）

** 第一作者：李其利，副研究员，主要研究方向为果树病害及其防治；E-mail：liqili@ gxaas. net

*** 通信作者：莫贱友，研究员，主要研究方向为植物真菌病害及其防治；E-mail：mojianyou@ gxaas. net

余知和，教授，主要研究方向为真菌学；E-mail：zhiheyu@ hotmail. com

中国杧果拟盘多毛孢鉴定及其致病力测定*

舒　娟**，唐利华，黄穗萍，李其利***，郭堂勋，莫贱友***

（广西农业科学院植物保护研究所/广西作物病虫害生物学重点实验室，南宁　530007）

摘　要：杧果（*Mangifera indica*）是世界五大热带水果之一，其广泛种植于热带、亚热带地区，在我国主要种植于广西、海南、云南、四川、贵州、广东、福建等省（自治区）。拟盘多毛孢是一类广泛分布的真菌，在杧果上，拟盘多孢属真菌可为害叶片和果实，为杧果叶斑病和蒂腐病的主要病原之一。目前，国内报道为害杧果的拟盘多毛孢为杧果拟盘多毛饱（*P. mangiferae*），国外报道的主要有 *P. uvicola*，棒孢拟盘多毛饱（*P. clavispora*），*N. egyptiaca*，*N. macadamiae*，*Ps. theae*，*Ps. macadmiae*，*Ps. ignola*，*Ps. indica*，*Ps. ixorae.* 本研究对采集于广西、海南、云南、广东、贵州、四川、福建等杧果种植区的样本进行拟盘多毛孢属真菌分离，初步鉴定后选择其中43 个代表菌株，通过菌落培养特性、分生孢子形态观察及核糖体转录间隔区序列（ITS）、β-微管蛋白基因（β-tubulin Gene-TUB2）和延伸因子（TEF）等分子系统学分析，共鉴定出 11 个种：*P. asiatica*，*P. saprophyta*，*P. chrysea*，*P. trachicarpicola*，*P. anacardiacearum*，*P. photinicola*，烟色拟盘多毛饱（*P. adusta*），*N. clavispora*，*N. protearum*，*N. cubana*，*Ps. ampullaceal.* 其中，*P. asiatica*，*P. saprophyta*，*P. chrysea*，*P. trachicarpicola*，*P. photinicola*，*P. adusta*，*N. clavispora*，*N. protearum*，*N. cubana*，*Ps. ampullaceal* 10 个种为杧果上首次发现的新记录种。

在离体叶片上测定了 43 个杧果拟盘多毛孢菌株的致病力，结果表明，不同菌株在杧果叶片上的致病力出现明显分化，可分为强中弱 3 个致病力类型，其平均病斑直径在 0. 61～4. 61cm，强致病菌株 11 株，占 26. 5%；中等致病力菌株有 17 株，占 39. 7%；弱致病菌株 15 株，占 33. 8%。致病力最强的菌株是 *N. clavispora* HN40-1，致病力最弱的菌株是 *P. asiatica* YN30-1。强致病力菌株在我国不同省区均有分布，且致病力强弱与地理来源无显著相关性。

关键词：杧果；拟盘多毛孢，鉴定；致病力测定

---

* 基金项目：国家自然科学基金（31560526，31600029）；国家现代农业产业技术体系广西杧果创新团队建设专项；广西留学回国重点基金（2016GXNSFCB380004）；广西农业科学院科技发展基金（桂农科 2017JZ01，2018YM22）

** 第一作者：舒娟，本科生；E-mail：1365789968@ qq. com

*** 通信作者：李其利，副研究员，主要研究方向为果树病害及其防治；E-mail：liqili@ gxaas. net

莫贱友，研究员，主要研究方向为植物真菌病害及其防治

广西龙滩珍珠李枝枯病病原鉴定*

唐利华**，郭堂勋，黄穗萍，李其利***，莫贱友***
（广西农业科学院植物保护研究所/广西作物病虫害生物学重点实验室，南宁 530007）

摘 要：龙滩珍珠李是广西天峨县从当地野生李中选育出来的晚熟优良品种，享有“李族皇后”的美誉，目前已在广西乐业、凌云、凤山、环江、大化和桂林以及贵州省部分地区推广种植，是农民脱贫致富的重要产业之一。随着龙滩珍珠李种植面积的不断扩大和果园种植年限的增加，珍珠李种植区出现了一种枝枯病，该病害主要为害枝干，引起韧皮部和木质部变红至褐色最后呈黑色，部分枝条枯死，有的甚至整株枯死，对珍珠李产业的发展造成严重的威胁。目前已从天峨县八腊乡、纳直乡和向阳镇等地采集了20个枝枯病样品，获得了25个分离菌株，经核糖体DNA内转录间隔区（ITS1-5.8S-ITS2）和α延伸因子（EFl-α）多基因分子鉴定，发现其优势菌株为七叶树壳梭孢（*Botryosphaeria dothidea*），占比66.67%；另外发现了2个新记录种，小新壳梭孢（*Neofusicoccum parvum*）和可可毛色二孢（*Lasiodiplodia theobromae*），占比分别为27.78%和5.55%。七叶树壳梭孢在中国福建李树上有发现，主要引起李树干腐，在其他种如桃和梨树上也有发现。小新壳梭孢和可可毛色二孢在中国的李树上还未见报道，但在李属的桃上有报道，在美国、日本、雅典等国的桃树上也有报道，李树上未见报道。

关键词：龙滩珍珠李；枝枯病病原；七叶树壳梭孢；小新壳梭孢；可可毛色二孢

---

* 基金项目：国家自然科学基金（31560526，31600029）；广西留学回国基金重点项目（2016GXNSFCB380004）；广西科技基地和人才专项（桂科AD16380153）

** 第一作者：唐利华，助理研究员，主要研究热带、亚热带果树病害及其防治；E-mail：gxtanglihua@gxaas.net

*** 通信作者：李其利，副研究员，主要研究果树病害及其防治；E-mail：liqili@gxaas.net
莫贱友，研究员，主要研究热带、亚热带果树病害及其防治；E-mail：mojianyou@gxaas.net

玉米青枯病不同病原菌对苗期生长的影响*

李石初**，唐照磊，杜　青，磨　康
（广西壮族自治区农业科学院玉米研究所，南宁　530006）

摘　要：［目的］研究玉米青枯病不同病原菌对玉米苗期生长的影响，明确玉米青枯病的主要致病菌。［方法］用玉米青枯病不同病原菌，禾谷镰刀菌、串珠镰刀菌、禾生腐霉菌和肿囊腐霉菌进行盆栽接种试验，玉米播种 30 天后进行测量玉米叶片数量、叶片重量、植株高度及根系长度，对结果进行统计分析。［结果］禾生腐霉菌和肿囊腐霉菌对玉米苗期的影响起主要作用。［结论］腐霉菌是玉米青枯病的主要病原菌，在玉米大田生产上防控玉米青枯病要重视腐霉菌。

关键词：根；叶；株高；影响；玉米青枯病

Effects of Maize Stalk Rot Pathogens on Seeding Stage

Li Shichu，Tang Zhaolei，Du Qing，Mo Kang
（*Maize Research Institute*，*Guangxi Academy of Agricultural Science Nanning* 530006）

Abstract：［Objective］The paper was to study the effect of maize stalk rot pathogens on seeding stage，to understand which was the main pathogen of maize stalk rot.［Method］Pot inoculation test，with the different pathogens of maize stalk rot，*Fusarium graminearum*，*Fusarium moniliforme*，*Pythium grominicala* and *Pythium inflatum* were observed，30 days after to measurement of maize leaf number，leaf weight，plant height and root length，and made statistical analysis.［Result］The *Pythium grominicala* and *Pythium inflatum* was the the main pathogens to effect on the maize seedling stage.［Conclusion］The *Pythium* is the main pathogenic bacteria of maize stalk rot，maize production in prevention and control of maize stalk rot must pay attention to the *Pythium*.

Key words：Root；Leaf；Height；Effect；Corn stalk rot

玉米是一种高产农作物，其种植区域广泛分布于热带、亚热带和温带地区，由于分布广，影响玉米生产的病害种类也极为繁多，对玉米生产构成了很大的威胁[1]。玉米青枯病 Maize stalk rot（又称茎腐病、茎基腐病）是世界各玉米种植区发生较普遍的病害之一。玉米青枯病在我国的发生报道首见于20世纪70年代[2]。据相关报道，我国发生玉米青枯病（茎腐病）的省份有黑龙江、吉林、辽宁、河北、山东、山西、陕西、河南、湖北、甘肃、宁夏、新疆、广西、浙江、四川、云南、贵州、江苏、海南、湖南、广东等[2-14]，以华北、东北、西北地区发生较重。一般年份玉米青枯病田间发病率为5%~10%，重发生年份，植株发病率可达20%~30%[10]。但玉米青枯病病原菌分离物种类比较多，究竟是哪一类病原菌对玉米苗期产生影响还不清楚，因

* 基金项目：广西农科院基本科研业务专项基金资助项目（2015YT29、桂农科 2017YM10）；广西农科院玉米研究所科技发展基金项目（桂玉科 2017012）

** 第一作者：李石初，男，副研究员，主要从事玉米病虫害发生流行规律及防控技术研究工作；E-mail：shichuli@aliyun.com

此，为了弄清玉米青枯病病原菌对玉米苗期影响的病原菌，开展本试验研究。

1　材料与方法

1.1　试验材料

供试菌株：玉米青枯病主要病原菌，禾谷镰刀菌（*Fusarium graminearum*）、串珠镰刀菌（*Fusarium moniliforme*）、禾生腐霉菌（*Pythium graminicola*）、肿囊腐霉菌（*Pythium inflatum*）。

供试玉米品种：正大999。

1.2　试验方法

菌物准备：在广西玉米主产区采集典型的玉米青枯病病标样，带回实验室进行常规无菌分离、纯化、鉴定后获得本试验用病原菌。镰刀菌在小麦粒培养基扩繁10天，腐霉菌在玉米粒培养基扩繁10天后待用。

播种接种：玉米播种在洁净的塑料花盆中（14cm×17cm×15cm）：盆底部置灭菌土10cm厚，其上均匀覆盖培养好的病原菌接菌物约50g，菌上覆土2cm，每盆播种20粒玉米种子，覆土2~3cm，出苗后选留生长基本一致的苗10株。设3次重复，以不接菌物为对照。温室温度22~25℃，土壤相对含水量75%左右。

调查内容：玉米播种后30日进行发病程度调查。调查内容包括玉米叶片数量、叶片重量、植株高度、根系长度。

调查方法：玉米叶片数量调查，计数每盆10株玉米的叶片数量，取平均值得到一个重复值。叶片重量调查，把每盆10株玉米叶片全部剪下，用天平称重得到一个重复值。植株高度调查，用尺子测量每株玉米的高度，每盆10株的平均值得到一个重复值。根系长度调查，用水仔细冲洗干净根系，然后用尺子测量每盆10株玉米的主根长度，取平均值作为一个重复值。

1.3　数据统计方法

对调查得到的数据，用新复极差测验（SSR）法对玉米叶片数量、叶片重量、植株高度、根系长度等进行差异性统计分析。

2　结果与分析

2.1　不同分离物菌株对玉米苗期叶片数量的影响

通过用4个分离物菌株接种后对玉米苗期叶片数量的调查，结果表明（表1）：处理间差异达到极显著水平。其中，禾谷镰刀菌与串珠镰刀菌及禾生腐霉菌之间差异显著，与肿囊腐霉菌差异不显著，与对照差异极显著；串珠镰刀菌、禾生腐霉菌和肿囊腐霉菌之间差异不显著，但与对照均为差异极显著水平。

表1　不同分离物菌株对玉米苗期叶片数量的影响

菌株	每个重复平均叶片数量（片）			3个重复平均叶片数量（片）
	1	2	3	
禾谷镰刀菌	4.76	4.53	4.29	4.53 Bb
串珠镰刀菌	4.29	3.83	4.16	4.09 Bc
禾生腐霉菌	4.23	3.70	3.91	3.95 Bc
肿囊腐霉菌	3.92	4.40	4.17	4.16 Bbc
对照（CK）	5.33	5.21	5.53	5.36 Aa

注：最后一列中不同小写英文字母为0.05水平的差异显著性，不同大写英文字母为0.01水平差异显著性；下同

2.2 不同分离物菌株对玉米苗期叶片重量的影响

通过用 4 个分离物菌株接种后对玉米苗期叶片重量的称量，统计分析结果表明（表 2）：处理间和处理内差异均达到极显著水平。

表 2 不同分离物菌株对玉米苗期叶片重量的影响

菌株	每个重复叶片总重量（g）			3 个重复平均叶片总重量（g）
	1	2	3	
禾谷镰刀菌	16.35	19.80	16.76	17.64 Bb
串珠镰刀菌	16.14	13.94	14.14	14.84 Cc
禾生腐霉菌	11.87	11.17	11.06	11.37 Ee
肿囊腐霉菌	9.33	18.08	13.33	13.58 Dd
对照（CK）	20.99	21.39	23.84	22.07 Aa

2.3 不同分离物菌株对玉米苗期植株高度的影响

通过用 4 个分离物菌株接种后对玉米苗期植株高度的测量，结果表明（表 3）：禾谷镰刀菌与对照差异不显著、与 2 个腐霉菌差异显著；串珠镰刀菌与对照差异显著、与 2 个腐霉菌差异不显著；禾生腐霉菌和肿囊腐霉菌均与对照差异极显著；而 2 个镰刀菌之间差异不显著，2 个腐霉菌之间差异不显著。

表 3 不同分离物菌株对玉米苗期植株高度的影响

菌株	每个重复平均高度（cm）			3 个重复平均高度（cm）
	1	2	3	
禾谷镰刀菌	28.65	28.36	26.70	27.90 AaBb
串珠镰刀菌	23.77	24.00	26.61	24.79 ABbc
禾生腐霉菌	21.18	18.52	22.84	20.85 Bc
肿囊腐霉菌	19.76	27.89	17.10	21.58 Bc
对照（CK）	31.43	30.66	30.48	30.86 Aa

2.4 不同分离物菌株对玉米苗期植株根系长度的影响

通过用 4 个分离物菌株接种后对玉米苗期植株根系长度的测量，结果表明（表 4）：处理间差异显著。2 个镰刀菌与对照差异显著；2 个镰刀菌之间差异不显著；2 个腐霉菌与对照差异极显著；2 个腐霉菌之间差异不显著；镰刀菌与腐霉菌之间差异不显著。

表 4 不同分离物菌株对玉米苗期植株根系长度的影响

菌株	每个重复平均根系长度（cm）			3 个重复平均根系长度（cm）
	1	2	3	
禾谷镰刀菌	26.29	34.06	31.30	30.55 ABb
串珠镰刀菌	31.89	30.51	33.43	31.94 ABb
禾生腐霉菌	28.32	28.83	28.84	28.66 Bb
肿囊腐霉菌	24.16	35.51	26.36	28.68 Bb
对照（CK）	38.06	38.70	41.51	39.42 Aa

3 结论与讨论

供试的4个分离物菌株对玉米苗期叶片数量有一定的影响，其中影响最大的病原菌是禾生腐霉菌，影响最小的病原菌是禾谷镰刀菌。串珠镰刀菌、禾生腐霉菌及肿囊腐霉菌的影响差异不大。

供试的4个分离物菌株对玉米苗期叶片重量都有极显著的影响，其中影响最大的是禾生腐霉菌，其次是肿囊腐霉菌，再次是串珠镰刀菌，影响最小的是禾谷镰刀菌。

供试的4个分离物菌株对玉米苗期植株高度的影响，影响最大的是禾生腐霉菌，其次是肿囊腐霉菌，影响最小的是串珠镰刀菌，禾谷镰刀菌对玉米苗期植株高度影响不大。

供试的4个分离物菌株对玉米苗期根系长度都有一定的影响，其中影响最大的是禾生腐霉菌，其次是肿囊腐霉菌，再次是禾谷镰刀菌，影响最小的是串珠镰刀菌。

本试验得到初步结论：对玉米苗期叶片数量、叶片重量、植株高度及根系长度的影响主要是禾生腐霉菌，其次是肿囊腐霉菌，腐霉菌是玉米青枯病的主要病原菌。但是由于田间各种病原菌存在分布情况复杂，同时，玉米青枯病（茎腐病）病原菌的种类和数量受气候因子和土壤中的生物因子因素影响，地区间、年度间变化较大[15]，导致引起玉米青枯病（茎腐病）发生危害的病原菌也会有所不同。所以单凭本试验的结果还不足以为玉米大田生产防控玉米青枯病提供理论指导，只能供同行们参考利用。真正要做好玉米青枯病的防控，还要根据各地的实际情况有待再做进一步的深入重复研究。

参考文献

[1] McGEE D C. Maize Diseases [M]. Minnesota：APS Press，1988.

[2] 山东农业科学院．玉米青枯病发生情况调查简报 [J]. 山东农业科学，1973（3）：42-43.

[3] 马秉元，李亚玲．陕西省关中地区玉米青枯病病原菌及其致病性研究 [J]. 植物病理学报，1985，15（3）：150-152.

[4] 王跃进．玉米青枯病的发生与防治 [J]. 河南农业科学，1991（7）：36-37.

[5] 王富荣，傅玉红．山西玉米茎腐病病原菌的分离及致病性测定 [J]. 山西农业科学，1992（9）：20-21.

[6] 尹志等．东北地区玉米茎腐病的研究 [J]. 吉林农业科学，1986（1）：56-59.

[7] 朱华，梁继农，王彰明，等．江苏省玉米茎腐病菌种类鉴定 [J]. 植物保护学报，1997，24（1）：50-54.

[8] 李莫然，韩庆新，梅丽艳．黑龙江省玉米青枯病病原菌种类的初步研究 [J]. 黑龙江农业科学，1990（4）：24-26.

[9] 宋佐衡，陈捷，刘伟成．辽宁省玉米茎腐病病原菌组成及优势种研究 [J]. 玉米科学，1995，3（增刊）：40-42.

[10] 张培坤，李石初．玉米青枯病病原分离及防治试验 [J]. 植物保护，1998，24（3）：21-23.

[11] 沈杰．浙江省春玉米苗期致病腐霉的研究 [J]. 植物保护学报，1995，22（3）：265-268.

[12] 杨仁义．酒泉地区玉米青枯病病原研究初报 [J]. 甘肃农业科学，1998（7）：47-48.

[13] 杨家秀，李晓．玉米青枯病分离及田间发病调查 [J]. 西南农业大学学报，1993（增刊）：101-103.

[14] 郝彦俊，杨，郭文超，等．新疆玉米青枯病的发生及其对产量的影响 [J]. 新疆农业科学，1997（4）：174-176.

[15] 马红霞，张海剑，孙华，等．玉米茎腐病病原菌检测方法研究 [J]. 植物保护，2017，03（43）：149-153.

烤后烟叶霉烂病感病和健康烟叶样品的真菌群落结构与多样性分析*

陈乾丽[1,2**]，汪汉成[2***]，马　骏[3***]，周　浩[2,4]，李　忠[1***]，余知和[4]

（1. 贵州大学农学院，贵阳　550025；2. 贵州省烟草科学研究院，贵阳　550081；
3. 贵州省烟草公司黔西南州公司，兴义　562400；4. 长江大学生命科学学院，荆州　434025）

摘　要：由米根霉（*Rhizopus oryzae*）引起的烘烤期烟叶霉烂病是一种侵染性真菌病害，通常造成部分叶片、叶柄发霉现象，严重影响着烟叶的产量与品质。了解烟叶感病与健康部位的真菌群落结构和多样性对指导该病害防治具有重要意义。本文采集烤后健康烟叶与完全感病烟叶样品，感病轻的发病部位与健康部位烟叶样品及感病重的发病部位与健康部位烟叶样品，采用 Illumina 高通量测序技术分析并比较了腐烂病感病与健康烟叶样品的真菌群落结构和多样性。

结果表明：在门水平上，健康烟叶样品、感病重的发病部位与健康部位烟叶样品、感病轻的发病部位与健康部位烟叶样品优势菌门均为 Ascomycota 和 Basidiomycota。完全感病烟叶样品在门水平上优势菌门为 Ascomycota 和 Zygomycota。非优势真菌所占比例不到总真菌数量的 1%，其在各样品间的含量不存在差异。

在属水平上，对无病烟叶样品而言，健康烟叶样品、感病轻的健康部位烟叶样品、感病重的健康部位烟叶样品的优势真菌分布在 *Aspergillus*、*Alternaria*、*Rhodotorula* 和 *Acremonium* 属；其中，*Aspergillus* 在健康烟叶样品中丰富度较高，*Rhodotorula* 在感病轻烟叶的健康部位样品和感病重烟叶的健康部位样品中丰富度较高。健康烟叶样品真菌分布在 182 个属，感病轻烟叶的健康部位样品真菌分布在 114 个属，感病重烟叶的健康部位样品真菌分布在 145 个属，三者共有属为 77 个；其中，*Psilocybe*、*Phialocephala*、*Skeletocutis* 等 63 个属真菌仅分布于健康烟叶样品，*Hypoxylon*、*Meyerozyma*、*Paraphoma*、*Ustilaginoidea*、*Trichoderma*、*Hyphoderma*、*Phaeophleospora* 7 个属仅分布于感病轻烟叶的健康部位样品，*Pseudeurotium*、*Conlarium*、*Setophaeosphaeria* 等 21 个属仅分布于感病重烟叶的健康部位样品。对感病烟叶样品而言，完全感病烟叶样品优势真菌为 *Aspergillus*、*penicillium* 和 *Rhizopus*；感病轻的发病部位的烟叶样品优势真菌为 *Rhodotorula*、*Aspergillus*、*Alternaria*；感病重的发病部位烟叶样品优势真菌为 *Aspergillus* 和 *Alternaria*。完全感病烟叶样品真菌分布在 62 个属，感病轻烟叶的发病部位样品真菌分布在 54 个属，感病重烟叶的发病部位样品真菌分布属在 26 个属，3 样品真菌共有属为 22 个，感病轻烟叶的发病部位独有属为 0 个。*Wallemia*、*Peroneutypa*、*Pseudallescheria* 等 21 个属真菌仅分布于完全发病烟叶样品中。*Ulocladium*、*Coprinellus*、*Umbilicaria* 等 17 个属真菌仅分布于感病重烟叶的发病部位样品。

为此：烤后健康烟叶与感病烟叶样品在真菌多样性上存在差异，健康烟叶样品、感病轻烟叶的健康部位样品、感病重烟叶的健康部位样品、感病轻烟叶的发病部位样品、感病重烟叶的发病

* 基金项目：贵州省科技支撑计划（黔科合支撑［2018］2356）；贵州省科技厅优秀青年人才培养计划（黔科合平台人才［2017］5619）；中国烟草总公司贵州省公司科技项目（201711，201714）；贵州省烟草公司黔西南州公司科技项目（201703）

** 第一作者：陈乾丽，硕士研究生，主要从事烟草病虫害防治技术研究；E-mail：767761826@qq.com

*** 通信作者：汪汉成，研究员，主要从事烟草植保及微生物学研究；E-mail：xiaobaiyang126@hotmail.com

马骏，农艺师，主要从事烟草植保研究；E-mail：25858147@qq.com

李忠，教授，主要从事植物病虫害防治教学及科研工作；E-mail：zhongzhongligzu@163.com

部位样品的优势真菌门均集中于 Ascomycota 和 Basidiomycota。完全感病烟叶样品优势真菌门集中于 Ascomycota 和 Zygomycota。健康烟叶样品优势真菌属分布于 *Aspergillus*、*Alternaria* 和 *Acremonium*。感病轻烟叶的健康部位样品、感病重烟叶的健康部位样品的优势真菌属分布于 *Aspergillus*、*Alternaria* 和 *Rhodotorula*，且 *Rhodotorula* 在感病轻烟叶的健康部位样品中含量较丰富。完全感病烟叶样品的优势真菌分布于 *Aspergillus*、*Penicillium* 和 *Rhizopus*。感病轻烟叶的发病部位样品、感病重烟叶的发病部位样品优势真菌属分布于 *Aspergillus* 和 *Alternaria*，且 *Alternaria* 相较 *Aspergillus* 含量低。

关键词：烤烟；霉烂病；真菌；多样性；群落结构

橡胶树白粉病菌 HO-73 中启动子探针载体的构建*

徐良向**，刘　耀，廖小森，何其光，刘文波，林春花，缪卫国***
（海南大学植物保护学院/海南大学热带作物种质
资源保护与开发利用教育部重点实验室，海口　570228）

摘　要：橡胶树白粉病菌为专性寄生病原真菌，未发现有性世代，分子遗传体系尚未构建成功，本文以卡那霉素抗性基因作为报告基因，构建适于快速探测橡胶树白粉病菌 HO-73 启动子的载体，为后续橡胶树白粉菌的分子遗传学研究奠定良好的基础。以 PBI121 质粒载体为模板，通过 PCR 扩增卡那霉素抗性基因片段，连入质粒 PUC19 中，构建四种转录起始位点距报告基因长短不同的启动子活性探针载体 PUC19-K1、PUC19-K2、PUC19-K3、PUC19-Kc，将 CaMV35S 启动子连入到构建的不同卡那抗性基因阅读框架的重组载体中，得到最适的启动子活性探针载体 PUC19-K1。于此同时，在前期已完成橡胶树白粉菌全基因组数据的基础上，应用生物信息学软件预测橡胶树白粉菌 HO-73 基因组数据中具有启动子活性的序列，得到 4 个理论上具有活性的启动子 LY1、LY2、LY3、LY4。根据基因组序列设计引物，通过 PCR 扩增启动子序列，利用构建的报告系统进行活性测定比较，得到 2 个调控相对强的启动子。本实验构建的启动子活性检测载体可以有效、灵敏地用于 HO-73 强启动子的筛选和启动子活性检测。

关键词：橡胶树白粉菌；启动子；探针载体

---

* 基金项目：海南自然科学基金创新研究团队项目（2016CXTD002）；海南省重点研发计划项目（ZDYF2016208）；国家自然科学基金（31660033）

** 第一作者：徐良向，硕士研究生，研究方向为微生物学；E-mail：1054283820@ qq. com

*** 通信作者：缪卫国，博士，教授，研究方向为微生物学等；E-mail：weiguomiao1105@ 126. com

First report of *Fusarium equiseti* causing shoot blight on *Moringa oleifera* in China*

Jin Pengfei**, Kang Xun**, Cui Hongguang, Liu Wenbo, Miao Weiguo***
(*Institute of Tropical Agriculture and Foresty*, *Hainan University*, *Haikou* 570228, *China*)

Abstract: *Moringa oleifera*, a perennial arbor tree, is widely grown in tropical and sub-tropical areas owing to its ornamental value and economic importance. In November 2015, a new disease that caused the stems of *M. oleifera* to brown and die was found in Changjiang, Hainan Province, China. The diseasing trees initially showed water-soaked brown spots on biennial stems that merged soon, then twigs and branches withered and leaves defoliated, and finally trees died. Symptomatic branches were sampled for pathogen isolation. Briefly, diseasing tissue was surface disinfected with 75% ethanol solution (V/V) for 30 sec, soaked in 0. 1% HgCl for 1 min, followed by rinsing four times in sterile distilled water. The isolate was darkness sub-cultured on potato dextrose agar (PDA) at (28±0. 5)℃. Typical growth characteristics observed were development of abundant white aerial mycelium that turned peach orange by incubating under light. Moreover, morphological characteristics of conidiophores and conidia were determined, and the results showed conidiophores with the color of pale or light brown were straight to slightly curved, unbranched and cylindrical. Microconidia were single-celled, hyaline, non-septate and ovoid, with the size ranging from 8. 5~11. 3 × 1. 6~5. 2μm. Macroconidia with the size ranging from 16. 5~45 × 1. 6~5. 5μm were mostly two- to five-septate and slightly curved at apex. Chlamydospores were produced in hyphae, most often intercalary, solitary, in pairs, frequently forming chains or clusters, globose (6~10μm long). Single-spore cultures were obtained and identified as *Fusarium equiseti* on the basis of morphological and physiological characteristics. Genomic DNA was extracted from the culture, the internal transcribed spacer (ITS) regions of the rDNA was amplified using primers ITS1 and ITS4 (White *et al.*, 1990), and the resulting 545 bp amplicon was sequenced. Blast against NCBI GenBank database revealed that the sequence of the isolate identified in this study shared 100% similarity with that of *F. equiseti* isolate MO157 (GenBank accession number KX197955). To fulfill Koch's postulates, two-month-old potted plants in growth chamber at 25℃ were subjected for pathogenicity test. Briefly, conidial suspension with the concentration of 1×10^6 spores/mL were prepared by harvesting conidia from 4-day-old cultures, and sprayed onto three independent groups of potted plants. , which were immediately covered with plastic bags for 48 h to maintain high humidity. Three additional trees sprayed with sterile distilled water were served as controls. All plants were kept in an artificial climate room at 25℃. At 10 days after inoculation branches of inoculated trees started to blight and exhibited abundant water-soaked brown spots on infected stems, which was similar with the diseasing treesin field. One month later, lesions developed

* Funding: This study was supported by he Scientific Research Foundation for Advanced Talents, Hainan University [No. KYQD (ZR) 1842] the Production-teaching-research integration project of Hainan (No. CXY20140038), International Science & Technology Cooperation Program of Hainnan (No. ZDYF2016208), the Nature Science Foundation of China (No. 31360029)

** These authors contributed equally to this work
*** Corresponding author: W. G. Miao; E-mail: miao@ hainu. edu. cn

on the main stems were observed. The fungus was re-isolated from symptomatic stems of inoculated plants. The morphological characteristics of re-isolated conidia were identical with the one originally recovered from *M. oleifera*. No symptoms were observed on the control plants. To our best knowledge, our results represent the first characterization of *F. equiseti* causing shoot blight on *Moringa oleifera* in China.

References

White T J, Bruns T, Lee S, *et al*. 1990. Amplification and direct sequencing of fungal ribosomal RNA genes for phylogen-etics. In: Innis M A, Gelfand D H, Sninsky J J, *et al*. PCR protocols. A guide to methods and applications. San Diego: Academic: 315-322.

橡胶树白粉菌非经典型分泌效应蛋白 OH_0367 抑制植物水杨酸的合成*

何其光**，刘　耀，廖小森，梁　鹏，李　潇，刘文波，林春花，缪卫国***
（海南大学植物保护学院/海南大学热带作物种质资源保护与开发利用教育部重点实验室，海口　570228）

摘　要：橡胶树白粉病是橡胶树重要病害之一，由专性寄生菌橡胶树白粉菌引起。效应蛋白是白粉菌侵染寄主过程中的重要武器，而目前为止没有研究橡胶树白粉菌效应蛋白的相关报道。实验室前期已对橡胶树白粉菌基因组进行了测序，并分析了侵染阶段转录组。根据这些数据，本研究利用生物信息学方法预测了 141 个橡胶树白粉菌经典分泌型效应蛋白及非经典型效应蛋白。通过农杆菌介导的烟草瞬时表达技术筛选能够诱导或抑制植物细胞坏死或诱导植物病原菌侵染的效应蛋白，发现橡胶树白粉菌非经典型效应蛋白 OH_0367 能够有效促进植物病原菌疫霉的侵染。进一步研究发现，橡胶树白粉菌非经典型效应蛋白 OH_0367 在主要侵染阶段大量上调表达。同时，能够抑制植物水杨酸途径下游防卫基因 *PR*-1 的表达，减少植物体内水杨酸含量。橡胶树白粉菌非经典型效应蛋白 OH_0367 能够恢复酵母同源基因突变体的表型，表明其具有酵母同源蛋白相同的活性。本研究揭示橡胶树白粉菌非经典型效应蛋白在病原侵入过程中的角色及其在病原菌与寄主长期进化中的作用，为制定橡胶树白粉病防控策略以及生物进化提供新的理论依据。

关键词：橡胶白粉菌；效应蛋白；致病机理；水杨酸

---

* 基金项目：现代农业产业技术体系建设专项资金项目（CARS-33-BC1）；国家自然科学基金（31660033，31560495，31760499）；海南省重点研发计划项目（ZDYF2016208）

** 第一作者：何其光，在读博士研究生；E-mail：hqg11300817@163.com

*** 通信作者：缪卫国，博士，教授；E-mail：weiguomiao1105@126.com

杧果炭疽病菌 3 个果胶裂解酶基因克隆分析及敲除载体构建*

李鸿鹏[1**]，钟昌开[1]，吴秋玉[1]，张艳杰[1]，张　贺[2]，蒲金基[2]，刘晓妹[1***]
（1. 海南大学热带农林学院/海南大学热带生物资源教育部重点实验室，海口　570228；
2. 中国热带农业科学院环境与植物保护研究所/
农业部热带作物有害生物综合治理重点实验室，海口　571101）

摘　要：果胶裂解酶（Pectate lyases，PL），是能降解植物细胞壁，导致植物组织软化甚至死亡的一种解聚酶。许多真菌在侵染植物的过程中都可以产生果胶裂解酶，裂解高度酯化的果胶，破坏植物组织的整体性，使薄壁细胞组织软化。果胶裂解酶基因多以基因家族形式存在，同一病菌中不同的果胶裂解酶基因作用存在明显差异，如 *Erwinia chrysanthemi* strain3937 有 5 个 *Pel* 基因 *PLa*～*Ple*，其中只有 *PLa*、*PLd* 和 *Ple* 对病原菌的致病力有影响，且 *PLe* 比 *Pla* 和 *PLd* 的作用更强，*PLe* 突变后失去了侵染能力（Boccara *et al.*，1998）；辣椒疫霉菌（*Phytophthora capsici*）的 12 个候选果胶裂解酶基因中只有 *Pcpel*1、*Pcpel*16、*Pcpel*20 明显影响致病力（付丽，2012）。

杧果是我国热带和亚热带地区重要的经济果树。由胶孢炭疽菌（*Colletotrichum gloeosporioides* Penz. & Sacc.）引起的杧果炭疽病是杧果生长期及贮藏期的常发性重要病害之一。目前，对该病害的防治以化学方法为主，不仅防效有限，且易产生耐药性或抗药性及农药残留等问题。因此，有必要从分子水平上探究杧果炭疽病菌的致病机理，为开发药剂新靶标提供依据。

本课题组前期用实时荧光定量方法分析发现，在胶孢炭疽菌侵染杧果叶片和果实的不同时段，果胶裂解酶基因均持续高效表达，因此推测 *Pel* 基因可能是胶孢炭疽菌的重要致病因子之一。为了进一步从分子水平上明确其在杧果炭疽病菌致病机理中的作用，本研究利用同源克隆的策略从杧果炭疽病菌中克隆获得了 3 个果胶裂解酶基因 *Cgpel*1、*Cgpel*2 和 *Cgpel*3，DNA 全长分别为 1 037bp、1 498bp、1 089bp，cDNA 全长分别为 975bp、1 380bp、978bp，分别编码 324、459、325 个氨基酸，均含 1 个果胶裂解酶保守结构域，均有典型的信号肽，不存在跨膜结构；其二级结构中 α-螺旋分别占 16.05%、20.26%、16.92%，延伸链分别占 28.09%、21.79%、29.54%，β-转角分别占 5.86%、8.93%、7.38%，无规则卷曲分别占 50.00%、49.02%、46.15%；三级结构差别很大；Cgpel1、Cgpel2 和 Cgpel3 的氨基酸序列分别与 *C. tofieldiae*（KZL77240.1）、草莓炭疽菌（*C. gloeosporioides*）（XP-007274932.1）、*C. incanum*（KZL84476.1）果胶裂解酶序列相似度达 93%以上。借助 In-Fusion® HD Cloning Kit 成功构建了 3 个果胶裂解酶基因的敲除载体，为后续鉴定其分子功能打下了材料基础。

关键词：杧果；胶孢炭疽菌；果胶裂解酶基因；克隆；敲除载体

---

* 基金项目：国家自然科学基金（No. 31460455）；海南省重大科技专项（No. ZDKJ2017003）；海南省高等学校教育教学改革研究项目（No. Hnjg2016ZD-2）

** 第一作者：李鸿鹏，男，硕士研究生，研究方向是植物病害

*** 通信作者：刘晓妹；E-mail：lxmpll@126.com

橡胶树炭疽菌 *Colletotrichum siamense* Hog1 蛋白的表达与纯化*

林春花**，廖小森，何其光，刘 耀，徐良向，
周晓韵，刘文波，张 宇，缪卫国***
（海南大学植物保护学院/海南大学热带作物种质资源
保护与开发利用教育部重点实验室，海口 570228）

摘 要：HOG MAPK 途径在植物病原真菌生长发育、致病过程、和对杀菌剂敏感性等方面发挥重要功能，但在不同的病原真菌中具有一定差异。为了研究 Hog1 蛋白在橡胶树炭疽菌 *Colletotrichum siamense* 中的功能，本研究利用同源克隆法克隆获得橡胶树炭疽菌 *Colletotrichum siamense* Hog1 基因，构建 GST-CsHog1 融合表达载体，利用 SDS-PAGE 和 Western Blot 检测蛋白表达情况。结果表明：橡胶树炭疽菌 *Colletotrichum siamense* CsHog1 基因大小为 1 383nt，编码 459 个氨基酸，包含 5 个内含子，具有丝氨酸/苏氨酸蛋白激酶结构域（S_TKc）；所构建的蛋白融合表达载体通过 1 mmol/L IPTG、16℃ 诱导培养过夜，GST-CsHog1 融合蛋白成功表达。GST-CsHog1 融合表达载体的成功构建及 GST-CsHog1 融合蛋白的获得，为深入的蛋白理化性质和互作研究奠定基础。

关键词：原核表达；Hog1 蛋白；蛋白纯化

---

* 基金项目：国家自然科学基金（31760499；31560495）；现代农业产业技术体系建设专项资金项目（CARS-33-BC1）；海南自然科学基金创新研究团队项目（2016CXTD002）；海南省重点研发计划项目（ZDYF2016208）

** 第一作者：林春花，副教授；E-mail：lin3286320@ 126. com
*** 通信作者：缪卫国，教授；E-mail：weiguomiao1105@ 126. com

多基因序列法分析我国橡胶树炭疽菌种类*

林春花**，王记圆，贾玉姣，杨　欢，张　宇，刘文波，缪卫国***，郑服丛***
（海南大学植物保护学院/海南大学热带作物种质
资源保护与开发利用教育部重点实验室，海口　570228）

摘　要：橡胶树炭疽病是橡胶树上一种重要叶部病害，其病原菌主要为胶孢炭疽菌复合群和尖孢炭疽菌复合群，但未知具体是由复合群下哪些种引起。本研究利用多基因序列分析法鉴定来自我国海南、广东、广西和云南四省（自治区）43 株橡胶树炭疽菌种类。研究结果表明，在 43 株供试菌株中有 26 株属于胶孢炭疽菌复合群，17 株属于尖孢炭疽菌复合群。采用 ITS/CHS-1/GAPDH/ACT/GS/ApMAT 6 个基因的多基因拼接序列可将这些菌株鉴定到复合群下的 *C. siamense* 和 *C. fructicola* 2 个种，其中 *C. siamense* 为主要类群，占 61.5%（16/26）。研究显示：ApMat 单基因可对胶孢炭疽菌复合群下的种进行分类。但目前采用 ITS/CHS-1/GAPDH/ACT 四基因未成功将尖孢炭疽菌复合群下菌株鉴定到种。

关键词：橡胶树；胶孢炭疽菌复合群；多基因序列分析法；分子鉴定

---

* 基金项目：国家自然科学基金（31560495，31760499，31660033）；现代农业产业技术体系建设专项资金项目（CARS-33-BC1）；海南自然科学基金创新研究团队项目（2016CXTD002）；海南省重点研发计划项目（ZDYF2016208）

** 第一作者：林春花，副教授；E-mail：lin3286320@ 126. com
*** 通信作者：缪卫国，教授；E-mail：weiguomiao1105@ 126. com
郑服丛，教授；E-mail：zhengfucong@ 126. com

油梨梢枯病病原菌的分离与鉴定*

林春花**，董碰碰，方思齐，李茂富，刘文波，缪卫国***

（海南大学植物保护学院/海南大学热带作物种质
资源保护与开发利用教育部重点实验室，海口　570228）

摘　要：油梨果实具有非常丰富的营养，对人们有很好的保健作用，深受人们的喜爱。而病害的危害是影响其大面积推广种植的限制因素之一。病害调查时，在海南儋州一家油梨种植园发现油梨梢枯病发生严重。本实验利用科赫氏法则分离鉴定油梨梢枯病病原菌，依据病原菌形态观察和分子鉴定技术鉴定病原菌种类，结果显示：经致病力鉴定验证，分离获得油梨梢枯病病原菌AL1809，该菌株形态鉴定为拟盘多毛孢属（*Pestalotiopsis* sp.）真菌，该真菌菌落在PDA培养基上初期呈白色，后逐渐转变为淡黄色，分生孢子5个细胞，真隔膜，两端细胞无色，中间细胞榄褐色，顶生附着丝3根，其尺寸为（5.437~9.611）μm×（18.21~25.85）μm（n=40）。采用通用引物扩增该菌株的内转录间隔区序列（internal transcribed spacers region of ribosomal DNA，rDNA-ITS）、翻译延伸因子（translation elongation factor，TEF）序列、β-微管蛋白（beta tubulin-2-gene，TUB）基因部分序列构建系统发育树，结果表明，该病原菌与拟盘多毛孢属 *Pestalotiopsis longiseta* 菌聚为一类，进一步确定病原菌为拟盘多毛孢属 *Pestalotiopsis longiseta* 菌。本研究结果为该病害预防工作奠定基础。

关键词：油梨；梢枯病；拟盘多毛孢属；分离；鉴定

---

* 基金项目：国家自然科学基金（31660033，31560495，31760499）；现代农业产业技术体系建设专项资金项目（CARS-33-BC1）；海南自然科学基金创新研究团队项目（2016CXTD002）；海南省重点研发计划项目（ZDYF2016208）

** 第一作者：林春花，副教授；E-mail：lin3286320@126.com

*** 通信作者：缪卫国，教授；E-mail：weiguomiao1105@126.com

橡胶树白粉菌效应分子 OH_0367 纯化及分析*

刘　耀**，徐良向，廖小森，何其光，刘文波，林春花，缪卫国***
（海南大学植物保护学院/海南大学热带作物种质
资源保护与开发利用教育部重点实验室，海口　570228）

摘　要：橡胶树白粉病是由橡胶树粉孢菌（*Oidium heveae* Steinm）侵染引起的世界橡胶树重要病害之一。前期研究发现，橡胶树白粉菌效应分子 OH_0367 能够有效地促进烟草疫霉侵染。同时，能够恢复酵母同源基突变体的表型，表明其具有相应的功能。为了获得高浓度目的蛋白，进一步验证效应分子 OH_0367 酶活及其各项性质，本试验对 OH_0367 基因片段进行克隆，连接到载体 PGEX-6P-1，并转化大肠杆菌 BL21。将阳性克隆转入液体 LB，37℃、180r/min 摇菌过夜。第二天复摇到 OD 值为 0.6，加入 IPTG 至终浓度为 1mol/L，在 16℃，130r/min 条件下诱导过夜。提取粗蛋白，SDS-凝胶电泳验证，结果表明目的蛋白能够大量表达。进而对提取的粗蛋白进行进一步纯化，并获得较为纯净的目的蛋白，且浓度较高，为实现进一步检测效应分子 OH_0367 酶活及各项性质打下基础。

关键词：橡胶白粉病；效应分子；诱导表达；纯化

---

* 基金项目：现代农业产业技术体系建设专项资金项目（CARS-33-BC1）；国家自然科学基金（31660033）；海南自然科学基金创新研究团队项目（2016CXTD002）；海南省重点研发计划项目（ZDYF2016208）

** 第一作者：刘耀，在读硕士，研究方向为微生物学；E-mail：811234602@ qq. com

*** 通信作者：缪卫国，博士，教授，研究方向为微生物学等；E-mail：weiguomiao1105@ 126. com

基于转录组分析玉米弯孢霉叶斑病菌Clf敲除突变体差异表达基因*

刘 震**，陈 迪，张铸涛，张荣意，缪卫国，邢梦玉，刘 铜***
（海南大学热带农林学院，海口 570228）

摘 要：玉米是重要的粮食作物之一，由新月弯孢［*Curvularia lunata*（Wakker）Boed］引起的玉米弯孢霉叶斑病对我国玉米生产造成严重损失。因此深入研究该病菌的致病机理，将为病害的防治提供理论依据。Clf属于MAPKKK蛋白激酶的一员，位于MAPK途径的上游，与丝裂原活化蛋白激酶（MEK）和丝裂素活化蛋白激酶（MAPK）组成三级酶联反应系统，调控胞外信号向细胞内传递，参与弯孢霉叶斑病菌的菌丝生长和产孢，可降低其致病性。通过转录组测序分析ΔClf突变体和野生型菌株，结果分别产生23 944 383条和23 995 571条clean reads，拼接后ΔClf突变体和野生型菌株中分别获到10 640个和10 639个基因。通过比较分析Clf基因敲除后共有324个基因差异表达，包括155个基因上调、169个基因下调。其中有41个已知功能的基因差异表达（21个上调和20个下调），其中糖基水解酶家族20，糖基水解酶家族76，细胞色素P450蛋白，Clg2p，Can a 1 allergen-like，碳水化合物酯酶家族等显著下调。糖基水解酶属于细胞壁降解酶系的一种参与病原菌的致病性，Clg2p可与Clf互作调控病原菌致病性，细胞色素P450蛋白参与细胞内的解毒，Can a 1 allergen-like是富含半胱氨酸的蛋白在病原菌寄生过程中有着重要作用。碳水化合物酯酶也属于细胞壁降解酶系的一种参与病原菌的侵染过程，这些基因广泛参与病原菌的致病性和调控产孢能力。Asp f 13-like protein调控细胞凋亡，在Clf基因敲除突变体中显著上调。转录组测序结果显示，Clf基因影响弯孢霉叶斑病菌的信号传递、催化活性、细胞凋亡、物质合成、代谢通路等多个生物学过程，暗示Clf基因有复杂的信号调控机制。

关键词：弯孢霉叶斑病菌；ΔClf突变体；转录组测序；糖基水解酶

---

* 基金项目：国家自然基金“PC732与ClCMA1互作调控玉米抗弯孢叶斑病的分子机制研究”项目资助
** 第一作者：刘震，男，博士研究生，主要从事分子植物病理学；E-mail：liuzhenhenan@163.com
*** 通信作者：刘铜，教授，博士生导师，主要从事植物病理学与生物防治研究；E-mail：liutongamy@sina.com

橡胶树棒孢霉落叶病菌全基因组和转录组测序与分析*

刘 震[1**]，曲建楠[2]，崔 佳[2]，缪卫国[1]，张荣意[1]，左豫虎[2]，刘 铜[1***]
（1. 海南大学热带农林学院，海口 570228；2. 黑龙江八一农垦大学，大庆 163319）

摘 要：由多主棒孢菌（*Corynespora cassiicola*）引起的橡胶树落叶病是橡胶树的一种重要病害。前期实验证明，海南省橡胶树落叶病菌的毒素蛋白主要属于 Cas5 亚型。然而，目前关于 Cas5 亚型病菌的全基因组序列未见报道，这限制了对其致病机理的研究。本试验利用 Illumina Hiseq 高通量测序平台和 BGISEQ-500 平台对 CCHD5 菌株（Cas5 亚型）进行全基因组和转录组测序。基因组测序获得 162 个 Scaffolds，总长度为 46.2Mb，组装的 scaffold N50 长度 2.5Mb、scaffold N90 长度 362.4Kb、gap 为零、（G+C)%含量平均为 51.07%，预测了 14 953个基因、1 526 476个串联重复序列、41 976个外显子、27 023个内含子，其中对 90.24%的基因进行了功能注释。转录组测序获得 6.51Gb 数据，组装并去冗余后得到 7 580个 Unigene，总长度为 4 526 669bp、平均长度为 597bp、N50 为 802bp，GC 含量为 63.82%。将所获得的 Unigene 与 NR、NT、SwissProt、KOG、KEGG、GO 和 InterPro 这 7 个公共数据库进行比对，结果发现，分别有 4 372（57.68%）、846（11.16%）、2 214（29.21%）、2 568（33.88%）、2 690（35.49%）、2 026（26.73%）以及 4 059（53.55%）条 Unigene 可在以上 7 个数据库中比对到；已注释的 Unigene 与 KOG 数据库比对后按功能可分为 24 类；根据 GO 功能可分为三大类 43 个分支；经过与 KEGG 数据库比对后发现，已注释的 Unigene 主要富集在 21 条代谢通路中。使用 Transdecoder 检测出 4 479 744个碱基，共编码 6 600个 CDS，检测出 145 个 SSR 分布于 133 个 Unigene 中。获得的基因组与转录组信息可为今后多主棒孢菌 Cas5 亚型的基因克隆及重要基因功能分析等研究提供基础数据。

关键词：橡胶；多主棒孢菌；基因组测序；转录组测序；生物信息学分析

---

* 基金项目：海南大学高层次人才引进科研启动基金“橡胶棒孢霉落叶病菌基因组与转录组分析”

** 第一作者：刘震，男，博士，主要从事分子植物病理学；E-mail：liuzhenhenan@163.com

*** 通信作者：刘铜，教授，博士生导师，主要从事植物病理学与生物防治研究；E-mail：liutongamy@sina.com

钝叶草（*Stenotaphrum helferi*）叶斑病病原菌鉴定及61份钝叶草对其抗病性分析*

秦春秀**，詹　敏，林春花，靳鹏飞，缪卫国，王志勇***，刘文波***

（海南大学植物保护学院/海南省热带生物资源可持续利用国家重点实验室培育基地，海口　570228）

摘　要：分离鉴定钝叶草（*Stenotaphrum helferi*）叶斑病病原菌，评价来自中国海南、广东、广西、云南、福建、江苏及美国和南非的61份钝叶草对该病原菌的抗性，为钝叶草抗病品种合理选育提供参考。结果表明，经科赫氏法则分离病原菌，经形态观察确定为*Curvularia* sp.；利用通用引物扩增病原菌rDNA-ITS、rDNA-GAPDH、rDNA-TUB2序列，比对显示和*C. lunata*相似性达到99%，确定钝叶草叶斑病的致病菌为新月弯孢霉（*C. lunata*），其分生孢子大小为（19.39~37.45）μm×（7.78~15.80）μm，分生孢子梗大小为（40.41~224.92）μm×（3.84~7.69）μm。对61分钝叶草开展叶片离体接种，实验表明钝叶草11号（海南）、44号（广西）、45号（海南）、49号（福建）、52号（福建）、56号（South Africa），这6种品系病斑大小平均值均小于1mm；扦插喷雾接种表明，钝叶草30号（海南）、44号（海南）、45号（海南）、47号（江苏）、52号（福建），这5份钝叶草病情指数在5~15，表现较强的中等抗性；根据叶片离体接种实验及扦插喷雾接种数据进行综合分析可知，44号（广西）、45号（海南）、52号（福建）对新月弯孢霉表现较好的抗性，该结果为后续抗病的选育奠定基础。

关键词：钝叶草；叶斑病；新月弯孢霉；病原菌鉴定；抗病性

---

* 基金项目：海南大学青年教师基金（hdkyxj201708）；海南省自然科学基金（20153131，2063140）；农业部2013年热作农技推广与体系建设项目（13RZNJ-20）

** 第一作者：秦春秀，女，广西桂林，硕士，主要从事农产品质量安全研究；E-mail：qcx329r@126.com

*** 通信作者：王志勇，男，江苏乐平，博士，从事草坪植物种质资源与遗传育种的研究；E-mail：wangzhiyong@hainu.edu.cn

刘文波，男，云南曲靖，硕士，从事热带植物病理研究；E-mail：saucher@163.com

橡胶树红根病菌 *GPfet3* 基因的克隆、亚细胞定位与表达分析*

孙茜茜**，何其光，靳鹏飞，缪卫国，刘文波***，邬国良***
（海南大学植物保护学院/海南省热带生物资源
可持续利用国家重点实验室培育基地，海口 570228）

摘　要：多铜氧化酶 *FET*3 是介导高亲和性铁吸收系统的重要铁转运蛋白。为了解橡胶树红根病菌（*Ganoderma pseudoferreum*）的多铜氧化酶 *GPfet*3 基因，通过同源克隆和反转录 PCR 技术，从橡胶树红根病菌中克隆得到 *GPfet*3 的基因序列，并对其编码的氨基酸序列进行蛋白理化性质分析、跨膜区分析和系统进化树分析，并构建瞬时表达载体 pBin-GPFET3 进行该蛋白的亚细胞定位分析。利用生长速率法测定己唑醇和青蒿琥酯对橡胶树红根病菌的抑制率，并在 EC_{50} 条件下进行橡胶树红根病菌的 *GPfet*3 基因表达分析。结果表明，该基因编码区全长 1887bp，编码 628 个氨基酸，推测其分子量为 68.37kDa，等电点为 5.02，为亲水性蛋白，具有 1 个跨膜结构域；系统进化树分析显示 *GPfet*3 与赤芝 *G. lucidum* 多铜氧化酶基因（登录号：AHA83598.1）亲缘关系最近，氨基酸同源性高为 96%；亚细胞定位结果显示 GPFET3 蛋白定位在细胞膜上；生长速率法测定己唑醇和青蒿琥酯 EC_{50} 分别为 0.192mg/L、26.288mg/L；实时荧光定量 qRT-PCR 技术检测到红根病菌受己唑醇和青蒿琥酯胁迫时，*GPFet*3 基因表达上调，分别在处理后 6h 和 4h 的表达量最高，暗示己唑醇和青蒿琥酯处理红根病菌，会影响病原菌的铁代谢。本文为进一步研究橡胶树红根病菌 *GPfet*3 基因功能奠定了基础，并为利用生物或化学手段对橡胶树红根病菌进行铁剥夺以加强橡胶树红根病的防治提供了理论依据。

关键词：橡胶树红根病菌；*GPfet*3 基因；亚细胞定位；qRT-PCR；己唑醇；青蒿琥酯

---

* 基金项目：国家自然科学基金（31160373）；海南大学青年教师基金（hdkyxj201708）；海南省自然科学基金（20153131）

** 第一作者：孙茜茜，女，在读硕士，主要从事热带植物病害的研究；E-mail：15799033474@163.com
*** 通信作者：刘文波，男，硕士，主要从事热带植物病害的研究；E-mail：saucher@hainu.edu.cn
邬国良，男，硕士，主要从事热带植物病害的研究；E-mail：wugoln@126.com

星油藤根部致病镰孢属真菌的分离鉴定

王伟伟*，欧小丹，陈荣福，王国颂
（海南大学热带农林学院，儋州　571737）

摘　要：星油藤是一种新型的特种木本油料作物，含油量高达45%~60%，多不饱和脂肪酸含量在90%以上，且含有丰富的维生素E，具有巨大的开发潜力。但根部病害发生严重，种植3年以上的植株发病率超过50%，限制其推广种植。本研究在海南大学儋州校区农科试验基地采集星油藤根部病样，并利用组织分离法分离其病原物。根据形态特征对所分离病原物进行纯化及初步鉴定，确定3株镰孢属真菌，然后利用蘸根法分别对其致病性进行测定，并根据柯赫氏法则确定所分离真菌为星油藤根部病害的病原菌。利用ITS序列以及EF-1α基因对获得的3株镰孢属真菌进行分子生物学鉴定，确定其分类地位，经在NCBI数据库中比对分别鉴定为*Fusarium oxysporum*、*F. solani*、*F. striatum*。

关键词：星油藤；根部病害；真菌；镰孢菌属

* 通信作者：王伟伟，讲师，主要从事植物病原真菌致病机理研究；E-mail：wvivi2016@hainu.edu.cn

杧果炭疽病菌 *CgCBH I* 基因序列特征分析与敲除载体构建*

周芳雪[1**]，吴秋玉[1]，钟昌开[1]，李鸿鹏[1]，张　贺[2]，蒲金基[2]，刘晓妹[1***]

（1. 海南大学热带农林学院/海南大学热带作物种质资源保护与开发利用教育部重点实验室，海口　570228；2. 中国热带农业科学院环境与植物保护研究所/农业部热带作物有害生物综合治理重点实验室，海口　571101）

摘　要：杧果（*Mangifera indica* L.）是世界五大著名的热带水果之一，气味香甜口感好具有较高的保健功效。炭疽病是为害杧果的重要病害之一，在国内外杧果产区普遍发生，胶孢炭疽菌（*Colletotrichum gloeosporioides* Penz. & Sacc）是引起杧果炭疽病的主要病原菌，此病严重影响杧果的产量和品质，是限制杧果产业发展的主要因素之一。

本研究在杧果炭疽病菌中克隆获得了外切葡聚糖酶 *CgCBH I* 基因，进行敲除载体构建，明确其生物学功能，为揭示外切葡聚糖酶 *CgCBH I* 基因在杧果炭疽病菌在侵染寄主过程中的致病机制打下基础。从杧果炭疽病菌基因组中扩增 *CgCBH I* 基因 DNA 和 cDNA，采用 TMHMM 软件等分析 *CgCBH I* 基因的生物信息学；将 *CgCBH I* 基因的 5 端片段、3 端片段与 *gfp*：*hygB* 基因片段融合重组至以 pUC19T 载体上，PCR 验证、测序获得的敲除载体。*CgCBH I* 基因 DNA 全长 1 746bp，编码的 CDS 全长 1 584bp，编码 527 个氨基酸，分子量约为 55.32kDa，等电点（PI）为 5.55，含 1 个纤维素酶保守结构域，不存在跨膜结构，存在 1 个信号肽，属于分泌型蛋白；其二级结构中 α-螺旋占 15.37%，延伸链占 18.03%，β-转角占 4.55%，无规则卷曲占 62.05%，与 *C. gloeosporioides* Nara gc5 外切葡聚糖酶基因的氨基酸序列（XP_007283944.1）相似度达 89%。*CgCBH I* 基因敲除载体 pCgCBHIGH-1 构建成功。杧果炭疽病菌 *CgCBH I* 基因编码外切葡聚糖酶，是一种分泌型蛋白，*CgCBH I* 基因敲除载体构建成功。

关键词：杧果炭疽病菌；外切葡聚糖酶基因 *CgCBH I*；克隆；序列特征分析；敲除载体功能

---

* 基金项目：国家自然科学基金（31460455）；公益性行业（农业）科研专项项目：杧果产业技术研究与示范（201203092-2）

** 第一作者：周芳雪，女，硕士研究生，研究方向：热带果树病理学；E-mail：459525214@ qq. com

*** 通信作者：刘晓妹，女，教授，研究方向：热带作物真菌病害；E-mail：lxmpll@ 126. com

橡胶树白粉病菌 HO-73 中启动子探针载体的构建*

徐良向**，刘 耀，廖小森，何其光，刘文波，林春花，缪卫国***
（海南大学植物保护学院/海南大学热带作物种质资源保护
与开发利用教育部重点实验室，海口 570228）

摘 要：橡胶树白粉病菌为专性寄生病原真菌，未发现有性世代，分子遗传体系尚未构建成功，本文以卡那霉素抗性基因作为报告基因，构建适于快速探测橡胶树白粉病菌 HO-73 启动子的载体，为后续橡胶树白粉菌的分子遗传学研究奠定良好的基础。以 PBI121 质粒载体为模板，通过 PCR 扩增卡那霉素抗性基因片段，连入质粒 PUC19 中，构建四种转录起始位点距报告基因长短不同的启动子活性探针载体 PUC19-K1、PUC19-K2、PUC19-K3、PUC19-Kc，将 CaMV35S 启动子连入到构建的不同卡那抗性基因阅读框架的重组载体中，得到最适的启动子活性探针载体 PUC19-K1。于此同时，在前期已完成橡胶树白粉菌全基因组数据的基础上，应用生物信息学软件预测橡胶树白粉菌 HO-73 基因组数据中具有启动子活性的序列，得到 4 个理论上具有活性的启动子 LY1、LY2、LY3、LY4。根据基因组序列设计引物，通过 PCR 扩增启动子序列，利用构建的报告系统进行活性测定比较，得到 2 个调控相对强的启动子。本实验构建的启动子活性检测载体可以有效、灵敏地用于 HO-73 强启动子的筛选和启动子活性检测。

关键词：橡胶树白粉菌；启动子；探针载体

---

* 基金项目：海南自然科学基金创新研究团队项目（2016CXTD002）；海南省重点研发计划项目（ZDYF2016208）；国家自然科学基金（31660033）

** 第一作者：徐良向，在读硕士，研究方向为微生物学；E-mail：1054283820@ qq. com

*** 通信作者：缪卫国，博士，教授，研究方向为微生物学等；E-mail：weiguomiao1105@ 126. com

橡胶树白粉菌渗透压调控启动子 LY-1 的克隆及功能分析*

徐良向**，殷金瑶，倪　丽，王　义，刘文波，林春花，缪卫国***

（海南大学植物保护学院/海南大学热带作物种质资源保护与开发利用教育部重点实验室，海口　570228）

摘　要：诱导型启动子在正常条件下不或低启动基因转录，在特定条件刺激下才能大幅度提高基因表达，可满足不同试验的需求，最小化外源基因产物对宿主生长及环境的潜在危害。此外，橡胶树白粉菌（*Oidium heveae*）引起的橡胶树白粉病危害严重，其分子致病机理尚不明确，其诱导型启动子的研究和利用，对加快明确橡胶树白粉菌的分子致病机理提供重要的实验依据。在本实验室前期研究基础上，生物信息学预测得到一个疑似渗透调控型启动子，以橡胶树白粉菌基因组 DNA 为模板，扩增 LY-1 启动子，替换掉 PBI121 载体上 GUS 基因上游的 CaMV35S 启动子，构建表达载体 LY-1：GUS，将其转入农杆菌 GV301。通过花序侵染法将 LY-1：GUS 载体转入拟南芥，经含有卡那霉素的 MS 培养基筛选，获得了 T1 代转基因拟南芥 5 株。通过 GUS 染色观察，在转基因拟南芥的叶片、根、茎等组织中均有显色反应；对转基因烟草植株进行 PCR 扩增，均可检测到 GUS 基因及 LY-1 启动子，表明 LY-1 及 GUS 基因已成功转入拟南芥中；通过 500mmol/L、400mmol/L、300mmol/L、200mmol/L、100mmol/LNaCl 分别处理转基因拟南芥幼苗，组织化学染色结果表明，未经盐胁迫处理的拟南芥 GUS 基因表达量低，300mmol/LNaCl 处理后的拟南芥 GUS 基因表达量明显升高，结果表明 LY-1 启动子是一个盐胁迫诱导型启动子。该研究为进一步研究橡胶树白粉菌启动子的调控机制奠定基础。

关键词：橡胶树白粉菌；诱导型启动子；GUS 基因

---

* 基金项目：现代农业产业技术体系建设专项资金项目（CARS-33-BC1）；海南省重点研发计划项目（ZDYF2016208）

** 第一作者：徐良向，在读硕士，研究方向为微生物学；E-mail：1054283820@ qq. com

*** 通信作者：缪卫国，博士，教授，研究方向为微生物学等；E-mail：weiguomiao1105@ 126. com

橡胶树炭疽菌 *Colletotrichum siamense* PKA 催化亚基与 CgCap20 蛋白的相作作用*

赵晓宇**，林春花***，王记圆，张　宇，刘文波，缪卫国***，郑服丛
（海南大学植物保护学院/海南大学热带作物种质
资源保护与开发利用教育部重点实验室，海口　570228）

摘　要：附着胞是病原真菌侵入寄主形成的侵入结构，附着胞是否能正常成熟，附着胞膨压是否能达到足以穿透寄主表皮，这些过程都与病原菌致病力直接相关。附着胞中甘油和脂滴聚集情况对附着胞膨压具有影响。脂滴包被蛋白参与调解细胞内脂滴的合成和分解，有研究显示它与病原真菌体内脂滴数量、附着胞膨压和致病性由关系。已知哺乳动物和昆虫中的脂滴包被蛋白受到蛋白激酶 A（protein kinase A，PKA）的调控。为求证丝状真菌中是否也存在 PKA 调控脂滴包被蛋白的类似调控途径，本研究利用同源克隆法克隆获得橡胶树炭疽菌 *C. siamense* HN08 菌株的 PKA 催化亚基 PKAC1。构建 PKAC1 和 CgCap20 的原核表达载体，经诱导表达条件优化选择后，发现诱导剂 IPTG 浓度为 1mmol/L 时，于 28℃ 连续诱导 6h 后，PKAC1 在上清中能够大量表达；当诱导剂 IPTG 浓度为 0.5mmol/L 时，于 16℃ 连续诱导 20h 后，CgCap20 在上清中能大量表达。将重组蛋白纯化后，采用 GST Pull-Down 方法体外证实了 PKAC1 与 CgCap20 间存在互作关系，并利用酵母双杂交系统验证了 PKAC1 与蛋白 CgCap20 具有相互作用的关系。

关键词：橡胶树炭疽菌；PKA 催化亚基；CgCap20；蛋白互作；酵母双杂交；GST Pull-down

---

* 基金项目：国家自然科学基金（31560495，31760499）；现代农业产业技术体系建设专项资金项目（CARS-33-BC1）；海南自然科学基金创新研究团队项目（2016CXTD002）；海南省重点研发计划项目（ZDYF2016208）

** 第一作者：赵晓宇，硕士研究生；E-mail：349359644@qq.com

*** 通信作者：林春花，副教授；E-mail：lin3286320@126.com

缪卫国：教授；E-mail：weiguomiao1105@126.com

杧果炭疽病菌转录因子基因 *CgMR*1 功能分析*

周芳雪[1**]，李鸿鹏[1]，吴秋玉[1]，张　贺[2]，蒲金基[2]，刘晓妹[1***]
（1. 海南大学热带农林学院/海南大学热带生物资源教育部重点实验室，海口　570228；
2. 中国热带农业科学院环境与植物保护研究所/
农业部热带作物有害生物综合治理重点实验室，海口　571101）

摘　要：胶孢炭疽菌（*Colletotrichum gloeosporioides* Penz. & Sacc）是引起的杧果炭疽病的主要病原菌，主要靠芽管顶端产生黑色素化附着胞直接穿透表皮侵入寄主。植物病原真菌中普遍存在的黑色素是 DHN，参与该黑色素合成途径的关键酶有聚酮体合成酶（PKS）、1,3,6,8-四羟基萘还原酶（4HNR）、1,3,8-三羟基萘还原酶（3HNR）、小柱孢酮酶（SCD）和漆酶（LAC）。转录因子（MR）调控上述各合成酶基因的转录，其功能在 7 个真菌中得到了鉴定，虽然均调控黑色素合成，但调控程度有差异，在产孢、致病力、抗紫外线能力、活性氧的积累、细胞壁水解酶的表达等方面，在不同真菌中调控作用并不一致或差异较大。

本研究通过同源克隆，获得了杧果炭疽病菌转录因子基因 *CgMR*1 的全长 DNA 及其侧翼序列、大小为 3 943bp，其中 ATG-TGA 长度为 3 117 bp，与草莓胶胞炭疽菌（*C. gloeosporioides*）（XM 007283538.1）和瓜类炭疽菌（*C. lagenarium*）（AB024516.1）转录因子序列相似性达 81%~99%。通过用绿色荧光蛋白-潮霉素 B 抗性基因（*gfp*::*hygB*）替换 *CgMR*1，获得了其突变体 Δ*CgMR*1。表性分析显示：与野生型相比，突变体 Δ*CgMR*1 菌落颜色为纯白色，菌丝颜色变浅、粗细未发生变化、但分枝和分隔数减少；菌丝生长速率明显降低；附着胞形成率下降且不黑化；对甘露醇的利用明显比野生型高，对果胶的利用略高于野生型；活性氧含量提高、对大部分高渗胁迫环境的敏感性比野生型更低；对 H_2O_2 和紫外线抗性显著下降；纤维素酶的酶活明显下降；实时荧光定量分析表明在突变体 Δ*CgMR*1 中，*CgMR*1 表达量接近于 0，与黑色素合成相关的基因 *PKS*、*THN*、*SCD* 和 *LAC*1 的表达量下降了 67%~75%；果胶裂解酶基因 *PEL* 和外切葡聚糖酶基因 *ECG* 的表达量下降了 54%；刺伤接种菌饼于杧果叶片和成熟果实，致病力明显下降，不刺伤则不能致病。而对产孢量以及产孢速度、孢子萌发速率、适宜的温度范围、pH 基本不影响。说明转录因子基因 *CgMR*1 在杧果炭疽病菌中主要调控菌丝的生长、分化以及黑色素的合成、附着胞形成，碳氮源利用、高渗胁迫、活性氧、对 H_2O_2 和紫外线的抗性、胞壁水解酶的表达以及对寄主的致病力。

关键词：杧果炭疽病菌；转录因子基因 *CgMR*1；功能

---

* 基金项目：国家自然科学基金（No. 31460455）；海南省重大科技专项（No. ZDKJ2017003）；海南省高等学校教育教学改革研究项目（No. Hnjg2016ZD-2）

** 第一作者：周芳雪，女，硕士研究生，研究方向：热带果树病理学；E-mail：459525214@qq.com
*** 通信作者：刘晓妹；E-mail：lxmpll@126.com

2017年我国小麦叶锈菌生理小种的鉴定

贾诗雅*，郭惠杰，郭　鹏，闫红飞，孟庆芳**，刘大群***
（河北农业大学植物保护学院/国家北方山区农业工程技术研究中心/
河北省农作物病虫害生物防治工程技术研究中心，保定　071000）

摘　要：小麦叶锈病是由叶锈菌（*Puccinia triticina*）侵染所引起的真菌性气传病害，具有破坏性强、循环式侵染、专性寄生等特点，是小麦锈病中分布最广，发生最普遍的一种病害。小麦叶锈菌具有生理分化现象，小种变异导致抗病品种易丧失抗性，因此，监测我国叶锈菌生理小种组成结构，对小麦品种抗叶锈育种和品种布局具有指导意义。

2017年对我国山东、河北、河南、四川、湖北、安徽、江苏、甘肃和宁夏9个省或自治区的1 610份小麦叶锈菌标样进行繁殖，繁殖获得1407株小麦叶锈菌菌株，利用16个固定鉴别寄主（*Lr*1、*Lr*2*a*、*Lr*2*c*、*Lr*3、*Lr*9、*Lr*16、*Lr*24、*Lr*26、*Lr*3*ka*、*Lr*11、*Lr*17、*Lr*30、*LrB*、*Lr*10、*Lr*14*a*、*Lr*18），对1407株小麦叶锈菌进行苗期致病性测定，根据小麦叶锈菌的密码命名系统确定各菌株的生理小种类型。结果显示，1407株小麦叶锈菌株划分为了52个生理小种，其中，优势小种为THTT（41.97%）、THTS（21.45%）、PHTT（8.66%）、THKT（5.54%）、PHTS（3.84%）、THKS（3.20%）、THJT（2.56%）。小麦叶锈菌小种在不同省份出现的种类及频率不同，优势小种种类也存在差异。2017年四川出现的优势小种为THTT、PHTT、THTS；山东优势小种为THTT、THKT、THJT；河北优势小种为THTT、PHTT；湖北、河南、甘肃优势小种均为THTT、THTS；安徽、江苏优势小种均为THTS、THTT，其出现频率均在各省高于10%以上。

关键词：小麦叶锈病；致病性鉴定；生理小种

* 第一作者：贾诗雅，在读硕士生研究生，研究方向为植物病理学；E-mail：374510038@ qq. com
** 通信作者：孟庆芳，副教授，主要从事植物病害生物防治与分子植物病理学研究；E-mail：qingfangmeng500@ 126. com
刘大群，教授，主要从事植物病害生物防治与分子植物病理学研究

不同地区玉米籽粒中污染镰孢菌种类分析*

李丽娜**，渠　清，许苗苗，曹志艳，王艳辉，董金皋***
（河北农业大学，真菌毒素与植物分子病理学实验室，保定　071001）

摘　要：玉米是我国重要的粮食作物和饲料作物，在食物供给和畜牧业中具有举足轻重的地位，与人类生活关系密切。镰孢菌（*Fusarium* spp.）是农作物上最重要的病原真菌类群之一，能够在作物的根、茎、叶、果上引发病害，造成严重的减产和经济损失。此外，镰孢菌致病过程中产生的次级代谢产物真菌毒素，例如脱氧雪腐镰刀菌烯醇（deoxynivalenol，DON）、雪腐镰刀菌烯醇（nivalenol，NIV）、玉米赤霉烯酮（zearalenone，ZEN）、伏马毒素（fumonisin，FB）、T2 毒素（T-2 toxin，T2）等均可造成人与牲畜中毒，引发包括癌症在内的许多重大疾病。因此，分析不同地区玉米籽粒中污染镰孢菌的种类具有重要意义。本试验于 2016 年和 2017 年从山西、陕西、甘肃、四川、辽宁、黑龙江、吉林、贵州、山东、宁夏采集 98 份玉米果穗，每份样品中随机选取 30 粒玉米籽粒，置于 1% NaClO 溶液中，表面消毒 3min，用无菌水冲洗 3 遍，置于无菌滤纸上风干，用马铃薯葡萄糖琼脂（potato dextrose agar，PDA）培养基在 25℃黑暗下培养 5~6d，获得的菌株经形态学和分子手段进行病原菌种类鉴定，并计算镰孢菌分离频率，镰孢菌分离频率=镰孢菌菌株数/分离的籽粒数×100%。结果发现，2 940个玉米籽粒样品中分离得到 1 566株拟轮枝镰孢菌（*F. verticillioides*）、1295 株尖孢镰孢菌（*F. oxysporum*）、326 株禾谷镰孢菌（*F. graminearum*）、173 株木贼镰孢菌（*F. equiseti*）、102 株层出镰孢菌（*F. proliferatum*）、34 株亚黏团镰孢菌（*F. subglutinans*），分离频率依次为 53.27%、44.05%、11.09%、5.89%、3.47%、1.16%。除山西、陕西采集的玉米果穗主要携带的为拟轮枝镰孢和禾谷镰孢外，其他 8 个省份采集的样品分离得到的主要镰孢菌为拟轮枝镰孢和尖孢镰孢。综上所述，不同地区分离获得的镰孢菌存在差异，主要与地理位置，生长季节的气候因素，如降水量、相对湿度、温度等有关，玉米生长期降水量越大，镰孢菌的发生越严重。该试验对不同地区两年的玉米果穗样品携带的镰孢菌种类进行了研究，由于样品数少，不足以代表整个省份的菌原组成情况，对于各地区不同病原菌的具体分布情况还需持续监测。通过对玉米籽粒镰孢菌种类动态变化的研究，以期对防治镰孢菌引发的病害提供有针对性地指导意义，实现防病、增产的目标。

关键词：玉米籽粒；镰孢菌；污染

* 基金项目：现代农业产业技术体系（CARS-02）
** 第一作者：李丽娜，女，硕士研究生，研究方向为玉米储粮病害；E-mail：m15931807082@163.com
*** 通信作者：董金皋；E-mail：dongjingao@126.com

北沙参锈病病原菌形态与夏孢子萌发条件研究*

李　敏**，赵雪芳，高　颖，闫红飞***，刘大群***
（河北农业大学植物保护学院/国家北方山区农业工程技术研究中心/
河北省农作物病虫害生物防治工程技术研究中心，保定　071000）

摘　要：北沙参锈病是北沙参上的一种重要的真菌病害。北沙参锈病（珊瑚菜柄锈菌 *Puccinia phellopteri* Syd.），是一种缺锈孢型单主寄生锈菌。该病原菌侵染北沙参植株后，在叶片上产生浅褐色或暗黄色近圆形或椭圆形病斑，严重时可造成叶片和植株枯死。北沙参锈病发生较普遍，对中药材生产和加工品质影响很大，但关于该病原菌的研究报道较少，本研究对采自河北省安国市的北沙参锈病标样中的夏孢子和冬孢子进行了光学显微与电镜显微形态观察，并对夏孢子萌发和人工接种条件进行了试验。结果表明，北沙参锈菌夏孢子堆散生于叶片正反两面，成熟后突破表皮散出夏孢子；夏孢子单胞，椭圆形或近圆形，深棕色，外壁具微刺，（25~40）μm×（22~34）μm；冬孢子双孢，浅棕色，具柄，柄浅褐色至透明状，长 20~80μm。夏孢子萌发最适宜温度为 21~24℃。本研究为该病原菌的形态学研究及鉴定奠定了基础，人工接种培养方法的建立，使得北沙参锈菌夏孢子能够在室内进行扩繁，对其病原菌进行深入研究。

关键词：珊瑚菜柄锈菌；夏孢子；冬孢子

---

* 基金项目：河北省中药产业体系资助项目（HBCT2013040203）

** 第一作者：李敏，在读硕士研究生，研究方向为分子植物病理学；E-mail：1195493799@qq.com
*** 通信作者：闫红飞，副教授，主要从事植物病害生物防治与分子植物病理学研究；E-mail：hongfeiyan2006@163.com
刘大群，教授，主要从事植物病害生物防治与分子植物病理学研究

Latent infection of *Valsa mali* on crabapple and apple seeds implies multiple inoculum sources for Valsa canker*

Meng Xianglong**, Qi Xinghua, Guo Yongbin, Wang Yanan,
Hu Tongle, Cao Keqiang***, Wang Shutong***
(*College of Plant Protection*, *Hebei Agricultural University*, *Baoding* 071001, *China*)

Abstract: A real-time quantitative PCR assay with a pair of species-specific primers was developed to fast and accurately detect and quantify Valsa mali in crabapple seeds, crabapple seedlings, apple twigs and apple seeds, which is the pathogen of apple valsa canker. Crabapple seeds collected from different regions with 12.87-49.01% were positive for *V. mali* detection, and exopleura and endopleura were two major infection sites in crabapple seeds. The fact of infection of crabapple seeds was also confirmed by high-throughput sequencing approach. With the growth of crabapple seedlings, the concentration of *V. mali* in crabapple seedlings generally increased, until eight or more leaf blades emerged. Even one-year-old twigs from apple scion nursery can be infected by *V. mali*, and only those apple seeds from infected apple trees with obvious valsa canker symptom carried *V. mali*. In conclusion, this study report that crabapple seeds and apple seeds carried *V. mali* as latent inoculum sources. *V. mali* infected not only apple tissues but also seedlings of crabapple, which is the stock of apple trees. This study indicated that the inoculum sources for Valsa canker are various. Application of the novel developed real-time PCR assay may potentially improve the disease management of apple Valsa canker.

Key words: Apple valsa canker (AVC); *Valsa mali*; Real-time quantitative PCR; Seeds detection; Sources of infection

---

* 基金项目：National Key R & D Program of China (2016YFD0201100), China Agriculture Research System (Cars-27) and Natural Science Foundation of Hebei Province (c2016204140)

** 第一作者：孟祥龙，博士，讲师，植物病理学；E-mail：cugmxl@163.com

*** 通信作者：王树桐，博士，教授，植物病理学；E-mail：bdstwang@163.com

曹克强，博士，教授，植物病理学；E-mali：ckq@hebau.edu.cn

Identification of basic helix-loop-helix transcription factors reveals candidate genes involved in pathogenicity of *Fusarium pseudograminearum*[*]

Chen Linlin, Geng Xuejing, Ma Yuming, Zhao Jingya,
Li Tianli, Ding Shengli, Yan shi, Li Honglian
(*College of Plant Protection, Henan Agricultural University, Zhengzhou* 450000, *China*)

Abstract: The basic helix-loop-helix (bHLH) family of transcriptional regulatory proteins are key players in a wide array of developmental processes and abiotic stress responses. The bHLH domain has been identified and functionally characterized from fungi to human. However, no systematic characterization bHLH family members has been reported in *Fusarium pseudograminearum*. *F. pseudograminearum* is an important plant pathogen that causes crown rot of wheat and barley. Here, 17 *FpbHLH* genes with conserved residues in the bHLH domain were identified using a whole-genome searching approach. In addition, transcription profiles results showed that 11 *FpbHLH* genes were responsive to infection, where 9 of them (*FpbHLH*2, *FpbHLH*5, *FpbHLH*6, *FpbHLH*7, *FpbHLH*8, *FpbHLH*11, *FpbHLH*13, *FpbHLH*14, *FpbHLH*15) showed down-regulated expression, while *FpbHLH*9 and *FpbHLH*10 were induced both in the compatible interaction and incompatible interaction. Furthermore, knockout of FpbHLH9 gene reduced the virulence in a susceptible wheat cultivar. Together, these results suggest that *FpbHLHs* may play different roles in virulence of *F. pseudograminearum*, and provide a good basis for a further investigation.

* 基金项目：国家自然科学基因青年项目（31501594）和国家公益性行业科研专项（201503112）资助

热激蛋白 FpLHS1 在假禾谷镰孢菌中的生物学功能分析*

耿雪晶，马宇明，李洪连，陈琳琳
（河南农业大学植物保护学院/小麦玉米作物学国家重点实验室/河南省粮食作物协同创新中心，郑州 450002）

摘 要： 假禾谷镰孢菌（*Fusarium pseudograminearum*）是在我国黄淮麦区新鉴定的土传真菌，引起小麦和大麦的茎基腐病，威胁我国粮食生产。前期对假禾谷镰孢菌的鉴定、遗传多样性和致病性分化等方面已有较多研究，但是对其致病分子机制我们还知之甚少。热激蛋白（Heat shock protein）Hsp70 是真核生物中一类高度保守的分子伴侣蛋白，参与蛋白的折叠、分泌、降解及受体信号转导等过程。根据已知的 Hsp70 蛋白在假禾谷镰孢菌中鉴定到 13 个 Hsp70 同源蛋白，其中 FpLhs1 和 FpKar2 含有信号肽和内质网定位信号，且在假禾谷镰孢菌侵染阶段明显诱导表达，猜测其可能参与病原菌的致病过程。

利用 PEG 介导的原生质体转化，在假禾谷镰孢菌中分别敲除 *FpLhs*1 和 *FpKar*2，结果未获得 *FpKar*2 敲除突变体，其可能为致死相关基因。通过 PCR 和 Southern blot 检测获得 *FpLhs*1 敲除突变体及其互补菌株。生物学性状分析结果显示，与野生型和互补菌株相比，*FpLhs*1 敲除菌株菌丝生长速率略有减慢，但其菌丝形态无明显变化；分生孢子产生减少，且孢子变短、分隔减少；分生孢子萌发速率减慢，致病性显著降低。以上结果说明，热激蛋白 FpLhs1 参与调控假禾谷镰孢菌的生长、产孢和致病性。

关键词： 假禾谷镰孢菌；热激蛋白 FpLHS1；生物学功能分析

* 基金项目：国家自然科学基因青年项目（31501594）和河南省高等学校重点科研项目（16A210007）资助

麦根腐平脐蠕孢 *Tup*1 基因功能的研究初探

马庆周，张亚龙，李光宇，耿月华，臧 睿，徐 超，丁胜利，张 猛
（河南农业大学植物保护学院，郑州 450002）

摘 要：小麦根腐病分布广泛，在世界上很多国家都严重发生。在中国，根腐病主要发生在北方地区。随着气候的改变，该病在我国的发生也越来越严重，发病区域呈上升趋势。该病的主要病原为麦根腐平脐蠕孢（*Bipolaris sorokiniana*）有性态为 *Cochliobolus sativus*。其初侵染通常是由带菌的土壤或种子以及残留在田地中的病残体引起的。Condon 等（2013）对麦根腐平脐蠕孢（*B. sorokiniana*）菌株 ND90Pr 的全基因组进行了测序，基因组序列全长为 34 409 167bp，预测 12 250个功能基因。

*Tup*1 是一种转录抑制因子，从单细胞真菌（酵母）到哺乳动物中它都是相当保守的，但它调控转录的方式在不同物种中有所不同。*Tup*1 和 *Cyc*8 组成的一个复合物是多种抑制基因表达机制中的核心部分，称为 *Tup*1-*Cyc*8 辅阻遏物，Tzamarias 等通过 LexA 蛋白融合实验发现当 *Cyc*8 缺失时，*Tup*1 依然阻遏报告基因的转录，因此推测 *Tup*1 在转录辅阻遏物复合物发挥了主要抑制作用。本研究利用同源重组的方法获得了 *Tup*1 的缺少突变体，通过与麦根腐平脐蠕孢野生型对比发现，缺失突变体 ΔK2 的生长速度极其缓慢；且缺失突变体不能产生分生孢子；菌丝在生长后期膨大畸形。而且对过氧化氢和氯化钾的压力胁迫特别敏感。也发现缺失突变体不能侵染无伤的大小麦叶片和茎基部，能够引起带伤的大小麦叶片轻微的发病。从而表明了小麦根腐蠕孢 *Tup*1 基因与病原对寄主植物的致病性有关系，但是抑制了下游哪些基因的表达还有待进一步的研究。

关键词：麦根腐平脐蠕孢；根腐病；*Tup*1；转录抑制复合物

苹果轮纹病菌果胶裂解酶基因 *Bdpl*1 的功能研究[*]

洪坤奇[**]，臧　睿，赵　莹，文才艺[***]

（河南农业大学植物保护学院，郑州　450002）

摘　要：苹果轮纹病（apple ring rot）是我国苹果生产上的毁灭性病害之一，主要为害果树枝干的皮层部分，形成暗褐色水渍状病斑或“钱币”样瘤状凸起。引起该病害的主要病原菌为茶藨子葡萄座腔菌［*Botryosphaeria dothidea*（Moug）Ces. & De Not.］。明确轮纹病菌与寄主之间的互作机制，对于苹果轮纹病的防治具有重要的指导意义。前期研究表明轮纹病菌在侵染苹果的过程中可产生一系列的细胞壁降解酶，如多聚半乳糖醛酸酶、聚甲基半乳糖醛酸酶、多聚半乳糖醛酸反式消除酶、果胶甲基反式消除酶和果胶裂解酶等。然而，究竟是哪些细胞壁降解酶基因在病原菌侵染寄主过程中发挥了作用目前还不清楚。

本研究通过测定轮纹病菌与感病苹果品种（早富）互作转录组，发现在轮纹病菌侵染的苹果组织中，轮纹病菌的多个果胶裂解酶 *PL* 基因的表达量明显上调表达，推测 *PL* 基因在轮纹病菌侵染苹果的过程中起到了关键作用。我们通过 PEG 介导的原生质体遗传转化方法，成功获得 *Bdpl*1 基因的缺失突变体，对比 Δ*Bdpl*1 突变体与野生型菌株的生长表型，发现 Δ*Bdpl*1 突变体菌落形态与野生型菌株没有明显差别，Δ*Bdpl*1 突变体在果胶培养基上菌落直径显著小于野生型菌株；通过 DNS 法测定胞外果胶酶活，显示 Δ*Bdpl*1 突变体胞外果胶酶活显著下降；苹果枝条离体接种测定致病力发现 Δ*Bdpl*1 突变体致病力与野生菌株无明显区别。qRT-PCR 检测 *Bdpl*1 基因敲除后 *PL* 家族中其他基因的表达量变化，结果显示突变体中 *PL* 家族内有 3 个基因表达量明显上调表达。研究结果初步表明，*Bdpl*1 基因可能通过降解果胶参与轮纹病菌的致病过程，但 *PL* 家族内其他基因可能在 *Bdpl*1 敲除后部分补偿了其在病菌致病力方面的作用。

关键词：苹果轮纹病；果胶裂解酶；突变体；qRT-PCR

---

* 基金项目：河南省自然科学基金（U170411346）

** 第一作者：洪坤奇，在读硕士，植物病理学专业；E-mail：kunqi2018@163.com

*** 通信作者：文才艺，博士，教授，研究方向：植物病害生物防治；E-mail：wencaiyi1965@163.com

草莓棒孢叶斑病研究初报及其病原基因组纳米孔测序*

徐　超**，马庆周，张亚龙，耿月华，臧　睿，张　猛***
（河南农业大学植物保护学院植物病理学系，郑州　450002）

摘　要：多主棒孢（*Corynespora cassiicola*）是一种世界性分布的重要植物病原真菌，能够侵染包括橡胶、黄瓜、番茄、大豆、辣椒等在内的多种经济作物，其中尤以橡胶上发生的棒孢霉落叶病较为严重，相关报道也最多。本实验室于2016—2017年连续在河南省中牟县采集到的草莓叶片病斑上分离出多主棒孢菌，经柯赫氏法则验证，确定其为引起该叶部病害的病原物。由于国内外尚未有关多主棒孢侵染草莓的报道，我们认为它是草莓上的一种新病害，并将其正式命名为草莓棒孢叶斑病。调查发现，该病害在不同草莓品种（甜查理、红颜和章姬）上的发病率为10%～60%，早期形成棕褐色的小圆斑，随着发病时间的延长，病斑逐渐扩展并伴有黄色晕圈产生，最终导致整个叶片枯死。因此，草莓棒孢叶斑病对我国草莓产业的健康发展构成了极大的潜在威胁。

通过对草莓棒孢叶斑病菌CM1与另一株采自云南的橡胶树棒孢霉落叶病菌XJ进行比较研究，发现二者在遗传背景、培养性状及致病力方面均存在差异。首先，多主棒孢菌株CM1和XJ在同源基因*EF-1a*（289bp）、*ACT1*（286bp）和β-*tubulin*（407bp）上总计存在2.75%的单核苷酸变异，且菌株CM1拥有*Cassiicolin*毒素基因而在菌株XJ中未检测到该基因，这意味着它们之间很可能发生了明显的种内遗传分化。其次，相比于菌株XJ，菌株CM1的生长速率相对较快（11.5mm/d vs. 10.0mm/d），色素分泌较少（背面），但正面菌落颜色较深（呈灰白色），且常发生扇变现象。最后，无论是活体还是离体接种，菌株CM1均能在草莓叶片上产生坏死斑，具有较强的致病力，而菌株XJ则无法侵染草莓叶片，因此它们应为两种不同的致病型。基于上述结果，我们应用新一代纳米孔（Nanopore）测序平台辅以二代（Illumina）测序技术对菌株CM1和XJ进行全基因组测序，以期揭示多主棒孢菌种内表型分化的遗传基础和动力来源。经过*de novo*拼装，我们分别得到了44.9Mb的CM1基因组（N50，1.6Mb；L50，10；Num. of Contig，127）和44.4Mb的XJ基因组（N50，4.6Mb；L50，4；Num. of Contig，23）。如此高质量基因组序列图谱的完成将有助于进一步分析多主棒孢种内的基因组演化机制以及挖掘草莓棒孢叶斑病菌致病相关的基因。

关键词：多主棒孢；草莓叶斑病；亲和互作；基因组测序与拼装

---

* 基金项目：河南省高校科技创新团队支持计划 No. 18IRTSTHN021

** 第一作者：徐超，讲师，主要研究方向为植物病原真菌基因组学；E-mail：chaoxu01@163.com

*** 通信作者：张猛，教授，主要研究方向为真菌分类与分子系统学；E-mail：zm2006@126.com

The complete genomic sequence of a novel megabirnavirus from *Fusarium pseudograminearum*, the causal agent of wheat crown rot

Zhang Xiaoting[1], Gao Fei[1,2], Zhang Fang[3], Xie Yuan[1*], Zhou Lin[1*], Yuan Hongxia[1], Zhang Songbai[4], Li Honglian[1]

(1. *College of Plant Protection*, *Henan Agricultural University*, *Zhengzhou* 450002, *China*;
2. *Key Laboratory of Biopesticide and Chemical Biology Ministry of Education*, *Fujian Agriculture and Forestry University*, *Fuzhou* 350002, *China*;
3. *College of Biological Science and Engineering*, *Fuzhou University*, *Fuzhou* 350108, *China*;
4. *Engineering Research Centre of Ecology and Agricultural Use of Wetland*, *Ministry of Education*, *Yangtze University*, *Jingzhou* 434025, *China*)

Abstract: A novel double-stranded RNA (dsRNA) mycovirus, named as Fusarium pseudograminearum megabirnavirus 1 (FpgMBV1), was found from a hypovirulent strain FC136-2A of *Fusarium pseudograminearum*, the causal agent of wheat crown rot. The complete genome of FpgMBV1 is comprised of two dsRNA segments, L1-dsRNA (8 951bp) and L2-dsRNA (5 337bp). Both of the dsRNAs carry two open reading frames on positive strand. L1-dsRNA potentially encodes a 131. 3kDa coat protein (CP) and a 126. 3kDa RNA-dependent RNA polymerase (RdRp), while L2-dsRNA encodes two putative proteins of 97. 2kDa and 30. 6kDa with unknown functions. As found in members of *Megabirnaviridae*, the 5′ and 3′ terminal sequences from L1-dsRNA and L2-dsRNA of FpgMBV1 are highly conserved. The identity between L1-dsRNA (1 630nt) and L2-dsRNA (1 682nt) is 88. 95% and the first 236nts (1~236nt) are exactly the same. And the identity between 3′ UTRs of L1-dsRNA (155nt) and L2-dsRNA (109nt) is 66. 67% with exactly the same terminal hexamer sequences (5′-AAAAGC-3′). Phylogenetic analyses based on the amino acid sequences of the RdRps indicated that FpgMBV1 is a new member within the family *Megabirnaviridae*.

* These authors contributed equally to this work

尖孢镰孢菌苦瓜专化型中细胞自噬相关基因 *FomATG*1 和 *FomATG*13 的基因克隆和功能研究[*]

赵　莹[**]，郭康迪，洪坤奇，文才艺[***]
（河南农业大学植物保护学院，郑州　450002）

摘　要：在我国，随着苦瓜的种植面积在不断扩大，由尖孢镰孢菌苦瓜专化型引起的苦瓜枯萎病频繁发生且危害严重，已成为迄今为止苦瓜生产中最严重的病害之一，阻碍了苦瓜产业的生产和发展。细胞自噬（Autophagy）是真核生物对损伤细胞、细胞器以及蛋白质等降解及再利用的重要过程，在维持细胞的动态平衡、抵抗生物和非生物胁迫等生理过程中起到了关键作用。目前细胞自噬在尖孢镰孢菌中的研究较少，具体功能也不十分不明确。

本研究通过分析尖孢镰孢菌基因组相关基因的序列，在尖孢镰孢菌苦瓜专化型中克隆到细胞自噬相关基因 *FomATG*1 和 *FomATG*13；采用 Split-marker 技术在野生型菌株 SD-1 中对其分别进行了敲除，获得尖孢镰孢菌苦瓜专化型自噬相关基因的缺失突变体 ΔFomATG1、ΔBcATG13 和双敲突变体 ΔBcATG1ΔATG13；生物学性状分析发现，缺失突变体 ΔFomATG1、ΔBcATG13 和与野生菌株 SD-1 相比，在 PDA 培养基上的生长速度明显降低，产孢量减少，色素积累降低；离体和活体接种试验测定致病力发现，与野生菌株 SD-1 相比，缺失突变体 ΔFomATG1 致病力降低，而缺失突变体 ΔFomATG1 和 ΔBcATG1ΔATG13 致病力增强。研究结果初步表明，*FomATG*1 和 *FomATG*13 可能在尖孢镰孢菌苦瓜专化型的生长和致病过程中都起到重要的作用，后续研究正在进行中。

关键词：尖孢镰孢菌苦瓜专化型；细胞自噬；基因克隆；功能研究

---

* 基金项目：公益性行业（农业）科研专项（201503110-11）
** 第一作者：赵莹，博士，讲师；E-mail：nying2009@ 126. com
*** 通信作者：文才艺，博士，教授，研究方向：植物病害生物防治；E-mail：wencaiyi1965@ 163. com

甘蔗鞭黑穗病菌二型态转化机制研究现状*

邓懿祯，常长青，颜梅新，蔡恩平，王艺旭，
孙龙华，孙　飞，习平根，姜子德，张炼辉
（华南农业大学群体微生物研究中心/华南农业大学植物病理学系，广州　510642）

摘　要：甘蔗鞭黑粉菌（*Sporisorium scitamineum*）引起的甘蔗黑穗病是一种世界性重要甘蔗病害，在中国及其他国家蔗区造成严重经济损失，而目前尚缺少高效的防控方法和措施。甘蔗鞭黑粉菌的单倍体担孢子在土壤中行酵母状芽殖，具有MAT-1和MAT-2两种交配型，通过保守的a位点与b位点调控其有性配合及产生双核菌丝，进而侵染甘蔗并于甘蔗生长点形成冬孢子堆。真菌从酵母状到菌丝状二型态转化的机制在模式真菌白色念珠菌、玉米黑粉菌中已有较深入研究报道，但是在甘蔗鞭黑粉菌中尚无相关报道。

华南农业大学甘蔗鞭黑粉菌研究课题组在优化了甘蔗鞭黑粉菌遗传操作、细胞与分子生物学研究的主要技术的基础上，完成了甘蔗鞭黑粉菌b位点的鉴定与功能研究、b位点下游基因筛选、甘蔗鞭黑粉菌发育可视化技术研究。近期，我们又鉴定了甘蔗鞭黑粉菌保守的cAMP/PKA信号通路，发现其调控胞内氧还平衡从而控制二型态转化及致病力；鉴定了MAPK信号通路上的Kpp2激酶、AGC信号通路上的Agc1激酶，结果表明Kpp2激酶和Agc1激酶是通过调控色醇合成而影响二型态转化。以上结果为发展新的有效防控甘蔗鞭黑穗病技术提供了科学依据。

* 基金项目：国家重点基础研究发展计划（973计划）子课题“真菌通讯系统的揭示和调控机理”（2015CB150603）；国家自然科学基金面上项目“一个新的C2H2锌指蛋白Rcm1调控甘蔗鞭黑粉菌有性配合的机理研究”（31672091）

香蕉枯萎病菌1号和4号小种侵染巴西蕉后的蛋白质组学分析*

董红红**，李华平***
（华南农业大学农学院，广州　510642）

摘　要：香蕉枯萎病是由尖孢镰刀菌古巴专化型（*Fusarium oxysporum* f. sp. *cubense*，Foc）侵染引起的一种香蕉上的毁灭性病害，是香蕉生产中最具破坏性的病害之一。Foc共有4个生理小种，其中1号小种（Foc1）和4号小种（Foc4）在我国分布最为广泛，危害最为严重。Foc1和Foc4都可以侵染Cavendish香蕉品种“巴西蕉”，但Foc4可以致病而Foc1不致病。目前，对于两个小种产生致病性差异的机制还不清楚。在该研究中，我们进行了比较蛋白质组学分析以揭示香蕉品种“巴西蕉”对Foc1和Foc4防御机制。采用基于TMT标记的定量蛋白质组学分析技术分析了Foc1、Foc4及清水CK接种48h后香蕉根系的蛋白质组。总共鉴定出7 326个蛋白，其中689个，744个和1 222个蛋白分别在Foc1 vs. CK，Foc vs. CK和Foc1 vs. Foc4中差异表达。通过RT-qPCR分析了15个随机挑选的蛋白在mRNA水平的表达情况。差异表达蛋白的功能注释及GO功能和KEGG通路分析表明，模式识别受体、抗性相关蛋白及其互作蛋白，离子流，转录因子，氧化迸发，植物激素与信号转导，植物次生代谢产物，植物细胞壁修饰，病程相关和其他的已知的防御相关蛋白，自然杀伤细胞介导的细胞毒性，程序性细胞死亡，脂质信号，蛋白翻译后的修饰，GTP结合蛋白等过程中涉及的蛋白在Foc1和Foc4侵染后差异表达，但其表达模式不同，这可能与“巴西蕉”对两个小种的防御机制不同有关。我们的研究结果为深入了解蛋白质组水平上的香蕉与Foc的互作奠定了基础。

关键词：香蕉；香蕉枯萎病；定量蛋白质组学；蛋白质；差异表达

---

* 基金项目：现代农业产业技术体系建设专项（CARS-31-09）
** 第一作者：董红红，博士研究生，植物病理学；E-mail：1245240840@qq.com
*** 通信作者：李华平，教授；E-mail：huaping@scau.edu.cn

香蕉枯萎病菌 4 号小种分生孢子萌发早期分泌蛋白质组研究*

李云锋[1,2]，周玲菀[2]，王振中[1,2]，聂燕芳[2**]
（1. 广东省微生物信号与作物病害防控重点实验室，广州 510642；
2. 华南农业大学植物病理生理学研究室，广州 510642）

摘 要：香蕉枯萎病是香蕉生产上最重要的病害之一，病原菌为尖孢镰刀菌古巴专化型（*Fusarium oxysporum* f. sp. *cubense*，Foc）。Foc 有 4 个小种，其中 4 号小种（Foc4）几乎能侵染所有香蕉种类，危害最为严重。分泌蛋白作为一类重要的致病因子，在 Foc 侵染香蕉过程中起着重要作用。开展 Foc4 分泌蛋白质的研究，有助于全面了解 Foc4 的致病机理。

采用体外模拟植物与病原菌互作条件，采用基于 Label-free 的蛋白质定量技术，开展了香蕉组织提取物诱导条件下的 Foc4 分生孢子萌发早期（7h 和 10h）的分泌蛋白质组研究，并结合生物信息学等方法对差异表达的分泌蛋白进行了功能预测分析。结果表明：诱导条件下 Foc4 有 743 个分泌蛋白差异表达；其中，167 个为经典分泌蛋白（22.5%）、254 个为非经典分泌蛋白（34.2%）、322 个为未知分泌途径的分泌蛋白（43.3%）。GO 富集分析表明，这些分泌蛋白参与的生物过程主要有脂类代谢过程、DNA 代谢、酶活性调控、细胞器定位、细胞脂类代谢过程等，参与的分子功能主要有嘌呤核糖核苷酸结合、嘌呤核苷结合和 ATP 结合等。CAZymes 分析表明，有 58 个分泌蛋白属于 CAZymes，以 GH 家族最多；结构域分析表明，有 33 个蛋白被预测为细胞壁降解酶类。对诱导条件下不同时间段的 Foc4 分泌蛋白的表达进行分析，发现 190 个分泌蛋白差异表达；KEGG 富集分析表明，次生代谢产物合成和酪氨酸代谢途径等受到了显著影响。

关键词：香蕉枯萎病菌 4 号小种；香蕉；分生孢子；分泌蛋白

* 基金项目：国家自然科学基金（31600663）和广东省科技计划项目（2016A020210098）

** 通信作者：聂燕芳；E-mail：yanfangnie@ scau. edu. cn

稻瘟菌附着孢发育期分泌蛋白的高通量鉴定与分析*

聂燕芳[1]，黄嘉瑶[1]，王振中[1,2]，李云锋[1,2]**
（1. 华南农业大学植物病理生理学研究室，广州　510642；
2. 广东省微生物信号与作物病害防控重点实验室，广州　510642）

摘　要：稻瘟病是水稻最重要的病害之一，给水稻生产造成了严重威胁。附着孢是稻瘟菌（*Magnaporthe oryzae*）侵染水稻的关键结构。分泌蛋白作为一类重要的致病因子，在植物病原真菌的致病过程中起着重要作用。但目前关于稻瘟菌分泌蛋白（尤其是附着孢发育过程中）分泌蛋白的组成等缺乏系统了解。

采用基于体外的病原菌分泌蛋白分析策略，将稻瘟菌分生孢子置于 PVDF 膜上，分别于 8h 和 24h 后提取分泌蛋白。应用高通量的 Shotgun 技术，对稻瘟菌附着孢发育不同阶段的分泌蛋白进行了大规模鉴定与分析。结果表明：共有 2 766个稻瘟菌分泌蛋白得到了鉴定，其中，278 个为经典分泌蛋白，所占比例为 10.1%；664 个为非经典分泌蛋白，所占比例为 24.0%；另有 1 824个为未知分泌途径的分泌蛋白，所占比例为 65.9%。对经典分泌蛋白中的 CAZymes 进行了分析，发现有 32 个为 CAZymes，占经典分泌蛋白的 11.5%；其中以 GH 家族最多（6.8%），AA 家族次之（2.2%），CE 家族第三（1.4%），而 CBM 最少（1.1%）。GO 功能注释分析表明，有 2456 个分泌蛋白注释到 51 个 GO 功能子类别中；其中注释到生物过程的主要有 metabolic process、cellular process、single-organism process、localization、cellular component organization or biogenesis、biological regulation、response to stimulus、signaling、multi-organism process 等。KEGG 通路注释分析表明，有 1 519个分泌蛋白注释到 247 个 KEGG 通路中；主要有 organismal systems、metabolism、genetic information processing、environmental information processing 和 cellular processes。

关键词：稻瘟菌；附着孢；分泌蛋白；Shotgun 技术

---

* 基金项目：国家自然科学基金（31671968）；广东省自然科学基金（2015A030313406）；广东省科技计划项目（2016A020210099）；广州市科技计划项目（201804010119）

** 通信作者：李云锋；E-mail：yunfengli@ scau. edu. cn

稻瘟菌与水稻互作的质膜磷酸化蛋白质组学分析*

聂燕芳[1]，邹小桃[1]，王振中[1,2]，李云锋[1,2]**
（1. 华南农业大学植物病理生理学研究室，广州 510642；
2. 广东省微生物信号与作物病害防控重点实验室，广州 510642）

摘　要：植物细胞质膜上存在识别病原菌和参与信号转导等功能相关的受体和早期反应蛋白，质膜蛋白质的磷酸化也被证实参与了病原菌的信号识别等反应。开展病原菌侵染后植物细胞质膜蛋白质磷酸化变化的研究，对于了解植物和病原菌的相互识别和信号跨膜转导等具有重要意义。

以抗稻瘟病近等基因系水稻 CO39（不含已知抗稻瘟病基因）及 C101LAC（含 *Pi*-1 抗稻瘟病基因）为材料，用广东省稻瘟菌优势小种 ZC_{13}接种水稻，于接种后 12 h 和 24 h 取样。经水稻叶片质膜的提取与纯化、质膜磷酸化蛋白质的富集、双向电泳（2-DE）和凝胶染色，获得了不同时间段的磷酸化蛋白质 Pro-Q Diamond 特异性染色 2-DE 图谱和硝酸银染色 2-DE 图谱。用 PDQuest 8.0 软件进行图像分析，共获得了 38 个差异表达的质膜磷酸化蛋白质。

采用 MALDI-TOF-TOF 和 Q exactive 质谱技术，成功对其中的 28 个差异表达质膜磷酸化蛋白质点进行了鉴定。经过生物信息学分析，按照蛋白质的功能可将这些质膜磷酸化蛋白质分为 4 类：膜转运相关蛋白质、信号转导相关蛋白质、代谢相关蛋白质和功能未知蛋白质。在不同抗性水稻品系中，信号识别和信号跨膜转导相关蛋白等存在显著差异，这可能与不同水稻品系的早期防卫反应机制等存在差异有关。

关键词：稻瘟菌；水稻；质膜；磷酸化蛋白质组

---

* 基金项目：国家自然科学基金（31671968）；广东省自然科学基金（2015A030313406）；广东省科技计划项目（2016A020210099）；广州市科技计划项目（201804010119）

** 通信作者：李云锋；E-mail：yunfengli@ scau. edu. cn

香蕉枯萎病菌在不同酸度和有机质含量土壤中的变化分析*

刘继琨**，饶雪琴，李华平***
（华南农业大学，广州　510642）

摘　要：香蕉枯萎病是由尖孢镰刀菌古巴专化型（*Fusarium oxysporum* f. sp. *cubense*，Foc）侵染引起的香蕉上的一种毁灭性病害，目前对病菌在土壤中的流行学研究十分有限。该研究通过配制不同酸度（pH 值=4.5，pH 值=5.5，pH 值=6.5，pH 值=7.5 和 pH 值=8.5）在灭菌和非灭菌条件下和不同有机质含量（16g/kg，32g/kg，64g/kg，96g/kg 腐殖酸钾）的蕉园土壤，通过人工接种 Foc 4 号生理小种（Foc4），定期观察 Foc4 在不同土壤中的生长和繁殖情况。结果表明，在不同酸度处理中，Foc4 的含量，均是随着 pH 的增大而呈减小趋势，其中在 pH 值=7.5 以上的处理中明显低于 pH 值=7.5 以下的 3 个酸度的处理；在不同酸度条件下，Foc4 的含量在灭菌处理中均显著高于非灭菌处理。在不同有机质含量的土壤中，Foc4 的含量随腐殖酸钾含量的增大呈减小趋势，其中在 32g/kg 以上的 3 个腐殖酸钾处理中明显低于 16g/kg 处理。利用平板计数方法分析和比较不同处理类型土壤中各类微生物的多样性和群落结构差异，结果表明，可培养的细菌和放线菌的数量在 pH 处理组中大致随着 pH 的增大而增大，在腐殖酸钾处理组中随着腐殖酸钾含量的升高而增多。利用激光共聚焦显微镜对不同处理土壤中 Foc4 进行观察，结果发现 Foc4 在灭菌处理土壤的中可观察到的 Foc4 孢子要明显多于非灭菌处理与有机质处理的土壤，在 pH 值=4.5 处理中的视野内孢子含量最高；在非灭菌 pH 处理与有机质组合处理中，在 pH 值=7.5 下，腐殖酸钾含量在 64g/kg 时，Foc4 的孢子含量最低；在病菌接种后 30d 时可观察到厚垣孢子，并随着时间增加，其分生孢子数逐渐减少，而厚垣孢子逐渐增多。进一步的 Foc4 在不同处理土壤中的变化规律、以及土壤中各类微生物的多样性和群落结构差异研究工作正在进行中。

关键词：香蕉；香蕉枯萎病菌；pH 值；土壤有机质含量；土壤微生物群落

* 基金项目：现代农业产业技术体系建设专项（CARS-31-09）
** 第一作者：刘继琨，硕士研究生，研究方向：植物病理学；E-mail：lukeandliu@163.com
*** 通信作者：李华平，教授；E-mail：huaping@scau.edu.cn

希金斯炭疽菌效应子的预测、筛选及功能分析*

皮　磊**，刘艳潇，陈琦光，舒灿伟，周而勋***

（华南农业大学植物病理学系/广东省微生物信号与作物病害防控重点实验室，广州　510642）

摘　要：希金斯炭疽菌（*Colletotrichum higginsianum*）是引起菜心炭疽病的病原菌，而菜心炭疽病是早熟菜心生长过程中的主要病害之一，华南地区高温高湿的气候条件特别适合该病的发生，近年来该病发生较为普遍，既影响菜心的外观及品质，又造成减产，严重者损失可达 30%～40%。迄今为止，从细胞水平和分子水平上研究希金斯炭疽菌对十字花科植物致病机理的研究甚少。因此本研究通过对希金斯炭疽菌效应子的预测、筛选及功能分析，能更好地了解效应子在病菌致病过程中的作用。首先根据已通过全基因测序得到的希金斯炭疽菌的全基因组序列，利用 SignalP、TMHMM、Protcomp、big-PI Predictor 和 TargetP 等生物信息学软件和数据库预测获得同源性较低的候选效应子序列。并以候选效应子的序列作为模板，设计了特异性引物，通过希金斯炭疽菌不同时间段的 cDNA 对效应子基因进行 PCR 克隆，构建植物高效表达载体及烟草注射瞬时表达以筛选能诱导烟草细胞坏死的效应子，并对部分效应子做了功能分析。结果表明：利用生物信息学的技术方法预测得到 135 个希金斯炭疽菌候选效应子，烟草注射瞬时表达成功筛选获得了 12 个能诱导烟草细胞坏死的效应子。但在效应子与 INF1 共注射的实验中，所有效应子都不能抑制烟草坏死，因此未获得抑制寄主细胞免疫反应的效应子。在 12 个效应子中，皆为假定蛋白，只有 1 个具有功能域，其他都是功能未知。最后通过 Western Blot 验证说明 12 个效应子皆在烟草叶片细胞中成功表达。另外，选取诱导烟草坏死程度最大的效应子 ChEP011 和具有功能域的效应子 ChEP113 作为效应子功能初步研究的对象。通过荧光定量 PCR（qRT-PCR）技术验证了效应子 ChEP011 和 ChEP113 的基因表达模式，皆在活体营养阶段高度表达。并构建载体研究效应子信号肽和功能域的作用，去掉信号肽后的 ChEP011、ChEP113 和去掉功能域的 ChEP113 都不能诱导叶片发生变薄或坏死现象。同时，通过构建荧光载体研究信号肽对效应子亚细胞定位的影响，结果表明 ChEP011 和 ChEP113 在与寄主互作过程中分泌到寄主的细胞膜上。关于 ChEP011 和 ChEP113 的基因敲除和敲除突变体致病性分析还在进行中。本研究通过对希金斯炭疽菌的效应子进行研究，可望阐明希金斯炭疽菌几个关键效应子的功能及在致病过程中的作用，为十字花科植物炭疽病的有效防治开辟新途径。

---

* 基金项目：国家重点研发计划资助项目（2017YFD0200900）

** 第一作者：皮磊，硕士生，研究方向：植物病原真菌及真菌病害；E-mail：510104668@ qq. com

*** 通信作者：周而勋，教授，博导，研究方向：植物病原真菌及真菌病害；E-mail：exzhou@ scau. edu. cn

两种土壤样本季节变化过程中真菌多样性分析*

陈夏楠[1,2**]，谢甲涛[1,2]，程家森[1,2]，陈 桃[1]，付艳萍[1]，姜道宏[1,2***]
（1. 湖北省作物病害监测和安全控制重点实验室/华中农业大学，武汉 430070；
2. 农业微生物学国家重点实验室/华中农业大学，武汉 430070）

摘 要：土壤中蕴含丰富的微生物资源，土壤真菌是土壤微生物的主要成员，并与其他微生物一起推动着陆地生态系统的能量流动和物质循环，维持生态系统的正常运转，是生态系统中重要的组成部分。土壤真菌多样性及其群落结构组成都对生态系统产生深远的影响，对农作物生产、生态系统的平衡起着重要的作用。采用扩增子 ITS 高通量测序，可以更直接的检测微生物类群。本研究利用 Illumina Miseq 高通量测序技术，分别测定了林业生态系统土壤样本和农业生态系统土壤样本的 ITS2 区序列，进而对四季变化过程中的两种不同土壤样本中真菌群落组成和多样性进行分析。在林业生态系统的土壤样本中，3 月特异性积累的真菌主要有被孢霉属（*Mortierella*）、木霉属（*Trichoder*）、玛利亚霉属新种（*Mariannaea*）、*Archaeorhizomyces*、青霉属（*Penicillium*）、红菇属（*Russula*）等，6 月、9 月和 12 月特异性积累的真菌主要有被孢霉属、木霉属、青霉属、伞状霉属（*Umbelopsis*）、粉褶菌属（*Entoloma*）等。在农业生态系统土壤样本中，3 月份特异性积累的真菌有石豆兰属（*Gymnopus*）、*Chaetosphaeria*，6 月特异性积累的真菌有粗糙孔菌属（*Trechispora*）、*Chaetosphaeria*、*Archaeorhizomyces*、湿伞属（*Hygrocybe*），9 月特异性积累的真菌有 *Chaetosphaeria*、玛利亚霉属新种（*Mariannaea*），12 月特异性积累的真菌有 *Chaetosphaeria*、枝孢属（*Cladosporium*）、生赤壳属（*Bionectria*）等。通过研究分析，基本掌握了该两类土壤样本季节变化过程中主要真菌的种群和优势真菌，为进一步研究该两种土壤真菌的种群动态及生态环境提供了依据。

关键词：土壤真菌；特异性积累；ITS2 区序列

* 基金项目：国家重点研发计划（2017YFD0200602）

** 第一作者：陈夏楠，女，硕士研究生，主要从事分子植物病理学相关研究；E-mail：799660970@ qq. com

*** 通信作者：姜道宏，华中农业大学植物科学技术学院教授，主要从事分子植物病理学及生物防治的相关研究；E-mail：daohongjiang@ mail. hzau. edu. cn

猕猴桃枝枯病病原的初步鉴定*

郭雅双[1,2]，杜亚敏[1]，宣佩雪[1]，洪　霓[1,2]，王国平[1,2]**

（1. 华中农业大学植物科技学院/湖北省作物病害监测与安全控制重点实验室，武汉　430070；
2. 华中农业大学/农业微生物学国家重点实验室，武汉　430070）

摘　要：枝枯病是我国猕猴桃产区近年普遍发生的一种新的真菌性病害，主要危害枝干，前期在剪锯口和枝芽周围产生环形或不规则形的红褐色或黑色病斑，后期病斑延枝干扩展且深达木质部，造成枝条干枯，发病严重时整株枯死，对我国猕猴桃产业具潜在的严重威胁。

为明确我国猕猴桃产区枝枯病的病原菌种类及其发生规律，为防治该病提供理论依据，我们对湖北和安徽猕猴桃产区进行了枝枯病发生危害调查，采集枝干病样并进行病原菌分离鉴定，目前已获得 74 株间座壳属（*Diaporthe*）/拟茎点霉属（*Phomopsis*）真菌，对其进行形态学特征观察和 rDNA-ITS 序列分析，共鉴定到 5 个种，包括 *Diaporthe eres*、*Phomopsis fukushii*、*D. hongkongensis*、*P. longicolla* 和 *P. subordinaria*，其中分离出的 *D. eres* 菌株最多。菌落形态和致病力观测结果显示，5 种间座壳菌的菌落生长初期形态相似，后期 *P. subordinaria* 则产生明显的褐色色素。在大麦粒培养基上 *D. eres*、*P. fukushii*、*D. hongkongensis* 均可诱导产生两种类型的分生孢子，α 型分生孢子纺锤形，具有 2 个油球，大小为（2.85～4.92）μm×（0.83～1.74）μm；β 型分生孢子线状或一端呈弯钩状，大小为（6.94～14.52）μm×（0.61～1.29）μm。采用菌丝块在猕猴桃的离体枝条和果实进行接种的结果显示，在枝条上 *P. subordinaria* 和 *D. eres* 的致病力较强，而在果实上仅 *D. hongkongensis* 和 *P. subordinaria* 致病。进一步研究发现这 5 种间座壳菌在梨枝条上也可致病，其中 *D. hongkongensis* 的致病力最强，*P. subordinaria* 的致病力最弱。

这些研究结果为进一步明确鉴定我国猕猴桃枝枯病的病原菌种类、分子特征及生物学特性、病原菌的致病性及寄主范围与寄主选择性，奠定了研究基础。

关键词：猕猴桃；纹枯病；病原菌；分离鉴定

---

* 基金项目：农业产业技术体系（CARS-28-15）和中央高校基本科研业务费专项（项目批准号：2662016PY107）

** 通信作者：王国平；E-mail：gpwang@ mail. hzau. edu. cn

两株引起柑橘果实腐烂病的病原菌鉴定*

雷建姣[1**]，谢甲涛[1,2]，程家森[1,2]，陈 桃[1]，姜道宏[1,2]，付艳苹[1***]
（1. 湖北省作物病害监测和安全控制重点实验室/华中农业大学，武汉 430070；
2. 农业微生物学国家重点实验室/华中农业大学，武汉 430070）

摘 要：柑橘（*Citrus*）属芸香科植物，2017 年我国种植面积超过 257 万公顷，产量达 3 800万 t 以上，种植面积和产量都位居全球首位。在柑橘果实生长中后期、运输和贮藏期间，由病原真菌引起的烂果现象十分普遍，腐烂率通常为 10%~30%，重者甚至高达 50%，对我国柑橘产业造成了严重的经济损失。研究柑橘采后病害危害及其病原鉴定，对柑橘产业健康发展具有重要的指导作用。柑橘果实腐烂病在伦晚脐橙果上病状主要表现为果实皮褐化、坚硬、缩水，严重影响果实商品价值。前期对自湖北宜昌 2017 年采集的伦晚脐橙病果进行了组织分离，分离了获得了 288 株真菌菌株。本研究对其中两株真菌菌株 LW45-1 和 LW43-2 进行了分子鉴定及其生物学特性研究。基于 ITS、EF-1α 和 β-tubulin 基因序列构建系统进化树，表明菌株 LW45-1、LW43-2 与小新壳梭孢（*Neofusicoccum parvum*）聚为一枝，具有很近亲缘关系。28℃条件下在 PDA 上培养，LW45-1 和 LW43-2 的菌落呈白色，着生大量气生菌丝。利用松针诱导菌株 LW43-2 和菌株 LW45-1产孢，发现菌株 LW43-2 产孢困难，但菌株 LW45-1可以产大量分生孢子。菌株 LW45-1 的分生孢子器壁黑色，分生孢子梗无色透明，着生在分生孢子器的内壁上，短棒状、有隔、顶端略尖，以全壁芽生方式产分生孢子；分生孢子纺锤形或椭圆形，薄壁、无隔、无色透明，且内有油球，分生孢子大小为（16.0~22.0）μm×（4.5~9.0）μm。这些特性与已报道的小新壳梭孢的形态特性趋于一致。结合分子生物学和形态学，鉴定菌株 LW43-2 和 LW45-1 为小新壳梭孢（*N. parvum*）。对菌株 LW43-2 和 LW45-1 生物学特性进行了研究。菌株 LW43-2 和 LW45-1 在 15~35℃的范围内均能生长，30℃为菌丝最适生长温度。pH 值适宜范围为 4~7，最适 pH 为 5。在 PDA、OMA、MEA、WA、果肉+琼脂、果皮+琼脂和叶片+琼脂这 7 种不同培养基中，菌丝在 PDA 培养基上生长最快，在柑橘果皮+琼脂的培养基上生长最慢，且最早分泌墨绿色色素。致病力测定，发现菌株 LW43-2 和 LW45-1 不仅可以侵染果实引起腐烂，也可侵染柑橘叶片和枝干，这是首次报道小新壳梭孢可以引起柑橘果实腐烂病，为柑橘果实腐烂病的防治具有指导意义。

关键词：柑橘；果实腐烂病；病原鉴定

---

* 基金项目：现代农业产业技术体系建设专项（CARS-26）
** 第一作者：雷建姣，女，硕士研究生，研究方向为产后果实病害防治；E-mail：jianjiao7L@ webmail. hzau. edu. cn
*** 通信作者：付艳苹，博士，教授，主要从柑橘产后病害防控技术相关研究；E-mail：yanpingfu@ mail. hzau. edu. cn

侵染垫在核盘菌致病过程中的功能研究*

谢　冲[1**]，肖炎农[1]，王高峰[1]，谢甲涛[1,2]，姜道宏[1,2]，肖雪琼[1***]
（1. 湖北省作物病害监测和安全控制重点实验室/华中农业大学，武汉　430070；
2. 农业微生物学国家重点实验室/华中农业大学，武汉　430070）

摘　要：核盘菌［*Sclerotinia sclerotiorum*（Lib.）de Bary］为世界性分布的重要植物病原真菌，是油菜、大豆、向日葵等重要农作物上的主要病原物，严重威胁生产安全。侵染垫是核盘菌侵染寄主过程中形成的结构。为了研究侵染垫的形成机制和功能，我们将能正常形成侵染垫的野生型菌株 Sunf-M 和不能形成侵染垫的突变体菌株 Sunf-MT6，分别接种健康寄主植物叶片。结果发现，Sunf-M 接种寄主植物叶片 3~4h 即可观察到侵染垫，侵染垫可以穿透寄主表皮，且其表现有黏性物质附着，而无侵染垫形成的 Sunf-MT6 不能侵入健康寄主植物叶片。将菌株 Sunf-M 和 Sunf-MT6 分别接种有伤口的寄主植物叶片，发现 Sunf-M 和 Sunf-MT6 都能从伤口直接侵入，且不需要侵染垫的参与，表明侵染垫仅在核盘菌侵染完整寄主表皮组织时形成并发挥功能。将菌株 Sunf-M 和 Sunf-MT6 分别接种角质形成缺陷的拟南芥突变体叶片，两者均可快速侵入角质缺陷型突变体叶片，接种 2h 即可见明显的病斑，而核盘菌侵染健康的野生型拟南芥 2h 时无病斑形成。台盼蓝染色后显微观察发现核盘菌侵染角质缺陷型突变体时无侵染垫形成。据此推测，侵染垫可能是核盘菌突破寄主植物表皮的必要结构，植物的角质与核盘菌侵染垫的形成存在密切关系。同时，我们还分别获取了核盘菌侵染垫形成阶段的核盘菌及寄主植物的转录组数据。后期计划以此为依据，进一步研究侵染垫的形成及功能，从而深入解析核盘菌的致病机理，并为作物菌核病的安全防控提供理论依据。

关键词：核盘菌；侵染垫；角质；真菌与寄主互作

---

* 基金项目：国家自然科学基金（31501595）

** 第一作者：谢冲，博士研究生，主要从事分子植物病理学研究；E-mail：xiechong@ webmail. hzau. edu. cn
*** 通信作者：肖雪琼，博士，华中农业大学植物科学技术学院教授；E-mail：xueqiongxiao@ mail. hzau. edu. cn

The research on transcription factor *SsMCM*1 and its interacting proteins in *Sclerotinia sclerotiorum**

Zhang Bowen, Xu Tingtao, Liu Ling, Zhu Genglin, Lv Xingming, Liu Jinliang, Zhang Xianghui, Zhang Yanhua**, Pan Hongyu**

(*College of Plant Sciences*, *Jilin University*, *Changchun* 130062, *China*)

Abstract: *Sclerotinia sclerotiorum* (Lib.) de Bary is a challenging agricultural pathogen for management, causing large global economic losses annually. In this study, a MADS-box transcriptional factor *SsMCM*1 was cloned from *S. sclerotiorum*, then *SsMCM*1 function was investigated using RNA interference. Our results demonstrated that the transcription factor *SsMCM*1 was involved in *S. sclerotiorum* growth, development and virulence.

Yeast two-hybrid and Bimolecular Fluorescent Complementary was been applied to identify proteins that physically associate with SsMCM1 in *S. sclerotiorum.* Twelve putative SsMCM1 interacting proteins were identified. SsIP37 contains the Pmp3 family domain; SsIP43 contains the PGM3 family domain; SsIP44 contains the Mpv17-PMP22 domain; SsIP86 contains the Catalase domain; SsIP98 contains the Cyclin domain; SsIP106 contains the RGL11 domain. The other interacting proteins function are unknown. SsCdc28 (SSIG_02296) was cloned which highly homologous to yeast Cdc28. Yeast two-hybrid assays indicate that Cdc28 physically interacts with SsIP86.

*SsIP*99 (SS1G_07136) contained an STE domain at the N terminus and a C2H2 zinc finger domain at the C terminus, termed as *SsSte*12, the putative downstream transcription factor of MAPK pathway in *S. sclerotiorum.* Silencing *SsSte*12 resulted in phenotypes of delayed vegetative growth, reduced size of sclerotia, and fewer appressoria formation. Consequently, the *SsSte*12 RNAi mutants showed attenuated pathogenicity on the host plants due to the defect compound appressorium. Moreover, the transcription factor *SsMCM*1 and its interacting proteins might play a critical role in the regulation of the genes encoding these traits in *S. sclerotiorum.*

* Funding: This study was financially supported in part by the National Natural Science Foundation of China (31101394, 31772108, 31471730), the National Key Research and Development Program of China (2017YFD0300606)

** Corresponding authors: Zhang Yanhua; E-mail: yh_zhang@jlu.edu.cn

Pan Hongyu; E-mail: panhongyu@jlu.edu.cn

Transcription factor *SsSte*12 is involved in Sclerotia development and appressoria production in *Sclerotinia sclerotiorum*[*]

Lu Dongxu, Liu Fengwen, Sun Rongze, Wang Kangning,
Zhang Bowen, Zhang Yanhua[**], Pan Hongyu[**]
(*College of Plant Sciences*, *Jilin University*, *Changchun* 130062, *China*)

Abstract: *Sclerotinia sclerotiorum* is a challenging agricultural pathogen for management, causing large global economic losses annually. The sclerotia and infection cushions are critical for its long-term survival and successful penetration on a wide spectrum of hosts. The mitogen-activated protein kinase (MAPK) cascades serve as central signaling complexes that are involved in various aspects of sclerotia development and infection.

In this study, the putative downstream transcription factor of MAPK pathway, *SsSte*12, was analyzed in *S. sclerotiorum*. Silencing *SsSte*12 in *S. sclerotiorum* resulted in phenotypes of delayed vegetative growth, reduced size of sclerotia, and fewer appressoria formation. Consequently, the *SsSte*12 RNAi mutants showed attenuated pathogenicity on the host plants due to the defect compound appressorium. Yeast two-hybrid (Y2H) and bimolecular fluorescence complementation (BiFC) assays demonstrated that the SsSte12 interacts with SsMcm1. However, the *SsMcm*1 expression is independent of the regulation of *SsSte*12 as revealed by qRT-PCR analysis in *SsSte*12 RNAi mutants. Together with high accumulation of *SsSte*12 transcripts in the early development of *S. sclerotiorum*.

Our results demonstrated that SsSte12 function was essential in the vegetative mycelial growth, sclerotia development, appressoria formation and penetration-dependent pathogenicity. Moreover, the SsSte12-SsMcm1 interaction might play a critical role in the regulation of the genes encoding these traits in *S. sclerotiorum*.

Key words: *SsSte*12; Sclerotia; Appressoria; Pathogenicity; SsMCM1

---

* Funding: National Natural Science Foundation of China (31101394, 31772108, 31471730)

** Corresponding authors: Zhang Yanhua; E-mail: yh_zhang@ jlu. edu. cn
Pan Hongyu; E-mail: panhongyu@ jlu. edu. cn

SsFDH1, a formaldehyde dehydrogenase, regulates the sclerotial development and pathogenicity in *Sclerotinia sclerotiorum*[*]

Zhu Genglin, Li Jingtao, Lv Xingming, Zhang Xianghui, Liu Jinliang, Zhang Yanhua, Pan Hongyu[**]

(*College of Plant Sciences*, *Jilin University*, *Changchun* 130062, *China*)

Abstract: *Sclerotinia sclerotiorum* (Lib.) de Bary is notorious phytopathogenic fungus with broad host ranges. Glutathione-dependent formaldehyde dehydrogenases (GD-FDHs) represent a ubiquitous class of enzymes in both prokaryotes and eukaryotes, but the functions of FDHs in necrotrophic plant pathogen *Sclerotinia sclerotiorum* have not been characterized.

In this study, we functionally characterized a GD-FDH orthologous protein SsFDH1 (SS1G_10135) in *S. sclerotiorum*. SsFDH1 was firstly identified as an interacting protein of our previously characterized GATA transcription factor SsNsd1, which regulates asexual-sexual development and appressoria formation in *S. sclerotiorum*. Consistent to its predicted biochemical function as one of the FDHs in formaldehyde detoxification, *SsFDH*1 deletion mutants (Δ*SsFDH*1-KOs) were lethal when grown in formaldehyde-containing medium and showed sensitivity to exogenous nitrosative stress as well. Morphologically, Δ*SsFDH*1-KOs showed altered sclerotial development, reduced production of compound appressoria, as well as increased sensitivity to different osmotic and oxidative stresses. Meanwhile, the Δ*SsFDH*1-KOs exhibited attenuated virulence on both healthy and wounded common bean leaves. Compared with the previously generated Δ*SsNsd*-KOs, Δ*SsFDH*1-KOs produced smaller-sized sclerotium, but showed similar attenuated pathogenicity. Additionally, we found that the expression levels of both *SsNsd*1 and *SsFDH*1 displayed spatial and temporal synchronization as revealed by quantitative real-time PCR (qRT-PCR) analysis in different developmental stages.

Taken together, our results suggested that SsFDH1, as a SsNsd1-interating protein, might function jointly with SsNsd1 in vegetative development and pathogenicity in *S. sclerotiorum*.

Key words: *Sclerotinia sclerotiorum*; SsFDH1; Vegetative development; Appressorium; Pathogenicity; SsNsd1

* Funding: National Natural Science Foundation of China (31471730, 31772108)

** Corresponding author: Pan Hongyu; E-mail: panhongyu@ jlu. edu. cn

Function on the transcriptional factor SsFKH1 to sclerotia and cushion development in *Sclerotinia sclerotiorum* *

Cong Jie, Liu Jinliang, Zhang Yanhua, Zhang Xianghui, Pan Hongyu**

(*College of Plant Sciences*, *Jilin University*, *Changchun* 130062, *China*)

Abstract: *Sclerotinia sclerotiorum* (Lib.) de Bary is a necrotrophic plant pathogenetic fungus with broad host range and worldwide distribution. The sclerotia and cushion of *S. sclerotiorum* will be induced and produced into pigmented multicellular structures from the aggregation of hyphae during the vegetative development stages respectively under ambient pH, cAMP and light conditions. Sclerotia are requried for the production of fruiting body. And the cushion play a central role in the life and infection cycles of this pathogen. On the basis of some research previously, *Ss-Fkh*1, forkhead (FKH)-box-containing protein, is an important transcriptional factor involved information and development of sclerotia and cushion.

To investigate the role of *Ss-Fkh*1 in *S. sclerotiorum*, the partial sequence of *Ss-Fkh*1 was cloned and RNA interference (RNAi)-based gene silencing was employed to alter the expression of *Ss-Fkh*1. RNA-silenced mutants with significantly reduced *Ss-Fkh*1 RNA levels exhibited slow-growing hypha and developmental defects sclerotia. In addition, the expression levels of a set of putative melanin biosynthesis-related laccase genes and a polyketidesynthase-encoding gene were significantly down-regulated insilenced strains. Pathogenicity test results demonstrated that RNAi-silenced strains was significantly compromised with the development of a smaller infection lesion on tomato leaves. Meanwhile, the resulting mutant displays series phenotypes that mycelial growth rate decreased significantly when compared *Ss-Fkh*1 knock-out mutant with the wild-type, it's development stage remained in S1 stage of sclerotinia. Collectively, the results suggest that *Ss-Fkh*1 is involved in hyphalgrowth, virulence and sclerotial formation in *S. sclerotiorum*.

Key words: *Sclerotinia sclerotiorum*; Transcriptional factor; SsFKH1; Sclerotia; Cushion

---

* Funding: National Natural Science Foundation of China (31772108; 31471730)

** Corresponding author: Pan Hongyu; E-mail: panhongyu@ jlu. edu. cn

Transcriptome analysis reveals candidate genes involved in pathogenicity in *Sclerotinia sclerotiorum* *

Lv Xingming, Liu Jinliang, Zhang Yanhua, Zhang Xianghui, Pan Hongyu**

(*College of Plant Sciences*, *Jilin University*, *Changchun* 130062, *China*)

Abstract: *Sclerotinia sclerotiorum* is an important plant pathogenic fungus which has a wide host-range and can infect more than 400 plant species, including many important crop plants. In previous study, a transcriptional factor *Ss-Nsd*1 gene from *S. sclerotiorum* was cloned and the function of *Ss-Nsd*1 was charactrerized by gene knockout. The *Ss-nsd*1 deletion mutants were defective in compound appressorium formation, which is a crucial step for phytopathogenic fungi to initiate infection of their hosts due to the penetration of the plant cuticle, meanwhile the mutants lost the ability to invade its host plant.

In this study, the *Ss-nsd*1 deletion mutants and wild type strains were used to analyse differentially expressed genes (DEGs) by RNA Sequencing. The partial candidate genes of compound appressorium formation and pathogenecity were functional analyzed. The RNA-seq results revealed 2470 DEGs (Log2FC>1 or <-1, FDR <0.01) enriched in 1789 GO terms. KEGG analysis indicated that the up-regulated genes and down-regulated genes were significantly enriched in 8 pathways and 11 pathways ($P<0.05$), respectively.

Based on these results, virulent genes of *S. sclerotiorum* were deeply excavated and the expression levels of DEGs were verified by fluorescence quantitative PCR which showed consistent results with the sequencing analysis outcomes. The role of these virulent genes were under investigation.

Key words: *Sclerotinia sclerotiorum*; Transcriptome analysis; Pathogenicity

---

* Funding: National Natural Science Foundation of China (31772108; 31471730)

** Corresponding author: Pan Hongyu; E-mail: panhongyu@jlu.edu.cn

The transmembrane proteins BcSho1 and BcSln1 regulate vegetative differentiation, pathogenicity and multiple stress tolerance in *Botrytis cinerea**

Ren Weichao**, Yang Yalan, Li Fengjie, Zhou Mingguo, Chen Changjun***

(*College of Plant Protection*, *Nanjing Agricultural University*, *Nanjing* 210095, *China*)

Abstract: The high-osmolarity glycerol (HOG) signaling pathway belongs to the class of mitogen-activated protein kinase (MAPK) cascade that regulates the response of organism to various environmental signals. The membrane spanning proteins Sho1 and Sln1 serve as signaling sensors of HOG pathway. Here, we investigated *BcSHO*1 and *BcSLN*1 in the gray mold fungus *Botrytis cinerea*. Targeted gene deletion demonstrated that both *BcSHO*1 and *BcSLN*1 are important for mycelial growth, conidiation and sclerotial formation. Infection tests revealed that the virulence of the *BcSHO*1 and *BcSLN*1 double deletion mutant decreased significantly, however, the single deletion mutant of *BcSHO*1 or *BcSLN*1 makes no difference with the wild-type strain. In addition, the *BcSHO*1 and *BcSLN*1 double mutant exhibited resistance to osmotic stresses. All of the defects were restored by genetic complementation of the mutants with wild-type *BcSHO*1 and *BcSLN*1 respectively. These results indicate that *BcSHO*1 and *BcSLN*1 share some functional redundancy and play important roles in the regulation of vegetative differentiation and multiplestress tolerance of *B. cinerea*.

---

* Funding: This work was supported by the National Science Foundation of China (31672065) and the Special Fund for Agro-scientific Research in the Public Interest (201303023 and 201303025)

** First author: Ren Weichao, Ph. D. candidate; E-mail: 2016202050@ njau. edu. cn

*** Corresponding author: Chen Changjun; E-mail: changjun-chen@ njau. edu. cn

宁夏和青海马铃薯镰刀菌根腐类病害病原菌鉴定

杨 波[1]，郭成瑾[2]，王喜刚[2]，沈瑞清[1,2]

（1. 宁夏大学农学院，银川 750021；2. 宁夏农林科学院植物保护研究所，银川 750002）

摘 要：为明确宁夏和青海马铃薯镰刀菌根腐类病害病菌种类和优势种群，从两地 24 个乡镇共采集具有根腐类病状的病株 229 株，采用组织分离法培养，共获得纯化后的镰刀菌菌株 345 株，通过形态学鉴定、ITS 和 EF-1α 序列分析及致病性测定等，对马铃薯镰刀菌根腐类病害病原菌种类进行了系统研究。结果表明，两地马铃薯镰刀菌根腐类病害共存在 7 种病原菌，即尖孢镰刀菌 *Fusarium oxysporum*、木贼镰刀菌 *Fusarium equiseti*、接骨木镰刀菌 *Fusarium sambucinum*、锐顶镰刀菌 *Fusarium acuminatum* 和茄病镰刀菌 *Fusarium solani*，燕麦镰刀菌 *Fusariuma venaceum* 和三线镰刀菌 *Fusarium tricinctum*。其中，宁夏分离频率较高的种群为尖孢镰刀菌、锐顶镰刀菌和接骨木镰刀菌，其分离频率分别为 29. 13%、21. 73%和 19. 56%；青海优势分离种为木贼镰刀菌、茄病镰刀菌和锐顶镰刀菌，分离频率依次为 40. 86%、17. 39%和 17. 39%。

关键词：马铃薯根腐类病害；镰刀菌种类；病原鉴定；ITS；EF-1α

温度湿度对在枝蔓上越冬葡萄炭疽病菌产孢的影响*

李星怡**，周善跃，李保华***
（青岛农业大学植物医学学院/山东省植物病虫害综合防控重点实验室，青岛　266109）

摘　要：葡萄炭疽病是葡萄主要病害，主要侵染葡萄果实，受侵染的果实于近成熟发病，造成果实腐烂，严重影响葡萄生产。侵染葡萄果实的炭疽病菌主要来源于枝蔓上的越冬病菌。目前，生产上对于葡萄炭疽病主要从病菌的初侵染期开始，定期喷药或套袋保护果实和枝蔓。因此，研究了解在葡萄枝蔓上越冬炭疽病菌的产孢条件，就可以预测炭疽病菌的初侵染期和初侵染量，为炭疽病的防控提供依据。

以 4 月初从葡萄园内采集越冬后的葡萄枝蔓，测试了不同温度和湿度对在枝蔓上炭疽病菌产孢的影响。结果表明：葡萄枝蔓潜带有大量炭疽病菌，在适宜条件下每个枝段（15cm）都能产生分生孢子角。其中，84%的分生孢子角产生于枝蔓外观健康的表皮组织，15.25%的分生孢子角产生于芽痕，只有 0.75%的分生孢子角产生于枝蔓上的枯死病斑表面。枝蔓表面枯死斑上产生分生孢子角非常稀少，表明葡萄枝蔓枯死病斑内的病菌不是炭疽病菌的主要越冬场年。这可能由于病斑组织坏死，病菌失去赖以生存的环境条件造成的。在葡萄枝蔓上越冬的炭疽病菌在 25℃和 30℃下保湿培养 3d，枝蔓上可产生肉眼可见的橘黄色分生孢子角。其中，湿润的枝蔓在 30℃培养 3d 后，产生分生孢子角的数量最多，25℃下次之；在 20℃下保湿培养的枝蔓，14d 后才能产生肉眼可见的分生孢子角；5℃、10℃、15℃和 35℃下保湿培养的枝蔓，保湿 14d 后，未见到产生分生孢子角。在葡萄枝蔓上越冬的炭疽病菌产孢需要枝条湿润或 100%高湿环境，产孢温度范围为 20~30℃，最适产孢温度为 30℃。可以推测，当平均气温达到 25℃，持续 3d 的阴雨，葡萄炭疽病的越冬病菌可产生大量分生孢子，开始初侵染，降雨持续时间越长，病菌的侵染量越大。

关键词：炭疽病菌；温度；湿度；葡萄枝蔓；越冬

---

* 基金项目：山东省重点研发计划（2017CXGC0214）
** 第一作者：李星怡，硕士研究生，研究方向为植物病害流行学；E-mail：lixingyi1215@163.com
*** 通信作者：李保华，教授，主要从事植物病害流行和果树病害研究；E-mail：baohuali@qau.edu.cn

苹果轮纹病菌产孢条件与产孢动态*

薛德胜**，李保华***

（青岛农业大学植物医学学院/山东省植物病虫害综合防控重点实验室，青岛 266109）

摘 要：苹果轮纹病（*Botyosphaeria dothidea*）主要为害枝干和果实，在枝干上形成轮纹病瘤、马鞍状病斑、干腐病斑和粗皮，在果实上形成轮纹烂果，严重威胁苹果生产。轮纹病菌能在干腐病斑和马鞍状病斑上产生大量分生孢子和子囊孢子，两种孢子是轮纹病菌的主要的侵染源。研究了解轮纹病菌分生孢子和子囊孢子形成条件，可以预测轮纹病菌的侵染期，为轮纹病菌的防控提供依据。

用轮纹病菌接种6月份富士苹果果实，接种果实培养3d后发病，然后转入不同温度和光照条件（相对湿度75%）诱导产孢。发病果实最快经4d的诱导可产生分生孢子，7d后产生大量分生孢子。发病果实需要光照处理才能产孢。经日光灯、黑光灯（365nm）和紫外灯（265nm）连续照射处理的果实都能产生分生孢子，但在黑暗条件下培养的苹果幼果没有产生分生孢子。发病果实在15℃、20℃、25℃、30℃和35℃下，经黑光灯照射处理后都能产生分生孢子，其中30℃下培养的果实上产孢量最大，而10℃和40℃下培养的果实上没有产生孢子。

用轮纹病菌接种富士苹果一年生的活体枝条，在室外培养2周后发病，然后将带有发病枝条的树体转入温室内淋水处理。结果表明，经淋水处理的枝条都能产生子囊孢子，而未经淋水的病枝不产生子囊孢子；发病枝条经连续淋水2d就能诱导产生子囊孢子；淋水1d，间隔1d，然后再淋水1d，也可诱导产生大量子囊孢子；经连续淋水7d的病枝条产生子囊孢子的量最大。发病枝条经淋水处理后7d内就可以产生子囊孢子，21d后子囊孢子形成量达到高峰期。

用轮纹病菌接种富士苹果的活体枝条，病菌接种后用百草枯处理枝条基部。结果表明，枝条接种4d后就能见到明显的干腐病斑，病菌扩迅速，接种14d后，病斑平均长度达21.6cm，45d后整个枝条全部发病，布满病斑。病菌接种7d后，病斑上出现轮纹病菌的子座，并且在子座内能见到分生孢子，34d后分生孢子器在所有子座中所占的比例为76%，达高峰期。病菌接种后3个月，枝条上开始出现子囊孢子，接种后7个月，子囊壳在所有子座中所占的比例达到高峰，占97.75%。

关键词：轮纹病菌；产孢动态；温度；光照；淋雨

---

* 基金项目：国家重点研发计划（2016YFD0201122）；山东省重点研发计划（2017CXGC0214）；国家现代农业苹果产业技术体系（CARS-27）

** 第一作者：薛德胜，硕士研究生，研究方向为植物病害流行学；E-mail：xuedesheng2008@126.com

*** 通信作者：李保华，教授，主要从事植物病害流行和果树病害研究；E-mail：baohuali@qau.edu.cn

Genetic transformation and green fluorescent protein labeling in *Ceratocystis paradoxa* from coconut

Niu Xiaoqing, Yu Fengyu, Song Weiwei, Qin Weiquan
(*Coconut Research Institute, Chinese Academy of Tropical Agricultural Sciences, Wenchang* 571339, *China*)

Abstract: *Ceratocystis paradoxa*, the causal agent of stem-bleeding disease of coconut, causes great losses to the global coconut industry. As the pathogenic mechanism of *C. paradoxa* has not been studied, the introduction of an exogenous gene marker into *C. paradoxa* for pathogenic invasion analysis is warranted. In this study, we selected pCT74-sGFP as an expression vector, which contains the hygromycin B-resistance gene as a selective marker and a green fluorescent protein (GFP) gene as a label marker. The protoplast preparation method for *C. paradoxa* under different release buffers was also investigated. The plasmid pCT74-sGFP was successfully transformed into the genome of *C. paradoxa*, verified mainly by polymerase chain reaction and green fluorescence detection. The transformants did not exhibit any obvious differences from the wild-type isolates in terms of growth and morphological characteristics. Pathogenicity tests showed that the transformation process did not alter the virulence of the X-3314 *C. paradoxa* strain. This is the first report on the polyethylene glycol-mediated transformation of *C. paradoxa* carrying a 'reporter' gene GFP that was stably and efficiently expressed in the transformants. These findings provide a basis for future functional genomics studies of *C. paradoxa* and offer a novel opportunity to track the infection process of *C. paradoxa*.

Key words: Stem-bleeding disease of coconut; *Ceratocystis paradoxa*; *gfp* gene; Transformation; Protoplast

甘蔗褐锈病菌环介导等温扩增快速检测方法的建立*

吴伟怀**，汪　涵，贺春萍，李　锐，
郑金龙，黄　兴，梁艳琼，习金根，易克贤***
（中国热带农业科学院环境与植物保护研究所/农业部热带
农林有害生物入侵检测与控制重点开放实验室/
海南省热带农业有害生物检测监控重点实验室，海口　571101）

摘　要：由黑顶柄锈菌（*Puccinia melanocephala* H. & P. Syd.）引起的甘蔗褐锈病在多数种植甘蔗的国家或地区均有发生，可以引起感病品种产量损失 10%~40%。该病害其早期症状与甘蔗其他叶斑病症状难以区分，尤其是与黄锈病早期很难辨别。因此，建立其病原菌的快速检测技术，对于病害监测与防控具有十分重要的意义。迄今，还未见该病菌的环介导等温扩增技术（loop-mediated isothermal amplification，LAMP）检测体系的报道。为此，本研究通过对甘蔗褐锈病菌 ITS 序列与其他属或种同源性 ITS 序列作多重比较，获得甘蔗褐锈病菌 ITS 序列多态性丰富区域。利用 primer explorer 4.0 软件（http：//primerexplorer.jp/elamp4.0.0）于多态性丰富区共设计了 5 套引物，经过筛选获得一套对该病原菌具有特异性的 LAMP 引物。并以此引物建立了 LAMP 检测体系。该反应体系经 63℃反应 1h 后，在每个反应体系中加入 0.1μL SYBR Green I，通过肉眼观察待测样品反应液颜色变化判定结果。特异性分析结果表明，该检测体系仅能从甘蔗褐锈病菌的 DNA 中检测出条带，而从其他供试菌株 DNA 中不能检测出任何条带。利用此方法检测甘蔗褐锈病菌基因组 DNA 最低检测限为 1pg，比普通 PCR 检测方法的灵敏度高 100 倍。本研究中所建立的检测体系为甘蔗褐锈病菌的早期诊断、快速检测提供了又一检测方法。

关键词：黑顶柄锈菌；环介异等温扩增技术；ITS 序列；快速检测

---

* 基金项目：中国热带农业科学院橡胶研究所省部重点实验室/科学观测实验站开放课题（RRI-KLOF201506）；FAO/IAEA 协作研究项目（No. 20380）

** 第一作者：吴伟怀，男，博士，副研究员；研究方向：植物病理；E-mail：weihuaiwu2002@163.com
*** 通信作者：易克贤，男，博士，研究员；研究方向：分子抗性育种；E-mail：yikexian@126.com

十字花科根肿病菌的快速检测方法*

关格格[1**]，庞文星[2]，杨新宇[1]，朴钟云[2]，梁　月[1***]
（1. 沈阳农业大学植物保护学院，沈阳　110866；2. 沈阳农业大学园艺学院，沈阳　110866）

摘　要：芸苔根肿菌（*Plasmodiophora brassicae* Worn.）引起的根肿病已成为我国多个省份十字花科作物的主要病害，严重影响十字花科作物的产量及农产品品质。研究表明，芸苔根肿菌在土壤中存活 7 年以上的时间长，随雨水和农事操作等方法快速传播，导致根肿病逐年加重。因此，建立一套快速、准确的根肿菌分子检测方法，能够为根肿病的发生与流行提供参考依据，因而对病害的防控具有重要意义。本研究根据根肿菌 ITS（internal transcribed spacer）序列，设计一对特异性引物（PbITS），构建基于 PCR 方法的根肿菌分子检测方法。结果表明，该方法能够特异性检测根肿菌 DNA，而对代表性真菌（部分土传病原真菌）、细菌、线虫及寄主植物内生菌的核酸没有扩增。该方法的灵敏性分析表明，模板 DNA 最低浓度可达 1×10^{-3}ng，土壤最低带菌量 1×10^{3} 个孢子/克土，种子最低带菌量为 1×10^{5} 个孢子/克种子。另外，对多种健康及发病十字花科作物（包括油菜、白菜、茎瘤芥、甘蓝、萝卜）进行检测，发现仅发病组织能够成功获得 PCR 扩增产物，表明该检测方法不受寄主植物影响。因此，本方法具有检测特异性专一、灵敏度高、样品范围广等特点，能够广泛用于多种十字花科寄主根肿病诊断和病原菌检测，可为根肿病的发生及流行预测提供参考。

关键词：根肿病；芸苔根肿菌；分子检测；快速诊断

---

* 基金项目：国家油菜产业技术体系（CARS-12）；沈阳农业大学引进人才科研启动费项目（20153040）

** 第一作者：关格格，硕士研究生；研究方向为植物保护学；E-mail：guangege1995@ 163. com

*** 通信作者：梁月，教授，博士生导师；研究方向为植物病理学与真菌学；E-mail：yliang@ syau. edu. cn

Molecular characterization of two melanin biosynthesis genes *SCD*1 and *THR*1 in *Sclerotinia sclerotiorum**

Liang Yue[1**], Xiong Wei[2], Steinkellner Siegrid[3], Feng Jie[4]

(1. *Collage of Plant Protection*, *Shenyang Agricultural University*, *Shenyang* 110866, *China*; 2. *School of Life Sciences*, *Chongqing University*, *Chongqing* 400045, *China*; 3. *Division of Plant Protection*, *Department of Crop Sciences*, *University of Natural Resources and Life Sciences Vienna*, *Vienna* A-1190, *Austria*; 4. *Crop Diversification Centre North*, *Alberta Agriculture and Forestry*, *Edmonton*, *Alberta* T5Y6H3, *Canada*)

Abstract: As an important plant pathogenic fungus, Sclerotinia sclerotiorum produces sclerotia, which can initiate infection and serve as the long-term survival structures in the fungal life cycle. In both mycelia and sclerotia, melanin can be easily detected and plays an important role for protecting the fungus from ultraviolet radiation and other adverse environmental conditions. In this study, two genes, *SCD*1 encoding a scytalone dehydratase and *THR*1 encoding a trihydroxynaphthalene reductase, both involved in melanin biosynthesis, were studied on the molecular levels by gene expression profiling and targeted gene disruption. Expression of *SCD*1 was at higher levels in sclerotia compared to mycelia. *THR*1 was expressed at similar levels in mycelia and sclerotia at early stages, but was up-regulated in sclerotia at the maturation stage. Disruption of *SCD*1 or *THR*1 did not change the pathogenicity of the fungus, as tested on both canola and tomato, but resulted in slower radial growth, less biomass, wider-angled hyphae branches, impaired sclerotial development and decreased resistance to ultraviolet light.

Key words: *Sclerotinia sclerotiorum*; Melanin; Scytalone dehydratase; Trihydroxynaphthalene reductase

* 基金项目：沈阳农业大学引进人才科研启动费项目（20153040）；辽宁省高等学校优秀人才支持计划（LR2015058）

** 第一作者和通信作者：梁月，教授，博士生导师，研究方向为植物病理学与真菌学；E-mail：yliang@syau.edu.cn

Biological characteristics and fungicide sensitivity of the sunflower anthracnose pathogen *Colletotrichum destructivum*[*]

Sun Huiying[**], Tian Jiamei, Liang Yue[***]
(*College of Plant Protection*, *Shenyang Agricultural University*, *Shenyang* 110866)

Abstract: Sunflower anthracnose was first reported as a new sunflower disease caused by *Colletotrichum destructivum* in Liaoning, China. Typical symptoms are represented by light brown and elongated lesions and these lesions subsequently became dark brown to spread over the stems. Biological characteristics and fungicide sensitivity of this fungus were investigated. The results indicated that vegetative mycelia appropriately grow on potato dextrose agar while the sporulation was optimally induced on potato sucrose agar. *Colletotrichum destructivum* is able to use various carbon and nitrogen sources, among which soluble starch and ammonium sulfate are the ideal nutrient sources while maltose and sodium nitrate are more conducive to sporulation. The optimal temperature for mycelial growth and sporulation is 28℃. Mycelial growth assays were properly performed at pH 8.0 while the sporulation was conducted at pH 4.0 with a 12h light and 12h dark cycle. Moreover, the sensitivity to six fungicides (prochloraz, pyraclostrobin, mancozeb, carbendazim, bordeaux mixture and difenoconazole) was investigated. The results indicated that prochloraz at 0.013μg/mL and pyraclostrobin at 0.020μg/mL were the ideal fungicides influencing the fungal growth in the laboratory. In summary, this study provided knowledge on biological characteristics of *C. destructivum*, and a theoretical reference for the integrated management of sunflower anthracnose.

Key words: *Colletotrichum destructivum*; Sunflower; Fungicide

* 基金项目：沈阳农业大学引进人才科研启动费项目（20153040）；辽宁省高等学校优秀人才支持计划（LR2015058）
** 第一作者：孙慧颖，博士研究生，研究方向为植物病理学；E-mail：sunhuiying0715@126.com
*** 通信作者：梁月，教授，博士生导师，研究方向为植物病理学与真菌学；E-mail：yliang@syau.edu.cn

东北地区水稻纹枯病菌主要生物学性状区间关系分析*

魏松红**，张照茹，莫礼宁，王海宁，李　帅，王　妍，张优，许　月，孔令春

（沈阳农业大学植物保护学院，沈阳　110866）

摘　要：水稻纹枯病是一种国际性病害，在我国南北稻区普遍发生。近年来，东北三省水稻纹枯病发生趋势逐年加重，已成为限制我国东北水稻高产和稳产的主要障碍之一。为探明东北三省水稻纹枯病主要生物学性状与菌株地理来源之间的关系，为该病害的防治提供理论依据，2015—2016 年从我国辽宁省、吉林省和黑龙江省的 18 个县市采集水稻纹枯病病样，通过分离纯化获得水稻纹枯病菌菌株 224 株，并对其多聚半乳糖醛酸酶（PG）活力、聚果胶甲基半乳糖醛酸酶（PMG）活力、菌丝生长速率、菌核产生数量和菌核干重进行测定，结果表明，菌株菌丝生长可划分为慢、中、快 3 种类型，3 个省份之间的水稻纹枯病菌的菌丝生长速率不存在显著差异。产生菌核数量可划分为 4 个类型，即无菌核、菌核量少、菌核量中等和菌核量多，3 个省份之间的水稻纹枯病菌的菌核数量存在显著差异。供试菌株 PG 酶和 PMG 酶活力测定结果表明，我国东北不同地区水稻纹枯病菌 PG 酶和 PMG 酶活力存在显著差异，省份间水稻纹枯病菌 PG 酶和 PMG 酶活力存在显著差异。综上所述，供试 224 株水稻纹枯病菌在主要生物学方面表现出较大的多样性。

关键词：水稻纹枯病菌；菌丝生长速率；菌核产生数量；细胞壁降解酶活性；区间关系

---

* 基金项目：国家水稻产业技术体系（CARS-01）

** 第一作者：魏松红，教授，主要从事植物病原真菌学及水稻病害研究；E-mail：songhongw125@163.com

水稻纹枯病菌多核菌株与双核菌株毒素致病力差异研究*

许　月**，王海宁，孔令春，魏松红***，张照茹，刘　伟，李昕洋，朱丽珺
（沈阳农业大学植物保护学院，沈阳　110866）

摘　要：水稻纹枯病主要是由茄丝核菌（*Rhizoctonia solani*）引起的，稻枯斑丝核菌（*Rhizoctonia oryzae-sativae*）也是其病原之一。毒素是病原菌的代谢产物，是病原物侵染寄主植物，引起植物病害的重要致病因子。水稻纹枯病菌毒素可以造成水稻叶片细胞膜的损伤，对叶绿素的合成有明显的抑制作用，破坏细胞内的超微结构等。

为探明水稻纹枯病菌多核菌株（*Rhizoctonia solani*）与双核菌株（*Rhizoctonia oryzae-sativae*）的致病力差异，本研究选取 3 株多核菌株（LND18、LND06 和 LND21）和 2 株双核菌株（JLS10 和 JLS07）分别进行粗毒素提取，并利用薄层色谱、气质联用等方法对毒素成分进行测定，结果表明，水稻纹枯病菌多核和双核毒素均含有蔗糖、葡萄糖和甘露糖，不含苯甲酸和苯乙酸，且两者糖含量差异显著，多核菌株毒素糖含量显著高于双核菌株毒素。利用离体叶片法对不同菌株、毒素及 25 个水稻品种进行致病力及抗病性测定，并对不同菌株及毒素接种 2 个抗、感病水稻品种的 7 种防御酶活性及 ASAFR 和 H_2O_2 含量的动态变化进行测定，结果表明不同水稻品种抗性不同；水稻纹枯病多核菌株产生的毒素量多于双核菌株；多核菌株与双核菌株及其毒素致病力差异明显，多核菌株致病力强于双核菌株，不同菌株毒素致病力强弱与菌株致病力呈正相关性。接种多核与双核菌株及其毒素后，水稻体内防御酶活性及 ASAFR 和 H_2O_2 含量均呈先升高后降低的变化趋势，且接种双核菌株及其毒素的水稻植株比多核菌株及其毒素的寄主抗性响应晚，为进一步了解病原菌的致病机理和寄主的抗病机制提供理论基础。

关键词：水稻纹枯病；双核菌株；多核菌株；毒素；致病力；寄主防御酶

* 基金项目：国家水稻产业技术体系（CARS-01）

** 第一作者：许月，在读硕士研究生，植物病理学专业；E-mail：1349248289@ qq. com

*** 通信作者：魏松红，教授，主要从事植物病原真菌学及水稻病害研究；E-mail：songhongw125@ 163. com

Brown leaf spot disease of kiwifruit in China caused by *Neofusicoccum parvum*[*]

Li Li[**], Pan Hui, Deng Lei, Chen Meiyan, Zhong Caihong[***]

(*Key Laboratory of Plant Germplasm Enement and Specialty Agriculture*, *Wuhan Botanical Garden*, *Chinese Academy of Sciences*, *Wuhan* 430074, *China*)

Abstract: In August 2016, brown leaf spot disease of kiwifruit was found in orchards in Liupanshui, Guizhou Province and Taishun, Zhejiang Province. Symptoms appeared as foliar discolorations, such as grey to brown sectorial necrosis, with infected leaves dying while attached to the stem. Ten morphologically similar fungal isolates (NP1-10) were isolated from both locations. Conidia were fusoid, hyaline, unicellular with sub-obtuse apex and truncate base, fusiform to ellipsoidal with rounded apices, truncated bases, thin walls, and a smooth surface. Fifty conidia were measured and ranged from15. 43-17. 58μm in length and 4. 37-6. 99μm in width. These traits match those reported for *Neofusicoccum parvum* (Pennycook & Samuels) Crous, Slippers & Philips. The rDNA internal transcribed spacer (ITS) region and β-tubulin (BT) gene were amplified using primers ITS4/ITS5 and BT2a/BT2b. The sequences (Accession Nos. MF314146 - MF314155 for the ITS region; MF314156 and MF314165 for β-tubulin) were identical to ex-type*N. parvum* strain MAR2134 (Accession No. KU997474 and KU997593) reported in GenBank using BLASTn, confirmed by molecular phylogenetic trees constructed using MEGA7. The species was thus identified as *N. parvum*. Pathogenicity test was performed on 12 non-wounded/wounded young leaves of cultivar 'Hongyang' by inoculated conidial suspension (10μL, 10^6 conidia/mL) and colonized PDA pieces (5 mm in diameter) from 7day-old cultures. An equal number of control plants were served with sterile PDA plugs and distilled water. Wounded inoculated plant developed typical necrotic lesions, while control and unwounded leaves remained symptomless. *N. parvum* was consistently re-isolated only from inoculated leaves, confirming Koch's postulates. *N. parvum* has been reported to cause dieback and canker in various fruit trees, including blueberryand mango trees. This is the first known report of *N. parvum* causing brown spot disease inkiwifruit in China.

Key words: Kiwifruit; Brown Leaf Spot Disease; *Neofusicoccum parvum*

* Funding: The project was supported by the National Natural Science Foundation of China (Grant No. 31701974) and the Natural Science Foundation of Hubei Province (Grant No. 2017CFB443)

** First author: Li Li, associate professor, major in plant pathology; E-mail: lili@ wbgcas. cn

*** Corresponding author: Zhong Caihong, professor, mainly engaged in kiwifruit resource improvement; E-mail: zhongch1969 @ 163. com

Nigrospora sphaerica causing black spot disease in kiwifruit in Zhejiang Province, China*

Li Li**, Pan Hui, Deng Lei, Chen Meiyan, Zhong Caihong***

(*Key Laboratory of Plant Germplasm Enhancement and Specialty Agriculture, Wuhan Botanical Garden, Chinese Academy of Sciences, Wuhan* 430074, *China*)

Abstract: In 2016, black spot disease was found on leaves and fruit peel in kiwifruit orchards of Taishun County, Wenzhou City, Zhejiang. Symptoms were characterized by black spores on the underside of infected leaves and fruit peel. Colonies were initially flat and white, then developed into dark grey, septate, branched hyphae. Conidia were black, spherical to sub-spherical and single-celled [(12.1~14.8) μm× (16.6~18.2) μm in diameter, n=100]. Morphological characteristics of the isolates were consistent with *Nigrospora sphaerica* (Eills, 1971). The ITS region of ten typical strains (Accession Nos. MF186859-MF186868) sequenced using universal ITS4/ITS5 primers were 100% homologous with *N. sphaerica* ex-type strain Ns-12 (Accession No. KX256179) (Xu *et al.*, 2017). All isolates were tested for pathogenicity. For each isolate, a conidial suspension (10μL, 10^6conidia/mL) and colonized PDA pieces (5mm diameter) from 7-day-old cultures were inoculated on 12 non-wounded/wounded leaves and fruits of cultivar 'Hongyang'. Equal numbers of control leaves and fruits were inoculated with sterile distilled water and agar pieces. Every wounded inoculated plant developed symptoms similar to those in the field 5 days after inoculation, while control and unwounded leaves and fruits remained symptomless. *N. sphaerica* was consistently re-isolated from symptomatic tissue, thus fulfilling Koch's postulates. This is the first known report showing *N. sphaerica* to be the causal agent of black spot disease on kiwifruit leaves and fruits in China. Future research will focus on managing the disease.

Key words: Kiwifruit; Black spot disease; *Nigrospora sphaerica*

* Funding: The project was supported by the National Natural Science Foundation of China (Grant No. 31701974) and the Natural Science Foundation of Hubei Province (Grant No. 2017CFB443)

** First author: Li Li, associate professor, major in plant pathology; E-mail: lili@wbgcas.cn

*** Corresponding author: Zhong Caihong, professor, mainly engaged in kiwifruit resource improvement; E-mail: zhongch1969@163.com

First report of *Colletotrichum boninense* causing anthracnose of kiwifruit in China*

Deng Lei**, Pan Hui**, Chen Meiyan, Zhang Shengju, Li Li***, Zhong Caihong***

(*Key Laboratory of Plant Germplasm Enement and Specialty Agriculture, Wuhan Botanical Garden, Chinese Academy of Sciences, Wuhan* 430074, *China*)

Abstract: In the autumn of 2016, typical anthracnose symptoms were observed on kiwifruit leaves of cultivar 'Hongyang' in kiwifruit orchards of Taishun County, Wenzhou City, Zhejiang. Early foliar symptoms were characterized by brown irregular-shaped spots. Later, the middle lesion of each leaf spot became gray, while the edge turned dark brown. A small portion (<1 cm^2) of symptomatic leaf tissue was surface-sterilized and plated aseptically onto 1.5% potato dextrose agar (PDA). Hyphal-tip from the growing edge of colonies cultured for three days at 25℃ was transferred to PDA to obtain pure cultures. After 5 days at 25℃, Two single-spore isolate (CB-1、CB-2) was recovered on PDA. The colony of the isolate that grew on PDA had white margins with circular, dull orange centers. The conidia were hyaline, ellipsoid and cylindrical, obtuse at both ends, (10.3~13.5) μm× (4.4~5.8) μm. Based upon these characteristics, the causal agent was identified as *C. boninense*. To confirm the identity of the isolates, the ITS region of two isolate was obtained and sequenced by PCR amplification using the ITS1/ITS4 universal primers and Col1/ITS4 species-specific primers. The ITS sequences were identical (Accession No. MF314166 and MF314167) sharing 100% homology with the sequence of *C. boninense* ex-type strain S38in GenBank (Accession No. MF076585). Pathogenicity of the isolate was confirmed by inoculating 12 wounded/non-wounded leaves of kiwifruit cultivar 'Hongyang' with a droplet (10μL) of conidial suspension (10^6conidia/mL) and colonized PDA pieces (5 mm diameter) from 7-day-old cultures of the fungus in Petri dishes. Equal numbers of control leaves were dropped with 10μL sterile distilled water and agar pieces. The test was performed twice. After incubation in a controlled environment at 25℃ with 80%~85% humidity for 5 days, typical anthracnose symptoms appeared on the wounded inoculated leaves while control and unwounded leaves remained symptomless. *C. boninense* was consistently re-isolated from symptomatic tissue and confirmed by morphology and by molecular methods as described above, thus fulfilling Koch's postulates. To our knowledge, this is the first report of *C. boninense* causing kiwifruit anthracnose, not only in China, but anywhere in the world.

Key words: Kiwifruit; Anthracnose; *Colletotrichum boninense*

---

* Funding: The project was supported by the National Natural Science Foundation of China (Grant No. 31701974) and the Natural Science Foundation of Hubei Province (Grant No. 2017CFB443)

** First author: Deng Lei, research assistant, major in plant pathology; E-mail: 544391027@qq.com

Pan hui, research assistant, major in plant pathology; E-mail: panhui@wbgcas.cn

*** Corresponding author: Li Li, associate professor, major in plant protection; E-mail: lili@wbgcas.cn

Zhong Caihong, professor, mainly engaged in kiwifruit resource improvement; E-mail: zhongch1969@163.com

VmE02 from *Valsa mali* is a new pathogen-associated molecular pattern

Nie Jiajun, Yin Zhiyuan, Li Zhengpeng, Wu Yuxing, Huang Lili*
(*State Key Laboratory of Crop Stress Biology for Arid Areas*, *College of Plant Protection*, *Northwest A&F University*, *Yangling*, *Shaanxi* 712100, *China*)

Abstract: The necrotrophic fungus *Valsa mali* causes severe necrosis on apple trees, resulting in substantial yield losses in eastern Asia. With the aim to identify cell death-inducing factors of *V. mali*, we carried out transient expression of candidate effector proteins in *Nicotiana benthamiana*, and VmE02, a protein with unknown function was found. Phylogenetic analysis revealed that VmE02 is widely spread in filamentous pathogens. Using agroinfiltration, we found there exists homologs of VmE02 in both fungi and oomycetes, which can also elicit cell death in *N. benthamiana*. Expression of VmE02 in *N. benthamiana* activated plant immune responses, including ROS burst, callose deposition, and the expression of both salicylic acid and jasmonate signaling pathways. Additionally, VmE02 induced the expression of PTI marker genes. Using virus-induced gene silencing (VIGS) in *N. benthamiana*, we found that cell death-inducing activity of VmE02 requires both Brassinosteroid insensitive 1-Associated Kinase 1 (NbBAK1), suppressor of BIR1-1 (NbSOBIR1), HSP90, and SGT1. Knocking out of *VmE02* in *V. mali* showed no apparent influence on pathogenicity, however, it considerably reduced pathogen sporulation. Moreover, VmE02 manipulated resistance to *Sclerotinia sclerotiorum* and *Phytophthora capsici* when expressed in *N. benthamiana*. We conclude that VmE02 is a novel PAMP in fungi and oomycetes, and suggest it is also an effector with diverse function.

Key words: *Valsamali*; Cell death; Plant immunity; *Nicotiana benthamiana*; Filamentous pathogens; Pathogen-associated molecular pattern

* Corresponding author: Huang Lili; E-mail: huanglili@ nwsuaf. edu. cn

核盘菌存活因子基因 *SsSvf*1 功能的初步研究[*]

杜 娇[**]，王娅波，张孟尧，黄志强，杨宇衡，毕朝位，余 洋[***]
（西南大学植物保护学院，重庆 400715）

摘 要：由核盘菌（*Sclerotinia sclerotiorum*）引起的菌核病是我国油菜种植上的主要问题，严重威胁着菜籽产量的提高。传统上认为核盘菌为一种典型的死体营养型病原菌，但最近的研究表明其在侵染寄主初期存在短暂的活体营养阶段，在该阶段病原菌需抵抗或耐受由于活性氧爆发而造成的寄主氧化压力，但是到目前为止对于核盘菌抵抗氧化压力的机制仍知之甚少。本项目前期研究发现核盘菌基因 *SsSvf*1 在侵染寄主早期表达量显著性升高，该基因编码一个与酿酒酵母（*Saccharomyces cerevisiae*）抵御氧化压力密切相关的存活因子（Survive factor 1）高度同源的蛋白，推测其在核盘菌致病过程中发挥着重要作用。为揭示 *SsSvf*1 基因的功能，本研究构建了该基因的表达沉默载体，并通过 PEG 介导转化获取了沉默转化子。*SsSvf*1 基因沉默转化子的菌丝形态与野生型菌株相比无显著差异，但对氧化压力更加敏感，且菌丝内部超氧化物含量显著增加。*SsSvf*1 基因沉默转化子分泌的草酸含量与野生型菌株无显著性差异，但侵染垫结构形成异常，在油菜和拟南芥等寄主叶片上致病力显著下降。通过喷施 DPI 降低寄主叶片活性氧水平，沉默转化子的致病力得到一定程度的恢复。此外，*SsSvf*1 基因沉默转化子对真菌细胞壁抑制剂和高渗更加敏感，推测其菌丝细胞壁完整性受到破坏。本研究初步表明存活因子 SsSvf1 参与调控核盘菌抵抗氧化压力，并在病原菌致病过程中发挥着重要作用。

关键词：核盘菌；菌核病；存活因子；*SsSvf*1；氧化压力；致病性

---

* 基金项目：重庆市基础科学与前沿技术研究一般项目（cstc2017jcyjAX0096）

** 第一作者：杜娇，女，河南周口人，硕士研究生，主要从事分子植物病理学研究；E-mail：296532280@ qq. com

*** 通信作者：余洋；E-mail：zbyuyang@ swu. edu. cn

柑橘褐斑病菌原生质体制备与再生条件的优化研究*

孔向雯，唐飞艳，吕韦玮，张 倩，唐科志**
（西南大学/中国农业科学院柑桔研究所，重庆 400712）

摘 要：大量、稳定原生质体的获得是真菌遗传转化的基础。本实验以柑橘褐斑病菌野生型菌株 Z7 为供试材料，从菌龄、细胞壁裂解酶种类和配比、酶解时间、渗透压稳定剂种类和浓度以及再生培养基等方面对原生质体制备及再生条件进行了优化研究。试验结果表明，将柑橘褐斑病菌菌株摇培 36h，以 0.7mol/L 的 NaCl 为渗透压稳定剂，在 1% 的 Kitalase 作用下 30℃、150r/min酶解 2.5h，获得的原生质体在 TB_3 培养基上再生效果最好。

关键词：柑橘褐斑病菌；原生质体；制备；再生

* 基金项目：教育部创新团队（IRT0976）；重庆市科技攻关项目（CSTC2012GG-YYJS0475）
** 通信作者：唐科志；E-mail：tangkez@163.com

一种莪术新病害病原鉴定及其生物学特性*

林凡力**，陈 娅，王甲军，马冠华***
（西南大学植物保护学院，重庆 400716）

摘 要：广西莪术（*Curcuma kwangsiensis*. S. G. Lee et C. F. Liang），又名黑心姜、姜黄，以根入药，其味辛、苦、性温，归肝、脾经，具有行气破血、消积止痛的功效。近年来在广东和四川两省种植的莪术上发现一种危害严重的新病害。田间症状表现为初期叶片上出现褪绿淡黄色小斑点，中期斑点向叶尖或者叶边缘处扩展，呈现流星状，后期引起叶片大面积枯黄，严重时整株枯死。由于此病害致使叶片焦枯，所以命名为莪术叶枯病。

从病区采集典型的莪术病叶，对样品进行组织分离，经柯赫式法则验证获得了莪术叶枯病原菌菌株，通过形态学和分子生物学方法对病原物进行了鉴定，并研究了病原菌的生物学特性。研究结果表明，引起莪术叶枯病的病原菌为茎点霉属（*Phoma* sp.），在 PDA 培养基上的菌落呈圆形，白色，绒毛状，边缘不规则；分生孢子无色，有隔，长椭圆状或者棍棒状；菌丝的最适生长温度为 25℃，最适 pH 为 6；产孢的最适生长温度为 25℃，最适 pH 为 5；孢子萌发最适温度为 30℃，最适 pH 为 5；光照有利于菌丝生长、产孢及孢子萌发，PDA 培养基最适于菌丝生长。本实验为莪术叶枯病害的深入研究提供了重要的科学依据，具有重要的现实意义。

关键词：莪术；叶枯病；病原鉴定；生物学特性

---

* 基金项目：重庆市民生项目专项（cstc2017-xdny0145）

** 第一作者：林凡力，硕士研究生，主要从事植物病理学研究；E-mail：815270128@ qq. com

*** 通信作者：马冠华，副教授，主要从事植物病原学研究；E-mail：nikemgh@ swu. edu. cn

柑橘褐斑病菌 *AaSIP2* 基因生物学功能初步研究*

唐飞艳**，孔向雯，吕韦玮，唐科志***
（西南大学柑桔研究所，中国农业科学院柑桔研究所，重庆 400712）

摘　要：酿酒酵母的 SNF1 蛋白激酶是哺乳动物的 AMPK 激酶同源物，通过调控转录因子和相关酶活性来维持碳源代谢平衡和细胞能量稳态。SNF1 是一个异源三聚体蛋白，包含一个催化亚基 α，两个调节亚基 β、γ，其中 β 亚基包含 3 个亚型，分别由 *SIP*1、*SIP*2、*GAL*83 基因编码。目前柑橘褐斑病菌中尚无 β 亚基的生物学功能研究。本研究中，我们对柑橘褐斑病菌 Z7 菌株的蛋白序列进行搜索，确定 Z7 菌株中只有一个 β 亚基 Sip2。通过基因敲除及回补技术，分析 *AaSIP*2 基因在柑橘褐斑病菌生长发育及致病过程中的作用。表型分析显示，与野生型相比，突变体气生菌丝稀疏，分生孢子产量降低且孢子萌发迟缓，对糖、盐胁迫更敏感，生长速度在不同单一性碳源的 MM 培养基上受到不同程度抑制，致病力显著降低。本研究初步证明 *AaSIP*2 基因参与调控柑橘褐斑病菌的菌丝生长、产孢、孢子萌发、胁迫应答、碳源利用及致病性。

关键词：柑橘褐斑病菌；*AaSIP*2 基因；基因敲除；表型分析

---

* 基金项目：教育部创新团队（IRT0976）；重庆市科技攻关项目（CSTC2012GG-YYJS0475）

** 第一作者：唐飞艳，硕士研究生，研究方向：分子微生物；E-mail：925360598@qq.com
*** 通信作者：唐科志，副研究员，主要从事柑橘病害研究；E-mail：tangkez@163.com

核盘菌木聚糖酶 SsXyl2 激发寄主植物 PTI 的初步研究

王娅波*，杜　娇，黄志强，杨宇衡，毕朝位，余　洋**
（西南大学植物保护学院，重庆　400715）

摘　要：核盘菌（*Sclerotinia sclerotiorum*）是一种世界性分布的重要植物病原真菌，其寄主范围十分广泛，能侵染引起油菜、大豆、向日葵和众多保护地蔬菜的菌核病，严重影响了这些作物的产量和品质。到目前为止，生产上仍缺乏高抗菌核病的作物品种。施用杀菌剂是防治菌核病最主要的方法，但其防治效果受施药覆盖范围和施药时间的制约。此外，长时间施用单一化学药剂会造成严重的抗药性问题，因此关于作物菌核病的绿色安全防控始终是研究的难点问题。植物天然免疫系统可分为两层，第 1 层是植物细胞表面分子模式识别受体（Pattern recognition receptor，PRRs）识别病原物相关分子模式（Pathogen associated molecular pattern，PAMP）而激发的 PTI（PAMP-triggered immunity）抗性。第 2 层是病原物分泌的效应子激发的“基因对基因”抗性 ETI（Effector-triggered immunity）。其中 PTI 具有广谱性和持续性，在作物病害绿色防治和抗病育种中具有重要的应用价值。本研究前期利用农杆菌介导的瞬时表达系统对核盘菌部分蛋白在烟草叶片中进行了表达，发现其中一个蛋白的全长能引起烟草叶片组织快速强烈的坏死，而去掉信号肽的片段却不能，推测其能触发寄主 PTI 反应。同源比对分析发现该蛋白与本课题组前期报道的核盘菌木聚糖酶 SsXyl1 高度相似，故将其命名为 SsXyl2（*Sclerotinia sclerotiorum* Xylanase 2）。蛋白保守结构分析表明 SsXyl2 蛋白 N 端具有一个典型的 GH11 家族糖基水解酶结构，C 端具有纤维素结合域，其中 GH11 结构具有触发寄主细胞死亡的能力。本研究利用基因分割标记法对核盘菌 *SsXyl2* 基因进行了敲除，初步获得 2 个杂合的基因敲除菌株，正进一步纯化以获得纯合的基因缺失突变体。

关键词：核盘菌；菌核病；PTI；木聚糖酶

* 第一作者：王娅波，女，陕西榆林人，硕士研究生，主要从事分子植物病理学研究；E-mail：2919875695@ qq. com
** 通信作者：余洋；E-mail：zbyuyang@ swu. edu. cn

重庆地区植物病原炭疽菌的分离鉴定*

张申萍[1**]，马冠华[1]，李文英[2]，刘翠平[1]，陈国康[1]，董国菊[1***]
（1. 西南大学植物保护学院，重庆 400716；
2. 广东省农业科学院农业资源与环境研究所，广州 510640）

摘　要：炭疽菌属（*Colletotrichum* Corda）为世界性分布、寄主种类繁多的一类真菌，许多种类是重要的植物病原菌，能够造成严重的经济损失。为了解重庆地区植物病原炭疽菌的主要类群和分布情况，笔者于 2016—2018 年在重庆地区的 14 个区县采集到具有典型炭疽病症状的 41 种寄主植物病害样品 100 份，经组织分离和单孢分离纯化共获得 295 个单孢菌株，基于寄主种类、地理来源、培养性状和分生孢子特征筛选代表菌株，采用传统形态学和多基因分子系统学（ITS，TUB2 和 GAPDH）方法将 120 个代表菌株鉴定为 12 个种，分别为胶孢炭疽菌复合种（*C. gloeosporioides* complex）的 *C. fructicola*，*C. siamense*，*C. tropicale*，*C. gloeosporioides*，平头炭疽复合种（*C. truncatum* complex）的 *C. truncatum*，博宁炭疽复合种（*C. boninense* complex）的 *C. citricola* 和 *C. karstii*，尖孢炭疽复合种（*C. acutatum* complex）的 *C. fioriniae*，白蜡树炭疽复合种（*C. spaethianum* complex）的 *C. liriopes*，以及 3 个独立种 *C. cliviae*，*C. brevisporum* 和 *C. metake*，各类群的分离频率依次为 63. 90%，3. 30%，18. 00%，4. 10%和 2. 50%，其中胶孢炭疽菌复合种的寄主最为广泛，为优势类群。本研究丰富了重庆地区植物病原炭疽菌的种类，为该地区植物炭疽病的有效防治提供了理论依据。

关键词：炭疽菌属；分离；鉴定；系统分类

---

* 基金项目：真菌学国家重点实验室开放课题（SKLMKF201404）；中央高校基本科研业务费（XDJK2017C069）

** 第一作者：张申萍，女，在读硕士研究生，主要从事植物真菌病害及其病原学研究；E-mail：2449975254@ qq. com

*** 通信作者：董国菊，女，副教授，博士，主要从事植物真菌病害及其病原学研究；E-mail：ginadgj@ 163. com

胶孢炭疽菌 Cg-14 及 Nara gc5 黑色素合成途径中还原酶蛋白 Cg4hnr 生物信息学分析*

刘朝茂**，陈　摇，魏玉倩，韩长志***

（西南林业大学生物多样性保护与利用学院，
云南省森林灾害预警与控制重点实验室，昆明　650224）

摘　要：胶孢炭疽菌（*Colletotrichum gloeosporioides*）是引起核桃、桃、板栗以及杧果等多种经济植物炭疽病的病原菌，严重威胁着国内外经济林相关产业的健康、有序、快速发展。黑色素在植物病原丝状真菌侵入植物过程中发挥着重要作用，是分生孢子形成侵入钉侵入植物细胞的必要物质之一。目前，国内外学者对诸如稻瘟菌、玉米大斑病菌等植物病原菌黑色素合成途径中关键酶蛋白开展了较为深入的研究。然而，学术界尚未见有关胶孢炭疽菌黑色素合成途径中还原酶蛋白 Cg4hnr 相关生物信息学分析的报道。本研究基于前人已公布的胶孢炭疽菌 Cg-14 以及 Nara gc5 菌株全基因组序列，对其黑色素合成途径中还原酶蛋白 Cg4hnr 进行二级结构、保守结构域、跨膜结构域、细胞信号肽、亚细胞定位及疏水性等生物信息学分析，明确：①上述蛋白二级结构中含有 α 螺旋和无规则卷曲，并不含有 β 转角，无序结构组成由高到低；②上述蛋白为跨膜蛋白，跨膜区域的氨基酸均具有较强的疏水性；③上述蛋白具有分泌信号肽，均属于分泌蛋白；④上述蛋白亚细胞定位于胞外上，最高值为 28. 26。

上述研究明确了胶胞炭疽菌 Cg-14 以及 Nara gc5 菌株中黑色素合成途径还原酶蛋白 Cg4hnr 所具有的基本特征，为进一步深入研究核桃炭疽病菌还原酶蛋白 4hnr 在致病过程中所发挥的功能打下了坚实的理论基础，也为今后核桃产业的可持续健康发展提供了重要的理论参考。

关键词：胶孢炭疽菌（*Colletotrichum gloeosporioides*）；黑色素；还原酶；生物信息学分析

---

* 基金项目：国家级大学生创新创业训练计划项目（项目编号：201610677001）；云南省大学生创新创业训练计划项目（核桃炭疽病菌黑色素合成关键基因的生物信息学分析与克隆）

** 第一作者：刘朝茂，硕士，实验师，研究方向：林木病理学；E-mail：lcm1987swkx@ 163. com

*** 通信作者：韩长志，博士，副教授，研究方向：经济林木病害生物防治与真菌分子生物学；E-mail：hanchangzhi2010@ 163. com

新疆苜蓿黄斑病菌生物学特性研究*

王　慧**，范钧星，李克梅***
（新疆农业大学农学院，新疆农林有害生物监测与防控重点实验室，乌鲁木齐　830052）

摘　要：苜蓿是世界上栽培面积最广的豆科牧草之一，由于其富含优质蛋白，故享有“牧草之王”的美誉，是栽培牧草中优良草种的典型代表。苜蓿黄斑病在温带地区广泛分布，危害苜蓿可造成叶片大量脱落，茎秆枯死，田间一片枯黄。2014 年，在新疆首次发现苜蓿黄斑病，经形态特征观察和病菌 18S rDNA -ITS 序列分析，将病原菌鉴定为［*Leptotrochila medicaginis*（Fckl.）H. Schiiepp］。对该病菌生物学特性开展了相关研究。测定不同光照，温度，pH，不同培养基（PDA、PCA、PSA、SA、GPA 、MA 和 YEA 等 7 种），不同碳源（葡萄糖、麦芽糖、淀粉，L-山梨糖、菊糖、山梨醇、D-木糖、甘露糖等 8 种），不同氮源（尿素、酵母膏、牛肉膏、蛋白胨、胰蛋白胨、磷酸二氢铵、草酸铵、硫酸铵、硝酸铵、硝酸钙、硝酸钾、天冬氨酸、谷氨酰胺和 L-脯氨酸等 14 种）对病菌菌丝生长的影响。结果表明：持续光照有利于该菌菌丝生长；此菌在 5~25℃时菌丝均能生长，高于 30℃则不能生长，以 25℃生长最快；在 pH 值 3~11 时均可生长，以 pH 值 7 条件下生长最快；最适宜生长的培养基为葡萄糖蛋白胨琼脂培养基（GPA），而最适碳、氮源分别为淀粉和草酸铵。从该病原菌可适应持续光照条件和宽泛的 pH 值范围以及碳氮源的利用等情况来看，此菌适应环境的能力很强，这对该病害的流行与防治有很大影响，但该病菌不耐高温，这与其主要分布在夏季凉爽的昭苏地区的特点相符合。

关键词：苜蓿黄斑病；*Leptotrochila medicaginis*；生物学特性

---

* 基金项目：国家自然科学基金（31760708）；科技支撑计划（2014BAD23B03-02）

** 第一作者：王慧，女，江苏泗阳人，硕士生，研究方向为牧草病害及防治；E-mail：1522314363@ qq. com
*** 通信作者：李克梅，女，江苏如皋人，副教授，研究方向为牧草病害及防治；E-mail：835004213@ qq. com

我国不同产区桃褐腐病菌种类及致病因子分析*

谈 彬**，朱 薇，张 权，曹 军，纪兆林***，董京萍，童蕴慧，徐敬友

（扬州大学园艺与植物保护学院，扬州 225009）

摘 要：桃褐腐病在我国乃至全世界范围内广泛发生，造成严重的果实腐烂、损失严重。为明确我国桃主产区褐腐病菌的种类，本文从不同桃主产区采集褐腐病果，分离褐腐病菌，并进行了种类鉴定和致病性分析，同时初步分析了病菌胞壁降解酶活性。本文分别从 8 个不同桃产区褐腐病果上单孢分离获得 15 个分离株。各分离株平板菌落形态略有差异，但来自云南的分离株与其他分离株明显不同。通过 rDNA ITS 序列及系统进化树分析，云南分离株与新种云南丛梗孢（*Monilia yunnanensis*）高度相似，而来源于其他产区的 14 株分离株均与果生链核盘菌（*Monilin-iafructicola*）高度相似。本文同时分别采用 Ioos 等、Ma 等、Cote 等设计的特异性引物对上述 15 分离株特定区域（微卫星区、RAPD 差异片段）序列进行 PCR 扩增与分析，结果与上述 rDNA ITS 鉴定结果一致。接种试验表明，不同产区来源的桃褐腐病菌在桃果上的致病力存在差异，其中来自浙江丽水、河北石家庄的分离株致病力较强，而来自山东泰安的分离株致病力相对较弱。本文还对不同产区桃褐腐病菌的致病因子胞壁降解酶进行了酶活性测定，结果表明，不同产区来源菌株间酶活性存在着一定的差异，但总体上 PG 和 PMG 的活性相对较高，最高的菌株可分别高达 1 898. 294U/mL 和 1 391. 586U/mL，而纤维素酶 Cx 和 β-1，3 葡聚糖酶活性相对较低，只有 234. 665U/mL 和 254. 107U/mL。因此，目前我国桃产区褐腐病菌主要以 *M. fructicola* 为主，但不同产区来源的菌株间存在致病性差异，或可能与 PG 和 PMG 在致病过程中参与作用有关。

关键词：桃褐腐病；果生链核盘菌；rDNAITS；特异性引物；致病性；胞壁降解酶

* 基金项目：国家现代农业产业技术体系建设专项（CARS-30-3-02）；江苏省农业科技自主创新资金项目［CX（14）2015，CX（15）1020］

** 第一作者：谈彬，硕士研究生，研究方向：分子植物病理学；E-mail：1076935534@ qq. com

*** 通信作者：纪兆林，副教授，研究方向：植物病害防控及分子植物病理学；E-mail：zhlji@ yzu. edu. cn

ISSR 标记分析花生白绢病原菌遗传多样性*

宋万朵，晏立英，雷　永，万丽云，淮东欣，康彦平，廖伯寿
（中国农业科学院油料作物研究所/油料作物生物学与遗传育种重点实验室，武汉　430062）

摘　要：花生白绢病是花生上重要的枯萎性真菌病害，由齐整小核菌（*Sclerotium rolfsii* Sacc.）引起。该病害在我国各大花生产区都有发生，对花生生产造成了严重的危害和经济损失。简单重复序列间长度多态性（Inter Simple Sequence Repeats，ISSR）分子标记技术已在病原菌遗传多样性研究中得到广泛应用，本研究应用 ISSR 标记分析花生白绢病原菌遗传多样性，以期了解我国不同地区花生白绢病菌地理居群的遗传变异情况，为该病害的防治提供理论依据。

利用筛选出的 17 条 ISSR 引物对采自我国 12 个省市的 39 株花生白绢病原菌进行 PCR 扩增。分析显示，共扩增出 269 条 DNA 条带，其中多态性条带 266 条，平均多态性百分率为 98.9%。聚类分析将这些菌株分为 4 个类群，多数地理来源相同的菌株都聚在同一类群，但也有同一地理来源的菌株分布在不同的 2 个或 3 个类群。该研究结果说明我国不同地区间的白绢病原菌之间存在着关联与差异，为花生白绢病的科学防治提供了指导意义。

关键词：花生白绢病；*Sclerotium rolfsii*；ISSR；遗传多样性

* 基金项目：国家花生产业技术体系（CARS-14）；中国农业科学院创新工程（CAAS-ASTIP-2013-OCRI）

稻瘟病菌侵染水稻中水稻防御体系对外源茉莉酸的响应*

王云锋**，王长秘**，李春琴，刘 林，杨 静***
（云南生物资源保护与利用国家重点实验室，农业生物多样性与病虫害控制教育部重点实验室，云南农业大学植保学院，昆明 650201）

摘 要：病原真菌在与寄主及环境持久互作过程中已进化出复杂的调控机制来识别和响应寄主及其周围的微环境，本文开展了不同浓度外源茉莉酸（JA）诱导水稻防御反应的研究，揭示茉莉酸对稻瘟病菌效应蛋白在稻瘟病菌与水稻互作中的作用机制。首先将400μmol/L的JA以三种不同的方式（外源茉莉酸喷雾水稻6h再接种稻瘟病菌株孢子、外源茉莉酸配制的稻瘟病菌株孢子悬浮液喷雾水稻及稻瘟病菌株接种水稻72h再喷雾外源茉莉酸）处理水稻，统计病情指数、qRT-PCR检测水稻防御相关基因的表达量和UPLC-MS/MS检测水稻内源茉莉酸的变化。不同方式的茉莉酸处理水稻稻瘟病发病症状均有不同程度的减轻，且处理水稻后的诱抗指数分别为24.01%、26.09%和45.74%。外源茉莉酸分别以三种不同的方式喷雾处理水稻均能诱导水稻防御相关基因表达，病程相关基因PR1a在早期逐渐升高，后则逐渐下降，PR10a的表达量逐渐升高，120hpi时上调至最大；SA途径EDS1和PAL的表达量均受到抑制；JA途径AOS2的表达量上调；胁迫相关基因HSP90在24hpi时表达量上调至最大，后表达量均下调。三种不同的方式处理水稻中内源茉莉酸的含量均有上调，其中以稻瘟病菌株接种水稻72h再喷雾茉莉酸的水稻植株内的内源茉莉酸含量上升均高于其他两种处理。水稻病程相关基因及JA途径AOS2主要参与了水稻防御体系对外源茉莉的响应，以稻瘟病菌株接种水稻72h再喷雾外源茉莉酸的诱抗效果最好。通过以上分析明确外源茉莉酸以不同方式喷雾处理水稻对受侵染水稻发病症状、防御相关基因表达及内源茉莉酸变化的影响，明确水稻响应外源茉莉酸的主要防御响应路径及减缓稻瘟病症状出现的有效时间点，为今后研究植物响应生物和非生物逆境的分子机制及制定有效的生物防治措施提供重要的理论依据。

关键词：稻瘟病菌；水稻；效应蛋白；茉莉酸；防御相关基因

---

* 基金项目：国家自然科学基金（31400073）；云南省自然科学基金面上项目（2013FB039）；云南生物资源利用与保护国家重点实验室开放基金（KX141512）

** 第一作者：王云锋，硕士研究生，研究方向：分子植物病理学；E-mail：980705078@qq.com
王长秘，硕士研究生，研究方向：分子植物病理学；E-mail：1964885742@qq.com
*** 通信作者：杨静，博士，高级实验师，研究方向：病原与寄主互作；E-mail：yangjin-18@163.com

云南甘蔗梢腐病的发生及病原菌鉴定*

仓晓燕**，李文凤，王晓燕，单红丽，
张荣跃，李 婕，罗志明，尹 炯，黄应昆***
（云南省农业科学院甘蔗研究所/云南省甘蔗遗传改良重点实验室，开远 661699）

摘 要：为了确定云南甘蔗梢腐病的病原菌的种类，对云南甘蔗种质资源圃种植基地的甘蔗梢腐病的发生进行了调查研究，并采集发病叶片。采用组织分离法对甘蔗梢腐病病原菌进行分离培养，并通过显微镜及分子鉴定法对该病原菌进行鉴定。结果表明，分生孢子卵形。利用真菌通用引物对病原菌 rDNA ITS 区进行 PCR 扩增及序列测定，与南非分离物（登录号：KU204753.1），巴西分离物（登录号：KX385056.1）核苷酸序列同源性均为99%。根据形态学和 rDNA ITS 区以及种特异引物分析，将云南甘蔗梢腐病的病原菌鉴定为 *F. verticillioides*。

关键词：甘蔗；梢腐病；病原菌；鉴定

---

* 基金项目：国家现代农业产业技术体系（糖料）建设专项资金资助（CARS-170303）

** 第一作者：仓晓燕，女，研究实习员，硕士，研究方向为甘蔗病害防控；Tel：0873-7227004，E-mail：67454340@163.com

*** 通信作者：黄应昆，男，研究员，硕士，主要从事甘蔗病虫害防控研究；Tel：0873-7227017，E-mail：huangyk64@163.com

Role of mating-type genes in sexual reproduction and pathogenicity of *Magnaporthe oryzae*[*]

Li Ling[1,2**], GuoXiaoyu[1], Wang Yanli[1], Wang Jiaoyu[1***], Sun Guochang[1***]

(1. *State Key Laboratory Breeding Base for Zhejiang Sustainable Pest and Disease Control*, *Institute of Plant Protection and Microbiology*, *Zhejiang Academy of Agricultural Sciences*, *Hangzhou* 310021, *China*; 2. *The Key Laboratory for Quality Improvement of Agricultural Products of Zhejiang Province*, *School of Agricultural and Food Sciences*, *Zhejiang Agriculture and Forest University*, *Hangzhou* 311300, *China*)

Abstract: *Magnaporthe oryzae* is the causal agent of rice blast disease, the most devastating of cultivated rice (*Oryza sativa*) and a continuing threat to global food security. *M. oryzae*, as a heterothallic fungus, also produces sexual generation, but needs two parent strains carrying opposite mating-types to complete the mating process. *M. oryzae* has two mating types of species, *MAT*1-1 and *MAT*1-2. The *MAT*1-1 gene locuscontains three genes, *MAT*1-1-1, *MAT*1-1-2 and *MAT*1-1-3, and the *MAT*1-2 locus contains two genes, *MAT*1-2-1 and *MAT*1-2-2. In the present work, we investigated the roles of the five mating genes, in sexual reproduction and pathogenicity of *M. oryzae*. Via homologous recombination, *MAT*1-1-1, *MAT*1-1-2 and *MAT*1-1-3 were respectively deleted from a *M. oryzae* *MAT*1-1 strain, and *MAT*1-2-1 and *MAT*1-2-2 were deleted from a *M. oryzae* *MAT*1-2 strain. The phenotypical analysis indicated that *MAT*1-1-1 and *MAT*1-1-3 were involved in vegetative growth, *MAT*1-1-1, *MAT*1-1-2, *MAT*1-1-3 participated in sporulation, and *MAT*1-2-2 mutant was likely affected in cell wall integrality. Crossing-cultured with a strain in opposite mating type, Δ*mat*1-1-1, Δ*mat*1-1-2, Δ*mat*1-1-3 and Δ*mat*1-2-1, other than Δ*mat*1-2-2, formed much fewer perithecia, suggesting that the *MAT*1-1-1, *MAT*1-1-2, *MAT*1-1-3 and *MAT*1-2-2 are required for sexual reproduction in *M. oryzae*. However, inoculation test showed that the pathogenicity was unaltered in these mutants.

* 基金项目：国家自然科学基金资助项目（31470249）；浙江省自然科学基金（LQ17C010001）

** 第一作者：李玲，博士，讲师，植物病原真菌与分子生物学；E-mail：liling-06@163.com

*** 通信作者：王教瑜，博士，副研究员，真菌功能基因组学；E-mail：wangjiaoyu78@sina.com

孙国昌，博士，研究员，植物病原真菌学；E-mail：sungc01@sina.com

Establishment of a rapid detection method of rice blast fungus basing one-step loop-mediated isothermal amplification (LAMP)[*]

Li Ling[**], Zhang shuya, Zhang chuanqing[***]

(*The Key Laboratory for Quality Improvement of Agricultural Products of Zhejiang Province, School of Agricultural and Food Sciences, Zhejiang Agriculture and Forest University, Hangzhou* 311300, *China*)

Abstract: The filamentous fungus *Magnaporthe oryzae* causes rice blast, the most serious disease on cultivated rice, and its control is vital to ensure global food security. Early diagnosis of the rice blast is particularly important, as often, early infected rice seeds and plants appear symptomless; early diagnosis of rice blast can avoid uncontrolled propagation of pathogens exchange widely. This will prevent economic losses and unnecessary use of fungicides, so reducing costs and the introduction of toxic substances into the environment. In the present work, a rapid and efficient loop-mediated isothermal amplification (LAMP) method was established to detect pathogens in early stage of rice. *MoALB*1 plays an important role in the melanin biogenesis of *M. oryzae*, and is absent in any other fungal genomes sequenced, and thus was adopted as the target for LAMP primer design. The LAMP assay enables the fast detection of as little as 0. 3072 ng of pure genomic *M. oryzae* DNA. In addition, we established the quantitative LAMP (q-LAMP) detection system to quantize airborne spores, and the incubated rice blast fungus. The q-LAMP assay enables the fast detection within 60 minutes for spores as little as 3. 2 spores per mL. These results provide a useful and convenient tool for detecting *M. oryzae*, which would be applied widely in seed quarantine of rice blast.

---

* 基金项目：浙江省科技重点研发（2015C02G2010084）；浙江省自然科学基金（LQ17C010001）

** 第一作者：李玲，博士，讲师，植物病原真菌与分子生物学；E-mail：liling-06@ 163. com

*** 通信作者：张传清，博士，教授，杀菌剂药理学与抗性治理；E-mail：cqzhang@ zafu. edu. cn

One-step loop-mediated isothermal amplification (LAMP) for the rapid and sensitive detection of *Fusarium fujikuroi* in bakanae disease*

Li Ling**, Zhang shuya, Zhang chuanqing***

(*The Key Laboratory for Quality Improvement of Agricultural Products of Zhejiang Province, School of Agricultural and Food Sciences, Zhejiang Agriculture and Forest University, Hangzhou* 311300, *China*)

Abstract: Rice bakanae disease is a seed-borne disease, caused by *Fusarium fujikuroi*. If infected seeds are used, this disease will occur with serious impacts. Thus, a simple, reliable, specific and sensitive method for surveillance is urgently needed to screen infected seeds and seedlings at early developmental stages. In this study, a rapid and efficient loop-mediated isothermal amplification (LAMP) method was developed to detect *F. fujikuroi* in contaminated rice seeds for diagnosis of bakanae disease. *NRPS*31 gene plays an important role in the gibberellic acid (GA) bio-synthesis of *F. fujikuroi*, and is not present in any other sequenced fungal genome, and thus was adopted as the target for LAMP primer design. The LAMP assay enables the fast detection of as little as 1 fg of pure genomic *F. fujikuroi* DNA within 60 minutes. Further tests indicated that the LAMP assay was more sensitive and faster than the traditionali solation method for *F. fujikuroi* detection in rice seeds and seedlings. Our results show that this LAMP assay is a useful and convenient tool for detecting *F. fujikuroi*, and it can be applied widely in seed quarantine of bakanae disease, providing valid data for disease prevention.

---

* 基金项目：浙江省科技重点研发（2015C02G2010084）；浙江省自然科学基金（LQ17C010001）

** 第一作者：李玲，博士，讲师，植物病原真菌与分子生物学；E-mail：liling-06@163.com

*** 通信作者：张传清，博士，教授，杀菌剂药理学与抗性治理；E-mail：cqzhang@zafu.edu.cn

One-step detection of G143A mutants of *Colletotrichum gloeosporioides* in strawberry seedlings by the loop-mediated isothermal amplification

Wu Jianyan*, Hu Xiaoran, Zhang Chuanqing**

(*Department of Plant Pathology, Zhejiang Agriculture and Forest University, Lin'an*, 311300, *China*)

Abstract: Anthracnose is a destructive fungal disease occurring in seedling period of strawberry which is caused by *Colletotrichum gloeosporioides* in China, thus, a simply-operated, specific and reliable method that is able to detect the disease within short time is badly needed to control the spread of *C. gloeosporioides* during the strawberry seedling period. In this study, we developed a cost-efficient loop-mediated isothermal amplification (LAMP) for detection of G143A mutants of *C. gloeosporioide* highly resistant to QoIs within 1h. The genomic DNA extracted from *C. gloeosporioides* isolates or the strawberry seedling could be diagnosed quickly by LAMP assay. The LAMP assay was finished in an identical temperature (64℃) for 40 min and its products would form ladder-like bands on agarose gel which can also be visible under sunlight by our eyes with the addition of hydroxynaphthol blue dye (HNB) in advance. The LAMP assay was 10-fold more sensitive than conventional PCR, it could detect the genomic DNA that was diluted to 10×10^{-3}ng in per reaction. In meanwhile, we were able to detect the resistance of *C. gloeosporioides* to QoIs directly from strawberry seedlings. The genomic DNA was extracted and isolated by LFD membrane from mash of strawberry seedlings within five minutes and then was quickly analyzed by LAMP, and the result is same as that through conducting both positive samples detection by tissue separation and resistance identification by MIC method. In conclusion, we successfully created a LAMP assay applied to detect *C. gloeosporioides* and its resistance to QoIs at the strawberry seedling stage.

Key words: *Colletotrichum gloeosporioides*; LAMP; Resistance; Strawberry seedlings

* 第一作者：吴鉴艳，博士，讲师，植物病理学；E-mail：wujianyan@zafu.edu.cn

** 通信作者：张传清，博士，教授，植物病理学；E-mail：cqzhang@zafu.edu.cn

Involvement of *BcART* in vegetative development, various stresses sensitivity, methionine synthesis and pathogenicity in *Botrytis cinerea*

Zhang Yu, Mao Chengxin, Zhang Chuanqin*

(*Zhejiang A&F University*, *Hangzhou* 311300, *China*)

Abstract: The *ART* gene encodes a cystathionine beta-lyasewhich is a key enzyme in methionine (Met) biosynthesis in *Saccharomyces cerevisiae*. Met is required for protein synthesis and various cellular processes in both eukaryotes and prokaryotes. In this study, we identified the *ART* orthologue gene *BcART* in *Botrytis cinerea*. The *BcART* deletion mutant were unable to grow on minimal medium (MM). Additionally, The mutant can rescue growth on the MM medium supplemented with 1mmol/L Met but not cysteine or glutathione. These results indicated that the enzyme encoded by *BcART* was involved in the Met synthesis. The mutant exhibited defections on sporulation, spore germination and sclerotium development. In addition, the *BcART* deletion mutant exhibited increased sensitivity to osmotic and oxidative stresses and cell wall-damaging agents. The mutant demonstrated dramatically decreased pathogenicity on host plant tissues. All of the defects were restored by genetic complementation of the mutant with wild-type *BcART*. Taken together, the results of this study indicate that *BcART* plays a critical role in the regulation of various cellular processes in *B. cinerea*.

Key words: *Botrytis cinerea*; *BcART*; Methionine synthesis; Vegetative development; Pathogenicity

* *Corresponding author*: *Chuanqing Zhang*; *E-mail*: cqzhang@ zafu. edu. cn

玉米南方锈病菌保存方法的探讨*

次仁旺拉，马占鸿**

（中国农业大学植物病理学系，北京 100193）

摘 要：玉米南方锈病是多堆柄锈菌（*Puccinia polysora*）引起的，是在热带和亚热带地区最常见的真菌性病害，由于病原菌所产生的夏孢子凭借风雨的传播发病速度比较快，所以对玉米来说危害性比较严重。该病主要为害叶片和叶鞘，其次苞叶，夏孢子堆会产生在受到为害叶片的两面，降低了叶片的光合反应并导致叶片的枯死，这样不同程度降低了玉米产量，减产最严重时可导致部分田块绝收。

对玉米南方锈病的研究，最重要的是要有试验病原菌的保存方法，因此，对病原菌夏孢子保存方法提出了需求。然而到目前几乎没有针对玉米南方锈菌夏孢子保存方法的研究，所以作者参考了国内外真菌保存方法的相关文献，通过试验探讨了玉米南方锈菌“超低温保存法”和“病叶常温干燥保存法”两种方法以及保存的时间。结果发现病叶常温干燥保存法较超低温保存法，其所保存菌种最高发病率能达到77.8%和保存天数能达到71d。而-80℃密封超低温保存法孢子萌发率很低，且随着保存时间的延长孢子萌发率越来越低，不适宜长期保存。

关键词：玉米；玉米南方锈病菌；病原菌保存；超低温保存法；病叶常温干燥保存法

---

* 基金项目：国家自然科学基金（31772101）；国家重点研发计划项目（2016YFD0300702）

** 通信作者：马占鸿；E-mail：mazh@cau.edu.cn

四川盆地部分小麦品种上的条锈菌 SSR 多态性分析*

李雅洁，马占鸿**
（中国农业大学植物病理学系，北京　100193）

摘　要：本研究采用微卫星标记法（Simple Sequence Repeat，SSR），选取 10 对条锈菌 SSR 引物，研究了四川盆地部分小麦品种上条锈菌在五个不同抗感品种上的群体遗传结构，为揭示不同品种抗条锈菌遗传背景、品种的合理布局和病害的生态防控提供理论基础。研究所选择的四川省小麦主栽品种有高感品种绵农 4 号，中感品种内麦 9 号，中抗品种川麦 51 和高抗品种川育 21、川麦 55。

通过对 302 个分离自五个不同品种上的条锈菌菌株进行群体遗传多样性分析，结果显示，不同品种上小麦条锈菌群体间的遗传变异为 20%，群体内的遗传变异占 80%；川育 21 的遗传多样性最高，内麦 9 号的遗传多样性最低。群体遗传分化分析结果表明，高感品种绵农 4 号和中感品种内麦 9 号上条锈菌群体的分布更为集中，绵农 4 号和内麦 9 号的遗传分化系数 Fst 最大，内麦 9 号和川育 21 的遗传分化系数最小。分别对 5 个小麦品种上的条锈菌群体进行基于遗传距离的 AUDPC 法聚类，结果显示，高感品种绵农 4 号和中感品种内麦 9 号上的条锈菌群体优势遗传种群的比例最高，当遗传距离为 3 和 4 时，分别为 83.3%、95.5%和 100%。而高抗品种川育 21 上的条锈菌群体的优势遗传种群比例最低。总的来看，抗性水平较高的小麦品种，条锈菌群体的遗传结构较复杂。

关键词：小麦条锈菌；群体遗传分析；微卫星标记法；品种定向选择

* 基金项目：国家重点研发计划项目（2016YFD0300702）
** 通信作者：马占鸿；E-mail：mazh@cau.edu.cn

我国南北方水稻主产区不同年份稻瘟菌致病型比较*

王　雪**，王　宁，周慧汝，吴波明***

（中国农业大学植物保护学院，北京　100193）

摘　要：稻瘟病严重影响着我国水稻的高产稳产，防治稻瘟病最可靠的方式是推广抗病品种。了解稻瘟病菌群体中无毒基因的组成分布和动态变化，对抗病品种的有效布局和轮换具有重要意义。本研究于 2016 年和 2017 年在我国南方和东北几个主要水稻种植省的稻田随机采集稻瘟病样，从中分离选取 414 株单孢菌株，在 24 个单基因系鉴别寄主上进行离体划伤接种，推测各菌株含有的无毒基因。结果表明，我国稻瘟病菌致病型多样性极其丰富；以相似系数为 0.61 为届，414 个菌株被划分为 27 个类群，一方面，南方和东北各有一些独有的类群，另一方面，共享类群菌株较多，说明南方与东北稻区稻瘟病菌群体间既有地理隔离，又存在频繁的交流；由其在单基因系上的反应型推测，我国稻瘟病菌株含有的无毒基因数在 1~23 个不等，大部分菌株致病谱为中等或较宽，致病谱窄的菌株占少数；24 个无毒基因的频率在 15.94%~57.3%；来自不同地区的菌株群体间除个别无毒基因外，频率无显著差异，不同年份群体间有些无毒基因频率差异显著。卡方检验结果显示，一些无毒基因两两间可能存在关联，这些关联信息有助于更好地利用多基因抗性。

关键词：稻瘟菌；抗瘟单基因系；无毒基因；致病型

---

* 基金项目：国家自然科学基金项目（31471727）

** 第一作者：王雪，研究生，植物病害流行学；E-mail：wangxue8621@126.com

*** 通信作者：吴波明，教授；E-mail：bmwu@cau.edu.cn

海南橡胶树白粉菌遗传多样性分析*

曹学仁，车海彦，罗大全**

（中国热带农业科学院环境与植物保护研究所/
农业部热带作物有害生物综合治理重点实验室，海口　571101）

摘　要：天然橡胶是重要的国家战略物资，我国天然橡胶种植面积已超过 1 700万亩，其中海南和云南的种植面积占全国的95%以上。由专性寄生的橡胶树粉孢（*Oidium heveae* Steinm）引起的白粉病是我国橡胶树上为害最严重的病害，也是最受海南和云南两地胶农关注的生物灾害。通过分析病原菌的群体遗传结构，能为病害流行区划、传播路径以及区域性治理方面提供有用信息。为了明确海南橡胶树白粉菌群体的遗传结构，本研究对海南海口、琼海、三亚、乐东、白沙、琼中和儋州等 7 个市（县）的橡胶树白粉菌的 ITS 序列进行分析。结果表明，95 个病菌样品可推导出 5 种单倍型，其中单倍型 H1 包含样品数为 88 个，且在 7 个市（县）均有分布。三亚种群的单倍型多样性和核苷酸多样性最高。总体和各地理群体的中性检验结果显示，群体扩张遵循中性进化，群体大小保持相对稳定。遗传分化指数（*Fst*）表明三亚种群与白沙、儋州、海口和琼中等四市（县）种群的遗传分化较大。AMOVA 分析显示，遗传变异主要发生在种群内，占总变异的 89.66%。因此海南橡胶树白粉菌菌株间虽存在一定的遗传分化，但整体遗传多样性偏低。

关键词：橡胶树白粉病；橡胶树粉孢；ITS 序列；群体遗传结构

---

* 基金项目：国家自然科学基金（31701731）；中国热带农业科学院基本科研业务费专项资金（1630042017003）

** 通信作者：罗大全，研究员，主要从事热带作物病理学研究；E-mail：luodaquan@ 163. com

阳江农场橡胶白粉病病情调查*

董文敏**，梁艳琼**，吴伟怀，习金根，
李 锐，郑金龙，黄 兴，贺春萍***，易克贤***
（中国热带农业科学院环境与植物保护研究所/农业部热带农林有害生物入侵检测与控制重点开放实验室/海南省热带农业有害生物检测监控重点实验室，海口 571101）

摘 要：目前橡胶白粉病在世界各植胶国普遍发生，危害较为严重。阳江农场属于白粉病病害常发区，病害流行频率高，为了了解阳江农场橡胶白粉病病害发生情况，随机选取三个点展开调查，依据病害流行趋势及时防治。对阳江农场第三派驻组、第四派驻组、第七派驻组进行调查，每驻组随机剪取不同物候期的新叶 40 蓬，从每蓬叶中随机摘取顶端展开的 5 片复叶的中间一片小叶，共计 200 片叶片，逐片观察有无白粉病病斑，统计病叶率计算病情指数。调查结果显示：各林段间物侯不整齐，以淡绿期和大古铜期交叉存在，白粉病发病率在 50%以上，病级级数以 1 级居多，2 级较少，病情指数为 11~15。因调查前少量喷洒硫磺粉，淡绿期叶片上白粉病病斑受抑制，大部分转为黄色斑，新鲜活动斑较少，而在大古铜叶片上只发现少量的菌丝和 1~2 个病斑，且许多大古铜叶片上没有发病。同时对周边民营橡胶林病情进行调查，其发病率为 100%，发病级数为 3~4 级以上，病情指数为 20 以上，且淡绿期叶片上白粉病新鲜活动斑较多。一旦天气适宜，白粉病爆发可严重影响胶产。

阳江农场林段病情现为轻度流行，建议在嫩叶物侯感病期要坚持和加强田间白粉病病情调查发展情况，结合未来天气情况，针对病情进行全局防治和局部防治。

关键词：橡胶树白粉病；病情分级；病情指数；流行；防治

---

* 基金项目：国家天然橡胶产业技术体系建设专项资金资助（No. CARS-33-GW-BC1）；海南省科协青年科技英才创新计划项目（No. QCXM201714）

** 第一作者：董文敏，女，汉族，硕士研究生；研究方向：植物病理
梁艳琼，女，苗族，助理研究员；研究方向：植物病理；E-mail：yanqiongliang@ 126. com

*** 通信作者：贺春萍，女，硕士，研究员；研究方向，植物病理；E-mail：hechunppp@ 163. com
易克贤，男，博士，研究员；研究方向：分子抗性育种；E-mail：yikexian@ 126. com

Screening for strains with high fumonisin production and strong pathogenicity of rice spikelet rot disease (RSRD)

Sun Lei[1,2], Wang Lin[2], Liu Lianmeng[2], Li Qiqin[1,*], Huang Shiwen[1,2,*]
(1. *College of Agronomy*, *Guangxi University*, *Nanning* 530003, *China*;
2. *China National Rice Research Institute*, *Hangzhou* 310006)

Abstract: The aim of this study is to establish a stable and efficient artificial inoculation technique to identify the pathogenicity of different strains for Rice Spikelet Rot Disease (RSRD), and to test the ability of *Fusarium proliferatum* to synthesize fumonisin in two culture media by the detection method of fumonisin. Based on the methods, high fumonisin production and strong pathogenicity strains were selected. Injection and spraying inoculation methods were used to inoculate riceat booting and heading stages, and the pathogenicity and stability of different inoculation methods at different times were counted. Comparison of pathogenicity and fumonisin production of different strains used the suitable inoculation methods and HPLC-MS/MS analysis. The incidence of RSRD is high and stable by using injection inoculation during pollen mother cell meiosis to maturing stage, and the rice yield traits were significantly affected by inoculation during pollen mother cell formation to initial spike stage. According to this method, strong pathogenicity strains FP4, FP6, FP8, FP9 and FP10 were selected. The ability of fumonisin synthesiswas analyzed by using HPLC-MS/MS, the high fumonisin production and strong pathogenicitystrains FP4 and FP9 were selected finally. Rice culture medium was more suitable than corn culture medium for fumonisin synthesis of *F. proliferatum*. The invasion time of RSRD was pollen mother cell formation to full heading stage, and the initial infection stage was pollen mother cell formation to meiosis stage, and the effect of RSRD on rice yield was closely related to infection stage. The results of this study provide a foundation for future disease prevention and pathogenic processes.

Key words: Rice spikelet rot disease; *Fusarium proliferatum*; Artificial inoculation; Fumonisin; Pathogenicity; HPLC-MS/MS

杂草来源梨孢菌的鉴定、生物学性状及对水稻的致病性分析*

贾世双**，祁鹤兴，杨　俊，张国珍***
（中国农业大学植物保护学院植物病理学系，北京　100193）

摘　要：稻瘟病是水稻重要病害之一，稻瘟病的暴发可引起水稻大规模减产。水稻稻瘟病的病原菌为稻梨孢（*Pyricularia oryzae*），有性型为（*Magnaporthe oryzae*）。梨孢属（*Pyricularia*）真菌除能侵染水稻外，还能侵染牛筋草、狗尾草、稗草、马唐等多种禾本科杂草和谷子、小麦、大麦等粮食作物。为了解不同杂草来源的梨孢菌的生物学性状和对水稻的致病性，本研究以 2017 年从辽宁东港、湖北黄冈和北京稻田周边杂草的疑似病斑上分离得到的梨孢菌作为供试菌株进行了研究和分析。

分离获得 44 株梨孢属的单孢菌株，其中 28 株来源于狗尾草，8 株来源于马唐，来源于牛筋草和野黍的菌株各为 4 株。分离菌株在 OTA 培养基上，28℃恒温箱中进行培养，以稻瘟病菌 P131 作为对照，对分离菌株的菌落形态和生物学性状进行观察，发现不同寄主来源的梨孢菌菌落形态存在一定差异。稻瘟菌 P131 的菌落颜色呈深灰色，来源于杂草的大部分菌株的菌落颜色较浅，气生菌丝发达。P131 的生长速率为 7.20mm/d，除 7 株杂草来源的菌株生长速率快于 P131 之外，其余梨孢菌的菌株生长速率慢于 P131。P131 的产孢较多，为 15.7×10^6 个/mL，而来源于杂草的梨孢菌产孢较少，其中 30 株菌株的产孢量均低于 2×10^6 个/mL。将 44 株杂草来源的梨孢菌孢子悬浮液接种水稻丽江新团黑谷的划伤离体叶片，均未引起发病。基于 actin、β-tubulin 和 calmodulin 基因对 44 株菌株进行系统发育分析，8 株马唐分离菌株中有 2 株为 M. grisea，其余 6 株与狗尾草、牛筋草和野黍分离菌株聚为一支，均为 M. oryzae。有研究表明稻田及稻田周边的常见杂草可能在稻瘟病的病害循环中发挥一定的作用（Kato *et al.*，2000；Choi *et al.*，2013），而本研究中的 44 株不同杂草来源的梨孢菌菌株均对水稻不致病。要确定稻田及稻田周边常见杂草上的梨孢菌在稻瘟病病害循环中的作用，还需要采集更多不同杂草来源的菌株进行致病性分析。

关键词：梨孢菌；生物学性状；致病性

---

* 基金项目：公益性行业（农业）科研专项（201203014）

** 第一作者：贾世双，硕士研究生，从事稻瘟病菌相关研究；E-mail：jshishuang@163.com

*** 通信作者：张国珍，教授，主要从事植物病原真菌学的研究；E-mail：zhanggzh@cau.edu.cn

可可毛色二孢菌效应因子 *LtCRE*1 的克隆及功能分析

邢启凯，燕继晔，张 玮，刘 梅，李铃仙，李兴红
（北京市农林科学院植物保护环境保护研究所，北京 100097）

摘 要：由葡萄座腔菌科（Botryosphaeriaceae）真菌引起的葡萄溃疡病（Botryosphaeria dieback）是葡萄上的主要枝干病害之一，严重影响葡萄产量和品质。效应因子是病原真菌的主要致病因子之一。前期研究中，笔者研究团队对可可毛色二孢菌进行了全基因组序列测定，预测了可能的效应蛋白编码基因。随后对一个富半胱氨酸效应子 *LtCRE*1 的功能进行了分析，并探究了其可能的毒性机制。效应子 LtCRE1 含有一个 EER 结构域，且其 C 末端具有一个组蛋白乙酰转移酶结构域。转录表达分析表明，*LtCRE*1 基因在葡萄溃疡病菌侵染 12 h 时达到最高，随后表达下降；另外该基因还受双氧水和高温胁迫诱导表达。利用酵母分泌系统通过蔗糖酶活性检测试验证实，LtCRE1 信号肽序列能够使缺陷型酵母重新分泌蔗糖酶，具有信号肽活性。亚细胞定位分析发现，LtCRE1 在烟草细胞核和细胞质中均有分布。烟草瞬时表达试验表明 LtCRE1 可抑制 BAX 和谷枯病菌诱发的细胞坏死反应。致病力结果显示，*LtCRE*1 超表达转化子的病斑长度较对照要长，说明 *LtCRE*1 基因的超表达可增强可可毛色二孢菌的致病力。

北京地区小豆白粉病的病原鉴定*

李茸梅**，万　平，魏艳敏，尚巧霞，赵晓燕***
（北京农学院/农业应用新技术北京市重点实验室/
植物生产国家级实验教学示范中心，北京　102206）

摘　要：小豆［*Vigna angularis*（Willd.）Ohwi & Ohashi］是一年生草本植物，又名红豆、红小豆、赤豆、赤小豆等。具有营养丰富，生育期短，耐瘠、耐荫，适应性强等特点。近年来小豆白粉病在北京地区经常发生，危害逐渐加重。病害主要在开花期以后发生，发生初期，叶片正面出现褪绿斑点，逐渐扩大成圆形或椭圆形病斑，病斑上生有白色粉状霉层。病害后期病斑连片形成大霉斑，严重时可以覆盖全叶，叶片背面、柄上及茎上也出现病斑，影响光合作用，叶片出现褪绿、枯黄、皱缩、幼叶扭曲，植株生长不正常，使叶片早衰早落等，严重发生时，造成小豆产量下降。目前对于小豆白粉病病原菌的报道较少，本研究发现，该病原菌菌丝体在胞内扩展，表生菌丝很少，分生孢子无色、单细胞、椭圆形，4~8 个串生在分生孢子梗上。自然条件下不易产生闭囊壳。采集北京地区发生的小豆白粉病菌，单病斑纯化得到菌株 BJ1。收集分生孢子提取基因组 DNA，利用真菌通用引物 ITS1/ITS6 进行 PCR 扩增得到 rDNA-ITS 序列，经测序得知长度为 586bp，将扩增得到的 rDNA-ITS 序列与 GenBank 中 BLAST 数据库中的基因序列进行同源性比较，结果表明，菌株 BJ1 的 rDNA-ITS 序列与 *Podosphaera xanthii*（GenBank 登录号为 MG754404.1）的同源性达到 100%。将该菌株序列提交到 GenBank，登录号为 MG928388。系统发育分析结果表明，所测菌株与来自多种瓜类植物上的 *P. xanthii* 和 *P. fuliginea* 位于系统发育分析树的同一分支，同源性比对数据和系统发育树位置进一步证明了小豆白粉病的病原菌为苍耳单囊壳 *Podosphaera xanthii*（原名为 *Sphaerotheca fuliginea*）。现有文献中关于该病原菌的报道主要来源于瓜类植物，侵染小豆和瓜类的 *P. xanthii* 病原菌之间有何关系目前还不是很清楚。小豆白粉病病原菌的鉴定，将为小豆白粉病的防治和抗性品种筛选提供理论基础。

关键词：小豆；白粉病；病原菌

---

* 基金项目：农业应用新技术北京市重点实验室开放课题（kf2017025）

** 第一作者：李茸梅，女，在读硕士，研究方向：植物保护；E-mail：695669903@qq.com

*** 通信作者：赵晓燕，女，副教授，研究方向：植物真菌病害综合防治；E-mail：zhaoxy777@163.com

Taxonomy of *Alternaria* species from Compositae in China

Luo Huan, Jia Guogeng, Pei Dongfang, Liu Haifeng, Zhou Yi, Deng Jianxin*

(*College of Agriculture*, *Yangtze University*, *Jingzhou* 434025, *China*)

Abstract: Compositae contains many economically important plants. Alternaria leaf spot or blight disease is a common disease on Compositae plants. This study aims to isolate and identify *Alternaria* species on Compositae in China. In 2015-2018, disease samples were collected from 29 cities of 18 provinces, China. A total of 398 strains were obtained by single spore isolation. Among them, 43 strains were selected to characterize based on morphology and sequence analyses. Eight genes of rDNA ITS, GAPDH, EF-1α, RPB2, Alt-a1, ATPse, OPA10-2 and endoPG were used for PCR amplification. During the investigation, one new species and 8 new records (*A. argyranthemi*, *A. calendulae*, *A. cinerariae*, *A. hawaiiensis*, *A. helianthinficiens*, *A. jacinthicola*, *A. linariae*, *A. tillandsiae*) were found. The pathogenicity tests revealed that the nine species were pathogenic on their hosts. The results enriched the diversity of *Alternara* in China and laid foundation on plant disease prevention and control.

* Corresponding author: Deng Jianxin

Comparative evaluation of the LAMP assay and PCR-based assays for the rapid detection of *Alternaria solani*[*]

Mehran Khan[**], Wang Rongbo, Li Benjin, Liu Peiqing,
Weng Qiyong, Chen Qinghe[***]

(*Fujian Key Laboratory for Monitoring and Integrated Management of Crop Pests, Institute of Plant Protection, Fujian Academy of Agricultural Sciences, Fuzhou* 350003, *China*)

Abstract: Early blight (EB), caused by the pathogen *Alternaria solani*, is a major threat to global potato and tomato production. Early and accurate diagnosis of this disease is therefore important. In this study, we conducted a loop-mediated isothermal amplification (LAMP) assay, as well as conventional polymerase chain reaction (PCR), nested PCR, and quantitative real-time PCR (RT-qPCR) assays to determine which of these techniques was less time consuming, more sensitive, and more accurate. We based our assays on sequence-characterised amplified regions of the *histidine kinase* gene. The LAMP assay provided more rapid and accurate results, amplifying the target pathogen in less than 60 min at 63℃, with 10-fold greater sensitivity than conventional PCR. Nested PCR was 100-fold more sensitive than the LAMP assay and 1000-fold more sensitive than conventional PCR. RT-qPCR was the most sensitive among the assays evaluated, being 10-fold more sensitive than nested PCR for the least detectable genomic DNA concentration (100fg). The LAMP assay was more sensitive than conventional PCR, but less sensitive than nested PCR and RT-qPCR; however, it was simpler and faster than the other assays evaluated. The LAMP assay amplified *A. solani* artificially, allowing us to naturally infect young potato leaves, which produced early symptoms of EB. The LAMP assay also achieved positive amplification using diluted pure *A. solani* culture instead of genomic DNA. Hence, this technique has greater potential for developing quick and sensitive visual detection methods than other conventional PCR strategies for detecting *A. solani* in infected plants and culture, permitting early prediction of disease and reducing the risk of epidemics.

Key words: *Alternaria solani*; Early blight; *histidine kinase* gene; LAMP; Real-time PCR; Sensitivity; Specificity

---

* Funding: This work was supported by grants from the National Natural Science Foundation of China (31772141); Basic R & D Special Fund Business of Fujian Province (2016R1023-1); Science and Technology Major Project of Fujian Province (2017NZ0003-1); and Innovation Team of Plant Protection, Fujian Academy of Agricultural Sciences (STIT2017-1-8)

** First author: Mehran Khan, Ph. D candidate

*** Corresponding author: Chen Qinghe; E-mail: chenqh@ faas. cn

A previously unreported leaf blight in *Begonia fimbristipula* in China caused by *Stagonosporopsis cucurbitacearum* and its sensitivity to tebuconazole*

Liu Peiqing**, Wang Rongbo, Li Benjin, Chen Qinghe, Weng Qiyong***

(*Fujian Key Laboratory for Monitoring and Integrated Management of Crop Pests, Institute of Plant Protection, Fujian Academy of Agricultural Sciences, Fuzhou, China*)

Abstract: *Begonia fimbristipula* is of vast economic value in China, both medicinally and nutritionally. In 2016 to 2017, symptoms of leaf blight were observed in cultivated *B. fimbristipula* in Fuzhou, Fujian province, China. In this study, based on the morphological, cultural, pathogenetic and phylogenetic criteria, the causal agent was identified as *Stagonosporopsis cucurbitacearum*, while consistent re-isolation from inoculated leaves confirmed Koch's postulates. *In vitro* sensitivity of *S. cucurbitacearum* to triazole fungicide was subsequently assessed via radial growth experiments on fungicide-amended media. The EC_{50} value of tebuconazole-induced inhibition of mycelial growth was 2.61μg/mL, and zoospore production was 0.45μg/mL. Moreover, a significant decrease in transcription of *Cyp*51 (a sterol 14 α-demethylase)) and *ScAtrG* (an ATP-binding cassette transporter) of 0.77- and 0.81-fold was also observed, with polarized mycelium growth. Meanwhile, heat shock and low-level osmotic stress enhanced resistance to triazole fungicide. Our results confirmed that *S. cucurbitacearum* is the causal pathogen of leaf blight in *B. fimbristipula* in China. Other potentially susceptible host plants in the area should therefore be identified, and resistance of *S. cucurbitacearum* to triazole fungicide under heat shock and osmotic stress examined further.

Key words: *Begonia fimbristipula* Hance; *S. cucurbitacearum*; Triazole fungicide; Resistance; Leaf blight

---

* 基金项目：福建省自然科学基金（2018J01043）；福建省属公益项目（2018R1024-3）

** 第一作者：刘裴清，博士，副研究员，作物病害综合防控研究；E-mail：liupeiqing11@163.com

*** 通信作者：翁启勇，硕士，研究员，作物病害综合防控研究；E-mail：wengqy@faas.cn

The role of MoCreD from *Magnaporthe oryzae* in carbon catabolite repression

Yang Jie, Khalid Abdelkarim Omer Matar, Chen Dongjie, Lu Guodong*

(*Key Laboratory of Biopesticides and Chemical Biology, Ministry of Education, Fujian Agriculture and Forestry University, Fuzhou, Fujian, China*)

Abstract: The filamentous fungus *Pyricularia oryzae* (Sny. *Magnaporthe oryzae*) takes an essential responsibility for the yield of rice around the world. Several signal pathways are involved in the process from inoculation to penetration, in which crucial elements, like hexokinases, cAMP, protein kinase *etc.*, can be regulated by carbon catabolite repression (CCR).

The *M. oryzae* orthologues of the *A. nidulans creB* gene, *creC* gene and *creD* gene (known to be involved in CCR in *Aspergillus nidulans*) designated *MoCreB*, *MoCreC*, and *MoCreD*, were identified. In *A. nidulans*, creD involves in ubiquitination, while, CreB-CreC is a deubiquitination complex. Even though both *MoCreB* mutant strains and *MoCreD* mutant strains have no significant differences in conidiation, growth and pathogenicity when compared with wild type, both of these two mutant strains are sensitive to the presence of allyl alcohol in 1% D-glucose media, which means that they all involve in CCR. To further understand the function of *MoCreD* in *M. oryzae*, we knocked out *MoCreD* in mutant strains of Δ*MocreB* and Δ*MocreC* respectively. It shows that these double knock-out strains rescue the deficient growth in the allyl alcohol medium. To confirm the opposite function between *MoCreB* and *MoCreD*, we knocked out *MoCreD* in the deletion mutant of *MoUbp*1 which is a homologous gene of *MoCreB*. This double knock-out mutant strain also shows the same reversal phenomenon and uses less favorable carbon sources in the presence of 2-Deoxy-D-glucose.

These results not only demonstrate that *MoCreD* is involved in CCR but also suggest that it plays an opposite role to *MoCreB* and *MoUbp*1, indicating that in *M. oryzae*, MoCreD may play a role in ubiquitination, compared with the counterpart of MoCreB which functions in deubiquitination.

Key words: *Magnaporthe oryzae*; *MoCreB*; *MoCreD*; Deubiquitination; Ubiquitination

* Corresponding author: Lu Guodong; E-mail: lgd@fafu.edu.cn

Role of SNARE protein FgSec22 in growth, conidiation, sexual reproduction and pathogenicity of *Fusarium graminearum*

Muhammad Adnan, Zheng Yangling, Zheng Wenhui, Lu Guodong

(*State Key Laboratory of Ecological Pest Control for Fujian and Taiwan Crops, Fujian Agriculture and Forestry University, Fuzhou* 350002, *China*)

Abstract: SNAREs (Soluble *N*-ethylmaleimide-sensitive factor attachment protein receptors) facilitate intracellular vesicle trafficking and cellular membrane fusion in eukaryotic cells, and play vital role in growth and development of phyto-pathogenic fungi such as *Fusarium graminearum*, the causal agent of *Fusarium* Head Blight (FHB) in wheat and barley. FHB is considered to involve particular SNARE-mediated transport and secretion of fungal effector proteins to shatter host immunity. We have characterized a SNARE protein FgSec2 from *F. graminearum*, its phylogenetic analysis and domain characterization reveal that it is a putative homolog of SNARE protein Sec22 of *Saccharomyces cerevisiae*, MoSec22 of *Magnaporthe oryzae*. We have observed that FgSec22 plays predominant role in maintenance of normal hyphae, vegetative growth, conidiation, germ tube polarity, sexual reproduction, and pathogenicity of *F. graminearum*. FgSec22 also plays role in mycotoxin Deoxynivalenol (DON) production in *F. graminearum*. FgSec22 domain characterization revealed that it contains longin domain, coiled coil region and transmembrane domain which are conserved in controlling protein function and localization. Our study indicates that SNARE protein FgSec22 is involved in regulatory mechanisms which administer growth, differentiation and virulence of plant pathogenic fungi *F. graminearum*.

Key words: SNARE protein; *Fusarium graminearum*; Phenotypic characterization; DON; Pathogenicity

稻瘟病菌极长链脂肪酸合成相关基因 Mophs1 功能研究

陈云云，方　甜，谢雨漫，张连虎，张冬梅
（福建农林大学功能基因组研究中心，福州　350002）

摘　要：脂肪酸（fatty acids）在碳链长和双键数方面高度多样化。其中 C>20 的脂肪酸称为极长链脂肪酸（very long chain fatty acids，VLCFAs）。极长链脂肪酸不仅作为细胞脂质的成分，如鞘脂和甘油磷脂，而且还作为脂质介质的前体。极长链脂肪酸同时也参与了蛋白质运输，它在生物正常生长发育以及植物防御起着不可替代的多种作用。Phs1 是内质网膜上的必需的 3-羟酰基-CoA 脱水酶，涉及延长极长链脂肪酸循环代谢里的第三步脱水反应。用酵母 phs1 蛋白序列在稻瘟病菌数据库中通过 blast 比对找到同源蛋白，并通过同源重组的敲除策略成功敲除了 Mophs1，获得了缺失突变体 ΔMophs1，该突变体已经 Southern 验证确定。研究发现，Mophs1 的缺失不会影响稻瘟病菌的菌落形态、生长速率、分生孢子形态和萌发。但与野生型菌株 Guy11 相比，缺失突变体产孢能力急剧降低，同时水稻喷雾实验显示，缺失突变体只能在水稻叶片上产生极少数病斑，大大减弱了稻瘟病菌的致病性。上述研究表明，Mophs1 基因可能通过影响极长链脂肪酸合成来影响稻瘟病菌的产孢过程及致病侵染。

关键词：稻瘟病菌；极长链脂肪酸；3-羟酰基-CoA 脱水酶

Evaluating the role of chloroplasts targeting non-classically secreted effectors in the development of rice blast disease

Ammarah Shabbir[1], Lin Lili [1], Chen Xiaomin[1],
Justice Norvienyeku[1,2], Wang Zonghua[1,2,3]
(*State Key Laboratory of Ecological Pest Control for Fujian and Taiwan Crops*, *College of Plant Protection*, *Fujian Agriculture and Forestry University*, *Fuzhou* 350002, *China*;
2. *Fujian Province Key Laboratory of Pathogenic Fungi and Mycotoxins*, *College of Life Sciences*, *Fujian Agriculture and Forestry University*, *Fuzhou* 350002, *China*;
3. *Minjiang University*, *Fuzhou* 350108, *China*)

Abstract: Most of the plant pathogens modulate host immunity by secreting effector proteins consist of a signal peptide that directs them into different host compartments like the nucleus, chloroplasts, and mitochondria, etc. via ER/Golgi pathway depending upon the signal peptide. However, some effector proteins lack an N-terminal signal peptide yet they are secreted, termed as leaderless secretory proteins. Previous literature elucidates different non-classically secreted proteins in bacteria. Current studies seek to identify their homologs in the rice blast fungus, *Pyricularia oryzae*, which has become a serious threat to rice production worldwide. This study aimed at identifying non-classically secreted effectors that specifically target host chloroplasts and evaluate their contributions to the pathogenicity and virulence of the rice blast fungus. The chloroplasts besides serving as a site for photosynthesis also functions as an essential regulator of plant immune response during biotic and abiotic stress conditions, hence, we firmly believed that the identification of unconventionally secreted proteins in *P. oryzae* that specifically target host chloroplast during host-pathogen would tremendously enhance our knowledge on how the rice blast deploys these non-classically proteins in manipulating host immunity by bleaching the integrity of chloroplasts in invaded cells.

Key words: ER/Golgi pathway; Chloroplast; Non-classical effectors; *P. oryzae*; Immunity

CgSec4 介导禾谷炭疽菌蛋白分泌及致病机制的研究

李　源[1]，齐尧尧[2]，鲁国东[1]
（1. 福建农林大学功能基因组研究中心，福州　350002；
2. 临沂大学农林科学学院，临沂　276000）

摘　要：禾谷炭疽菌（*Colletotrichum graminicola*）是半活体营养病原菌，其引起的玉米炭疽病是制约玉米生产的重要因素，严重威胁世界粮食安全。禾谷炭疽菌通过产生黑色素化的附着胞穿透玉米表皮细胞，从玉米活细胞内汲取营养产生球根状的初生菌丝，初生菌丝迅速扩繁并充满整个玉米细胞，分化出细长的快速生长的次生菌丝，杀死和破坏玉米组织。该菌的侵染过程涉及复杂的蛋白分泌和运输，但其具体的调控机制尚不明确。研究表明，Rab 家族蛋白 Sec4 通过调控分泌囊泡的转运与分泌参与丝状真菌的生长发育和侵染致病过程，但禾谷炭疽菌中该蛋白（CgSec4）的功能尚未见报道。本研究根据同源重组的原理对 CgSEC4 基因进行敲除，获得 CgSec4 的缺失突变体和互补突变体，对其进行初步的表型分析发现，与野生型菌株 M2 相比，CgSec4 缺失突变体的菌丝变薄，生长速率显著减慢；进一步观察缺失突变体对胁迫压力的反应，发现 CgSEC4 缺失后影响了禾谷炭疽菌细胞壁的完整性和细胞的渗透压，对氧胁迫的敏感性下降；此外，CgSEC4 缺失后对玉米的致病性下降。以上结果表明 CgSec4 调控着禾谷炭疽菌的生长发育和致病过程，该结果将为进一步揭示禾谷炭疽菌的致病机理及其与玉米互作的分子机制奠定基础，为设计更加合理有效的禾谷炭疽病防控策略提供理论指导。

关键词：禾谷炭疽菌；CgSec4；侵染

A short-chain acyl-CoA dehydrogenase is essential for mediating ER-β-oxidation, which is required for conidiogenesis and stress tolerance in the rice blast fungus*

Sami Rukaiya Aliyu[1], Lin Lili[1], Waheed Abdul[2], Chen Xiaomin[1], Lin Yahong[2], Frankine Jagero Otieno[2], Ammarah Shabbir[1], Wajjiha Batool[2], Aron Osakina[2], Tang Wei[1,2**], Wang Zonghua[1,2,3**], Justice Norvienyeku[1,2**]

(1. *State Key Laboratory for Ecological Pest Control of Fujian and Taiwan Crops, the School of Life Sciences, College of Plant Protection, Fujian Agriculture and Forestry University, Fuzhou* 350002, *China*; 2. *Fujian University Key Laboratory for Plant-Microbe Interaction, the School of Life Sciences, College of Plant Protection, Fujian Agriculture and Forestry University, Fuzhou* 350002, *China*; 3. *Institute of Oceanography, Minjiang University, Fuzhou* 350108, *China*)

Abstract: Short-chain acyl-CoA dehydrogenase (Scad) mediated β-oxidation serves as the fastest route for generating essential energies required to support the survival of organisms under stress or starvation. In this study, we identified three putative *SCAD* genes in the genome of globally destructive rice blast pathogen *Magnaporthe oryzae*, named as *MoSCAD*1, *MoSCAD*2, and *MoSCAD*3. To elucidate their function, we deployed targeted gene deletion strategy to investigate individual and the combined influence of *MoSCAD* genes on growth, stress tolerance, conidiation and pathogenicity of the rice blast fungus. First, localization and co-localization results obtained from this study showed that MoScad1 localizes to the peroxisome and endoplasmic reticulum (ER), MoScad2 localize exclusively to the mitochondria while MoScad3 localize partially to mitochondria and peroxisome during all developmental stages of *M. oryzae*. Deletion mutants showed they are essential in ER-β-oxidation. Further observation showed that a minimal but significant growth reduction was caused in the deletion mutants Δ*Moscad*1 and Δ*Moscad*2, while, growth characteristics exhibited by the deletion mutant Δ*Moscad*3 was similar with the wild-type strain. Furthermore, we observed that deletion of *MoSCAD*2 resulted in drastic reduction in conidiation, delayed germination, triggered the development of abnormal appressorium and suppressed host penetration and colonization efficiencies of the Δ*Moscad*1 strain. This study provides first material evidence confirming the possible existence of ER β-oxidation pathway in *M. oryzae*. We also infer that mitochondria β-oxidation rather than peroxisomal and ER β-oxidation play an essential role in the vegetative growth, conidiation, appressorial morphogenesis and progression of pathogenesis in *M. oryzae*.

Key words: ER- β-oxidation; SCADs; lipid peroxidation; ROS; *M. oryzae*

---

* These authors contributed to this work equally

** Corresponding authors: Justice Norvienyeku; E-mail: jk_norvienyeku@ fafu. edu. cn
Wang Zonghua; E-mail: wangzh@ fafu. edu. cn
Tang Wei ; E-mail: tangweifafu@ 126. com

禾谷镰刀菌中琥珀酸脱氢酶 SDH 的功能研究

方文琴，蔡梦雅，周紫荧，梁启福，王宗华，郑文辉*

（闽台作物有害生物生态防控国家重点实验室/福建农林大学植物保护学院，福州 350002）

摘 要：琥珀酸脱氢酶（succinate dehydrogenase，SDH），黄素酶类，是线粒体电子传递链复合体Ⅱ中的关键酶，可氧化琥珀酸同时也传递电子。SDH 是三羧酸循环中唯一嵌入到线粒体内膜的蛋白酶，由四个亚基组成。在动物中，SDH 参与调控细胞的炎症反应，缺失该蛋白基因可使动物产生肿瘤。在植物中，SDH 参与水杨酸依赖型的植物胁迫信号通路，缺失该蛋白或部分亚基可使植物致死。在丝状真菌中，SDH 的作用却尚未研究。本研究通过基因敲除的方法将丝状真菌禾谷镰刀菌中的 SDH 基因缺失，发现缺失突变体在菌落形态，生长速率，无性产孢，有性子囊孢子发育以及对小麦的致病性方面都受到了很大的影响。另外缺失突变体还会产生特殊的刺激气味以及菌丝在培养基上生长会自发的发生细胞壁破裂，并导致细胞内容物流出的现象。后续将通过质谱/色谱分析，分子遗传学方法，蛋白互作等方面的研究，进而明确 SDH 在禾谷镰刀菌中发挥的功能及作用机制。

关键词：琥珀酸脱氢酶；SDH；丝状真菌；禾谷镰刀菌

* 通信作者：郑文辉

禾谷镰刀菌中两个假定 RhoGAP 蛋白的功能分析

罗增鸿*，张承康，王宗华**
（福建农林大学功能基因组学研究中心，福建　350002）

摘　要：由禾谷镰刀菌引起的小麦赤霉病是一种世界性流行性病害，造成粮食减产以及品质降低，并且导致麦粒中携带真菌毒素，从而威胁粮食安全和人畜健康。Rho 族蛋白作为一类小 GTP 酶，调控着生物体内一些信号传导过程，并受到了 RhoGTP 酶激活蛋白（RhoGAP）的负调控。前期研究表明，禾谷镰刀菌 Rho 族蛋白参与了真菌的营养生长、无性和有性发育、产毒及致病等诸多过程，但尚未对其相关调控蛋白进行研究。因此，对禾谷镰刀菌 RhoGAP 蛋白的功能研究将有助于进一步了解 Rho 蛋白及其调控蛋白在禾谷镰刀菌的生长发育和致病过程中的作用。

为了探究 RhoGAP 蛋白的功能，通过氨基酸序列的比对，在禾谷镰刀菌数据库中发现 8 个编码假定的 RhoGAP 蛋白的基因，并对其中的两个基因 *FgRGA4* 和 *FgRGA5* 进行了敲除。结果显示，*FgRGA4* 的缺失造成菌落生长减慢和产孢量的降低，*FgRGA5* 的缺失对营养生长和产孢量影响不大，其双敲除突变体的菌落生长明显减慢、产孢量减少和致病性亦明显减弱且更加耐受 Calcofluor White 的胁迫。*FgRGA4* 和 *FgRGA5* 各自的过量表达造成菌落生长减慢和产孢量增加，对 Calcofluor White 的胁迫和致病性影响不大。下一步将分析 *FgRGA4* 和 *FgRGA5* 在禾谷镰刀菌产毒和有性发育方面的作用，同时通过酵母双杂交实验，验证 FgRga4 和 FgRga5 蛋白与 FgRho 族蛋白之间的关系。

关键词：禾谷镰刀菌；RhoGAP；分生孢子；致病性；酵母双杂交

* 第一作者：罗增鸿，研究生；E-mail：1134926901@ qq. com
** 通信作者：王宗华，研究员；E-mail：zonghuaw@ 163. com

Rab GTPases are important for retromer complex-mediated trafficking in *Fusarium graminearum*

Qiu Han, Wu Huiming, Fang Wenqin, Qin Wusa,
Zhang Jing, Lu Guodong*, Zheng Wenhui
(*State Key Laboratory of Ecological Pest Control for Fujian and Taiwan Crops, Fujian Agriculture and Forestry University, Fuzhou* 350002, *China*)

Abstract: The retromer complex, composed of a cargo-selective complex (Vps35-Vps29-Vps26) and a Vps5-Vps17 dimer, mediates the sorting and retrograde transport of cargo proteins from the endosomes to trans-Golgi network in eukaryotic cells. Vps35-Vps29-Vps26 trimer has been shown to interact with cargo proteins while Vps5-Vps17 dimer binds the endosomal membranes for proper anchorage of the complex. Rab proteins belong to the Ras superfamily of small GTPases and regulate many trafficking events including vesicle formation, budding, transport, tethering, docking and fusion with target membranes. Since both of them play similar roles in endosomal trafficking, we investigated the potential relationship between the retromer complex (Vps35, Vps17) and the Rab proteins (Rab2, Rab4, Rab5, Rab7, Rab7, Rab8, Rabx, yptA) in *Fusarium graminearum*. We expressed Vps35-GFP and Vps17-GFP in each *RAB* gene deletion mutant and then observed localization in each transformant using high-resolution laser confocal microscopy. We found that the Vps35-GFP and Vps17-GFP are both mislocalized and diffused in the cytoplasm of Δ*rab*5 mutant as compared with their punctate nature within the endosomes of the wild type. Furthermore, the Vps35-GFP and Vps17-GFP florescent dots are highly accumulated in the sub-tip of growing hyphae in Δ*rab*7 mutant. In addition, the Vps35-GFP and Vps17-GFP expressed in the Δ*rab*8 mutant showed larger punctation size than the wild type. Thus, we conclude that the Rab proteins Rab5, Rab7 and Rab8 play important roles in regulating retromer-mediated trafficking in *F. graminearum*.

Key words: Retromer; Rab GTPases; *Fusarium graminearum*; Vesicle trafficking

* Corresponding authors: Lu Guodong and Zheng Wenhui

禾谷镰刀菌中 *FgMVP1* 基因的功能分析

王书敏，楼　轶，易珊珊，方文琴，秦武洒，王宗华，郑文辉*
（福建农林大学植物保护学院/闽台作物有害生物
生态防控国家重点实验室，福州　350002，中国）

摘　要：禾谷镰刀菌（*Fusarium graminearum*）是引起小麦赤霉病的重要病原菌，不仅影响小麦的安全生产，其产生的真菌毒素也严重威胁农产品质量安全。分拣连接蛋白（Sorting nexin，SNX）是一类具有 PX（phox homology）和 BAR（Bin-Amphiphysin-Rvs）结构域的蛋白。其中 PX 结构域和膜上三磷酸肌醇相连接进而锚定在内涵体表面，BAR 结构域和不同或相同的 BAR 结构域蛋白相互作用形成异源或同源二聚体。酿酒酵母中的 Mvp1 是一个重要的 SNX 蛋白，在高尔基体到晚期溶酶体的分拣途径中发挥重要作用，但其同源基因在植物致病真菌中的作用尚未研究。本研究利用分子遗传学方法将 *FgMVP*1 基因从禾谷镰刀菌的野生型 PH-1 基因组中敲除，得到目的基因缺失突变体。通过对基因缺失突变体的菌落形态、产孢量、致病力、产毒能力和子囊孢子的产生等表型研究，发现和野生型相比，突变体不影响菌丝生长和有性生殖过程，但是调控分生孢子的产量以及对小麦的致病侵染能力。此外，我们发现 *ΔFgmvp*1 突变体显著影响了 DON 毒素的产生。通过亚细胞定位分析，发现 FgMvp1 蛋白在早期内涵体、晚期内涵体和液泡膜上均呈现出点状定位形式。后续将进一步对该基因的产毒机制及其互作蛋白方面等方面进行研究，以期对该基因的功能有更明确的认识。

关键词：禾谷镰刀菌；Mvp1；毒素；致病性

* 通信作者：郑文辉

AP-2 复合体对禾谷镰刀菌极性生长及致病能力有极其重要的作用

张　竞，王书敏，彭文慧，孙肖雨，易珊珊，楼　铁，郑文辉*，鲁国东*
（福建农林大学植物保护学院/闽台作物有害生物
生态防控国家重点实验室，福州　350002，中国）

摘　要：AP-2 复合体广泛分布于真核生物中并以异源四聚体的形式行使生物学功能。在哺乳动物中，AP-2 复合体是网格蛋白的衔接因子并参与质膜囊泡的运输，但它在丝状病原真菌中的生物学功能尚不明确。本研究以病原真菌——禾谷镰刀菌为研究对象，分析了 AP-2 复合体的生物学功能。研究表明：AP-2 复合体各个亚基（$FgAP2^{\alpha}$，$FgAP2^{\beta}$，$FgAP2^{\sigma}$和 $FgAP2^{mu}$）的缺失均严重地影响了菌落的生长、分生孢子的数量及形态、膈膜及细胞核数目和侵染致病能力。相比于野生型 PH-1，各基因敲除突变体的分生孢子萌发异常，出现多个方向且粗短的萌发管，萌发后的菌丝生长变得弯曲且菌丝尖端产生多个分支，这些结果表明 AP-2 复合体的缺失造成极性维持的丧失。为了进一步证明 AP-2 复合体参与调控禾谷镰刀菌极性生长，顶体蛋白 marker Life-Actin-GFP 被分别转入野生型及 $\Delta Fgap2^{\alpha}$ 中。相较于野生型，我们发现 $FgAP2^{\alpha}$ 缺失使得 Life-Actin-GFP 在菌丝顶端产生多个荧光位点，表明影响了菌丝尖端极性的维持。亚细胞定位表明 AP-2 复合体定位于菌丝尖端的内吞颈环及菌丝隔膜处，并与肌动蛋白组件（AbpA-mCherry 和 Life-Actin-mCherry）、内吞作用相关蛋白（SagA-mCherry 和 Sla2-mCherry）及磷脂翻转酶（DnfA-GFP 和 DnfB-GFP）共定位。此外，我们发现 AP-2 复合体不与早期内含体共定位并且其各亚基的缺失不影响 FM4-64 染料所示踪的内吞过程，网格蛋白轻链 ClaL 也不与 AP-2 复合体共定位，这些结果表明禾谷镰刀菌中 AP-2 复合体的生物学功能和哺乳动物的存在差异。

关键词：AP-2 复合体；禾谷镰刀菌；极性生长；致病性；亚细胞定位

* 通信作者：郑文辉，鲁国东

FgSec2A, a guanine nucleotide exchange factor of FgRab8, is important for polarized growth, pathogenicity and DON production in *Fusarium graminearum**

Zheng Huawei[1,2], Li Lingping[1], Miao Pengfei[2], Wu Congxian[2], Chen Xiaomin[1], Yuan Mingyue[2], Fang Tian[1], Justice Norvienyeku[2], Li Guangpu[3], Zheng Wenhui[1], Wang Zonghua[1,2,4**], Zhou Jie[2**]

(1. *State Key Laboratory of Ecological Pest Control for Fujian and Taiwan Crops*, *College of Plant Protection*, *Fujian Agriculture and Forestry University*, *Fuzhou* 350002, *China*; 2. *Fujian Province Key Laboratory of Pathogenic Fungi and Mycotoxins*, *College of Life Sciences*, *Fujian Agriculture and Forestry University*, *Fuzhou* 350002, *China*; 3. *Department of Biochemistry and Molecular Biology*, *University of Oklahoma Health Sciences Center*, *Oklahoma City*, *OK* 73104, *USA*; 4. *College of Ocean Science*, *Minjiang University*, *Fuzhou* 350108, *China*)

Abstract: Sec4/Rab8 is one of the well-studied members of the Rab GTPase family, findings have shown that Sec4/Rab8 crucially promotes the pathogenesis of phytopathogens, but the up stream regulators of Rab8 are still unknown. Here, we identify two Sec2 homologs FgSec2A and FgSec2B in devastating fungal pathogen *Fusarium graminearum*, and investigate their role and relationship with FgRab8 by live-cell imaging, genetic and functional analyses. Yeast two-hybrid assay shows that FgSec2A specifically interacts with FgRab8DN (N123I) and itself. Importantly, FgSec2A is required for growth, conidiation, DON production, and virulence of *F. graminearum*. Live-cell imaging shows that FgSec2A and FgSec2B are localized at the tip region of hyphae and conidia. Both N-terminal region and Sec2 domain of FgSec2A are essential for its function, but not for localization, while the C-terminal region is important for its polarized localization. Constitutively active FgRab8CA (Q69L) partially rescue defects exhibited by the Δ*Fgsec2A* strain. Consistently, FgSec2A is required for the polarized localization of FgRab8. Furthermore, FgSec2A and FgSec2B have redundant functions, but FgSec2A not interact and colocalize with FgSec2B. Taken together, these results indicate that FgSec2A acts as a FgRab8 guanine nucleotide exchange factor and is required for polarized growth, DON production and pathogenicity in *F. graminearum*.

Key words: FgSec2; Guanine nucleotide exchange factor; Sec4/Rab8; DON; Pathogenicity; *Fusarium graminearum*

---

* Funding: This work was supported by the NSFC grants (31701742, 31670142), the FAFU international cooperation project (KXB16010A) and project funded by China Postdoctoral Science Foundation (2017M622046)

** Corresponding authors: Wang Zonghua and Zhou Jie

The GET (guided entry of tail-anchored proteins) complex orchestrate hyphal growth, asexual development, and pathogenesis of *Magnaporthe oryzae*

Zheng Qiaojia[1 *], Chen Xuehang[1], Tang Wei[1], Wang Zonghua[1,2 **]

(1. *State Key Laboratory of Ecological Pest Control for Fujian and Taiwan Crops*, *College of Plant Protection*, *Fujian Agriculture and Forestry University*, *Fuzhou* 350002, *China*; 2. *Institue of Ocean Science*, *Minjiang University*, *Fuzhou* 350108, *China*)

Abstract: The GET complex is responsible for insertion of secretory pathway tail anchoring proteins (TA) proteins into the ER membrane and represents a critical mechanism for ensuring efficient and accurate targeting of TA proteins[1]. Rice blast, caused by the hemi-biotrophic ascomycete fungus *Magnaporthe oryzae*, is the most destructive disease of cultivated rice worldwide and seriously threatens rice production and global food security[2]. However, the function of the GET complex in *Magnaporthe oryzae* has not been reported. In this study, we identified 5 proteins (Get1, Get2, Get3, Get4, and Sgt2) belonging to GET complex in *M. oryzae* and generated the corresponding gene knock-out mutant. We found that both MoGet1 and MoGet2 is essential for hyphal growth and pathogenicity; MoGet3 is required for conidiation; while the loss of MoGet4 or MoSgt2 did not affect the normal development of the rice blast fungus. Protein interaction analysis revealed that MoGet1, MoGet2, MoGet3 could interact with each other *in vivo* and *in vitro*. Furthermore, MoGet1and MoGet2 is co-localized on the endoplasmic reticulum (ER). We then generated the *MoGET*1 and *MoGET*2 double gene knock-out mutant which severely impaired sporulation and pathogenicity and caused hyphal autolysis. Taken together, these results showed that the GET complex is important for hyphal growth, asexual development, and pathogenesis of *M. oryzae*, and molecular mechanism of pathogenesis requires further investigations.

Key words: *Magnaporthe oryzae*; Tail-anchored proteins; Pathogenesis

---

* First author: Zheng Qiaojia; E-mail: 403357937@ qq. com

** Corresponding author: Wang Zonghua; E-mail: wangzh@ fafu. edu. cn

一类潜在的植物病原真菌：大单孢属真菌的研究进展及问题展望*

李文英[1**]，李　夏[1]，邓旺秋[2]，毛航球[1,3]，王超群[2]

（1. 广东省农业科学院农业资源与环境研究所，广州　510640；
2. 广东省微生物研究所省部共建华南应用微生物国家重点实验室，广州　510070；
3. 长江大学资源与环境学院，武汉　430010）

摘　要：大单孢属（*Aplosporella* Speg.）真菌分布广泛，尤嗜热带、亚热带雨林生境，常常生于植物枝条，引起植物枝条枯死或溃疡，也可生于叶片，在长势衰弱、濒临死亡的木本组织上较为常见，大多数种类可以在人工培养基上生长。该属真菌营腐生至寄生生活，大多成员属于弱寄生菌，条件合适时会引起寄主植物病害，属重要的潜在植物病原真菌，对农林生产具有一定的经济影响（Pande & Rao，1995）。根据最新分类学观点，大单孢属真菌隶属子囊菌门（Ascomycota），盘菌亚门（Pezizomycotina），座囊菌纲（Dothideomycetes），座囊菌亚纲（Dothideomycetidae），葡萄座腔菌目（Botryosphaeriales），大单孢科（Aplosporellaceae），其典型特征为分生孢子器多腔具单孔口，分生孢子矩圆形，无隔棕色，表面具疣（Slippers *et al.*，2013；Wijayawardene *et al.*，2014）。

大单孢属 *Aplosporella*（= *Haplosporella*），按照早期分类系统该类群一直属于半知菌类（Fungi Imperficti）球壳孢目（Sphaeropsidales）杯霉科（Discellaceae），主要以发生寄主报道大量种类，迄今已有记载 339 个名称（http：//www. indexfungorum. org 2018），目前该属约 66 种（Kirk *et al.*，2008）。中国有关大单孢属真菌报道较少，早期专著中根据寄主以 *Haplosporella* 为属名收录约 10 种（戴芳澜，1979；魏景超，1979），近年报道 5 种（金静，2004；Fan *et al.*，2015；金宇溪和王爽，2012；Dou *et al.*，2017；Du *et al.*，2017）。该属真菌形态特征较简单，且具有一定的寄主专化性，同时受到当时研究手段的局限，过去许多成员都是根据寄主来描述和报道，但是这样的划分标准显然受到质疑。近期相关研究进展较快，该属新物种数量有所增加，表明该属下许多成员寄生范围广泛，分生孢子的形态特征及其分子序列特征才是该属分种的稳定依据，过去报道的许多种类并非同源，这些异源种类有待进一步清理和订正后归到其他相关类群（Damm *et al.*，2007；Taylor *et al.*，2009；Jami *et al.*，2014；Trakunyingcharoen *et al.*，2015；Crous *et al.*，2016；Ekanayaka *et al.*，2016；Dou *et al.*，2017；Du *et al.*，2017）。

近 10 年来真菌分子系统学的研究进展与命名法规的变革引起真菌分类系统的巨大变化，提出趋于自然的座囊菌纲分类系统，对大单孢属分类地位进行科学调整和处理（Taylor *et al.*，2009；Hyde *et al.*，2011；Slippers *et al.*，2013；Wijayawardene *et al.*，2014），但目前该类真菌研究还存在许多悬而未决的问题，如许多种类分类命名有待清理与订正，无型特征与有性特征相

* 基金项目：科技部基础性工作专项（2013FY110400）；省部共建华南应用微生物国家重点实验室开放基金（SKLAM001-2016）；真菌学国家重点实验室开放课题（SKLMKF201404）

** 第一作者：李文英，博士，副研究员，主要从事微生物多样性资源及环境修复利用研究；E-mail：liwenying2006@126. com

关联的证据缺少，真菌与寄主或基物的关系有待考证等。因此，深入开展该属真菌物种多样性研究是认识该类植物病害的基础，可为进一步深入研究其致病机制、病害侵染循环，提出有效防治策略提供基础信息和科学依据。

关键词：大单孢科 Aplosporellaceae；大单孢属 *Aplosporella*（= *Haplosporella*）；植物病原真菌

菜豆树新病害——炭疽病病原菌鉴定*

于　琳**，蓝国兵，佘小漫，汤亚飞，李正刚，邓铭光，何自福***
（广东省农业科学院植物保护研究所/广东省植物保护新技术重点实验室，广州　510640）

摘　要：菜豆树（*Radermachera* spp.）是我国南方常见园林观赏植物，广泛种植于广东、海南、广西、贵州、云南、台湾等地，在印度、菲律宾、不丹等国也有分布。2018 年在广东省广州市菜豆树上发现一种疑似炭疽病的病害，该病害主要为害菜豆树叶片，发病初期叶片上出现边缘深褐色、内部浅褐色、形状不规则的病斑，后期病斑内部变薄且转为灰白色，易穿孔，病斑上出现黑色小颗粒。从叶片病斑上分离获得病原菌单孢分离物，在 25℃下，分离物菌株在 PDA 培养基上的菌丝生长速度为 5.5~8.8mm/d；分生孢子短椭圆形或短棍棒形，部分菌株易产生子囊壳，内有子囊和子囊孢子，子囊孢子弯月形。使用 MEGA5.2 软件和最大似然法，对 7 个菜豆树炭疽病菌菌株的核糖体内转录间隔区（ITS）、肌动蛋白基因（ACT）、几丁质合成酶基因（CHS1）、3-磷酸甘油醛脱氢酶基因（GAPDH）、微管蛋白基因（TUB2）等 5 个基因进行多基因系统发育分析，结果表明：3 个菌株与果生刺盘孢（*C. fructicola*）菌株 ICMP19581 聚成一支，自展支持率为 77%；2 个菌株与卡斯特刺盘孢（*C. karstii*）菌株 CBS127597 聚成一支，自展支持率为 98%；其余 2 个菌株独立成 2 个分支，属于胶孢炭疽菌复合种（*C. gloeosporioides* species complex）。据作者所知，这是国内外首次发现菜豆树炭疽病。

关键词：菜豆树；炭疽病；鉴定

---

* 基金项目：对发展中国家科技援助项目（KY201402015）；广州市科技计划项目（201804010268）

** 第一作者：于琳，博士，助理研究员，主要研究方向为蔬菜真菌病害及其防控技术；E-mail：yulin@gdaas.cn

*** 通信作者：何自福，博士，研究员，主要研究方向为蔬菜病害及其防控；E-mail：hezf@gdppri.com

低温对轮枝镰刀菌 TOR 信号通路的影响

姚姿婷[1,2]，暴怡雪[1,2]，陈保善[2]，张木清[1,2*]
（1. 广西大学农学院，南宁 53000；2. 亚热带农业生物资源保护与利用国家重点实验室，南宁 53000）

摘　要：甘蔗梢腐病（Pokkah boeng disease，PBD）作为一种真菌性气传病害，已逐渐上升为仅次黑穗病主要病害之一。甘蔗生长最旺盛的 7—9 月是 PBD 的主要发生时期，高温、高湿可引发 PBD 大规模发生。在中国，引发甘蔗 PBD 的主要病原菌是轮枝镰刀菌（*Fusarium verticillioides*），在中国主要蔗区采集到的 PBD 样本中分离到的 *F. verticillioides* 的样本数量占 85%以上，代表种为 CNO-1。CNO-1 的最适生长温度为 28~32℃，高温高湿气候促使其产生大量分生孢子而引发 PBD。深入研究调控 *F. verticillioides* 侵染及致病的分子机制对有效防治 PBD 具有重要意义。

研究发现，TOR（Target of Rapamycin）信号通路参与调控植物病原菌的生长发育、产孢和致病过程。在禾谷镰刀菌中，雷帕霉素与 FgFkbp12 形成复合体后，可与 FgTOR 结合并抑制 FgTOR 功能。而 FgTOR 通过与其下游的磷酸酶互作，进一步负调控其下游转录因子 FgMsg5 与 FgMgv1 的表达，对 FgAreA 则进行正向调控，从而影响菌丝的生长发育、产孢及致病力。在稻瘟菌中，发现以上 TOR 信号通路的重要成员还调控附着胞发育。在轮枝镰刀菌中，尚未见关于 TOR 信号通路的报道。

本研究对 CNO-1 进行了全基因组测序，将禾谷镰刀菌已报道的 TOR 信号通路主要成员的 cDNA 序列与 CNO-1 的基因组序列进行比对，获得了 CNO1 中 TOR 信号通路主要成员的编码基因，分别命名为 FvFkbp、FvTOR、FvMsg、FvMgv 和 FgAreA，这些基因的编码蛋白与上述禾谷镰刀菌蛋白的同源性分别为 76.5%、94.4%、83.7%、97.1%与 87.2%。进一步对分别在 16℃及 32℃培养 7 天的 CNO1 进行转录组测序分析，发现在 16℃下，FvFkbp、FvTOR 与 FgAreA 的表达量均出现了下调，而 FvMsg 与 FvMgv 的表达上调。可见 16℃下，CNO-1 的菌丝生长速率显著下降、几乎不产生分生孢子以及不能够侵染甘蔗，可能与 FvTOR 表达受抑制，从而影响下游转录因子表达有关。但 FvFkbp 的表达同样受到抑制，提示轮枝镰刀菌通过 TOR 信号通路响应环境因子调控自身生长与致病的机制有待深入研究。

关键词：甘蔗梢腐病菌；TOR 信号通路；低温

* 通信作者：张木清，教授；E-mail：mqzhang@ ufl. edu

A pathogenic fungus *Botryosphaeria dothidea* was identified from citrus leaf spot disease in Huangguoshu Tourism Area, Guizhou Province, China*

Ren Yafeng[1**], Li Dongxue[1], Wang Yong[2], Chen Zhuo[1***], Song Baoan[1]

(1. *State Key Laboratory Breeding Base of Green Pesticide and Agricultural Bioengineering, Guizhou University, Guiyang* 550025, *China*; 2. *College of Agriculture, Guizhou University, Guiyang* 550025, *China*)

Abstract: Citrus leaf spot disease was an important disease in Huang Guoshu Tourism Area, which led to a huge loss of the production of citrus. In this study, we isolated and identified the pathogens from citrus leaf spot disease in this region using the method of the morphology and molecular biology. The ITS sequences of the strains were amplified and sequenced. According to the Koch's postulate, the pathogenicity test was conducted on citrus leaves using the methods of the puncture with sterile needle and cut with sterile scalpel. The result indicated that the strains on PDA or OA medium represented initially irregular form or round form, and white with abundant aerial mycelium, then gradually became grey to dark grey. The reverse sides of the strains firstly displayed white, and then rapidly became dark green from the center. The aseptic pine needle on PDA can induce the formation of conidiomata, which represent spheroidal and black. The conidia were one-celled, aseptate, smooth, fusiform, and measured to 22~30 × 4.5 ~ 7.5 μm. The sequence revealed 100% identity with *B. dothidea* by Blastn software. The pathogenicity test result indicated that the strains can induce leaf spot on leaves of citrus. To our knowledge, this work was firstly found *B. dothidea* can cause citrus leaves diseases in China.

Key words: *B. dothidea*; Identification; Pathogenicity test

* Funding: This work was supported by the National Key Technology Research and Development Program (2014BAD23B03) and the academician workstation of Huang Guoshu Tourism Area, Guizhou Province (2016-4005)

** First author: Ren Yafeng; E-mail: renyafeng@aliyun.com

*** Corresponding author: Chen Zhuo; E-mail: gychenzhuo@aliyun.com

Studies on pathogenicity and biological characteristics of pathogenic fungus of grape gray mold*

Ren Yafeng[1**], Wei Wei[1,2], Li Dongxue[1], Wang Yong[2], Tan Xiaofeng[3], Chen Zhuo[1***], Song Baoan[1]

(1. *Key Laboratory of Green Pesticide and Agricultural Bioengineering, Ministry of Education, Guizhou University, Guiyang, Guizhou* 550025, *China*; 2. *Agricultural College of Guizhou University, Guiyang, Guizhou* 550025, *China*; 3. *Plant Protection Station of Guizhou Province, Guiyang, Guizhou* 550001, *China*)

Abstract: Gray mold caused by *Botrytis cinereal* was an important grape disease in Guizhou Province. To effectively control its damage in the region, we studied the pathogenicity and biological characteristics of the representative strain GZFQ-1 of *B. cinereal*. This work should provide the references for the prevalence mechanism of the disease and its chemical control. The pathogenicity test was conducted on the stems, leaves and fruits of grape, using the methods of without wound, the puncture with sterile needle and cut with sterile scalpel. We also studied and evaluated the growth of the strain GZFQ-1 in different temperatures and pH, and the utilization for different carbon sources and nitrogen sources. The results indicated that the strain GZFQ-1 can cause the lesions on the stems and leaves, and lead the rot on the fruits. Its optimum temperature and pH was 25℃ and 5.5, respectively. The strains can utilize different carbon and nitrogen sources in the various degrees, but there were some differences on the growth of mycelium and formation of pigment.

Key words: *B. cinereal*; Pathogenicity test; Biological characteristics

* Funding: This work was supported by the National Key Technology Research and Development Program (2014BAD23B03) and projects for Guizhou Provincial Department of Science and Technology-The People's Government of Qiannan Cooperation on Agricultural Science and Technology (No. 2013-01)

** First author: Ren Yafeng; E-mail: renyafeng@ aliyun. com

*** Corresponding author: Chen Zhuo; E-mail: gychenzhuo@ aliyun. com

Biological characteristics of the pathogen *Phoma segeticola* var. *camelliae* causing a new tea foliage disease*

Wei Wei[1,2**], Ren Yafeng[2], Li Dongxue[2],
Zhao Xiaozhen[3], Song Baoan[2], Chen Zhuo[2***]
(1. *College of Agriculture*, *Guizhou University*, *Guiyang* 550025, *China*; 2. *State Key Laboratory Breeding Base of Green Pesticide and Agricultural Bioengineering*, *Guizhou University*, *Guiyang* 550025, *China*; 3. *Guizhou Institute of Pomology*, *Guiyang* 550006, *China*)

Abstract: Tea leaf spot disease caused by *Phoma segeticola* var. *camelliae* always take place in the tea region with higher altitude of Guizhou Province during the cold spell. Because it is lack of an effective and safe control measure, it led to a very huge loss of tea production and serious decrease in tea quality. It is a very significance to establish the targeting mode, screen the fungicides with higher activity, and study its action mechanism. In this study, we studied the biological characteristics of the representative strain GZSQ-4 of *P. segeticola* var. *camelliae* in vitro. The results indicated that the strain GZSQ-4 can grow on the medium of PDA, OA and MEA, without a significant difference in the growth rate. The strain GZSQ-4 can produce an amount of conidia on OA. It was suitable for growth in 25°C in vitro, and it had a quicker growth rate in neural- than weak acid- or mild alkali- condition. The strain can also grow in PDB medium with the logarithmic phase being from 36 to 120 hr. Different nutrition can influence the growth of the strain and the formation of hyphal pigment. These results would lay a way for the screening the fungicides with a higher activity.

Key words: *Camellia sinensis*; Foliage disease; *P. segeticola* var. *camelliae*; Biological characteristics; Screening fungicides

---

* Funding: This work was supported by National Key Research Development Program of China (2017YFD0200308) and the Major Science and Technology Projects in Guizhou Province (No. 2012-6012)

** First author: Wei Wei; E-mail: 1715979345@ qq. com

*** Corresponding author: Chen Zhuo; E-mail: gychenzhuo@ aliyun. com

Biological characteristics of the pathogen *Pseudopestalotiopsis camelliae-sinensis* causing tea grey blight*

Wen Xiaodong[1,2**], Song Xingchen[1,2], Wang Yong[1],
Ren Yafeng[2], Li Dongxue[2], Song Baoan[2], Chen Zhuo[2***]
(1. *College of Agriculture*, *Guizhou University*, *Guiyang* 550025, *China*; 2. *State Key Laboratory Breeding Base of Green Pesticide and Agricultural Bioengineering*, *Guizhou University*, *Guiyang* 550025, *China*)

Abstract: Tea grey blight is an important disease of tea plant, which widely distributes in the tea plantation in the world. For being lack of the effective and safe control measures, it can cause the significant production loss of tea leaves. In this study, we establish the targeting model against *Pseudopestalotiopsis camelliae-sinensis* in order to screen the higher effective fungicides, as well as afford the effective control measures in the field. We studied the biological characteristics of the representative strain GZHS-2017-01 of *Ps. camelliae-sinensis in vitro*. The results indicated that the pathogen can grow on the medium of PDA, OA and MEA. The strain can produce conidium on PDA medium, and utilize different carbon nutrition and nitrogen nutrition. Nevertheless, it displays some differences for the hyphal growth and the pigmental formation. Twenty-five degree was a suitable temperature for the growth of the strain, and the strain can adapt the condition of neutrality condition of pH value. In addition, the strain can also grow in PDB, with its logarithmic phase being from 36 hr to 120 hr.

Key words: *Camellia sinensis*; Tea grey blight; *Ps. camelliae-sinensis*; Biological characteristics

---

* Funding: This work was supported by National Key Research Development Program of China (2017YFD0200308) and the Major Science and Technology Projects in Guizhou Province (No. 2012-6012)

** First author: Wen Xiao-dong; E-mail: 1715979345@ qq. com

*** Corresponding author: Chen Zhuo; E-mail: gychenzhuo@ aliyun. com

Identification and biological characteristics of *Purpureocillium lilacinum* strain PLHN*

Fan Ruiqi**, Yang Lijun, Ding Xiaofan***

(*College of Tropical Agriculture and Forestry*, *Hainan University*, *Haikou* 570228, *China*)

Abstract: One parasitic fungus strain PLHN was isolated from female of *Meloidogyne* sp. , which damaged to eggplant in Hainan province. Cultural and morphological characteristics of PLHN were examined, its rDNA ITS gene and serine protease gene sequence were cloned and analyzed, and its biological characteristics were determined. The results showed as follows: the color of strain PLHN colony on potato dextrose ager (PDA) plate was pale purple, and powdery conidia were produced abundantly on the colony. The back of colony was light beige. Phialides developed at the end of the conidiophore were in whorls of 2~6 and in size of (2. 81±0. 43) μm× (6. 27±1. 18) μm; Conidia were subrotund, colorless and in size of (2. 60±0. 40) μm× (2. 63±0. 38) μm. The sequences of rDNA ITS and serine protease gene of strain PLHN shared 99%-100% similarity with corresponding sequences of some *Purpureocillium lilacinum* stranis (primitive named *Paecilomyces lilacinus*) deposited in GenBank. According to its morphological characteristics and molecular biology, strain PLHN was identified as *P. lilacinum*. The optimal medium was potato dextrose agar (PDA). The optimal pH and temperature for mycelia growth, sporulation and conidial germination were 7. 0 and 28℃ respectively. The lethal temperature to conidium was 55℃. And darkness was beneficial to PLHN.

Key words: *Purpureocillium lilacinum*; Morphological characteristics; Molecular identification; Biological characteristics

* 基金项目：2016 年度海南省自然科学基金项目（20163040）

** 第一作者：范瑞琦，硕士研究生，从事植物病原线虫研究；E-mail：Taniafan@ 163. com

*** 通信作者：丁晓帆，副教授，从事植物病原线虫研究；E-mail：dingxiaofan526@ 163. com

玉米大斑病菌 *StCHS5* 基因的结构及功能研究[*]

毕欢欢[**]，吕润玲，巩校东，刘玉卫，谷守芹[***]，韩建民[***]，董金皋[***]
（河北省植物生理与分子病理学重点实验室/河北农业大学
真菌毒素与植物分子病理学实验室，保定 071001）

摘　要：玉米大斑病（corn northern leaf blight）是一种玉米叶部的真菌性病害。引起大斑病的病原菌有性态为大斑刚毛座腔菌（*Setosphaeria turcica*），是一种丝状真菌。

几丁质是构成真菌细胞壁的重要组分之一，是由 N-乙酰葡糖胺通过 β-1，4 糖苷键连接聚合而形成的多聚物，该物质对于真菌细胞壁抵御外界压力以及在细胞生长和分化过程中维持其特定的形状上具有重要作用。几丁质合酶 CHS（chitin synthases）为催化 N-乙酰葡糖胺聚合过程中的关键酶，该酶定位于质膜上，通常含有 4~7 个跨膜结构域。

本研究利用生物信息学技术在玉米大斑病菌基因组中鉴定了几丁质合酶基因家族，该家族包含 8 个几丁质合酶基因（*StCHS*1-*StCHS*8）。这 8 个几丁质合酶基因可分为 7 类，存在于 3 个亚家族中，其中 *StCHS*6（class Ⅲ）、*StCHS*7（class Ⅰ）、*StCHS*8（class Ⅱ）属于亚家族Ⅰ，含有催化结构域Ⅰ和多个跨膜结构域；*StCHS*1（class Ⅳ）、*StCHS*2（class Ⅵ）、*StCHS*5（class Ⅴ）属于亚家族Ⅱ，含有催化结构域Ⅱ和细胞色素 b5 结构域；*StCHS*3（class Ⅶ）和 *StCHS*4（class Ⅶ）属于亚家族Ⅲ，这类几丁质合酶基因只包含跨膜结构域。其中几丁质合酶第Ⅴ类和第Ⅵ类还包含肌动蛋白结构域。

利用基因敲除技术获得了 *StCHS*5 基因敲除突变体，分析发现 *StCHS*5 基因参与调控病菌的生长发育、细胞壁发育、附着胞发育及侵染过程，但对病菌的致病毒素的毒力没有影响。进一步通过 Real-time PCR 技术检测了在 *StCHS*5 基因敲除突变体中其他几丁质合酶基因在病菌菌丝、分生孢子、芽管萌发、附着胞和侵入丝等时期的表达模式。结果表明，除了 *StCHS*3 基因，其余几丁质合酶基因表达量均有所升高，说明玉米大斑病菌中这些几丁质合酶基因之间可能具有一定的互补效应，但仍需通过创制其他几丁质合酶基因的单基因、双基因或多基因敲除突变体来进一步分析确认。该研究不仅明确了玉米大斑病菌 *StCHS*5 基因的功能，也为深入研究几丁质合酶基因家族参与病菌生长发育及致病的分子机制奠定基础。

关键词：玉米大斑病菌；几丁质合酶基因家族；*StCHS*5；基因功能

---

* 基金项目：国家自然科学基金项目（31371897，31671983，31701741）

** 第一作者：毕欢欢，硕士研究生，从事植物病原真菌 MAPK 信号途径的功能研究；E-mail：1085497819@ qq. com

*** 通信作者：谷守芹，教授，博士生导师；主要从事病原真菌与寄主互作研究；E-mail：gushouqin@ 126. com
韩建民，教授，硕士生导师；主要从事病原真菌与寄主互作研究；E-mail：hanjianminnd@ 163. com
董金皋，教授，博士生导师；主要从事病原真菌与寄主互作研究；E-mail：dongjingao@ 126. com

茄链格孢准性生殖现象的 SSR 证据*

范莎莎**，赵冬梅，谷　青，杨志辉***，朱杰华*
（河北农业大学植物保护学院，保定　071000）

摘　要：由茄链格孢（*Alternaria solani*）引起的马铃薯早疫病是马铃薯生产上的重要病害。对茄链格孢进行遗传结构多样性分析时发现，不同菌株间遗传变异程度较高。同时，发现茄链格孢在继代培养过程中，菌株的生长形态会发生变化，并且在菌丝生长过程中存在大量的菌丝融合和核融合现象，故推测茄链格孢存在准性生殖现象。为验证茄链格孢存在准性生殖现象，本研究利用 SSR 分子标记对茄链格孢亲代及其单孢分离后代菌株的等位基因数目进行检测。检测了 6 株亲本菌株单孢分离物（HB-1、HB-6、HLJ-1、HLJ-9、NMG-1、SX-1）在 7 个对 SSR 基因座（As-11933、As-20843、As-36238、As-43626、As-61239、As-95236、As-97240）上的等位基因，结果表明在茄链格孢中普遍存在复等位基因。通过单孢分离法共获得 60 株 F_1 代菌株和 40 株 F_2 代菌株作为实验材料，检测其在基因座 As-95236 上等位基因数目，发现 F_1 和 F_2 代菌株均出现了等位基因丢失的现象，且 F_2 代菌株相比 F_1 代菌株等位基因的丢失频率更高。为进一步确定丢失的等位基因以及等位基因间差异，对含复等位基因的 F_1 菌株 HLJ-1-F1-1 和其丢失等位基因的 F_2 代菌株 HLJ-1-F2-1 进行克隆测序，结果显示 F_1 代菌株含有 216bp 和 234bp 两种长度序列，F_2 代菌株仅含有 234bp 长度序列，序列之间长度差 18bp 即 3 个重复基元（CTGCCA），证明等位基因间差异是由简单重复基元数目变化引起的，从而获得茄链格孢准性生殖的 SSR 证据。

关键词：茄链格孢；准性生殖；SSR；等位基因

---

* 基金项目：农业部现代马铃薯产业技术体系建设专项资金资助项目（CARS-09-P18）；马铃薯真菌病害防控

** 第一作者：范莎莎，硕士研究生，植物病理学专业；E-mail：1531017055@qq.com
*** 通信作者：杨志辉，教授，主要从事马铃薯病害和分子植物病理学研究；E-mail：13933291416@163.com
朱杰华，教授，主要从事马铃薯病害和分子植物病理学研究；E-mail：zhujiehua356@126.com

玉米大斑病菌 *StBCK*1 基因过表达突变体的获得*

李学然**，张晓雅，巩校东，刘玉卫，谷守芹***，韩建民***，董金皋***
（河北省植物生理与分子病理学重点实验室/
河北农业大学真菌毒素与植物分子病理学实验室，保定 071001）

摘 要：玉米大斑病是由玉米大斑病菌（*Setosphaeria turcica*）引起的一种真菌性玉米叶部病害，在流行年份可使玉米减产达 50%以上。目前对该病害的防治主要是利用抗病品种并辅以药剂防治。但是，近年来，由于玉米大斑病菌变异频繁，玉米品种抗性频频丧失，导致玉米大斑病的发生呈逐年加重趋势。因此，探求有效的病害防治新途径已经成为目前亟待解决的问题。

本研究通过搜索玉米大斑病菌基因组数据库（https：//genome. jgi. doe. gov/），克隆得到了 CWI-MAPK 级联途径中的 MAPKKK 基因 *StBCK*1，该基因 DNA 全长为 5 064bp，不含内含子，编码 1 687个氨基酸，在其多肽链的 N 端 1 396～1 655aa 处有 1 个 S_TKc 保守结构域。

本课题组在前期研究中利用靶基因敲除技术创制了 *StBCK*1 的敲除突变体，并将其分别命名 Δ*StBCK*1-1、Δ*StBCK*1-2。本研究在此基础上克隆了 *StBCK*1 基因，构建了该基因的过表达载体，并利用原生质体转化技术创制了该基因过表达突变体，通过草胺膦抗性筛选、BAR 及 GFP 基因的 PCR、绿色荧光及 qPCR 验证，最终得到 3 株突变体，分别命名为 *StBCK*1-OE1、*StBCK*1-OE2、*StBCK*1-OE3。下一步将通过比较 *StBCK*1 基因敲除突变体、过表达突变体与野生型菌株在生长发育及致病性等方面的差异，明确该基因的功能。本研究可为深入研究调控玉米大斑病生长发育及致病的分子机制奠定基础。

关键词：玉米大斑病菌；MAPK；*StBCK*1；过表达；致病性

---

* 基金项目：国家自然科学基金项目（31371897，31671983，31701741）

** 第一作者：李学然，硕士研究生，研究方向为植物病原真菌基因功能研究；E-mail：1094273459@ qq. com

*** 通信作者：谷守芹，教授，博士生导师；E-mail：gushouqin@ 126. com

韩建民，教授，硕士生导师；E-mail：hanjmnd@ 163. com

董金皋，教授，博士生导师；E-mail：dongjingao@ 126. com

玉米大斑病菌 *StMSN2* 基因的功能研究*

吕润玲**，毕欢欢，巩校东，刘玉卫，谷守芹***，董金皋***
（河北省植物生理与分子病理学重点实验室/
河北农业大学真菌毒素与植物分子病理学实验室，保定　071001）

摘　要：玉米大斑病（Northern Corn Leaf Blight，*NCLB*）是由大斑突脐蠕孢（*Setosphaeria turcica*）引起的叶部病害，近年来由该病害造成玉米产量和品质的降低有逐年加重的趋势。因此，探究调控玉米大斑病菌发育及致病性的分子机制及更有效的病害防治措施已成为植物病理学和植物遗传育种领域最热门的研究课题之一。

研究发现，在植物病原真菌中存在 MAPK（mitogen activated protein kinase）、Ca^{2+}、cAMP 等3条重要的信号转导途径参与调控病菌的生长发育、致病性及对环境的胁迫反应。在 MAPK 级联途径中至少存在 HOG-MAPK、FUS3/KSS1-MAPK、CWI-MAPK 等 3 条 MAPK 级联途径。在酿酒酵母中的研究表明，在 HOG-MAPK 级联途径中的 MAPK 激酶 Hog1 可通过磷酸化其下游的 *MSN2*/*MSN4* 等转录因子参与调控酵母的高渗胁迫反应。在玉米大斑病菌中，我们的前期研究发现，*StHOG1* 基因参与调控病菌的菌丝及分生孢子发育、致病性等，但其具体的调控机制尚不清楚。

本课题组研究发现，在玉米大斑病菌中仅存在一个 Msn2/Msn4 的同源蛋白，我们将其命名为 StMsn2。进一步以 pBS-PUC 及 pPZP100 载体为基本骨架、潮霉素抗性基因（*HPH*）作为筛选标记，成功构建了 *StMSN2* 基因敲除载体；进一步利用农杆菌介导的 ATMT 转化技术，转化野生型菌株 01-23，经过潮霉素抗性筛选、特异引物 PCR、RT-PCR、Southern blotting 验证，最终得到 2 株 *StMSN2* 基因敲除突变体，分别将其命名为 Δ*StMSN2*-1、Δ*StMSN2*-2。通过比较突变体与野生型发现，突变菌株不再产生分生孢子，菌丝细胞变长，黑色素含量显著下降，菌丝分化出附着胞的时间大大延迟，说明 *StMSN2* 基因突变影响了病菌的生长发育及附着胞发育。分别将突变体与野生型菌株 01-23 分别培养在含有 0. 6mol/L 山梨醇、0. 4mol/L 氯化钠、0. 4mol/L 氯化钾的 PDA 培养基中，发现突变体对高渗胁迫条件高度敏感，说明 *StMSN2* 基因突变降低了病菌对高渗胁迫的耐受性。总之，我们的研究发现，转录因子 *StMSN2* 与 *StHOG1* 基因敲除突变体具有相似的表型，说明 *StMSN2* 很可能位于 *StHOG1* 下游，参与调控病菌菌丝、分生孢子及附着胞发育。

关键词：玉米大斑病菌；MAPK；*StMSN2*；基因敲除；基因功能

---

* 基金项目：国家自然科学基金项目（31371897，31671983，31701741）

** 第一作者：吕润玲，硕士研究生，从事植物病原真菌 MAPK 信号途径的功能研究；E-mail：2403389587@ qq. com

*** 通信作者：谷守芹，教授，博士生导师；主要从事病原真菌与寄主互作研究；E-mail：gushouqin@ 126. com
董金皋，教授，博士生导师；主要从事病原真菌与寄主互作研究；E-mail：dongjingao@ 126. com

玉米大斑病菌 *StHOG*1 基因的功能研究*

张晓雅**，李学然，巩校东，刘玉卫，谷守芹***，董金皋***
（河北省植物生理与分子病理学重点实验室/
河北农业大学真菌毒素与植物分子病理学实验室，保定 071001）

摘 要：玉米大斑病（Northern Leaf Blight of Corn）是由玉米大斑病菌（*Setosphaeria turcica*）引起的一种重要的玉米叶片病害，该病害严重影响玉米的产量和品质。前人研究发现，植物病原真菌的生长发育及致病性均受到 MAPK 信号转导途径的调控，其中 HOG-MAPK 级联途径主要参与调控病菌对高渗胁迫的反应及致病性。本研究利用生物信息学方法，从 JGI（http：//genome. jgi. psf. org/）网站上公布的玉米大斑病菌数据库中搜索得到了玉米大斑病菌 *StHOG*1 基因，发现其位于 scaffold_21：103260-106632（-）上，Protien ID 为 47519；该基因 DNA 全长为 2 514bp，cDNA 为 1 071bp，包含 9 个外显子和 8 个内含子，编码 357 个氨基酸。为进一步研究该基因的功能，我们运用同源重组的原理，构建了 *StHOG*1 基因敲除载体，并通过农杆菌介导的方法，获得了该基因的敲除突变体。与野生型菌株相比，发现 *StHOG*1 敲除突变体菌丝生长速率变快、颜色变浅、气生菌丝疏松，不产生分生孢子。在高渗胁迫条件下，*StHOG*1 基因敲除突变体菌丝中甘油含量减少，突变体对高渗胁迫条件更为敏感，菌落生长受抑制程度更高。结果表明，玉米大斑病菌 *StHOG*1 基因不仅参与调控病菌菌丝及分生孢子的发育，也参与病菌对高渗胁迫的反应。

关键词：玉米大斑病菌；*StHOG*1 基因；敲除突变体；基因功能

---

* 基金项目：国家自然科学基金项目（31371897，31671983，31701741）

** 第一作者：张晓雅，硕士研究生，从事植物病原真菌 MAPK 信号途径的功能研究；E-mail：13334459613@ qq. com

*** 通信作者：谷守芹，教授，博士生导师；主要从事病原真菌与寄主互作研究；E-mail：gushouqin@ 126. com

董金皋，教授，博士生导师；主要从事病原真菌与寄主互作研究；E-mail：dongjingao@ 126. com

Characterization of *CsPEX*16 in *Cochliobolus sativus*[*]

Li Hang, Chen Linlin, Wang Limin, Zhang Mengjuan, Li Honglian[**], Ding Shengli[**]
(*College of Plant Protection*, *Henan Agricultural University*, *Zhengzhou*, *Henan* 450002, *China*)

Abstract: *Cochliobolus sativus* (*Bipolaris sorokiniana*, the anamorph) is a soil-/seed-borne ascomycete fungus causing common root rot, spot blotch, and kernel blight or black point of wheat and barley worldwide which has been increasing the impacts on wheat production with significant yield losses and lower grain qualities recent years in Huanghuai Flood Plain in China. However, the molecular mechanism of pathogenesis is not well understood.

In this study, we got the clean knockout mutant of *CsPEX*16, the Peroxin 16 ortholog (*PEX*16), in *C. sativus* with split-maker strategy confirmed by Southern analysis. The deletion mutant Δ*cspex*16 was severely defective in conidiation, vegetative growth rate, normal lesion formation, inhibition of wheat root growth and aboveground part of the seedlings. Under microscope, the abnormal spore morphology and undetached spores chains were observed, which led to extremely low sporulation compared to the wild type. The staining of fluorescent dye Solophenyl Flavine 7GFE showed significantly attenuated aggressive growth of infectious hypha of mutant in barley leaf tissues, abundant mycelia and conidia from wild type, and few hapha from mutant on the lesion of barley leaves. Catalase gel activity assay in native PAGE indicated significantly reduced enzyme activity of H_2O_2 - scavenging in Δ*cspex*16 compared to wild type. Such an ability defect might contribute to that Δ*cspex*16 induced massive production of reactive oxygen species in host cells.

Collectively, *CsPEX*16 in *Cochliobolus sativus* plays an essential role in multiple ways including vegetative morphology, overcoming host defense and colonization of host cells. Whether CsPEX16 regulates peroxisome biogenesis in *C. sativus* needs to get further clarified.

Key words: *Cochliobolus sativus* (*Bipolaris sorokiniana*); Common root rot; *CsPEX*16; Reactive oxygen species; Catalase; Wheat and barley

---

* Funding: National Special Fund for Agro-scientific Research in Public Interest of China (201503112); the Basic and Advance Technology Research Program in Henan Province, China (152300410073); and the Talent Project of Henan Agricultural University, China (3600861)

** Corresponding authors: Li Honglian; E-mail: honglianli@ sina. com
Ding Shengli; E-mail: shengliding@ henau. edu. cn

假禾谷镰孢菌全基因组分泌蛋白的预测*

王利民**，张银山，张梦娟，丁胜利***，李洪连***
（河南农业大学植物保护学院，郑州 450002）

摘　要：假禾谷镰孢菌（*Fusarium pseudograminearum*）是引起小麦茎基腐病的主要病原菌，2012 年本课题组在国内首次发现并报道该病原菌，并对该病原菌做了一部分工作。本课题对引起小麦茎基腐的一株高致病力菌株-假禾谷镰孢菌 WZ-8A 进行了全基因组测序，通过多个软件对假禾谷镰孢菌的分泌蛋白组做了初步的预测分析。

根据该本地菌株 WZ-8A 全基因组测序结果，假禾谷镰孢菌共有 12 342个编码蛋白的基因。通过信号肽预测软件 SignalP v4. 1 分析，发现其中编码含有信号肽的基因有 1 266个，进一步通过 Protcomp-v9. 0 分析编码蛋白的亚细胞定位，752 个蛋白具有胞外分泌定位信号，TMHMM-v2. 0 分析结果显示，744 个蛋白不含有或含有 1 个跨膜域。将 744 个预测的分泌蛋白通过 big-PI Predictor 程序进行锚定蛋白的预测分析，688 个为非 GPI 锚定蛋白。最后通过 TargetP-v1. 1 程序进一步排除非胞外分泌蛋白，共有 678 个蛋白含胞外定位信号。通过上面 5 个软件的预测，最终预测有 678 个基因编码分泌蛋白，约占全基因组的 5. 5%。

于钦亮等根据网站已公布的禾谷镰刀菌基因组 11640 个蛋白质氨基酸序列，通过 SignalP v3. 0、TargetP v1. 01、Big-PI Predictor 和 TMHMM v2. 0 四个分析软件预测出 606 个潜在的分泌蛋白编码基因，约占全基因组的 5. 2%。陈继圣等对 11108 个稻瘟菌的 ORF 进行分析，通过 SignalP v3. 0、Protcomp-v6. 0、TMHMM-v2. 0、big-PI Predictor、TargetP-v1. 1 软件分析，预测出共有 1235 个 ORF 可编码分泌蛋白，约占全基因组的 11. 1%。假禾谷镰孢菌的分泌蛋白组与禾谷镰刀菌基本相似，与稻瘟病菌比较分泌蛋白组在全基因组中占的比例较少，可能与病原菌的种属差异和侵染方式的不同有关。

总之，12 342 个假禾谷镰孢菌基因所编码的产物通过 SignalP、Protcomp-v9. 0、TMHMM-v2. 0、big-PI Predictor 和 TargetP-v1. 1 等程序分析，有 678 个满足分泌蛋白的特点。因此，初步推测假禾谷镰孢菌全基因组中有 678 个基因编码的产物为分泌蛋白。本课题组将对预测的分泌蛋白，进一步通过实验验证其预测的可靠性，并对分泌蛋白进行功能分析，期望获得与致病因子相关的分泌蛋白和激发子，并对其功能加以深入的研究。

---

* 基金项目：国家公益性行业（农业）科研专项（201503112）；河南农业大学人才引进项目（30600861）

** 第一作者：王利民，男，在读博士研究生，主要从事小麦茎基腐病的研究

*** 通信作者：李洪连，男，教授，博导；E-mail：honglianli@ sina. com
丁胜利，男，校特聘教授；E-mail：shengliding@ henau. edu. cn

一种小麦白粉菌喷雾接种方法*

龚双军，薛敏峰，杨立军，史文琦，曾凡松，向礼波，喻大昭**
（农业部华中作物有害生物综合治理重点实验室/农作物重大病虫草害防控
湖北省重点实验室/湖北省农业科学院植保土肥研究所，武汉 430064）

摘 要：小麦白粉菌是属于气流传播的病害，主要通过白粉菌的分生孢子随气流传播，并且该菌在培养基上不能生长为专性寄生菌，只能在新鲜的寄主植物上一代一代的转接。因此，在研究病害发生规律，鉴定品种的抗病性及农药生物活性测定等工作时，都需借助人工接种才能得出比较可靠的结论。已有报道包括黄瓜、南瓜、西瓜、葫芦、辣椒、番茄、草莓、葡萄、苹果、甜瓜、橡胶树、烟草和月季等13种白粉病可采用孢子悬浮液喷雾和抖落法接种进行抗性评价。例如张志宏等采用喷雾法和抖落法接种对草莓白粉病抗性鉴定，结果认为喷雾法接种菌丝生长得很好，菌丝分布均匀；采用抖落法接种，菌丝生长得也很好，但叶盘上的菌丝分布不如喷雾法均匀，除了孢子分布不均匀之外的不足，抖接法无法精确定量，只能凭借接种者的经验估测接种量，从而可能影响鉴定结果。然而有一些白粉菌，例如小麦、大麦、月季、豌豆和苜蓿等5种不能采用孢子悬浮液喷雾，而只能采用抖粉接种。这主要是因为在使用无菌水配成的孢子悬浮液内，孢子失活、萌发力显著下降。

本研究使用电子氟化液FC-40做载体悬浮小麦白粉菌孢子建立一种喷雾接种方法。小麦白粉菌在FC-40的悬浮液中保持24h，仍具有侵染力，最佳保持时间为4~8h；不同孢子浓度结果显示，10^2~10^6个/mL孢子量均可接种成功，在10^6个/mL孢子质量浓度叶片发病最好，适宜抗病性测定；3mL、4mL和5mL喷雾量在波特喷雾塔下喷雾，结果显示，不同喷雾量接种效果不存在差异，均能充分发病。比较喷雾接种和抖粉接种抗性鉴定的结果一致，且喷雾方法接种均匀，结果不受人员因素影响。

---

* 基金项目：小麦白粉病防控技术研究（CARS-3-1-2）；湖北省农业科技创新中心项目（2014-620-003-003）
** 通信作者：喻大昭，博士，研究员，主要从事小麦白粉病研究；E-mail：dazhaoyu@china.com

根腐病小麦根际真菌微生物多样性研究*

汪　华**，张学江

（农业部华中作物有害生物综合治理重点实验室/农作物重大病虫草害防控湖北省重点实验室/湖北省农业科学院植保土肥研究所，武汉　430064）

摘　要：通过扩增小麦根际土壤真菌 16 S V5-V6-V7 区域，获得患病与健康小麦根际微生物群落结构、丰富度，进行不同生长时期、不同表型（健康和患病）样品间的比较及关联统计分析，评估不同生长时期、不同表型（健康和患病）小麦根际主要微生物及不同组别间根际微生物种群结构差异，解析根际主要微生物种群结构差异与小麦根病发生的关系，并筛选出与根病发生相关联病原微生物物种，试图解析病原微生物种群结构及丰度与小麦根病发生的关系，为小麦根病发生规律研究提供理论基础。研究结果表明：共获得 2 629个 OUT，所有真菌划分到两个门：子囊菌门（*Ascomycota*）和担子菌门（*Basidiomycota*），384 个属，其中丰度最高的十个属为：*Mortierella*、*Acremonium*、*Cryptococcus*、*Microdochium*、*Agrocybe*、*Panaeolus*、*Psilocybe*、*Apodus*、*Epicoccum*、*Davidiella*。同时也监测到了目前研究中认为与根病发生相关的最重要真菌：*Bipolaris sorokiniana*、*Penicillium* spp.、*Alternaria* spp.、*Rhizoctonia solani*、*Curvularia* spp. 和 *Fusarium* spp.。患病组、健康组和空白对照组明显的聚成三组。其中 4 月份的健康组与 5 月份的健康组又各自分别聚为一小类，4 月份的患病组与 5 月份的患病组又各自分别聚为一小类。健康组与患病组组间差异显著。

关键词：根腐病小麦；根际真菌多样性

---

* 基金项目：中南地区小麦（蔬菜）根腐病综合治理技术（201503112-8）

** 第一作者：汪华，男，副研究员，硕士，主要从事小麦病害研究；Tel：13627299226，E-mail：272964518@ qq. com

开发基于田间可应用的环介导等温扩增方法快速检测小麦白粉病菌*

薛敏峰，龚双军，杨立军，史文琦，曾凡松，向礼波，喻大昭**

（农业部华中作物有害生物综合治理重点实验室/农作物重大病虫草害防控湖北省重点实验室/湖北省农业科学院植保土肥研究所，武汉　430064）

摘　要：由专性寄生真菌 *Blumeria graminis* f. sp. *Tritici*（Bgt）引起的小麦白粉病是小麦生产上的主要病害之一。准确监测该病害的发生为精准施药提供重要依据。目前多采用的田间调查病害发生或室内分子鉴定，前者方法费时费工，效率很低；后者需要昂贵的仪器设备，不适合田间原位检测。本研究中我们开发了一种环介导等温扩增（loop-mediated isothermal amplification，LAMP）方法田间快速检测小麦白粉菌，设计 8 对引物扩增 Bgt 特异性序列，其中 2 对引物高效特异性区分来其它 7 种植物宿主的白粉菌菌株。用该方法检测少于需要 300fg 的基因组 DNA，显示比普通 PCR 方法高 100 倍的灵敏度。本研究建立的 LAMP 反应在 65℃ 60min 内即可迅速完成，加入钙黄绿素后焦磷酸镁沉淀的颜色变化可用肉眼观察到。田间应用结果显示，检测早春季节不同地理来源的小麦叶片中检测到的白粉菌与常规人工培养发病的结果相一致。由于其技术简单，时间效率高且不需要昂贵的设备，因此这种基于 LAMP 的诊断方法有望在田间条件下使用，使病害预测更加准确和高效。

* 基金项目：小麦白粉病防控技术研究（CARS-3-1-2）；湖北省农业科技创新中心项目（2014-620-003-003）

** 通信作者：喻大昭，博士，研究员，主要从事小麦白粉病研究；E-mail：dazhaoyu@ china. com

新发现一株能侵染大麦叶片并能持续继代的小麦白粉菌株[*]

张学江[**]，薛敏峰，向礼波，汪　华[***]
（农业部华中作物有害生物综合治理重点实验室/农作物重大病虫草害防控湖北省重点实验室/湖北省农业科学院植保土肥研究所，武汉　430064）

摘　要：小麦白粉菌（*Blumeria graminis* f. sp. *tritici*）与大麦白粉菌（*Blumeria graminis* f. sp. *hordei*）同属子囊菌亚门白粉菌目布氏白粉菌属真菌，均是专化型活体寄生菌，即小麦白粉菌只能寄生活体小麦叶片，大麦白粉菌只能寄生活体大麦叶片，小麦白粉菌不能寄生大麦叶片，大麦白粉菌也不能寄生小麦叶片。有报道发现小麦白粉菌可以侵染大麦叶片，染色发现后期有成熟的孢子，但叶片上并没有形成可见的成熟的孢子堆，因此无法继代。本实验室发现了一个小麦白粉菌株能够侵染鄂大麦 9 号的叶片，叶片上能形成大量的成熟的孢子堆，利用大麦叶片上的成熟孢子能够持续的分别在大麦叶片和小麦叶片上继代，目前已经继代 50 次。该菌在大麦叶片上的培养条件是：16℃ 16h，16℃ 8h，相对湿度 70%，产孢效果最好。该菌经基因组测序发现其基因组序列与小麦白粉菌基因组序列一致。该菌可作为未来进行大麦白粉菌、小麦白粉菌及其他白粉菌遗传分析的工程菌株，用于分析专化型基因等工作。

关键词：小麦白粉菌；大麦叶片；侵染；继代

---

* 基金项目：土壤-根系-主要有害生物协同作用机制（2017YFD0200605）

** 第一作者：张学江，男，四川岳池人，副研究员，博士，主要从事小麦病害研究；E-mail：164091744@ qq. com
*** 通信作者：汪华，男，湖北安陆人，副研究员，硕士，主要从事小麦病害研究；E-mail：272964518@ qq. com

First detection of *Diaporthe eucommiae* causing leaf black blight disease on *Cyclocarya paliurus*[*]

Jiang Dan[1**], He Huanhuan[1**], Peng Xixu[1,2], Tao Zong[1], Xiao Ting[1], Wang Haihua[1,2,3***]

(1. *School of Life Science*, *Hunan University of Science and Technology*, *Xiangtan* 411201, *Hunan*, *China*; 2. *Key Laboratory of Integrated Management of the Pests and Diseases on Horticultural Crops in Hunan Province*, *Xiangtan* 411201, *China*; 3. *Key Laboratory of Ecological Remediation and Safe Utilization of Heavy Metal-polluted Soils*, *College of Hunan Province*, *Xiangtan* 411201, *China*)

Abstract: During the vegetation period (March to October) of 2013 and 2014, an outbreak of leaf black blight was observed on *Cyclocarya paliurus* plants in three plantations in Chengbu County, Hunan Province, China. A *Diaporthe* species was consistently isolated from the diseased leaflets or rachides. Based on the morphological characteristics of colony appearance, shape of conidia and conidiomata as well as sequences of internal transcribed spacer regions (ITS), the fungus was identified as *Diaporthe eucommiae*. Pathogenicity test showed that *D. eucommiae* isolates caused the symptoms originally observed on those of naturally infected plants, and the pathogenic isolates were successfully re-isolated from inoculated leaflets, thus fulfilling Koch's postulates. This is the first report of *D. eucommiae* causing leaf black blight on *C. paliurus*. Laboratory screening indicated that the *D. eucommiae* isolates were highly sensitive to thiophanate-methyl, chlorothalonil and iprodione, suggesting that practical use of these three fungicides has high potentials to control the leaf black blight on *C. paliurus*.

Key words: *Diaporthe eucommiae*; Leaf black blight; Identification of pathogen; *Cyclocarya paliurus*

---

* Funding: This research was funded by National Natural Science Foundation of China (No. 31301617), Project of Hunan Provincial Natural Science Foundation (No. 2016JJ3060), Project of Scientific Research Fund of Hunan Provincial Education Department (No. 15K045)

** First author: equal contributors

*** Corresponding author: Wang Zonghua

Secondary metabolites and antimicrobial activities of *Chaetomium*[*]

Ouyang Jinkui[**], Wu Chunyin, Mao Ziling, Shan Tijiang[***]

(*Guangdong Key Laboratory for Innovative Development and Utilization of Forest Plant Germplasm*, *College of Forestry and Landscape Architecture*, *South China Agricultural University*, *Guangzhou* 510642, *China*)

Abstract: *Chaetomium* were the most abundant and significant fungal species of Ascomycota, belonging to Ascomycota, Pyrenomycetes, Sordariomycetidae, Sordariales and Chaetomidae. *Chaetomium globosum* was the model species and more than 400 taxa were described since the establishment of this genus. *Chaetomium* were important microbial resources that can produce polytype secondary metabolites. To date, more than 200 compounds were isolated and reported, including Azaphilones (36), Chaetoglobosins (34), Diketopiperazines (21), Depsidones (14), Orsellides (10), Steroids (8), Chromones (5), Tetramic acids (4), Isoquinolines (3), Terpenoids (3), Pyrones (2) and other types compounds. Among them, more than 160 were new compounds, which accounting for up to 80%. However, there were few reports about antimicrobial activity of secondary metabolites isolated from *Chaetomium*. Until now, only seven compounds showed antibacterial activities and six compounds displayed antifungal activities. Diketopiperazines displayed the best antibacterial activities and the MIC values of Chaetocin and Chetracins A-C against *Staphylococcus aureus* were 0. 025-0. 39μg/mL. Compound FR207944, which was a rare triterpenoid glycoside, showed the best antifungal activities on *Aspergillus fumigatus* and the MIC value was 0. 039μg/mL. This study indicated that the strain of *Chaetomium* was worthy for further study. This article would provide important theoretical basis for the development of novel biological pesticides and the comprehensive development and utilization of *Chaetomium* microbial resources.

Key words: *Chaetomium*; Secondary metabolites; Antimicrobial activities

---

* 基金项目：国家青年自然科学基金（31400544）；广东省自然科学基金（2017A030313200）；广东省普通高校青年创新人才项目（2014KQNCX034）

** 第一作者：欧阳锦逵，男，博士研究生，研究方向：植物和微生物的次生代谢；E-mail：ouyangjack@ scau. edu. cn

*** 通信作者：单体江，男，博士，讲师，研究方向：植物和微生物的次生代谢；E-mail：tjshan@ scau. edu. cn

香蕉枯萎病菌 milRNA 生物合成相关基因 *QDE*2 的功能研究*

林漪莲**，王鸿飞，苑曼琳，谢丽妃，高　川，李华平，姜子德，李敏慧***
（华南农业大学农学院植物病理学系，广州　510642）

摘　要：由尖孢镰刀菌古巴专化型（*Fusarium oxysporum* f. sp. *cubense*，FOC）引起的香蕉枯萎病是制约香蕉生产的毁灭性病害。milRNAs（microRNA-like RNAs）是真菌中产生的一类小RNA，在病原真菌与植物互作过程中发挥重要的调控作用。而 Argonaute（AGO）蛋白是真菌 milRNA 生物合成过程中的重要蛋白，在香蕉枯萎病菌中 *QDE*2 基因是编码 AGO 蛋白的基因之一，虽然真菌中 milRNA 合成相对保守，但 *QDE*2 基因的具体功能在香蕉枯萎病菌中未知。本研究通过基因敲除与互补技术，在香蕉枯萎病菌中分别获得了 *QDE*2 基因敲除突变体和互补转化子，并对其进行表型分析和 milRNA 的表达量检测，结果发现，*QDE*2 基因敲除突变体的气生菌丝、产孢量和致病力与野生型菌株相比均明显减弱，而在互补转化子中这些表型有所恢复；对目标 milRNA 的表达量检测结果显示，其在敲除突变体中表达量明显下降，在互补转化子中恢复到野生型水平；真菌 AGO 蛋白的系统发育分析结果表明，香蕉枯萎病菌的 QDE2 与粗糙脉孢菌的 QDE2、以及禾古镰刀菌的 FgAgo1 以及稻瘟菌的 AGO 蛋白聚在同一分支上，说明他们具有相同的起源。表型分析和系统发育分析表明香蕉枯萎病菌 *QDE*2 基因除了参与部分 milRNA 的合成外，还影响着病原菌的生长、产孢和对寄主的致病力，这一发现为深入研究 AGO 蛋白的功能奠定了基础，同时为该病原菌的致病机理解析提供了新的见解。

关键词：香蕉枯萎病菌；*QDE*2 基因；milRNA；致病力

---

* 基金项目：国家香蕉产业技术体系（CARS-32）
** 第一作者：林漪莲，女，硕士研究生；E-mail：912349766@ qq. com
*** 通信作者：李敏慧，女，副教授，主要从事果树真菌病害致病机理方面的研究；E-mail：liminhui@ scau. edu. cn

稻瘟病菌 Mobhlh6 转录因子功能分析

曹慧娟[1,2,3]，卢建平[2]，林福呈[3]
（1. 江苏省农业科学院植物保护研究所，南京　210014；
2. 浙江大学生命科学学院，杭州　310058；
3. 浙江大学农业与生物技术学院，杭州　310058）

摘　要：稻瘟病是严重危害全球水稻产量的毁灭性真菌病害之一，其生长发育和侵染穿透寄主机制具有典型的特征。分生孢子的产生和萌发，附着胞的形成和分化，侵染钉的形成及侵染菌丝的生长是稻瘟病菌是否侵染成功的关键环节。转录因子是基因表达的调控因子，研究转录因子的生物学功能及其调控网络，对于全面了解稻瘟病菌生长发育及其在致病过程中的分子机制具有重要意义。

bHLH 转录因子是真核生物中高度保守的一类转录因子，真菌中每个物种含有 4～16 个 bHLH 家族基因。通过敲除技术得到稻瘟病菌中的一个 bHLH 转录因子基因缺失突变体 Δ*Mobhlh6*，并分析该突变体在稻瘟病菌生长发育和致病过程的作用。研究结果表明，*MoBHLH6* 对稻瘟病菌致病能力的维持必不可少，突变体 Δ*Mobhlh6* 完全丧失了对大麦和水稻叶片的侵染能力。*MoBHLH6* 的缺失也导致脂质、乙醇、甘油和 L-阿拉伯糖等物质的利用缺陷，一些参与脂肪分解、过氧化物酶体 β-氧化、阿拉伯糖代谢、糖异生和甘油代谢等过程的重要基因表达下调。附着胞形成过程中，Δ*Mobhlh6* 分生孢子死亡的异常、脂质转运和降解的延迟、过氧化物酶体和液泡功能的异常均导致突变体附着胞膨压的降低，而稻瘟病菌依赖足够的附着胞膨压穿透寄主角质层。外源添加葡萄糖可以恢复 Δ*Mobhlh6* 附着胞膨压的缺陷和穿透能力；另外，突变体 Δ*Mobhlh6* 的致病能力缺陷可以通过添加外源葡萄糖和 D-木糖恢复，外源脂质、甘油、乙酸钠、天冬氨酸和谷氨酰胺也可部分恢复突变体的致病能力。综上，*MoBHLH6* 通过调控稻瘟病菌的糖类和脂质代谢过程，进而参与到稻瘟病菌生长发育和致病过程。

关键词：稻瘟病菌；bHLH 转录因子 Mohlh6；致病性；糖类代谢；脂质代谢

大丽轮枝菌致病性相关基因 *VdUGP* 的功能研究*

邓　晟**，杨银真，罗石卿，张　昕，林　玲***
（江苏省农业科学院植物保护研究所，南京　210014）

摘　要：本实验室前期从大丽轮枝菌 T-DNA 插入突变体库中发现了一个致病力降低突变体 24C9。经 TAIL-PCR 和 Real-time PCR 检测发现，突变体中 *UTP-glucose-1-phosphate uridylyltransferase*（*VdUGP*）基因的启动子区域存在一个 T-DNA 插入，导致该基因的表达量较野生菌相比降低 90%。该基因编码全长为 1 488个氨基酸的蛋白，该蛋白与粗糙脉孢霉的 NcUGP 氨基酸序列相比一致性达到 85%；以前酵母中的研究表明，彻底敲除其同源基因后细胞无法存活。UGP 类蛋白在真菌细胞中负责 UDP-Glucose 和 Glucose-1-P 的相互转化，而 UDP-Glucose 是一种重要的核苷酸糖，它参与了下游多个细胞代谢途径和生理生化过程，其中包括细胞壁合成、N 端蛋白质糖基化、海藻糖合成、糖原合成以及半乳糖利用等。我们在 T-DNA 插入突变体的基础上获得了 3 个回补菌株，它们的致病力均恢复到野生菌的水平，这进一步确定了 *VdUGP* 基因与菌株致病力的相关性。通过荧光定量发现，*VdUGP* 基因在侵染寄主的早期显著上调表达；利用细胞壁和细胞膜胁迫因子处理发现，*VdUGP* 下调表达突变体对十二烷基磺酸钠（SDS，w/w = 0.005%）极为敏感，对钙荧光白（CFW）较敏感，但对于刚果红（CR）表现为耐受性增强。此外，在查氏培养基上，突变体孢子在萌发过程中有 25%的概率出现畸形，表现为单个孢子形成超过 3 个的萌芽管或在孢子上出现不规则瘤状突起；经过 CFW 的染色表明，在畸形萌发的孢子当中，几丁质常表现出过量积累。综上，由于突变体中 *VdUGP* 基因的表达量显著降低，影响了细胞内 UDP-Glucose 的水平，导致下游细胞壁的抗逆性以及细胞壁的组份发生改变，最终造成突变体侵染能力的降低。该研究可以为研制新的病原菌防治药剂提供理论依据和靶标位点的参考。

---

* 基金项目：国家公益性行业（农业）科研专项（201503109）；江苏省基金（BK20161372）

** 第一作者：邓晟，男，浙江平阳人，博士，副研究员，主要从事土传病原真菌致病机理的研究；E-mail：xunikongjian@163. com

*** 通信作者：林玲，研究员，主要从事植物土传病原真菌致病机制及其防控技术研究；Tel：025-84390769，E-mail：linling@ jaas. ac. cn

田间稻瘟病菌共侵染菌株的鉴定及基因组比较分析*

杜　艳**，齐中强，俞咪娜，于俊杰，张荣胜，宋天巧，曹慧娟，刘永锋***
（江苏省农业科学院植物保护研究所，南京　210014）

摘　要：梨孢属真菌（*Pyricularia*）真菌是一类重要的植物病原菌，除了感染水稻引起稻瘟病以，还能感染多种禾本科和莎草科等植物，如小麦、狗尾草、稗草、千金子等。目前，稻瘟病菌与水稻的互作机制研究较多，而其他梨孢属真菌与水稻间的互作以及其他梨孢属真菌与稻瘟病菌的互作研究较少。因此，研究其他梨孢菌与稻瘟病菌在水稻植株上的互作关系，对于建立新的真菌-植物及真菌-真菌互作模式系统、获得新的抗性资源以及稻瘟病的防治具有重要意义。

本研究对江苏省 2010—2017 连续 8 年分离的稻瘟病菌标样进行回接，发现约 4%以上的分离菌株（31 株）不能引起稻瘟病菌普感的水稻品种-丽江新团黑谷（LTH）发病。生物学特性结果表明，31 株菌株在菌落形态、气生菌丝密度、产孢量、孢子长度及孢子梗等特征上与稻瘟菌 Guy11 差异明显。致病性结果表明，该类真菌不能引起 LTH 叶部致病，但是能够单独侵染水稻根部、穗部及创伤叶部，且与稻瘟病菌混合接种能够侵染水稻叶部。杂草致病性测定表明，该类真菌对狗尾草、棒头草、无芒稗、日本看麦娘和千金子致病，说明该类群梨孢属真菌寄主广泛且发生普遍，是一类多寄主病原菌。通过多位点序列分析（MLST）表明，这类真菌与稻瘟病菌 70-15 并不聚在一类，属于一类新的梨孢属真菌。进一步运用第三代 Pac Bio 测序技术，对梨孢菌 18-2 进行基因组 *de novo* 测序，发现 18-2 基因组大小约 41.89Mb，预测含有 11 161个基因，其中特有基因 2 250个。通过 KOG 注释，这些基因主要集中在后结构修饰和蛋白质周转过程，碳水化合物的运输和代谢过程以及其他重要的过程等。随后，运用 NCBI 数据库检索到 302 个已报道的稻瘟菌功能基因，其中 216 个（72%）基因在 18-2 基因组中存在同源基因，它们主要参与到多个重要的信号途径，如 MAPK 途径，cAMP 途径及 Ca 信号途径等，提示这些功能基因可能在侵染水稻根部和穗部过程中发挥重要作用。使用 SignalP 4.1 对 18-2 的特有基因进行分析，其中 253 个基因具有分泌蛋白功能，占全部特有基因的 11.24%。与稻瘟菌 70-15 进行比较，已报道的 15 个效应分子中有 13 个效应分子未能在 18-2 基因组中比对到，它们分别是 Mc69，Bas1-4，Avr-Pi9，AvrPiz-t，Avr-Pii，Avr-Pita，Avr-CO39，Avr-Pia，Avr-Pik 和 Avr-Pib，推测这些效应分子的缺失可能是水稻叶部侵染缺陷的一个重要原因。进一步运用 NR 和 NCBI 数据库进行比对，得到 30 个稻瘟病菌的特有基因，这些基因同时可以在 18-2 基因组中比对到，推测稻瘟菌与梨孢菌之间存在“基因漂移”现象，这种现象可能有助于物种间的遗传交换及物种多谱系的形成。以上结果表明，田间发现的稻瘟病菌共侵染菌株是一类新的多寄主梨孢属真菌，该类真菌本身可能是一类水稻致病菌。研究结果有助于理解梨孢菌与水稻寄主互作新模式，以期为今后稻瘟病的防治提供新的思路和方向。

* 基金项目：国家重点研发计划（2016YFD0300706）；国家自然科学基金青年基金（31601592）；江苏省自主创新资金项目［CX18（1003）］

** 第一作者：杜艳，副研究员，主要从事稻瘟病菌的致病机理研究；E-mail：dy411246508@126.com

*** 通信作者：刘永锋，研究员，主要从事植物病害致病机制及其防控技术研究；E-mail：liuyf@jaas.ac.cn

稻曲病菌交配型基因座 *MAT*1-1 上相关基因的研究*

雍明丽**，刘永锋***

（江苏省农业科学院植物保护研究所，南京　210014）

摘　要：近年来，稻曲病在我国水稻产区成为水稻重要病害，造成严重的产量损失。稻曲病菌有性生殖在稻曲病的流行中具有重要作用。稻曲病菌的有性生殖由交配型基因座 *MAT*1-1 和 *MAT*1-2 控制。本研究利用 CRISPR/Cas9 技术对基因座 *MAT*1-1 上的基因进行靶向敲除，通过臂内、臂外特异性引物初步筛选转化子，再通过 RT-PCR 及基因组测序验证转化子。最后获得 16 个 Δ*MAT*111 突变体，37 个 Δ*MAT*112 突变体，15 个 Δ*MAT*111/112/113 突变体，敲除效率分别为 43%、43%和 32%。Δ*MAT*111 突变体生长速率明显下降，产孢量增加，菌落较野生型疏松、色素沉积较深，在 CM、燕麦培养基（OM）上生长速率均下降；与野生型相比，突变体对 SDS、NaCl、CFW 和刚果红（CR）的敏感性都更强。Δ*MAT*112 突变体生长速率差别不明显、产孢量明显减少、菌落较野生型疏松、色素产生无明显差别，突变体在 CM、燕麦培养基（OM）上生长速率均下降；随着 SDS 浓度的增加，突变体相较于野生型对 SDS 敏感性增强，但对 CFW 和刚果红（CR）的耐受性更强，对 NaCl 的耐受性没有明显差异。Δ*MAT*111/112/113 突变体生长速率比野生型快，产孢量减少，菌落更致密，色素沉积较深，在 CM、燕麦培养基（OM）上生长速率差别不大；突变体对 SDS 的敏感性更强、对 NaCl、CFW 和刚果红（CR）的耐受性都更强。以上结果说明交配型基因 *MAT*111 参与调控稻曲病菌的营养生长、产孢、色素产生及对外界渗透压应答，同时改变了稻曲病菌的细胞壁完整性；而 *MAT*112 参与调控稻曲病菌的产孢及稻曲病菌细胞壁对外界胁迫的应答，表明 *MAT*111 与 *MAT*112 在稻曲病菌中的作用机制是不同的。

---

* 基金项目：国家自然科学基金（31571961）

** 第一作者：雍明丽，博士后，主要从事水稻稻曲病菌功能基因研究

*** 通信作者：刘永锋，研究员，主要从事植物病害致病机制及其防控技术研究；Tel：025-84391002，E-mail：liuyf@jaas. ac. cn

稻曲菌突变体 B-766 中厚垣孢子形成关键调控基因的鉴定

于俊杰[*]，俞咪娜，宋天巧，曹慧娟，雍明丽，齐中强，杜　艳，张荣胜，刘永锋[**]
（江苏省农业科学院植物保护研究所，南京　210014）

摘　要：从本研究室构建的 T-DNA 插入突变体库中筛选到一株不能产生厚垣孢子的突变体 B766。通过 Southern 杂交检测发现，该突变体中含有 3 个拷贝的 T-DNA 突变体。随后利用 TAIL-PCR 的方法进行 T-DNA 侧翼序列的克隆，发现该突变体中 3 个拷贝的 T-DNA 分别插入至 KDB18871. 1 基因上游 1. 4kb 处、KDB15727. 1 基因上游 2. 4kb 处和 KDB14847. 1 基因上游 0. 5kb 处。为了进一步鉴定 B-766 中厚垣孢子形成关键基因，对以上基因在 RNA 水平的表达进行了 qRT-PCR 检测，结果显示 KDB14847. 1 基因在稻曲球中表达量下降显著，初步推测稻曲菌中 KDB14847. 1 基因为厚垣孢子形成关键基因。通过生物信息学初步分析显示，该基因的表达产物中包含一个 homeobox 结构域。通常 homeobox 类转录调控因子含有一个 homeobox 结构域，在高等生物和真菌中，具有多个 homeobox 类转录调控因子，并分别参与调控不同类型细胞的发育或细胞发育的多个阶段。本文中鉴定到的 Homeobox 基因应特异性地参与了稻曲菌在厚垣孢子形成过程中的调控。

* 第一作者：于俊杰，主要从事水稻病害病理学研究；E-mail：jjyu@ jaas. ac. cn
** 通信作者：刘永锋，主要从事水稻病害及其生物防治研究；E-mail：liuyf@ jaas. ac. cn

稻曲病菌中GATA转录因子家族全基因组鉴定及初步分析*

俞咪娜**，于俊杰，宋天巧，曹慧娟，雍明丽，刘永锋***
（江苏省农业科学院植物保护研究所，南京 210014）

摘 要：稻曲病（rice false smut）是常见的水稻穗部病害，由半知菌亚门绿核菌属的稻曲病菌（*Ustilaginoidea virens*；有性态为*Villosiclava virens*）侵染引起。稻曲病的发生严重影响稻米品质并威胁粮食生产安全。然而目前稻曲病菌致病相关基因的研究尚处于起始阶段，要为稻曲病菌防治提供有效靶标还有待深入研究。

GATA转录因子家族是一类含有锌指结构的基因家族，可特异性识别DNA分子中的GATA motif。在真菌研究中表明，GATA转录因子参与分生孢子产生，铁载体蛋白生物合成，真菌对环境适应性等多个生理生化过程；尖孢镰刀菌（*F. oxysporum*）的GATA构型转录因子Fnr1，以及豆炭疽病菌（*C. lindemuthianum*）的GATA型转录因子Clnr1，还发现参与病原菌氮源利用和致病性。本研究分析稻曲病菌全基因组序列，利用基于隐马尔科夫模型（HMM）的软件搜索含有GATA结构域的候选序列。利用SMART在线工具检测候选蛋白序列，共获得7个稻曲病菌GATA转录因子家族成员，分别命名为UvGATA1-7，编码蛋白的氨基酸数目在392~1130。使用BLAST的保守结构域分析（CD-search）对上述蛋白进行分析，发现UvGATA1含有两个典型的GATA结构域，UvGATA2-7仅存在一个典型的GATA结构域。结构域和系统进化树分析表明，稻曲病菌中的GATA转录因子家族参与NCR activator、NCR represspr.、离子响应和光周期等生理生化过程。其中UvGATA2与上述Fnr1和Clnr1两个蛋白具有高度同源性，推测该基因在稻曲病菌中也参与致病过程。本研究为深入解析稻曲病菌GATA转录因子家族的功能及探访防治新途径提供参考。

---

* 基金项目：国家自然科学基金（31401700）；江苏省自然科学基金（BK20151368）
** 第一作者：俞咪娜，副研究员，主要从事水稻病害病理学研究；E-mail：zjpsyu@163.com
*** 通信作者：刘永锋，研究员，主要从事水稻病害及其生物防治研究；E-mail：liuyf@jaas.ac.cn

稻曲病菌腺苷酸环化酶相关蛋白 UvCap1 的功能研究

张瑾瑾*，曹慧娟，刘永锋**
（江苏省农业科学院植物保护研究所，南京　210014）

摘　要：稻曲病（rice false smut）是由稻曲病菌（*Ustilagornoidea virens*）侵染水稻雄蕊花丝等细胞壁疏松组织而发病的真菌性病害。随着气候变暖，大穗型杂交水稻的大面积种植和施肥水平的提高，稻曲病的发生日益严重，逐渐上升成为我国水稻的主要病害。现阶段对该病害的研究尚属于起步阶段，其生活史和侵染循环中仍有许多未完全明确的过程，而针对稻曲病菌的基因功能的研究也少有报道。

cAMP 信号途径在多种病原真菌中感受并传导内外环境刺激，参与调控病原菌生长发育和致病过程。为了深入了解 cAMP-PKA 途径在稻曲病菌中的功能，鉴定到腺苷酸环化酶相关蛋白 UvCap1。本研究结合 crispr 方法和同源重组原理，进行了稻曲病菌 *UvCAP*1 的 crispr 载体和基因敲除载体的构建，采用 PEG 介导的原生质体转化方法，将 crispr 载体和基因敲除载体共同转化至稻曲病菌野生型菌株 P1 中，并在 29 个转化子中筛选出 6 个 *UvCAP*1 的基因缺失突变体。之后，对得到的 *UvCAP*1 基因缺失突变体进行生物学性状分析发现，与野生型菌株 P1 相比，这些突变体在 PSA 固体平板中表现生长速率减慢。经 PS 液体培养基摇培或固体产孢平板培养后，*UvCAP*1 基因缺失突变体的产孢量显著下降。目前，UvCap1 对稻曲病菌侵染致病过程的影响和对 cAMP-PKA 途径的调控作用有待进一步的深入研究。

* 第一作者：张瑾瑾，硕士研究生，主要从事水稻稻曲病菌致病机制研究
** 通信作者：刘永锋，研究员，主要从事植物病害致病机制及其防控技术研究；Tel：025-84391002，E-mail：liuyf@jaas. ac. cn

江苏省不致病稻瘟病菌的功能研究*

齐中强**，杜 艳，于俊杰，俞咪娜，曹慧娟，宋天巧，张荣胜，刘永锋***
（江苏省农业科学院植物保护研究所，南京 210014）

摘 要：稻瘟病菌（*Magnaporthe oryzae*）引起的稻瘟病是生产上一种最具破坏性的真菌病害，严重威胁我国的水稻安全生产。因此对稻瘟病菌种群结构、无毒基因组成动态等研究对进一步认识稻瘟病的发生规律和防治措施的建立具有重要意义。

前期研究中发现5个从江苏省稻区分离的稻瘟病菌不能侵染感病水稻品种丽江新团黑谷，表明其在致病过程中存在缺陷，从中挑出2016-68菌株进行进一步研究。该菌株同野生型菌株Guy11相比，CM培养基上生长速率没有发生变化，菌落气生菌丝较野生型稀薄；同时对其附着胞形成进行分析发现该菌株附着胞形成没有影响，附着胞膨压也没有变化，上述结果表明该菌株在生长发育和侵染结构发育过程中没有缺陷；进一步对其致病性进行测定，结果发现在创伤和非创伤LTH水稻叶片上均不能发病，但是与Guy11孢子混合后能够引起典型病斑；通过显微观察发现，2016-68菌株在Guy11存在的情况下，能够侵染水稻和大麦叶片，但是侵染率较Guy11下降，表明其可能是一种潜在的危害因子，在条件允许的情况下能够引起稻瘟病。

* 基金项目：国家重点研发计划（2016YFD0300706）；国家自然科学基金青年项目（31401697）

** 第一作者：齐中强，副研究员，主要从事植物病理学研究；E-mail：qizhongqiang2006@126.com

*** 通信作者：刘永锋，研究员，主要从事植物病理学研究；E-mail：Liuyf@jaas.ac.cn

大丽轮枝菌微菌核发育相关基因的功能分析*

姚传飞[1,2**]，梁　曼[1,2]，张　昕[1]，邓　晟[1]，戴亦军[2]，林　玲[***1]

（1. 江苏省农业科学院植物保护研究所，南京　210014；

2. 南京师范大学生命科学学院，南京　210046）

摘　要：大丽轮枝菌是世界性的土传植物病原真菌，可侵染 200 多种双子叶植物，导致棉花、番茄、草莓等经济作物发生黄萎病，造成严重的经济损失。大丽轮枝菌的生活周期分为寄生、腐生、休眠体三个时期。其中菌核型是大丽轮枝菌的休眠体，这种休眠体可在土壤中存活 14 年之久，是致密的多细胞结构，表面附着大量的黑色素，黑色素对于微菌核的抗逆性至关重要。本研究从大丽轮枝菌菌核型菌株 V08DF1 的 T-DNA 插入突变体库中，筛选到两株单拷贝插入的微菌核发育异常的突变体 2H3，6I7，经鉴定突变体 2H3 对应突变的基因为 *VdPKS*，突变体 6I7 对应突变的基因为 *VdVTA*1。通过基因敲除技术研究了 *VdPKS* 和 *VdVTA*1 在大丽轮枝菌微菌核形成过程中的作用，并对突变体进行了致病力分析。结果表明微菌核黑色素的形成需要 *VdPKS* 基因的参与，*VdPKS* 基因的敲除导致菌株在发病初期致病力较野生型菌株 V08DF1 有明显增强，*VdPKS* 基因的敲除改变了菌株的致病力。*VdVTA*1 基因参与调控微菌核黑色素的形成，但并非黑色素形成的必须基因，*VdVTA*1 基因的敲除没有改变菌株的致病力。

关键词：大丽轮枝菌；黄萎病；微菌核；黑色素；致病力

---

* 基金项目：国家公益性行业（农业）科研专项（201503109）；国家棉花产业技术体系（CARS-18-16）；国家重点研发计划（2017YFD0201900）

** 第一作者：姚传飞，硕士研究生；E-mail：822716441@ qq. com

*** 通信作者：林玲，博士，研究员，主要从事经济作物病害发生规律和防治技术研究；E-mail：linling@ jaas. ac. cn

国槐溃疡病致病菌厚垣镰刀菌生物学特性研究*

刘南南**，柳婷婷，王桂清***
（聊城大学农学院，聊城 252000）

摘 要：国槐溃疡病是一种由真菌引起的重要的枝干病害，厚垣镰刀菌（*Fusarium chlamydosporum*）是其致病菌之一。本文以厚垣镰刀菌为研究对象，探索了不同温度、培养基、光照、pH、氮源及碳源等条件对其菌丝生长速率和产孢量的影响。研究结果表明：该菌在CzA培养基生长最快，在PDA培养基中产孢量最大；20~25℃、pH 8.0~9.0、全光照有利于菌丝生长，光暗交替更利于产孢；该菌能利用多种碳源和氮源，以阿拉伯糖、$NaNO_3$最适。该研究为进一步研究厚垣镰刀菌引起的病害发病规律和防控措施提供了有力的理论依据。

关键词：国槐；溃疡病；厚垣镰刀菌；生物学特性

国槐（*Sophora japonica*）为我国特有树种，生长快、树姿优、适应能力强、分布范围广，被用作园林行道树。但近年来，聊城地区国槐病害的发生愈加严重，尤以溃疡病发病最重，本实验室从国槐溃疡病株病健交界处分离出5种致病菌，其中之一为厚垣镰刀菌（*F. chlamydosporum*），本文研究营养和环境条件对该菌菌丝生长速率和孢子产量的影响，为进一步深入探究该菌引起的病害发病规律和防治措施提供了有力的理论依据。

1 材料与方法

1.1 供试菌种与培养

供试菌种由聊城大学植物病理研究室提供的国槐溃疡病致病菌厚垣镰刀菌（*F. chlamydosporum*）。在（25±1）℃的恒温培养箱内采用PDA培养基培养5d，用打孔器制取0.7cm的菌饼接种备用。

1.2 生物学测定方法

参照马迪[1]研究多隔镰刀菌生物学特性的研究方法，研究不同温度、培养基、光照条件、pH、氮源和碳源对厚垣镰刀菌生长的影响。

1.2.1 温度对菌丝生长速率和产孢量的影响

于PDA培养基平板中央接种菌饼，分别置于5℃、10℃、15℃、20℃、25℃、30℃、35℃、40℃ 培养于恒温光照培养箱中，L：D=12h：12h，采用十字交叉法于5d后测量菌落直径；5d后每皿用5mL无菌水洗脱孢子，血球计数器计产孢量。以下培养条件、天数及菌丝生长、产孢量测量方法相同。

1.2.2 培养基对菌丝生长和产孢量的影响

供试培养基为PDA、CzA、mSDA、BCM，于（25±1）℃恒温光照培养箱中培养。

1.2.3 光照对菌丝生长和产孢量的影响

利用PDA培养基于（25±1）℃恒温培养箱中，分别在全黑暗、光暗交替（L：D=12h：

---

* 基金项目：山东省自然科学基金（ZR2012CL17）；聊城市科技发展计划项目（2014GJH10）
** 第一作者：刘南南，女，硕士研究生，研究方向为种植资源利用和有害生物防治
*** 通信作者：王桂清，女，博士，教授，主要从事植物保护的教学与科研工作

12h)、全光照条件下培养。

1.2.4　pH 对菌丝生长和产孢量的影响

用 1.0mol/L NaOH 和 1.0mol/L HCl 调节 PDA 培养基的 pH 分别为 3~12。

1.2.5　氮源对菌丝生长和产孢量的影响

以 CzA 为基础培养基，以供试氮源替换其中等量的天门冬酰胺制成不同氮源培养基，以无氮及无氮、碳培养基为空白对照。供试氮源为（NH_4）$_2SO_4$、NH_4Cl、酵母浸膏、牛肉膏、尿素、$NaNO_3$、甘氨酸、蛋白胨。

1.2.6　碳源对菌丝生长和产孢量的影响

以 CzA 为基础培养基，以供试碳源替换其中等量的葡萄糖制成不同碳源培养基，以无碳及无氮、碳培养基为空白对照。供试碳源为蔗糖、乳糖、麦芽糖、海藻糖、果糖、阿拉伯糖、微晶纤维素、可溶性淀粉。

1.3　数据处理与分析

利用 Microsoft Excel2016 软件处理数据，采用 DPS 7.05 数据处理系统统计软件中的 Duncan 新复极差法对数据进行统计分析。

2　结果与分析

2.1　温度对菌丝生长速率和产孢量的影响

试验结果如图 1 所示，温度对厚垣镰刀菌菌丝生长及分生孢子数量影响基本一致。该菌菌丝生长温度范围（10~40℃）较广，适宜的温度为 20~30℃，其中 20℃时菌落直径最大，为 6.29cm；该菌可产孢温度范围 10~35℃，最适温度 20~25℃，25℃产孢量高达 4.325×10^7 个，20℃时的产孢量也高达 3.95×10^7 个。说明 20~25℃为该菌的最适生长及产孢温度。

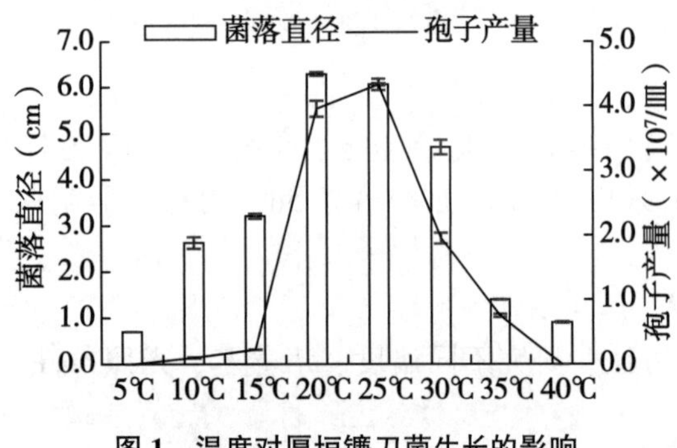

图 1　温度对厚垣镰刀菌生长的影响

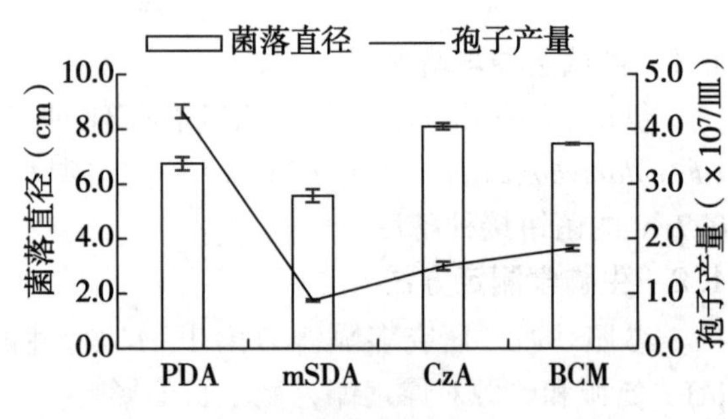

图 2　培养基对厚垣镰刀菌生长的影响

2.2　培养基对菌丝生长速率和产孢量的影响

由图 2 可以看出该菌在受试的 4 种培养基中均可生长。4 种培养基的菌落直径差异不大，分别为 6.75cm、5.57cm、8.09cm 和 7.46cm；在 PDA 中产孢量最高，分别为 4.325×10^7 个，明显高于其他 3 种培养基。表明 PDA 为该菌最适培养基。

2.3　光照对菌丝生长速率和产孢量的影响

厚垣镰刀菌在各光照强度下的生长情况如图 3。全光照下菌落直径最大，为 3.73cm，光暗交替下直径最小，为 3.35cm；光暗交替最利于产孢，产孢量达 4.342×10^7 个，全光照与全黑暗产孢量相对较小。表明该菌对光照条件敏感，全光照条件相对更利于该菌生长，光暗交替更利于产孢。

2.4　pH 对菌丝生长速率和产孢量的影响

厚垣镰刀菌对酸碱度适应范围较广，结果见图 4。该菌在 pH 值在 4~12 均能生长，pH 值在

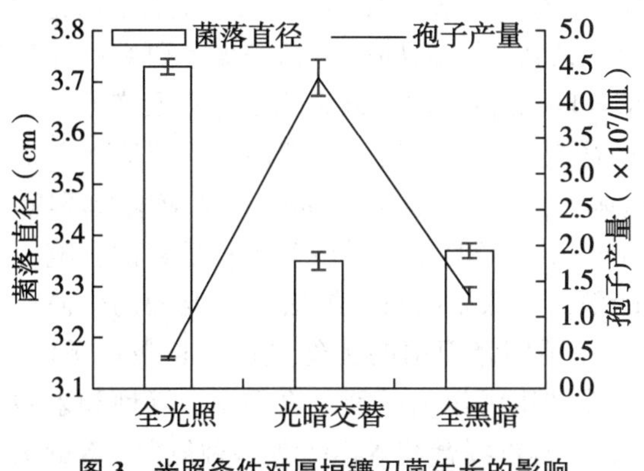

图3 光照条件对厚垣镰刀菌生长的影响

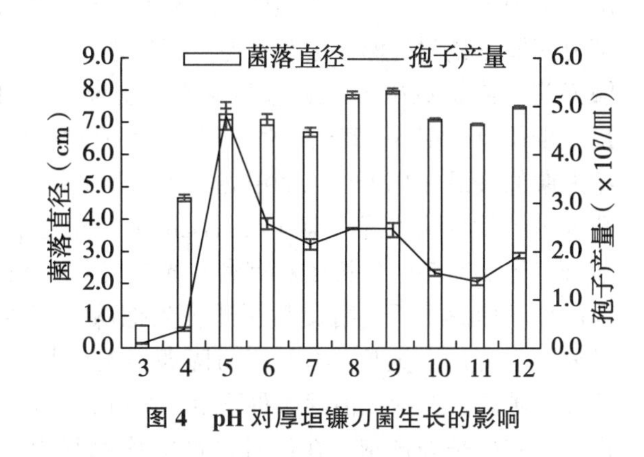

图4 pH对厚垣镰刀菌生长的影响

8~9和酸性条件更适合菌丝生长，pH值<4时，菌丝几乎未见生长；该菌在pH值在4~12均可产孢，pH值=5时产孢量最大，达4.8×10^7个。该菌适合在酸性至偏碱环境中生长。

2.5 氮源对菌丝生长速率和产孢量的影响

从图5可以看出，在各供试氮源中，该菌在以酵母浸膏、$NaNO_3$和牛肉膏为氮源的培养基上均良好生长，菌落生长致密且较快。以$NaNO_3$直径最大，为6.63cm，在NH_4Cl中生长最慢，为0.95cm；同时在$NaNO_3$中产孢最强，高达3.45×10^7个；其次为酵母浸膏，产孢量2.575×10^7个，在蛋白胨和甘氨酸不产孢。空白对照直径虽大，但菌落稀疏，产孢量低。因此，$NaNO_3$为该菌生长和产孢最适氮源。

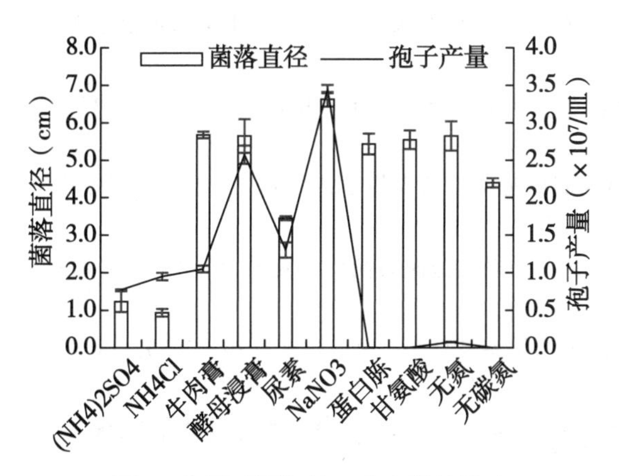

图5 氮源对厚垣镰刀菌生长的影响

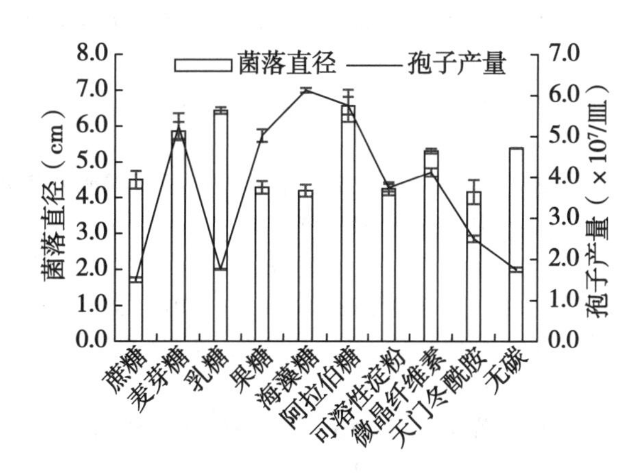

图6 碳源对厚垣镰刀菌生长的影响

2.6 碳源对菌丝生长速率和产孢量的影响

碳源对厚垣镰刀菌生长的影响见图6，各种碳源中，该菌在以乳糖及阿拉伯糖为碳源下直径最大，分别为6.44cm和6.57cm；在海藻糖和阿拉伯糖为碳源下最易产孢，产孢量分别达6.125×10^7个和5.753×10^7个，其次是果糖和麦芽糖；空白对照直径虽大，但菌落稀疏，产孢量最少。因此，阿拉伯糖最利于该菌菌丝生长及产孢。

3 结论与讨论

本文从温度、培养基、光照、pH、碳源和氮源六个方面研究了厚垣镰刀菌的生物学特性，这些特性的深入系统研究对了解该病原菌的发病规律、明确它引起的病害特点以及对其防治均具有重要的指导意义[1]。

研究结果表明，厚垣镰刀菌对温度、pH和营养条件均具有较强的适应性，其中菌丝生长温度范围为 10~40℃，适宜温度 20~30℃，产孢温度 10~35℃，最适范围 20~25℃，说明该菌比大部分病原菌稍耐高温，这与马迪[1]研究的多隔镰刀菌（*F. decemcellulare*）、杨静美[2]研究的茄病镰刀菌（*F. solani*）的最适温度基本相吻合。在 pH 值=4~12 范围内，该菌均能生长及产孢，且最适生长及产孢 pH 值=5~9；不同镰刀菌对酸碱度的适应性存在差别，朱迎迎等[3]研究的单隔镰刀菌的最适 pH 值=7，而潘龙其等[4]研究的拟枝孢镰刀菌（*F. sporotrichioides*）适应偏碱环境，孔琼等[5]发现尖孢镰刀菌（*F. oxysporum*）最适 pH 值=6.5。光照条件对该菌生长发育的影响不显著，光照对菌丝生长相对有利，光暗交替更利于产孢，光照影响对蒋继宏[6]研究的内生镰刀菌同样不敏感，而光暗交替更适合尖孢镰刀菌生长[5]，不同镰刀菌的菌丝最佳生长条件不同，马迪[1]研究的全黑暗更有利于对隔镰刀菌生长。该菌能利用阿拉伯糖糖、麦芽糖、乳糖和果糖等多种碳源，在阿拉伯糖条件下生长最好，以及牛肉膏、酵母浸膏和 $NaNO_3$ 等多种氮源，$NaNO_3$ 最利于其生长与产孢。在四种供试的培养基中，菌丝生长情况差异不大，PDA 跟有利于产孢，试验所选培养基种类有限，还可进一步扩大范围。可见，该菌具有较广的适应性，这与其他多种镰刀菌[1-6]的报道基本一致。

近年来，国槐溃疡病普遍发生，危害严重，死亡率高[7]。目前对该病害的侵染循环、致病机理等尚不清楚，仅局限于一般的病害调查、发生规律及简单防治等方面。对其致病病原菌生物学特性的系统研究将能够为其致病机理研究提供依据，有效防控该病害的发生，提高防治水平，保护园林绿化。

参考文献

[1] 马迪，王桂清．多隔镰刀菌军的生物学特性研究［C］．中国植物病理学会 2017 年学术年会论文集，2017：44-49.

[2] 杨静美，陈健，冯岩，等．番木瓜茄病镰刀菌的生物学特性研究［J］．中国热带农业，2011，38（1）：56-58.

[3] 朱迎迎，高兆银，李敏，等．火龙果镰刀菌果腐病病原菌鉴定及生物学特性研究［J］．热带作物学报，2016，37（1）：164-171.

[4] 潘龙其，张丽，杨成德，等．紫花苜蓿根腐病原菌——拟枝孢镰刀菌的鉴定及其生物学特性研究［J］．草业学报，2015，24（10）：88-98.

[5] 孔琼，王云月，朱有勇，等．香荚兰尖孢镰刀菌生物学特性［J］．西南农业学报，2015，18（1）：47-49.

[6] 蒋继宏，陈凤美，朱红梅，等．银杏内生镰刀菌 GI024 生物学特性［J］．浙江林学院学报，2004，21（3）：299-302.

[7] 徐法燕．山东聊城市城区国槐衰弱死亡原因的初步研究［J］．中国园艺文摘，2016，9：82-84.

诱导时间对禾谷镰刀菌纤维素酶和木质素酶活性的影响*

张　婧**，张素素，李良壮，王桂清***
（聊城大学农学院，聊城　252059）

摘　要：禾谷镰刀菌（*Fusarium graminearum* Schw）是小麦赤霉病主要的致病菌，细胞壁降解酶为其主要的致病因子之一。采用比色法分别测定了其在不同诱导时间纤维素酶和木质素酶两类细胞壁降解酶活性，以明确它的最适产酶时间。研究结果表明：禾谷镰刀菌酶活高峰主要集中在第3～6天和第12～15天；在同一类酶中孢内孢外酶活性具有一致性，通常孢内酶活性较高的菌种，其活性在孢外也较高。为禾谷镰刀菌纤维素和木质素在致病过程中作用研究奠定了理论基础。

关键词：细胞壁降解酶；镰刀菌；酶活性

镰刀菌（*Fusarium*）是一种重要的植物病原菌，普遍存在于土壤及动植物有机体上[1]。禾谷镰刀菌是镰刀菌属中主要的种类，易侵染多种粮食和经济作物，引起根腐、茎腐和穗（粒）腐等多种病害，造成作物减产，给世界范围内农作物生产带来严重破坏[2]。禾谷镰刀菌是致病性真菌，能在植物上寄生并完成侵染而最终致病，例如，它导致的小麦赤霉病和玉米穗腐病等[3]。细胞壁降解酶主要包括纤维素酶、半纤维素酶、果胶酶与木质素酶与，其与真菌的致病性密切相关[4-5]，为了明确诱导时间对细胞壁降解酶活性的影响，本研究以禾谷镰孢菌（*F. graminearum* Schw）为研究对象，采用比色法测定了不同诱导时间对纤维素酶和木质素酶等细胞壁降解酶活性，比较其活性大小，为深入研究禾谷镰刀菌的致病机理奠定理论基础。

1　材料与方法

1.1　供试镰刀菌及培养

供试菌种是小麦赤霉病提取的禾谷镰孢菌，采用PDA培养基培养备用。

1.2　接菌培养及粗酶提取

酵母膏液体培养基：酵母膏2.0g、葡萄糖10.0g、胰蛋白胨2.0g、天冬酰胺1.0g、磷酸氢二钾2.0g、硫酸镁1.0g、维生素$B_1$1mg，蒸馏水1 000mL。分装到3角瓶里，每瓶100mL，用高压灭菌灭菌121℃，25min，冷却。向诱导培养基酵母膏液体培养基中加入供试的菌饼，每一供试菌种培养3瓶，每瓶15片，以空白诱导培养基为对照。在摇速150r/min，(25±1)℃的恒温摇床上振荡培养7d。用布氏漏斗过滤，采用真空抽滤泵抽滤至菌丝略干，自然晾晒，菌液浓缩至10mL，菌丝与菌液，保存于-20 ℃冰箱中备用。

将3次重复处理的菌丝混合均匀，分别取0.5g各菌株菌丝体，加入0.2g石英砂，2mL 0.2mol/L的磷酸缓冲液（pH值=7.0）放入预冷研钵中，在冰浴下研磨成匀浆，另加入3mL磷

* 基金项目：国家级大学生创新创业项目（201710447079）；山东省自然科学基金（ZR2012CL17）
** 第一作者：张婧，女，植物保护专业学生；E-mail：17862515171@163.com
*** 通信作者：王桂清，女，博士，教授，主要从事植物保护的教学与科研工作

酸缓冲液冲洗研棒研钵，转入离心管，在 7 000r/min 条件下，离心 10min，取上清液即为胞内酶粗提液，4℃冰箱中保存，备用。

将 3 次重复的过滤液混合均匀，转入离心管，在 7 000r/min 条件下，离心 10min，取上清液即为胞外酶粗提液，4℃冰箱中保存，备用。

1.3 酶活测定

参照李宝聚等[6]的方法，测定了纤维素酶（羧甲基纤维素酶（Cx）、C1 酶、滤纸酶和 β-葡萄糖苷酶）的活性；参照梁勤[7]的方法，测定了木质素酶（木质素过氧化物酶、锰过氧化物酶和漆酶）的活性。

1.4 数据处理

试验结果采用 Microsoft Excel 软件进行数据处理，差异显著性分析依据 Duncan 新复极差法，由 DPS 7.05 完成。

2 结果与分析

2.1 禾谷镰刀菌纤维素酶活性的比较

2.1.1 孢外纤维素酶活性的比较

禾谷镰刀菌经酵母膏培养基培养不同时间，诱导产生的孢外纤维素酶如表 1。

表 1 不同培养时间对禾谷镰刀菌孢外纤维素酶活性的影响

取样时间	孢外纤维素酶活性（U）			
	C1 酶	Cx 酶	β-葡萄糖酶	滤纸酶
3d	278.913 1±2.892 6Cd	282.976 4±0.000 0Cc	125.738 9±1.825 6Ef	242.741 9±8.272 1Dd
6d	305.397 5±3.103 4Bc	243.794 1±7.639 8Dd	274.051 6±1.543 1Bb	320.090 9±2.747 0Cc
9d	380.859 9±3.312 6Ab	340.117 4±9.578 0Bb	180.739 4±8.139 3De	216.366 4±4.384 8Ee
12d	206.752 2±3.185 0Ef	288.164 5±4.628 4Cc	264.147 1±5.860 2Bc	344.108 2±5.592 7Bb
15d	388.369 8±6.430 2Aa	396.786 8±2.497 0Aa	300.318 3±1.548 2Aa	375.055 1±4.157 3Aa
18d	258.668 9±5.759 6De	249.598 9±8.217 5Dd	194.489 5±1.913 2Cd	243.032 2±0.108 9Dd

由表 1 得出，供试病原菌在供试时间内产生的孢外纤维素酶活性存在极显著差异。绝大多数病原菌在供试时间内会出现两个高峰，个别供试病原菌只出现一个高峰，且高峰出现的时间不同。C1 酶活性范围为 200~350U，第 9 天为第一个高峰，酶活最高，为 380.859 9U，第 15 天为第二个高峰，酶活为 388.369 8U；第一个高峰略低于第二个，比值为 0.98。Cx 酶活性范围为 200~400U，第 9 天为第一个高峰，酶活最高，为 340.117 4U，第 15 天为第二个高峰，酶活为 396.786 8U；第二个高峰略低于第一个，比值为 0.86。β-葡萄糖酶活性范围为 100~300U，第 6 天为第一个高峰，为 274.051 6U，第 15 天为第二个高峰，酶活为 300.318 3U，第二个高峰略低于第一个，比值为 0.91。滤纸酶活性范围为 200~400U，第 6 天为第一个高峰，为 320.090 9U，第 15 天为第二个高峰，酶活为 375.055 1U，第一个高峰略低于第二个，比值为 0.85。

2.1.2 孢内纤维素酶活性的比较

禾谷镰刀菌经酵母膏培养基培养不同时间，诱导产生的孢内纤维素酶如表 2。规律同孢外酶活性。C1 酶活性范围为 50~200U，第 3 天位第一个高峰，酶活最高，为 177.981 2U，第 15 天为第二个高峰，酶活为 151.788 0U；第一个高峰略高于第二个，比值为 1.17。Cx 酶活性范围为 50~200U，第 6 天为第一个高峰，酶活最高，为 196.847 7U，第 12 天为第二个高峰，酶活为 216.874 3U；第二个高峰略低于第一个，比值为 0.91。β-葡萄糖酶活性范围为 0~100U，第 3 天为第一个高峰，为 69.033 3U，酶活最高，只有一个高峰。滤纸酶活性范围为 0~200U，第 12 天为第一个高峰，为 178.889 1U，酶活最高，第 18 天为第二个高峰，酶活为 132.015 4U，第一个高峰略高于第二个，比值为 1.36。

表 2 不同培养时间对禾谷镰刀菌孢外纤维素酶活性的影响

取样时间	孢内纤维素酶活性（U）			
	C1 酶	Cx 酶	β-葡萄糖酶	滤纸酶
3d	177.982 1±3.094 4Aa	69.795 2±2.340 3Ee	69.033 3±3.554 1Aa	94.647 0±0.802 3Cc
6d	114.564 7±1.193 9Dd	196.847 7±2.453 9Bb	31.447 2±2.185 0Bb	19.253 5±0.544 2Ee
9d	129.294 4±3.756 2Cc	46.467 1±3.313 8Ff	11.602 0±0.273 9De	42.149 8±2.913 0Dd
12d	74.366 4±6.064 2Ee	216.874 3±3.968 3Aa	19.112 0±1.198 9Cc	178.889 1±11.890 1Aa
15d	151.788±2.762 8Bb	100.270 4±1.028 7Dd	15.484 0±0.166 2CDd	47.628 1±3.229 3Dd
18d	110.319 9±0.824 1Dd	141.411 9±4.409 5Cc	12.509 0±0.108 9Dde	132.015 4±6.542 2Bb

2.2 禾谷镰刀菌木质素酶活性的比较

2.2.1 孢外木质素酶活性的比较

禾谷镰刀菌经酵母膏培养基培养不同时间，诱导产生的孢外木质素酶如表 3。

表 3 不同培养时间对禾谷镰刀菌孢外木质素酶活性的影响

取样时间	孢外木质素酶活性（U）		
	漆酶活	木质素过氧化物酶	锰过氧化物酶
3d	0.033 8±0.002 9Ff	0.088 0±0.001 0Cc	0.597 9±0.002 1Aa
6d	0.195 8±0.008 7Cc	0.124 3±0.001 5Bb	0.176 4±0.006 4Ff
9d	0.257 9±0.004 9Bb	0.029 3±0.001 5Ee	0.332 6±0.004 8Bb
12d	0.146 8±0.003 5Dd	0.089 3±0.001 5Cc	0.309 7±0.004 3Cc
15d	0.072 2±0.002 8Ee	0.148 3±0.003 1Aa	0.203 5±0.003 2Ee
18d	0.274 1±0.002 9Aa	0.047 3±0.002 1Dd	0.261 1±0.002 4Dd

由表 3 得出，供试病原菌在供试时间内产生的孢外木质素酶活性存在极显著差异。绝大多数病原菌在供试时间内会出现两个高峰，个别供试病原菌只出现一个高峰，且高峰出现的时间不同。漆酶活性范围为 0~0.5U，第 9 天为第一个高峰，为 0.257 9U，第 18 天为第二个高峰，酶活为 0.274 1U，第一个高峰略低于第二个，两者比值为 0.94。木质素过氧化物酶活性范围为 0~0.15U，第 6 天为第一个高峰，为 0.124 3U，第 15 天为第二个高峰，酶活为 0.148 3U，酶活最高，第一个高峰略低于第二个，比值为 0.84。锰过氧化物酶活性范围为 0~0.6U，第 3 天为第一个高峰，为 0.597 7U，酶活最高，第 12 天为第二个高峰，酶活为 0.332 6U，两个高峰的酶活比值为 1.80。

2.2.2 孢内木质素酶活性的比较

禾谷镰刀菌经酵母膏培养基培养不同时间，诱导产生孢内木质素酶如表 4。漆酶活性范围为 0~1.5U，第 9 天为第一个高峰，为 0.706 0U，第 18 天为第二个高峰，酶活为 0.131 9U，第一个高峰略低于第二个，比值为 5.35。木质素过氧化物酶活性范围为 0~0.5U，第 12 天为第一个高峰，为 0.439 0U，第 18 天为第二个高峰，酶活为 0.737 7U，第一个高峰明显低于第二个，比值为 0.60。锰过氧化物酶活性范围为 0~2U，第 9 天为第一个高峰，为 1.702 8U，酶活最高，第 18 天为第二个高峰，酶活为 0.335 4U，第一个高峰明显高于第二个，比值为 5.08。

表 4　不同培养时间对禾谷镰刀菌孢内木质素酶活性的影响

取样时间	孢内木质素酶活性（U）		
	漆酶	木质素过氧化物酶	锰过氧化物酶
3d	0.445 9±0.007 4Dd	0.116 7±0.008 3Ee	0.070 1±0.007 3Ee
6d	0.362 9±0.018 1Ee	0.125 0±0.008 5Ee	0.091 0±0.003 2Dd
9d	0.706 0±0.012 5Bb	0.142 3±0.016 5Dd	1.702 8±0.012 7Aa
12d	0.645 4±0.018 5Cc	0.439 0±0.011 1Bb	0.086 1±0.004 3Dd
15d	0.380 6±0.034 1Ee	0.270 3±0.008 1Cc	0.161 1±0.009 9Cc
18d	1.131 9±0.015 4Aa	0.737 7±0.008 1Aa	0.335 4±0.007 5Bb

3　结论与讨论

供试镰刀菌在供试时间内纤维素酶活性存在显著差异，病原菌在供试时间内会出现两个高峰，个别供试病原菌只出现一个高峰，且高峰出现的时间不同。禾谷镰刀菌诱导产生的孢内孢外β-葡萄糖苷酶、Cx 酶、C1 酶和滤纸酶多数都会在诱导第 3~6 天出现第一次高峰，在第 12 ~15 天出现第二个高峰；漆酶、木素过氧化物酶和锰过氧化物酶活性，多数也都会在诱导第 3 ~6 天出现第一次高峰，在第 12d~15 天出现第二个高峰。说明诱导时间影响酶活性。不同菌不同酶的最适培养时间不同，这与李朋朋等[8]对玉米鞘腐病菌产生的胞壁降解酶及其在致病过程中的作用的研究结果大致一致：层出镰刀菌、串珠镰刀菌和禾谷镰刀菌在改良 Marcus 培养液中产生胞壁降解酶的最佳条件均为静置培养，最佳培养时间和 pH 值分别 Cx 为 10d、pH 值=6，PG 为 6d、pH 值=6，PMG 为 6d、pH 值=5，PGTE 和 PMTIE 均为 6d、pH 值=9；程波财等[9]在抑制镰刀菌及降解两种真菌毒素的益生菌筛选和机理的研究表明禾谷镰刀霉（*Fusarium graminearum*）是谷物中最为常见的镰刀菌，他利用禾谷镰刀菌作为指示菌株，进行了孢子萌芽、菌丝体生长抑制试验以及相关的机理研究发现：发酵乳杆菌和卷曲乳杆菌上清液能不同程度地抑制禾谷和尖孢镰刀菌孢子萌芽及菌丝体生长，但这种抑制作用随时间的延长而逐渐丧失，也与时间有密切关系。

参考文献

[1] 丛丽丽，康俊梅，张铁军，等．苜蓿镰刀菌根腐病病原菌的分离鉴定与致病性分析［J］．草地学报，2017，25（04）：857-865.

[2] 苏培森，王彪，王宏伟，等．禾谷镰刀菌对二穗短柄草的致病性及侵染过程［J］．山东农业大学学报（自然科学版），2017，48（03）：379-383.

[3] 杜宾，张占英，李文青．浅析致病性镰刀菌的生物防治方法［J］．湖北植保，2018（01）：50-52.

[4] 边小荣，师桂英，梁巧兰，等．兰州百合枯萎病病原菌的分离鉴定与致病性测定［J］．甘肃农业大学学报，2016，51（04）：58-64.

[5] 董章勇，罗梅，向梅梅．茄科尖孢镰刀菌 3 个专化型细胞壁降解酶的比较［J］．广东农业科学，2017，44（05）：112-117.

[6] 李宝聚，周长力，赵奎华，等．黄瓜黑星病菌致病机理的研究Ⅱ［J］，植物病理学报，2001，30（01）：17-18.

[7] 梁勤．我国银耳种质资源遗传多样性及木质素、纤维素酶活测定［D］. 雅安：四川农业大学硕士学位论文，2014：33-35.
[8] 李朋朋．玉米鞘腐病菌产生的胞壁降解酶及其在致病过程中的作用［D］. 保定：河北农业大学硕士学位论文，2012.
[9] 程波财．抑制镰刀菌及降解两种真菌毒素的益生菌筛选和机理研究［D］. 长沙：中南大学硕士学位论文，2010.

小麦赤霉病菌致病酶活性研究*

张素素**，张　婧，王　鑫，孙成成，李良壮，王桂清***
（聊城大学农学院，聊城　252059）

摘　要：病原菌在侵染过程中产生的致病酶系对其致病具有非常重要的作用，其中最主要的是细胞壁降解酶。为了明确小麦赤霉病致病菌禾谷镰孢菌（*Fusarium graminearum*）的致病性，本研究采用分光光度法，以禾谷镰孢菌为靶标菌，以砖红镰孢菌（*F. lateritium*）为对照菌，测定了其细胞壁降解酶活性。结果表明：禾谷镰孢菌在致病过程中可以产生纤维素酶、果胶酶、木质素酶、蛋白酶等细胞壁降解酶，其中纤维素酶以 Cx 为主，孢外酶活性为 111.734 8U，木质素酶以漆酶为主，孢外酶活性为 0.311 4U；与砖红镰孢菌比较，禾谷镰孢菌细胞壁降解酶的活性较弱，说明不同镰刀菌其分泌产生细胞壁降解酶的能力不同。该研究为进一步系统探究禾谷镰孢菌的致病机理奠定了理论基础。

关键词：禾谷镰孢菌；纤维素酶；果胶酶；木质素酶；蛋白酶

禾谷镰孢菌能侵染小麦、大麦、水稻、燕麦等禾谷类作物的穗、茎、茎基部和根等部位，引起穗腐、茎腐、茎基腐和根腐病等病害，也能侵染其他植物[1]。砖红镰孢菌是国槐溃疡病的主要致病菌，具有广泛的寄主范围，可导致多种树木、经济作物的萎焉、顶枯和溃疡等[2]。植物细胞壁的主要成分包括纤维素、果胶、木质素与半纤维素，大部分为多糖成分。细胞壁降解酶可以降解寄主植物的细胞壁和角质层等，有利于病原真菌的侵入、定殖与扩展[3]。本研究明确了禾谷镰孢菌分泌产生细胞壁降解酶的能力，为进一步系统研究禾谷镰孢菌的致病机理奠定了理论基础。

1　材料与方法

1.1　供试菌种及培养

供试菌种包括：从小麦赤霉病中分离的禾谷镰孢菌（*Fusarium graminearum* Schw），从国槐溃疡病中分离的砖红镰孢菌（*Fusarium lateritium*）。2 种镰刀菌均采用 PDA 培养基在（25±1）℃培养箱中培养 7d，备用。

1.2　接菌及培养

诱导培养基为酵母膏液体诱导培养基（酵母膏 2.0g、葡萄糖 10.0g、胰蛋白胨 2.0g、天冬酰胺 1.0g、磷酸氢二钾 2.0g、硫酸镁 1.0g、维生素 B_1 1mg，蒸馏水 1 000mL）。分装到三角瓶里，每瓶 100mL，用高压 121 ℃灭菌 25min，冷却，用于细胞壁降解酶的诱导培养。

向诱导培养基中加入供试的菌饼，每一供试菌种培养三瓶，每瓶 15 片，以空白诱导培养基为对照。在摇速 150r/min，（25±1）℃的恒温摇床上振荡培养 7d。用布氏漏斗过滤，采用真空抽滤泵抽滤至菌丝略干，自然晾晒，菌液浓缩至 10mL，菌丝与菌液保存于－20℃冰箱中

* 基金项目：国家级大学生创新创业项目（201710447100）；山东省自然科学基金（ZR2012CL17）
** 第一作者：张素素，女，植物保护专业学生；E-mail：zhangsusu0601@163.com
*** 通信作者：王桂清，女，博士，教授，主要从事植物保护的教学与科研工作

备用。

1.3　粗酶的提取

胞内酶提取：将3次重复处理的菌丝混合均匀，分别取0.5g各菌株菌丝体，加入0.2g石英砂，2mL 0.2mol/L的磷酸缓冲液（pH值=7.0）放入预冷研钵中，在冰浴下研磨成匀浆，另加入3mL磷酸缓冲液冲洗研棒研钵，转入离心管，在7 000r/min条件下，离心10min，取上清液即为胞内酶粗提液，4℃冰箱中保存，备用。

胞外酶提取：将3次重复的过滤液混合均匀，转入离心管，在7 000r/min条件下，离心10min，取上清液即为胞外酶粗提液，4℃冰箱中保存，备用。

1.4　细胞壁降解酶活性测定

参照王桂清[4]方法测定1，2-β-D葡聚糖酶（C1酶）、羧甲基纤维素酶（Cx酶）、滤纸酶、β-葡萄糖苷酶活力；参照王敬文[5]方法测定果胶甲基半乳糖醛酸酶（PMG）、果胶总酶的酶活力；参照魏贤勇[6]方法测定漆酶、锰过氧化物酶（Mnps）、木质素过氧化物酶（Lips）的酶活力；参照温云平[7]方法测定蛋白酶活力。

1.5　数据处理

试验结果采用Microsoft Excel软件进行数据处理，差异显著性分析依据Duncan新复极差法，由DPS 7.05完成。

2　结果与分析

2.1　纤维素酶活性分析

采用比色法测定了2种镰孢菌的4种纤维素酶活性，结果见表1。同一供试菌种在同一类酶中胞内胞外酶活性具有一致性，通常胞内酶活性较高的菌种，其活性在胞外也较高。除砖红镰孢菌分泌的胞内C1酶活性略低于禾谷镰孢菌外，其他的Cx酶、滤纸酶、β-葡萄糖苷酶胞内和胞外酶活性都显著高于禾谷镰孢菌，其中，砖红镰孢菌胞内产生的C1酶活性是禾谷镰孢菌的0.83倍，Cx酶活性是其4.37倍，滤纸酶活性是其4.74倍，β-葡萄糖苷酶活性是其1.80倍；砖红镰孢菌胞外产生的C1酶活性是禾谷镰孢菌的13.21倍，Cx酶活性是其5.50倍，滤纸酶活性是其4.58倍，β-葡萄糖苷酶活性是其8.13倍。

表1　不同镰孢菌的纤维素酶活性

不同菌种		纤维素酶活性（U）			
		C1酶	Cx酶	滤纸酶	β-葡萄糖苷酶
胞内	禾谷镰孢菌	184.984 2±7.923 9	82.856 0±4.650 1	40.081 8±3.229 3	18.640 3±0.439 9
	砖红镰孢菌	153.710 8±3.291 1	363.264 1±26.266 6	189.446 6±6.380 2	33.551 4±1.352 1
胞外	禾谷镰孢菌	28.000 6±1.005 5	111.734 8±4.408 2	83.400 2±0.699 8	28.943 9±1.625 4
	砖红镰孢菌	369.794 5±1.194 0	613.886 3±43.354	382.311 1±14.174 9	235.123 1±11.495 1

2.2　果胶酶活性分析

2种镰孢菌的2种果胶酶活性的结果见表2。砖红镰孢菌分泌的胞内酶活性显著高于禾谷镰孢菌，其中，砖红镰孢菌胞内产生的PMG酶活性是禾谷镰孢菌的2.72倍，果胶总酶活性是其4.18倍。砖红镰孢菌分泌的胞外酶活性显著低于禾谷镰孢菌分泌的胞外酶活性，其中，砖红镰孢菌胞外产生的PMG酶活性是禾谷镰孢菌的0.44倍，果胶总酶活性是其0.80倍。胞内砖红镰孢菌酶活高，胞外禾谷镰孢菌酶活高，也说明了胞内胞外存在差异性。

表 2　不同镰孢菌果胶酶活性

不同菌种		果胶酶活性（U）	
		PMG 酶	果胶总酶
胞内	禾谷镰孢菌	1. 767 6±0. 145 9	2. 782 6±0. 014 6
	砖红镰孢菌	4. 817 3±0. 233 3	11. 630 6±0. 470 8
胞外	禾谷镰孢菌	7. 828 2±0. 449 1	8. 187 5±0. 431 2
	砖红镰孢菌	3. 447 9±0. 646 5	6. 560 7±0. 437 6

2. 3　木质素酶活性分析

2 种镰孢菌的 3 种木质素酶活性结果见表 3。同一供试菌种在同一类酶中胞内胞外酶活性具有一致性，通常胞内酶活性较高的菌种，其活性在胞外也较高。其中，砖红镰孢菌胞内产生的漆酶活性是禾谷镰孢菌的 5. 00 倍，锰过氧化物酶活性是禾谷镰孢菌的 2. 27 倍，木质素过氧化物酶活性是禾谷镰孢菌的 1. 10 倍；砖红镰孢菌胞外产生的漆酶活性是禾谷镰孢菌的 2. 19 倍，锰过氧化物酶活性是禾谷镰孢菌的 3. 64 倍，木质素过氧化物酶活性是禾谷镰孢菌的 4. 48 倍。

表 3　不同镰孢菌木质素酶活性

不同菌种		木质素酶活性（U）		
		漆酶	锰过氧化物酶	木质素过氧化物酶
胞内	禾谷镰孢菌	0. 583 9±0. 008 4	0. 089 8±0. 008 7	0. 066 5±0. 005 0
	砖红镰孢菌	2. 921 0±0. 166 6	0. 204 6±0. 011 5	0. 072 2±0. 003 3
胞外	禾谷镰孢菌	0. 311 4±0. 011 0De	0. 059 3±0. 004 2Gg	0. 043 1±0. 002 8Ef
	砖红镰孢菌	0. 681 7±0. 027 2Bbc	0. 215 7±0. 011 5Cc	0. 192 9±0. 017 4Aa

2. 4　蛋白酶活性分析

2 种镰孢菌的蛋白酶活性不同，砖红镰孢菌胞内产生的蛋白酶活性（163. 008 3±20. 229 0U）是禾谷镰孢菌（51. 308 3±1. 638 3U）的 3. 18 倍，砖红镰孢菌胞外产生的蛋白酶（450. 866 7±22. 594 6U）活性是禾谷镰孢菌（224. 766 7±21. 357 3U）2. 00 倍。

3　结论与讨论

禾谷镰孢菌在致病过程中可以产生纤维素酶、果胶酶、木质素酶、蛋白酶等细胞壁降解酶，其中纤维素酶以 Cx 为主，孢外酶活性为 111. 734 8U，木质素酶以漆酶为主，孢外酶活性为 0. 311 4U；禾谷镰孢菌和砖红镰孢菌产生的细胞壁降解酶的活性差异明显，砖红镰孢菌在木质素酶、纤维素酶、果胶酶、蛋白酶四大酶类中都表现出了较高活性。利用细胞壁降解酶是镰刀菌侵染寄主的主要手段之一，不同种类的镰刀菌在致病过程中起主要作用的降解酶种类有所不同。岳换弟等[8]以山西省黄芪根腐病的优势病原菌锐顶镰刀菌、腐皮镰刀菌和尖孢镰刀菌为研究对象，对其活体外诱导培养产生的主要细胞壁降解酶及其变化规律进行了比较，结果表明：不同的致病菌产生各种酶的活性大小和变化趋势具有明显差异，但也存在一定规律。

同一供试菌种在同一类酶中胞内胞外酶活性具有一致性，通常胞内酶活性较高的菌种，其活性在胞外也较高。菌种在细胞内合成细胞壁降解酶分泌到细胞外，作用于植物细胞壁组织中，因此胞内胞外酶活性具有一致性[9-10]，砖红镰孢菌纤维素酶活性在胞内胞外都是较高与之一致。胞外禾谷镰孢菌和砖红镰孢菌纤维素酶活力较胞内各菌株之间酶活力差异明显，说明其致病作用主要取决于分泌到胞外的纤维素酶，也说明了胞内胞外存在差异性。

真菌细胞壁降解酶与真菌的致病性密切相关。在植物病原真菌与寄主的识别过程中，病原真菌分泌的细胞壁降解酶可以降解寄主植物的细壁和角质层等，这有利于病原真菌的侵入、定殖与扩展。王超男[12]为了明确引起葡萄酸腐病菌的致病机制，对一株强致病性菌株 sf-19 进行细胞壁降解酶及其致病作用的研究，结果表明 sf-19 产生的细胞壁降解酶是引起果实腐烂的重要原因之一，且符合其不能直接侵入的特性。

参考文献

[1] 李伟，胡迎春，陈莹，等．长江流域禾谷镰孢菌群部分菌株系统发育学、产毒素化学型及致病力研究[J]．菌物学报，2010，29（1）：51-58.

[2] 曾莉莎．华南地区果树镰孢菌属真菌的种类鉴定及香蕉上镰孢菌的多样性分析[D]．广州：华南农业大学硕士学位论文，2011.

[3] 张大智，詹儒林，柳凤，等．杧果细菌性角斑病菌细胞壁降解酶的致病作用[J]．果树学报，2016，33（05）：585-593.

[4] 王桂清，孙华．活体条件下辽细辛精油对灰葡萄孢菌细胞壁降解酶活性的影响[J]．沈阳农业大学学报，2009，40（4）：426-430.

[5] 王敬文．普通油茶炭疽病菌体内外产生的果胶酶[J]．林业科技通讯，1986，(5)：17-20.

[6] 魏贤勇，宗志敏．木质素的结构研究与应用[J]．化学进展，2013，25（5）：838-858.

[7] 温云平．江淮流域禾谷镰刀菌基因型分析及其产碱性蛋白酶研究[D]．南京：南京师范大学硕士学位论文，2006.

[8] 岳换弟，秦雪梅，王梦亮，等．活体外黄芪根腐病菌细胞壁降解酶产生能力比较[J]．湖北农业科学，2017，56（22）：4328-4333.

[9] 董章勇，王振中．植物病原真菌细胞壁降解酶的研究进展[J]．湖北农业科学，2012，（21）：4697-470.

[10] 姜雪，翟羽红，鄢洪海，等．不同抗性种质资源对玉米弯孢霉叶斑病菌产生的细胞壁降解酶活性的影响[J]．植物病理学报，2010，40（3）：325-328.

[11] 王超男，李兴红，张夏兰，等．葡萄酸腐病菌 sf-19 细胞壁降解酶活性及其致病作用[J]．北京农学院学报，2016，31（1）：33-37.

芸薹生链格孢 Zn_2Cys_6 转录因子基因 Ab06986 的功能研究*

张　敏，卢　凯，杨　然，张　敏，国钦君，徐后娟**

（山东农业大学植物保护学院，泰安　271018）

摘　要：十字花科蔬菜黑斑病是由链格孢引起的世界性真菌病害，从 20 世纪 90 年代开始，该种病害在我国北方发生严重，至今仍对十字花科蔬菜的生产存在较大威胁。芸薹生链格孢（*Alternaria brassicicola*）为该病害主要病原之一。锌指蛋白中的 Zn_2Cys_6 是真菌中特有的一类转录因子，调控真菌的多种生理过程，包括真菌的生长、产孢和侵染寄主的过程。该类转录因子在芸薹生链格孢菌种中尚未被系统的研究。本研究以芸薹生链格孢一个 Zn_2Cys_6 转录因子基 Ab06986 为研究对象，通过基因缺失突变的方法，对其参与调控的生理过程进行了研究。结果显示，Ab06986 基因参与调控芸薹生链格孢的菌丝生长和孢子形成，突变体菌落中央呈浅黄色，菌落边缘呈米白色，菌丝多为埋生菌丝，无分生孢子层，镜检无分生孢子，而野生菌中央深绿，四周灰绿色，气生菌丝很少，表层覆盖厚厚的分生孢子层；在 MM 培养基上突变体生长速度与野生型相比明显减小；但在 PDA 培养基上，二者无明显差异。Ab06986 基因还参与调控芸薹生链格孢的致病性，突变体致病性明显低于野生菌。

关键词：芸薹生链格孢；锌指蛋白；基因功能

---

* 基金项目：山东省现代农业产业技术体系创新团队（SDAIT-25-07）；国家自然科学基金（No. 31301858）和山东省自然基金（No. 81673542 和 ZR2015CL006）

** 通信作者：徐后娟，女，副教授，主要从事植物病原真菌致病分子机理研究；E-mail：xhjuan@ sdau. edu. cn

我国玉米大斑病菌生理小种鉴定与动态分析*

马周杰**，王禹博，陈秋应，何世道，高增贵***
（沈阳农业大学植物保护学院，沈阳 110866）

摘 要：玉米大斑病是由凸脐蠕孢菌（*Setosphaeria turcica*）侵染引起的一种世界性病害，在我国主要分布在北方和高海拔山区等冷凉玉米种植区，严重影响玉米产量。为确定我国玉米大斑病菌的生理小种变化及种群变化动态，了解每年造成玉米大斑病加重的因素，采用常规鉴别寄主技术，对2017年采自辽宁、吉林、黑龙江、山西、陕西、安徽、甘肃、河北、河南、云南、内蒙古、山东、四川等13个省份54个地区139个玉米大斑病菌菌株的生理小种进行了鉴定；利用毒力频率法分析玉米大斑病菌的生理分化以及它在中国的分布规律，并且结合已有的研究结果，分析了近年来中国玉米大斑病菌生理小种的变化趋势。本研鉴定出0，1，2，3，12，13，23，N，1N，2N，3N，12N，23N，123N共14个生理小种，其中0号小种和1号小种为玉米大斑病菌生理小种的优势小种，但生理小种总体还是趋于多元化，由于玉米大斑病菌生理分化明显，呈现复杂化，所以不断有新小种出现。在需要鉴定的139个菌株中，Ht1抗性基因毒性频率最高为34.53%；Ht2抗性基因毒性频率最低为13.67%；而对HtN和Ht3抗性基因的毒性频率分别为23.74%和31.65%。在中国大部分玉米产区中Ht1和Ht3抗性基因均有不同程度的抗性“丧失”。玉米大斑病发生的重要原因是玉米大斑病菌新小种出现了除0号和1号小种以外的其他生理小种，其出现频率的升高造成玉米品种抗性的“丧失”。

关键词：玉米大斑病；凸脐蠕孢菌；生理小种；毒性频率

---

* 基金项目：国家重点研发项目（2017YFD0300704，2016YFD0300704）
** 第一作者：马周杰，博士研究生，主要从事玉米病害研究
*** 通信作者：高增贵，研究员，博士生导师；E-mail：gaozenggui@ sina. com

小麦条锈菌效应蛋白 Ps23959 的靶标筛选及其功能分析*

褚秀玲，杨　倩，康振生，郭　军**

（西北农林科技大学植物保护学院/旱区作物逆境生物学国家重点实验室，杨凌　712100）

摘　要：小麦条锈菌是由条形柄锈菌小麦专化型（*Puccinia striiformis* f. sp. *tritici*）引起的在世界范围内严重危害小麦生产的真菌病害。因其毒性变异频繁，使得现有的小麦品种抗病性减弱甚至丧失。因此，对小麦条锈菌致病机理的研究，尤其对毒性因子——效应蛋白致病机理的深入研究，将为小麦条锈病的防控提供有力的理论依据。前期通过生物信息学分析、信号肽分泌实验及酵母双杂交技术发现，Ps23959 是小麦条锈菌分泌的效应蛋白，且靶向小麦 NADH 脱氢酶亚基Ⅰ。本研究中，应用双分子荧光互补和 Pull-down 技术，进一步验证了小麦条锈菌效应蛋白 Ps23959 与小麦 NADH 脱氢酶亚基Ⅰ存在互作关系；烟草亚细胞定位发现，小麦 NADH 脱氢酶亚基Ⅰ定位于烟草细胞的线粒体中；通过 qRT-PCR 分析其在小麦与条锈菌的非亲和互作中的表达情况，发现该基因受小麦条锈菌诱导表达；在小麦与条锈菌的非亲和互作中，瞬时沉默小麦 NADH 脱氢酶亚基Ⅰ导致小麦的活性氧积累面积降低、条锈菌菌丝长度及菌丝面积增加，并且在侵染后期有产孢现象。因此，本实验表明小麦 NADH 脱氢酶亚基Ⅰ参与寄主的抗病过程，起到正调控作用。

关键词：小麦条锈菌；TaNADH 脱氢酶亚基Ⅰ；烟草亚细胞定位；VIGS

---

* 基金项目：国家重点基础研究发展计划（No. 2013CB127700）；国家自然科学基金资助项目（No. 31371889，No. 31171795）

** 通信作者：郭军；教授，植物免疫；E-mail：guojunwgq@nwsuaf. edu. cn

禾谷镰刀菌 *FgCot1* 基因在菌丝极性生长中的调控作用研究*

李程亮[1**]，王晨芳[1***]，许金荣[1,2***]
（1. 西农-普度大学联合研究中心/旱区作物逆境生物学国家重点实验室/西北农林科技大学植物保护学院，杨凌　712100；2. 美国普渡大学植物及植物病理系，印第安纳州　IN47907）

摘　要：小麦赤霉病是一种重要的农作物真菌病害，由禾谷镰刀菌引起。该病害不仅造成小麦减产，还会在染病小麦籽粒中积累真菌毒素，严重威胁人畜健康。蛋白激酶在真核生物中普遍存在，实验室对禾谷镰刀菌的激酶进行了系统的鉴定，并初步分析了它们的功能。其中 COT1 作为 NDR 激酶的重要成员，可能与菌丝极性生长有关。本研究在前期获得的 *cot*1 基因敲除突变体的基础上，进一步对 *cot*1 突变体进行表型分析。我们发现 *cot*1 突变体相比野生型菌落生长严重滞缓，产孢量严重降低，致病力下降显著，表明 COT1 在禾谷镰刀菌生长发育和侵染过程中均发挥了重要的调控作用。有意思的是，研究发现 *cot*1 缺失突变体生长不稳定，容易产生角变子从而部分恢复突变体的生长缺陷。通过对三个角变子（S1，S59，S62）进行全基因组重测序，发现了 S1 在 FgFst11 发生缺失突变，S59 在 FgFst7 发生点突变，S62 在 Fst12 上发生缺失突变，而 Fst11，Fst7 以及 Fst12 均为 Gpmk1 MAPK 通路成员。另外对其他角变子中的 Fst11，Fst7 和 Fst12 进行测序，发现在 Fst11 发生突变的角变子较多，且多为缺失突变。进一步对 *FST*11 和 *COT*1 进行双敲，发现双敲突变体的生长速率较 *cot*1 突变体有所回复。研究结果初步揭示了 Cot1 与 Gpmk1 信号通路之间的关系，为进一步探究 Cot1 激酶的调控机制提供了参考。

关键词：禾谷镰刀菌；COT1；NDR 激酶；角变

---

* 基金项目：973 计划子课题（2013CB127702）

** 第一作者：李程亮，男，硕士研究生

*** 通信作者：王晨芳，研究员，主要从事小麦赤霉病研究；E-mail：wangchenfang@ nwsuaf. edu. cn
许金荣，国家千人计划特聘教授，主要从事病原真菌功能基因组学研究；E-mail：jinrong@ purdue. edu

禾谷镰刀菌糖原合成酶激酶 Fgk3 在发育和致病过程中的调控机制[*]

倪亚甲[1**]，江　聪[1]，王晨芳，许金荣[2]，刘慧泉[1***]

（1. 西农-普度大学联合研究中心/旱区作物逆境生物学国家重点实验室/西北农林科技大学植物保护学院，杨凌　712100；2. 美国普渡大学植物及植物病理系，印第安纳州　IN47907）

摘　要：禾谷镰刀菌（*Fusarium graminearum*）引起的小麦赤霉病（Fusarium head blight，FHB）是一种世界性的麦类病害，研究病原菌生长发育和致病的调控机理可为发展新的病害防控策略提供理论依据。实验室前期研究发现糖原合成酶激酶 Fgk3 是禾谷镰刀菌的重要致病因子，*FGK*3 基因缺失后突变体不致病，不产生 DON 毒素。此外，该基因突变体在菌丝生长、分生孢子产生、有性生殖和胁迫反应方面均表现出严重缺陷。虽然当时已经明确 Fgk3 在禾谷镰刀菌发育和致病中具有重要调控作用，但其调控的分子机制尚不清楚。

本研究在对 *fgk*3 缺失突变体培养过程中发现该突变体生长不稳定，易形成生长加快的角变子。角变子很可能是由于与 *FGK*3 功能有关的基因突变导致生长部分恢复所产生，因此从 Δ*fgk*3 的角变子出发，鉴定角变子中发生突变的基因，研究这些基因与 *FGK*3 之间的关系有望揭示 *FGK*3 调控禾谷镰刀菌发育和致病的分子机制。我们共收集到 39 个角变子，依生长速率分为三类，每类中选取 4~5 个进行了全基因组测序，通过生物信息学分析鉴定出了每个测序角变子中突变的基因。研究发现多个角变子均在几丁质合成酶基因 *CHS*6 上发生了提前终止突变。为了验证 *CHS*6 基因缺失能够部分恢复 Δ*fgk*3 突变体的生长，我们通过基因敲除的方法获得了 Δ*fgk*3Δ*csh*6 双敲突变体菌株，经过菌落形态观察和生长速率测定发现 Δ*fgk*3Δ*csh*6 双敲突变体与角变子类似，能部分恢复 Δ*fgk*3 突变体的生长，表明 *FGK*3 与 *CHS*6 基因存在遗传上的互作。目前正在进一步分析 *CHS*6 基因和 *FGK*3 之间的互作关系及其各自的调控网络。

关键词：禾谷镰刀菌；蛋白激酶；自发突变

---

* 基金项目：西北农林科技大学“青年卓越人才”培育计划

** 第一作者：倪亚甲，硕士研究生；E-mail：niyajia117@163.com

*** 通信作者：刘慧泉，研究员；E-mail：liuhuiquan@nwsuaf.edu.cn

禾谷镰刀菌 Cdc2A 和 Cdc2B 激酶在有性发育中功能差异的分子机制*

宋真真[1**]，江　聪[1]，王晨芳[1]，许金荣[2]，刘慧泉[1***]

（1. 西农-普度大学联合研究中心/旱区作物逆境生物学国家重点实验室/西北农林科技大学植物保护学院，杨凌　712100；2. 美国普渡大学植物及植物病理系，印第安纳州　IN47907）

摘　要：禾谷镰刀菌引起的赤霉病是影响小麦产量和品质最严重的病害之一，其子囊孢子是该病害的初侵染源，有性生殖在侵染循环中起着至关重要的作用，阐明该病原菌调控有性生殖过程的分子机制对制定和发展有效病害防控策略至关重要。细胞周期蛋白依赖性蛋白激酶 Cdc2 是细胞周期的主要调控因子，实验室前期研究发现，禾谷镰刀菌中有两个 *CDC2* 同源基因（*CDC2A* 和 *CDC2B*），但只有 *CDC2A* 与有性生殖相关。为进一步鉴定导致 Cdc2A 和 Cdc2B 功能差异的序列位点，本研究根据 Cdc2A 和 Cdc2B 之间的序列差异将其划分为 5 个变异区域：I、II、III、IV 和 V，将 *CDC2A* 的每个区域分别置换为对应的 *CDC2B* 序列，通过表型观察分析置换突变体的有性生殖缺陷。研究结果显示：Ⅰ、Ⅱ、Ⅴ区的置换突变体有性生殖正常，而Ⅲ区的置换突变体有性生殖严重缺陷，与 *cdc2A* 敲除突变体类似，表明 Cdc2A 和 Cdc2B 在有性发育中的功能差异主要由Ⅲ区序列决定。进一步将Ⅲ区细分为Ⅲ1，Ⅲ2 和Ⅲ3 进行类似置换，发现Ⅲ1 和Ⅲ3 区置换不影响有性发育，而Ⅲ2 区置换影响有性发育，表明Ⅲ2 区的差异位点是导致 Cdc2A 和 Cdc2B 在有性发育中功能分化的主要原因。Ⅲ2 区内共存在 12 个差异位点，目前正在通过定点突变技术研究这几个差异位点与 Cdc2A 和 Cdc2B 功能分化的关系。

关键词：禾谷镰刀菌；*CDC2*；区段置换；小麦赤霉病

* 基金项目：国家自然科学基金面上项目（31671981）

** 第一作者：宋真真，硕士研究生，主要从事禾谷镰刀菌分子生物学研究

*** 通信作者：刘慧泉，研究员；E-mail：liuhuiquan@ nwsuaf. edu. cn

禾谷镰刀菌 AMP 脱氨酶基因 *AMD*1 在致病中的作用机制*

孙蔓莉[1**]，陈凌峰[1]，江　聪[1]，王晨芳[1]，刘慧泉[1***]，许金荣[1,2***]

（1. 西农-普度大学联合研究中心/旱区作物逆境生物学国家重点实验室/西北农林科技大学植物保护学院，杨凌　712100；2. 美国普渡大学植物及植物病理系，印第安纳州　IN47907）

摘　要：嘌呤核苷酸（ATP 和 GTP）作为 DNA 和 RNA 的组成成分、能量的来源、代谢途径的酶辅因子、信号转导的组成部分，参与细胞功能的方方面面。ATP 和 GTP 的合成均来自一个共同的前体单磷酸肌苷（IMP），或者重新利用预先形成的碱基和核苷。AMP 脱氨酶在嘌呤核苷酸循环中发挥着重要的作用，它催化 AMP 水解脱氨基生成 IMP，是 IMP 的补救合成途径之一。酿酒酵母（*Saccharomyces cerevisiae*）中 AMP 脱氨酶基因（*AMD*1）缺失后造成嘌呤核酸稳态失衡，突变体表现为 ATP 的过量累积和 GMP 的匮乏。*AMD*1 同源基因序列在丝状真菌中保守，但该基因及其介导的嘌呤核苷酸代谢在病原真菌致病中的作用尚不清楚。

本研究通过基因敲除方法获得了小麦赤霉病病原——禾谷镰刀菌（*Fusarium graminearum*）的 *AMD*1 同源基因缺失突变体（Δ*Fgamd*1）。Δ*Fgamd*1 突变体菌落生长速度正常，气生菌丝稍有减少，该结果与酿酒酵母中 *amd*1 突变体在完全培养基和基本培养基上生长不受影响的结果基本吻合，表明 *AMD*1 负责的 IMP 合成途径在真菌营养生长阶段作用微弱。与酵母中 *amd*1 突变体减数分裂过程中子囊孢子形成缺陷类似，Δ*Fgamd*1 突变体有性生殖产生的子囊壳较小，子囊壳内无子囊和子囊孢子形成，表明 *AMD*1 负责的 IMP 合成途径在真菌有性生殖阶段具有重要作用。Δ*Fgamd*1 突变体 DON 毒素含量相比于野生型菌株仅下降了 5 倍，但其在扬花期小麦穗上不产生任何侵染症状，考虑到 Δ*Fgamd*1 突变体菌丝生长无显著缺陷，上述结果表明 *FgAMD*1 基因缺失造成禾谷镰刀菌致病力丧失并非由于影响了 DON 毒素合成和菌丝生长，而是预示着 *FgAMD*1 及其介导的 IMP 合成途径在禾谷镰刀菌侵染过程中具有特异的作用。有关 *FgAMD*1 在禾谷镰刀菌侵染过程中的作用正在研究当中，研究结果有望为靶向禾谷镰刀菌嘌呤核苷酸代谢通路防控小麦赤霉病提供理论依据。

关键词：AMP 脱氨酶；有性生殖；致病性；DON；禾谷镰刀菌

---

* 基金项目：国家自然科学基金-优秀青年科学基金项目：植物真菌病害（31622045）

** 第一作者：孙蔓莉，女，博士研究生

*** 通信作者：许金荣，国家千人计划特聘教授；E-mail：jinrong@ purdue. edu

刘慧泉，研究员；E-mail：liuhuiquan@ nwsuaf. edu. cn

禾谷镰刀菌中 *TUB*1，*TUB*2 功能差异分析*

王 欢[1**]，王晨芳[1]，许金荣[1,2***]
（1. 西农-普度大学联合研究中心/旱区作物逆境生物学国家重点实验室/西北农林科技大学植物保护学院，杨凌 712100；2. 美国普渡大学植物及植物病理系，印第安纳州 IN47907）

摘 要：小麦赤霉病是小麦的重要真菌病害，引起小麦大面积减产，其致病菌禾谷镰刀菌产生的 DON 毒素还严重为害人畜健康，威胁我国粮食食品安全。微管作为细胞骨架，是苯并咪唑类杀菌剂的作用靶标。已知微管在真菌极性生长、物质运输、细胞器定位、有丝分裂和维持细胞形态等众多生物学过程中均发挥了重要作用。实验室前期研究发现禾谷镰刀菌中有两个 α-微管蛋白基因（*TUB*4，*TUB*5）和两个 β-微管蛋白基因（*TUB*1，*TUB*2），其中 *TUB*1 参与有性生殖调控，而 *TUB*2 则与营养生长相关。为了进一步研究 *TUB*1 和 *TUB*2 功能分化的原因以及它们与两个 α-微管蛋白的关系，我们首先对 Tub1 和 Tub2 进行了共定位分析，结果发现这两个基因在生长阶段的定位并无差异。RNA 定量分析显示 *TUB*2，*TUB*4 和 *TUB*5 的表达量在野生型 PH-1 和 *tub*1 突变体中无明显变化，而 *TUB*1 的表达量在 *tub*2 突变体中则有 3 倍左右的上调。蛋白定量结果同样表明，Tub1 的蛋白表达量在 *tub*2 突变体中明显升高。蛋白定量的结果显示，Tub1 的蛋白表达量在 *tub*2 突变体中显著上调，而 Tub2 的蛋白表达量在 *tub*1 突变体中则无明显变化，表明 *TUB*1 可能通过提高自身表达量去弥补 *TUB*2 的基因缺失。此外，

*TUB*4 和 *TUB*5 基因缺失会导致 Tub1 的蛋白表达量下降，而 Tub2 无明显变化；反之，*TUB*1 基因缺失也导致 Tub4 和 Tub5 的蛋白表达量下降。*TUB*1 和 *TUB*2 还在营养生长阶段存在部分功能互补；*TUB*2 在 DON 毒素合成过程中也较 *TUB*1 具有更重要的功能。

本研究初步揭示了禾谷镰孢菌中两个 β-微管蛋白基因的功能分化不是由定位差异引起，而且对 α-微管蛋白基因的影响和 DON 毒素合成也存在一定的功能差异，为进一步研究禾谷镰孢菌中两个 β-微管蛋白基因功能分化的分子机制提供了一定的理论基础。

关键词：禾谷镰刀菌；基因敲除；微管蛋白；DON 毒素

* 基金项目：973 计划子课题（2013CB127702）
** 第一作者：王欢，男，博士研究生
*** 通信作者：许金荣，国家千人计划特聘教授，主要从事病原真菌功能基因组学研究；E-mail：jinrong@ purdue. edu

New genes acquired from plants by horizontal gene transfer may have contributed to adaptive divergence in *Valsa* spp.

Xie Shichang, Yin Zhiyuan, Huang Lili*

(*State Key Laboratory of Crop Stress Biology for Arid Areas*, *College of Plant Protection*, *Northwest A&F University*, *Yangling*, *China*)

Abstract: Fungi could gain genes from different origins by horizontal gene transfer (HGT), which potentially provide the capacity to adapt to new environments and hosts. *Valsa* spp. contains plant fungal pathogens mainly infect *Rosids*, and interesting is that they have overlapping hosts but are isolated from only one practically in the field. Comparative genomics analysis of five *Valsa* spp. shown these pathogens exhibited a very high degree of similarity with less than eight percent of all genes were unique between species. So it raised us a question if HGT between the pathogens and hosts played a role in their distinct host preferences as well as extreme similarity. For detecting HGT events, we combined methods of orthologous annotation, BLAST against GeneBank nr database and taxonomy distribution. We identified 19 genes in *Valsa* spp., of which all top 100 hits were from plants, were obtained through HGT. We found one zinc finger (ZnF C2H2) protein coding gene located in a secondary metabolism cluster was transferred from plant to the common ancestor of *Valsa* and then lost in two species during following speciation. Other genes were obtained after speciation and associated with electron transfer. These specially unique but functionally similar HGT events occurred during or after *Valsa* spp. speciation could represent feasible clues for plant-pathogens adaption and interaction.

Key words: Horizontal gene transfer; *Valsa* spp.; Host preferences; Species divergence

---

* Corresponding author: Huang Lili; E-mail: huanglili@nwsuaf.edu.cn

Identification and characteristic of candidate effectors from *Valsa mali*

Zhang Mian, Song Linlin, Zhao Yuhuan, Zhang Di, Li Zhengpeng, Yin Zhiyuan, Nie Jiajun, Du Hongxia, Tan Ni, Tian Runze, Feng Hao, Huang Lili*

(*State Key Laboratory of Crop Stress Biology for Arid Areas, College of Plant Protection, Northwest A&F University, Yangling, China*)

Abstract: *Valsa mali* (*V. mali*) is the cause of a destructive disease, apple *valsa* canker, in East Asia. Effector proteins play important roles in pathogenicity of plant pathogenic fungi in various ways. In previous study, 196 candidate effector proteins (CEPs) were predicted, which were defined as extracellular proteins with no known function and rich in cysteine, and 101 of them were species specific. In total, 184 predicated candidate effector proteins were successfully cloned to PGR106 and 21 candidate effectors were identified. Among the 21 identified candidate effectors (ICEs), there were 18 cell death suppressors (CDS) which accounted for 86%, and three cell death inducers (CDI) which accounted for 14%. What is more, 2 (VmPxE1 and VmEP1) of the 21 identified candidate effectors (ICEs) were identified as important virulence factors. The result showed that *V. mali* possessed affluent and different effectors and evidence also exhibited *V. mali* manipulated those effectors to contribute to virulence during infection progress.

Key words: Apple *valsa* canker; Secretome; Cell death suppressor; Cell death inducer; Virulence factor

* Corresponding author: Huang Lili; E-mail: huanglili@nwsuaf.edu.cn

Characteristic of A Nitrogen Regulator VmNRF of *Valsa mali*

Zhao Yuhuan, Zhang Mian, Gao Chen, Feng Hao, Huang Lili*

(*State Key Laboratory of Crop Stress Biology for Arid Areas, College of Plant Protection, Northwest A&F University, Yangling, China*)

Abstract: The Apple *Valsa* canker, caused by Ascomycete *Valsa mali*, affects the yield and quality of apple seriously in East Asia. The nitrogen regulator control nitrogen source selection to increase nirogen utilization efficiency. Based on the genome of *V. mali*, a nitrogen regulator gene *VmNRF* was isolated. To explore the function of *VmNRF*, the mutant was constructed. The vegetative growth, pathogenicity, stress resistance of the corresponding mutants were analyzed. Compared to wild type strain 03-8, the colony morphology and growth rate of Δ*VmNRF* on PDA medium and Organic nitrogen medium showed no significant difference, but the growth rate of Δ*VmNRF* on Zeiss nitrate medium decreased significantly. What's more, the pathogenicity of Δ*VmNRF* was reduced significantly when the mutants were inoculated onto apple leaves comparing with 03-8. However, no obvious difference when they were inoculated onto apple twigs. Furthermore, Δ*VmNRF* grew more slowly than 03-8 on PDA with 0.05% H_2O_2. The results will contribute to the exploration of the interaction between nirogen metabolism and pathogenicity.

Key words: *Valsa mali*; Nitrogen transcriptional regulation; Nutritional preferences; Pathogenicity; PEG-mediated protoplast transformation

* Corresponding author: Huang Lili; E-mail: huanglili@nwsuaf.edu.cn

辣椒种子携带平头炭疽病菌检测技术初探及其对种苗的影响*

岳鑫璐[1**]，程唤奇[1]，黄玉婷[1]，李平东[1]，李志强[1***]，胡茂林[1,2***]
（1. 深圳市农业科技促进中心，深圳 518055；
2. 深圳市作物分子设计育种研究院，深圳 518107）

摘 要：辣椒炭疽病是辣椒生产中的重要种传病害，炭疽病菌以分生孢子附于种子表面或以菌丝潜伏在种子内越冬，播种带菌种子能引起幼苗发病。平头炭疽病菌（*Colletotrichum truncatum*）为辣椒炭疽病主要优势种，该菌对种子质量和后期辣椒产量均能造成严重影响。本研究从种子健康生产的角度出发，针对辣椒种子携带平头炭疽病菌检测技术及其对辣椒种苗生长的影响开展了初步探究，结果如下。

（1）辣椒种子携带平头炭疽病菌检测技术初探。筛选了4对已报导的针对炭疽病菌的特异性引物，其中引物Ct-tub-F/Ct-tub-R特异性相对较强。利用该对引物对人工模拟的辣椒种子携带平头炭疽病菌进行检测，其检测限分别为平均单粒种子携带7.5×10^4个分生孢子、50μg菌丝。

（2）平头炭疽病菌对辣椒种子萌发及苗期生长的影响。分别利用制备的不同浓度分生孢子、菌丝体浸种并催芽，随后播种于混合基质土中，于室温28℃，黑暗/光照12h交替，相对湿度70%的温室条件下培养。结果表明，在催芽及播种后96h，不同菌体浸种对辣椒种子发芽率均有显著抑制作用，其中，菌丝体悬浮液浸种对辣椒种子发芽率的影响显著大于分生孢子浸种；当菌丝体浓度达10mg/mL时，对辣椒出苗率抑制作用显著，其他处理均无显著影响。在苗期，菌丝体浓度达40mg/mL时，叶片数量显著减少；当孢子及菌丝体悬浮液浸种浓度分别达到10^7个/mL、10mg/mL时，对苗长抑制作用显著；当菌丝体悬浮液浓度达到20mg/mL时，对鲜重有显著减轻的影响，其他各浓度处理均对辣椒苗鲜重、干重均无显著影响。

关键词：辣椒种子；炭疽病菌；*Colletotrichum truncatum*；检测；种苗

* 基金项目：国家重点研发计划（2017YFD0201602-6）

** 第一作者：岳鑫璐，女，硕士，主要从事种子病理学与作物病害生物防治研究；E-mail：yxl20071029@126.com

*** 通信作者：李志强；E-mail：zqlee2008@qq.com
胡茂林；E-mail：maolin522612@126.com

中国杧果葡萄座腔菌鉴定及致病力测定*

赵　江[1**]，唐利华[2,3]，郭堂勋[2,3]，黄穗萍[2,3]，李其利[2,3***]，莫贱友[2,3]，余知和[1***]

（1. 长江大学生命科学学院，荆州　434023；2. 广西农业科学院植物保护研究所，
南宁　530007；3. 广西作物病虫害生物学重点实验室，南宁　530007）

摘　要：杧果作为一种重要的经济果树，在全球 90 多个国家均有分布。据联合国粮食及农业组织 2015 年统计，我国是仅次于印度的第二大杧果生产国，占世界总产量的 11%。杧果葡萄座腔属真菌可引起杧果的枝枯病、流胶病和蒂腐病等病害，严重影响杧果的产量与品质，造成严重的经济损失。本研究对采集于广西、海南、云南、广东、贵州、四川、福建等杧果种植区的病害样本进行葡萄座腔菌属真菌分离，初步鉴定后选择其中 104 个代表菌株，通过菌落培养特性、分生孢子形态观察及核糖体内转录间隔区（rDNA-ITS）、β 微管蛋白（β-tubulin）和 α 延伸因子（EF1-α）等分子系统学分析，共鉴定出 10 个种：茶藨子葡萄座腔菌 *Botryosphaeria dothidea*，可可毛色二孢 *L. theobromae*，蔓生葡萄孢菌 *B. ramose*，葡萄座腔菌属内生真菌 *B. mamane*，*Lasiodiplodia brasiliense*，*L. hormozganensis*，*Neofusicoccum eucalyptorum*，*N. mangiferae*，*L. pseudotheobromae* 和小新壳梭孢 *N. parvum*。其中，茶藨子葡萄座腔菌为中国杧果葡萄座腔菌的优势种，占比 37%。*B. ramose*，*L. hormozganensis* 以及 *N. eucalyptorum* 为中国杧果上的新记录种。

采用离体果实和叶片接种测定不同菌株对杧果的致病力，结果表明，不同菌株在杧果果实和叶片上的致病力均出现明显分化，可分为强中弱三个致病力类型。在杧果果实的致病力测定中，其平均病斑直径在 0. 35~4. 32cm，强致病菌株占 34%，中等致病力菌株占 25%，弱致病菌株占 41%。在杧果叶片的致病力测定中，其平均病斑直径在 0. 42~3. 57cm，强致病菌株占 26%，中等致病力菌株占 32%，弱致病菌株占 42%。强致病力菌株在我国不同省区均有分布，且致病力强弱与地理来源无显著相关性。

关键词：杧果；葡萄座腔菌，鉴定；致病力测定

---

* 基金项目：国家自然科学基金（31560526，31600029）；国家现代农业产业技术体系广西杧果创新团队建设专项；广西留学回国重点基金（2016GXNSFCB380004）；广西农业科学院科技发展基金（桂农科 2017JZ01，2018YM22）

** 第一作者：赵江，本科生；E-mail：1147642544qq. com

*** 通信作者：李其利，副研究员，主要研究方向为果树病害及其防治；E-mail：liqili@ gxaas. net

余知和，教授，主要研究方向为真菌学；E-mail：zhiheyu@ hotmail. com

水稻与稻瘟菌互作中感病因子或激发子的筛选*

常清乐**，范　军***

（中国农业大学植物保护学院，北京　100193）

摘　要：稻瘟病是世界范围内严重危害水稻产量的重要真菌性病害，它每年能造成全球水稻减产10%~30%。为确保水稻粮食安全，控制稻瘟病的发生发展显得尤为重要。作为植物与病原真菌研究领域的经典模式系统，水稻与稻瘟菌互作的识别机制与植物感病因子的功能解析等研究能够为提出更加有效的稻瘟防治策略提供重要参考。

植物与病原互作发生发展的动态往往与基因的差异表达密切相关。转录组学的诞生为筛选某生理过程中差异表达的基因创造了可行性，但海量的数据中筛选出有效的功能基因存在一定的假阳性和冗杂性。本研究主要利用抑制消减杂交策略筛选水稻与稻瘟菌互作过程中的差异表达基因，其立足于功能基因组的角度，以烟草的瞬时表达系统为筛选平台可直接筛选出引起表型明显变化的功能基因，目的性和针对性较强。利用这一技术筛选出的差异表达基因为探索植物的识别机制或病原的致病机理提供了新的探索空间。

本研究利用稻瘟菌侵染水稻2h材料的RNA合成的全长cDNA作为Driver，侵染8h，18h，24h和36h混合样品的全长cDNA作为Tester，利用抑制消减杂交技术来建立均一化的差异表达基因的全长cDNA文库。选取稻瘟菌及水稻中各3个组成型基因和3个诱导型基因来检测杂交产物的消减效果，结果显示，在所得的杂交产物中，组成型基因的丰度被有效的抑制或减弱，而诱导型基因则被有效的富集扩增；这表明本研究所得到的杂交产物具有良好的消减效果，可以用于后续cDNA均一化文库的构建。

将消减杂交产物进行大小分级，取得全长大于1kb的cDNA片段构建烟草瞬时表达文库并筛选能够引起烟草细胞死亡的文库克隆。目前共筛选获得64个能够引起烟草细胞死亡的克隆，其中包括稻瘟菌基因，以及水稻编码MYB类蛋白，锌指结构蛋白，WRKY蛋白以及其他类蛋白的基因。这些候选蛋白在水稻与稻瘟菌互作过程中的具体生物学功能有待进一步研究。

---

* 基金项目：高等学校博士学科点专项科研基金（20130008110005）

** 第一作者：常清乐，男，博士研究生，研究方向：植物非寄主抗病分子机制研究；E-mail：jpwan123@126.com

*** 通信作者：范军，男，教授，研究方向：植物病原物致病机理及植物数量抗病性的遗传和分子机理；E-mail：jfan@cau.edu.cn

稻瘟菌氧固醇结合蛋白激发子功能的初步研究*

陈萌萌**，房雅丽，范　军***
（中国农业大学植物病理学系，北京　100193）

摘　要：分离、鉴定病原菌中能够诱导植物免疫反应的激发子对于解析植物先天免疫反应机理具有重要意义。本研究利用经改造的激活标记双元载体构建的稻瘟菌基因组文库，通过农杆菌瞬时表达方法在烟草上筛选能够引起叶片出现过敏性反应的稻瘟菌基因，获得了一个编码稻瘟菌氧固醇结合蛋白的克隆。利用5-氨基水杨酸作为反应底物，我们检测到原核表达纯化的稻瘟菌氧固醇结合蛋白能够触发烟草悬浮细胞活性氧累积；此外，接种实验结果显示，稻瘟菌氧固醇结合蛋白预先处理拟南芥叶片，可导致亲和性丁香假单胞菌番茄致病变种的生长量明显减少，表明该蛋白可诱导植株产生对病菌侵染的抗性。我们进一步获得了一系列氧固醇结合蛋白的截短体，并检测这些截短体蛋白激发烟草悬浮细胞免疫反应以及诱导拟南芥抗病性的能力。实验表明，稻瘟菌氧固醇结合蛋白的氧固醇结合区域对于其诱发植物先天免疫反应是必需的。这些结果为进一步解析该蛋白诱导植物先天免疫反应的分子机制奠定了基础。

关键词：氧固醇结合蛋白；稻瘟菌；植物先天免疫；激发子

---

* 基金项目：教育部博士点基金（20130008110005）
** 第一作者：陈萌萌，女，博士研究生，主要研究方向植物病原物致病机理
*** 通信作者：范军，男，教授，主要研究方向植物非寄主抗病性的分子机理及植物数量抗病性的遗传和分子机理；E-mail：jfan@cau.edu.cn

诱导植物细胞死亡的稻曲菌分泌蛋白的鉴定*

方安菲，张 楠，郑馨航，邱姗姗，李月娇，周 爽，孙文献**
（中国农业大学植物保护学院，北京 100193）

摘 要：病原真菌效应蛋白在侵染植物过程中，可能被植物以两个不同的方式所识别，被PRR受体识别诱导植物PTI或被R蛋白所识别诱导植物的ETI。为了研究稻曲菌候选效应蛋白与植物免疫的关系，本课题利用非寄主本氏烟瞬时表达与寄主水稻的原生质体瞬时表达体系，大规模筛选能诱导植物免疫的候选效应蛋白。通过在本氏烟上瞬时表达119个候选效应蛋白，发现其中13个蛋白能够在本氏烟上诱导不同程度的细胞死亡。通过酵母SUC2分泌验证体系，证明预测的11个蛋白信号肽能够引导蛋白分泌。利用水稻原生质体瞬时表达体系，确定其中8个效应蛋白能触发寄主的免疫反应，诱导细胞死亡。进一步的研究还发现，效应蛋白UV_44中假定的丝氨酸蛋白酶活性位点和UV_1423中假定的核糖核酸酶活性位点是它们诱导细胞死亡必需的。此外，实验证明UV_6205和UV_1423效应蛋白是*N*-糖基化蛋白，并且糖基化对它们诱导细胞死亡的能力有重要影响。另一方面，我们也在93个候选效应蛋白中筛选到43个可以不同程度的抑制谷枯菌在本生烟上触发的细胞死亡。将其43个中的36个构建到pGR107载体中检测其对BAX和INF1诱导细胞死亡的抑制情况，结果表明有24个效应蛋白可以不同程度的抑制BAX和INF1诱导的细胞死亡；有8个效应蛋白只能抑制BAX诱导的细胞死亡；有4个效应蛋白完全不能抑制BAX和INF1诱导的细胞死亡。总之，稻曲菌中119个候选效应蛋白中有少部分诱导细胞死亡，更多的效应蛋白可以抑制细胞死亡，有利于活体营养型真菌稻曲菌的对水稻的侵染。

关键词：稻曲菌；诱导细胞死亡；糖基化；抑制细胞死亡

* 基金项目：国家自然科学基金（31471728）
** 通信作者：孙文献

稻瘟菌中一个致病膜蛋白Pcg10的分子机制研究*

潘 嵩，彭友良，杨 俊**
（中国农业大学植物病理系，北京 100193）

摘 要：由稻瘟菌引发的稻瘟病是在世界各水稻产区广泛发生且造成严重经济损失的重要病害。防治稻瘟病一个重要途径是通过寻找稻瘟菌的特异性靶标，从而设计环境友好的新型杀真菌剂。本课题组前期鉴定了一个编码稻瘟菌膜蛋白的新基因*PCG*10。相较于野生型菌株，*pcg*10敲除体在OTA平板上的生长速率明显下降，产生分生孢子能力明显下降且无法侵染寄主植物水稻和大麦。对*pcg*10敲除体的生长发育能力进行进一步的观察，发现*PCG*10敲除体中超过80%的分生孢子为无隔或单隔的畸形孢子，分生孢子的萌发率仅为5%并且完全丧失了形成附着胞的能力。为了进一步对Pcg10的生物学功能进行研究，我们观察了Pcg10-GFP的亚细胞定位，发现Pcg10-GFP能够定位于稻瘟菌营养菌丝的生长顶端、分生孢子的两个顶端以及萌发的芽管顶端，其定位表现出了较为明显的极性分布。蛋白结构域预测结果显示，Pcg10的147~169位和182~200位氨基酸区域具有两段跨膜结构。为进一步研究Pcg10可能发挥的生物学功能，我们采用$Pcg10^{201-645}$截断体蛋白分别进行了稻瘟菌体内IP和酵母cDNA文库筛选实验，并得到了19个Pcg10候选互作蛋白。我们对其中的13个蛋白进行了酵母双杂交验证，发现$Pcg10^{201-645}$能够与MoVATpaseB、MoSpm1和MoDcwp1直接互作。除此之外，我们发现$Pcg10^{201-645}$也与MoMyosinV-C直接互作。Co-IP实验结果同样显示3FlAG-Pcg10能够与HA-MoMyosinV-C、Spm1-HA、VATpaseB-HA在体内互作。同时，Pcg10-GFP在稻瘟菌体内的极性定位与之前所报道的MoMyosinV定位相一致。以上实验结果表明，Pcg10是一类定位于稻瘟菌生长顶端处囊泡且与MoMyosinV体内运输相关的膜蛋白。

* 基金项目：北京市自然科学基金项目（6172020）；国家重点研发计划项目（2016YFD0300703）
** 通信作者：杨俊，副教授，主要从事植物病原真菌致病机理、植物与病原真菌互作、植物真菌病害绿色防控方面的研究

稻曲病菌候选效应蛋白互作蛋白筛选*

邱姗姗，方安菲，郑馨航，张　楠，李月娇，孙文献**
（中国农业大学植物保护学院，北京　100193）

摘　要：近年来，由稻绿核菌 *Ustilaginoidea virens*（Cook）Takah 引起的稻曲病已成为世界上重要的水稻病害之一。在稻曲病菌侵染水稻过程中，能够分泌大量的效应蛋白参与其和寄主植物的分子互作与协同进化。课题组前期利用本氏烟瞬时表达体系，在稻曲病菌基因组与预测的效应蛋白组的基础上，筛选出一批能抑制本氏烟细胞死亡的候选效应蛋白。本研究选取了其中 8 个候选效应蛋白 SCRE3-10 作为研究对象，首先，利用酵母转化酶（invertase）缺陷菌株 YTK12 中 SUC2 分泌系统，验证了这 8 个候选效应蛋白信号肽均能够引导蛋白的分泌。其次，通过酵母双杂交技术，以这 8 个候选效应蛋白为诱饵，筛选水稻含 300 个抗病相关候选基因的小型文库，初步获得这些蛋白在寄主水稻中的候选互作靶标，结果显示部分候选效应蛋白能够与多个寄主蛋白相互作用，同时，一些在水稻防卫反应中起关键作用的组分被多个效应蛋白作为攻击的靶标。最后，通过荧光素互补技术（Luciferase Complementation Imaging）和免疫共沉淀技术验证了其中的一些蛋白间互作关系。这些结果为后续探索效应蛋白抑制植物免疫的分子机制奠定了重要基础。

关键词：效应蛋白；稻曲病菌；蛋白筛选

---

* 基金项目：国家自然科学基金（31471728）

** 通信作者：孙文献

我国西北与湖北地区小麦条锈菌群体遗传结构及传播关系[*]

王翠翠[1**]，江冰冰[1]，初炳瑶[1]，李磊福[1]，张克瑜[1]，骆　勇[2]，马占鸿[1***]
（1. 中国农业大学植物病理系，北京　100193，中国；
2. 美国加州大学 Kearney 农业研究中心，Parlier CA 93648，美国）

摘　要：小麦条锈病由 *Puccinia striiformis* f. sp. *tritici*（*Pst*）引起，是严重影响我国小麦生产的大区流行性病害，流行年份可造成减产 20%～30%。甘肃与宁夏地区是 *Pst* 重要的越夏区和新小种的策源地之一，湖北是 *Pst* 重要的越冬区和冬繁区，因此明确我国西北与湖北地区 *Pst* 群体遗传结构，有助于了解两个地区 *Pst* 的传播关系，为小麦条锈病的预测与防控提供一定的理论依据。本研究于 2016 年秋苗期（249）和 2017 年春季流行期（344）在甘肃、宁夏和湖北共采集 593 个菌系。利用 12 对 SSR 引物对其进行 PCR 扩增，对各个亚群体进行了遗传多样性、共享基因型、AMOVA、PCoA 以及贝叶斯分组分析。结果显示：甘肃和宁夏群体基因型多样性在越冬前后较稳定，且均保持较高水平（0.54～0.79），湖北群体越冬后（0.55）大于越冬前（0.24）。湖北返青苗群体与甘肃、宁夏的秋苗群体有 9 个共享基因型，而湖北秋苗群体与甘肃、宁夏秋苗群体仅有 1 个共享基因型。AMOVA 分析中各个亚群体间 *Fst*，PCoA 空间分布，以及贝叶斯 STRUCTRUE 遗传组分分析均显示，与秋苗相比，湖北的返青苗群体与甘肃、宁夏的秋苗群体遗传组成更为相似。以上证据表明 *Pst* 在甘肃、宁夏等西北地区越夏后可随西北方向高空气流传播至湖北（仅为少量菌源），冬季持续传播，到春季达到稳定状态。因此对于湖北地区小麦条锈病的防治不仅要关注冬前发病情况，更要在早春及时施药，以减少其传播到东部麦区的菌量。

关键词：小麦条锈菌；SSR；传播关系

---

* 基金项目：国家重点研发计划（2017YFD0200400，2016YFD0300702）

** 第一作者：王翠翠，女，山东潍坊人，在读博士生，主要从事小麦条锈病分子流行学研究

*** 通信作者：马占鸿，男，宁夏海原人，教授、博士生导师，主要植物病害流行与宏观植物病理学研究工作

水稻与稻瘟菌互作中感病相关因子的筛选与鉴定

徐海娇*，常青乐，范　军**
（中国农业大学植物保护学院，北京　100193）

摘　要： 稻瘟病是一种世界性的水稻病害，严重影响了我国的水稻生产和粮食安全。在长期的病害防治过程中，水稻与稻瘟菌（*Magnaporthe oryzae*）间协同进化，逐步形成高度专化却又极其复杂的互作机制。病原菌的成功侵入、定殖和发育需要一些寄主感病因子的参与，部分感病相关基因功能缺失突变后，植物获得广谱抗病性。因此，鉴定水稻对稻瘟菌的感病基因及解析感病相关通路，将为水稻抗病性的改良提供新的参考。

本研究利用农杆菌介导的本生烟瞬时表达系统，研究水稻与稻瘟菌互作过程中差异表达的基因对烟草抗病性的影响。通过接种丁香假单胞菌三型分泌缺陷菌株 *hrcC*，分析该菌株在瞬时表达候选基因组织中的生长状况，以筛选能够促进 *hrcC* 生长或抑制 PTI 反应等潜在的调控植物感病通路的关键因子。初步筛选共获得 11 个候选基因，引起 *hrcC* 生长量增加了 1.0~3.5 倍，它们分别为编码稻瘟菌的乙烯/琥珀酸形成酶基因，编码水稻的锌指结构蛋白、MYB 类蛋白、几丁质酶、剪接因子、WRKY 蛋白以及其他类蛋白的基因。后续研究将进一步分析这些基因在水稻与稻瘟菌互作过程中的功能和具体作用机制，该研究将为稻瘟病的感病机制研究提供新的依据。

关键词： 稻瘟病；稻瘟菌；感病基因筛选；感病基因鉴定

---

* 第一作者：徐海娇，女，博士研究生，主要研究方向植物病原物致病机理

** 通信作者：范军，男，教授，主要研究方向植物病原物致病机理及植物数量抗病性的遗传和分子机理；E-mail：jfan@cau.edu.cn

The small cysteine-rich effector SCRE1 in *Ustilaginoidea virens* suppresses plant immunity

Zhang Nan, Fang Anfei, Zheng Xinhang, Qiu Shanshan, Sun Wenxian*

(中国农业大学植物保护学院，北京 100193)

Abstract: False smut of rice, caused by *Ustilaginoidea virens*, has been reported in most rice-growing areas of China and emerged as one of the major rice diseases worldwide. The pathogen is predicted to secrete a large array of effector candidates, which play important roles in *U. virens* virulence. However, the specific virulence function has not been reported for any individual *U. virens* effectors. In this study, we confirmed that the small cysteine-rich effector candidate SCRE1 in *U. virens*. Transiently expressed SCRE1 in *N. benthamiana* inhibited hypersensitive responses induced by BAX, INF1 and *Burkholderia glumae* inoculation. Ectopic expression of SCRE1 in rice suppresses the oxidative burst and *PR* gene expression triggered by MAMP, and also enhances disease susceptibility. We further demonstrated that the effector candidate SCRE1 entered the plant cell during the infection, indicating that the secreted protein is a bona fide effector. An interactor of SCRE1 has been identified and to be verified. The study aims to uncover a novel mechanism for SCRE1 to suppress plant immunity. These findings provided information and materials for understanding molecular mechanisms underlying virulence and pathogenesis of *U. virens*.

Key words: Fungal pathogen; Effector candidates; Plant immunity

* Corresponding author: Sun Wenxian

稻瘟菌无毒效应蛋白 AvrPib 的结构与功能研究

张　鑫[1]，何　丹[1]，赵彦翔[1]，赵文生[1]，Ian A. Taylor[2]，杨　俊[1]，刘俊峰[1]，彭友良[1]
（1. 中国农业大学植物保护学院植物病理学系，北京　100193，中国；
2. Macromolecular Structure Laboratory，The Francis Crick Institute，
1 Midland Road，London，NW1 1AT，UK.）

摘　要：由稻瘟菌引起的稻瘟病是导致水稻减产的主要病害之一。稻瘟菌在侵染植物的过程中伴随着无毒效应蛋白（Avr 蛋白）的分泌，这些效应蛋白可以外泌到寄主细胞中被特定的抗性蛋白（R 蛋白）识别，并激发寄主的过敏性坏死反应。目前已发现的无毒效应蛋白之间序列同源性低，其表达的蛋白结构功能和生化机制尚不完全明确。*AvrPib* 是稻瘟菌中的一个无毒基因，目前对该基因的研究报道还较少。本研究解析了 AvrPib 的晶体结构，并通过蛋白质数据库比对发现 AvrPib 在结构上与 MAX（*Magnaporthe* AVRs and ToxB）类效应蛋白高度相似，在其表面存在一块由赖氨酸和精氨酸构成的正电荷区域。将该正电荷区域中 5 个关键氨基酸残基全部突变后不会破坏 AvrPib 二级结构的稳定性，但会使得 AvrPib 的无毒功能丧失，且突变后的 AvrPib 不能定位到寄主细胞核中。通过比对其他小种中无功能的 AvrPib 发现，其疏水核心的两个缬氨酸（V39 和 V58）突变后会改变 AvrPib 的二级结构，从而导致 AvrPib 无毒功能的丧失。综上所述，本研究结果表明 AvrPib 表面的正电荷区和其稳定的疏水核心均有助于 AvrPib 被 Pib 特异性识别，从而发挥其无毒功能。本研究结果也为后续研究无毒效应蛋白与植物抗病蛋白共进化机制提供了结构基础和借鉴。

关键词：稻瘟病；无毒效应蛋白；MAX 效应蛋白

广西防城港红树林真菌的分离与鉴定

张治萍[1*]，高淑梅[2]，李迎宾[1]，暴晓凯[1]，陈 星[1]，李健强[1**]
（1. 中国农业大学植物保护学院/种子病害检验与防控北京市重点实验室，北京 100193；
2. 北京社会管理职业学院，北京 101601）

摘 要：红树林（Mangrove）是生长在热带和亚热带海岸潮间带环境中的耐盐植物类群。由于其生长的特殊生态条件，使其具有独特的代谢途径和遗传背景，成为世界自然环境中的重要生物基因库，其微生物资源既丰富又不失特色。因此，有很多针对红树林内生菌分离及其产生的天然活性物质的相关研究，但对引起红树林病害的相关研究与报道较少。本研究从广西防城港采集了表现叶斑病症状的红树林叶片样品，对病害症状进行了描述，并对疑似病原物进行了分离与鉴定，结果如下。

（1）发病样品症状：病斑呈不规则状，多个点状病斑连片分布或单个较大病斑扩展分布；病斑最大直径为 2~3cm 不等；叶缘或叶脉附近焦枯变褐，病斑外缘呈现黄色褪绿状，严重时整片叶坏死。

（2）疑似病原物的分离与鉴定：通过对来自广西防城港港口区的 9 份样品，基于传统分离培养的方法，对病健交界处进行疑似病原真菌的分离，共计获得 25 株真菌分离物；结合各分离物的菌落形态学和 ITS 序列比对结果，初步确定上述分离物的分类地位分另为拟盘多毛孢属（*Pestalotiopsis* spp.）、镰刀菌属（*Fusarium* spp.）、黑孢霉属（*Nigrospora* spp.）、叶点霉属（*Phyllosticta* spp.）、拟茎点霉属（*Phomopsis* spp.）、链格孢属（*Alternaria* sp.）、炭疽菌属（*Colletotrichum* sp.）等 7 个属。

文献报道，目前已分离鉴定的红树林真菌超过 200 种，主要是子囊菌、丝分孢子真菌和担子菌。其中的链格孢属、拟盘多毛孢属、镰刀菌属、叶点霉属、拟茎点霉属既有内生真菌的报道，也有其引起叶部及根茎部位病害的报道。结合本研究的分离结果，上述分离得到的真菌是否能引起叶斑病等病害的发生，尚需要进行致病性测定。

---

* 第一作者：张治萍，博士研究生，主要从事种子病理学和作物病害生物防治研究；E-mail：m18788425134@163.com
** 通信作者：李健强，博士，博士生导师，主要从事种子病理及杀菌剂药理学研究；E-mail：lijq231@cau.edu.cn

稻曲病菌关键候选效应蛋白在寄主中互作靶标的筛选与鉴定

郑馨航，方安菲，邱姗姗，张 楠，李月娇，高 涵，孙文献
（中国农业大学植物保护学院，北京 100193）

摘 要：稻曲病是由 *Ustilaginoidea virens*（Cooke）Takah 所引起的，发生在水稻开花期至乳熟期的一种穗部病害，近年来该病害的发生日益严重，不仅降低水稻产量，而且由稻曲菌产生的稻曲菌素严重影响稻米品质。然而，对于该病害致病机制的理解十分有限。病原菌分泌的效应蛋白能够抑制寄主植物的免疫反应，因而在致病过程中扮演着重要角色。实验室前期借助水稻病原细菌谷枯菌与本氏烟的互作系统，在谷枯菌中表达并分泌稻曲菌效应蛋白，筛选、获得大量可以抑制谷枯菌诱导的本生烟过敏反应的效应蛋白。本研究进一步探究了其中一些效应蛋白的毒性功能及其在寄主中的潜在靶标。通过酵母双杂交，筛选获得了 SCRE18、SCRE19、SCRE20、SCRE21、SCRE22、SCRE23、SCRE24 和 SCRE25 等 8 个效应因子在水稻中的候选互作蛋白。经过荧光素酶互补实验及免疫共沉淀实验验证了 SCRE19 与水稻中的 MAPKs 发生互作，SCRE20 也可以与多个抗性相关蛋白发生互作。这些研究结果为后续揭示 SCRE19 与 SCRE20 的毒性功能及其致病分子机理奠定了重要基础。

关键词：稻曲菌；效应蛋白；靶标

莲子草假隔链格孢菌致病相关效应蛋白的基因克隆与真核表达[*]

肖永欣[**]，董章勇[***]，向梅梅[***]
（仲恺农业工程学院植物保护系，广州　510225）

摘　要：空心莲子草是一种全球性生物入侵杂草，生长适应能力极强，可在生态系统中形成单一优势种群而破坏生物多样性，丧失生态平衡，恶化生态种群环境。假隔链格孢菌是抑制空心莲子草生长的有效天敌，其所分泌的毒素专一致病性强，在生防上有望开发成为新型生物源药剂。本研究采用生物信息学方法对莲子草假隔链格孢菌全基因组和宏转录组进行分析，筛选出一批致病相关效应蛋白。通过设计特异性引物扩增出这批基因的开放阅读框序列，将扩增出的这批序列连接到克隆载体 pMD19-T 上，得到的阳性克隆与真核表达载体 pPICZαA 用 *Eco*R Ⅰ和 *Xba* Ⅰ进行双酶切连接反应从而实现对这批基因的真核表达载体构建，将阳性重组质粒用 *Sac* Ⅰ做线性化处理，通过电穿孔系统转化至毕赤酵母 GS115 中，在甲醇的作用下对该批基因进行诱导表达，得到的表达产物进行 SDS-PAGE 电泳分析并利用 His 标签对其纯化，同时接种空心莲子草叶片验证其致病性。本研究实现了对一批莲子草假隔链格孢菌相关致病效应因子的克隆和真核表达，对其致病性进行初步探究，为今后假隔链格孢菌对空心莲子草致病机理的进一步研究奠定了基础。

关键词：莲子草假隔链格孢菌；效应蛋白；真核表达；致病性

* 基金项目：国家自然科学基金项目（31301627 和 31672041）
** 第一作者：肖永欣，男，硕士研究生，专业为植物病理学；E-mail：xiaoyongxin232013@126.com
*** 通信作者：董章勇，博士，副教授，主要从事植物病原物与寄主互作研究；E-mail：dongzhangyong@hotmail.com
向梅梅，博士，教授，主要从事植物病原真菌学研究；E-mail：mm_xiang@163.com

苜蓿假盘菌产孢与非产孢菌落超微结构观察*

马 新**，史 娟***
（宁夏大学农学院，银川 750021）

摘 要：为了揭示苜蓿假盘菌（*Pseudopeziza medicaginis*）产孢菌落与非产孢菌落的差异，以人工接种的苜蓿假盘菌为试验材料，采用形态学，组织学和细胞学的方法揭示了两者之间的差异，结果表明，*P. medicaginis* 的产孢菌落与非产孢菌落在形态学，组织学及细胞学上存在显著差异，形态学表明，非产孢菌落呈粉色，肉质，表面光滑且不易从培养基上挑出，产孢菌落颜色呈灰色、黑色或黑褐色，表面较粗糙且菌落易挑出；组织学表明，非产孢子实体仅能观察到生长疏散的营养菌丝，菌落着色浅，产孢子实体有明显的子囊孢子；细胞学表明，非产孢子实体虽然具有菌丝结构，但菌丝内物质含量少，产孢子实体含有完整的菌丝结构。*P. medicaginis* 非产孢菌不具备完整的有性生殖结构，而产孢菌落具备完整的有性生殖结构，因此，*P. medicaginis* 能否产生子囊孢子与其自身的结构有关。

关键词：苜蓿假盘菌；产孢子实体；非产孢子实体；差异

* 基金项目：国家自然科学基金（31460033）
** 第一作者：马新，男，在读硕士；E-mail：maxin0407@163.com
*** 通信作者：史娟；E-mail：shi_j@nxu.edu.cn

温度对设施黄瓜白粉病侵染及其孢子空间分布的影响*

李清清**，史　娟***
（宁夏大学农学院，银川　750021）

摘　要：本试验是为了明确设施环境温度条件对黄瓜白粉病早期侵染及其孢子空间分布的影响，以设施内黄瓜叶片上的黄瓜白粉病孢子为研究对象，对其发病情况进行田间调查，同时采用载玻片涂抹凡士林进行孢子采集，然后利用光学显微镜统计孢子数量，系统的研究了设施内温度对黄瓜白粉病早期侵染及对孢子其空间分布的影响。结果表明，黄瓜白粉病早期侵染速率随温度的升高而逐渐加快，当气温稳定在 23℃左右时，孢子侵染速率达到最高 3.43cm^2/d。在温室内垂直方向上，地表处总孢子数量为最多为 467 个，此处日平均温度最高为 23.5℃、最低为 10℃；距地面 60cm 处孢子数量次之为 459 个，此处日平均温度最高为 26.5℃、最低为 6℃；距地面 120cm 处孢子数量相对较少为 456 个，此处日平均温度最高为 23.5℃最低为 8.5℃；由此说明温室内孢子在垂直方向的分布从下到上依次减少。在温室内水平方向上，根据持续对 36 个采样点孢子数量变化进行观察和统计，得出温室东北部位于地表处孢子总体数量较多，西南部距地面 120cm 处孢子数量总体较少。本试验此结论可为今后日光温室内黄瓜白粉病的流行及病害防治提供理论参考。

关键词：黄瓜；白粉病菌；侵染；孢子；空间分布；温度

---

* 基金项目：宁夏自治区科技厅重点研发计划重大项目——设施蔬菜主要病虫害早期多元化监测预警与诊断试剂盒开发（021704000019）

** 第一作者：李清清，女，在读硕士；E-mail：qingqingli1211@163.com

*** 通信作者：史娟；E-mail：shi_j@nxu.edu.cn

黄芪根腐病组织病理学观察*

王立婷**，史　娟***
（宁夏大学农学院，银川　750021）

摘　要：目的：明确黄芪根腐病病根组织病理学变化，从组织病理学方面进一步明确根腐病对黄芪组织产生的影响。方法：本实验采用半薄切片方法，以健康植株为对照，对黄芪根腐病不同病斑类型，按木质部、韧皮部及整体进行切片观察。结果表明：黄芪根的解剖结构主要由周皮和次生维管组织组成，周皮主要由木栓层、木栓形成层和栓内层组成。次生维管组织由次生韧皮部、维管形成层以及次生木质部组成。黄芪根腐病病根与健康部位的组织结构大体相同，病根周皮损伤严重，韧皮部组织结构排列散乱，胞间空隙大，薄壁组织中淀粉粒比健康植株中增多且淀粉粒多集中在韧皮薄壁细胞和维管射线中。小病斑的次生木质部中，维管系统有堵塞。结论：黄芪根腐病会破坏黄芪根部组织结构，韧皮部组织结构排列疏松杂乱且发达的维管系统被堵塞。

关键词：黄芪；根腐病；组织病理学

* 基金项目：宁夏科技支撑计划（2014106）
** 第一作者：王立婷，宁夏固原人，在读硕士；E-mail：ting2wl@163.com
*** 通信作者：史娟；E-mail：shi_j@nxu.edu.cn

第二部分　卵　菌

Pathogen escapes host immunity response through effector disordering

Yang Lina[1], Duan Guohua[1], Liu Hao[1], Huang Yanmei[1], Fang Zhiguo[2], Wu E-jiao, Pan Zhechao[3], Chen Ruey-Shyang[4], Sui Qijun[3], Shang Liping[1], Zhu Wen[1], Zhan Jiasui[5]

(1. *Fujian Key Laboratory of Plant Virology, Institute of Plant Virology, Fujian Agricultural and Forestry University, Fuzhou* 350002, *China*; 2. *Xiangyang Academy of Agricultural Sciences*, Xiangyang 441057, *China*; 3. *Industrial Crops Research Institute, Yunnan Academy of Agricultural Sciences, Kunming* 650200, *China*; 4. *Department of Biochemical Science & Technology, National Chiayi University, Taiwan*; 5. *State Key Laboratory of Ecological Pest Control for Fujian and Taiwan Crops, Fujian Agriculture and Forestry University, Fuzhou, China*)

Abstract: Intrinsic disorder is a common structural characteristic of proteins and a central player in the biochemical processes of species. However, the role of intrinsic disorder in the evolution of plant-pathogen interactions is rarely investigated. Here we explored the role of intrinsic disorder in the development of the pathogenicity of the *Phytophthora infestans* RXLR AVR2 effector. We found AVR2 exhibited high nucleotide diversity generated by point mutation, early-termination, altered start codon, deletion/insertion and intragenic recombination and is predicted to be an intrinsically disordered protein. Virulent Avr2 amino acid sequences had a higher disorder tendency in both the N-terminal and C-terminal regions compared to avirulent sequences. In addition, we also found virulent Avr2 mutants gained 1-2 short linear interaction motifs (SLiMs), the critical components of disordered proteins required for protein-protein interactions. Furthermore, virulent Avr2 mutants were predicted to be unstable and have a short protein half-life. Taken together, these results support the notion that intrinsic disorder is important for the effector function of pathogens and demonstrate that SLiM mediated protein-protein interaction in C-terminal regions might contribute greatly to the evasion of R protein detection.

Key words: Effector; Intrinsically disordered protein; Iintragenic recombination; Coevolution; Avr2; *Phytophthora infestans*

Genetic diversity among isolates of *Phytophthora sojae* in Anhui based on ISSR-PCR markers*

Liu Dong, Li Ping, Hu Jiulong, Zhao Zhenyu, Wang Weiyan, Gao Zhimou**
(*College of Plant Protection, Anhui Agricultural University, Hefei* 230036, *China*)

Abstract: To explore genetic differentiation and relationship of *Phythophthora sojae* in Anhui, the inter-simple sequence repeat (ISSR) technique was used to analyze the genetic diversity of *P. sojae*. Thirteen primers screened from 54 polymorphism primers were used for ISSR-PCR amplification from 62 samples. One hundred and sixty ISSR fragments were observed, including 129 polymorphism bands, and 80.6% were polymorphic. These suggested that abundant genetic diversity existed among *P. sojae* in Anhui. The genetic similarity coefficient among the 62 strains ranged from 0.72 to 0.96, with the mean of 0.85, indicating that there was a high level of genetic variation. UPGMA cluster analysis showed that the test strains were divided into six clusters, the clustering group was not related to geographical sources, and the clustering of strains of the same geographical source had nothing to do with the year of collection. AMOVA showed that 16.65% of the genetic variation was derived from the collection area, and 83.35% of the genetic variation was within populations. The genetic flow between different geographical sources was in the range 0.623 to 2.773, with the mean of 1.325, suggesting that gene communication was frequent. Genetic distance and genetic differentiation coefficient were not related to spatial distance.

Key words: *Phytophthora sojae*; Genetic diversity; ISSR; Anhui

---

* 基金项目：公益性行业（农业）科研专项（201303018）

** Corresponding author: Gao Zhimou; E-mail: gaozhimou@ 126. com

大豆疫霉菌株可溶性蛋白和酯酶同工酶电泳分析*

丁　旭，王伟燕，屈　阳，李坤缘，潘月敏，陈方新，高智谋**
（安徽农业大学植物保护学院，合肥　230036）

摘　要：大豆疫霉（*Phytophthora sojae*）是重要的植物病原卵菌，其所引致的大豆疫病对大豆生产具有极大的危害，能够造成巨大的经济损失。前人研究表明，大豆疫霉不同菌株的致病力存在分化，可以划分为不同的致病型或小种，而关于大豆疫霉的可溶性蛋白和酯酶同工酶电泳图谱与致病型或小种的关系迄今知之甚少。作者对安徽省内不同来源的 34 株大豆疫霉菌体进行 SDS-聚丙烯酰胺凝胶电泳（SDS-PAGE）和 PAGE 电泳分析，对它们在蛋白质和酶学水平上的遗传差异进行研究，并构建树状聚类图，旨在明确不同菌株可溶性蛋白和酯酶同工酶电泳图谱差异与菌株的地理来源、致病性的相关性，探讨利用可溶性蛋白和酯酶同工酶电泳分析进行大豆疫霉菌种下分类及致病型鉴定的可能性，并对大豆疫霉抗病病品种的选育和合理使用以及大豆疫霉的综合治理提供试验基础。主要结果如下：

（1）对安徽省内不同来源的 34 株大豆疫霉菌体进行 SDS-聚丙烯酰胺凝胶电泳（SDS-PAGE），分别分离出了 9~15 条清晰可见的谱带，通过计算分析，大豆疫霉的 R_f 值为 0.08~0.88，特征性条带的 R_f 值为 0.16、0.28、0.36 、0，44、0.6、0.68 和 0.8，共 7 条。大豆疫霉可溶性蛋白图谱与地理来源相关。

（2）对安徽省内不同来源的 34 株大豆疫霉菌体进行酯酶同工酶 PAGE 电泳，结果显示，供试大豆疫霉菌株都有 1 条 R_f 值为 0.59 的清晰的条带，条带间的差异表现在条带的宽度和颜色上。聚类分析结果表明，大豆疫霉菌株的酯酶同工酶酶谱的相似性与地理来源无关。

（3）对供试菌株的可溶性蛋白图谱和酯酶同工酶图谱与致病型的相关分析表明菌株的可溶性蛋白图谱和酯酶同工酶图谱与致病型无明显相关，但所有供试菌株都有 1 条 R_f 值为 0.59 的清晰的条带，可作为大豆疫霉菌株鉴定的参考指标。

* 基金项目：公益性行业（农业）科研专项（201303018）
** 通信作者：高智谋，教授，主要研究方向为真菌学及植物真菌病害；E-mail：gaozhimou@126.com

安徽、福建、黑龙江三省大豆疫霉的生物学特性比较研究*

王　姣，李坤缘，屈　阳，陈方新，潘月敏，高智谋**
（安徽农业大学植物保护学院，合肥　230036）

大豆疫霉（*Phytophthora sojae*）是引致大豆疫病的重要植物病原卵菌，目前仍被列为我国的植物检疫对象。黑龙江、福建和安徽三省先后报道发现大豆疫霉，其危害以黑龙江、福建为烈。三省大豆疫霉在形态及生理特性上有何异同，迄今未知。笔者对安徽、福建及黑龙江三省的大豆疫霉菌株进行了形态特征及生物学特性的比较研究，旨在明确不同来源的大豆疫霉菌株的形态特征及生物学特性是否存在差异，为三省的大豆疫霉的基础研究提供试验依据，并为大豆疫病的综合防治提供参考。主要研究结果如下：

1　不同温度对大豆疫霉菌丝生长的影响

测定了来源不同的大豆疫霉菌株在不同温度条件下在培养基上菌丝生长速率。结果表明：安徽菌株 HY25、HY22 和 GZ16-2 的最适生长温度范围为 25~30℃，HY11-2 的最适生长温度为 20~25℃；黑龙江菌株中，1、3 号菌株最适生长温度为 25~30℃，而 2、4 号菌株在温度为 20~25℃时更适宜生长；福建菌株最适生长温度多为 25~30℃，其中 YY1460 在温度为 20~30℃时都适宜生长。致死温度的测定结果表明，各供试菌株的致死温度有一定差异。福建菌株的致死温度均为 50℃/10min。安徽菌株中 GZ16-2 和 HY11-2 的致死温度为 49℃/10min，而 HY22 和 HY25 的致死温度为 50℃/10min。黑龙江菌株中，1、3 号菌株的菌丝致死温度为 48℃/10min，2、4 号菌株的菌丝致死温度为 49℃/10min。

2　不同 pH 值对大豆疫霉菌丝生长的影响

试验结果表明，各省供试菌株在不同的 pH 值上的菌丝生长速率和菌落形态都有明显的差异出现。供试大豆疫霉菌株在 pH 值=4~11 均能生长，均在 pH 值=4 和 pH 值=11 时生长情况最慢，在 pH 值= 6~8 时生长较快，当 pH 值=7 时最适合菌丝的生长。福建省大豆疫霉病菌在中性偏酸的环境下比中性偏碱的环境中生长的快。安徽和黑龙江省供试菌株在 pH 值=4 的条件下供试菌株的菌落直径均小于 20mm，在偏碱性环境的条件下，菌株的生长比偏酸性环境条件生长更快。虽然各菌株都能够在偏酸和偏碱的环境下生长，但偏碱的环境下，菌落菌丝纤细、结构稀疏、分布不均匀且边缘不规则。

3　不同培养基营养条件对大豆疫霉菌丝生长及产孢的影响

黑龙江供试菌株 1、2 号菌丝在利马豆培养基（LBA）上生长最快，平均速度分别为 9.62mm/d 和 10.57mm/d，3、4 号菌株在马铃薯培养基（PDA）上生长最快为，平均速度分别为 10.17mm/d 和 9.76mm/d。安徽供试菌株 HY11-2 在燕麦培养基（OMA）上的生长速率最快，达到了 11.20mm/d，HY22、GZ16-1 和 HY25 在蔬菜汁培养基（V8）的生长速率最快，为

* 基金项目：公益性行业（农业）科研专项（201303018）
** 通信作者：高智谋，教授，主要研究方向为真菌学及植物真菌病害；E-mail：gaozhimou@126.com

11. 42mm/d、10. 25mm/d 和 11. 28m/d。福建供试菌株 BS1450、BS1428 和 YY1460 在 V8 培养基上的生长速率最快，菌丝生长速率分别为 10. 31mm/d、10. 88mm/d 和 11. 36mm/d，LK1518 在 LBA 上的长势最好，平均为 8. 86mm/d。结果说明，不同培养基对大豆疫霉菌株的菌丝生长和卵孢子产量均有显着影响，不同来源菌株之间也存在显着差异。菌丝生长速率与卵孢子产量的相关分析表明，两者之间的相关性不显著。

4　不同来源的大豆疫霉菌株孢子囊的形态差异

测定结果表明，福建菌株 LK1518 和安徽菌株 HY22、HY25 以及黑龙江菌株 2、3 所产生的孢子囊形态类似，多数为多椭圆形、梨形或者类似球形，孢子囊乳突不明显。除这 5 个菌株之外，其余的 7 个菌株均有明显乳突结构。各菌株的孢子囊形态除了有无乳突的区别之外，没有其他的形态上的差异。虽然各菌株的孢子囊大小、长、宽以及柄长和乳突均有明显的区别，但其平均值并没有显著差异。

5　不同来源的大豆疫霉菌株致病力的差异

采用下胚轴创伤接种法，测定了安徽、福建和黑龙江菌株对合丰 35 大豆植株的致病力。结果表明，福建菌株 BS1450 和安徽菌株 HY25 所致病斑直径相较于其他菌株所致的病斑直径更大，说明其致病力较强；而黑龙江省的 1、3 和 4 号菌株所致病斑直径较小，即对大豆的致病力较弱。

Identification of the regulatory network of lncRNAs-miRNAs-mRNA in tomato-*Phytophthora infestans* interaction*

Cui Jun[1**], Jiang Ning[1], Meng Jun[2], Luan Yushi[1***]

(1. *School of Life Science and Biotechnology*, *Dalian University of Technology*, *Dalian* 116024, *China*; 2. *School of Computer Science and Technology*, *Dalian University of Technology*, *Dalian* 116024, *China*)

Abstract: Plant ncRNAs (miRNAs and lncRNAs) play important roles in plant-pathogen interaction. In this study, we used two RNA-Seq datasets, tomato inoculated with and without *P. infestans* (SpPi and Sp) obtained from our group, to identify 9331 lncRNAs. Of these lncRNAs, a total of 196 DELs in SpPi sample compared with Sp sample (P-value < 0.05 and a two-fold change), including 115 up-regulated lncRNAs and 81 down-regulated lncRNAs in SpPi sample. Previous study showed lncRNAs were preferentially located next to genes that they regulated. We found that 148 differential expressed lncRNAs might regulate 763 genes, which compose 130 modules. LncRNAs can decoy miRNAs via the eTM sites in lncRNAs. The eTMsusually contain bulges or mismatches in the middle of the miRNA binding sites during binding between lncRNAs and miRNAs. A total 45 miRNAs could be decoyed by 98 lncRNA. Interaction networks showed that 38 miRNA-lncRNA duplexes were formed. Degradome sequencing was performed to identify the target genes of miRNAs. We first predicted the putative cleavage sites in target mRNAs using TargetFinder. The result showed that 994 genes were predicted to be acquired for 155 miRNAs. After the degradome density file was generated using CleaveLand, the results of target genes and the degradome density were compared to identify the significant hits. 62 miRNAs could target 130 genes including 152 cleavage sites on predicted targets. The GO enrichment analysis was performed used the genes regulated by lncRNAs and targeted by miRNAs. The results showed only two GO terms, metabolic process and transcription regulator activity were enriched, and then the genes from these two GO terms were used to perform the KEGG pathway analysis. These genes were mainly assigned with Metabolic pathways, Biosynthesis of secondary metabolites, Plant-pathogen interaction and other pathways. These results will benefit not only understanding the molecular mechanisms of tomato-*P. infestans* interaction but also future molecular breeding.

* Funding: National Natural Science Foundation of China (Nos. 31471880 and 61472061)

** First author: Cui Jun, Ph. D candidate; E-mail: cuijun@mail.dlut.edu.cn

*** Corresponding author: Luan Yushi; E-mail: luanyush@dlut.edu.cn

黑龙江东部大豆疫霉生理小种及遗传多样性时空动态分析*

赵钰琦，贾梦填，高新颖，张　斌，文景芝**
（东北农业大学农学院，哈尔滨　150030）

摘　要：近年来，大豆疫霉根腐病已严重制约黑龙江大豆经济发展。大豆疫霉变异度高，毒性结构变化迅速，导致许多已知抗病基因失去抗病性。因此，监测黑龙江省主要发病区大豆疫霉生理小种及致病型和遗传多样性随时间和空间而变化的规律，对于合理利用抗病品种控制大豆疫霉根腐病具有重要意义。

本试验连续4年定点采集黑龙江东部发病较严重的4个代表性地块（两块大豆生产田和两块大豆品种试验田）土壤样品，采用叶碟诱捕法和下胚轴伤口接种法诱集和鉴定大豆疫霉。利用8个通用鉴别寄主鉴定大豆疫霉生理小种和毒性结构，同时利用8对SSR引物对所有供试菌株进行遗传多样性分析。结果表明，497株大豆疫霉属于135种毒性结构，其中包含29个生理小种，1个中间类型（IRT）和105种新致病型。生理小种分离频率范围为0.2%~3.2%，优势度不明显，其中16、18、22、28和35号生理小种第一次在中国被报道。只有27.8%~33.4%的菌株对*Rps*1k、*Rps*3a、*Rps*1c和*Rps*6基因有毒性，说明含有*Rps*1k、*Rps*3a、*Rps*1c和*Rps*6基因的大豆品种适宜应用在黑龙江东部大豆生产中。所有供试菌株可克服1~6个不等的*Rps*基因，其中68.7%的菌株可克服1~3个*Rps*基因，其余菌株（31.3%）可克服4~6个*Rps*基因，由此推断黑龙江东部大豆疫霉群体致病力偏弱。通过SSR分子标记技术扩增出123个条带，其中有110个为多态性条带，多态性比率为89.43%，基因多态性位点主要集中在700 bp、450 bp和350 bp，在450 bp处基因多样性最为复杂。

随时间推移黑龙江东部大豆疫霉生理小种和致病型分化迅速，可克服更多的*Rps*基因，单株毒性和群体致病力均增强；试验田单株毒性和群体致病力比生产田稍强。遗传变异分析结果表明黑龙江省东部大豆疫霉群体具有丰富的遗传多样性，随时间推移发生显著变异，遗传多样性和基因变异频率相应提高，群体发生明显进化。试验田群体基因变异频率和遗传变异程度略高于生产田群体，表明其遗传多样性丰富程度略高于生产田群体。

关键词：黑龙江东部；大豆疫霉；生理小种；遗传多样性；时空动态

---

* 基金项目：公益性行业（农业）科研专项（201303018）；国家自然科学基金（31670444，31370449）

** 通信作者：文景芝，女，教授，博士，博士生导师，研究方向为大豆疫霉根腐病；E-mail：jzhwen2000@163.com

种子分泌物对大豆疫霉的影响及其与抗病性的关系*

徐 莹，张卓群，宋光梅，文景芝**
（东北农业大学农学院，哈尔滨 150030）

摘　要：大豆疫霉（*Phytophthora sojae*）以卵孢子在病残体或土壤中越冬并作为初侵染源，当土壤温湿度适宜时，卵孢子萌发形成孢子囊，孢子囊由顶端孔口释放出游动孢子，游动孢子游动一段时间后便可成囊、萌发，产生芽管穿透寄主表皮侵入。大豆疫霉可侵染整个生育期大豆，出苗前侵染种子引起烂种，出苗后侵染根部和茎基部导致地上部枯萎死亡。为分析种子分泌物对大豆疫霉生长发育及侵染行为的影响，阐明这种影响与抗病性的关系，选用寄主大豆感病品种 Sloan、抗病品种 Williams82 及非寄主菜豆紫花油豆、玉米绥玉 23，测定其种子分泌物对大豆疫霉菌丝生长、卵孢子形成及萌发、游动孢子趋化行为及侵染行为的影响。结果表明，寄主和非寄主种子分泌物对大豆疫霉生长发育和侵染行为的影响有明显差异。寄主抗、感品种种子分泌物均能促进大豆疫霉发育行为变化从而促进侵染，但是抗、感品种之间存在显著差异，抗病品种种子分泌物对游动孢子的吸引量显著低于感病品种，且与感病品种相比，抗病品种种子分泌物显著抑制卵孢子形成、萌发及孢囊萌发，说明大豆种子分泌物与寄主抗病性程度密切相关，寄主大豆对大豆疫霉的抗病性一部分是由种子分泌物决定的。非寄主菜豆种子分泌物不吸引游动孢子，玉米种子分泌物对游动孢子有驱避作用，二者对大豆疫霉生长发育的抑制作用也有显著差异，玉米种子分泌物显著抑制大豆疫霉菌丝生长及卵孢子形成，而菜豆种子分泌物促进游动孢子无效成囊并有溶菌现象，从而导致孢囊无法萌发产生芽管。以上结果说明种子分泌物是决定大豆疫霉寄主选择性的关键因素之一，寄主与非寄主抗病机制不尽相同，非寄主间也存在明显差异。通过下胚轴伤口和叶片无伤接种，发现寄主大豆感病品种种子分泌物不影响游动孢子正常侵染寄主，发病率达 90%以上，而非寄主菜豆种子分泌物阻碍游动孢子对寄主的侵染，发病率仅 0%~20%，且发病时间推迟。说明非寄主菜豆对大豆疫霉的抗性一部分是由于其分泌物对游动孢子的溶解作用。

关键词：大豆疫霉；种子分泌物；抗病性；寄主选择性；趋化作用

---

* 基金项目：国家自然科学基金（31670444，31370449）

** 通信作者：文景芝，女，教授，博士，博士生导师，研究方向为大豆疫霉根腐病；E-mail：jzhwen2000@163.com

The competition under the mixed-genotype infectionsin *Phytophthora infestans*[*]

Duan Guohua[1,2**], Yang Lina[1,2], Zhan Jiasui[1,2***]

(1. *State Key Laboratory of Ecological Pest Control for Fujian and Taiwan Crops*, *Fujian Agriculture and Forestry University*, *Fuzhou* 350002, *China*; 2. *Fujian Key Laboratory of Plant Virology*, *Institute of Plant Virology*, *Fujian Agricultural and Forestry University*, *Fuzhou* 350002, *China*)

Abstract: Mixed-genotype pathogens infections are common in the nature. It is intricate interaction between the different genotype pathogens in the mixed-genotype infection. Competition mayoccuramong the different genotype infection for the limited resource. To better understand interplay between the different genotypes in the mixed-genotype infectionsof *Phytophthora infestans*, we identified the Sporangium number and specific genotype in the mixed-genotype infectionson 144h after inoculating. The result showed that only one genotype Sporangium hadan advantage in the number under mixed-genotype infections. The number of main-genotype Sporangium was higher than others in the mixed-genotype infections, which indicating that maingenotype had obvious anadvantage in the competition.

Key words: Mixed-genotype; Competition; *Phytophthora infestans*

* The project was supported byNational Natural Science Foundation of China (No. 31761143010)

** First author: Duan Guohua, Ph. D student, major in plant pathology; E-mail: 1174862857@ qq. com

*** Corresponding author: Zhan Jiasui, mainly engaged in population genetics; E-mail: Jiasui. zhan@ fafu. edu. cn

不同海拔马铃薯致病疫霉效应子 *AVR2*，*AVR3a*，*PI*04314 及 *PI*02860 的群体遗传结构分析

黄艳媚，李　源，周世豪，杨丽娜，欧阳海兵，刘　浩，詹家绥
（福建农林大学植物病毒研究所/福建省植物病毒学国家重点实验室，福州　350002）

摘　要：致病疫霉基因组至少含有 550 个 RXLR 效应子。自从发现效应子 AVR3a 功能及寄主互作蛋白后，其他效应子的功能也陆续报道出来。但是对致病疫霉效应子群体遗传结构及演化的研究相对较少，且大多是对不同国家和地区的致病疫霉菌株的研究，对同一地区不同海拔高达的研究极少，不同海拔的病原菌所生存的环境差异很大，本研究以致病疫霉效应子 *AVR*2，*AVR*3*a*，*PI*04314，*PI*02860 为研究对象，了解中国云南同一山峰不同海拔致病疫霉效应子群体遗传结构、种群分化机制及种群分化与寄主的关系。

（1）本研究组在 2016 年晚疫病发病中期于云南宣威（E 104°，N 26°）按照海拔（跨度 700m）不同划分 5 个群体，共采集 354 个致病疫霉样本，后对效应子基因 *AVR*2，*AVR*3*a*，*PI*04314，*PI*02860 等进行扩增测序。

（2）效应子基因的群体遗传结构：分析 5 个群体的 *AVR*2，*AVR*3*a*，*PI*04314，*PI*02860 效应子基因的核苷酸、氨基酸、单倍体多样性及其空间分布，估算效应子基因种群分化系数，构建效应子基因单倍体网络。

（3）效应子基因种群分化机制：分析 *AVR*2，*AVR*3*a*，*PI*04314，*PI*02860 效应子基因同义与非同义突变的比例，中性检测系数，有效群体量的历史变迁，群体间遗传物质的交换程度及流向，地理间隔和遗传物质交换程度的相关性，以明确突变、自然选择、瓶颈效应和基因流在效应子基因种群分化中的作用。

关键词：致病疫霉；效应子；群体遗传结构；海拔

云南致病疫霉 RXLR 效应子 *Pi*02860 遗传多样性分析

刘　浩*，黄艳媚，范玉萍，杨丽娜，欧阳海兵，詹家绥**
（福建农林大学植物病毒研究所/福建省植物病毒学国家重点实验室，福州　350002）

摘　要：马铃薯是我国重要的粮食作物，由致病疫霉引起的马铃薯晚疫病是马铃薯的毁灭性病害，效应子是病原菌侵染寄主过程中分泌的、破坏寄主免疫、促进自身侵染的小分子蛋白，在病害发生和流行过程中起至关重要的作用；*Pi*02860 是致病疫霉 RXLR 核心效应子，全长 136 个氨基酸，在侵染寄主第二天其表达量显著上调，显著抑制寄主 INF1 引起的基础免疫，并显著促进自身的侵染。

本研究对采自云南同一地点、不同海拔的 5 个致病疫霉群体 354 个菌株的 *Pi*02860 基因进行扩增测序，综合遗传学、生物学及生物信息学的研究方法对 *Pi*02860 进行研究。通过分析 *Pi*02860 核苷酸及氨基酸序列了解其遗传多样性、变异类型、受到的选择压力类型，通过不同温度处理，分析温度对 *Pi*02860 表达量的影响。结果发现 *Pi*02860 变异类型主要是核苷酸的替换和缺失。核苷酸多样性分布在 0.001 65~0.002 74，单倍型多样性分布在 0.549 9~0.679 1。354 个样本中检测到 21 个不同单倍型，其中频率最高的单倍型为 H_1（频率高达 54.24%），频率最低的单倍型为 H_5 - H_21（频率仅 0.28%）。随着海拔的增高，*Pi*02860 多态性越来越丰富，其单倍型数、群体特有单倍型数、核苷酸多样性与海拔均呈显著正相关。使用 IFEL、MEME、REL 三种方法进行选择压力分析，发现第 48 个密码子可能受到正向选择压力。

关键词：致病疫霉；效应子；遗传多样性

* 第一作者：刘浩，男，硕士研究生，主要从事分子植物病理学研究；E-mail：15053249167@ qq. com
** 通信作者：詹家绥，教授，主要从事群体遗传学研究；E-mail：Jiasui. zhan@ fafu. edu. cn

Mixed-genotype infections in *Phytophthora infestans**

Liu Yuchan[1,2**], Duan Guohua[1,2], Sun Danli[1,2], Yang Lina[1,2], Zhan Jiasui[1,2***]

(1. *State Key Laboratory of Ecological Pest Control for Fujian and Taiwan Crops*, *Fujian Agriculture and Forestry University*, *Fuzhou* 350002, *China*; 2. *Fujian Key Laboratory of Plant Virology*, *Institute of Plant Virology*, *Fujian Agricultural and Forestry University*, *Fuzhou* 350002, *China*)

Abstract: Potato late blight caused by the Oomycete pathogen *Phytophthora infestans* is the most devastating disease in the potato. Currently, it is the most important disease to restrict the industrial developing of the potato, therefore it is significant for our country potato staple food strategy how to control and prevent potato blight. In this study, simultaneous attack and co-infection by several *Phytophthora infestans* genotypes which is called mixed-genotype infections has been studied. Though comparison of mixed-genotype (more than a pathogen genotype identified by SSR) and single genotype infection, we found that, 144h after inoculating, the relative lesion area of mixed-genotype infection is larger than the single-genotype. The result revealed that disease severity and virulence of mixed-genotype infections were stronger than infection by the same genotype alone in *Phytophthora infestans*.

Key words: *Phytophthora infestans*; Mixed-genotype infection; Potato late blight

* The project was supported byNational Natural Science Foundation of China (No. 31761143010)

** First author: Liu Yuchan, graduate student, major in molecular plant pathology; E-mail: 693339612@ qq. com

*** Corresponding author: Zhan Jiasui, Professor; E-mail: Jiasui. zhan@ fafu. edu. cn

不同温度下致病疫霉效应子 *Pi*02860 表达差异的研究*

欧阳海兵**，王艳平，范玉萍，谢家慧，孙丹丽，杨丽娜，詹家绥***
（福建农林大学植物病毒研究所，福建省植物病毒学国家重点实验室，福州　350002）

摘　要：马铃薯是重要粮食作物，由致病疫霉引起的晚疫病是马铃薯上毁灭性病害，也是国际第一大作物病害，其防治难度大，危害程度高，对社会的影响深远。致病疫霉效应子是致病疫霉菌攻击马铃薯的重要武器，其快速变异和进化是马铃薯垂直抗性丧失的主要原因，分子信息学预测致病疫霉基因组内至少含有 550 个 RXLR 效应子。*Pi*02860 是致病疫霉 RXLR 核心效应子，然而其抗性基因尚未发掘，而非生物因素—温度，是决定病原菌种群分化和作物病害爆发的关键因子，对植物-病原菌互作有重要影响。

本文采用分子生物学方法，研究 *Pi*02860 及其 15 个突变体的功能，通过构建表达载体，利用农杆菌介导的方法在本氏烟草上进行瞬时表达，检测各突变体对寄主 INF1 引起的免疫抑制作用，对晚疫病菌侵染的促进作用以及其亚细胞定位情况。研究表明，效应子 *Pi*02860 及其突变体促进致病疫霉的侵染；对烟草免疫系统的抑制作用；突变体亚细胞定位于细胞质和细胞核中。同时研究不同温度下 *Pi*02860 表达量的差异。即用 14 个晚疫病菌分别在 10℃、18℃、25℃三个不同温度下侵染离体马铃薯叶片，通过 RT-qPCR 检测效应子 *Pi*02860 的基因表达量。研究发现，不同温度下，不同单倍型的晚疫病菌株关于 *Pi*02860 表达量存在很大差别，在侵染后第二天，50%以上的菌株在 10℃表达很高，20%的菌株在 18℃或 25℃下有所表达，但表达量相对较低，20%的菌株基本不表达，结果显示，菌株特异性表达效应子 *Pi*02860；温度对 *Pi*02860 表达有重要影响，相对于 18℃和 25℃，10℃下 *Pi*02860 表达量更高。

关键词：致病疫霉；效应子；温度

---

* 基金项目：国家自然科学基金；国家博士后创新人才计划；国家马铃薯产业体系

** 第一作者：欧阳海兵，硕士研究生，研究方向：群体遗传及分子生物学；E-mail：15980617028@163.com

*** 通信作者：詹家绥，教授，研究方向：群体遗传学；E-mail：Jiasui.zhan@fafu.edu.cn

Mitochondrial haplotype of *Phytophthora infestans* from different altitudes and varieties*

Shen Linlin**, Wang Tian, Zou Shihao, Sun Danli,
Oswald Nkurikiyimfura, Wang Yanping, Zhan Jiasui***
(*Fujian Key Laboratory of Plant Virology, Institute of Plant Virology, Fujian Agricultural and Forestry University, Fuzhou* 350002, *China*)

Abstract: Late blight, caused by *Phytophthora infestans* is the devastating disaster of potato (*Solanum tuberosum*), which severely limited the development of the potato industry. Understand the population structure of *P. infestans* is of great significance to control potato late blights scientifically. In this study, mitochondrial DNA haplotypes of *P. infestans* in 350 isolates collected from five altitudes in Yunnan, China were detected by PCR. Three haplotypes including IR1, IR2 and IR3 were detected, with 41.14%, 58.29% and 0.57%, respectively. The chi-square test of mitochondrial haplotype frequency among different varieties and regions showed that the distribution of mitochondrial haplotypes of IR1, IR2, and IR3 was not related to potato varieties, but might be related to geographical origin. In addition, There was a significant "U" shape relationship between the frequency of IR1 mitochondrial haplotype and altitude. On the other hand, the relationship between the frequency of IR2 mitochondrial haplotype and altitude showed bell distribution.

Key words: *Phytophthora infestans*; Mitochondrial haplotype; Altitude; Variety

---

* Funding: The project was supported by National Natural Science Foundation of China (No. 31761143010)

** First author: Shen Linlin, female, Master student, research direction for potato late blight; E-mail: 15980617018@163.com

*** Corresponding author: Zhan Jiasui, Professor, research interests for population genetics; E-mail: Jiasui.zhan@fafu.edu.cn

The adaptation of *Pytophthora infestans* from different altitudes to UV light*

Wang Yanping**, Wu Ejao, OuYang Haibing, Wang Tian, Xie Jiahui, Shen Linlin, Zhan Jiasui***

(*Fujian Key Laboratory of Plant Virology, Institute of Plant Virology, Fujian Agricultural and Forestry University, Fuzhou* 350002, *China*)

Abstract: Potato is one of the staple food crops in China, and it is becoming increasingly important with the implementation of staple food strategy. Late blight caused by *Phytophthora infestans* is the most devastating disease of potato, which occurs in all major growing areas all over the world. In 1840 s, more than one million people died of starvation in Ireland and about two millions people migrated to other countries as a result of the famine caused by the spread of late blight pathogen. The occurrence and epidemic of potato late blight are closely related to the composition and adaptation of *P. infestans*. In recent years, ozone depletion caused by air pollution, increased the intensity of ultraviolet irradiation on the earth. Effect of altitude on the UV adaptation of *P. infestans* was explored the 150 distinct genotypes (30 from each altitude) were selected from 350 isolates collected from different five altitudes in Yunnan Province in 2016. This project tried to analyses the effects of ultraviolet (UV) irradiation on the genetic diversity and spatial distribution of *P. infestans* populations at different altitudes to clarify the composition and evolutionary mechanism of *P. infestans* populations, and try to find the theoretical basis for the control of potato late blight. The results showed that the growth rate of *P. infestans* was negatively correlated with the UV irradiation time. *Phytophthora infestans* at different altitudes had different adaptability to different UV irradiation treatments. *P. infestans* from the lowest altitude had stronger resistance to UV irradiation. The population differentiation for UV adaptation (Q_{ST}) value (0.221) for five altitudes was greater than the population differentiation for neutral SSR markers (F_{ST}) value (0.164). There was a significant positive correlation between the Q_{ST} value of the two altitudes and the relative difference between the altitudes of the two altitudes (r=0.662, P=0.037 <0.05). The pathogen area of *P. infestans* at different altitudes increased first and then decreased with the increase of UV dose. The average diseased area of *P. infestans* at different altitudes under different UV irradiation times was significant at the level of 0.05. Compared with the control, the pathogenicity of *P. infestans* at all altitudes decreased after UV irradiation. UV irradiation delayed the incubation period of *P. infestans* populations.

Key words: *Phytophthora infestans*; Altitudes; UV adaptability; Phenotypic plasticity; Genetic diversity; Q_{ST}/F_{ST} analysis

* Funding: The project was supported by National Natural Science Foundation of China (No. U1405213 and 31761143010)

** First author: Wang Yanping, master student, Major in Plant Pathology; E-mail: 18850222829 @ 163. com

*** Corresponding author: Zhan Jiasui, Professor, research interests for population genetics; E-mail: Jiasui. zhan@ fafu. edu. cn

Thermal adaptation strategies and evolutionary potential of the Irish potato famine pathogen *Phytophthora infestans*[*]

Wu Ejiao[1,2**], WangYanping[1,2], Liu hao[1,2],
Sun Danli[1,2], TianJichen[1,2], Lin Ziwei[1,2], ZhanJiasui[1,2***]

(1. *State Key Laboratory of Ecological Pest Control for Fujian and Taiwan Crops*, *Fujian Agriculture and Forestry University*, *Fuzhou* 350002, *China*; 2. *Fujian Key Laboratory of Plant Virology*, *Institute of Plant Virology*, *Fujian Agricultural and Forestry University*, *Fuzhou* 350002, *China*)

Abstract: Climate change has been predicted to increase the average air temperatures in coming decades, it is likely that many natural ecosystems, food production and biotic interactions will be affected, including diseases. Here, we used combined statistical genetics, experimental evolution and a common garden experimental design with digital image analysis present a novel analysis of thermal responses of potato late blight pathogen, *Phytophthora infestans*, to five changing temperatures for aggressiveness test in 140 strains from seven field populations. We found that different temperatures significantly affected the lesion area of detached leaflet and phenotypic plasticity played a more important role than heritability in the thermal adaptation of *P. infestans*. The seven field populations showed similar pattern in response to five different temperatures. We also found a gradient adaptation of *P. infestans* to temperature profile such that the growth rate of the pathogen was negatively associated with its AUDPC for aggressiveness, while highest experiment temperature selected for highest pathogen aggressiveness and at the annual mean temperature of 19℃ which is the optimum temperature for pathogen growth on rye B showing highest aggressiveness. Our results indicated that epidemics of the Great Irish Famine disease (potato late blight) would thus only be have limited affected as a result of global warming.

Key words: *Phytophthora infestans*; Aggressiveness; Thermal adaptation; Pathogen evolution, AUDPC; Genetic differentiation; Q_{ST}/F_{ST} analysis and diversifying selection

---

* The project was supported by National Natural Science Foundation of China (No. 31761143010)

** First author: Wu Ejiao, PhD student, major in plant pathology; E-mail: wej2012fafu@163.com

*** Corresponding author: Zhan Jiasui, mainly engaged in population genetics; E-mail: Jiasui.zhan@fafu.edu.cn

Mitochondrial Haplotype of *Phytophthora infestans* from Yunnan and Fujian*

Zou Shihao**, Shen Linlin, Huang Yanmei, Wang Tian,
Cai Mingming, Chen Meiling, Zhan Jiasui***

(*Fujian Key Laboratory of Plant Virology, Institute of Plant Virology, Fujian Agricultural and Forestry University, Fuzhou* 350002, *China*)

Abstract: Potato late blight is caused by *Phytophthora infestans*, which is a devastating disease happened in every main production areas of potato worldwide. Scientifically, study of population structure of *P. infestans* is very important to understanding and control of potato late blight. *P. infestans*, 404 isolates were collected from Huize, Yunnan, Fuqing, Fujian province of China, for the study of mitochondrial haplotypes. Three mitochondrial haplotypes including IR1, IR2, and IIR3 were detected by PCR technique. Two haplotypes IR1 (82.07%) and IR2 (17.93%) were investigated from 184 isolates those belong to Huize, Yunnan, but IIR3 only one haplotype detected from 220 isolates, those collected from Fuqing, Fujian. It's suggesting that, type I and type II mitochondrial haplotypes of *P. infestans* may be related to geographic origin. At the same time, the distribution of IR1 and IR2 mitochondrial haplotypes of *P. infestans* in Yunnan had no correlation with potato varieties.

Key words: *Phytophthora infestans*; Mitochondrial haplotype; Geographic origin; Variety

---

* Funding: The project was supported by National Natural Science Foundation of China (No. 31761143010)

** First author: Zhou Shihao, male, Master student, major in plant pathology; E-mail: zsh11234567@163.com

*** Corresponding author: Zhan Jiasui, Professor, research interests for population genetics; E-mail: Jiasui.zhan@fafu.edu.cn

白及疫病病原菌鉴定及化学药剂筛选

霍 行*，张耀文，李凤芳，刘晨雨，黎起秦，林 纬，袁高庆**
（广西大学农学院，南宁 530005）

摘 要：2017 年在广西资源和南宁的白及种植地发生一种病害，多从叶尖或叶缘始发，初为水渍状，之后扩展形成不规则形褐色至黑褐色大斑，最后病叶湿腐；病斑也可从茎基部向心叶扩展，造成心腐，病株易拔起；湿度大时病部可见稀疏白色霉层，镜检为疫霉。条件合适时病情扩展速度很快。目前国内外对白及病害的研究较少，本文对该病病原进行鉴定并开展化学药剂的室内筛选，为防治该病提供科学依据。本研究采用选择性培养基从不同发病植株上分离获得 4 株菌株（phy1、phy2、phy3 和 phy4），形态特征主要表现为：孢子囊卵圆形或球形，有乳突，平均大小为 40. 6μm×34. 9μm，可产生游动孢子，休止孢子球形，直径平均为 9. 8μm；藏卵器球形，直径平均为 19. 5μm；雄器近球形或圆筒形，围生，平均大小为 11. 7μm×9. 5μm；卵孢子球形，直径平均为 17. 2μm，满器或不满器；可产生近球形厚垣孢子，平均大小为 18. 1μm×17. 3μm。对 4 株菌株的 *ypt*1 基因、*coxI* 基因和 rDNA-ITS 基因序列进行测定（GenBank 中登录号为 MG765402～MG765413），BLAST 比对显示与 *Phytophthora nicotianae*（DQ162981、AY564196、KC248202 等）的同源性为 99%～100%，多基因系统进化分析表明 4 株菌株均为 *P. nicotianae*。致病性测定结果显示，4 株菌株对白及叶片均表现出较强致病性，重新分离又获得同样菌物。结合形态学特征、多基因分子系统发育分析以及致病性测定结果，确定发生在广西的白及新病害是由烟草疫霉引起的白及疫病。

对代表菌株进行了生物学特性测定和化学药剂室内筛选。该病原菌最适培养基为 V8 培养基，生长温度范围为 15～37℃，最适生长温度为 28℃；生长 pH 值范围为 2～11，最适生长 pH 值为 7；最适碳源和氮源分别为淀粉和蛋白胨，黑暗条件下菌丝生长较好。用生长速率法初步测定了 22 种杀菌剂对白及疫病菌的抑制作用，发现病菌对氟噻唑吡乙酮、申嗪霉素、烯酰吗啉 · 嘧菌酯和噁霜锰锌等 4 种药剂比较敏感。测定了这 4 种杀菌剂对白及疫病病菌的毒力，氟噻唑吡乙酮的 EC_{50} 最小，为 0. 0142μg/mL，噁霜锰锌的 EC_{50} 最大，是 11. 156μg/mL，申嗪霉素和烯酰吗啉 · 嘧菌酯的 EC_{50} 分别为 1. 286μg/mL 和 4. 112μg/mL。

关键词：白及；烟草疫霉；多基因系统进化分析；生物学特性；室内毒力

* 第一作者：霍行，硕士研究生，研究方向为植物病害防治；E-mail：441730439@ qq. com
** 通信作者：袁高庆，副教授，研究方向为植物病害防治；E-mail：ygqtdc@ sina. com

Phytophthora sojae effector PsAvh240 inhibits secretion of a host immune aspartic protease to promote infection

Guo Baodian[1*], Wang Haonan[1], Yang Bo[1], Jing Maofeng[1], Li Haiyang[1], Jiang Wenjing[1], Hu Qinli[2], Wang Fangfang[2], Wang Yan[1], Ye Wenwu[1], Dong Suomeng[1], Xing Weiman[2], Wang Yuanchao[1]

(1. *Department of Plant Pathology*, *Nanjing Agricultural University*, *Nanjing* 210095, *China*; 2. *Shanghai Center for Plant Stress Biology*, *Shanghai Institutes for Biological Sciences*, *Chinese Academy of Sciences*, *Shanghai* 201602, *China*)

Abstract: Plants secrete defense molecules into extracellular space (apoplast) to combat attacking microbes. Nowadays, how successful pathogens subverting plant apoplast immunity remains poorly known. Here we show that a virulence effector PsAvh240, secreted by soybean pathogen *Phytophthora sojae*, forms a dimer in plant plasma membrane. PsAvh240 significantly promotes Phytophthora sojae infection by targeting a soybean aspartic protease GmAP1, an apoplastic protein that contributes to soybean resistance against *P. sojae*. PsAvh240 homodimer inhibits the secretion of GmAP1 in plant plasma membrane. Based on the insights revealed by 3-dimension structure of PsAvh240 protein, we could understand more details about how PsAvh240 functions as a barrier in plant plasma membrane to prevent immune protein secretion. Overall, our work highlights an example on how pathogen effectors interfering with plant apoplastic immunity during pathogen counter-defense.

* First author: Guo Baodian; E-mail: 2016202012@ njau. edu. cn

Unravel how *Phytophthora sojae* evade host detection based on avirulence gene diversity in field population study

Yang Jin[1,2*], Wang Xiaomen[1,2], Huang Jie[1,2], Lin Yachun[1,2], Kong Guanghui[1,2], Ye Wenwu[1,2], Dong Suomeng[1,2], Wang Yan[1,2], Zheng Xiaobo[1,2], Wang Yuanchao[1,2]

(1. *Department of Plant Pathology*, *Nanjing Agricultural University*, *Nanjing* 210095, *China*; 2. *The Key Laboratory of Integrated Management of Crop Diseases and Pests*, *Ministry of Education*, *Nanjing* 210095, *China*)

Abstract: *Phytophthora sojae* is one of the destructive pathogens of soybean that is widely distributed in China. During infection, *P. sojae* secretes a large amount of cytoplasmic effectors and many of those could be recognized by plants. These effectors are in general known as avirulence (AVR) effectors. To achieve successful infection, *Phytophthora* pathogens tend to evade host defense by mutation of AVR effectors. To analyze the diversity of AVR effectors in *P. sojae* field population, we collected 81 isolates from three major soybean production areas in China. We found the AVR effector repertories are significantly different among these three regions. In addition, we analyzed the polymorphisms of two AVR effectors, i. e. *Avr1a* and *Avr1c* in the field population. We found multiple novel virulence and avirulence genotypes, which could be used as markers to determine the virulence of *P. sojae*. In combine infection assays with gene co-bombardment, we successful detected the key amino acids that determine the avirulence function of *Avr1c*. Collectively, the monitored variations of *Avr* genes in the field population provide insights how *Phytophthora* pathogens evade host detection and will help the deployment of soybean resistance cultivars in different growing regions.

* First author: Yang Jin; E-mail: 2014202020@njau.edu.cn

Glycosylation is a shield for *Phytophthora* apoplastic effector XEG1 and plays a role in the Decoy model

Xia Yeqiang*, Ma Zhenchuan, Sun Liang, Guo Baodian, Zhang Qi, Jiang Haibin, Zhu Lin, Wang Yan, Ye Wenwu, Dong Suomeng, Wang Yuanchao

(*Department of Plant Pathology*, *Nanjing Agricultural University*, *Nanjing* 210095, *China*)

Abstract: *Phytophthora* secretes a range of effectors into the extracellular and intracellular space of host plant. Previously, we found that PsXEG1, a *Phytophthora sojae* apoplastic effector, can trigger plant immunity and contribute to *P. sojae* virulence. Recently, we found that PsXEG1 protein has two forms, i. e. glycosylation and un-glycosylation. Although both glycosylated and un-glycosylated forms of PsXEG1 protein could be secreted into the plant extracellular space, only the glycosylated version is essential for PsXEG1-triggered plant immunity and *Phytophthora* virulence. In line with this, we found that glycosylation is also implicated in the binding of PsXEG1 to its host inhibitor GmGIP1 (an apoplastic glucanase inhibitor). These data collectively demonstrate that the glycosylation modification is essential in regulating the biological function of PsXEG1 in plant-pathogen interactions.

* First author: Xia Yeqiang; E-mail: 2016202017@ njau. edu. cn

宁夏地区酿酒葡萄霜霉病孢子囊时空飞散动态研究*

李文学[1**]，马　榕[2]，鲁梅姿[2]，顾沛雯[1***]
（1. 宁夏大学农学院，银川　750021；2 宁夏大学葡萄酒学院，银川　750021）

摘　要：宁夏贺兰山东麓作为酿酒葡萄明星产区，葡萄霜霉病的侵扰给酿酒葡萄的优质、高产带来极大挑战。本研究以宁夏贺兰山东麓主栽酿酒品种赤霞珠和霞多丽葡萄霜霉病病原孢子囊空间飞散为研究对象，揭露贺兰山东麓酿酒葡萄园葡萄霜霉病病原孢子囊空间飞散的规律。2015—2017 年采用定量风流式孢子捕捉仪对酿酒葡萄霜霉病病原孢子囊空中飞散密度进行捕捉，监测其时空扩散动态，初步探究酿酒葡萄霜霉病病原孢子囊飞散规律。研究结果表明：当日孢子囊在上午 10 时和晚 12 时形成两个飞散高峰，上午 10 时峰高于比晚 12 时；垂直高度方向的孢子囊飞散主要分布在近地面冠层，冠层及以上孢子囊飞散随高度增加而逐渐减少；田间孢子囊飞散在早期监测时呈随机分散且密度较低，随着田间病情发展孢子囊飞散形成多个较高水平捕孢中心；酿酒葡萄生长季孢子囊捕捉量空间分布曲线近似“钟”型，呈先上升后迅速下降到一个较低的水平。酿酒葡萄生长季葡萄霜霉病病原孢子囊空中飞散、空间分布与当地气候、海拔、田间农事操作等条件关系密切，本试验结果初步明确了宁夏贺兰山东麓酿酒葡萄霜霉病病原孢子囊的空中飞散、空间分布规律，为产区制定预防酿酒葡萄霜霉病的大发生和大规模流行策略起到一定理论指导作用。

关键词：葡萄霜霉病；孢子囊；空间分布；酿酒葡萄；宁夏贺兰山东麓

---

* 基金项目：宁夏自治区“十三五”重大科技项目——酿酒葡萄安全生产关键技术研究（2016BZ006）
** 第一作者：李文学，硕士研究生，主要从事植物病理学研究；E-mail：4101379@ qq. com
*** 通信作者：顾沛雯，教授，主要从事植物病理学研究；E-mail：gupeiwen2013@ 126. com

生姜茎基腐病研究*

胡鲜梅[1,2**]，张　博[1]，张悦丽[1]，祁凯[1]，马立国[1]，齐军山[1]，徐作珽[1]，李长松[1***]
（1. 山东省农业科学院植物保护研究所/山东省植物病毒学重点实验室，济南　250100；
2. 山东农业大学植物保护学院，泰安　271001）

摘　要：山东省近年来随着生姜种植面积的不断扩大，生姜病害的发生也呈现上升趋势，尤其是生姜茎基腐病的发生尤为严重，目前已成为生姜生产中的主要问题之一。作者在形态学观察、致病性测定及序列分析的基础上，对生姜茎基腐病病原菌进行研究，通过室内和田间防治试验对生姜茎基腐病的防治进行了探索，主要研究内容如下。

从山东省安丘生姜种植基地的不同发病地区，采集生姜茎基腐病病株60余株。分离纯化后，得到的病原菌腐霉菌株通过致病性测定符合Koch's法则。通过形态学观察和rDNA-ITS序列分析得到三种不同的病原菌腐霉，分别是刺腐霉（*Pythium spinosum*）、群结腐霉（*P. myriotylum*）、林栖腐霉（*P. sylvaticum*）。

采用菌丝生长速率法和活体组织法测定了甲壳胺对 *P. myriotylum*、*P. spinosum*、*P. sylvaticum* 的抑制作用，结果得到甲壳胺对3种腐霉均有抑制作用，抑制中浓度（EC_{50}）分别为422.7112mg/L、401.6995mg/L、446.9107mg/L。活体组织实验结果表明，甲壳胺可有效抑制生姜茎基腐病的生长。采用显微观察照相技术观察甲壳胺处理后的腐霉菌丝形态的变化。观察显示甲壳胺处理后的菌丝膨大、扭曲，分枝增多，菌丝内部出现空泡化。采用转录组测序技术比较用甲壳胺处理的群结腐霉病原菌菌和对照组的表达差异。对差异表达的基因进行了统计分析，结果共获得了770个差异表达基因，其中有237个上调基因，533个下调基因。将差异表达基因与GO数据库和KEGG数据库进行比对注释，经功能富集后发现，一些涉及跨膜运输有关的基因以及一些与跨膜运输有关的酶的活动发生改变。田间试验结果表明：土壤棉隆处理结合使用甲壳胺肥料对生姜茎基腐病的防效可达到98.02%，增产51.14%。相比较其他的药剂可以明显预防生姜茎基腐病的发生，从而提高产量。

---

* 基金项目：山东省重大科技创新工程（2017CXGC0207）；国家重点研发计划项目（2017YFD0201605）；山东省农业重大应用技术创新项目

** 第一作者：胡鲜梅，女，硕士研究生，主要从事蔬菜病害研究；E-mail：xianmeihu@163.com

*** 通信作者：李长松，硕士生导师，研究员，主要从事植物病害与防治研究；E-mail：lics1011@sina.com

福建地区大豆疫霉菌不同毒力菌株重测序分析*

蒋　玥[1,2**]，邓丽霞[2]，何　豆[1]，王荣波[2]，李本金[2]，陈庆河[1,2***]
（1. 福建农林大学植物保护学院，福州　350000；2. 福建省作物有害生物监测与治理重点实验室/福建省农业科学院植物保护研究所，福州　350003）

摘　要：在大豆的农业生产过程中，大豆根腐病对大豆的产量有极大的影响。大豆疫霉菌是大豆根腐病的重要病原菌，侵染寄主后可导致寄主根茎腐烂、枯萎，造成农作物品质下降、产量下降甚至绝产。目前，还未掌握大豆疫霉的致病机理，至今还没有科学有效的方法进行防治，是提高大豆产量的重要问题。

本实验利用高通量测序技术以 Ps6497 为参照基因序列菌株，对自 2002 年至 2018 年的 320 株采集于福建漳州和厦门同安的大豆疫霉菌进行分析。基于 SNP 构建系统发生树，比较菌株的进化关系，分析在一地的大豆疫霉菌的演化。寻找影响致病力强弱的大部分毒性基因以及致病基因在不同毒力菌株基因组上的分布。筛选出保守的强致病力靶标，为挖掘新的致病关键基因，为寻找合适抗源材料培育高抗品种打下理论基础。

关键词：大豆疫霉；重测序；演化；SNP

* 基金项目：国家自然科学基金（31772141）；福建省科技重大专项（2017NZ0003-1）；福建省属公益类科研专项（2016R1023-1）；福建省农科院植保创新团队（STIT2017-1-8）

** 第一作者：蒋玥，河南新乡人，博士研究生

*** 通信作者：陈庆河，研究员；E-mail：chenqh@faas.cn

荔枝霜疫霉中双组分信号系统的鉴定与表达分析*

王荣波**，陈姝樽，刘裴清，李本金，翁启勇，陈庆河***
（福建省作物有害生物监测与治理重点实验室/
福建省农业科学院植物保护研究所，福州　350003）

摘　要：荔枝霜疫霉病是目前荔枝生产上最重要的病害之一，该病严重影响荔枝品质、产量以及鲜果的贮运和外销。其病原菌为荔枝霜疫霉菌（*Peronophythora litchii* Chen *et al.*），属于卵菌，是一类进化上独特的真核病原微生物。虽然近年卵菌致病机制已取得重要进展，但对调控卵菌致病及生长发育的信号转导机制还知之甚少。双组分信号系统是一类主要由组氨酸蛋白激酶催化进行的信号转导系统，包括感受器和反应调节蛋白两个组分。其普遍存在于细菌、真菌、黏菌及高等植物中，并广泛参与细胞生理生化过程，包括渗透应答反应、细胞能动性、生长发育、细胞周期的控制、抗生素抗药性以及病原细菌和真菌的致病过程，但在卵菌中尚未有相关报道。本研究以荔枝霜疫霉为研究材料，运用生物信息学鉴定了其双组分信号转导系统的相关基因，并对其蛋白结构、保守序列位点及转录表达模式等进行了深入分析。结果表明，荔枝霜疫霉中分别具有杂合型组氨酸激酶 2 个和响应调节蛋白 1 个，但是没有鉴定到真菌和植物中独立存在的磷酸转移蛋白的同源基因，且与真菌在进化上相对独立；在荔枝霜疫霉 2 个组氨酸激酶的 N 端具有数十个连续重复的 PAS 和 PAC 基序，同时 C 端融合了一个磷酸转移功能域（Hpt），这显著区别于植物和真菌的结构特征，提示卵菌的双组分信号转导系统可能有别与其他真核生物。进一步发现，荔枝霜疫霉中的 3 个双组分系统相关基因在其侵染阶段上调表达，尤其是在侵染后期最为显著；与此同时，这 3 个基因都受到不同胁迫处理的诱导表达，表明疫霉的双组分系统参与了调控适应环境胁迫。同时发现，PlHHK2 显著响应渗透胁迫，而 PlHHK1 更倾向于响应氧化胁迫，表明荔枝霜疫霉通过不同的组氨酸激酶来感应不同的环境变化。

关键词：荔枝霜疫霉；双组分信号系统；鉴定；表达模式

---

* 基金项目：福建省农科院博士基金项目（DC2017-9）；福建省属公益类科研专项（2018R1025-8）；福建省自然科学基金项目（2018J05054）

** 第一作者：王荣波，山东泰安人，博士，助理研究员

*** 通信作者：陈庆河，研究员；E-mail：chenqh@ faas. cn

河北省致病疫霉群体无毒基因的测定与分布*

马 英**，杨志辉，李志芳，赵冬梅***，朱杰华***
（河北农业大学植物保护学院，保定 071000）

摘 要：由致病疫霉（*Phytophthora infestans*）引起的马铃薯晚疫病是世界范围内普遍发生的一种毁灭性病害。河北省是我国北方重要的马铃薯种薯和商品薯生产基地，每年会因晚疫病而造成损失高达 600 万元。本研究根据 GenBank 中无毒基因 *Avr*1、*Avr*2、*Avr*3*a*、*Avr*4、*Avrblb*1、*Avr-blb*2、*Avr-vnt*、*Avr-smiral* 的序列设计了 9 对特异性引物。利用 PCR 方法测定了 2013~2017 年河北省的 97 株致病疫霉 9 个无毒基因的出现频率，结果表明 9 种无毒基因均被检测到，其出现频率为 90.0%~99.0%。其中，*Avrblb*1 的出现频率最高为 99.0%，而 *Avr*4 出现频率最低为 90.0%。不同年份间无毒基因的出现频率有所不同，其中 *Avr*3*b*、*Avrblb*2、*Avr*4 与 *Avr-smiral* 在 2013 年出现频率最低为 80.0%，而无毒基因 *Avr*1、*Avr*2、*Avr*3*a*、*Avr-vnt* 和 *Avrblb*1 在所有年份中的出现频率均在 90.0%以上。同时，9 个无毒基因在不同年份间的变化趋势也不相同，无毒基因 *Avr*1、*Avr*2、*Avr*3*b*、*Avrblb*1 和 *Avr-vnt* 属于上升型，在 2013 年这 5 个无毒基因的出现频率为 80.0%~95.0%，之后上升到 100%并保持稳定不变。无毒基因 *Avr*3*a*、*Avr*4、*Avrblb*2 和 *Avr-smiral* 的出现频率在不同年份间属于波动型，在 2013—2015 年处于上升阶段，到 2016 年均有下降，但下降的幅度各不相同，在 5%~20%，到 2017 年，除 Avr4 的出现频率上升到 95.0%，其余 3 个无毒基因的出现频率均上升到了 100%。通过测定无毒基因频率变化有助了解致病疫霉毒力变化情况，可为晚疫病发生趋势预测、抗病品种布局、抗病育种工作提供依据。

关键词：马铃薯晚疫病；无毒基因；基因频率

---

* 基金项目：农业部现代马铃薯产业技术体系建设专项资金资助项目（CARS-09-P18）；马铃薯真菌病害防控

** 第一作者：马英，硕士研究生，植物病理学专业；E-mail：852616127@ qq. com
*** 通信作者：赵冬梅，讲师，主要从事马铃薯病害和分子植物病理学研究；E-mail：zhaodongm03@ 126. com
朱杰华，教授，主要从事马铃薯病害和分子植物病理学研究；E-mail：zhujiehua356@ 126. com

荔枝霜疫霉4个菌株基因组变异特征研究*

孔广辉**，杨文晟，李 雯，习平根，李敏慧，姜子德***
（华南农业大学植物病理学系/广东省微生物信号与作物病害防控重点实验室，广州 510642）

摘 要：荔枝霜疫霉（*Peronophythora litchii* Chen ex Ko *et al.*）引起的霜疫病是荔枝上的重要病害之一，在广东、广西、福建、四川、云南和海南等省份的荔枝主产区为害较重。本研究目的在于构建荔枝霜疫霉泛基因组，通过采自不同病区的菌株进行基因组学和比较基因组学分析，获得不同来源菌株的致病力差异和基因组变异之间的关系。为此我们以采自荔枝霜疫病发生严重的福建、四川和云南的4个菌株（编号FJ8、FJ11、SC1和YN1）为材料，表型分析显示菌株YN1的致病力较弱且产生游动孢子囊数量较少。我们采用Illumina二代测序平台对4个地理型菌株进行全基因组重测序，使用CLC workbench拼接至contigs水平，通过CEGMA和BUSCO对组装结果进行验证，采用从头预测结合转录组数据进行基因结构注释，并对5个菌株（FJ8、FJ11、SC1、YN1和SHS3）基因组构建基于基因识别的泛基因组，生物信息学分析表明核心基因有7 935个，附属基因有1 649个，效应分子更多集中于附属基因内。同时，我们还对这5个菌株基因组的SNP位点、InDels、SV和CNV进行比对统计，利用全基因组SNP位点构建了5个菌株的系统发育树，其中SNP位点对附属基因氨基酸突变的影响正在深入研究中。预期结果可以帮助我们了解荔枝霜疫霉的基因组变异特点和菌株YN1致病力下降的可能因素。

关键词：荔枝霜疫霉；泛基因组；核心基因；附属基因

---

* 基金项目：国家荔枝龙眼产业技术体系（CARS-33-07）和国家自然科学基金（31701771）

** 第一作者：孔广辉，男，博士，主要从事果树真菌病害致病机理方面的研究；E-mail：gkong@scau.edu.cn

*** 通信作者：姜子德，男，教授，博导，主要从事植物真菌病害及其防治方面的研究；E-mail：zdjiang@scau.edu.cn

Sequence polymorphism, gene transcriptional pattern and function analysis of the RXLR effector PcAvh2 from *Phytophthora capsici* *

Chen Xiaoren**, Zhang Ye, Huang Shenxin, Xing Yuping, Ji Zhaolin

(*College of Horticulture and Plant Protection*, *Yangzhou University*, *Yangzhou* 225009, *China*)

Abstract: [Objective] The aim was to analyze the sequence polymorphism, gene transcriptional pattern and functions of the RXLR effector PcAvh2 from *Phytophthora capsici*. [Methods] We cloned *PcAvh2* gene by high-fidelity PCR from 31 *P. capsici* isolates, 2 *P. parasitica* isolates and 1 *P. cactorum* isolate. Gene expression changes during the developmental stages (mycelia, zoosporangia, zoospores and germinated cysts) and infection period (1.5h, 3h, 6h, 12h, 24h, 36h, 72h post-inoculation) of *P. capsici* were monitored by quantitative RT-PCR. PVX-based agroinfiltration assay was performed to examine if PcAvh2 could suppress plant immunity triggered by 6 effectors (BAX, INF1, PsojNIP, PsCRN63, PsAvh241 and R3a/Avr3a). The $CaCl_2$/PEG-mediated protoplast transformation of *P. capsici* was conducted to silence *PcAvh2* and determine if its silencing affected the pathogen's virulence. [Results] PcAvh2 is a typical RXLR effector and possesses 10 alleles in the population. Furthermore, it also exists in *P. parasitica* and *P. cactorum*. The expression of *PcAvh2* was up-regulated during the host infection by *P. capsici*. It can suppress the plant immunity induced by all 6 effectors. Intriguingly, silencing of *PcAvh2* in *P. capsici* significantly compromised the pathogen's virulence on host plants. [Conclusion] RXLR effector PcAvh2 is one of important pathogenicity factors in *P. capsici*.

Key words: *Phytophthora capsici*; RXLR effector; Sequence polymorphism; RT-PCR; Plant immunity; Gene silencing

* Funding: the National Natural Science Foundation of China (31671971), the Natural Science Foundation of Yangzhou City (China) (YZ2016121), the Special Fund for Agro-Scientific Research in the Public Interest of China (201303018) and the Yangzhou University 2016 Project for Excellent Young Key Teachers

** Corresponding author.: Chen Xiaoren; E-mail: xrchen@yzu.edu.cn

胞外囊泡对致病相关蛋白运输作用初探*

方　媛**，彭　钦，王治文，刘西莉***
（中国农业大学植物病理系，北京　100193）

摘　要：胞外囊泡是一类具有磷脂双分子层膜包被的，并由细胞分泌到胞外空间行驶功能的囊泡。在大部分的原核生物以及全部的真核生物细胞中均存在着胞外囊泡的分泌，胞外囊泡可以对多种生物活性分子，包括大分子的蛋白质，糖类和脂质以及小分子的核酸类物质起到运输的作用。在动物细胞中胞外囊泡的分泌对于细胞的抗原呈递、神经元信息交流、毒素传播、抗病原微生物、癌细胞免疫反应和肿瘤细胞转移等过程都非常重要。在寄生虫和原生动物中胞外囊泡对于病原菌的黏附和侵染具有辅助的作用。自2007年首次报道在真菌 *Cryptococcus neoformans* 中分离并观察到胞外囊泡后，目前已分别在 *Histoplasma capsulatum*，*Saccharomyces cerevisiae*，*Sporotrix shenkii*，*Candida albicans*，*Candida glabrata*，*Paracoccidioides brasiliensis* 和 *Malasezzia sympodialis* 8种真菌中成功分离到了胞外囊泡并对其进行了相关研究。已有研究表明，从真菌中分离的胞外囊泡中鉴定到大量与病原菌致病相关的物质，包括抗毒素蛋白、葡萄糖神经酰胺、荚膜组织多糖、热激蛋白、漆酶和脲酶等，并且这些胞外囊泡可以参与调控宿主细胞的一些生理生化反应。但是，目前对于植物病原卵菌胞外囊泡的特征及其作用还未见报道。本研究以辣椒疫霉（*Phytophthora capsici*）为研究对象，通过LC-MS/MS方法对辣椒疫霉中提取的胞外囊泡的蛋白组进行了鉴定分析，共鉴定到208个蛋白。GO注释显示这些蛋白分别参与了应激反应、翻译、磷酸代谢、氧化还原、糖代谢、蛋白质代谢、核酸代谢、信号转导和物质运输等多种生物反应过程，其中还注释到3个elictors和1个胞间效应子蛋白葡聚糖酶抑制蛋白（GIP）。进一步构建了连接GFP标签的GIP融合蛋白表达载体，并将其导入 *P. capsici* 中，通过耦联胶体金颗粒的GFP抗体分别与野生型、GFP空载体转化子和GIP：：GFP转化子中分离获得的胞外囊泡孵育，并在透射电子显微镜下进行观察。结果显示，只有在GIP：：GFP转化子胞外囊泡中可以观察到大量孵育上胶体金颗粒，而在野生型和GFP空载体转化子胞外囊泡的样品中未能观察到胶体金颗粒，推测 *P. capsici* 的胞外囊泡可以运输致病相关物质胞间效应子蛋白GIP。

关键词：胞外囊泡；辣椒疫霉；蛋白组；GIP；免疫胶体金

---

* 基金项目：国家重点研发计划（2017YFD0200501）
** 第一作者：方媛，博士研究生；E-mail：fangyuan7852@163.com
*** 通信作者：刘西莉，女，教授，主要从事杀菌剂药理学及病原物抗药性研究；E-mail：seedling@cau.edu.cn

辣椒疫霉纤维素合酶基因 *PcCesA*1 功能研究*

李腾蛟**，王为镇，崔僮珊，刘西莉***
（中国农业大学植物病理学系，北京 100193）

摘　要：辣椒疫霉（*Phytophthora capsici*）是一种具有毁灭性危害的植物病原卵菌，能够侵染茄科、豆科、葫芦科的多种重要经济作物，在世界范围内均造成严重经济损失。纤维素是辣椒疫霉细胞壁的重要组成部分，对于辣椒疫霉的生长发育及致病过程极为重要。已有研究表明，辣椒疫霉基因组中存在 4 个纤维素合酶基因，分别是 *PcCesA*1、*PcCesA*2、*PcCesA*3 和 *PcCesA*4。本团队在前期研究中，通过 qPCR 技术检测了 *PcCesA*1 基因在辣椒疫霉不同发育阶段的表达量，发现 *PcCesA*1 基因在菌丝、孢子囊、游动孢子、休止孢、萌发的休止孢及侵染阶段均有表达，且在游动孢子、休止孢、萌发的休止孢阶段表达量较高。本研究拟进一步探究辣椒疫霉纤维素合酶基因 *PcCesA*1 的功能，旨在为进一步揭示辣椒疫霉纤维素合成机制，以及开展以分子靶标为导向的新药剂开发提供理论基础。

本研究运用 CRISPR-HDR 基因敲除技术，实现了对辣椒疫霉 *PcCesA*1 基因的敲除，并对敲除转化子生物学性状进行了测定，同时检测了 *PcCesA*1 同源基因的表达量。发现与亲本菌株相比，辣椒疫霉 Δ*PcCesA*1 敲除转化子的菌丝生长速率减缓，休止孢直径增大且萌发率降低，致病力下降，而孢子囊和游动孢子产量并未有显著性差异，推测 *PcCesA*1 基因可能在辣椒疫霉菌丝生长、休止孢的形成和萌发过程，及其侵染阶段发挥着重要功能。同时，测定了 Δ*PcCesA*1 敲除转化子中 *PcCesA*1 基因的同源基因表达量，发现 *PcCesA*2 基因表达量上调，推测二者可能存在一定的功能冗余。通过菌丝生长速率法测定 Δ*PcCesA*1 敲除转化子对卵菌抑制剂烯酰吗啉的敏感性，发现与亲本菌株相比，Δ*PcCesA*1 敲除转化子对烯酰吗啉表现的更为敏感，推测 *PcCesA*1 基因的敲除可能影响了辣椒疫霉纤维素的合成或者组装。

关键词：辣椒疫霉；纤维素合酶；新药剂开发

---

* 基金项目：国家自然科学基金项目（31672052）
** 第一作者：李腾蛟，男，博士研究生；E-mail：litengjiao@ cau. edu. cn
*** 通信作者：刘西莉，女，教授，主要从事杀菌剂药理学及病原物抗药性研究；E-mail：seedling@ cau. edu. cn

辣椒疫霉 DHCR7 和 ERG3 蛋白亚细胞定位研究*

王为镇**，张　凡，薛昭霖，孟德豪，刘西莉***
（中国农业大学植物病理学系，北京　100193）

摘　要：疫霉作为植物病原卵菌门中最重要的属之一，能引发流行性和毁灭性的植物疫病。已有研究表明疫霉属卵菌不能依靠自身合成甾醇，但其基因组中含有部分甾醇合成途径中的相关基因，如 *DHCR*7 和 *ERG*3。本研究团队以辣椒疫霉为研究对象，分别对这两个基因进行了不同发育阶段表达量的研究，结果表明，两个基因在菌丝、孢子囊、游动孢子、休止孢及芽管伸长等各个阶段均有表达，但在菌丝阶段的表达量较高。

在以上研究基础上，本研究对 *DHCR*7 和 *ERG*3 两个基因编码的蛋白进行亚细胞定位研究，为进一步深入探究其生物学功能提供参考。首先成功克隆了目的基因 *DHCR*7 和 *ERG*3 的 CDS 序列，然后通过酶切、连接等方法将目的基因 CDS 序列与 GFP 基因相连接，使载体表达的靶标蛋白位于绿色荧光蛋白的 N 端；利用 PEG-$CaCl_2$ 介导的原生质体转化法，将载体导入辣椒疫霉原生质体，获得相应的亚细胞定位转化子，其中，包括 DHCR7 定位阳性转化子 11 株，ERG3 定位阳性转化子 5 株，以及含有空载体的阳性对照转化子 7 株；利用激光共聚焦扫描显微镜对转化子菌丝阶段的荧光信号进行观察，发现 DHCR7 和 ERG3 主要定位于菌丝顶端及亚顶端，进一步对转化子原生质体中荧光信号进行观察，发现 DHCR7 和 ERG3 定位于细胞质膜和细胞器膜上。结合 DHCR7 和 ERG3 蛋白编码基因不同发育阶段的的表达量情况，推测这两个蛋白在菌丝生长发育过程中可能具有重要作用。

关键词：辣椒疫霉；甾醇合成相关基因；亚细胞定位

---

* 基金项目：国家重点研发计划“农业生物药物分子靶标发现与绿色药物分子设计”课题（2017YFD0200501）

** 第一作者：王为镇，博士研究生；E-mail：wzwangyx163@ 163. com

*** 通信作者：刘西莉，女，教授，主要从事杀菌剂药理学及病原物抗药性研究；E-mail：seedling@ cau. edu. cn

第三部分 病 毒

玉米小斑病菌 YM2-5 菌株中的真菌病毒*

郭灵芳[1,2]**，蔡莉娜[1]，翟盈盈[1]，燕 飞[3]，章松柏[1,3]***
（1. 主要粮食作物产业化湖北省协同创新中心，荆州 434025；
2. 长江大学化学与环境工程学院，荆州 434023；
3. 农业部/浙江省植保生物技术重点实验室，杭州 310021）

摘 要：玉米小斑病是我国南方玉米产区主要叶部病害之一，真菌病毒源生防资源筛选可以作为玉米小斑病防控研究和实践的重要方向。从湖北省恩施市巴东县采集到1株黑色素明显减少的玉米小斑病菌菌株 YM2-5（如图所示）。对菌株 YM2-5 体内的 dsRNA 分析发现，其至少含有8条 dsRNA 条带，dsRNA 条带数远多余其他菌株。通过随机克隆，测定了每个条带对应的部分序列，Blastx 分析结果显示 YM2-5 菌株中至少包含5种真菌病毒，暂命名为 Bipolaris maydis chrysovirus 2、Bipolaris maydis partitivirus 1、Bipolaris maydis victorivirus 2、Bipolaris maydis victorivirus 3、Bipolaris maydis victorivirus 4，分属于产黄青霉病毒科（*Chrysoviride*）、双分病毒科（*Partitiviridae*）和全病毒科（*Totiviridae*）。有意义的是该菌株中包含了3种 totivirus，并且其中 Bipolaris maydis victorivirus 2、Bipolaris maydis victorivirus 3 的核酸同源性高达80%。YM2-5 菌株合成的黑色素减少是否与病毒侵染有关？哪一种病毒侵染是导致黑色素减少的原因；2种 totivirus 之间的关系如何，是否发生重组？这些问题，都值得进一步研究。

关键词：玉米小斑病菌；黑色素；真菌病毒

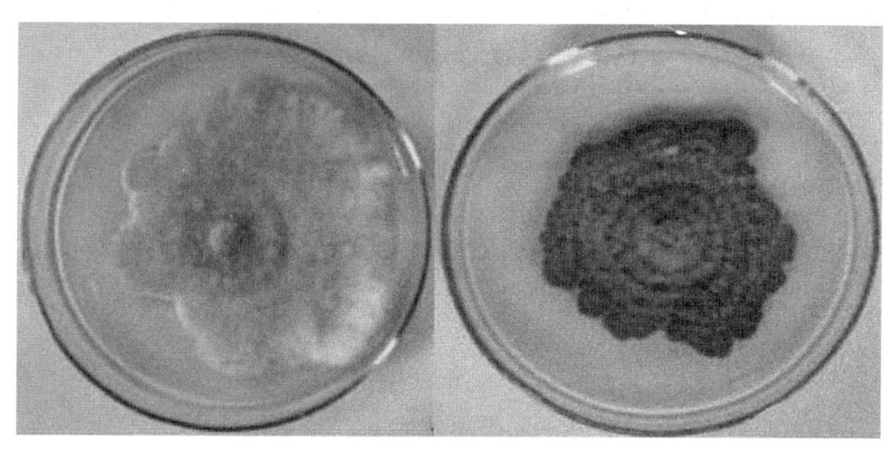

玉米小斑病菌两菌株生长情况比较（5d）

左：菌株 YM2-5；右：正常菌株（不含 dsRNA 病毒）

* 基金项目：农业部/浙江省植保生物技术重点实验室开放基金；国家自然科学基金青年基金项目（31301638）

** 第一作者：郭灵芳，女，高级实验师，研究方向为化学生物学；Tel：17762859680，E-mail：glf0498104@163.com

*** 通信作者：章松柏，男，博士，副教授，研究方向为病毒监测和分子病毒学；Tel：18972361635，E-mail：yangtze2008@126.com

湖北玉米小斑病菌真菌病毒多样性初步研究*

王浩然[1**]，翟盈盈[1]，蔡莉娜[1]，燕　飞[3]，章松柏[1,3]，彭小琴[1]，郭灵芳[1,2***]
（1. 主要粮食作物产业化湖北省协同创新中心，荆州　434025；
2. 长江大学化学与环境工程学院，荆州　434023；
3. 农业部/浙江省植保生物技术重点实验室，杭州　310021）

摘　要：真菌病毒在植物病害生物防治方面具有重要的实践价值。玉米小斑病是我国南方玉米产区主要叶部病害之一，生物防治可以作为玉米小斑病防控研究和实践的重要方向。从湖北省武汉市、咸宁市、荆州市、恩施市、宜昌市、荆门市、天门市、潜江市、黄冈市、襄阳市等 10 地采集的多数玉米小斑病菌［有性态是异旋孢腔菌 *Cochliobolus heterostrophus* Drechsler，无性态是小斑平脐蠕孢 *Bipolaris maydis*（Nisikado et Miyake）Shoemaker］菌株中都检测到 dsRNA 条带的存在，dsRNA 条带数一般在 1~5，少数菌株（如恩施市巴东县 YM2-5 菌株）检出多达 8 种大小不一的 dsRNA 条带，显示玉米小斑病菌中 dsRNA 病毒可能是普遍存在的。通过随机克隆，测定了一些代表性菌株的 dsRNA 片段对应的克隆，Blastx 分析结果显示湖北玉米小斑病菌中至少包含 9 种真菌病毒，暂命名为 Bipolaris maydis botybirnavirus 1、Bipolaris maydis chrysovirus 1、Bipolaris maydis chrysovirus 2、Bipolaris maydis partitivirus 1、Bipolaris maydis partitivirus 2、Bipolaris maydis victorivirus 1、Bipolaris maydis victorivirus 2、Bipolaris maydis victorivirus 3、Bipolaris maydis victorivirus 4，分属于灰霉双节段 RNA 病毒属（Botybirnavirus）、产黄青霉病毒科（Chrysoviride）、双分病毒科（Partitiviridae）和全病毒科（Totiviridae）。

关键词：玉米小斑病菌；dsRNA 病毒；真菌病毒

* 基金项目：农业部/浙江省植保生物技术重点实验室开放基金；国家自然科学基金青年基金项目（31301638）

** 第一作者：王浩然，女，硕士研究生，研究方向为病毒监测与分子病毒学；E-mail：191172885@ qq. com
*** 通信作者：郭灵芳，女，高级实验师，研究方向为化学生物学；E-mail：glf0498104@ 163. com

马铃薯 X 病毒 TGBp2 蛋白参与病毒复制和运动的分子机制

武晓云[1]，刘佳慧[1]，柴孟竹[1]，Aiming Wang[2]，程晓非[1*]
（1. 东北农业大学农学院，哈尔滨　150030；2. London Research and Development Centre，Agriculture and Agri-Food Canada，London，ON N5V 4T3，Canada）

摘　要：马铃薯 X 病毒（*Potato virus* X，PVX）是马铃薯的主要病毒病之一，在我国马铃薯、草莓、烟草等众多粮经作物上普遍发生并造成巨大的经济损失。除经济重要性外，PVX 在植物病毒学研究中也占有重要的地位：不仅被列为 10 种最重要的研究植物病毒复制、胞间运动的模式病毒之一，而且还被改造为不同的载体用于基因沉默和表达蛋白。因此，加深对 PVX 蛋白功能的研究，不仅可以加深对 PVX 以及同属其他病毒复制、胞间运动，以及致病机理的认识，而且对构建新的抗 PVX 以及同属其他病毒策略以及进一步开发利用 PVX 具有重要的意义。TGBp2 是马铃薯 X 病毒（*Potato virus* X，PVX）完成细胞间运动的必要蛋白之一，但具体作用机理一直未知。应用本实验室建立的双链 RNA（dsRNA）结合依赖性荧光互补试验（dRBFC）对 PVX 侵染过程中的 dsRNA 进行了观察，发现在 PVX 侵染前期 dsRNA 以点状结构存在于细胞质中，在 PVX 侵染中后期点状结构的 dsRNA 开始聚集成不定型的复合体。通过对 PVX 编码的 RdRp 和 dsRNA 的共定位分析，发现 PVX 侵染细胞中的 dsRNA 和 RdRp 共定位，说明 PVX 侵染细胞中的 dsRNA 是 PVX 的复制中间体，因此可以称为 RdRp/dsRNA 复合体。进一步，我们分析了在 PVX 侵染细胞中的 TGBp2、TGBp3 和 dsRNA 的共定位分析，结果发现 TGBp2 以网状结构包裹 RdRp/dsRNA 复合体表面，而 TGBp3 处于周边。基因敲除表明，TGBp2 的 RdRp/dsRNA 复合体表面定位，不依赖于 TGBp1 和 TGBp3，而 TGBp3 的 RdRp/dsRNA 复合体定位需要 TGBp2。利用 BiFC 和膜酵母双杂交试验，结果发现 TGBp2 和 RdRp 的复制酶结构域互作，而 TGBp2 的中间和 C 端的亲水结构域在和 RdRp 的互作中具有重要的作用。敲除 TGBp2 的中间和 C 端的亲水结构域不仅阻断 PVX 的细胞间运动，而且影响 PVX 的复制，这些结果表明 TGBp2 可能通过和 RdRp 互作直接耦合了 PVX 的复制和运动。本研究结果对进一步了解 TGBp2 蛋白的功能以及 PVX 复制和细胞间运动的机制具有重要的意义。

* 通信作者：程晓非

利用 RSV 的“抓帽”鉴定 TYLCV 的转录起始位点*

林文忠**，丘　萍，金　晶，刘顺民，吴　然，林　晨，杜振国，吴祖建***

（福建农林大学植物病毒研究所，福建省植物病毒学重点实验室，福州　350002）

摘　要：多分体负义 RNA 病毒（segmented negative-sense RNA viruses，sNSV）普遍采取“抓帽机制”来合成含帽子结构的信使 RNA（mRNA），即它们从寄主 mRNA 抓取一段 10~20 个碱基的帽子序列，然后以这段帽子序列为引物，转录自身基因组，生成在 5′端含一段“异源”帽子序列的病毒 mRNA。水稻条纹病毒（Rice stripe tenuivirus，RSV）是一种重要的植物 sNSV。近年，本实验室建立了一种高通量测序技术，可以方便且低成本地测取 RSV 抓取的帽子序列。

番茄黄化曲叶病毒（Tomato yellow leaf curl virus，TYLCV）是一种重要的双生病毒。虽然已知 TYLCV 基因组含 6 个开放阅读框（ORF），但 TYLCV 基因组上的转录起始位点（transcription start sites，TSS），目前还不清楚。

本研究首先建立了一种方法，可以稳定地获得 RSV 与 TYLCV 共侵染的本氏烟（Nicotiana benthamiana）。接着，本研究取 RSV 和 TYLCV 共侵染，或 RSV 单独侵染的本氏烟（阴性对照），以高通量测序技术测取了 RSV 抓取的帽子序列，分别获得库 1（混合侵染）和库 2（单独侵染）。将库 1 中的帽子序列 Map 到 TYLCV 基因组，获得 TYLCV 转录起始位点（即帽子序列第一个碱基）21 个，其中，TYLCV 病毒链 9 个，反义链 12 个；库 1 中能 Map 到 TYLCV 的帽子序列，仅有 49 条（4 个 unique）也存在于库 2 中，这表明多数 Map 到 TYLCV 的帽子序列来自 TYLCV mRNA，而非寄主 mRNA.

上述结果表明 RSV 的“抓帽”可以作为一种工具，鉴定 TYLCV 的 TSS。与传统的 RACE 实验相比，“抓帽”具有明显的优势：①不必针对每条 mRNA 设计和筛选不同的引物；②所有 TSSs 在同一高通量测序反应中获得；③在所得信息量相同的条件下，“抓帽”比传统的 RACE 实验花费低。

关键词：水稻条纹病毒；番茄黄化曲叶病毒；转录起始位点；“抓帽”

---

* 基金项目：国家自然科学基金面上项目（31672005）；福建农林大学校杰青项目（31301642）

** 第一作者：林文忠，男，硕士研究生，主要从事分子病毒学研究；E-mail：linwenzhong1991@qq.com

*** 通信作者：吴祖建，研究员，博士，主要从事植物病毒学研究；E-mail：wuzujian@126.com

Genetic variability and molecular evolution of the untranslated regions of Potato virus Y

Oswald Nkurikiyimfura*, Shen Linlin, Linda Iradukunda, Xie Jiahui, Wang Yanping, Zhan Jiasui**

(*Fujian Key Laboratory of Plant Virology, Institute of Plant Virology, Fujian Agricultural and Forestry University, Fuzhou* 350002, *China*)

Abstract: Isolates of Potato virus Y (PVY) differ widely in their biological properties. These properties may depend on the structure of viral RNA populations comprising the different isolates. As a first approach to study the molecular basis of the biological variability, we have compared the sequences of multiple cDNA clones of the two terminal regions of the RNA from different PVY isolates. In this study, the Genetic variability and molecular evolution of PVY in their untranslated region were studied using 270 sequences generated from isolates collected from potato in China and 148 PVY sequences selected from "GeneBank" which classification, country and continent origins have been mentioned. High genetic differentiation was found in the populations from the different countriesgrouped by continent, with higher nucleotide diversity in Europe thanAmerica, Asia and the isolates collected in china. We demonstrated that although there is high variability at the 5′-UTR among members of the 4 major groups of PVY isolates, this region is mainly conserved among individual members within each group andat the 3′-UTR were more diverse and variable over the host species and the regions where they were isolated. Further analyses showed that spatial genetic structure in the untranslated region of PVY populations was likely caused by demographic dynamics of the pathogen and natural selection generated by habitat heterogeneity. Isolates from all groups tended to group together, indicating that nucleotides diversification was maintained, in part, by host-driven adaptation.

Key words: Potato virus Y, Variation; Evolution, 3′-UTR, 5′-UTR.

* First author: Oswald Nkurikiyimfura, Male, Master student, major in plant pathology; E-mail: nk.oswaldo@gmail.com

** Corresponding author: Zhan Jiasui, Professor, research interests for population genetics; E-mail: Jiasui.zhan@fafu.edu.cn

柑橘衰退病毒种群核酸分散度及遗传分化研究*

李双花**，陈　波，易　龙***
（赣南师范大学国家脐橙工程技术研究中心/生命科学学院，赣州　341000）

摘　要：为了探究柑橘衰退病毒种群分化情况，运用 MAFFT、Dnasp 等软件分析已完成全基因组测序的 22 个 CTV 分离株的 *p*20、*p*23、*p*25 基因核苷酸序列多样性、核苷酸分散度以及种群遗传分化。分析结果表明分离株中 *p*25 基因核苷酸分散度变化小且稳定，*p*23 基因核苷酸多样性最高，NA（北美洲）分离株的 *p*20、*p*23 基因种群内核苷酸分散度和核苷酸序列多样较高，EU（欧洲）分离株较低。ASAF（亚洲和非洲）分离株和来自 OA（大洋洲）分离株之间的群体间差异大且基因交流小。

关键词：柑橘衰退病毒；核苷酸分散度；遗传分化

柑橘是重要经济作物之一，而柑橘衰退病毒（Citrus tristeza virus，CTV）是导致柑橘遭受毁坏的重要病因。CTV 在我国也普遍存在，随着 20 世纪 90 年代后我国许多栽培地都进行了大面积的引种试种[1]，对甜橙和柚类等的危害日益加剧[2]。巴西，加利福利亚等地区从上个世纪 30 年代就受到了 CTV 的威胁[3-4]。柑橘衰退病毒传播方式主要通过嫁接和蚜虫，是目前已知最大的植物病毒，有 12 个开放阅读框（Open reading fragment，ORF）编码 19 种以上的蛋白，ORF7 编码 25kDa 是主要外壳蛋白（*CP* 或 *p*25）[5]，ORF10 编码的 *p*20 蛋白与自身形成内含体有关（在传毒过程中有重要作用）[6]；ORF11 编码的 *p*23 蛋白是 RNA 结合蛋白[7]，并参与感病症状的表达[8-9]，且 *p*23、*p*20 都与病毒侵染有关[10]。前期已有许多学者对种群分化进行研究，Cevik 等[11]分析了美国佛罗里达 CTV 分离株外壳蛋白序列的同源性均在 90% 以上。Melzer 等[12]、Harper 等[13]和易龙[14]都对 CTV 分离株的序列或 CTV 的基因片段进行了遗传进化分析，结果均表明 CTV 分离株之间序列遗传多样性从 5′到 3′端逐渐减小。本研究以目前已经完成全基因组测序的 22 个 CTV 分离株为分析材料，运用相关软件对 *p*20、*p*23、*p*25 基因片段进行初步分析。现将分析结果报道如下。

1　材料与方法

1.1　材料

从 NCBI 的 GenBank 数据库中下载已经完成全基因组测序的不同地区 22 个 CTV 分离株全基因组序列（表 1）。利用 MAFFT 对分离株 *p*23、*p*20、*p*25 基因进行多重比对。

表 1　已完成全基因组测序的 22 个 CTV 分离株

CTV 分离株名称	来源	登录号	发表者及年份
T30	美国弗罗里达	AF260651	Pappu *et al.*，1994

* 基金项目：江西省重点研发项目（20161BBF60070）

** 第一作者：李双花，女，在读硕士研究生，主要从事病毒分子进化研究；E-mail：676966032@qq.com
*** 通信作者：易龙，男，教授，博士，主要从事柑橘病害防控研究；E-mail：yilongswu@163.com

（续表）

CTV 分离株名称	来源	登录号	发表者及年份
T36	美国弗罗里达	U16304	Karasev *et al.*, 1995
VT	以色列	U56902	Mawassi *et al.*, 1996
SY568	美国加利福尼亚	AF001623	Yang *et al.*, 1999
NUagA	日本	AB046398	Unpublished, 2000
Qaha	埃及	AY340974	Unpublished, 2003
Mexico-ctv	墨西哥	DQ272579	Unpublished, 2005
NZ-M16	新西兰	EU857538	Harper *et al.*, 2009
NZ-B18	新西兰	FJ525436	Harper *et al.*, 2009
NZRB-G90	新西兰	FJ525432	Harper *et al.*, 2010
NZRB-TH28	新西兰	FJ525433	Harper *et al.*, 2010
NZRB-TH30	新西兰	FJ525434	Harper *et al.*, 2010
NZRB-TM12	新西兰	FJ525431	Harper *et al.*, 2010
NZRB-TM17	新西兰	FJ525435	Harper *et al.*, 2010
HA16-5	美国夏威夷	GQ454870	Melzer *et al.*, 2010
HA18-9	美国夏威夷	GQ454869	Melzer *et al.*, 2010
B165	印度	EU076703	Roy *et al.*, 2010
AT-1	中国	JQ061137	Unpublished, 2012
T385	西班牙	Y18420	Vives *et al.*, 1999
T318A	西班牙	DQ151548	Ruiz-Ruiz *et al.*, 2006
FL278-T30	美国弗罗里达	KC517490	Unpublished, 2013
FL202-VT	美国弗罗里达	KC517493	Unpublished, 2013
CT11A	中国重庆	JQ911664	Unpublished, 2012
CT14A	中国重庆	JQ911663	Unpublished, 2012
T68-1	美国弗罗里达	JQ965169	Unpublished, 2013
T3	美国弗罗里达	KC525952	Unpublished, 2013
B301	波多黎各	JF957196	Unpublished, 2013
Kpg3	印度	HM573451	Biswas *et al.*, 2012
A18	泰国	JQ798289	Unpublished, 2012
Taiwan-Pum/M/T5	中国台湾	JX266713	Unpublished, 2012

1.2 方法

运用 Dnasp[15] 计算核苷酸多样性（Nucleotide Diversity）、核苷酸分散度（Nucleotide Divergence）、种群间的遗传分化系数（*Fst*）[16] 和 Tajima's D 检验分析种群内及种群间的核苷酸差异；种群间的分化程度和分离位点的数量与核苷酸序列的平均数之间的差异性。

2 结果

核苷酸多样性、核苷酸分散度及种群间的遗传分化系数

经 Dnasp 对 CTV 分离株 *p*20、*p*23、*p*25 基因计算核苷酸多样性见表 2，种群内、间核苷酸分散度见表 3、表 4，Tajima's D 检验见表 5。

从表 2 和表 3 可以看出，分离株 *p*20、*p*23、*p*25 基因核苷酸多样性依次为 0.069 48、0.079 07和 0.061 25。对分离株 *p*20、*p*23 基因种群内核苷酸分散度分析中来自 NA（北美洲）分离株的核苷酸分散度均最高，且核苷酸多样性也达到最高；来自 EU（欧洲）分离株均为最低。可以估计西班牙分离株的遗传差异小。

表 2　22 个 CTV 分离株 *p*20、*p*23、*p*25 基因核苷酸多样性

基因片段	Nucleotide diversity; *Pi*:	Sampling variance of *Pi*:	Standard deviation of *Pi*:	Nucleotide diversity (Jukes and Cantor), *Pi* (JC):	Theta (per site) from Eta:
*p*20	0.069 48	0.000 024 4	0.004 94	0.073 66	0.077 84
*p*23	0.079 07	0.000 015 9	0.003 99	0.084 35	0.086 14
*p*25	0.061 25	0.000 010 0	0.003 17	0.064 29	0.066 69

Nucleotide diversity：总核苷酸多样性；Sampling variance：抽样方差；Standard deviation：标准差；Nucleotide diversity（Jukes and Cantor），Pi（JC）：通过 Jukes 和 Cantor（1969）修正获得估计所有比较值的平均值 *Pi*。Theta（per site）from Eta：Eta（N）是突变的总数量，S 是分离（多态）位点的数量，该估计的方差依赖于站点之间的重新组合；方差（每个核算位点）= 方差（每个 DNA 序列）/*m* * *m*（*m* 为研究的核苷酸总数）。

表 3　22 个 CTV 分离株 *p*20、*p*23、*p*25 基因种群内核苷酸分散度

地区		OA（大洋洲）	NA（北美洲）	AS（亚洲）AF（非洲）	EU（欧洲）
核苷酸分散度	*p*20	*Ks*（Silent）：0.03970 *Ks*（JC-Silent）：0.04079	*Ks*（Silent）：0.07360 *Ks*（JC-Silent）：0.07746	*Ks*（Silent）：0.05113 *Ks*（JC-Silent）：0.05296	*Ks*（Silent）：0.03461 *Ks*（JC-Silent）：0.03543
	*p*23	*Ks*（Silent）：0.05462 *Ks*（JC-Silent）：0.05671	*Ks*（Silent）：0.07782 *Ks*（JC-Silent）：0.08216	*Ks*（Silent）：0.05194 *Ks*（JC-Silent）：0.05382	*Ks*（Silent）：0.04683 *Ks*（JC-Silent）：0.04835
	*p*25	*Ks*（Silent）：0.03814 *Ks*（JC-Silent）：0.03915	*Ks*（Silent）：0.06105 *Ks*（JC-Silent）：0.06368	*Ks*（Silent）：0.04802 *Ks*（JC-Silent）：0.04962	*Ks*（Silent）：0.03646 *Ks*（JC-Silent）：0.03737
核苷酸多样性	*p*20	*Pi*（Silent）：0.04632 *Pi*（JC-Silent）：0.04781	*Pi*（Silent）：0.08096 *Pi*（JC-Silent）：0.08567	*Pi*（Silent）：0.05681 *Pi*（JC-Silent）：0.05908	*Pi*（Silent）：0.06922 *Pi*（JC-Silent）：0.07262
	*p*23	*Pi*（Silent）：0.06372 *Pi*（JC-Silent）：0.06659	*Pi*（Silent）：0.08560 *Pi*（JC-Silent）：0.09089	*Pi*（Silent）：0.05771 *Pi*（JC-Silent）：0.06005	*Pi*（Silent）：0.09365 *Pi*（JC-Silent）：0.10004
	*p*25	*Pi*（Silent）：0.04450 *Pi*（JC-Silent）：0.04588	*Pi*（Silent）：0.06745 *Pi*（JC-Silent）：0.07068	*Pi*（Silent）：0.05335 *Pi*（JC-Silent）：0.05535	*Pi*（Silent）：0.07292 *Pi*（JC-Silent）：0.07671

表 4 可见分离株 *p*20 基因种群间核苷酸分散度最高的是来自 OA（大洋洲）分离株和 NA（北美洲）分离株且遗传分化系数 *Fst* 为 0.224；其次是来自 ASAF（亚洲和非洲）分离株和来自 OA（大洋洲）分离株且遗传分化系数为 0.395；分散度大，*Fst*>0.25 则两种群间分化差异大基因交流小，可以估计来自 ASAF（亚洲和非洲）分离株与来自 OA（大洋洲）分离株之间的群体差异大且基因交流小。分离株 *p*23 基因种群间核苷酸分散度最高的是来自来自 ASAF（亚洲和非

洲）分离株和来自 OA（大洋洲）分离株且遗传分化系数 *Fst* 为 0.318（*Fst*>0.25）；分散度大，*Fst*>0.25 则两种群间分化差异大基因交流小，可以估计来自 ASAF（亚洲和非洲）分离株和来自 OA（大洋洲）分离株之间的群体差异大且基因交流小。而分离株 *p*25 基因种群间核苷酸分散度为 0.05~0.07 且 Fst<0.25，估计 *p*25 基因序列的群体差异较小。

由表 5 可以看出，通过 22 个 CTV 分离株 *p*20、*p*23、*p*25 基因 Tajima's D 检验的的值为 −0.45~−0.3 可以估计该分离位点的数量与核苷酸序列的平均数之间的差异性不显著（*P*>0.1）。

表 4　22 个 CTV 分离株 *p*20、*p*23、*p*25 基因种群间核苷酸分散度及遗传分化系数

	地区	核苷酸分散度	核苷酸多样性	遗传分化系数 *Fst*
*p*20	ASAF&EU	*Ks*（Silent）：0.06323 *Ks*（JC-Silent）：0.06606	*Pi*（Silent）：0.05681 *Pi*（JC-Silent）：0.05908	0.003
	ASAF&OA	*Ks*（Silent）：0.07182 *Ks*（JC-Silent）：0.07549	*Pi*（Silent）：0.05681 *Pi*（JC-Silent）：0.05908	0.395
	ASAF&NA	*Ks*（Silent）：0.06994 *Ks*（JC-Silent）：0.07342	*Pi*（Silent）：0.05681 *Pi*（JC-Silent）：0.05908	0.014
	EU&OA	*Ks*（Silent）：0.06115 *Ks*（JC-Silent）：0.06379	*Pi*（Silent）：0.06922 *Pi*（JC-Silent）：0.07262	0.186
	EU&NA	*Ks*（Silent）：0.06851 *Ks*（JC-Silent）：0.07185	*Pi*（Silent）：0.06934 *Pi*（JC-Silent）：0.07276	−0.087
	OA&NA	*Ks*（Silent）：0.07560 *Ks*（JC-Silent）：0.07969	*Pi*（Silent）：0.04640 *Pi*（JC-Silent）：0.04790	0.244
*p*23	ASAF&EU	*Ks*（Silent）：0.06587 *Ks*（JC-Silent）：0.06895	*Pi*（Silent）：0.05771 *Pi*（JC-Silent）：0.06005	−0.148
	ASAF&OA	*Ks*（Silent）：0.09111 *Ks*（JC-Silent）：0.09714	*Pi*（Silent）：0.05771 *Pi*（JC-Silent）：0.06005	0.318
	ASAF&NA	*Ks*（Silent）：0.07582 *Ks*（JC-Silent）：0.07993	*Pi*（Silent）：0.05771 *Pi*（JC-Silent）：0.06005	0.054
	EU&OA	*Ks*（Silent）：0.07800 *Ks*（JC-Silent）：0.08237	*Pi*（Silent）：0.06372 *Pi*（JC-Silent）：0.06659	−0.007
	EU&NA	*Ks*（Silent）：0.07800 *Ks*（JC-Silent）：0.08237	*Pi*（Silent）：0.06372 *Pi*（JC-Silent）：0.06659	−0.226
	OA&NA	*Ks*（Silent）：0.07302 *Ks*（JC-Silent）：0.07682	*Pi*（Silent）：0.09365 *Pi*（JC-Silent）：0.10004	0.161

（续表）

	地区	核苷酸分散度	核苷酸多样性	遗传分化系数 *Fst*
p25	ASAF&EU	*Ks*（Silent）：0.05707 *Ks*（JC-Silent）：0.05935	*Pi*（Silent）：0.05335 *Pi*（JC-Silent）：0.05535	−0.106
	ASAF&OA	*Ks*（Silent）：0.06182 *Ks*（JC-Silent）：0.06451	*Pi*（Silent）：0.05335 *Pi*（JC-Silent）：0.05535	0.188
	ASAF&NA	*Ks*（Silent）：0.06105 *Ks*（JC-Silent）：0.06368	*Pi*（Silent）：0.05335 *Pi*（JC-Silent）：0.05535	0.010
	EU&OA	*Ks*（Silent）：0.06739 *Ks*（JC-Silent）：0.07061	ilent）：0.06739 *Ks*（JC-Silent）：0.07061	0.128
	EU&NA	*Ks*（Silent）：0.06047 *Ks*（JC-Silent）：0.06305	*Pi*（Silent）：0.07292 *Pi*（JC-Silent）：0.07671	−0.147
	OA&NA	*Ks*（Silent）：0.06341 *Ks*（JC-Silent）：0.06625	*Pi*（Silent）：0.06583 *Pi*（JC-Silent）：0.06890	0.13

注：表 3、表 4 中 OA（新西兰）：NZ-M16、NZ-B18、NZRB-G90、NZRB-TH28、NZRB-TH30、NZRB-TM12、NZRB-TM17；NA（北美洲）：T30、T36、SY568、FL278-T30、FL202-VT、T68-1、T3、HA16-5、HA18-9、Mexico-ctv、B301；AS（亚洲）：AT-1、CT11A、CT14A、Taiwan-Pum/m/T5、B165、Kpg3、VT、NUagA、A18；AF（非洲）：NUagA；EU（欧洲）：T385、T318A

表 5　22 个 CTV 分离株 *p20*、*p23*、*p25* 基因 Tajima's D 检验

基因序列	*p20*	*p23*	*p25*
Tajima's D	−0.414 78	−0.318 07	−0.315 32

Statistical significance：Not significant，$P>0.10$

3　讨论

通过分析 CTV 分离株核苷酸分散度及遗传差异可知北美洲分离株的种群内核苷酸分散度最高，欧洲和大洋洲分离株最低；*p25* 基因核苷酸分散度小且稳定，遗传分化系数 $Fst<0.25$，群体差异较小。之前有许多学者研究证明 CTV 的 *p25* 基因具有较高的保守性，在不同的 CTV 分离株也具有较高的序列同源性[8]，本研究与其结果类似。*p20*、*p23* 基因种群间分散度和遗传分化分析中 ASAF（亚洲和非洲）分离株和 OA（大洋洲）分离株之间的分散度大，遗传分化系数 $Fst>0.25$；可以估计两种群间的遗传差异大，基因交流小。由此可估计不同地区间的分离株遗传差异可能与地理距离有一定关系，同一基因片段的相邻地区间分散度大，遗传分化系数 $Fst>0.25$，分离株间的基因流动小。但由于数据过少，分离株的经纬度未知，结论有待进一步研究。

参考文献

[1]　周常勇．我国柑橘衰退病的发生概况与展望［C］//第一次植物病毒与病毒防治学术讨论会论文集．北京：中国农业科技出版社，1997：182-187.

[2]　刘永忠，马湘涛，张红艳，等．我国椪柑品质现状及主要产区的果实品质比较［J］．园艺学报，

2004, 31 (5): 584-588.

[3] Moreno P, Guerri J, Munoz N. Identification of Spanish strains of Citrus tristeza virus by analysis of double-stranded RNA [J]. Phytopathology, 1990, 80: 477-482.

[4] Gambra M, Serra J, Vilalba D. Prensent situation of the Citrus tristeza virus in the Valencian community [C] //Proceeding of the 10th Conference of the Internatinal Organization of Citrus Virus, IOCV, Riverside, 1998: 1-7.

[5] Febres V J, Ashoulin L, Mawassi M, *et al.* The p27 protein is present at one end of *Citrus tristeza virus* particles [J]. Phytopathology, 1996, 86: 1331-1335.

[6] Lu R, Folimonov A, Shintaku M, *et al.* Three distinct suppressors of RNA silencing encoded by a 20-kb viral RNA genome [J]. Proc. Natl. Acad. Sci. USA., 2004, 101 (44): 15742-15747.

[7] López C, Navas-Castillo J, Gowda S. The 23-kDa protein coded by the 3′-terminal gene of Citrus Tristeza Virus is an RNA-binding protein [J]. Virology, 2000, 269 (2): 462-470.

[8] Ghorbel R, López C, Fagoaga C, *et al.* Transgenic citrus plants expressing the *Citrus tristeza virus* p23 protein exhibit viral-like symptoms [J]. Molecular Plant Pathology, 2001, 2 (1): 27-36.

[9] Tatineni S, Robertson C J, Garnsey S M, *et al.* Three genes of *Citrus tristeza virus* are dispensable for infection and movement throught some varieties of citrus trees [J]. Virology, 2008, 376 (2): 297-307.

[10] Hilf M E, Karasev A V, Albiachmarti M R, *et al.* Two paths of sequence divergence in the Citrus Tristeza Virus complex [J]. Phytopathology, 1999, 89 (4): 336-342.

[11] Cevik B, Pappu S S, Lee R F. Detection and differentiation of citrus tristeza closterovirus using a point mutation and minor sequence differences intheir coat protein genes [J]. Phytopathology, 1996: 86-101.

[12] Melzer M J, Borth W B, Sether D M, *et al.* Genetic diversity and evidence for recent modular recombination in Hawaiian *Citrus tristeza virus* [J]. Virus Genes, 2010, 40 (1): 111-118.

[13] Harper S J. *Citrus tristeza virus*: evolution of complex and varied genotypic groups [J]. Frontiers in Microbiology, 2013, 4: 93.

[14] 易龙. 柑橘衰退病毒的进化与起源初步分析 [D]. 重庆: 西南大学, 2007.

[15] Librado P, Rozas J. DnaSP v5 [M]. Oxford University Press, 2009.

[16] Hudson R R, Slatkin M, Maddison W P. Estimation of levels of gene flow from DNA sequence data [J]. Genetics, 1992, 132 (2): 583-589.

3 种双生病毒复合侵染寄主番茄时重组突变研究*

汤亚飞[1,2**]，何自福[1,2***]，佘小漫[1]，李正刚[1,2]，于　琳[1,2]，蓝国兵[1]
（1. 广东省农业科学院植物保护研究所，广州　510640；
2. 广东省植物保护新技术重点实验室，广州　510640）

摘　要：烟粉虱传双生病毒复合侵染极易发生基因重组和突变，产生致病力更强和寄主范围更广的新病毒或新株系，克服寄主抗性、适应新的生态环境，导致病毒病流行甚至大暴发。本实验室前期研究明确了引起广东省番茄黄化曲叶病的病毒主要有广东番茄黄化曲叶病毒（Tomato yellow leaf curl Guangdong virus，TYLCGuV）、广东番茄曲叶病毒（Tomato leaf curl Guangdong virus，ToLCGuV）、台湾番茄曲叶病毒（Tomato leaf curl Taiwan virus，ToLCTWV）、番茄黄化曲叶病毒（Tomato yellow leaf curl virus，TYLCV）4 种，且田间存在混合发生或复合侵染。为了了解为害番茄的双生病毒复合侵染后重组突变与演变趋向，通过室内人工混合接种 ToLCTWV、TYLCV 和 ToLCGuV 3 种病毒的侵染性克隆获得 3 种病毒复合侵染的番茄植株，以复合侵染的番茄病株为毒源，在防虫室内利用烟粉虱自然循环传毒，在 6 个月、30 个月时，以症状明显的番茄植株叶片的总 DNA 为模版，经过 RCA 扩增，用 3 种病毒共同单一酶切位点 *Bam*H Ⅰ进行酶切，然后进行克隆和大量测序，通过序列比对分析发现，6 个月时，仅筛选到缺失突变体 6 个；30 个月，筛选到重组新病毒 1 个，新株系 3 个。更进一步对重组新病毒分析，发现是由 TYLCV 和 ToLCGuV 两种病毒重组而来，并试验证实重组新病毒具有致病力，种群遗传稳定，可由介体烟粉虱传播，潜在危害性大。本研究证明了 ToLCTWV、TYLCV 和 ToLCGuV 3 种病毒复合侵染后导致重组新株系和新病毒产生，而且随时间推移概率增加。

关键词：复合侵染；重组突变；番茄黄化曲叶病毒

---

* 基金项目：国家青年科学基金（31501606）
** 第一作者：汤亚飞，副研究员，主要从事植物病毒学研究
*** 通信作者：何自福，研究员，主要从事蔬菜病理学研究；E-mail：hezf@ gdppri. com

侵染广东冬种马铃薯的PVY分子特征*

路秉翰[1**]，何自福[1,2]，汤亚飞[1,2***]，佘小漫[1]，于 琳[1]
（1. 广东省农业科学院植物保护研究所，广州 510640；
2. 广东省植物保护新技术重点实验室，广州 510640）

摘 要：马铃薯Y病毒（Potato virus Y，PVY）属于马铃薯Y病毒科（Potyviridae）马铃薯Y病毒属（Potyvirus）成员，是马铃薯生产中最为广泛并造成重要经济损失的病毒之一，在世界各马铃薯种植区广泛流行。PVY病毒粒子呈弯曲线状，直径为11~15nm，长度680~900nm，基因组为单链RNA，基因组只拥有一个开放阅读框（ORF），两端具有终止非编码区（untranslated region，UTR）。该病毒长距离传播主要依赖种薯带毒，而田间主要通过蚜虫非持久性传播，也可以通过汁液摩擦传播；寄主主要包括茄科、藜科等众多植物。PVY侵染马铃薯会引起花叶或者造成坏死症状，导致马铃薯种质退化、产量降低，严重时减产高达80%以上。本实验室对为害广东冬种马铃薯的病毒种类进行了鉴定，鉴定出马铃薯卷叶病毒（Potato leaf roll virus，PLRV）、马铃薯S病毒（Potato virus S，PVS）和PVY 3种病毒，其中PVY检出率最高，达到51.19%，成为为害广东冬种马铃薯的优势病毒。采用RT-PCR和RACE扩增方法，克隆获得广东惠州铁涌马铃薯病样中PVY分离物（PVY-TC）基因组全序列，除poly（A）尾，PVY-TC分离物基因组全长9 700bp，其5′-非编码区（5′-UTR）长185bp，ORF含有9 186个核苷酸，编码3061氨基酸，3′-非编码区（3′-UTR）长329bp。该病毒分离物与来自其他各国和地区的32个分离物的基因组全序列同源性为87.3%~99.1%，其中与越南分离物（登录号：HG810951.1）的同源率最高，为99.1%；与来自中国湖南、陕西、黑龙江、新疆等地的PVY分离物同源性为92.4%~97.8%。

关键词：PVY；冬种马铃薯；分子特征

---

* 基金项目：广东省科技计划项目（2015A020209070）；广东省省级现代农业产业技术推广体系建设项目（2017LM1079，2017LM2150，2017LM4163）

** 第一作者：路秉翰，研究实习员，硕士研究生，主要从事植物病毒学研究

*** 通信作者：汤亚飞，副研究员，主要从事植物病毒学研究；E-mail：yf.1314@163.com

高粱花叶病毒 CP 蛋白与甘蔗 ROC22 叶绿体互作蛋白的筛选及验证

陈 海[1,2]，袁昕昕[1,2]，吕文竹[1,2]，王 坤[1,2]，温荣辉[1,2]*，陈保善[2]
（1. 广西大学生命科学与技术学院，南宁 530005；
2. 亚热带农业生物资源保护与利用国家重点实验室，南宁 530005）

摘 要：甘蔗是广西最重要的经济作物之一，在广西经济发展过程中起着重要的作用。高粱花叶病毒（Sorghum mosaic virus，SrMV）是除真菌病害外造成广西蔗区重大经济损失的病毒性病害之一。大多数病毒在侵染植物后影响了叶绿体的功能，为了解 SrMV 与甘蔗叶绿体之间的互作关系，探索 SrMV 影响甘蔗叶绿体功能的机制，我们原核表达 SrMV 可溶性 CP 蛋白（CP：Coat Protein），纯化后固定化于亲和磁珠上做为诱饵蛋白。同时利用蔗糖密度梯度超高速离心技术分离纯化甘蔗 ROC22 叶绿体，对其进行超声波破碎，提取活性蛋白，用抗植物性 β-actin 抗体（β-actin：只存在于细胞质而不存在于植物叶绿体中的一种蛋白质）进行 western blot 验证叶绿体总蛋白纯净后，以此作为猎物蛋白，进行 GST pull down 实验，将得到的蛋白洗脱液进行质谱分析，经 UniProt 蛋白数据库（http：//www. uniprot. org/）比对后得到两次重复以上的候选互作蛋白 11 个，分别为光系统 II D2 蛋白质，细胞色素 b559α 亚基，光系统 I P700 叶绿素 a 载脂蛋白 A2，光系统 II CP43 反应中心蛋白，光系统 II 蛋白 D1，ATP 合酶 α 亚基，ATP 合酶 β 亚基，光系统 II CP47 反应中心蛋白，叶绿素 a - b 结合蛋白，光系统 I P700 脱辅基蛋白 A1，光系统 II 47 kDa 蛋白。其中 ATP 合酶 α 亚基经酵母双杂交和双分子荧光实验验证确定与 SrMV CP 蛋白存在相互作用，其他蛋白仍有待进一步验证。本研究为后期进一步研究 SrMV CP 蛋白与甘蔗叶绿体蛋白之间的互作机制打下了基础。

关键词：SrMV CP；叶绿体蛋白；western blot；GST pull down；质谱

* 通信作者：温荣辉

桑脉带相关病毒 RT-LAMP 检测方法的建立*

吴　凡[1]，李杨秀[1]，黄海娟[2]，陈保善[3]，蒙姣荣[1,3]**
（1. 广西大学农学院，南宁　530005；2. 广西大学生命科学与技术学院，南宁　530005；
3. 亚热带农业生物资源保护与利用国家重点实验室，南宁　530005）

摘　要：桑脉带相关病毒（*mulberry vein banding-associated virus*，MVBaV）是广西桑树病毒病的主要病原病毒。本研究依据根据 MVBaV 基因组的核外壳蛋白（nucleocapsid protein，N）基因序列设计了 5 组引物，筛选获得了 1 组有效引物，建立了该病毒的反转录环介导等温扩增技术（reverse transcription loop-mediated isothermal amplification，RT-LAMP）检测方法。该方法能在恒温条件（63℃）下 1h 内检测 MVBaV，其灵敏度是 RT-PCR 检测方法的 10 倍。对 6 个田间样品的进行 RT-LAMP 检测，其结果与 RT-PCR 的结果一致。该方法可直接在反应管中加入 SYBR Green Ⅰ，通过颜色变化即可判定结果，无需经过琼脂糖电泳或专门仪器，具有灵敏、快速和特异性好的优点，可应用于 MVBaV 的快速诊断及其田间监测。

关键词：桑脉带相关病毒；反转录环介导等温扩增技术；检测方法

---

* 基金项目：国家自然科学基金（31660036）；广西自然科学基金（2017GXNSFDA198004）
** 通信作者：蒙姣荣；E-mail：mengjiaorong@163.com

Incidence and distribution of *Sugarcane striate virus* in Guangxi China

Lin Yinfu[1], Niyaz Ali[1], Zhou Longwu[1], Zhang Lijuan[1],
Shen Yanan[1], WenRonghui[1], ChenBaoshan[1,2] *
(1. *College of Life Science and Technology*, *Guangxi University*, *Nanning* 530005;
2. *State Key Laboratory for Conservation and Utilization of Subtropical Agro-bioresources*, *Guangxi University*, *Nanning* 530005)

Abstract: The viruses are often native to specific regions and later they are distributed to other regions of the world through sugar cane Germplasm and by other routes. The newly reported sugarcane striate virus is the number eight species of the genus Mastre virus of the family Geminiviridae which infect sugar cane in the Asian and African countries. Several approaches were used to confirm the viral presence including rolling circle amplification, cloned and sequenced, and specific primers were design against the virus genome for amplification. Blast analyses were done using available data at NCBI. Phylogenetic trees were inferred by using the Mega 6 software. The virus was first identified in our lab and the sequences were submitted to Gene bank under the accession number (KR150789). More than 95% pairwise homology was seen between the identified sequences in China and 88% to 97% with other sequences from the USA. This is the first ever report of Sugarcane Straite virus from China. The genome of the virus was identified from both symptomatic and asymptomatic leaves. The virus is only present in the fruit sugar cane and the commercial Sugarcane plants are not found infected by this virus. The incidence rate is from 10. 60% to an increased number of 31. 30%. Due to the increased incidence rate of the virus, we presumed that the virus is Asian born and lately it's been moved to other regions of the world.

Key words: Sugarcane; Sugarcane striate virus; Incidence rate

* Corresponding author: chenyaoj@ gxu. edu. cn

广西百香果病毒病病原种类鉴定研究初报*

谢慧婷**，崔丽贤，李战彪，秦碧霞，陈锦清，蔡健和***
（广西壮族自治区农业科学院植物保护研究所/
广西作物病虫害生物学重点实验室，南宁 530007）

摘 要：百香果（Passion fruit），又名西番莲，属热带、亚热带草质藤本植物。近年来，广西百香果产业发展迅速，栽培面积约30万亩，主要分布南宁市、贵港市、柳州市、河池市和玉林市等地。百香果为无性繁殖，由于其种苗管理混乱且连年种植，病毒病发生重、蔓延快，严重影响百香果产量和品质，已成为制约产业发展的重要因素。2015—2017年本课题组对广西区内部分百香果育苗基地和种植区进行了初步调查，发现病毒病普遍发生，症状多为花叶、畸形、皱缩和卷叶等，严重地区发病率高达100%。本研究用高通量测序的方法对广西百香果病毒病的病原病毒进行初步鉴定，以期为百香果健康种苗繁育和综合防控提供技术支撑。

从广西南宁市郊、柳州、贺州、玉林、贵港和桂林等地采集采集花叶、斑驳等症状百香果样品86份，所得样品混合为一个样品进行高通量测序，测序结果发现，引起广西百香果病毒病的病毒主要有以下几种：黄瓜花叶病毒（*Cucumber mosaic virus*，CMV）、台湾百香果东亚病毒（East Asian passiflora virus，EAPV）、夜来香花叶病毒（Telosma mosaic virus，TeMV）和DNA杆状病毒（Badnavirus）。针对针对CMV、EAPV和TeMV3种病毒序列设计特异性引物进行RT-PCR验证或ELISA验证，结果均与预期一致；DNA杆状病毒的验证实验仍在进行中。

另外，本课题前期研究发现，广西百香果病样中存在广东番木瓜曲叶病毒（Papaya leaf curl Guangdong virus，PaLCuGDV），一品红曲叶病毒（Euphorbia leaf curl virus，EuLCV）和百香果潜隐病毒（Passiflora latent virus，PLV）等几种病毒，但在深度测序样品中并未显示，分析结果可能是混合样品较多，测序的深度不够。

关键词：高通量测序；广西；百香果；病毒种类

---

* 基金项目：广西农业科学院基本科研业务专项项目（桂农科2017JM28）；广西创新驱动发展专项项目（AA17204041）；广西农业科学院基本科研业务专项项目（2015YT42）

** 第一作者：谢慧婷，助理研究员，主要从事植物病理学研究；E-mail：huitingx@163.com
*** 通信作者：蔡健和，研究员，主要从事植物病毒学研究；E-mail：caijianhe@gxaas.net

Analysis of the complete genome sequence of a potyvirus from passion fruit suggests its taxonomic classification as a member of a new species*

Yang Ke, Jin Pengfei, Miao Weiguo, Zheng Li, Cui Hongguang**

(College of Tropical Agriculture and Forestry, Hainan University, Haikou, Hainan 570228, China)

Abstract: The complete genomic sequence of a telosma mosaic virus (TeMV) isolate (named PasFru), identified in passion fruit in China, was determined. The entire RNA genome of PasFru comprises 10 049 nucleotides (nt) excluding the poly (A) tailand encodes a polyprotein of 3 173 amino acids (aa), flanked by 5′ and 3′ untranslated regions (UTR) of 276nt and 251nt, respectively. Compared with the previous TeMV isolate Hanoi from *Telosma cordata*, the only documented isolate with theentire genome sequence annotated, PasFru had an extra 87nt and 89 aa residues at the 3′-end of 5′UTR and the N-terminusof the P1 protein, respectively, which contributed to the genome size difference between PasFru and Hanoi (10 049nt versus 9 689nt). Pairwise sequence comparisons showed that PasFru shares 73. 6% nt and 80. 9% aa sequence identity with the Hanoiisolate at the whole-genome and polyprotein level, respectively, and these values are below the corresponding thresholdvalues for species demarcation in the family Potyviridae. These data suggest that TeMV-PasFru should be classified as anew member of the genus Potyvirus.

* Funding: Hainan Provincial Natural Science Foundation of China (Grant No. 318MS006)

** Corresponding author: Cui Hongguang; E-mail: cuihg2015@ 126. com

香蕉束顶病毒 CP 和 NSP 的亚细胞定位及其基因在不同病样叶片中的含量分析*

Yu Naitong**, Ji Xiaolong, Li Qu, Zhang Xiuchun, Liu Zhixin***

(Institute of Tropical Bioscience and Biotechnology, Chinese Academy of Tropical Agricultural Sciences, Haikou 571101, China)

Abstract: Banana bunchy top virus (BBTV) is a circular single-stranded DNA virus with multi-components. Its infection mechanism and pathogenesis is remaining unclear. In this study, the BBTV B2 isolate from the Southeast-Asia group was used for PCR amplication. The *CP* gene (528bp) and *NSP* gene (479bp) were subsequently constructed into the plant expression vector pCAMBIA1300 (GV1300: GFP), respectively. The recombinant plasmids were transformed into *Nicotiana benthamiana* leaves by *Agrobacterium tumefaciens* GV3101 strain and subcellular localization of CP and NSP proteins in *N. benthamiana* leaves were investigated. Furthermore, total DNAs of four BBTV infected banana leaves of different cities in China were conducted to analyze the relative DNA amount of *CP* and *NSP* genes by the quantitative PCR (qPCR) method. The results showed that CP protein was located in the nucleus, while NSP protein was distributed in the nucleus and cytoplasm. qPCR analysis indicated that the DNA content of *CP* and *NSP* genes are varieties of different BBTV isolates. The DNA content of *CP* was very high in B2 (Haikou, China) and FS1 (Chengmai, China), and was medium in FZ1 (Fuzhou, China), but the lowest in YC5 (Sanya, China). For *NSP* gene, the DNA content of B2, FS1 and FZ1 was at least 50 000 times higher than of YC5. In this study, the subcellular localization of BBTV CP and NSP proteins in tobacco plant leaves was clarified, and the relative DNA content of *CP* and *NSP* genes of different BBTV isolates was analyzed. The study provides an important basis for further clarifying the infection mechanism and pathogenesis of BBTV *CP* and *NSP* genes.

Key words: Banana bunchy top virus; *CP* gene; *NSP* gene; Subcellular localization; Quantitative PCR

---

* 基金项目：国家自然科学基金青年项目（31401709）；中国热带作物学会青年人才托举工程（CSTC-QN201704）；海南省热带果树生物学重点实验室开放基金项目（KFZX2017002）

** 第一作者：余乃通，男，博士，助理研究员，研究方向：病毒学；E-mail：yunaitong@163.com

*** 通信作者：Liu Zhixin；E-mail：liuzhixin@itbb.org.cn

利用酵母双杂交筛选与小麦黄花叶病毒 NIa-pro、NIb、CI 互作的寄主因子[*]

梁乐乐[**]，陈梦月，郑亚茹，刘丽娟，戚文平，孙炳剑[***]，施 艳，李洪连[***]

（河南农业大学植物保护学院，郑州 450002）

摘 要：小麦黄花叶病毒（Wheat yellow mosaic virus，WYMV）是大麦黄花叶病毒属（Bymovirus）成员，由禾谷多黏菌（Polymyxa graminis）传播。小麦播种后禾谷多黏菌开始侵染，一般情况下，返青期出现明显的黄色花叶症状，气候特别适合的年份，越冬前即可出现明显症状。感病小麦分蘖减少，成熟期穗短小，秕子多，部分小穗死亡，造成不同程度的产量损失，一般病田小麦减产 10%~30%，重病田减产可高达 50%~70%，甚至绝收。小麦黄花叶病已经成为我国冬麦区危害最重的病毒病。

小麦黄花叶病毒基因组有两条正义 RNA 单链组成，RNA1 编码 1 个分子量为 269kDa 的多聚蛋白，经蛋白酶切割后生成 8 个成熟蛋白，从 N 端到 C 端依次为 P3、7K、CI、14K、NIa-VPg、NIa-Pro、NIb 和 CP。RNA2 编码 1 个分子量为 101kDa 的多聚蛋白，经蛋白酶切割后生成 P1 和 P2 两个成熟蛋白。为了探索小麦黄花叶病毒 CI、NIa、NIb 在病毒与寄主互作过程中的功能。利用 RT-PCR 分别克隆了 CI、NIa-pro、NIb 的序列，构建了诱饵载体 pGBKT-CI、pGBKT-NIa、pGBKT-NIb，转化 Y2H GOLD 酵母感受态细胞，涂布在 SD/ - Trp 与空质粒对照比较生长情况验证 3 个重组质粒无毒性；涂布 SD/ - Trp/ - Leu/ - Ade/ - His/ABA/X - α - GAL 平板上，3 个重组质粒转化酵母菌株不能正常生长，确定诱饵载体在酵母中无自激活活性。将含有小麦 cDNA 文库的酵母 Y187，分别与 3 种诱饵载体转化的 Y2H GOLD 进行有性杂交，筛选与 CI、NIa-Pro、NIb 互作的寄主因子，再通过共转验证。验证互作的质粒，测序正确的序列在 GenBank 中进行 Blast 分析。筛到与 NIa 互作的 6 个不同小麦基因片段，通过比对发现，多个生物代谢过程中的重要酶可能与 NIa-Pro 存在互作，如天冬氨酸蛋白酶、甘氨酸脱氢酶、谷氨酰胺亚基转移酶等。筛到与 NIb 互作的 6 个不同小麦基因片段，包括谷胱甘肽 S-转移酶 GSTs（gultathione S transferases GSTs）等。筛选与 CI 互作的 4 个不同小麦基因片段，包括小麦扩展蛋白，小麦类金属硫蛋白等。

通过酵母双杂交技术，筛选到多个与小麦黄花叶病毒 CI、NIa-pro、NIb 互作的重要寄主小麦蛋白，而且发现多个蛋白参与小麦的抗病（逆）生物代谢途径，为研究 WYMV 侵染机制以及寄主抗病机制提供了理论基础。

---

* 基金项目：“十二五”国家科技支撑计划（2015BAD26B01）；NSFC-河南人才培养联合基金项目（U1304322）

** 第一作者：梁乐乐；E-mail：1072916528@ qq. com

*** 通信作者：孙炳剑；E-mail：sunbingjian@ henau. edu. cn

李洪连；E-mail：honglianli@ sina. com

F-box like motif of CCYV P22 is crucial for silencing suppressor activity by interacting with CsSkp1LB1

Wei Yin, Han Xiaoyu, Chen Siyu, Shi Yan
(*College of Plant Protection*, *Henan Agricultural University*, *Zhengzhou* 450002, *China*)

Abstract: Plants employ RNA silencing as a virus defense mechanism. In response, viruses encode various RNA silencing suppressors to counteract the antiviral silencing. Here, we identify P22 as a silencing suppressor of CCYV and show that P22 interacts with *Cucurmis sativus* orthologs of S-phase kinase related protein1 (SKP1) via its F-box like motif. The F-box like motif deletion mutant of P22 abolished P22 pathogenicity and silencing suppressor activity. Proteomics analysis of *Nicotiana benthamiana* leaves expressing P22 and its F-box like motif deletion mutant further confirmed indispensibilty of F-box like motif for the ubiquitin mediated proteolysis and methionine metabolism. S-adenosyl-$_L$-methionine synthase (SAMS), a key enzyme for HEN1 activity, was undetectable in P22 expressing leaves while expressed in its deletion mutant. Taken together, our results suggest that P22 acts as silencing suppressor possibly via depriving HEN1 of its substrate S-adenosyl-$_L$-methionine (SAM) through the ubiquitin mediated proteolysis.

Key words: Cucurbit chlorotic yellows virus; Silencing suppressor; Ubiquitin; SKP1; F-box; Proteomic analysis

Identification of pathogens causing strawberry virus disease in henan and establishment of multiplex PCR reaction for five strawberry viruses

Han Xiaoyu, Wei Yin, Chen Siyu, Shi Yan

(*College of Plant Protection*, *Henan Agricultural University*, *Zhengzhou* 450002, *China*)

Abstract: In this study, the diseased samples were collected in zhengzhou suburb, Henan province. Eleven pairs of primers targeting strawberry viruses were designed and the infection of *Strawberry vein banding virus* and *Strawberry necrotic shock virus* were identified. Further amplification of full length *cp* was conducted. Sequence analysis showed that the nucleotide (nt) identity between SVBV-ZZ and SVBV-AH was 98. 3%, and the amino acid (aa) identity was 100%. The nt identity between SNSV and SNSV-Floridawas 99. 6%. Phylogenetic analysis using Mega 7 showed that SVBV was genetically close to the isolates from our country which are in the same branch, and SNSV-ZZ isolates showed closest relationship to Florida isolates. Based on the acquired CP nucleotide sequence of SVBV and SNSV and the sequence of three reported strawberry viruses, SMYEV, SMoV and SPaV, multiplex PCR primer pairs were designed and the annealing temperature and time were tested. The optimal reaction for multiplex PCR amplification of five strawberry viruses were T_m 60℃, annealing time 2min. The establishment of the reaction laid the foundation for field control.

Key words: Strawberry viruses; Strawberry vein banding virus; Strawberry necrotic shock virus; cp gene; Sequence analysis; Multiplex PCR

真菌病毒及其在植物病害生物防治中的应用*

舒灿伟**，张美玲，刘　忱，杨　媚，周而勋***
（华南农业大学植物病理学系/广东省微生物信号与作物病害防控重点实验室，广州　510642）

摘　要：本论文从真菌病毒的概念及其研究意义、真菌病毒的主要类群、真菌病毒的主要研究进展、真菌病毒的研究方法以及真菌病毒在植物病害生防上的应用等方面论述了真菌病毒的主要研究进展，最后提出了应该挖掘更多的、生防效果更好的弱毒真菌病毒资源，为植物真菌病害生防开辟了一条新途径。真菌病毒（mycovirus 或 fungal virus）是一类侵染真菌并能够在其体内进行复制增殖的病毒。自从 1962 年在双孢菇中发现真菌病毒以来，已有 50 多年的研究历史，目前已知真菌病毒广泛分布于真菌的各大类群中，有些真菌病毒能够导致植物病原真菌的弱毒力。植物病原真菌弱毒力现象的发现及其本质的阐明，为植物真菌病害的生物防治提供了重要的生防资源，为植物真菌病害生防开辟了一条新途径。弱毒病毒作为一类新型的生防因子，其优势是，弱毒病毒一旦侵染真菌的强毒力菌株，弱毒病毒可通过真菌菌株之间菌丝的融合进行水平传播，很快便能形成一个弱毒力真菌群体，能够有效地在田间持久定殖，并且可以继续传播，从而达到可持续性防治；因此，弱毒病毒的利用，可以减少化学农药的大量施用，降低成本，避免植物病原真菌抗药性的产生，有利于维持田间的生态平衡，保护环境。由于真菌病毒的研究起步比较晚，也没有像动植物病毒那样的体外传播方式。因此，人们对真菌病毒的研究目前主要集中于新病毒的鉴定和病毒多样性研究，对于真菌病毒功能的深入研究较少。绝大多数真菌病毒的基因组都为 dsRNA，所以人们过去对真菌病毒的研究主要采用传统的、常规的 dsRNA 提取法，该方法的优点是可以获得完整的 dsRNA 片段，但缺点是工作量大、耗时长，不能在短时间内发现大量的真菌病毒，不能满足当前高通量、大批量筛选真菌病毒资源的需要。另外，对一些低滴度（含量）的真菌病毒，dsRNA 提取法不太适用。近年来发展起来的宏病毒组学（Metaviromics）技术具有高通量的特点，可以发现和挖掘更多新的病毒资源，对病毒的起源、进化、生态和多样性研究具有重要的意义，大大促进了病毒学的发展。基于深度测序（Deep sequencing）技术的宏病毒组学技术不依赖于病毒培养及病毒序列，直接以环境（样本）中病毒核酸为研究对象，能够快速准确地鉴定出样本中所有的病毒组成，在病毒鉴定、新病毒发现和病毒溯源等方面具有重要作用。因此，采用最新的研究方法可以挖掘更多的、生防效果更好的弱毒真菌病毒资源，为植物真菌病害的生防开辟一条新途径。

* 基金项目：国家自然科学基金项目（31470247）
** 第一作者：舒灿伟，副教授，博士，研究方向：植物病原真菌及真菌病害；E-mail：shucanwei@ scau. edu. cn
*** 通信作者：周而勋，教授，博导，研究方向：植物病原真菌及真菌病害；E-mail：exzhou@ scau. edu. cn

核盘菌低毒菌株 SH051 携带病毒多样性研究*

海　都[1,2**]，吴松松[1,2]，程家森[1,2]，付艳苹[1]，陈　桃[1]，姜道宏[1,2]，谢甲涛[1,2***]

（1. 湖北省作物病害监测和安全控制重点实验室/华中农业大学，武汉　430070；
2. 农业微生物学国家重点实验室/华中农业大学，武汉　430070）

摘　要：引起作物菌核病的核盘菌是世界性分布的重要植物病原真菌，可侵染油菜、大豆、向日葵等多达 75 科 400 多种植物。真菌病毒在植物病原真菌中广泛存在，病毒复合侵染单一真菌菌株具有普遍性，且复合侵染的病毒呈现多样性。本研究以前期分离自黑龙江省的低毒核盘菌菌株 SH051 为材料，对该菌株生物学特性及其携带病毒多样性进行了初步研究。菌株 SH051 菌落形态异常，菌丝生长速度慢，对油菜叶片致病力弱。电镜观察 SH051 菌株中提取的病毒粒子形态有球型、杆状、线型等多种类型。结合 RNA-seq 技术，发现核盘菌 SH051 携带有 14 种不同的真菌病毒，10 个+ssRNA 病毒，2 个-ssRNA 病毒，1 个 dsRNA 病毒和 1 个 DNA 病毒。通过病毒水平传播试验、子囊孢子垂直脱毒技术和原生质体再生技术，我们获得了携带不同类型病毒组合的菌株。对这些菌株的生物学特性进行比较分析，发现部分不同的病毒组合造成的生物学表型，包括菌丝生长速度和致病力差异较大，初步确认 SsTyV1、SsDRV1、SsDRVL 和 SsRV-W1 这四个+ssRNA 病毒均能造成核盘菌低毒特性，其中两个 Ourmiavirus 病毒 SsRV-W2、SsRV-W3 和三个线粒体病毒均不能引起核盘菌低毒特性，SsGKAV、SsNSRV2 和 SsNSRV3 可能与其他病毒共同影响核盘菌弱的致病力特性。这些结果表明单个生命个体可以存在多种不同类型的病毒，而且病毒与病毒以及病毒与寄主之间可能达到了稳定的平衡。目前，多病毒复合侵染单一核盘菌的生态学意义有待进一步研究。

* 基金资助：国家重点研发计划（2017YFD0201103）；国家自然科学基金（31571959）

** 第一作者：海都，男，硕士研究生，研究方向为真菌病毒及其应用；E-mail：haidududu@ 163. com

*** 通信作者：谢甲涛，教授，主要从真菌病毒的相关研究；E-mail：jiataoxie@ mail. hzau. edu. cn

我国灰葡萄孢群体中病毒的多样性*

郝芳敏，吴明德**，杨　龙，张　静，李国庆
（华中农业大学植物科学技术学院，武汉　430070）

摘　要：葡萄孢属真菌（*Botrytis* spp.）是在世界各地广泛分布的一类植物病原真菌，可侵染多达1400种植物，引起多种重要经济作物的灰霉病。其中，灰葡萄孢（*Botrytis cinerea*）的分布及寄主范围最为广泛，所造成的经济损失也最为巨大。真菌病毒是一类在丝状真菌及酵母中广泛分布的病毒，其中部分种类能引起植物病原真菌致病力的衰退，因而具有重要的生物防治潜能。前人研究在灰葡萄孢中发现了多种真菌病毒，但缺乏对该菌群体内病毒种类的系统性研究。发掘灰葡萄孢中真菌病毒的资源，可为进一步研究病毒与寄主互作、病毒分类及进化，以及为灰霉病的生物防治提供新的思路和资源。

为了进一步解析我国灰葡萄孢群体中病毒种类的多样性，我们分别对来自湖北、湖南、江西、陕西、北京、河北、山东、云南、辽宁、吉林、河南、安徽等省市的508株灰葡萄孢菌株进行了宏转录组分析。通过与病毒基因组数据库进行比对分析，共获得了约70种真菌病毒的部分基因组序列，其中，+ssRNA病毒共42种，占60%；-ssRNA病毒共13种，占18.6%；dsRNA病毒共14种，占20%；ssDNA病毒仅1种，占1.4%。系统进化分析表明，这些病毒可能主要隶属于以下11个病毒科（目），即布尼亚病毒科、弹状病毒科、双生病毒科、单分体病毒科、内源RNA病毒科、弱毒病毒科、裸露RNA病毒科、双分体病毒科、番茄丛矮病毒科、欧密尔病毒属、芜菁花叶病毒目。还有2种属于*Botybirnavirus*和Fusarividae。此外，还发现了5种分类地位尚未明确的病毒，其中一种与Botryosphaeria dothidea virus 1（Genbank登录号NC_033496）、Aspergillus fumigatus tetramycovirus-1（Genbank登录号HG975302.1）、Beauveria bassiana polymycovirus 1（Genbank登录号NC_034257.1）、Soybean leaf-associated mycoflexivirus 1（Genbank登录号KT598226）、Magnaporthe oryzae RNA virus（Genbank登录号NC_026137.1）有一定同源性。

关键词：灰葡萄孢；真菌病毒；多样性

---

* 基金项目：行业专项“保护地果蔬灰霉病绿色防控技术研究与示范”（201303025）

** 通信作者：吴明德，博士；E-mail：mingde@mail.hzau.edu.cn

纹枯菌菌株 HG81 作为“病毒超级受体”的潜力研究*

来存菲[1,2**]，吕锐玲[1,2]，王　雷[1,2]，程家森[1,2]，
付艳苹[1]，陈　桃[1]，姜道宏[1,2]，谢甲涛[1,2***]
（1. 湖北省作物病害监测和安全控制重点实验室/华中农业大学，武汉　430070；
2. 农业微生物学国家重点实验室/华中农业大学，武汉　430070）

摘　要：水稻纹枯病是由茄丝核菌（*Rhizoctonia solani*）引起的一种全球性水稻病害，是水稻的三大病害之一，严重影响水稻品质和产量。真菌病毒（Mycovirus）是一类能够在真菌体内进行复制和增殖的病毒，在植物病原真菌群体中广泛存在，引致植物病原菌低毒现象的病毒是一种潜在的生防资源。本研究主要以分离自湖北黄冈的水稻纹枯病菌菌株 HG81 为研究材料，分析纹枯菌菌株 HG81 携带病毒的多样性及评估该菌株作为“病毒超级受体”的潜力。菌株 HG81 菌落形态正常，产菌核，对水稻叶片有致病力。基于宏转录组测序结果，检测发现菌株 HG81 至少被 19 种不同的病毒复合侵染，有 dsRNA 和 ssRNA 病毒，这些病毒隶属于内源病毒科（Endornaviridae）、减病毒科（Hypoviridae）、线粒体病毒科（Narnaviridae）、双分病毒科（Partitiviridae）和芜菁花叶病毒科（Tymoviridae），以及多种未分类的病毒，没有检测到 DNA 病毒。病毒复合侵染单一菌株现象普遍存在，但是 19 种不同病毒复合侵染单一菌株是首次被发现。将纹枯菌菌株 HG81 和其他携带有病毒的纹枯菌菌株在 PDA 中对峙培养，检测菌株 HG81 容纳新病毒的情况。纹枯菌 HG81 和其他 10 个携带有病毒的纹枯菌菌株对峙培养后，发现来源于 10 个菌株的 14 种新病毒被水平传播至菌株 HG81 中，但菌株 HG81 含有的 19 种病毒并没有因为有新病毒的侵染而减少，表明菌株 HG81 至少可容纳 33 种不同的病毒。该研究结果表明纹枯菌菌株 HG81 可以容纳多种病毒，且具有成为“病毒超级受体”的潜力，菌株 HG81 如何与病毒“和平共处”及其生态学意义正在研究中。

---

* 基金资助：国家重点研发计划（2017YFD0201103）

** 第一作者：来存菲，女，硕士研究生，研究方向为真菌病毒及其应用；E-mail：1004923764@ qq. com

*** 通信作者：谢甲涛，教授，主要从真菌病毒的相关研究；E-mail：jiataoxie@ mail. hzau. edu. cn

两种负义单链 RNA 病毒分子特性及其对寄主的影响*

李阳艺[1,2]**，谢甲涛[1,2]，程家森[1,2]，付艳苹[1,2]，姜道宏[1,2]***
（1. 湖北省作物病害监测和安全控制重点实验室/华中农业大学，武汉 430070；
2. 农业微生物学国家重点实验室/华中农业大学，武汉 430070）

摘 要：水稻纹枯菌（rice sheath blight）是世界性水稻三大病害之一，具有广泛的地理分布。水稻纹枯菌中的病毒种类繁多，能引起水稻纹枯病菌弱毒特性的真菌病毒在生物防治上有具有重要的实用价值，同时对于探索真菌病毒与寄主真菌之间互作，病毒进化史等等方面也具有重要的研究价值。本研究前期发现 175A1 菌株中含有 2 个类似弹状病毒（Rhabdovirus）的单股负义链 RNA 病毒，将这 2 个病毒分别命名为 RsNSRV-1 和 RsNSRV-2。RsNSRV-1 含有 5 不存在重叠区域的 ORF（ORF I-V），ORF Ⅱ码的蛋白功能还不清楚，其他 ORF 分别编码蛋白分别与弹状病毒的核衣壳蛋白（Nucleoprotein）、脂蛋白（LPS assembly protein）、糖蛋白（glycoprotein）以及复制酶（RNA-dependent RNA polymerase）有同源性，5 个基因间隔区比较小，大小在 15 个碱基到 234 个碱基之间，基因间隔区有部分保守序列。RsNSRV-2 含有 6 个 ORF（ORF I-VI），ORF Ⅱ和 ORF Ⅲ有 35 个碱基的重叠区域，ORF Ⅱ、ORF Ⅲ和 ORF Ⅵ编码的蛋白功能还不清楚，其他 ORF 分别编码蛋白与弹状病毒的 Nucleoprotein、glycoprotein 以及 RNA-dependent RNA polymerase 有同源性，基因间隔区没有明显的保守序列。通过原生质体再生技术，175A1 菌株再生菌株中不携带有 RsNSRV-1 和 RsNSRV-2 时，再生菌株致病力明显下降，推测 175A1 菌株中的两个弹状病毒与纹枯菌致病力相关。现阶段获得 RsNSRV-1 完整病毒序列信息和 RsNSRV-2 部分病毒序列信息，电镜观察发现弧形线性形态的病毒粒子。关于 RsNSRV-1 和 RsNSRV-2 病毒增强寄主致病力的机理和通过免疫电镜验证所观察到的弧形线性病毒的粒子的下一步研究仍在继续。

* 资助基金：国家重点研发计划（2017YFD0201103）
** 第一作者：李阳艺，男，在读博士研究生，主要从事植物病害生物防治；E-mail：13667229734@163.com
*** 通信作者：姜道宏，男，教授；E-mail：daohongjiang@mail.hazu.edu.cn

梨轮纹病菌株中真菌病毒间的水平传染测定及分析*

胡旺成[1,2]，罗　慧[1,2]，洪　霓[1,2]，王国平[1,2]，王利平[1,2**]
（1. 华中农业大学植物科学技术学院/湖北省作物病害监测与安全控制重点实验室，武汉　430070；2. 华中农业大学/农业微生物学国家重点实验室，武汉　430070）

摘　要：梨轮纹病是由葡萄座腔菌［*Botryosphaeria dothidea*（Moug：Fr）Ces&De Not］引起的一种枝干真菌病害，除为害枝干外，叶片和果实也收到不同程度的感染及发病。近年来，轮纹病危害逐渐加重，造成重大损失，给果树产业带来严重的经济损失。研究发现，部分真菌病毒（Mycovirus）可以减弱寄主致病力，可对真菌引起的病害进行有效的防控。真菌病毒可通过感染菌株与未感染菌株的菌丝融合进行水平传播，然而菌株间的营养体不亲和性，诱导细胞发生程序性死亡是目前真菌病毒在应用中最主要的限制性因素。探索影响真菌病毒水平传播的因素及寻找传播率较高且能对致病菌株产生影响的真菌病毒显得尤为重要。

本研究以分别感染产黄青霉病毒（BdCV1）LW-C、感染双分体病毒（BdPV1）LW-P、复合感染 BdCV1 和 BdPV1 的 LW-1 梨轮纹菌株以及无病毒感染的 Mock 菌株作为四组材料，在加入 ZnCl2（0.75mM）的燕麦培养基上于 25℃ 培养进行四组梨轮纹菌（LW-1/Mock、LW-C/Mock、LW-P/Mock 和 LW-C/LW-P）对峙培养的传毒测定，8d 后选择后代衍生菌株进行 dsRNA 检测。结果显示，在 LW-1/Mock，LW-C/Mock 和 LW-P/Mock 对峙培养中，Mock 衍生菌株的 dsRNA 检测表明，BdCV1+BdPV1，BdCV1，BdPV1 分别传入 Mock 菌株中；在 LW-C/LW-P 对峙培养中，衍生菌株的 dsRNA 检测结果为 LW-P 衍生菌株中检测到 BdPV1 和 BdCV1，而 LW-C 衍生菌株中仅检测到 BdCV1，无 BdPV1 传入。采用 RT-qPCR 对 LW-C/LW-P 对峙培养获得的衍生菌株进行基因沉默相关基因组份进行定量分析，发现 Dicer2、Argo、RdRp 表达量在 LW-P 中均低于 LW-C 菌株中基因的表达量，推测 BdCV1 触发了 LW-C 寄主抗病毒的基因沉默反应，影响了病毒的水平传染效率，目前正采用基因敲除方法分析其基因沉默途径相关基因对病毒水平传播效率的影响，相关验证试验还在进一步研究中。以上结果也明确了携带 BdCV1 的 LW-C 可作为一种较好的真菌病毒供体，可为探究 LW-C 对其他菌株的传毒效率以及引起梨轮纹病菌致病力衰退的分子机制，为真菌病毒用于梨轮纹病害生物防治提供重要的参考依据和分子信息。

关键词：梨轮纹病害；葡萄座腔菌；水平传染；BdCV1；BdPV1；基因沉默途径

---

* 基金项目：国家自然科学基金（31471862）；国家梨产业技术体系（CARS-28-15）；新型病毒及其他微生物杀菌剂的研制与示范（2017YFD0201103）

** 通信作者：王利平，副教授，研究方向为果树病理学；E-mail：wlp09@mail.hzau.edu.cn

侵染猕猴桃的一种 *Emaravirus* 属新病毒的鉴定*

王雁翔[1,2]，王国平[1,2]，洪　霓[1,2**]
（1. 华中农业大学植物科技学院/湖北省作物病害监测与安全控制重点实验室，武汉　430070；
2. 华中农业大学/农业微生物学国家重点实验室，武汉　430070）

摘　要：欧洲山梣环斑病毒属（Emaravirus）是近年来成立的一个新属，已划分到布尼亚病毒目（Bunyavirales）无花果花叶病毒科（Fimoviridae）。*Emaravirus* 属病毒基因组由 4~8 条负义单链 RNA 组成，每条 RNA 的互补链包含 1 个开放阅读框（ORF），RNA1-RNA4 分别编码依赖于 RNA 的 RNA 聚合酶（RdRp）、糖蛋白（GP）、核衣壳蛋白（NP）和运动蛋白（MP），其他 RNA 链编码蛋白的功能未知。本研究室前期通过高通量测序技术鉴定到 *Emaravirus* 属的一种新病毒，并命名为猕猴桃褪绿环斑相关病毒（Actinidia chlorotic ringspot associated virus，AcCRaV）。本研究利用基于 Emaravirus 属病毒的 RNA1 保守区域设计的简并引物，对一株表现明显花叶症状的猕猴桃叶片样品进行 RT-PCR 分析，对扩增产物进行测序获得 390bp 的序列，BLASTX 比对分析发现该序列与已报的无花果花叶病毒（FMV）的 RdRp 的部分氨基酸序列相似性为 78.1%，初步推测该序列可能来源于一种 *Emaravirus* 属的病毒。采用基于 Emaravirus 属病毒末端序列设计的保守引物进行 PCR 扩增，电泳分析发现 5 条分子量大小为 1 200~2 200bp 的条带，对这些扩增产物分别进行了测序，获得了 RNA2-5 的序列，并根据已报道的 *Emaravirus* 属病毒 RNA1 的保守区域和已经获得的序列设计引物扩增出完整的 RNA1 序列。比对分析发现该病毒的 RNA1~RNA6 编码的蛋白列与 *Emaravirus* 属成员所编码的蛋白序列的相似性在 10.7%~77.3%。其中，RNA3 所编码的核衣壳蛋白序列与本研究室前期鉴定的 AcCRaV 编码的核衣壳蛋白序列相似性为 37.4%。对 RNA1-RNA4 所编码的蛋白进行系统进化分析，发现该病毒与 FMV 和木豆不育花叶病毒 2（PPSMV-2）聚为一个亚组，与 AcCRaV 的遗传距离较远。因此，认为该病毒是 *Emaravirus* 属一种新病毒，也是从猕猴桃上鉴定的第二种 Emaravirus 属病毒，根据猕猴桃症状表现，将该病毒暂命名为猕猴桃花叶相关病毒（Actinidiamosaic associated virus，AcMaV）。

* 基金项目：政府间国际科技创新合作重点专项（2017YFE0110900）

** 通信作者：洪霓；E-mail：whni@ mail. hzau. edu. cn

侵染猕猴桃的一种长线型病毒全基因组序列的测定*

温少华，王国平，洪　霓[1,2**]

（1. 华中农业大学植物科学技术学院/湖北省作物病害监测与安全控制重点实验室，武汉　430070；2. 华中农业大学/农业微生物学国家重点实验室，武汉　430070）

摘　要：长线型病毒科（Closteroviridae）病毒是一类能侵多种果树及重要经济植物的正义单链 RNA 病毒［positive-sense single-stranded RNA virus，（+）ssRNA］，粒体为弯曲的长线形，基因组包含 9-12 个开放阅读框（Open Reading Frame，ORF）。近期，新西兰研究人员采用高通量测序技术从中华猕猴桃（*Actinidia chinensis*）上鉴定出一种长线型病毒，全基因组长 18 848bp，包含 12 个 ORFs，命名为猕猴桃病毒 1（Actinidia virus 1，AcV-1）。本研究采用 RNA-seq（Illumina）技术对一株表现为沿叶脉黄化及轻微皱缩症状的软枣猕猴桃（*Actinidia arguta*）叶片样品进行了分析，利用 Velvet 和 CLC Genomics Workbench 软件对得到的 reads 进行筛选及拼接，对所获得的 contigs 在 NCBI 数据库进行 BLASTX 比对，鉴定得到一条 18 779bp的 contig，该 contig 包含与长线型病毒科病毒基因组类似的 ORF，推测编码的蛋白与长线型病毒科病毒编码部分蛋白具有一定的相似性，因此推测该 contig 序列为一种长线型病毒部分基因组序列。根据该 contig 序列设计特异引物对该病毒基因组的 5′及 3′末端进行扩增（rapid-amplification of cDNA ends，RACE），序列拼接后得到了 1 条由 18904 个核苷酸（nt）组成的该病毒全基因组序列。该病毒的基因组结构与已报道的 AcV-1 相同，由 12 个 ORF 及 5′和 3′UTR 组成，但二者部分 ORF 编码氨基酸序列存在较大差异，该病毒的 ORF11 明显大于 AcV-1 的 ORF11，且编码蛋白的氨基酸序列差相似性仅 59.6%；二者的 CPm 及 ORF 1a 及 ORF 2 编码蛋白氨基酸序列相似性较低，分别为 75.5%、73.8%和 74.1%，二者其他 ORF 编码蛋白的氨基酸序列相似性为 84.5%~95.8%。本研究首次从中国栽培的猕猴桃上鉴定到长线型病毒，获得了来源于猕猴桃的第二条长线型病毒基因组序列，根据所获得结果，初步认为该病毒为 AcV-1 的一个新株系或分离物，结果为猕猴桃病毒病的研究提供了新的信息。

* 基金项目：政府间国际科技创新合作重点专项（2017YFE0110900）

** 通信作者：洪霓；E-mail：whni@ mail. hzau. edu. cn

链格孢菌株 HBL-14 中携带真菌病毒的研究*

杨萌萌[1,2]，武佳宁[1]，洪　霓[1,2]，王国平[1,2]**

（1. 华中农业大学植物科技学院/湖北省作物病害监测与安全控制重点实验室，武汉　430070；
2. 华中农业大学/农业微生物学国家重点实验室，武汉　430070）

摘　要：链格孢属真菌（*Alternaria* spp.）以病原菌，腐生菌或者内生菌的形式存在自然界中，具有分布广泛、寄主多样等特点。本研究对来源于湖北省多个地区链格孢菌株进行了双链 RNA（double-strand RNA，dsRNA）的检测，发现 41 个菌株中仅有 2 个菌株（4.9%）携带有外源 dsRNA。其中菌株 HBL-14 菌丝生长速率缓慢，菌落形态畸形，并且致病力减弱，为一株弱毒菌株。该菌株至少携带有 7 条外源 dsRNA。其中大小在 3.5～4.5 kbp 的 4 条 dsRNA 属于一种产黄青霉病毒，该病毒为 Alternaria alternate Chrysovirus 1（AaCV1）的一株新的分离物（AaCV1-HB）。将该病毒与其他相近病毒的依赖于 RNA 的 RNA 聚合酶（RNA-dependent RNA polymerase，RdRp）的氨基酸序列进行多重比对发现存在有 8 个保守结构域（motif）。其中，motif Ⅵ是 RdRp 的特有保守 motif。基于 RdRp 和 CP 氨基酸序列的系统发育树表明，该病毒与产黄青霉病毒科（*Chrysoviridae*）Cluster II 的成员聚在一起。

AaCV1-HB 可通过分生孢子进行垂直传播，后代带毒率为 100%，但其不能水平传播到其他菌株。对菌株 HBL-14 提取病毒粒子进行电镜观测，发现有两种不同大小的球形病毒粒子。其中一种含量较多，直径约为 44 nm。另一种含量较少，直径约为 27 nm。将病毒粒子经过蔗糖密度梯度离心，发现病毒主要存在于 45%～57.5%的蔗糖浓度中，并且这两种病毒粒子不能通过蔗糖密度梯度离心而分开。经 SDS-PAGE 电泳，从病毒粒子可检测到大小为 40～130kDa 共 6 个结构蛋白条带。其中 P1 可能是 AaCV1-HB ORF1 编码的 RdRp，P4 可能是其 ORF2 编码的衣壳蛋白（coat protein，CP）。

* 基金项目：农业产业技术体系（CARS-28-15）和中央高校基本科研业务费专项（项目批准号：2662016PY107）

** 通信作者：王国平；E-mail：gpwang@mail.hzau.edu.cn

柑橘衰退病毒沉默抑制子 p20 和柑橘蛋白 Rab21 互作的生物学功能研究*

杨作坤[1]，杨　帆[1]，牛柄棵[1]，张永乐[1]，洪　霓[1,2**]，王国平[1,2]
（1. 华中农业大学植物科技学院/湖北省作物病害监测与安全控制重点实验室，武汉　430070；
2. 华中农业大学/农业微生物学国家重点实验室，武汉　430070）

摘　要：柑橘衰退病毒（*Citrus tristeza virus*，CTV）为长线形病毒科（Closteroviridae）长线形病毒属（*Closterovirus*）成员。已有研究发现该病毒编码 3 个沉默抑制子，其中 p20 可抑制细胞间和细胞内沉默，减少 CTV 的降解，p20 能发生自身互作，并在细胞中聚集，形成内涵体。

本研究利用 CTV 的 p20 为钓饵蛋白，采用酵母双杂交技术对柑橘甜橙 cDNA 文库筛选，鉴定到可与 CTV 的 p20 互作的类似水胁迫诱导蛋白 Rab21。通过免疫共沉淀（Co-IP）和双分子荧光互补（BiFC）试验进一步确认 p20 可与 Rab21 互作。将含 Rab21 和 p20 基因的植物表达载体及 35S GFP 共浸润转 GFP 基因的 16c 本生烟，结果表明 Rab21 可促进 GFP 基因的沉默，并减弱 p20 的沉默抑制功能。SGS3 基因编码蛋白是介导植物转录后基因沉默（PTGS）过程的核心蛋白，与植物体内次级 siRNAs 的产生相关。本研究通过 BiFC 试验发现 p20 和 Rab21 均与 SGS3 蛋白互作。Western blot 检测浸润接种的烟叶片中 SGS3 蛋白含量，结果显示 p20 促进了 SGS3 蛋白的降解，而 Rab21 对 SGS3 蛋白含量没有明显的影响。p20 与细胞自噬的标记分子 ATG8f-RFP 进行共注射烟叶片，发现 p20 增强 ATG8f-RFP 的荧光信号，说明 p20 促进了细胞的自噬作用。推测 p20 可能是通过促进细胞自噬而引起 SGS3 蛋白的降解，进而起到沉默抑制子的作用。Rab21 与 SGS3-CFP 共浸润本生烟，发现细胞中形成的 siRNA body 的数量较单一注射 SGS3 增加了 2-6 倍，表明 Rab21 与 SGS3 互作促进了 siRNA body 的形成，从而增强寄主的沉默反应。

* 基金项目：国家自然科学基金（31272145）

** 通信作者：洪霓；E-mail：whni@ mail. hzau. edu. cn

The interaction between Turnip mosaic virus encoded proteins and SWEET proteins in *Arabidopsis thaliana**

Sun Ying, Sun Yue, Wang Yan, Pan Hongyu, Zhang Xianghui, Zhang Yanhua, Liu Jinliang**

(*Department of Plant Protection*, *College of Plant Sciences*, *Jilin University*, *Changchun* 130062, *China*)

Abstract: Turnip mosaic virus (TuMV) is an important species of the genus *Potyvirus* and has an exceptionally broad host range in terms of plant genera and families of any potyviruses. It occurs worldwide and causes great losses to agricultural production. The symptom formation of a plant viral disease results from molecular interactions between the virus and its host plant. Sugars Will Eventually be Exported Transporters (SWEET) are a novel type of sugar transporter that play crucial role in the interaction of host-pathogens. It has been reported that plants infected with fungi or bacteria will induce partial expression of the SWEET gene involved in pathogen-host interaction[2,3]. However, the SWEET protein family has not been found to be involved in the interaction between virus and host.

In this study, a yeast two hybrid library of *Arabidopsis thaliana* cDNAs was screened using the P3 protein as bait. AtSWEET1 in *Arabidopsis thaliana* was identified to interact with TuMV P3 protein. It in deeply confirmed that AtSWEET1 interacted with TuMV-encoded P3, HC-Pro, VPg and NIa-Pro protein by yeast two-hybrid assay and Bimolecular fluorescence complementation assay (BiFC).

In order to study whether *Arabidopsis thaliana* 17 *AtSWEET* genes were induced by virus infection. The expression of *AtSWEET* genes were detected to infect *Arabidopsis thaliana* by infectious cDNA clone of TuMV. The result showed that most of the *AtSWEET* genes were induced expression. Based on this result, up-regulated genes encoded AtSWEET 4, 7, 8, 9, 11, 15 proteins were selected to verify the interaction with TuMV encoded proteins.

Yeast two-hybrid assay showed that AtSWEET4 interacted with TuMV-encoded P3 and NIb protein, AtSWEET7 interacted with VPg and NIb protein, AtSWEET8 interacted with P3 and NIb protein, AtSWEET9 interacted with P3, HC-Pro, PIPO, CI and NIb protein, AtSWEET11 interacted with P3, HC-Pro, PIPO, CI and NIb protein, AtSWEET15 interacted with P3 and NIb protein. It was in deeply confirmed by BiFC. It suggested that SWEET protein family play an important role in the interaction between the virus and the host.

Key words: *Turnip mosaic virus*; SWEET proteins; *Arabidopsis thaliana*; Interaction

* Funding: Natural Science Foundation of China (31201485) and the National Key Research and Development Program of China (2016YFC0501202)

** Corresponding author: Liu Jinliang; E-mail: jlliu@jlu.edu.cn

大豆花叶病毒编码蛋白与大豆抗病基因 *GmNH23* 的互作研究

闫　婷，哈　达
（内蒙古大学生命科学学院，呼和浩特　010010）

摘　要：大豆花叶病毒（*Sobean mosaic virus*，SMV）病是世界范围内最主要的大豆病害之一，在我国各大豆产区均有发生，严重影响大豆的产量和品质。SMV 是马铃薯 Y 病毒科（*Potyviridae*）马铃薯 Y 病毒属（*Potyvirus*）的重要成员，其基因组编码 10 个成熟蛋白。本研究通过酵母双杂交系统，将大豆抗性基因 *GmNH23* 的几个功能域截段（TIR，NB，TN，DUF），分别构建到诱饵载体 pGBKT7 上，均未检测出对 Y2H gold 酵母的毒性与自激活活性，之后分别将 SMV 的 10 种编码蛋白构建到 pGADT7 载体上，将两种重组质粒共转化酵母细胞，在四缺营养培养基和 X-α-Gal 培养基上筛选可能与诱饵蛋白互作的阳性克隆。并用双分子荧光互补（BIFC）的方法进一步验证大豆花叶病毒编码蛋白与大豆抗病基因 *GmNH23* 的互作。研究 SMV 病毒编码蛋白与大豆寄主在蛋白上的互作，不仅能够深入了解病毒与寄主互作机理，还为下一步阐明大豆的抗病基因如何调控大豆对 SMV 的抗性，以及深化对病毒致病机理与寄主抗病机制的了解提供了理论依据，为抗病育种奠定了基础。目前对这些寄主因子的互作验证及功能的进一步研究正在进行中。

关键词：大豆花叶病毒；*GmNH23*；蛋白互作；酵母双杂交；双分子荧光互补

东北和内蒙古苹果褪绿叶斑病毒检测及其多样性分析*

陈雅寒[1,2**]，马 强[1]，李正男[1***]
（1. 内蒙古农业大学农学院，呼和浩特 010018；
2. 西北农林科技大学植物保护学院，杨凌 712100）

摘 要：采用RT-PCR对从我国东北三省和内蒙古自治区采集的165份苹果枝条样品进行了苹果褪绿叶斑病毒（ACLSV）的检测，明确了ACLSV在我国东北冷寒苹果产区的发生和分子变异情况。在165份苹果样品中ACLSV的检出率达62.42%，说明ACLSV在我国东北冷寒苹果产区普遍发生；克隆了其中25份样品的全长CP基因，将获得的CP基因序列与NCBI数据库中报道的来源于世界上不同国家、不同寄主的76个ACLSV分离物CP基因序列进行系统发育和一致性分析，结果表明这101个ACLSV分离物分成4个组，本研究中克隆到的25个ACLSV分离物分别属于B6、P205和SHZ组，它们彼此间核酸一致性为84.0%~99.7%，与其他ACLSV分离物彼此间核酸一致性为67.7%~99.7%；重组分析结果表明ACLSV-鄂尔多斯和ACLSV-吉林白城分离物CP基因序列中存在重组事件，上述研究结果证明，ACLSV在我国东北冷寒苹果产区存在丰富的分子变异。本研究中采集的苹果品种为沙果、鸡心果、金红苹果等小苹果品种，结合系统发育分析结果证明来源于不同寄主、不同地理区域、不同苹果品种的ACLSV分离物间存在寄主特异性，如Ta Tao5组所有ACLSV分离物均来源于桃树，但不存在地理区域特异性。本研究结果为ACLSV遗传多样性研究提供了一定的依据，对指导ACLSV病毒防治具有重要的意义。

关键词：ACLSV；CP；系统发育；一致性

---

* 基金项目：内蒙古农业大学高层次人才科研启动基金

** 第一作者：陈雅寒，在读博士，主要从事植物病毒研究
*** 通信作者：李正男，教授，主要从事植物病毒学研究；E-mail：lizhengnan@ imau. edu. cn

葡萄病毒 B 内蒙古分离物基因组序列分析及其侵染性克隆的构建*

李正男**，马　强，赵明敏***

（内蒙古农业大学农学院，呼和浩特　010018）

摘　要：葡萄皱木复合病（Rugose wood comples，RW）是葡萄上普遍发生且危害严重的一类病毒病，研究证明该病害与葡萄病毒 B（GVB）的侵染相关，内蒙古乌海地区是内蒙古最大的葡萄产区，为了明确内蒙古地区 GVB 的基因组特征，我们设计了 2 对扩增引物结合 RACE 技术，成功获得了 GVB-WH 分离物的全长基因组序列，该分离物基因全长为 7600 nt，与 NCBI 中报道的 7 个 GVB 全长基因组序列核酸一致性为 84.0%~90.0%，基因组结构与已报道的 7 个 GVB 分离物相同，基于全长基因组序列的系统发育分析结果表明 GVB-WH 分离物可以单独形成分支。为开展 GVB 与寄主互作研究，我们采用融合克隆的方法将 GVB-WH 全长基因组与 pCass4-Rz 载体融合，成功构建了重组质粒 pCaGVB-WH，将构建的质粒转入农杆菌 GV3101 后注射接种西方烟，接种 10d 后西方烟表现为黄化、卷叶、枯死等症状，RT-PCR 检测以及病毒负染观察结构都验证病毒成功侵染。本研究获得的 GVB-WH 分离物与已报道 GVB 分离物基因组序列有较高变异度且生成新的系统发育树分支，成功构建了具有生物活性的 GVB 侵染性克隆载体，为进一步开展 GVB 与寄主互作研究奠定了基础。

关键词：GVB；RACE；基因组；侵染性克隆

---

* 基金项目：内蒙古农业大学高层次人才科研启动基金

** 第一作者：李正男，教授，主要从事植物病毒研究

*** 通信作者：赵明敏，教授，主要从事植物病毒学研究；E-mail：mingminzh@163.com

侵染‘舞美’苹果锈果类病毒的鉴定与全序列分析*

刘洪玉**，李保华，王彩霞***

（青岛农业大学植物医学学院/山东省植物病虫害综合防控重点实验室，青岛　266109）

摘　要： 苹果锈果类病毒（*Apple scar skin viroid*，ASSVd），隶属于马铃薯纺锤块茎类病毒科（Pospiviroidae）苹果锈果类病毒属（*Apscarviroid*），是一种通过嫁接、带病毒苗木等传播的单链环状 RNA 病毒。侵染苹果时，可在不同品种果实表面产生锈状斑、花脸、畸形等症状，已在世界多地造成了严重危害。2017 年 9 月，在山东胶州调查苹果病毒病时，发现‘舞美’果实表现出明显的花脸症状。利用 RT-PCR 技术对苹果锈果类病毒进行了检测，通过 DNAMAN、MEGA 5.1 等软件对其全序列进行了分析，结果表明，显症‘舞美’果实及发病树体枝条中均可检测出 ASSVd，而无症状‘舞美’果实和相应树体枝条中均未检测到 ASSVd。‘舞美’分离物基因组主流序列为 333 bp（登录号 MG745387），与 GenBank 中已报道的 ASSVd 序列一致性为 92%~99%。经序列多重比对及系统进化树分析，发现该分离物的末端保守区和中央保守区与 ASSVd 参考序列一致，且与不同来源的 ASSVd 分离物亲缘关系较近。本研究首次在‘舞美’苹果上发现和鉴定苹果锈果类病毒，对 ASSVd 侵染不同苹果品种提供了新的数据。

关键词： 苹果锈果类病毒；‘舞美’；RT-PCR 技术；序列分析

* 基金项目：国家现代农业苹果产业技术体系（CARS-28）

** 第一作者：刘洪玉，硕士研究生，研究方向为果树病理学；E-mail：liuhongyu734@163.com

*** 通信作者：王彩霞，教授，研究方向为果树病理学；E-mail：cxwang@qau.edu.cn

山东甜樱桃病毒病种类调查*

曹欣然[1,2**]，刘珊珊[1]，耿国伟[1]，于成明[1]，亓　哲[1]，窦宝存[1]，原雪峰[1***]
（1. 山东农业大学植物保护学院植物病理系/山东省农业微生物重点实验室，泰安　271018；
2. 烟台市农业技术推广中心，烟台　264001）

摘　要：[目的] 调查山东甜樱桃病毒病种类，掌握甜樱桃病毒病发生情况和病原鉴定，为防治提供参考。[方法] 在山东省樱桃主产区的每个县市区采集样品，每个县市区选择 3~5 个代表性果园，每个果园为一个混合样品。提取植物总 RNA，针对 17 种候选病毒设计 24 对特异性引物，利用 RT-PCR 技术和 DNA 测序技术进行分子生物学检测。[结果] 共采集 103 个果园的样品，病毒检出率为 84.5%。共检测到 8 种病毒，分别是樱桃病毒 A（CVA）、樱桃绿环斑病毒（CGRMV）、樱桃小果病毒 1（LchV-1）、樱桃小果病毒 2（LchV-2）、李树皮坏死与茎痘伴随病毒（PBNSPaV）、李树坏死环斑病毒（PNRSV）、李矮缩病毒（PDV）和黄瓜花叶病毒（CMV），病毒复合侵染率为 96.6%。[结论] 山东甜樱桃主产区病毒病普遍存在，复合侵染率较高，发病症状与病毒种类之间无明显相关性。

* 基金项目：国家自然科学基金（31670147，31370179）；山东“双一流”奖补资金资助经费（SYL2017XTTD11）
** 第一作者：曹欣然，女，博士研究生，从事植物病毒学研究；E-mail：xinran1001@163.com
*** 通信作者：原雪峰，教授，主要从事分子植物病毒学研究；E-mail：snowpeak77@163.com

小麦黄花叶病毒不同分离物间RNA 2翻译的差异性调控研究*

耿国伟**，于成明，张雅雯，原雪峰***
（山东农业大学植物保护学院植物病理系/山东省农业微生物重点实验室，泰安 271018）

摘　要：小麦黄花叶病毒（*Wheat yellow mosaic virus*，WYMV）是小麦土传花叶病的主要病原之一，对我国多个地区冬小麦的生长、发育构成严重危害。WYMV为二分体基因组，由两条线性单链正义RNA组成。RNA1全长约7.6 kb，RNA2全长约3.6 kb，分别编码一个270 kDa和100 kDa的多聚蛋白。WYMV RNA的5′端有共价结合的VPg，3′端有一个poly（A）尾。

利用5′RACE和RT-PCR分别从山东泰安（TADWK）与临沂（LYJN）冬小麦上克隆了WYMV的全基因组序列。通过已报道的14个WYMV分离物基因组序列分析，表明5′非翻译区（UTR）是WYMV基因组序列变化幅度最大的区域，编码区及3′UTR的序列一致性较高；其中是LYJN RNA2的5′UTR与已报道的WYMV RNA2的核苷酸一致率仅为90%左右。

实验室前期实验发现WYMV RNA1和RNA2的5′UTR具有IRES活性，可正调控翻译。利用萤火虫荧光酶素（Fluc）报告基因载体的体外翻译实验，发现WYMV TADWK和LYJN分离物RNA2 5′UTR的翻译调控作用相对于WYMV HC-1分离物分别提高1.8倍和6.5倍。利用In-line probing（RNA体外结构分析技术）发现LYJN与HC-1分离物的RNA2 5′UTR结构特征存在2个明显的差异区，分别是第一个茎环底部结构的稳定性以及第二个茎环顶环的核苷酸特性，暗示这2个结构差异区可能与差异性翻译调控有关。通过构建突变使HC-1 RNA2 5′UTR第一个茎环与第二个茎环的结构趋向于LYJN RNA 2 5′UTR的结构时，其体外翻译较HC-1 RNA2 5′UTR野生型的调控分别提高2倍和3.5倍。反之，通过构建突变LYJN RNA2 5′UTR第一个茎环与第二个茎环的结构趋向于HC-1 RNA 2 5′UTR的结构时，其体外翻译较LYJN RNA2 5′UTR分别降低到50%和38%倍；而双突变时，其体外翻译较LYJN RNA2 5′UTR分别降低了31%，即突变导致LYJN RNA2 5′UTR的翻译调控能力趋向于HC-1 RNA2 5′UTR。综合以上实验数据，说明WYMV RNA2的5′UTR的差异性翻译调控的关键区域在于第一个茎环底部结构的稳定性以及第二个茎环顶环的碱基差异性。

关键词：小麦黄花叶病毒；非翻译区；体外翻译

* 基金项目：国家自然科学基金资助项目（31670147，31370179）；山东省“双一流”奖补资金资助经费（SYL2017XTTD11）

** 第一作者：耿国伟，硕博连读研究生，主要从事分子植物病毒学研究；E-mail：guowgeng@163.com

*** 通信作者：原雪峰，教授，博士生导师，主要从事分子植物病毒学研究；E-mail：snowpeak77@163.com

用于弱毒疫苗创制的黄瓜花叶病毒（CMV）弱毒突变体的初步筛选*

刘珊珊**，亓　哲，于成明，葛玉倩，李　哲，原雪峰***
（山东农业大学植物保护学院植物病理系/山东省农业微生物重点实验室，泰安　271018）

摘　要：黄瓜花叶病毒（*Cucumber mosaic vitus*，CMV）是已知侵染寄主种类最多、分布最广、最具经济危害的植物病毒之一，因此以 CMV 为基础开发弱毒疫苗具有重要意义。本研究以 CMV Fny 株系为研究基础，选取 TLS 结构元件和 2b 蛋白作为弱毒突变体的改造位点，对 CMV 的 TLS 结构元件与 2b 蛋白分别进行突变，构建了 TLS 核心调控区域缺失型突变 pCB-Fny1-TLS_{m1}、pCB-Fny2-TLS_{m1}、pCB-Fny3-TLS_{m1}；TLS 核心调控区域插入型突变 pCB-Fny1-TLS_{m2}、pCB-Fny2-TLS_{m2}、pCB-Fny3-TLS_{m2}；2b 蛋白提前终止型突变 pCB-Fny2-del2bN。

将突变型 CMV 利用农杆菌浸润方法接种 6 叶期本生烟，接种 7d 后发现 TLS 缺失型突变与插入型突变均能引起类似于 CMV 野生型的致病症状，表现为叶片严重皱缩、植株矮化、伴随不同程度的花叶症状；而 2b 蛋白提前终止型突变的接种植株未出现叶片皱缩、植株矮化等症状，与未接种 CMV 的植株相同。对接种植株的系统叶片进行 RT-PCR 检测，均能检测到 CMV 的存在。

对 PCR 产物进行测序分析，发现 2b 蛋白提前终止型突变体的突变位点仍然存在，表明 2b 蛋白的提前终止突变能够造成 CMV 致病力的明显减弱，可维持低水平复制同时具备遗传稳定性，是比较理想的弱毒疫苗开发的材料。关于 TLS 突变体，则存在部分突变体的回复现象，其中 RNA2 的 TLS 突变体均回复成野生型；RNA3 的 TLS 缺失型突变回复成野生型。说明，TLS 作为 CMV 复制调控的关键区域，不适合作为弱毒突变的改造位点，因为存在遗传不稳定性。

关键词：黄瓜花叶病毒；TLS 结构；2b 蛋白；弱毒突变体

---

* 基金项目：国家自然科学基金（31670147，31370179）；山东省“双一流”奖补资金资助经费（SYL2017XTTD11）
** 第一作者：刘珊珊，女，山东泰安人，博士研究生，从事植物病毒学研究；E-mail：shansd1218@126.com
*** 通信作者：原雪峰，教授，主要从事分子植物病毒学研究；E-mail：snowpeak77@163.com

Virus-derived small interfering RNAs affects the accumulations of viral and host transcripts in maize*

Xia Zihao[1**], Zhao Zhenxing[2], Jiao Zhiyuan[2],
Zhou Tao[2], Wu Yuanhua[1], Fan Zaifeng[2***]
(1. *College of Plant Protection*, *Shenyang Agricultural University*, *Shenyang* 110866;
2. *Department of Plant Pathology*, *China Agricultural University*, *Beijing* 100193)

Abstract: RNA silencing is a conserved surveillance mechanism against invading viruses, which involves the production of virus-derived small interfering RNAs (vsiRNAs) that play essential roles in silencing of viral RNAs and specific host transcripts. However, how vsiRNAs function to target viral and host transcripts is poorly studied, especially in maize (*Zea mays* L.). In this study, a degradome library constructed from *Sugarcane mosaic virus* (SCMV)-inoculated maize plants was sequenced and analysed to identify the cleavage sites in viral and host transcripts mainly produced by vsiRNAs. The results showed that forty-two maize transcripts were possibly cleaved by vsiRNAs. In addition, more than three thousand possible cleavage sites existed in positive-strand RNAs of SCMV. To determine the roles of vsiRNAs in targeting viral RNAs, artificial microRNAs (amiRNAs) using a rice miRNA (osa-miR528a) precursor backbone were designed and expressed in maize protoplast. Six vsiRNAs were selected to target different sequence elements of SCMV positive-strand RNAs, of which four could efficiently inhibit the accumulation of SCMV RNAs. All of six vsiRNAs could be detected by Northern blotting in both SCMV-infected maize plants and plasmid-transfected maize protoplast. These results provide new insights into maize crop engineering against virus infection by making amiRNA a more predictable and useful technology.

Key words: *Sugarcane mosaic virus* (SCMV); Virus-derived small interfering RNA (vsiRNA); Artificial microRNA (amiRNA); Maize protoplast; Degradome analysis

---

* 基金项目：辽宁省科技厅博士启动基金（20170520035）

** 第一作者：夏子豪，讲师，主要从事小 RNA 和植物病毒相关研究；E-mail：zihao8337@ syau. edu. cn

*** 通信作者：范在丰，教授，主要从事植物与病毒互作相关研究；E-mail：fanzf@ cau. edu. cn

3 个柑橘鳞皮病毒分离物全基因组序列分析*

李　敏**，周天宇，张　松，杨方云，周　彦，李中安***，曹孟籍***
（西南大学/中国农业科学院柑桔研究所，重庆　400712）

摘　要：柑橘鳞皮病（*Citrus psorosis virus*，CPsV）是一种对柑橘具有破坏性的病毒类病害，目前其基因组信息较少。本研究运用转录组测序和 RT-PCR 方法克隆测定了 CHN-1、CHN-2 和 CHN-3 3 个 CPsV 分离物的全基因组。序列分析结果表明，CHN-1、CHN-2 和 CHN-3 的基因组全长分别为 11 282nt、11 279nt 和 11 278nt，均包含 4 个开放阅读框。CHN-1、CHN-2 和 CHN-3 之间的核苷酸相似性为 93.48%~95.98%，氨基酸相似性为 98.18%~98.86%。与 6 个已知国外 CPsV 分离物的外壳蛋白基因核苷酸序列相似性为 85.83%~95.23%，其对应氨基酸序列相似性为 94.09%~99.32%。系统进化分析显示 CHN-1、CHN-2 和 CHN-3 与地中海沿岸国家的 CPsV 分离物聚为一簇，可能具有共同的起源。

关键词：柑橘鳞皮病毒；全基因组；系统发育分析

---

* 基金项目：国家重点研发计划政府间国际科技创新合作重点专项（2017YFE0110900）；重庆市科委社会事业与民生保障科技创新专项（cstc2016shms-ztzx800003）；重庆市基础科学与前沿技术研究专项（cstc2017jcyjBX0016）

** 第一作者：李敏，硕士研究生，研究方向为分子植物病理学；E-mail：271751950@ qq. com
*** 通信作者：李中安，研究员；E-mail：zhongan@ cric. cn
曹孟籍，副研究员；E-mail：caomengji@ cric. cn

四川攀枝花番茄病毒病病原分子鉴定*

马明鸽**，李彭拜，王智圆，吴根土，李明骏，孙现超，青 玲***
（西南大学植物保护学院/植物病害生物学重庆市高校级重点实验室，重庆 400716）

摘 要：番茄病毒病是严重影响番茄生产的一种重要病害，其主要症状包括叶片畸形、黄化、花叶、斑驳等，果实上常出现畸形、轮纹、坏死等症状。目前，四川地区已报道的番茄病毒有9种，主要包括番茄黄化曲叶病毒（*Tomato yellow leaf curl virus*，TYLCV），烟草曲茎病毒（*Tobacco curly shoot virus*，TbCSV），中国番木瓜曲叶病毒（Papaya leaf curl China virus，PaLCuC-NV），辣椒脉斑驳病毒（*Chilli veinal mottle virus*，ChiVMV），番茄花叶病毒（*Tomato mosaic virus*，ToMV）等。

本研究在四川攀枝花地区采集了26份叶片表现为典型的花叶、斑驳及边缘变紫的番茄叶片样品，从中随机挑选了5份样品经混合后，进行Small RNA深度测序，测序数据经过拼接，并在NCBI数据库中进行BLAST检索分析。结果显示，在数据库中比对鉴定到4种病毒，为西瓜银斑驳病毒（*Watermelon silver mottle virus*，WSMoV）、南方番茄病毒（*Southern tomato virus*，STV）、番茄褪绿病毒（*Tomato chlorosis virus*，ToCV）和TYLCV，并通过PCR扩增、克隆及测序进行了验证。同时，用4种病毒的特异性引物分别对26份样品进行检测，结果表明优势病毒为STV，检出率为50%，ToCV、TYLCV和WSMoV检出率分别为26.92%、23.08%和11.50%。其中，在四川番茄上检测到ToCV、STV和WSMoV为首次报道。

关键词：番茄；病毒；Small RNA测序；检测

* 基金项目：国家公益性行业（农业）科研专项（201303028）；西南大学基本科研业务费“创新团队”专项（XDJK2017A006）

** 第一作者：马明鸽，女，硕士研究生，从事分子植物病理学研究

*** 通信作者：青玲，博士，教授，博士生导师，主要从事分子植物病毒学研究；Tel：023-68250695，E-mail：qling@swu.edu.cn

烟草 IP-L（Interaction Protein L）互作蛋白的筛选与表达分析[*]

蒲运丹[**]，张永至，孙现超[***]
（西南大学植物保护学院，重庆 400715）

摘 要：IP-L（Interaction Protein L）是从烟草 cDNA 文库中筛选出的与 ToMV 外壳蛋白（coat protein，CP）互作的寄主蛋白，两者共定位于本氏烟细胞表皮质膜。ToMV CP 和 IP-L 相互作用可能影响叶绿体的稳定性导致萎黄。通过酵母双杂交筛选本氏烟文库，获得一个与 IP-L 互作的蛋白，为了研究其与 IP-L 之间的相互作用及烟草花叶病毒（*Tobacco mosaic virus*，TMV）侵染下的表达变化。采用双酶切的方法构建 PGADT7-TSJT1 和 PGBKT7-IP-L 酵母表达载体以及 pCV-cYFP-IP-L 和 pCV-nYFP-TSJT1 双分子荧光互补表达载体。将重组载体质粒 PGADT7-TSJT1 和 PGBKT7-IP-L 共转化至 AH109 酵母菌株，验证烟草 IP-L 与候选蛋白 TSJT1 的相互作用；利用农杆菌 EHA105 介导法在本氏烟中表达双分子荧光互补表达载体 pCV-cYFP-IP-L 和 pCV-nYFP-TSJT1，激光共聚焦显微镜下观察相互作用产生的 YFP 荧光信号；利用实时荧光定量 PCR（RT-qPCR）分析本氏烟各个组织中 *TSJT*1 的表达量，TMV 胁迫下及 *IP-L* 沉默的本氏烟 *TSJT*1 的表达变化情况；构建亚细胞定位载体 pCV-mGFP-TSJT1，pRFP - AtRop10 作为质膜 marker，激光共聚焦观察融合 TSJT1 的 GFP 荧光信号定位情况。结果显示与 IP-L 互作的蛋白分子量为 25.6kDa，其对应 ORF 全长 714bp，NCBI 对比显示其与预测的多种茄科植物的茎特异蛋白同源性达到 99%，与拟南芥的一个铝诱导蛋白具有 73.3%的同源性。通过酵母双杂交系统和双分子荧光互补技术进一步确认 IP-L 与 TSJT1 的相互作用；RT-qPCR 分析显示，*TSJT*1 在本氏烟根、茎、叶、花中均有表达，在叶中表达量最高；亚细胞定位显示 TSJT1 定位于本氏烟细胞质膜；采用摩擦接种方法，用绿色荧光蛋白（Green Fluorescence Protein，GFP）标记的 TMV 侵染本氏烟，在接种 2d、3d、4d 后，*TSJT*1 在叶片内表达量随接种时间呈明显上调趋势。TMV 侵染 4d 后的叶片内表达量是对照组的 2 倍，并且差异达到显著水平。在 TRV 介导的 *IP-L* 沉默本氏烟中，*TSJT*1 的表达也显著下降。该结果表明，TSJT1 与 IP-L 在本氏烟中有类似的组织表达模式，在叶中表达量最高，且在 TMV 侵染本氏烟时表达量显著上调。

---

* 基金项目：国家自然科学基金（31670148，30900937）；重庆市社会事业与民生保障创新专项（cstc2015shms-ztzx80012）；中央高校基本科研业务费专项资金（XDJK2016A009，XDJK2017C015）

** 第一作者：蒲运丹，女，硕士研究生，从事植物病理学研究

*** 通信作者：孙现超，博士，研究员，博士生导师，主要从事植物病毒学及植物病害生物防治研究；E-mail：sunxianchao@163.com

Molecular characterization of a novel luteovirus infecting apple by next-generation sequencing*

Shen Pan[1,2**], Tian Xin[1,2], Zhang Song[1,2], Ren Fang[3], Li Ping[1,2], Yu Yunqi[1,2], Li Ruhui[4], Zhou Changyong[1,2***], Cao Mengji[1,2***]

(1. *National Citrus Engineering Research Center*, *Citrus Research Institute*, *Southwest University*, *Chongqing* 400712, *China*; 2. *Academy of Agricultural Sciences*, *Southwest University*, *Chongqing* 400715, *China*; 3. *Research Institute of Pomology*, *Chinese Academy of Agricultural Sciences*, *Xingcheng*, *Liaoning* 125100, *China*; 4. *USDA-ARS*, *National Germplasm Resources Laboratory*, *Beltsville* 20705, *MD*)

Abstract: A new single-stranded positive-sense RNA virus, which shares the highest nucleotide (nt) sequence identity of 53.4% with the genome sequence of cherry-associated luteovirus South Korean isolate (ChALV-SK, genus Luteovirus), was discovered in this work. It is provisionally named Apple-associated luteovirus (AaLV). The complete genome sequence of AaLV comprises 5,890 nt and contains eight open reading frames (ORFs), in a very similar arrangement that is typical of members of the genus Luteovirus. When compared with other members of the family Luteoviridae, ORF1 of AaLV was found to encompass another ORF, ORF1a, which encodes a putative 32.9kDa protein. The ORF1-ORF2 region (RNA-dependent RNA polymerase, RdRP) showed the greatest amino acid (aa) sequence identity (59.7%) to that of cherry-associated luteovirus Czech Republic isolate (ChALV-CZ, genus Luteovirus). The results of genome sequence comparisons and phylogenetic analysis, suggest that AaLV should be a novel species in the genus Luteovirus. To our knowledge, it is the sixth member of the genus Luteovirus reported to naturally infect rosaceous plants.

Key words: Apple-associated luteovirus; Luteovirus; Genome sequence; Rosaceous

---

* Funding: Intergovernmental International Science, Technology and Innovation (STI) Collaboration Key Project of China's National Key R&D Programme (NKP) (2017YFE0110900) and Chongqing Research Program of Basic Research and Frontier Technology (cstc2017jcyjBX0016)

** First author: Shen Pan, major in plant pathology; E-mail: ShenPan2016@163.com

*** Corresponding authors: Zhou changyong, researcher, research on citrus virus diseases and construction of virus-free breeding system; E-mail: zhoucy@cric.cn

Cao mengji, associate researcher, research on plant virology; E-mail: caomengji@cric.cn

A Y-shaped RNA structure of a plant virus satellite RNA is engaged in its replication and inhibition to the helper virus replication*

何 露，廖乾生，杜志游**
（浙江理工大学 生命科学学院，杭州 310018）

Abstract: Cucumber mosaic virus (CMV) is an economically important plant pathogen due to its broad host range and severe damage to infected plants. If not all, many strains of CMV harbor a non-coding satellite RNA (sat-RNA) that depends the helper virus CMV for replication and encapsidation. In many cases, CMV is inhibited in viral accumulation and symptom production in the presence of CMV satRNA. But, the molecular basis of the inhibition remains largely unknown. We here reported a strain of sat-RNA, T1-sat that attenuated CMV symptoms on *Nicotiana benthamiana*. RNA blotting analyses showed that T1-sat dramatically reduced the accumulation levels of CMV RNA1, RNA2 and its subgenomic RNA4A, but had no obvious effect on RNA3 and its subgenomic RNA4. The inhibition was determined to be the reduction of CMV replication, rather than siRNA-mediated antiviral silencing. To determine the functional RNA domain of T1-sat that is responsible for the inhibition, we predicted the secondary structure of T1-sat based on the chemical probing data. The RNA sequence ranging from the positions 186 to 248 was predicted to form a Y-shaped secondary structure. Two hairpins in the local structure were confirmed by biological tests of compensatory mutations in *N. benthamiana* plants. Moreover, the loop sequence of the 5′ hairpin interacted with the linking sequence between the hairpin and basal stem to form a pseudoknot. Disruption of the hairpin structure or pseudoknot was lethal for T1-sat survival. Disruption of the 3′ hairpin structure had a modest effect on T1-sat accumulation, but released the inhibition of T1-sat to the replication of CMV RNA1 and RNA2 partially or completely, suggesting that the secondary structure and sequence of the 3′ hairpin is engaged in the inhibition of T1-sat to CMV replication.

---

* Funding: the Natural Science Foundation of China (Grant 31470007)

** Corresponding author: duzy@ zstu. edu. cn

Roles of ZmVDE during infection by *Maize chlorotic mottle virus*

Sun Biao, Sun Xi, Guo Chang, Jiao Zhiyuan,
Chen Ling, Zhao Zhenxing, Zhou Tao, Fan Zaifeng*
(*State Key Laboratory Agro-biothechnology and Department of Plant Pathology, China Agricultural University, Beijing* 100193, *China*)

Abstract: *Maize chlorotic mottle virus* (MCMV) is a quarantine microorganism in China. Co-infection of MCMV with other viruses in the family of *Potyviridae* can induce maize lethal disease and impair yield of maize seriously. However, the mechanism of MCMV pathogenesis is largely unknown. Violaxanthin de-epoxidase (VDE) plays important roles in plant defense against biotic and abiotic stresses. In this research, the interaction between MCMV P31 and maize violaxanthin de-epoxidase (ZmVDE) was identified by Y2H and Co-IP. Transiently knocking down the transcriptional level of *ZmVDE* led to decreased MCMV accumulation level and CP relative expression. Both the transcriptional level of *ZmVDE* and its enzymatic activity were down-regulated significantly when symptom appeared, which demonstrated that relative expression level of *ZmVDE*, as well as the enzymatic activity was attenuated by MCMV infection. This indicated that the MCMV infection was correlated with *ZmVDE*.

Taken together, this research demonstrated that MCMV could interfere with the relative expression level and enzymatic activity of ZmVDE, which was correlated with MCMV accumulation.

Key words: *Maize chlorotic mottle virus*; P31; Maize violaxanthin de-epoxidase; ZmVDE; Abscisic acid; ABA

* Corresponding author: Fan Zaifeng; E-mail: fanzf@ cau. edu. cn

Investigation of the roles of reactive oxygen species in *Maize chlorotic mottle virus* infection

Jiao Zhiyuan, Tian Yiying, Sun Biao, Wang Siyuan,
Sun Xi, Zhao Zhenxing, Zhou Tao, Fan Zaifeng*
(Department of Plant Pathology, China Agricultural University, Beijing 100193, China)

Abstract: *Maize chlorotic mottle virus* (MCMV) is the only member of the genus *Machlomovirus* in the family *Tombusviridae* which leads to serious yield losses in maize (*Zea mays* L.), especially can cause maize lethal necrosis disease by synergistic infection with potyviruses. Reactive oxygen species (ROS) act as signaling molecules and can be induced during plant-pathogen interactions. Peroxisomes contribute to the synthesis of the phytohormones such as jasmonic acid, auxin, and salicylic acid and play an important role in ROS detoxification. Catalase is a class of highly conserved enzymes catalyzing the conversion of hydrogen peroxide (H_2O_2) to water and oxygen and plays a key role in the removal of excessive amounts of H_2O_2. Therefore it is important to investigate the relationship between MCMV infection and ROS. A unique protein of MCMV, p31, expressed as a readthrough extension of p7a, is required for efficient systemic infection. We identified an interaction between MCMV p31 and maize catalase 1 (ZmCAT1), a vital enzyme localized in peroxisomes, using the yeast two-hybrid; and the interaction was confirmed via *in vivo* co-immunoprecipitation assay in *Nicotiana benthamiana* and bimolecular fluorescence complementation assay in maize protoplasts. In addition, we obtained evidence that the expression level of *ZmCAT1* was upregulated during MCMV infection. These results provide new insights into the correlation between ROS and virus infection.

Key words: *Maize chlorotic mottle virus*; Catalase; Interaction

* Corresponding author: Fan Zaifeng; E-mail: fanzf@ cau. edu. cn

芸薹黄化病毒致病性和叶片紫色症状形成的分子基础研究[*]

陈相儒[**]，王　颖，赵航海，张晓艳，王献兵，李大伟，于嘉林，韩成贵[***]
（中国农业大学植物病理系/农业生物技术国家重点实验室，北京　100193）

摘　要：芸薹黄化病毒（*Brassica yellows virus*，BrYV）是本实验室在十字花科植物上分离得到的马铃薯卷叶病毒属（*Polerovirus*）一种新病毒。BrYV 具有马铃薯卷叶病毒属病毒的一般特征，是一种由蚜虫传播并具有韧皮部局限性的球形正单链 RNA（+ssRNA）病毒。BrYV 至少具有 3 种不同类别的基因型，将其分别命名为 BrYV-A，BrYV-B 和 BrYV-C，并已经分别成功构建了这 3 种基因型的侵染性 cDNA 克隆。通过对来自全国各地样品的检测，发现 BrYV 广泛分布于我国的绝大多数省市自治区。马铃薯卷叶病毒属病毒是一类重要的植物病原物，能够侵染多种植物，给作物生产造成严重的损失。本研究进一步明确了芸薹黄化病毒的致病性和叶片紫色症状形成的分子基础。

为了探索 BrYV 对十字花科植物的致病性，本研究将 BrYV 的全长 cDNA 整合进十字花科模式植物拟南芥 Col-0 生态型的基因组中，构建了携带 BrYV 全长 cDNA 的转基因拟南芥。经过分子检测证实，整合到拟南芥基因组上的 BrYV 全长 cDNA 片段能够稳定遗传，转基因拟南芥能够转录产生 BrYV 的基因组和亚基因组，且能够翻译产生 BrYV 的外壳蛋白（CP）。通过观察发现转化 BrYV 全长 cDNA 的转基因拟南芥表现出一些与野生型拟南芥不同的发育表型，例如：顶端优势缺失、矮化、果荚变短、腋生叶增多、种子萌发变缓和叶片变紫等。这些异常发育表型的出现，说明 BrYV 对拟南芥有着很强的致病性。

为了揭示 BrYV 对十字花科植物致病性的分子机理，对转化 BrYV 全长 cDNA 的 2 个转基因株系 T5 代植株进行了转录组测序。测序结果表明在野生型拟南芥和转化 BrYV 全长 cDNA 的转基因拟南芥之间存在着较多的差异表达基因，这些差异表达基因的出现有可能是导致转基因拟南芥出现异常发育表型的原因。在对转录组数据的分析过程中，发现花青素合成通路的基因出现了显著上调表达。结合转基因植株在生长过程中出现的叶片变紫表型，测定的花青素含量明显增加，推测这种症状的产生与 BrYV 侵染相关。进一步构建了能够在植物中组成性表达 BrYV 编码的运动蛋白（MP）的双元载体，通过转化拟南芥获得了能够稳定遗传和表达 MP 蛋白的转基因拟南芥，通过表型观察和对转基因拟南芥中花青素合成通路相关基因的表达水平检测，判定 MP 蛋白是 BrYV 侵染植物后导致被侵染植物叶片颜色变紫的致病关键因子，为深入研究马铃薯卷叶病毒属病毒与寄主分子互作打下工作基础。

关键词：马铃薯卷叶病毒属；致病性；花青素；运动蛋白

致谢：感谢张永亮副教授，何军贤，He Shengyang 和 Savithramma P. Dinesh-Kumar 等教授对本研究的建议。

---

* 基金项目：国家自然科学基金项目（31671995）和 111 引智计划（B13006）

** 第一作者：陈相儒，博士，主要从事植物病毒与寄主的分子互作研究

*** 通信作者：韩成贵，教授，主要从事植物病毒病害及抗病转基因作物研究；E-mail：hanchenggui@ cau. edu. cn

中国甜菜神秘病毒的全基因组克隆与序列分析*

李梦林**，侯丽敏，姜 宁，张宗英，韩成贵，王 颖***
（中国农业大学作物有害生物监测与绿色防控农业部重点实验室/
中国农业大学植物保护学院，北京 100193）

摘 要：甜菜神秘病毒（*Beet cryptic virus*，BCV）是 dsRNA 病毒，属于分体病毒科甲型潜隐病毒属，由种子或花粉进行传播。植物分体病毒科侵染植物不引起症状，因此通常称作隐形病毒或神秘病毒。

BCV 包含两个种，分别为 BCV1 和 BCV2。BCV1 的基因组含有两条 dsRNA，BCV1 dsRNA1 编码 72.5kDa 大小的 RdRp 蛋白；BCV1 dsRNA2 编码 53.7kDa 的 CP 蛋白。BCV2 的基因组含有三条 dsRNA，dsRNA1 全长 1 598nt，编码"viral protein 1"；dsRNA2 全长 1 575nt，编码 RdRp 蛋白；dsRNA3 全长 1 522nt，编码"viral protein 2"。BCV 的全长序列在我国还没有被报道过，因此在甜菜小 RNA 测序结果基础上，利用 RT-PCR 得到 BCV 的基因组全长序列，同源重组的方法克隆得到 BCV 的全长基因组 cDNA 克隆。上述研究工作为深入研究 BCV 和病毒载体开发利用打下基础。

关键词：甜菜神秘病毒；RT-PCR；同源重组

致谢：感谢于嘉林教授、李大伟教授、王献兵教授和张永亮副教授对本研究的建议。

---

* 基金项目：国家自然科学基金项目（31401708）和国家糖料现代农业产业技术体系——甜菜病害防控（CARS-17-08B）

** 第一作者：李梦林，硕士生，主要从事甜菜病毒的研究；E-mail：s20173192156@cau.edu.cn

*** 通信作者：王颖，副教授，主要从事植物病毒学研究；E-mail：yingwang@cau.edu.cn

芸薹黄化病毒 P0 蛋白与植物 SKP1 互作有助于其自身的稳定性*

李源源[1**]，孙　倩[1**]，赵添羽[1]，向海英[1]，
张晓艳[1]，吴占雨[1]，周翠姬[1]，王　颖[1]，张永亮[1]，王献兵[1]，李大伟[1]，于嘉林[1]，
Savithramma P. Dinesh-Kumar[2]，韩成贵[1***]
（1. 中国农业大学植物病理系与农业生物技术国家重点实验室，北京　100193；
2. 加州大学戴维斯分校生物科学学院植物生物学系和基因中心，CA，U. S. A. 95616）

摘　要：在植物中，RNA 沉默是一种重要的抗病毒机制。植物通过切割病毒来源的双链 RNA 产生病毒来源的小干扰 RNA（virus-derived small interfering RNA，vsiRNA），并由 vsiRNA 介导含有 Argonaute（AGO）效应蛋白的 RNA 诱导的沉默复合体（RNA-induced silencing complex，RISC）对互补的病毒基因组进行切割。植物病毒在进化过程中也产生了一类称为病毒的 RNA 沉默抑制子（viral suppressor of RNA silencing，VSR）的序列和功能各异的蛋白。VSR 通过不同的机制来抑制 RNA 沉默，其中一类能介导 RNA 沉默通路中关键效应蛋白的降解，如马铃薯卷叶病毒属 P0 蛋白被报道能介导 AGO1 蛋白的降解。马铃薯卷叶病毒属 P0 蛋白包含一个保守的类 F-box 基序［LPXX（L/I）X_{10-13}P］。与植物中的 F-box 蛋白类似，P0 通过该基序与植物的 SKP1-Cullin 1-F-box（SCF）复合体中的关键蛋白因子 SKP1 互作。前期研究表明，该基序的突变会导致 P0 的 RNA 沉默抑制功能丧失。但实际上是自噬通路参与了 P0 诱导的 AGO1 降解过程。因此，P0 与 SKP1 蛋白互作的意义还有待进一步研究。

芸薹黄化病毒（Brassica yellows virus，BrYV）是由本实验室首次发现并报道的马铃薯卷叶属新病毒。我们的研究表明 BrYV P0 蛋白（$P0^{Br}$）是一个强的 RNA 沉默抑制子，能抑制由 GFP 在本生烟上诱发的局部和系统 RNA 沉默。通过对 $P0^{Br}$进行截短突变、关键基序定点突变和丙氨酸扫描突变，并对不同突变体的功能进行比较，我们鉴定了参与 $P0^{Br}$不同功能的氨基酸残基。和前人的结果类似，将 $P0^{Br}$类 F-box 基序中关键氨基酸进行丙氨酸替代突变（$P0^{Br}$L63A/P64A，以下简称 LP）后，$P0^{Br}$丧失了局部沉默抑制功能及与 SKP1 互作的能力。在对 $P0^{Br}$及其突变体蛋白的检测过程中发现，LP 突变体的积累量较野生型 $P0^{Br}$而言有明显的降低。共表达 RNA 沉默抑制子以及翻译效率验证的实验结果表明，LP 蛋白积累的减少可能是蛋白不稳定的结果，而抑制剂实验和 TRV 介导的 VIGS 实验则进一步证明了 LP 蛋白积累量的降低是 26S 蛋白酶体和自噬降解通路共同作用的结果。随后，我们发现沉默本生烟中的 SKP1 同源基因（NbSKP1）能在不影响 $P0^{Br}$ mRNA 积累的情况下导致 $P0^{Br}$蛋白积累量的减少，暗示了 $P0^{Br}$与 SKP1 互作可能有助于维持自身的稳定性。此外，我们通过反向遗传学实验证明了 $P0^{Br}$主要通过介导 AGO1 降解来发挥其 RNA 沉默抑制功能，而 $P0^{Br}$与 SKP1 的互作并不是其抑制 RNA 沉默过程直接必需的，而可能是 $P0^{Br}$逃避植物的识别和降解以维持自身蛋白稳定的一种反防御机制。与这些结果相呼应，突变体

* 基金项目：国家自然科学基金项目（31671995 和 31071663）
** 第一作者：李源源，博士后，主要从事植物病毒与寄主的分子互作研究；
孙倩，博士，主要从事植物病毒与寄主的分子互作研究
*** 通信作者：韩成贵，教授，主要从事植物病毒病害及抗病转基因作物研究；E-mail：hanchenggui@ cau. edu. cn

病毒的接种实验表明，P0 蛋白及其 RNA 沉默抑制能力是 BrYV 完成系统侵染所必须的。

关键词：马铃薯卷叶病毒属；芸薹黄化病毒；P0；NbSKP1；互作；自噬；泛素化

致谢：感谢郭慧珊，刘玉乐，陶小荣，David Baulcombe，Andrew O. Jackson，Nam-Hai Chua 等教授提供载体材料。感谢宁约瑟，刘文德和丁守伟等对本研究的建议。

甜菜坏死黄脉病毒 P26 蛋白的原核表达纯化*

刘亚囡**，姜　宁，张宗英，韩成贵，王　颖***
（中国农业大学作物有害生物监测与绿色防控农业部重点实验室/
中国农业大学植物保护学院，北京　100193）

摘　要：甜菜坏死黄脉病毒（*Beet necrotic yellow vein virus*，BNYVV）引起的甜菜丛根病（Rhizomania）是世界主要甜菜产区普遍发生的病毒病害。BNYVV 是正单链 RNA 病毒，属于甜菜坏死黄脉病毒属（*Benyvirus*），基因组含有 4~5 个 RNA。

BNYVV RNA5 编码的 p26 蛋白是一个致病因子，含 RNA5 的分离物其致病性比不含 RNA 5 的分离物致病性更强。并且 p26 可能与 RNA3 编码的 p25 蛋白一起协同作用，加重病毒在寄主上的致病性。

本研究将 p26 基因构建到 pDB. His. MBP 表达载体上，进一步对 MBP-p26 融合蛋白进行原核表达，结果表明在 18℃下，终浓度 0. 2mmol/L IPTG 诱导 16h 后，p26 融合蛋白可在上清中大量表达，进一步通过镍柱纯化得到目的蛋白。纯化的 p26 用于多克隆抗体的制备，为甜菜坏死黄脉病毒的检测及 p26 蛋白的致病性机制研究打下了材料基础。

关键词：甜菜坏死黄脉病毒；P26；原核表达；抗血清制备

致谢：感谢于嘉林、李大伟、王献兵教授和张永亮副教授对本研究的建议。

* 基金项目：国家自然科学基金项目（31401708）和国家糖料现代农业产业技术体系-甜菜病害防控（CARS-17-08B）
** 第一作者：刘亚囡，硕士生，主要从事甜菜病毒的研究；E-mail：lyn19950226@ cau. edu. cn
*** 通信作者：王颖，副教授，主要从事植物病毒学研究；E-mail：yingwang@ cau. edu. cn

芸薹黄化病毒 P0 蛋白干扰本生烟蛋白 NbRAF2 的抗病毒活性*

孙 倩**，李源源，王 颖，赵航海，
赵添羽，张宗英，张永亮，王献兵，李大伟，于嘉林，韩成贵***
（中国农业大学植物病理学系/农业生物技术国家重点实验室，北京 100193）

摘 要：病毒可通过与寄主蛋白互作来达到成功侵染的目的，因此研究病毒-寄主互作机制对开发长期、有效的病害防控措施具有重大的意义。马铃薯卷叶病毒属病毒（*Poleroviruses*）在世界范围内发生分布，侵染很多具有经济重要性的作物，引起严重病害。马铃薯卷叶病毒属病毒编码的 P0 蛋白是一个多功能蛋白。但在马铃薯卷叶病毒属病毒-寄主蛋白互作研究中，关于 P0 蛋白与寄主蛋白互作的研究报道极少。寻找 P0 新的互作蛋白，探索二者互作机制为解析 P0 新功能及病害防控提供科学依据和参考。

芸薹黄化病毒（*Brassica yellows virus*，BrYV）是我们实验室发现的一种新的侵染十字花科作物的病毒，在我国大陆广泛分布，能够引起叶片黄化和卷曲的症状。BrYV 主要有三种基因型：BrYV-A、BrYV-B 和 BrYV-C。本实验室向海英博士和李源源博士发现 BrYV-A P0（$P0^{B}rA$）蛋白是一个强的基因沉默抑制子，能够诱导接种叶产生坏死症状，并且能与本生烟蛋白 NbSKP1 互作。为了进一步解析 P0 在马铃薯卷叶病毒-寄主互作中的功能，筛选鉴定了本生烟中与 $P0^{B}rA$ 互作的蛋白 Rubisco 组装因子 RAF2。泛素膜酵母双杂交和免疫共沉淀实验表明 NbRAF2 和 $P0^{B}rA$ 存在互作。NbRAF2 瞬时表达定位到细胞核、细胞边缘、叶绿体和基质小管，并且 NbRAF2 与 $P0^{B}rA$ 共定位于细胞核和细胞边缘。激光共聚焦显微镜和核质分布实验表明 $P0^{B}rA$ 抑制 NbRAF2 在细胞核中积累，并且 $P0^{B}rA$ 介导的抑制需要 NbRAF2 叶绿体和细胞核的双重定位。沉默 NbRAF2 促进 BrYV-A 在本生烟上的侵染，而超表达细胞核中的 NbRAF2 则抑制 BrYV-A 的积累，表明 NbRAF2 负调控 BrYV-A 的侵染，且细胞核中的 NbRAF2 具有抗病毒活性。而 $P0^{B}rA$ 与 NbRAF2 互作并抑制其在核中积累进而促进 BrYV-A 的侵染。马铃薯卷叶病毒 P0 蛋白也能和 NbRAF2 互作并减少 NbRAF2 在核内的积累，表明 NbRAF2 可能是马铃薯卷叶病毒属病毒的普遍靶标。

P0 蛋白可通过与寄主叶绿体/核蛋白 NbRAF2 互作，干扰寄主抗病性，进而促进病毒侵染。这些结果为深入研究多功能 P0 蛋白提供重要参考数据。

关键词：马铃薯卷叶病毒属；芸薹黄化病毒；P0；NbRAF2；互作

致谢：感谢刘玉乐，陶小荣，高俊平，杨淑华等教授提供载体材料。本文主要结果已经在 Journal of Experimental Botany，2018，doi：10.1093/jxb/ery131 在线发表。

---

* 基金项目：国家自然科学基金项目（31671995，31371909 和 31071663）

** 第一作者：孙倩，博士生，主要从事植物病毒与寄主的分子互作研究；E-mail：qiansun@cau.edu.cn

*** 通信作者：韩成贵，教授，主要从事植物病毒学与抗病毒基因工程；E-mail：hanchenggui@cau.edu.cn

马铃薯卷叶病毒运动蛋白的原核表达、纯化和抗血清的制备*

杨　芳**，Rashid Mamun，张晓燕，王　颖，张宗英，李大伟，于嘉林，韩成贵***
（中国农业大学植物病理学系/作物有害生物监测与绿色防控农业部重点实验室，北京　100193）

摘　要：马铃薯卷叶病毒（*Potato leafroll virus*，PLRV）是马铃薯卷叶病毒属（*Poleroviurs*）的代表种，属于黄症病毒科（Luteoviridae）。马铃薯卷叶病（PLRV）在全世界的马铃薯种植区广泛发生，是导致马铃薯严重减产的世界性病毒病害。该病毒不仅可以单一侵染植株，还常常伴有复合侵染，严重影响马铃薯的品质和产量。据报道在北方地区马铃薯产量损失一般为20%~50%，严重可达70%~80%，南方地区如贵州、四川广西玉林等地都有广泛分布。

马铃薯卷叶病毒（PLRV）基因组具体多少核苷酸，具有6个ORF（open reading frame）用来编码6个蛋白，其中ORF4由多少碱基组成，编码与运动相关的17kDa蛋白（MP），同时，它在PLRV复制过程中具有调节作用。

本文利用RT-PCR的方法，扩增获得PLRV的MP基因，构建到原核表达载体PDB-His-MBP上，转化到大肠杆菌BL21（DE3），经0.2mmol/L IPTG诱导后进行检测，发现PLRV-MP大量存在于上清中，进一步通过镍柱亲和纯化融合蛋白并通过不同浓度的咪唑洗脱，选择最优咪唑浓度，得到纯化的目标蛋白，用纯化后的MP融合蛋白作为抗原免疫健康白兔制备了抗血清。实验结果表明，制备抗血清效价约为1：80 000，稀释倍数为1：10 000时从检测显色效果和经济角度较理想，可以检测稀释40倍感病样品，不与同属的芸薹黄化病毒（BrYV）发生血清学反应，为PLRV检测和MP功能的研究打下基础。

关键词：马铃薯卷叶病毒；运动蛋白；原核表达；抗血清制备；Western检测

致谢：感谢王献兵教授和张永亮副教授对本研究的建议。

* 基金项目：国家自然科学基金项目（31401708）

** 第一作者：杨芳，硕士生，主要从事植物病毒检测研究；E-mail：13641269409@163.com
*** 通信作者：韩成贵，教授，主要从事植物病毒学研究；E-mail：hanchenggui@cau.edu.cn

芸薹黄化病毒 P3a 蛋白在病毒系统侵染中的功能分析*

张晓艳**，赵添羽，李源源，
向海英，董书维，张宗英，王 颖，李大伟，于嘉林，韩成贵***
（中国农业大学植物病理学系/农业生物技术国家重点实验室，北京 100193）

摘 要：马铃薯卷叶病毒属（*Polerovirus*）的病毒侵染很多具有经济重要性的作物，引起严重病害。近期的研究表明，在 *Polerovirus* 中新发现的一个 ORF 所编码的蛋白 P3a 是病毒长距离运动所必需的，但其发挥作用的分子机制尚不清楚。本研究以侵染十字花科作物的芸薹黄化病毒（Brassica yellows virus，BrYV）为研究对象，通过分子生物学和生物化学手段分析比较野生型与 P3a 突变体病毒侵染过程的时空差异，结合 P3a 及其突变体的生化特性研究，进一步明确 P3a 突变对系统侵染的影响。

研究中我们发现 BrYVP3a 缺失表达的突变体病毒 AGC（将 ORF3a 起始的 ACG 突变为 AGC）无法系统侵染本生烟。同时，BrYV3406 位的胞嘧啶 C 突变为尿嘧啶 U 导致 P3a 第 18 位脯氨酸 P 突变为亮氨酸 L 时（突变体命名为 $BrYV^{P18L}$），$BrYV^{P18L}$ 也无法系统侵染本生烟。并且异源互补实验表明，瞬时表达的 P3a 能帮助 AGC 突变体病毒系统侵染本生烟，但是瞬时表达的 $P3a^{P18L}$ 不能。这些实验说明 P3a 第 18 位的脯氨酸是病毒系统侵染所必需的。对接种病毒 5d 时的本生烟的叶柄进行检测，发现野生型病毒能够进入叶柄，而 $BrYV^{P18L}$ 和 AGC 均不能够进入叶柄组织。观察 P3a 和 $P3a^{P18L}$ 的亚细胞定位发现，它们除了都能够定位于高尔基体、和胞间连丝附近外，还能定位于内质网，两者没有明显差别。但是，在检测融合不同标签的 P3a 及 $P3a^{P18L}$ 蛋白时发现突变体 $P3a^{P18L}$ 比野生型 P3a 产生更多二聚体大小的蛋白条带。此外，发现 P3a 和 $P3a^{P18L}$ 在体内都能发生自身互作，但是 $P3a^{P18L}$ 比 P3a 的互作能力更强。马铃薯卷叶病毒属和黄症病毒属（*Luteovirus*）病毒编码的 P3a 蛋白具有相似的功能，也能与 BrYV P3a 一样反式互补 AGC 突变体的系统侵染，暗示着这两个属的 P3a 从进化上和功能上都是非常保守的。

BrYV 和豌豆耳突花叶病毒 2 号（*Pea enation mosaic virus* 2，PEMV 2）在复合侵染本生烟时能够发生协生互作现象。利用共接种实验证明了 PEMV 2 能够帮助 $BrYV^{P18L}$ 和 AGC 突变体病毒在本生烟上建立系统侵染，并且能够在共接种两周的本生烟上位叶片上都能够产生与野生型病毒一致的坏死斑症状，说明 P3a 不是 BrYV 与 PEMV 2 协生所必需的。这些结果为研究 P3a 在病毒系统侵染中发挥作用的机制提供了新的线索。

关键词：芸薹黄化病毒；P3a 蛋白；系统侵染；互补分析

致谢：感谢王献兵教授和张永亮副教授对本研究的建议和有关专家提供的载体材料。本文主要结果已经在 Frontiers in Microbiology，2018，9：613 在线发表。

* 基金项目：国家自然科学基金项目（31700134 和 31371909）和 111 引智计划

** 第一作者：张晓艳，博士生，主要从事植物病毒的研究；E-mail：xiaoyan433@ cau. edu. cn

*** 通信作者：韩成贵，教授，主要从事植物病毒学与抗病毒基因工程；E-mail：hanchenggui@ cau. edu. cn

芸薹黄化病毒 P0 蛋白类 F-box 基序突变体 RNA 沉默抑制活性和致坏死能力的验证*

张　鑫**，李源源，王　颖，张宗英，张永亮，王献兵，
李大伟，于嘉林，韩成贵***
（中国农业大学植物病理学系/农业生物技术国家重点实验室，北京　100193）

摘　要：芸薹黄化病毒（*Brassica yellows virus*，BrYV）是由本实验室首次发现并报道的马铃薯卷叶属新病毒。前期调查结果表明 BrYV 在我国大陆广泛分布，能够侵染多种十字花科作物，引起叶片黄化和卷曲的症状。本实验室前期的研究表明 BrYV P0 蛋白（$P0^{BrA}$）是一个强的 RNA 沉默抑制子，能抑制由 GFP 在本生烟上诱发的局部 RNA 沉默及在 GFP 转基因株系 16c 上诱发的系统 RNA 沉默，并诱发本生烟叶片的局限性坏死。研究发现，马铃薯卷叶病毒属的 P0 蛋白含有类似 F-box 基序的序列，该基序在植物的 F-box 蛋白中是高度保守的。虽然马铃薯卷叶病毒属各个病毒 P0 蛋白的氨基酸同源性很低，但是在氨基酸序列的相似区域都具有类似 F-box 蛋白保守基序的序列。

将 $P0^{BrA}$蛋白类 F-box motif 区域中的氨基酸进行替换突变，获得了 P64S、G68R、H70D、H72D、D73H、R76G、K77E、S78P、P82S、E73K、P84S、HHD70/72/73DDH、RKS76/77/78GEP、PEP82/83/84SKS 等 14 个 $P0^{BrA}$蛋白突变体，并构建了 $P0^{BrA}$及以上 14 个突变体融合 3 X FLAG 标签的瞬时表达载体。将获得的质粒和表达正单链 GFP 的 pGDsmGFP 质粒分别转化农杆菌菌株 C58CI，随后将含有 $P0^{BrA}$及其各突变体瞬时表达载体的农杆菌与含有 pGDsmGFP 瞬时表达载体的农杆菌共浸润苗龄 3~5 周的本生烟的叶片，于浸润后 2d（day post infiltration，dpi）时在长波紫外灯下观察本生烟叶片浸润区域 GFP 的表达情况，并在 5 dpi 时观察本生烟叶片浸润区域的坏死表型。

观察结果表明：2 dpi 时，pGDsmGFP 与空载体 pGD 共表达的叶片上 GFP 的绿色荧光几乎消失；GFP 与 $P0^{BrA}$-3FLAG 瞬时共表达叶片的浸润区域具有很强的绿色荧光；而 $P0^{BrA}$各个突变体与 GFP 瞬时共表达叶片的浸润区域同样具有很强的绿色荧光。Western blot 检测结果与观察到的表型一致：在 $P0^{BrA}$的 14 个突变体与 GFP 共表达的本生烟样品中，GFP 的蛋白质积累水平很高；相较之下，在阴性对照样品中，检测不到 GFP 蛋白质的积累。5 dpi 时，对瞬时表达 $P0^{BrA}$及其各突变体的本生烟叶片进行坏死表型的观察。结果表明：$P0^{BrA}$各个突变体在浸润区域均能产生坏死表型，但较野生型 $P0^{BrA}$引起的坏死表型弱。以上实验均进行了 3 次独立重复实验，得到了一致的结果。

上述结果表明，$P0^{BrA}$的 14 个突变体的 RNA 沉默抑制活性功能较 $P0^{BrA}$没有明显的改变，但导致本生烟叶片坏死的能力均受到一定程度的影响。说明这 14 个氨基酸位点不是 $P0^{BrA}$发挥 RNA 沉默抑制活性的关键位点，而与 $P0^{BrA}$致本生烟叶片坏死相关。$P0^{BrA}$这 14 个氨基酸位点的突变影响其致坏死能力的机制还有待进一步研究。

关键词：芸薹黄化病毒；P0；类 F-box 基序；替换突变；RNA 沉默抑制

---

* 基金项目：国家自然科学基金项目（31671995 和 31071663）
** 第一作者：张鑫，硕士研究生，主要从事植物病毒与寄主的分子互作研究；E-mail：zhangxinhn@ cau. edu. cn
*** 通信作者：韩成贵，教授，主要从事植物病毒病害及抗病转基因作物研究；E-mail：hanchenggui@ cau. edu. cn

草莓轻型黄边病毒北京分离物的部分序列分析

褚明昕[1]，席　昕[2]，卢　蝶[1]，尚巧霞[1*]
（1. 北京农学院/农业应用新技术北京市重点实验室/植物生产
国家级实验教学示范中心，北京　102206；2. 北京市植物保护站，北京　100029）

摘　要：草莓轻型黄边病毒（*Strawberry mild yellow edge virus*，SMYEV）为线形病毒科马铃薯 X 病毒属（*Potexvirus*）病毒，于 1922 年 Horn 在美国加州首次发现，目前已在世界各地广泛分布。SMYEV 单独侵染草莓植株时表现为稍微矮化，复合侵染时叶片黄化或者失绿，植株矮化，叶缘不规则上卷或全叶扭曲。2017 年在北京地区的草莓苗圣诞红和红颜品种上分别检测到 SMYEV（分别为 BJSDH 和 BJHY），对样品进行总 RNA 提取、RT-PCR 扩增，分别获得约为 1 937bp 的目的片段。对扩增产物进行克隆、序列测定，测得的序列包含完整的 ORF3/ORF4/ORF5/ORF6。将获得的北京地区的 SMYEV 分离物与 GenBank 上已经登录的分离物序列，利用 DNAMAN、MEGA（Version5. 1）和 Clustal（Version1. 81）等软件进行序列分析。结果显示获得的 2 个不同分离物同源性为 96. 47%，将本文获得的两个 SMYEV 分离物的 CP 序列与已报道的 SMYEV 分离物的序列进行比较，所有的 SMYEV 分离物可以分为 4 大组群，北京地区的 2 个分离物 BJHY 和 BJSDH 归属同一组群，独立形成一个小分支，同一组群中 BJHY 与中国沈阳分离物（AY955375. 1）亲缘关系最近，与加拿大分离物（KR350471. 1）亲缘关系最远；BJSDH 与南韩分离物亲缘关系较近。将本文获得的 BJHY 和 BJSDH 分离物 1937bp 片段与已知的 SMYEV 分离物的相同位置的序列进行比较，所有的 SMYEV 分离物可以分为 3 大组群，BJHY 和 BJSDH 分属于不同组群，BJSDH 与德国（d12517. 1）和美国（NC-003794. 1）分离物亲缘关系较近，独立成一个小的分支，BJHY 与德国（aj577359. 1）和达森海姆（Y13938. 1）分离物亲缘关系较近，独立成一个小的分支。

---

* 通信作者：尚巧霞，教授，主要从事园艺植物病害防治及植物病毒学研究；E-mail：shangqiaoxia@ bua. edu. cn

融合荧光蛋白 mCherry 的茉莉 C 病毒侵染性 cDNA 克隆的构建*

何诗芸，朱丽娟，江朝杨，陈梓茵，韩艳红**
（福建农林大学，福州　350002）

摘　要：茉莉 C 病毒（*Jasmine virus C*，JaVC）属于乙型线性病毒科（*Betaflexiviridae*），香石竹潜隐病毒属（*Carlavirus*），于台湾茉莉上首次获得其全序列。现有研究表明，JaVC 可能是茉莉黄化嵌纹病的病原之一。在本实验室构建的 JaVC-FJ 全长 cDNA 侵染性克隆，为了更直观的观察病毒在寄主中亚细胞的分布并更好得研究应用茉莉 C 病毒，首先利用无缝克隆的方法，将 mCherry 全基因组克隆到带有 35S 启动子的双元载体 pXT 上，获得 pXT-mCherry 重组质粒，作为阳性对照；其次以 JaVC-FJ 质粒为模板，获得包含全长 CP 3′端序列的质粒，在其 CP 后面接上 Linker-GGPSCSSPSP 并在 Linker 后面融合 mCherry，获得 pXT-CPmCherry 重组质粒；最后将 CP 带有 Linker 并融合 mCherry 的片段替换 JaVC-FJ 中的 CP 片段，获得 pXT-JaVCmCherry 重组质粒。将 pXT-mCherry，pXT-CPmCherry，pXT-JaVCmCherry 三个重组质粒转农杆后侵染本氏烟，通过 Leica TCS SP8X 激光共聚焦显微镜观察，发现 pXT-mCherry 可以正常表达红色荧光，pXT-CPmCherry 可以正常表达红色荧光并且荧光特异性的聚集，pXT-JaVCmCherry 可以持久表达红色荧光并且与 pXT-CPmCherry 表达荧光聚集部位相同，预测该位置是胞间连丝，这一猜测有待进一步证实。

关键词：茉莉 C 病毒；侵染性克隆；mCherry

致谢：感谢南京农业大学陶小荣教授提供的载体 pXT。

* 基金项目：福建省自然科学基金（2017J01600）
** 通信作者：韩艳红；E-mail：yan-hong@ fafu. edu. cn

茉莉 T 病毒福建分离物侵染性 cDNA 克隆的构建*

朱丽娟，何诗芸，江朝杨，韩艳红**
（福建农林大学，福州　350002）

摘　要：茉莉 T 病毒（*Jasmine virus T*，JaVT）是侵染茉莉（*Jasminum sambac*）的一种病毒，该病毒属于马铃薯 Y 病毒科（*Potyviridae*），马铃薯 Y 病毒属（*Potyvirus*），该病毒最初从台湾茉莉上成功分离。现有的研究认为 JaVT 可能是茉莉黄化嵌纹病的病原之一，但关于其研究甚少且不够完整深入，还需进一步的挖掘与探索。本研究以福建的茉莉为材料，提取叶片总 RNA 为模板，根据茉莉 T 病毒台湾分离物 JaVT-TW（GenBank No. 26823929）设计引物，扩增 JaVT-FJ 分离物的全基因组并将其克隆到带有 35S 启动子的双元载体 pXT 上，获得含有 JaVT 全基因组的质粒 pXTJaVT-FJ 并将其转入农杆菌后浸润接种本氏烟，在本氏烟的注射叶和系统叶均能检测到茉莉 T 病毒，表明 pXTJaVT-FJ 具有侵染性。该研究成功构建了茉莉 T 病毒的福建分离物的侵染性克隆，为进一步研究茉莉 T 病毒的致病机制奠定基础。

关键词：茉莉；茉莉 T 病毒；侵染性克隆

致谢：感谢南京农业大学陶小荣教授提供的载体 pXT。

---

* 基金项目：福建省自然科学基金（2017J01600）

** 通信作者：韩艳红；E-mail：yan-hong@ fafu. edu. cn

The first complete genome sequence of *Tobacco bushy top virus* satellite RNA*

Zhang Lifang[1,2,3], Xu Ping [2,3], Zhao Xingneng[2,3], Li Yanqiong[2,3], Xia Zhenyuan[3], Chen Hairu[2], Mo Xiaohan[3**]

(1. *College of Bioresources and Food Engineering*, *Qujing Normal University*, *Qujing* 655011, *Yunnan*, *China*; 2. *College of Plant Protection*, *Yunnan Agricultural University*, *Kunming* 650201, *Yunnan*, *China*; 3. *Yunnan Academy of Tobacco Agricultural Sciences*, *Kunming* 650021, *Yunnan*, *China*)

Abstract: Tobacco bushy top disease (TBTD) caused significant economic losses worldwide. Chinese TBTD is caused by a complicated plant virus complex including *Tobacco bushy top virus* (TBTV), tobacco vein distorting virus (TVDV), TBTD - associated RNA, TBTV satellite RNA and an unidentified viral RNA. The first complete genome sequence of TBTV satellite RNA and its original direction in the virions were determined. TBTV satellite RNA genome is 823 nt in length, with a GC content of 58.20%. TBTV satellite RNA had no significant identity with any other sequence in the database, except showing high percentage of identities (89%~98%) with several incomplete sequences (600~781nt) of TBTV satellite (like) RNA. TBTV satellite RNA may not code for proteins. The completion of the genome sequence of TBTV satellite RNA will facilitate the future investigations on the interactions between TBTV and its satellite RNA, and on their roles in the pathogenisis of TBTD.

* First author: equal contributors

** Corresponding author: Mo Xiaohan; E-mail: xiaohanmo@foxmail.com

基于重组酶聚合酶扩增技术检测黄瓜绿斑驳花叶病毒方法的建立*

焦裕冰**，蒋均匀，夏子豪，吴元华***
（沈阳农业大学植物保护学院，沈阳　110866）

摘　要：黄瓜绿斑驳花叶病毒（*Cucumber green mottle mosaic virus*，CGMMV）属于烟草花叶病毒属（*Tobamovirus*）成员之一，是世界范围内葫芦科作物上一种重要检疫性病毒，严重威胁着西瓜、甜瓜、黄瓜等葫芦科作物生产。CGMMV 可以通过种子、花粉、土壤、水和昆虫媒介以及机械接触传播。感染 CGMMV 植株叶片上会出现明显的花叶症状，生长发育迟缓，果实畸形，最终导致产量降低，从而引起巨大的经济损失。本研究利用重组酶聚合酶扩增技术（recombinase polymerase amplification，RPA），一种新型的等温 DNA 扩增和检测技术，针对 CGMMV-lnxg 分离物基因组（GenBank ID：KY040049.1）序列的外壳蛋白序列设计特异性引物，引物设计长度为 35bp，无需考虑 Tm 值。以摩擦接种 CGMMV 的葫芦叶片为材料，提取总 RNA，反转录得到 cDNA，并以此为模板，通过反应条件优化，特异性及灵敏度检测等试验，建立了一种新的快速检测 CGMMV 的方法。结果显示，RPA 方法在 37℃条件下恒温反应 30min 即可完成扩增，检测得到约 180bp 特异性条带，且与西瓜花叶病毒、小西葫芦花叶病毒、南瓜花叶病毒等其他葫芦科病毒均无交叉反应，特异性良好；反应产物分别使用 SanPrep 柱式 PCR 产物纯化试剂盒（Sangon Biotech）、苯酚/氯仿溶液、65℃加热 10min、95℃加热 10min、5% SDS 溶液及 10% SDS 溶液进行纯化处理后，试剂盒处理产物条带明亮单一；灵敏度试验分析表明，RPA 法的检测灵敏度为 3.02×10^{1} 拷贝，使用普通 PCR 方法在此稀释度也可检测到目的条带，灵敏度较高。本文建立的 RPA 方法高效、便捷、省时、特异性好，为田间及基层实验室快速检测 CGMMV 提供了一种新的诊断方法。

关键词：黄瓜绿斑驳花叶病毒（CGMMV）；重组酶聚合酶扩增（RPA）；检测技术

---

* 基金项目：重大检疫性病害西瓜果斑病和血瓤病致病机制及关键防控技术研究（17-146-3-00）

** 第一作者：焦裕冰，男，博士研究生，主要从事植物病毒学研究；E-mail：417783085@qq.com
*** 通信作者：吴元华，男，教授，主要从事植物病理学研究；E-mail：wuyh7799@163.com

PMMoV 不同分离物致病关键因子初探[*]

于　曼[**]，安梦楠[***]，吴元华[***]
（沈阳农业大学，沈阳　110866）

摘　要：辣椒轻斑驳病毒（*Pepper mild mottle virus*，PMMoV）是烟草花叶病毒属（*Tobamovirus*）成员之一，可以通过多种途径广泛传播，在全世界范围内对辣椒生产造成严重的经济损失。侵染性克隆技术是研究病毒致病机理的重要工具，可以对全长克隆进行缺失、突变或嵌合等操作，为我们利用反向遗传学分析法开展病毒研究奠定了基础。本研究首先从葫芦岛地区辣椒病叶上检测出了 PMMoV，将其全长分为 3 段（1~2 482bp、2 450~4 466bp、4 395~6 356bp）扩增并测序得到 PMMoV 葫芦岛分离物（PMMoV-HLD）的全基因序列；然后利用 Infusion 连接酶将 PMMoV-HLD 全长序列插入到 pCB301 表达载体的 35S 启动子和 HDV 核酶之间，成功得到 PMMoV-HLD 的侵染性克隆；将 PMMoV-HLD 与 PMMoV-ZJ 全基因序列进行比较，同源性为 97%，以 PMMoV-ZJ 侵染性克隆为阳性对照，经 northern 杂交检测和透射电镜观察病毒粒子验证，表明其病毒积累量相当，且可以形成病毒粒子，成功得到了 PMMoV-HLD 的侵染性克隆。将 PMMoV-HLD 与 PMMoV-HLD 全基因序列进行比较，同源性为 97%，相似性相对较低，但两种分离物在致病性方面没有明显差异，由此开展了对不同分离物间致病关键因子的研究。为了研究两种不同分离物之间致病关键的核酸序列之间是否存在差异，本文采用相同重组连接的方法构建了 7 个 PMMoV 两种分离物分 3 个片段进行分段替换的嵌合突变体侵染性克隆，使一个侵染性克隆中同时包含浙江（PMMoV-ZJ）和葫芦岛（PMMoV-HLD）两种分离物序列，接种烟草后，发现突变体 HLD3-ZJ12、ZJ2-HLD13 与野生型出现严重的皱缩，而其他突变体症状不明显。经 Northern 检测表明上述两种突变体接种后有明显的 RNA 条带，且所有突变体都可以观察到 PMMoV 杆状的粒子。结果揭示 PMMoV 两种分离物间的序列差异导致其嵌合突变体侵染效率不同，推测浙江分离物第 1 段和第 2 段核酸序列间，葫芦岛分离物第 1 段和第 3 段核酸序列存在对于病毒增殖起到关键作用的核酸间互作。

关键词：PMMoV；侵染性克隆；农杆菌浸润；嵌合突变体

---

* 基金项目：农业部/浙江省植保生物技术重点实验室资助

** 第一作者：于曼，女，主要从事植物病毒学研究；E-mail：ym960527@163.com

*** 通信作者：安梦楠，男，讲师，主要从事病毒学研究；E-mail：anmengnan1984@163.com
吴元华，男，教授，主要从事病毒学研究；E-mail：wuyh9977@163.com

A reverse genetics platform for tobacco bushy top disease complex*

Zhao Xingneng[1,2], Zhang Lifang[1,2], Xu Ping[1,2],
Li Yanqiong[1,2], Xia Zhenyuan[1], Chen Hairu[2], Mo Xiaohan[1**]
(1. *Yunnan Academy of Tobacco Agricultural Sciences*, *Kunming* 650031, *China*;
2. *College of Plant Protection*, *Yunnan Agricultural University*, *Kunming* 650201, *China*)

Abstract: Tobacco bushy top disease (TBTD) is the only plant disease caused by a luteovirus/umbravirus complex in China and its causal agent, TBTD complex, is one of the most complicated plant virus complex. The coat proteins of the virions of TBTD complex are encoded by tobacco vein distorting virus (TVDV) only, while there are five distinct viral RNA components being encapsidated in, namely, TVDV, tobacco bushy top virus (TBTV), tobacco vein distorting virus-associated RNA (TVDVaRNA), TBTV satellite RNA, and an unidentified viral RNA.

Agrobacterium-mediated infectious clones of TVDV, TBTV, TVDVaRNA and TBTV satellite RNA were constructed, serving as a reverse genetics platform to investigate the interactions among these viral components and their roles in the symptom developments and aphid transmission. The preliminary application of this reverse genetics platform shed light on the interactions among different viral agents in the TBTD complex.

TBTV alone was able to replicate and move systematically and cause mild symptoms *in planta* (*Nicotiana tabacum* and *N. benthamiana*). While the satellite RNA was dependent on TBTV for its replication and systematic movement, it boosted the symptom severity of the disease when coinfected with TBTV. TBTV satellite RNA stimulated mildly the accumulation of TBTV genomic RNA in *N. benthamiana*, while in *N. tabacum*, it downregulated the accumulation of TBTV genomic RNA slightly, indicating host specificity in the association of TBTV and its satellite RNA.

TVDV alone could infect *N. benthamiana* systemically without prominent symptoms. The plants developed intensive disease symptoms when coinfected with TVDV and TVDVaRNA, and the two viral components were able to move systemically in the plants, while TVDVaRNA alone could not infect *N. benthamiana* systemically. The results indicated that TVDV could facilitate the systemic movement of TVDVaRNA *in planta*, and TVDVaRNA helped TVDV in boosting the development of disease symptoms in *N. benthamiana*.

Exploiting this reverse genetics platform would facillitate the functional genomics of the viral RNA components in the TBTD complex, and deepen our understanding of the mechanism of plant virus interactions.

---

* First author: equal contributors

** Corresponding author: Mo Xiaohan; E-mail: xiaohanmo@foxmail.com

Characterization of a new potyvirus from grass in Beijing, China

Liu Xuedong, Liu Sijia, Du Kaitong, Fan Zaifeng, Zhou Tao*
(*Department of Plant Pathology*, *China Agricultural University*, *Beijing* 100193, *China*)

Abstract: *Pennisetum alopecuroides* (L.) plants showing stunt and mosaic symptoms were found in Beijing, China. Deep sequencing of small RNAs from symptomatic leaves identified a putative potyvirus. The full genome sequence was determined by reverse transcription-PCR, rapid amplification of cDNA ends (RACE) PCR and sequencing. It consists of 9 717 nucleotides excluding the poly (A) tail and contains a large open reading frame encoding a polyprotein of 3 131 amino acids. Putative proteolytic cleavage sites were identified. The coat protein had the highest identity of 68% to that of *Johnsongrass mosaic virus*. The new potyvirus was named *Pennisetum alopecuroides* mosaic virus (PAMV). Mechanical transmission assay showed that PAMV could systemically infected monocot crops including maize, *Setaria italica*, *Sorghum bicolor*, wheat and rice. Though the symptom severity was various on the tested plants, PAMV potentially poses a threat to cereal production.

* Corresponding author: Zhou Tao; E-mail: taozhoucau@ cau. edu. cn

Mix-infection of *Tomato chlorosis virus*, *Tomato yellow leaf curl virus* and *Southern tomato virus* in China*

Muhammad Dilshad Hussain**, Dong Yunhao, Du Kaitong,
Liu Sijia, Fan Zaifeng, Zhou Tao***
(*Department of Plant Pathology*, *China Agricultural University*, *Beijing* 100193)

Abstract: In December 2017, pronounced chlorotic and yellowing symptoms were observed on tomato plants (*Solanum lycopersicum*) with discoloration, deformed and reduced fruit size under greenhouse and glasshouse conditions across Fangshan, Xiangtangshan and Daxing districts of Beijing, China. Diseased tomato plants symptomatically indexed for the presence of following viruses *Tomato yellow leaf curl virus* (TYLCV), *Tomato chlorosis virus* (ToCV), *Tomato infectious chlorosis virus* (TICV), and *Southern tomato virus* (STV) in solitary and co-infection conditions. Disease samples were collected and total RNA was extracted. For the identification of virus, next generation sequencing (NGS) was employed to analyze the sample that resulted in 7 618 sequence contigs. BLASTn searches of sequence contigs revealed the presence of TYLCV (genus *Begomovirus*) and ToCV as well as TICV (two members of genus *Crinivirus*). One big contig number 385 demonstrate 100 % identity with STV (genus *Amalgavirus*), isolate CN-12 (GenBank accession No. KT438549. 1) and another large contig number 465 showed 99% identity to STV isolate Florida (GenBank accession No. KX949574. 1). For the confirmation of STV in samples, RT-PCR was performed using specific primers STV-F and STV-R and sequencing of amplicon obtained. STV is highly seed transmissible and specially associated with tomato disease. Further studies are required for the confirmation of pathogenic potential and its distribution.

---

* Funding: Beijing Innovation Consortium of Agriculture Research System (BAIC01-2018)
** First author: Equal contribution
*** Corresponding author: Zhou Tao; E-mail: taozhoucau@ cau. edu. cn

利用小 RNA 深度测序技术鉴定海南牛白藤病毒种类*

车海彦**，曹学仁，禤　哲，贺延恒，罗大全***
（中国热带农业科学院环境与植物保护研究所/农业部热带作物有害生物
综合治理重点实验室/海南省热带农业有害生物监测与控制重点实验，海口　571101）

摘　要：牛白藤［*Hedyotis hedyotidea*（DC）. Merr.］为茜草科耳草属植物，又名毛鸡屎藤、土加藤、甜茶、接骨丹、排骨连等，生于山谷、坡地、林下、灌木丛中，是我国海南、广东、广西、云南等地常见的野生中草药。牛白藤的根和藤具有祛风活络，消肿止血的功效，叶片具有清热祛风的作用。2016 年，笔者在海南各地进行病害调查时发现，万宁、琼中、屯昌等市县的牛白藤叶片表现斑驳等疑似病毒感染症状，将采集自不同市县的 6 个疑似感染病毒的叶片样品合并，建成 1 个 cDNA 文库池，利用 Hiseq4000 测序平台进行小 RNA 深度测序，利用 Fastx-Toolkit 软件对测序获得的原始数据进行质控分析，获得 clean small RNA 序列，将质控后的序列进行拼接，得到 contigs，上述 contigs 在 NCBI 数据库中进行 BLASTn 和 BLASTx 比对，发现测序样本中可能存在的病毒有菜豆普通花叶病毒（*Bean common mosaic virus*，BCMV）、大豆花叶病毒（*Soybean mosaic virus*，SMV）、西瓜花叶病毒（*Watermelon mosaic virus*，WMV）、小西葫芦黄花叶病毒（*Zucchini yellow mosaic virus*，ZYMV））、东亚西番莲病毒（*East Asian Passiflora virus*，EAPV）、菜豆普通花叶坏死病毒（*Bean common mosaic necrosis virus*，BCMNV）等 6 种病毒。通过 RT-PCR 方法证明田间采集的 6 个样品中均存在 BCMV、SMV、WMV、ZYMV、EAPV 和 BCMNV，证实了小 RNA 深度测序结果的准确性。

关键词：小 RNA 深度测序；牛白藤；病毒

* 基金项目：国家公益性行业（农业）科研专项（201303028）
** 第一作者：车海彦，副研究员，从事热带作物病毒与植原体病害研究；E-mail：chehaiyan2012@126.com
*** 通信作者：罗大全，研究员；E-mail：luodaquan@163.com

第四部分　细　菌

Expression analysis of groEL of Candidatus Liberibacter asiaticus and antibody preparation*

Zhou Chenghua, Huang Yuling, Yu Haizhong,
Liu Yingxue, Ding Peng, Lu Zhanjun**

(*National Navel Orange Engineering Research Center*,
Gannan Normal University, *Ganzhou* 341000, *China*)

Abstract: The Asiatic citrus psyllid, *Diaphorina citri* Kuwayama is the main vector of the huanglongbing (HLB). HLB isan unculturable vascular citrus pathogen transmitted from infected to healthy plants through grafting or by citrus psyllids, which is a phloem-limited bacterium "Candidatus Liberibacter asiaticus (CLas) ". In recent years, the worldwide citrus production has been seriously compromised result from HLB. Therefore, it is very important to insight into the spreading mechanism of HLB within *D. citri*. In current study, we cloned a molecular chaperone GroEL from CLas. Bioinformatics analysis revealed that the full-length sequence of groEL was 1 656bp and encoded a protein of 551 amino acids with a deduced molecular weight of 60 kDa. Reverse transcription quantitative PCR (RT-qPCR) analysis suggested that high groEL expression level was only found in CLas-infected *D. citri*. Interestingly, there was significant positive correlation between the relative expression of groEL and the abundance of CLas within *D. citri*. In addition, recombinant groEL was expressed and purified by prokaryotic expression system, and prepared the polyclonal antibody. The antibody titer was 1 : 51 200 according to elisa analysis, indicating a good specificity. These results will lay a foundation for further research on the interaction between HLB and *D. citri*.

Key words: Chaperone GroEL; *Diaphorinacitri*; RT-qPCR; Polyclonal antibody

* Funding: Natural Science Foundation of China (31560602); Jiangxi Province Youth Scientists Founding Program (No. 20171BCB23074)

** Corresponding author: Lu Zhanjun; E-mail: luzhanjun7@139.com

Genome sequence of *Ralstonia solanacearum* species complex phylotype I strain RSCM isolated from *Cucurbita maxima* *

She Xiaoman**, Lan Guobing, Yu Lin, Tang Yafei, Li Zhenggang, He Zifu***

(*Guangdong Provincial Key Laboratory of High Technology for Plant Protection, Plant Protection Research Institute Guangdong Academy of Agriculture Sciences, Guangzhou*, *Guangdong* 510640, *China*)

Abstract: *Ralstonia solanacearum* species complex is a devastating phytopathogen with an unusually wide host range, and new host plants are continuously being discovered. In June 2016, a new bacterial wilt on *Cucurbita maxima* (RSCM) was firstly observed in Guangdong province. Here, the complete genome of RSCM was sequenced and annotated. Whole-genome sequencing was performed on the Illumina HiSeq 2500-PE 125 platform with MPS Illumina technology. The assembly is 6 000 712bp in size with a GC content of 66.69%, consisting of a circular chromosome (3 788 542bp; GC%: 66.47%) and a megaplasmid (2 212 170bp; GC%: 67.07%). None additional plasmids were found. A total of 5 404 CDS were predicted. The genome includes 59 interspersed repeated sequences and 596 tandem repeated sequences. The RSCM genome contained 12 rRNAs (9 rRNAs are located on the chromosome and 3 rRNAs are located on the megaplasmid) and 58 tRNAs (40 tRNAs are located on the chromosome and 18 tRNAs are located on the mega-plasmid). A total of 4 914 proteins were successful classified into 25 COG functional categories, while a total of 2 346 proteins have KEGG orthologs.

Key words: *Ralstonia solanacearum* species complex; *Cucurbita maxima*; Genome sequencing

---

* Funding: This work was supported by the Science and Technology program of Guangdong, China (2015B020203002). The Foundation of the President of Guangdong Academy of Agricultural Sciences of China (201513)

** First author: She Xiaoman; E-mail: lizer126@ 126. com

*** Corresponding author: He Zifu; E-mail: hezf@ gdppri. com

茄青枯病菌 Rs-T02 *RSc*3316 基因功能初步分析*

汪锴豪**，张锡娇，李凤芳，袁高庆，林　纬，黎起秦***
（广西大学农学院，南宁　530004）

摘　要：植物青枯病（bacterial wilt）是由茄青枯拉尔氏菌（Ralstonia solanacearum Yabuuchi *et al.*）引起的植物土传病害，严重威胁作物的生产。本研究的前期工作发现，在3，4，5-三羟基苯甲酸甲酯（methyl gallate，简称MG）胁迫下，茄青枯拉尔氏菌Rs-T02菌株的转录组差异分析表达上调的 F_0F_1-ATP 合酶 ε 亚基蛋白（F_0F_1-ATP synthase subunit epsilon）基因（Gene ID：GM001812），其编码蛋白的氨基酸序列与差异蛋白组分析新增的蛋白（Accession number：gi 17548033）的氨基酸序列一致，编码该蛋白的基因为RSc3316，且在MG作用下的Rs-T02菌株生长受阻，致病力下降。我们推出 F_0F_1-ATP 合酶 ε 亚基可能是MG作用茄青枯拉尔氏菌的靶标之一。为了探索该菌中的 F_0F_1-ATP 合酶 ε 亚基基因（RSc3316）的功能，本研究以Rs-T02野生菌R、F_0F_1-ATP 合酶 ε 亚基（RSc3316）缺失突变体菌N及互补菌C为试验菌株，用注射接种法测定其对番茄的致病力，用双抗体夹心法酶联免疫吸附试验（ELISA）测定其胞外纤维素酶活性，利用果胶酶水解果胶生成半乳糖醛酸法测定其胞外果胶酶活性，采用苯酚-硫酸法进行比色测定其胞外多糖含量，通过测定Pi增加速率测定其 F_0F_1-ATP 合酶活性，为进一步研究MG的抑菌机制提供依据。研究结果显示，用注射法将10μL菌体浓度为 5×10^7CFU/mL的野生菌R、RSc3316基因缺失突变体菌N和接种互补菌C分别接种到番茄苗从上往下的第2个腋芽中，接种30d后，接种番茄植株发病率分别为100%、0和91%；在NA培养液震荡（28℃、130min）培养24 h、菌体数量为 1×10^9CFU/mL的野生菌R、RSc3316基因缺失突变体菌N和互补菌C的胞外纤维素酶活性分别为32.49U/mL、11.29U/mL和26.39U/mL，胞外果胶酶活性分别为5.43mg/（h·mL）、5.35mg/（h·mL）和0.96mg/（h·mL），产生胞外多糖的量分别为2.41μg、2.42μg和1.84μg，胞内 F_0F_1-ATP 酶活性分别为0.73μmol/min/10^9CFU、1.19μmol/min/10^9CFU和0.87μmol/min/10^9CFU。研究结果表明，Rs-T02菌株缺失RSc3316基因后菌体中纤维素酶和果胶酶的活性下降、产胞外多糖的能力降低，$F0_F1$_ATP 酶的活性增加，而对番茄的致病力下降。

关键词：茄青枯病菌；RSc3316基因功能；3，4，5-三羟基苯甲酸甲酯

---

* 基金项目：国家自然科学基金（31460459）

** 第一作者：汪锴豪，在读博士生，研究方向为植物病害及其防治研究；E-mail：261801496@qq.com
*** 通信作者：黎起秦，博士，教授，主要从事植物病害及其防治研究；E-mail：qqli5806@gxu.edu.cn

生防假单胞菌 2P24 不同碳源对抗生素 2，4-二乙酰基间苯三酚的影响*

张　燕[1]，张　阳[1]，张　博[1]，吴小刚[1**]，张力群[2]
（1. 广西农业环境与农产品安全重点实验室培育基地/植物科学国家级实验教学示范中心/广西大学农学院，南宁　530004；2. 中国农业大学植物病理系/农业部植物病理学重点开放实验室，北京　100193）

摘　要：不同环境因子如碳源代谢可调控生防菌株生防相关因子表达，进而影响其防病效果。生防假单胞菌 2P24 可防治多种植物病原真菌、细菌引起的土传病害，抗生素 2,4-二乙酰基间苯三酚（2,4-diacetylphoroglucinol，2,4-DAPG）是其主要生防因子之一。本文利用平板对峙法及遗传学方法研究碳源对菌株 2P24 产生 2,4-DAPG 的影响及相关的调控途径。平板对峙法检测添加了葡萄糖、果糖及蔗糖等不同碳源的土豆浸液培养基中菌株 2P24 对棉花立枯丝核菌（*Rhizoctonia solani*）拮抗能力及 2P24 中相关基因的表达。利用 Tn5 转座子对报告菌株 2P24（p970Gm-phlAp）进行随机突变，并在果糖土豆浸液培养基中筛选影响 *phlA* 基因表达的调控因子。平板对峙实验表明菌株 2P24 以葡萄糖为碳源抑菌活性最强，蔗糖次之，果糖等为碳源培养基中则无抑菌活性；另外葡萄糖可促进 2,4-DAPG 合成基因 *phlA* 基因的表达，而果糖则不影响 *phlA* 基因的表达。果糖为碳源培养基中转座子随机突变获得 5 株可明显提高 *phlA* 基因表达的突变菌株。Tn5 插入位点及序列分析表明其中一个突变体中 Tn5 破坏了 *cheB* 基因。与野生菌株相比，*cheB* 突变体中 *phlA* 基因的表达和 2,4-DAPG 前体物质间苯三酚（phloroglucinol，PG）产量显著提高。游动性实验也表明突变 *cheB* 基因可影响该菌株的游动性。上述结果表明菌株 2P24 中不同碳源转录水平影响 *phlA* 基因表达，调控 2,4-DAPG 产生。遗传学结果也表明 *cheB* 基因参与调控 2,4-DAPG 生物合成。

关键词：荧光假单胞菌；碳源代谢；2,4-二乙酰基间苯三酚；游动性

---

* 基金项目：广西大学科研基金（XGZ160171）；广西自然科学基金（2016GXNSFCA380024，2017GXNSFAA198341）

** 通信作者：吴小刚；E-mail：wuxiaogang@foxmail.com

解淀粉芽胞杆菌 HAB-15 菌种鉴定与活性成分分析*

廖　琪**，刘文波，缪卫国***，靳鹏飞***
（海南大学植物保护学院/海南省热带生物资源可持续利用重点实验室，海口　570228）

摘　要：芽胞杆菌是一类产生芽胞的革兰氏阳性菌株，它的分布广泛，生理特征丰富，易于分离和培养，是自然界中重要的微生物菌群，芽胞杆菌可以产生多种抗菌活性物质，具有抗细菌、真菌、病毒、肿瘤等生物活性，因此具有很重要的实际应用潜力。本课组对海南香蕉农田土壤中分离得到的细菌 HAB-15 进行研究，采用形态学观察以及 16SrDNA、特异引物（β-甘露聚糖酶基因 *gumG* 或 ydhT）相结合的方法对菌株进行鉴定；通过正丁醇萃取法，硫酸铵饱和沉淀法，酸沉淀法等多种提取方式对 HAB-15 的发酵液进行提取，各种提取物对病原真菌（杧果炭疽菌）和两种病原细菌（水稻细菌性条斑病原菌 *Xanthomonas oryzae* pv. *oryzicola* 和水稻白叶枯病原菌 *Xanthomonas oryzae* pv. *oryzae*）进行抑菌实验，分别计算和比较抑菌圈直径、抑菌率和 MIC_{50}。经过形态学观察和分子生物学鉴定，HAB-15 菌株为一株解淀粉芽胞杆菌（*Bacillus amyloliquefaciens*）；其发酵液提取物中正丁醇提取物活性最好，对杧果炭疽菌抑菌圈直径为（23.65 ±0.068）mm；对两种黄单胞菌的抑菌圈直径分别为（40.845 ±2.201）mm 和（43.995 ±1.967）mm，MIC 值分别为 69.115μg/mL、56.531 μg/mL。综上所述，HAB-15 菌株为解淀分芽胞杆菌其正丁醇提取物抑菌活性高，对病原真菌与细菌都有明显的抑菌活性，具有良好的开发前景，本研究为进一步 HAB-15 作为生防菌的开发利用奠定了基础。

关键词：HAB-15 菌株；抑菌活性；菌种鉴定；正丁醇粗提物

---

* 基金项目：海南大学科研启动经费（No. KYQD（ZR）1842）；海南大学青年教师基金（No. hdkyxj201708）；海南自然科学基金创新研究团队项目（No. 2016CXTD002）；海南省重点研发计划项目（No. ZDYF2016208）

** 第一作者：廖琪，在读本科，从事微生物生物防治；E-mail：985612739@ qq. com

*** 通信作者：靳鹏飞，讲师，博士，主要从事微生物相关研究；E-mail：jinpengfei@ hainu. edu. cn
缪卫国，教授，博士生导师，主要从事分子植物病理相关研究；E-mail：miao@ hainu. edu. cn

棉花角斑病菌 hrp 基因诱导表达系统的初步探索*

刘　悦**，黄佳敏，刘清桓，孙建章，蔡新峰，周晓韵，刘文波，缪卫国***
（海南大学植物保护学院/海南大学热带作物种质资源保护与
开发利用教育部重点实验室，海口　570228）

摘　要：棉花角斑病是由油菜黄单胞菌锦葵致病变种（*Xanthomonas citri* subsp. *malvacearum*，*Xm*）引起的，严重危害棉花生产的一种细菌性病害。HpaXm 是一类来自 *Xm* 的由 *hpaXm* 基因编码的 Harpin 类蛋白。*hpaXm* 基因位于 *hrp*（hypersensitive response and pathogenicity）基因簇，*hrp* 是革兰氏阴性细菌致病关键基因，*hrp* 基因只有与植物互作或是营养贫乏的无机培养基中才会被诱导表达。为了探索能够有效诱导 *Xm* 的 *hpaXm* 有效表达的培养基，我们打算参照能够有效诱导 *Xanthomonas campestris* pv. *vesicatoria*（*Xcv*）的 *hrp* 基因表达的培养基 XVM2 与能够有效诱导 *Xanthomonas oryzae* pv. *oryzicola*（*Xoc*）的 *hrp* 基因表达的培养基 XOM3 的配方，并以 NA 丰富培养基作为对照，利用 quantitative real-time PCR（qRT-PCR）检测在不同培养条件下的菌体中 *hpaXm* 基因表达量。结果表明，在 XVM2 培养基中诱导培养 16h 后 *hpaXm* 基因能够有效表达，在 XOM3 培养基中诱到培养 72h 后 *hpaXm* 基因能够有效表达。探索到适合 *Xm* 的 *hrp* 基因表达的培养基与培养条件，为在体外研究该菌的 *hrp* 基因功能、表达调控奠定基础，也为阐明棉花与 *Xm* 的互作分子机理、寻找新的药物靶标防治植物病害等方面将具有重要的科学价值。

关键词：棉花角斑病菌 *Xm*；*hrp* 基因表达；诱导表达培养基；qRT-PCR

---

* 基金项目：国际自然科学基金（31160359，31360029）；海南自然科学基金创新研究团队项目（2016CXTD002）；海南省研究生创新研究项目（Hyb2016-07）

** 第一作者：刘悦，女，博士研究生，从事植物病理学研究；Tel：18876971811，E-mail：heizi2327@126.com

*** 通信作者：缪卫国，博士，教授，从分子植物病理学研究；E-mail：weiguomiao1105@126.com

诺丽果内生拮抗细菌的筛选和鉴定*

宋 苗**，林春花***，刘文波，缪卫国***
（海南大学植物保护学院/海南大学热带作物种质资源保护与开发利用教育部重点实验室，海口 570228）

摘 要：从海南陵水诺丽果中分离筛选具有抑菌活性的内生细菌，为新型生物抗菌剂的研究开发提供基础。通过组织分离法，对诺丽果的内生细菌进行分离纯化，获得 74 株内生细菌。采用平板对峙法，以橡胶树胶孢炭疽菌 HN03 菌株为靶标菌，对所得菌株进行了初筛和复筛，得到 6 株拮抗作用较强的菌株。经分子鉴定显示其中 3 株为解淀粉芽胞杆菌（*Bacillus amyloliquefaciens*），2 株为枯草芽胞杆菌（*Bacillus subtilis*），1 株为短小芽胞杆菌（*Bacillus pumilus*）。测定了这 6 株拮抗细菌对尖孢炭疽菌（*Colletotrichum gloeosporioides*）、胶孢炭疽菌（*Colletotrichum acutatum*）、新暗色柱节孢（*Neoscytalidium dimidiatum*）、可可球二孢属（*Botryodiplodia* sp.）、平脐蠕孢属（*Bipolaris* sp.）、拟茎点霉属（*Phomaspsis* sp.）和多主棒孢霉（*Corynespora cassiicola*）共 7 种热带作物病原真菌的抑菌效果。结果所分离的拮抗内生细菌对这 7 种热带作物病原真菌的抑菌率在 39.12%~69.68%，6 株拮抗细菌对供试的 2 株胶孢炭疽菌抑制效果最佳，抑菌率均达到 60%以上。

关键词：诺丽；内生细菌；分离；鉴定；抑制作用

---

* 基金项目：国家自然科学基金（31660033，31560495，31760499）；现代农业产业技术体系建设专项资金项目（CARS-33-BC1）；海南自然科学基金创新研究团队项目（2016CXTD002）；海南省重点研发计划项目（ZDYF2016208）

** 第一作者：宋苗，本科生；E-mail：467182721@ qq. com

*** 通信作者：林春花，副教授；E-mail：lin3286320@ 126. com
缪卫国，教授；E-mail：weiguomiao1105@ 126. com

解淀粉芽胞杆菌 HAB-2 全基因组重测序研究*

许沛冬**，刘文波，韦丹丹，林春花，靳鹏飞***，缪卫国***
（海南大学植物保护学院/海南省热带生物资源可持续利用重点实验室，海口　570228）

摘　要：解淀粉芽胞杆菌（*Bacillus amyloliquefaciens*）是典型的生防菌，能够产生大量的具有抑制植物病原真菌和细菌的活性物质，其中包括聚酮化合物和脂肽类等次级代谢天然产物，在现代农业中有着极其广泛的应用前景。本课题组为进一步研究解淀粉芽胞杆菌 HAB-2 的代谢机理，深入探明其抑菌机制，进而为今后对该菌株进行改造提供理论基础，因此利用重测序等手段比对了 HAB-2 菌株与模式菌株 FZB42 基因组，并且通过构建 TruSeq DNA 文库，利用 Illumina 平台进行全基因组重测序，利用 BWA 比对 Clean Reads，利用 SamTools 统计比对结果；利用突变分析软件 GATK 检测单核苷酸多态性位点（SNP）和插入缺失位点（InDel），通过染色体结构变异分析软件 DELLY 检测潜在的结构变异位点（SV）；使用 ANNOVAR 软件对多态性信息进行注释。我们发现：共获得 687.4 万对 reads，在参考模式菌株 FZB42 基因组上比对片段配对率为 77.3%，覆盖率为 95.4%；检测到 52 784个 SNP，存在 1 757个 InDel，529 个 SV；注释功能涉及次级代谢产物的合成、转运和代谢，氨基酸的转运、合成和代谢，ATP 的产生与转换，信号传导机制，DNA 模板复制和转录调控等。其中 SNP、InDel、SV 标记次级代谢产物的基因分别有 50 个、24 个、2 个，涉及的次级代谢产物包括 Surfactin、Macrolactin、Bacillaene、BacillomycinD、Difficidin、Bacillibactin、Lantibiotic、Bacteriocin subtilosin、Fengycin、Bacillolysin 等。综上所述，同一个种的芽胞杆菌基因组存在巨大的遗传差异，并且这些差异可能与预期表型差异相互对应，因此对芽胞杆菌差异基因的研究可以为今后研究芽胞杆菌的基因组的遗传进化以及差异基因结构功能提供理论基础。

关键词：解淀粉芽胞杆菌；HAB-2；重测序；次级代谢产物；基因

---

* 基金项目：海南大学科研启动经费（No. KYQD（ZR）1842）；海南大学青年教师基金（No. hdkyxj201708）；海南自然科学基金创新研究团队项目（No. 2016CXTD002）；海南省重点研发计划项目（No. ZDYF2016208）

** 第一作者：许沛冬，在读博士生，主要从事植物病理、微生物相关研究；E-mail：xuridongshengxpd@163.com

*** 通信作者：缪卫国，教授，博士生导师，主要从事分子植物病理相关研究；E-mail：miao@hainu.edu.cn

靳鹏飞，讲师，博士，主要从事微生物相关研究；E-mail：jinpengfei@hainu.edu.cn

杧果细菌性黑斑病菌 *hpaXcm* 基因克隆及其编码蛋白的功能研究*

周晓韵**，刘　悦，黄佳敏，刘清桓，孙建章，蔡新峰，刘文波，缪卫国***

（海南大学植物保护学院/海南大学热带作物种质资源保护与开发利用教育部重点实验室，海口　570228）

摘　要：杧果细菌性黑斑病是是由野油菜黄单胞杧果致病变种 *Xanthomonas campestris* pv. *mangiferaeindicae*（Xcm）引起，2009 年更名为 *Xanthomonas citri* pv. *mangiferaeindicae*（Xcm）。本研究利用 PCR 技术从 Xcm 基因组中首次扩增到了 *hpaXcm* 基因，该基因具有 405bp，其编码的 HpaXcm 蛋白含有 134 个氨基酸，大小为 13. 56kD，GC 含量为 60. 49%，富含甘氨酸，缺乏半胱氨酸。利用 GST 基因操作系统获得 *hpaXcm* 的基因产物 HpaXcm，经研究发现，HpaXcm 与以前报道的 harpin 类物质具有相同的性质，是一种新的 harpin 蛋白。HpaXcm 蛋白的最佳诱导条件为 IPTG 浓度 0. 1mM，28℃诱导 5h。为了进一步对 HpaXcm 的特性进行研究，对诱导表达的 GST 融合蛋白进行纯化和酶切，并采用 Western blot 获得与理论大小相符的 HpaXcm 蛋白，为进一步研究蛋白功能提供了更为有利的基础。以纯化的 HpaXcm 与经过煮沸处理的 HpaXcm 为材料处理烟草叶片，结果表明：无论是否经过煮沸处理，HpaXcm 都能够激发烟草过敏性反应并产生明显的坏死斑，并且煮沸处理的 HpaXcm 诱导产生的坏死斑面积更大；纯化的 HpaXcm 与经过煮沸处理的 HpaXcm 都能增强烟草对 TMV 抗病性，并且喷施了经煮沸处理的 HpaXcm 的叶片诱导的 TMV 抗性更强。通过 qRT-PCR 对 HR 标志基因 *hin*1、*hsr*203*J* 和防卫基因 *chia*5、*PR*-1*a*、*PR*-1*b*、*NPR*1 进行检测，结果表明：HpaXcm 能够激发 *hin*1、*hsr*203*J*、*NPR*1 的表达，并且煮沸后的 HpaXcm 所激发的表达量更高，但出现表达量最高峰的时间与未经煮沸处理的 HpaXcm 有差异，结合以上烟草表型实验推测，煮沸后的 HpaXcm 激发了不同的信号通路。本研究对首次报道的 HpaXcm 蛋白特性和功能进行探索，为比较黄单胞菌 harpin 类蛋白的结构和功能关系提供了基础依据，从而有助于新型微生物蛋白农药的研发。

关键词：杧果细菌性黑斑病菌；HpaXcm；过敏性反应；诱导抗病性；qRT-PCR

---

* 基金项目：国际自然科学基金（31160359，31360029）；海南自然科学基金创新研究团队项目（2016CXTD002）

** 第一作者：周晓韵，女，硕士研究生，从事植物病理学研究；E-mail：zhouxy19931204@ hainu. edu. cn

*** 通信作者：缪卫国，博士，教授，从分子植物病理学研究；E-mail：weiguomiao1105@ 126. com

柑橘黄龙病菌（*Candidatus* Liberibacter asiaticus）分泌蛋白基因 DNA 含量及其 RNA 表达量关系分析*

Li Binbin[1,2**], Yang Yi[3], Liu Zhixin[1***], Wang Jianhua[1], Yu Naitong[1***]

（1. Institute of Tropical Bioscience and Biotechnology, Chinese Academy of Tropical Agricultural Sciences, Haikou 571101, China; 2. Institute of Tropical Agriculture and Forestry, Hainan University, Haikou 570228, China; 3. Environment and Plant Protection Institute, Chinese Academy of Tropical Agricultural Sciences, Haikou 571101, China）

Abstract: Huanglongbing (HLB) is the most destructive disease of citrus worldwide. The disease is caused by *Candidatus* Liberibacter spp., which vectored by the psyllids *Diaphorina citri* Kuwayama and *Trioza erytreae*. Secretory proteins are important in bacterial pathogenesis and structure components. Some of them express at high level. To obtain at least one high-level expression of secretory protein genes (SPGs), ten candidated SPGs were chosen from the *Candidatus* Liberibacter asiaticus by bioinformatic analysis. These SPGs were tested by PCR, qPCR and RT-qPCR method, respectively. The result showed that two SPGs, 408 and *pap*, are highly expressed. The 408 and *pap* genes were further constructed into the plant expression vector pCAMBIA1300 (GV1300: GFP) and expressed in tobacco leaf epidermal cells for subcellular localization analysis. The transient expression results indicated that 408 protein is located in the nucleus and cytoplasm of tobacco leaf cells. However, pap protein was located in the radially arranged micro-fibrils of tobacco guard cells that may relate to help pathogen invade into plant cells. In this study, 408 and *pap* secretory protein genes of *Candidatus* Liberibacter asiaticus were obtained and the subcellular localization of these two genes in tobacco leaves was clarified. The research laies an important foundation for the preparation of the antiserum against the *Candidatus* Liberibacter asiaticus and the early detection and prevention of citrus HLB.

Key words: *Candidatus* Liberibacter asiaticus; Secretory protein; DNA amount; RNA transcription; Subcellular localization

---

* 基金项目：海南省重大科技计划项目（ZDKJ2017003）；中国热带作物学会青年人才托举工程（CSTC-QN201704）；海南省热带果树生物学重点实验室开放基金项目（KFZX2017002）

** 第一作者：李宾宾，男，海南大学硕士研究生，研究方向：病毒学；E-mail：18238963778@163.com

*** 通信作者：Liu Zhixin；E-mail：liuzhixin@itbb.org.cn

Yu Naitong；E-mail：yunaitong@163.com

The composition and detection of potato common scab pathogens in China*

Liu Hongbo[1**], Yang Dejie[1], Zhao Weiquan[1], Liu Daqun[2***]

(1. *College of Plant Protection*, *Hebei Agricultural University*, *Baoding* 071001, *China*;
2. *Graduate School of Chinese Academy of Agricultural Sciences*, *Beijing* 100081, *China*)

Abstract: Scabby potato tubers were sampled from commercial fields and minituber breeding units from ten provinces in China in 2014-2016. *Streptomyces* sp. were isolated from scab lesions and pathogenicity tests in a greenhouse were used to satisfy Koch's postulates. Forty-five pathogenic *Streptomyces* strains were selected and identified according to their biological characteristics and 16S rRNA sequences. The results showed that these strains belong to five different *Streptomyces* species: *S. scabies*, *S. acidiscabies*, *S. galilaeus*, *S. turgidiscabies* and *S. diastatochromogenes*. With the objective of developing a tool for farmers to monitor potato common scab pathogens in their fields, pathogen-specific primers and an established PCR reaction system for detection of pathogenic *Strepotmyces* was designed. DNA was isolated from diseased and healthy tubers, and from their surrounding soil. PCR results indicate that pathogenic strains were present in diseased tissues and soil and were undetected in healthy tissues and soil. Quantitative PCR (qPCR) was also carried out on soil samples to validate PCR results and to provide information on the abundance of pathogenic *Streptomyces* spores in diseased soils. The detection limit for regular PCR was 20 pg/μL DNA or 2-4 CFU/μL spores, whereas qPCR offered roughly 10× more sensitivity.

* Funding: This study was supported by the Natural Science Foundation of Hebei Province (C2014204109), and Colleges and universities in Hebei province science and technology research project (ZD2018077)

** First author: Liu Hongbo; E-mail: 844375011@qq.com

*** Corresponding authors: Zhao Weiquan, professor; E-mail: zhaowquan@126.com
Liu Daqun, professor; E-mail: liudaqun@caas.cn

马铃薯疮痂病原菌鉴定与病原菌组织分布检测*

关欢欢[1**]，杨德洁[1]，赵伟全[1***]，刘大群[2***]

（1. 河北农业大学植物保护学院/河北省农作物病虫害生物防治工程技术研究中心，保定 071000；2. 中国农业科学院研究生院，北京 100081）

摘　要：马铃薯疮痂病（potato common scab）是由多种植物病原链霉菌（Plant-Pathogenic *Streptomyces*）引起的土传和种传病害。随着近年来马铃薯的种植面积不断扩大，种薯和商品薯在不同地区间调运频繁，造成各类土传病害发生发展较为复杂。目前马铃薯疮痂病已遍布我国各马铃薯主产区，为了及时了解各地区疮痂病菌的种类变化情况，需要跟踪监测病原菌的种类、分布和侵染特点。本研究对黑龙江采集的疮痂病薯进行菌株分离、纯化得到 23 个链霉菌菌株。通过小薯片法、萝卜幼苗检测法及柯赫氏法则盆栽试验对菌株进行致病性检测，获得了 9 个致病菌株，均可使薯片产生不同程度的褐色凹陷状坏死病斑，接种菌株的菌液和培养滤液都可对萝卜幼苗的抑制率可达到 77.38%和 56.63%，并使萝卜幼苗根部出现不同程度的膨大和褐变，接种菌液至健康马铃薯植株可使新生幼薯产生疮痂病斑。利用 16S rRNA 基因序列对 9 个致病菌株进行分子鉴定，确定获得的病原包括 *S. scabies*、*S. enissocaesilis* 和 *S. griseus*。为探索疮痂病菌的侵染特征，对由 *S. scabies* 引起的发病植株的不同部位组织进行取样，采用 CTAB 法提取基因组，利用疮痂病原菌特异性引物 RTA1/RTA2 进行 PCR 检测结果表明，测试的 3 株马铃薯发病植株中，在根、块茎、匍匐茎、地下茎、地上茎基部、地上茎中部、地上茎上部、叶片等不同组织的基因组 DNA 样品中均可扩增得到 184bp 的特异性目的条带，而清水对照的正常健康植株相应组织样品均未检测到该条带。说明疮痂病原菌的侵染部位不只局限于块茎表面，也可能侵入马铃薯植株的组织内部，随着植株生长而在地上部和地下部组织内扩展而导致其携带有疮痂病菌，这为进一步研究马铃薯疮痂病菌的侵染、扩展和致病机制等方面提供了重要信息。

关键词：马铃薯疮痂病；致病菌株；分离鉴定；病原菌检测

---

* 基金项目：河北省自然科学基金（C2014204109）；河北省高等学校科学技术研究项目（ZD2018077）

** 第一作者：关欢欢，女，硕士研究生，主要从事马铃薯疮痂病病原菌检测方面的研究；E-mail：1226706215@ qq. com

*** 通信作者：赵伟全，教授，博士，主要从事马铃薯土传病害方面的研究；E-mail：zhaowquan@ 126. com

刘大群，教授，博士，主要从事植物病害生物防治方面的研究；E-mail：liudaqun@ caas. cn

一株抗链孢霉的海洋细菌种类鉴定及其抑菌作用研究*

李　欢**，曹雪梅，吴海霞，陈　茹，马桂珍，暴增海***
（淮海工学院海洋学院，连云港　222005）

摘　要：BMF 03 为本实验室从连云港海域分离得到一株对链孢霉有较强抑制作用的海洋细菌，为初步探究其抑菌机理，明确该菌株的分类地位，通过显微镜观察该菌株对链孢霉菌丝生长的影响，采用平板对峙法研究该菌株对 8 种常见病原真菌和 4 种病原细菌的抑菌作用；通过对该菌株的形态特征观察、生理生化试验结合 16S rDNA 序列分析确定该菌株分类地位。实验结果表明，BMF 03 菌株对链孢霉具有较强抑制作用，抑菌带宽为 32mm，且对链孢霉的菌丝具有破坏作用，BMF 03 菌株对棉花立枯病菌（*Rhizoctonia solani* Kühn）、甘蓝枯萎病菌（*Fusarium oxysporum* f. sp. *conglutinans*）、葡萄白腐病菌［*Coniella diplodiella*（Speg.）Petrak & Sydow］的抑制作用较强，抑菌带宽度达到 20mm 以上；结合形态特征观察、生理生化试验结果和 16S rDNA 序列分析确定 BMF 03 菌株为贝莱斯芽胞杆菌（*Bacillus velezensis*），本试验结果可为该菌株用于链孢霉的防治提供参考依据。

关键词：链孢霉；抑菌作用；细菌鉴定；贝莱斯芽胞杆菌

---

* 基金项目：江苏省科技计划项目（苏北科技专项）（SZ-LYG2017011）

** 第一作者：李欢，硕士生在读，研究方向：食品加工与安全；E-mail：747265424@ qq. com
*** 通信作者：暴增海，博士，教授，研究方向：抗菌微生物及植物病害生物防治；E-mail：baozenghai@ sohu. com

海洋细菌 GM-1-1 产芽胞发酵培养基和摇瓶发酵条件优化*

吴海霞**，陈　茹，李　欢，曹雪梅，陈新元，马桂珍***，暴增海

（淮海工学院，连云港　222005）

摘　要：GM-1-1 菌株是从连云港海域中分离得到的一株对多种植物病菌有强烈抑制作用的海洋解淀粉芽胞杆菌（*Bacillus amyloliquefaciens*），该菌株对水稻纹枯病菌（*Rhizoctonia solani*）、小麦根腐病菌（*Bipolaris sorokiniana*）、斑点落叶病菌（*Alternaria alternate*）、葡萄白腐病菌（*Coniothyrium diplodiella*）等多种病原真菌有较强的抑制作用，为了提高该菌株的产芽胞率，以发酵液中的细菌总数和芽胞产率为检测指标，通过单因素和正交试验对 GM-1-1 菌株产芽胞发酵培养基和摇瓶发酵条件进行优化。结果表明，海洋细菌 GM-1-1 菌株产芽胞最佳发酵培养基配方为：麦麸 0.75%、花生饼粉 2.5%、$CaCO_3$ 0.05%；最佳发酵条件：pH 值=7.0，温度 30℃，装液量 60mL/250mL，接种量 8%，转速 200r/min，培养时间 54h。经优化后，该菌株发酵培养基的细菌总数和芽胞产率有了明显提高，达 7.4×10^9 个细胞/mL 和 89.42%。

关键词：海洋细菌；芽胞；培养基；发酵条件

* 基金项目：江苏省科技厅（现代农业）重点研发计划项目（BE2016335）

** 第一作者：吴海霞，在读硕士研究生，研究方向：食品加工与安全；E-mail：912530828@qq.com

*** 通信作者：马桂珍，博士，教授，研究方向：抗菌微生物及植物病害生物防治；E-mail：415400420@qq.com

褪黑素抑制白叶枯病菌生长的转录组学分析*

陈　贤**，赵延存，朱润杰，刘凤权***
（江苏省农业科学院植物保护研究所，南京　210014）

摘　要：水稻白叶枯病（bacterial blight，BB）是世界水稻生产中最严重的细菌病害之一。水稻白叶枯病是一种由革兰氏阴性细菌黄单胞杆菌水稻致病变种（*Xanthomonas oryzae* pv. *oryzae*，xoo）引起的水稻细菌性维管束病害，曾是我国水稻主产区的三大病害之一。目前，种植抗病品种和药剂防治是防治水稻白叶枯病的主要途径之一。白叶枯病菌变异强，使得品种的抗病性容易丧失；化学防治在一定程度上能控制水稻白叶枯病的发生，但是化学杀菌剂的药剂残留、病原菌的耐药性和对环境的污染与损害等问题不可忽视。因此，寻找安全和高效的可代替化学杀菌剂对于绿色防控水稻白叶枯病的发生具有重要的意义。

利用植物源物质进行病害防控是生物防控研究的新趋势。褪黑素是一类广泛存在于植物组织体内的吲哚类小分子化合物，具有特殊的生物学功能。本研究以水稻白叶枯病菌 PXO99 为研究对象，发现外源褪黑素对 PXO99 具有显著的抑制作用。利用转录组学分析褪黑素处理 PXO99 后全基因组在转录水平的变化。其结果如下：

首先，200μg/mL 褪黑素对 PXO99 的生长抑制约为 30%；400μg/mL 褪黑素对 PXO99 的生长抑制约为 75%；1 000μg/mL 褪黑素完全抑制了 PXO99 的生长。200μg/mL 褪黑素降低 PXO99 的游动性，并减少 PXO99 的生物膜形成。利用透射电镜观察细菌菌体，发现 200μg/mL 褪黑素影响了 PXO99 菌体的形态。

利用转录组学分析褪黑素处理前后 PXO99 在转录水平上的变化：我们一共发现有 138 个基因的转录水平发生了显著的变化，其中 14 个基因的表达量上调，124 个基因的表达量下调。生物信息学分析表明下调的基因多为催化和金属离子的结合蛋白，并且这些基因主要参与碳代谢、氨基酸代谢及能量代谢等代谢过程。因此，我们推测褪黑素通过调控新陈代谢抑制白叶枯病菌生长，这些实验结果为进一步研究褪黑素的抑菌机理奠定了基础。

关键词：褪黑素；白叶枯病菌；生长；转录组学

* 基金项目：江苏省自然科学基金（BK20170606）；国家自然科学基金（31571974）

** 第一作者：陈贤，助理研究员，从事水稻与病原细菌互作的研究；E-mail：cxbmh@ 126. com
*** 通信作者：刘凤权，研究员；E-mail：fqliu20011@ sina. com

奉新县猕猴桃溃疡病病原菌鉴定*

鄢明峰[1**]，李　诚[1]，王园秀[1]，赵尚高[2]，李帮明[2]，涂贵庆[2]，蒋军喜[1***]
（1. 江西农业大学农学院，南昌　330045；2. 江西省奉新农业局，奉新　330700）

摘　要：为了明确江西省奉新县猕猴桃溃疡病病原菌种类，从该县 7 个猕猴桃生产基地采集呈典型症状的发病枝条和叶片，采用稀释分离法对其进行病菌分离并作致病性测定，共获得 27 个致病性细菌菌株。对各菌株进行培养性状、形态特征观察和生理生化测定，结果与文献中对丁香假单胞菌猕猴桃致病变种（*Pseudomonas syringae* pv. *actinidiae*）的描述相吻合。提取各菌株基因组 DNA，分别对其 16S rDNA 和 16S-23S rDNA 基因片段进行 PCR 扩增、测序、序列分析和构建系统发育树，结果各菌株 16S rDNA 和 16S-23S rDNA 序列长度均为 1500bp 和 280bp，且菌株间序列完全一致。将获得的两段序列利用 Blast 程序分别在 GenBank 中进行同源性搜索，发现其与丁香假单胞菌猕猴桃致病变种均享有 100%的同源性。待鉴定菌株在系统发育树上与该变种处于同一分支。根据实验结果，将奉新县猕猴桃溃疡病的病原鉴定为丁香假单胞菌猕猴桃致病变种。

关键词：猕猴桃溃疡病；16S rDNA；16S-23S rDNA；丁香假单胞菌猕猴桃致病变种

---

* 基金项目：国家自然科学基金（31460452）

** 第一作者：鄢明峰，男，硕士生，主要从事分子植物病理学研究；E-mail：136043695@ qq. com
*** 通信作者：蒋军喜，男，教授，主要从事植物病害综合治理研究；E-mail：jxau2011@ 126. com

变棕溶杆菌 OH23 培养基优化及次生抗菌物质稳定性分析

朱润杰[1,2*]，赵延存[2]，宋志伟[2]，凌　军[2]，薛雪[1]，刘凤权[1,2**]
（1. 南京农业大学植物保护学院，南京　210095；
2. 江苏省农业科学院植物保护研究所，南京　210014）

摘　要：变棕溶杆菌（*Lysobacter brunescens*）OH23 是一种新型生防细菌，对水稻黄单胞菌（*Xanthomonas oryzae*）具有较强的拮抗活性。本研究以水稻细菌性条斑病菌（*X. oryzae* pv. *oryzicola*）Rs105 为靶标指示菌，采用单因素试验和正交试验设计对变棕溶杆菌 OH23 发酵培养基的碳源、氮源、金属离子进行了筛选及优化，最终确定 OH23 高产次生抗菌物质的发酵培养基配方为高聚蛋白胨 5g/L、酵母粉 5g/L、可溶性淀粉 6g/L、$FeSO_4 \cdot 7H_2O$ 15mg/L、$ZnSO_4 \cdot 7H_2O$ 5mg/L，于 180r/min、28℃条件下培养，48h 无菌发酵滤液对 Rs105 的平板拮抗圈直径高达 31mm。另外，对 OH23 次生抗菌物质的稳定性进行了分析，结果表明 OH23 产生的次生抗菌物质在紫外处理、蛋白酶处理后，其拮抗活性和对照相比差异不显著（$P<0.05$）；在 $3 \leq$ pH 值 ≤ 9 的酸碱条件下，OH23 产生的次生抗菌物质的拮抗活性和对照相比差异不显著，但是在 pH 值 = 11 条件下，其拮抗活性完全丧失；OH23 产生的次生抗菌物质具有较高的热稳定性，在 30℃、50℃、65℃或 85℃条件下处理 0.5h，其拮抗活性与对照相比差异不显著（$P<0.05$），但是 100℃条件下处理 0.5h 后，其拮抗活性显著下降了 17%（$P<0.05$）。以上结果说明，变棕溶杆菌 OH23 产生的次生抗菌物质对水稻黄单胞菌具有较强的拮抗活性，发酵培养基组分简单，抗菌活性稳定，具有良好的应用开发前景。

关键词：变棕溶杆菌 OH23；正交试验；次生抗菌物质；稳定性；水稻细菌性条斑病菌

* 第一作者：朱润杰，在读硕士研究生；E-mail：zhurunjie1994@163.com
** 通信作者：刘凤权，研究员，主要从事植物病理学研究；E-mail：fqliu20011@sina.com

Dickeya 属基因组比较揭示了 *D. fangzhongdai* 种内与种间差异

陈　斌[1,2]，田艳丽[1,2]，周家菊[1,2]，王　艺[1,2]，胡白石[1,2*]
（1. 南京农业大学植物保护学院，南京　210095；
2. 农作物生物灾害综合治理教育部重点实验室，南京　210095）

摘　要： *Dickeya fangzhongdai* 是 *Dickeya* 属的新成员，且是唯一能侵染木本植物的成员。最近的研究将七株分离自水、万年青和蝴蝶兰的 *Dickeya* 属菌株也归类为 *D. fangzhongdai*。目前已知的 *D. fangzhongdai* 的致病性、表型和遗传特性不尽相同，但其原因还有待研究。本研究用二代结合三代测序的方法测了 *D. fangzhongdai* 的代表菌株 JS5 和另外两株（LN1 和 QZH3）的基因组，并将这三个基因组与 *D. fangzhongdai* 的其他基因组以及 *Dickeya* 属其他种的基因组进行基因组比较。*D. fangzhongdai* 种内比较显示出高度同源，然而 JS5，LN1 和 QZH3 的基因组中的 IV 型分泌系统（T4SS）、IV 型菌毛（T4Ps）和质粒显示出与种内其他菌株均不同。种内菌株的 III 型分泌系统（T3SS）、III 型效应因子（T3SE）、CAZy 和 TCDB 的相似关系揭示种内可能存在一种不同于基于核心蛋白序列构建的进化关系。本研究揭示了 *D. fangzhongdai* 显著的种内和种间差异。JS5，LN1 和 QZH3 中独特的质粒、T4SS、T4Ps 可能影响细菌结合作用。*D. fangzhongdai* 种内 T3SS、T3SE、CAZy 和 TCDB 相似关系为种内区分亚种提供了依据。种内与种间的差异可能是导致 *D. fangzhongdai* 在致病性、表型和遗传特性差异的原因。

关键词： *D. fangzhongdai*；基因组比较；致病性差异

---

* 通信作者：胡白石

马铃薯黑胫病原菌的分离和鉴定

田艳丽[1]，赵玉强[2]，孙　婷[1]，周家菊[1]，范加勤[1]，胡白石[1]
（1. 南京农业大学植物保护学院/农作物生物灾灾综合治理教育部重点实验室，南京　210095；
2. 江苏省中科院植物研究所/南京中山植物园，南京　210014）

摘　要：马铃薯我国的第四大主粮。内蒙古自治区是我国最大的马铃薯生产基地，马铃薯产业是当地农民收入的主要来源。2017 年 8 月，内蒙古锡林郭勒盟部分马铃薯田块发生了一种细菌性黑胫病，发病面积约为 200 亩，发病率约为 20%。病害初期，植株的茎基部变色，发黑，伴有臭味，严重时茎秆腐烂，植株死亡。为明确该地区马铃薯细菌性黑胫病的病原菌种类，本研究对该病原菌进行了分离，并利用生理生化测定、Biolog 分析和分子生物学手段将该病原菌鉴定为胡萝卜软腐果胶杆菌巴西亚种（*Pectobacterium carotovorum* subsp. *brasiliense*）。据以往报道，我国马铃薯黑胫病主要由黑腐果胶杆菌（*P. atrosepticum*）和胡萝卜软腐果胶杆菌胡萝卜亚种（*P. carotovorum* subsp. *carotovorum*）两种病原菌引起。本研究是 *P. carotovorum* subsp. *brasiliense* 引起马铃薯黑胫病在国内的首次报道。

关键词：马铃薯黑胫病；胡萝卜软腐果胶杆菌巴西亚种；病原鉴定

连作及轮作对孢囊线虫侵染大豆根际土壤细菌多样性的影响

王 芳[1]，陈井生[2]，刘大伟[3]

（1. 齐齐哈尔大学生命科学与农林学院，齐齐哈尔 161006；2. 黑龙江省农科院大庆分院，大庆 163316；3. 东北农业大学农学院，哈尔滨 150030）

摘 要：利用 Illumina Miseq 第二代高通量测序平台，对黑龙江省不同地区轮作及连作大豆根际土壤细菌 16S rDNA 基因进行测序，初步分析在不同种植方式下，受大豆孢囊线虫侵染的大豆根际土壤细菌群落结构的变化。6 个土壤样本共获得 25 419个 OTUs，鉴定到细菌的 47 个门，147 个纲，709 个属。变形菌门、放线菌门、酸杆菌门、芽单胞菌门、浮霉菌门是供试土壤细菌的优势菌门，占所有细菌群落总数 90%以上。连作 4 年总 OTUs 及丰富度最高，连作 20 年最低。不同轮作方式土壤细菌丰富度差异不显著（$P>0.05$），短期连作与长期连作细菌丰富度及多样性差异显著（$P<0.05$）。不同轮作方式下放线菌门相对丰度低于连作方式，芽单胞菌门和拟杆菌门相对丰度高于同地区连作方式。土壤功能细菌根瘤菌 *Bradyrhizobium*，链霉菌属 *Streptomyces*，芽胞杆菌属 *Bacillus*，溶杆菌属 *Lysobacter*，土微菌属 *Pedomicrobium* 的相对丰度在不同年限连作下高于轮作。长期连作土壤优势细菌丰度与轮作土壤相似性更高。

关键词：大豆孢囊线虫；轮作；连作；细菌多样性；Illumina MiSeq 测序

Effect of Continuous and Rotational Cropping on Bacterial Diversity of Soybean Rhizosphere Soil Infected by *Heterodera glycines*

Wang Fang[1], Chen Jingsheng[2], Liu Dawei[3]

(1. *College of Life Sciences and Agroforestry*, *Qiqihar University*, *Qiqihar* 161006, *China*;
2. *Daqing Branch of Heilongjiang Academy of Agricultural Sciences*, *Daqing* 163316, *China*;
3. *Agronomy College*, *Northeast Agricultural University*, *Harbin* 150030, *China*)

Abstract: To study bacterial community structure of soybean rhizosphere soil at rotation and continuous cropping, 16s rDNA gene were sequenced of soil samples under soybean cyst nematode infected from Heilongjiang Province two regions by the second generation of high-throughput sequencing Illumina Miseq platform. A total of 25 419 OTUs were obtained from 6 soil samples and classified into 47 phylum, 147 class and 709 genera. Proteobacteria, Actinobacteria, Acidobacteria, Gemmatimonadetes, Planctomycetes were the dominant bacteria, accounting for more than 90% of all soil bacterial communities. The total OTUs and richness were the highest in four years continuous cropping and the lowest in 20 years continuous cropping. The difference of bacteria abundance at different rotational cropping years was not obvious ($P>0.05$), but abundance and adversity were significant at continuous cropping ($P<0.05$). The relative abundance of Actinobacteria in different rotations was lower than that of continuous cropping, and the relative abundance of Gemmatimonadetes and Bacteroidetes was higher than those in the same area. The relative abundance of soil functional bacteria *Bradyrhizobium*, *Streptomyces*, *Bacillus*, *Lysobacter* and *Pedomicrobium* were higher at different continuous cropping years than those at rotations. Prodominant bacterial abundance in long term continuous cropping was more similar with that in rotational cropping.

Key words: *Heterodera glycines*; Rotation; Continuous cropping; Bacterial diversity; Illumina MiSeq sequencing

BDSF 是野油菜黄单胞菌侵染植物过程中起主导作用的群体感应信号

Abdelgader Abdeen Diab，陈　慧，宋　凯，何亚文*
（上海交通大学生命科学技术学院/微生物代谢国家重点实验室，上海　200240）

摘　要：野油菜黄单胞菌（*Xanthomonas campestris* pv. *campestris*，Xcc）是一种革兰氏阴性植物病原细菌，能侵染所有十字花科植物，引起黑腐病，造成严重的经济损失。*Xcc* 主要沿维管束进行繁殖和扩散，在侵染过程中会产生多种致病因子，如胞外酶、胞外多糖、菌黄素等，抵抗植物免疫防御系统，降解植物薄壁细胞，获取生长所必需的营养。DSF（Diffusible Signal Factor）家族信号分子是黄单胞菌产生的不饱和脂肪酸类群体感应信号分子，能调控自身多种致病因子的产生。在植物体外培养条件下，Xcc 能产生 BDSF、DSF、IDSF 等多种 DSF 家族信号分子，DSF 家族各信号的浓度和所占比例会因培养基组分的差异产生显著变化。而在侵染过程中 Xcc 以哪种信号分子为主导来调控自身致病因子的产生还是未知的。

为了探究这一问题，本研究采用了以下三种策略。首先以 XC1 双突变 Δ*rpfB*Δ*rpfC* 菌株为对象，在体外培养过程中添加多种植物来源的化合物，包括氨基酸、碳水化合物、酚类化合物、植物激素、有机酸等，通过检测 DSF 家族信号分子的合成发现，多种物质能够诱导 BDSF 的生物合成。其次，通过在 Δ*rpfB*Δ*rpfC* 培养体系中添加白菜水解物，模拟 Xcc 侵入植物体内所处环境，Xcc 合成的主要信号是 BDSF。接着本课题采用 UPLC-TOF-MS 检测 Xcc 侵染的白菜组织中 DSF 家族信号分子的含量，结果显示 BDSF 含量显著高于其他 DSF 家族信号，约占总群体感应信号分子的 70%。最后，本研究通过测定不同 DSF 家族信号分子对 Xcc 胞外酶的调控作用发现，2.0μmol/L 的 BDSF 就能够诱导 Xcc 蛋白酶活性增加和纤维素酶合成关键基因 *engXCA* 的表达。综合以上的结果表明 BDSF 是野油菜黄单胞菌侵染植物过程中起主导作用的群体感应信号分子。本研究有助于理解病原黄单胞菌与寄主植物之间的互作机制，并为有效防治黄单胞菌病害提供新的思路。

关键词：野油菜黄单胞菌；BDSF；群体感应信号

* 通信作者：何亚文；E-mail：yawenhe@ sjtu. edu. cn

植物病原黄单胞菌菌黄素：结构、生物学功能和生物合成机制

曹雪强，邱嘉辉，何亚文*

（上海交通大学生命科学技术学院/微生物代谢国家重点实验室，上海　200240）

摘　要：菌黄素是由植物病原黄单胞菌（*Xanthomonas*）产生的一种附膜黄色素。早期研究认为菌黄素是一种类胡萝卜素，随后的研究表明菌黄素为溴化芳基多烯脂衍生物。菌黄素的芳基多烯链可能与甘油磷酸或甘油磷酰山梨醇酯化形成特殊的磷脂，从而结合于细菌外膜磷脂双分子层。菌黄素通常以混合物形式存在，不同的菌黄素在溴原子数目、芳香环上的甲基取代及多烯链链长方面存在多样性。菌黄素长期以来当作黄单胞菌属细菌的分类和诊断标记。菌黄素的结构还赋予其抗光氧化的生物学功能，研究表明菌黄素能有效的保护细菌抵抗光氧化伤害、保护脂质体过氧化。另外菌黄素还能促进细菌在植物表面的附生过程。总而言之，菌黄素在黄单胞菌致病性和环境适应性方面发挥重要作用。

菌黄素的生物合成由一段约 20 kb 的 *pig* 基因簇负责，通过遗传突变分析了菌黄素合成的相关基因（命名为 *xanA*2、*xanB*2、*xanC*、……*xanM* 等）。菌黄素生物合成的前体来自初级代谢产生的分支酸，分支酸被首先被分支酸裂解酶 XanB2 水解为 3-羟基苯甲酸（3-HBA）和 4-羟基苯甲酸（4-HBA）。3-HBA 作为主要的起始单元参与菌黄素的生物合成，4-HBA 主要参与辅酶 Q 的生物合成。3-HBA 通过 ATP 依赖的 3-HBA：ACP 连接酶 XanA2 所激活，结合至酰基载体蛋白（ACP）上形成 3-HBA-S-ACP，接着通过 II 型聚酮合成酶（PKS）途径进一步组装为芳基多烯链。芳基多烯链在酰基转移酶、卤化酶和糖基转移酶的作用下进行修饰，从而合成完整的菌黄素。菌黄素的生物合成途径与其他代谢途径，如 DSF 群体感应信号分子和胞外多糖的生物合成途径之间具有相互关联的关系。

* 通信作者：何亚文，研究员；E-mail：yawenhe@ sjtu. edu. cn

天津红掌叶斑病病原鉴定及药剂筛选*

刘真真**，陈云彤，张志鹏，王彦譞，刘慧芹***
（天津农学院园艺园林学院，天津　300384）

摘　要：近年来，在天津的花卉中心发生了一种严重危害红掌的叶斑病，经分离鉴定确定该病原菌为地毯草黄单胞菌花叶万年青致病变种（*Xanthomonas axonopodis* pv. *dieffenbachiae*）。通过抑菌圈法，选用 10 种杀菌剂对该病原进行了室内毒力测定。结果表明：70%代森锰锌 WP、80%乙蒜素 EC 的抑制作用最明显，EC_{50}分别为 0.42mg/L 和 0.95mg/L；其次是春雷霉素 WP、中生菌素 WP、新植霉素 WP，EC_{50}分别为 8~80mg/L；30%琥胶肥酸铜 WP、46%可杀得 WG、20%叶枯唑、20%噻菌铜 SC 的 EC_{50}均超过 100mg/L；72%农用链霉素 SP 的抑制效果最差，EC_{50}超过 1 000μg/mL。药剂的筛选结果表明该病菌对药剂的敏感程度有明显差异，同时抑制结果可为本地区该病害的防治提供依据。

关键词：红掌叶斑病；鉴定；杀菌剂；抑制作用

---

* 基金项目：天津市高校“中青年骨干创新人才培养计划（J01009030709）；2017 年大学生创新创业训练计划项目（201710061062）；2017 年度研究生创新培育项目立项（2017YPY001）

** 第一作者：刘真真；E-mail：1527432806@qq.com

*** 通信作者：刘慧芹，博士，副教授，硕士生导师，主要从事植物病原细菌致病性研究；E-mail：wjxlhq@126.com

Biological and transcriptomic studies reveal *hfq* is required for swimming, biofilm formation and stress response in *Xanthomonas axonpodis* pv. *citri*

Liu Xuelu[1], Yan Yuping[1], Wu Haodi[1],
Zou Huasong[2], Zhou Changyong[1], Wang Xuefeng[1]
(1. National Engineering Research Center for Citrus, Citrus Research Institute, Southwest University;
2. Chinese Academy of Agricultural Sciences, Chongqing 400712, China)

Abstract: Hfq is a widely conserved bacterial RNA-binding protein which generally mediates the global regulatory involved in bacterial physiology and virulence. The purpose of this study was to characterize the biological function of *hfq* gene in *Xanthomonas axonpodis* pv. *citri* (*Xac*), the causal agent of citrus canker. An *hfq* mutant in *Xac* was generated by plasmid integration. Biological characterization showed that the loss of *hfq* resulted in the attenuated bacterial growth, swimming motility and biofilm formation. In addition, the *hfq* mutation impaired *Xac* resistance to H_2O_2 and pH, while it did not contribute the virulence of *Xac*. RNA sequencing (RNA-Seq) indicated that Hfq plays an important role in regulating the expression of 746 genes. Most of genes enriched in pathways related to bacterial chemotaxis, bacterial secretion system, two-component system, quorum sensing and flagellar assembly were repressed, whereas the ribosome related genes were significantly up-regulated in *hfq* mutant. Notably, three bacterial chemotaxis related genes and seven flagella genes were significantly repressed by transcriptome and RT-qPCR validation, supporting the biological results of the attenuation of cell growth and biofilm formation. The study demonstrated that *hfq* was involved in multiple biological processes in *Xac*. It is a good starting point for identifying regulatory sRNAs and genes controlled by Hfq-sRNA interactions in *Xac*.

Key words: *Xanthomonas axonpodis* pv. *citri*; *hfq* gene; Biological function; RNA sequencing

烟草青枯病感病与健康烟株不同部位细菌群落结构及多样性分析*

汪汉成[1,2**]，向立刚[2,3]，郭　华[1,4]，蔡　璘[1]，丁　伟[1***]

（1. 西南大学植物保护学院，重庆　400715；2. 贵州省烟草科学研究院，贵阳　550081；
3. 长江大学生命科学学院，荆州　434025；4. 贵州省疾病预防控制中心，贵阳　550004）

摘　要：由茄科雷尔氏菌引起的烟草青枯病是一种典型的细菌土传病害，是威胁烟草生产的毁灭性病害。了解感病与健康烟株不同部位的微生物群落结构和多样性对指导烟草青枯病防治具有积极作用。本文采用 Illumina 高通量测序技术分析了青枯病感病与健康烟株植烟土壤、感病烟株病茎处样品和病健交界部位样品以及健康烟株相同部位样品的细菌群落结构及多样性。土壤样品多样性分析结果表明：在门水平上，感病与正常烟株植烟土壤中优势细菌均为 Proteobacteria、Bacteroidetes、Acidobacteria、Actinobacteria 及 Chloroflexi，在感病烟株土壤中所占比例分别为 53.62%、14.59%、10.32%、5.15%、5.12%，在正常植烟土壤中所占比例分别为 49.15%、11.58%、8.84%、11.57%、5.89%。属水平上，感病烟株植烟土壤样品优势细菌为 *Ralstonia*（11.81%）、*Pseudomonas*（5.79%）、*Sphingomonas*（3.42%）、*Flavobacterium*（4.32%）和 *Delftia*（3.72%）；健康烟株植烟土壤样品优势细菌为 *Sphingomonas*（6.64%）、*norank_p_Saccharibacteria*（4.19%）、*Flavobacterium*（2.36%）和 *Ralstonia*（3.01%）。感病烟株植烟土壤中 *Ralstonia* 和 *Pseudomonas* 含量显著高于健康烟株植烟土壤样品，*Sphingomonas* 含量显著低于健康烟株植烟土壤样品。茎秆样品多样性分析结果表明：在门水平上，健康烟株茎秆优势细菌为 Proteobacteria 和 Cyanobacteria，所占比例分别为 47.35%和 52.38%；感病烟株病茎样品优势细菌为 Proteobacteria、Cyanobacteria 和 Firmicutes，所占比列分别为 75.95%、17.89%、4.37%。在属水平上，感病植株病茎样品优势细菌为 *Ralstonia*（48.51%）、*norank_c_Cyanobacteria*（17.89%）、*Pseudomonas*（13.34%）和 *unclassified_f_Enterobacteriaceae*（6.25%）等；健康烟株优势细菌为 *Ralstonia*（46.01%）和 *norank_c_Cyanobacteria*（52.38%），其中感病烟株病茎样本中 *norank_c_Cyanobacteria* 含量显著低于健康烟株茎秆样本。在门水平上，感病烟株病健交界样品优势细菌为 Proteobacteria、Cyanobacteria 和 Firmicutes，所占比例分别为 41.86%、54.86%、2.27%；健康烟株相同部位优势细菌为 Proteobacteria、Cyanobacteria，所占比列分别为 60.56%、38.83%。在属水平上，感病烟株病健交界样品优势细菌为 *norank_c_Cyanobacteria*（54.86%）、*Ralstonia*（31.71%）、*unclassified_f_Enterobacteriaceae*（3.54%）和 *norank_f_Mitochondria*（3.56%）；健康植株相同部位样品优势菌属为 *Ralstonia*（40.61%）、*norank_c_Cyanobacteria*（38.83%）、*Enterobacter*（7.11%）和 *Pantoea*（6.02%）。感病烟株病健交界部位样品 *norank_c_Cyanobacteria* 含量显著高于健康植株样品，*Ralstonia*、*Enterobacter* 和 *Pantoea* 含量显著低于健康植株样品。本研究明确了烟草青枯病感病与健康烟株不同部位在细菌群落结构和多样性上的差异，为了解病害的发生与环境细菌多样性的关系提供了参考。

关键词：烟草青枯病；群落结构；多样性

---

* 基金项目：中国博士后科学基金（2017M610585）；中国烟草总公司科技项目（110201601025（LS－05），110201502003）；贵州省科技厅优秀青年人才培养计划（黔科合平台人才［2017］5619）；中国烟草总公司贵州省公司科技项目（201305，201711，201714）

** 第一作者：汪汉成，博士，研究员，主要从事植物保护和微生物学方面研究；E-mail：xiaobaiyang126@hotmail.com

*** 通信作者：丁伟，博士，教授，主要从事有害生物的系统控制和植物与有害生物互作关系的研究；E-mail：dwing818@163.com

核桃细菌性黑斑病菌分泌蛋白的预测及生物信息学分析*

祝友朋**，韩长志***

（西南林业大学生物多样性保护与利用学院/云南省森林灾害预警与控制重点实验室，昆明　650224）

摘　要：核桃是我国第一大干果树种，目前我国核桃种植面积和产量均居世界第一。近年来，云南省大力发展核桃产业，目前，该省90%以上的县（市、区）种植核桃，在种植面积、产量、产值方面均居全国之首。核桃产业已成为云南覆盖面最广、惠集群众最多、持续发展潜力最大的高原特色产业之一。然而，近些年对云南省大理州核桃主产区开展核桃病害调研，明确核桃细菌性黑斑病等病害发生日益严重。前人关于引起核桃细菌性黑斑病的病原报道主要涉及核桃黄单胞杆菌 *Xanthomonas arboricola* pv. *juglandis*、*Xanthomonas campestris* pv. *juglandis*、成团泛菌 *Pantoea agglomerans* 以及上述细菌的复合等，尤以 *X. arboricola* pv. *juglandi* 报道为主，受该病菌侵染的核桃，其果实容易腐烂、早落，出仁率和含油率均降低，核桃品质下降并减产，严重时落果率高达60%~80%，严重影响着核桃的产量和品质，阻碍了核桃产业的健康有序发展。植物病原菌中的分泌蛋白在侵染植物的过程中发挥着重要的作用，目前对于植物病原真菌、卵菌中分泌蛋白的研究报道较多，而对植物病原细菌特别是经济林木上的病原细菌中分泌蛋白的研究报道较少。本研究以全基因组序列已经公布的7个核桃细菌性黑斑病菌 *X. arboricola* pv. *juglandi* 菌株CFBP2528、CFBP7179、CFBP8253、DW3F3、J303、NCPPB1447、Xaj417等所具有的蛋白序列为预测数据，基于分泌蛋白所具有的主要特征，利用SignalP v4. 1、ProtCompB v9. 0、TMHMM-v2. 0、big-PI Fungal predictor、TargetP v1. 1、LipoP v1. 0等在线分析程序对分泌蛋白进行预测，同时，对其氨基酸组成及分布、信号肽长度大小、信号肽切割位点等特征进行分析，明确核桃细菌性黑斑病菌的分泌蛋白平均为74个，其氨基酸长度多集中于101~400 aa，所占比例为63. 70%；信号肽氨基酸残基中以A最多，所占比例为22. 01%，其次是L，所占比例为19. 30%；信号肽长度以19~29 aa最多，所占比例为78. 88%，信号肽切割位点属于A-X-A类型。以上述分泌蛋白序列为基础数据，利用PHD、Protscale、TargetP 1. 1 Server、SMART等网站在线预测分析疏水性、转运肽及保守结构域等性质，明确核桃细菌性黑斑病菌的分泌蛋白理论等电点集中在5. 01~7. 00，所占比例高达49. 04%；不稳定性系数集中在20. 01~40. 00，所占比例为63. 81%；亲水性蛋白所占比例为76. 47%；明确分泌到细胞周质的蛋白所占比例高达95. 44%。通过上述研究，有效地实现了核桃细菌性黑斑病菌中分泌蛋白的预测和生物信息学分析，为深入解析核桃细菌性黑斑病菌中分泌蛋白在侵染过程中所发挥的功能提供了理论基础。

关键词：核桃细菌性黑斑病菌；全基因组；分泌蛋白；预测；生物信息学分析

---

* 基金项目：国家留学基金资助项目（留金法〔2017〕5086号，201708535056）

** 第一作者：祝友朋，云南省曲靖市人；E-mail：3420204485@ qq. com

*** 通信作者：韩长志，河北省石家庄市人，博士，副教授，研究方向：经济林木病害生物防治与真菌分子生物学；E-mail：hanchangzhi2010@ 163. com

我国长江流域和南方地区花生青枯菌遗传多样性分析*

康彦平**，雷　永，万丽云，淮东欣，宋万朵，王志慧，晏立英***，廖伯寿***
（中国农业科学院油料作物研究所/油料作物生物学与遗传改良重点实验室，武汉　430062）

摘　要：为明确不同青枯菌的遗传多样性与其在花生植株上的致病力差异，采用国际上最新的青枯菌演化型分类模式，对来源于我国长江流域和南方地区 9 个花生种植区分离的 95 份花生青枯菌菌株进行了遗传多样性分析，基于内源葡聚糖酶基因 *egl* 对青枯菌进行系统发育研究，并对供试青枯菌的致病力进行了测定。结果表明，所有 95 株菌株均属于青枯菌演化型 I 型，即亚洲分支类型。在序列变种分类上，所检测的 9 个花生种植区中有 8 个种植区的花生青枯菌菌株归属于序列变种 14，仅有 1 个种植区（属广西壮族自治区贺州市）的花生青枯菌菌株归属于序列变种 48，表明我国长江流域和南方地区花生青枯菌群体遗传多样性水平较低。青枯菌致病力测定结果表明，来自赣州市的菌株 GZ-1、贺州市的菌株 HZ-2 和宜昌市的菌株 YC 接种到花生植株 14d 后，花生的病情指数分别为 43.8、75.0 和 87.5，而来自其他 6 个花生种植区的菌株接种花生后，其病情指数均为 100.0，表明菌株 GZ-1 和 HZ-2 的致病力较弱，而其他 7 个种植区代表性菌株的致病力均较强。

关键词：花生；青枯菌；演化型；序列变种；致病力

---

* 基金项目：国家花生产业技术体系（CARS-14）；中国农业科学院创新工程（CAAS-ASTIP-2013-OCRI）

** 第一作者：康彦平，硕士，从事油料作物病害研究；E-mail：kangyanping@caas.cn

*** 通信作者：晏立英，副研究员，从事油料作物病害研究；E-mail：yanliying2002@126.com
廖伯寿，研究员，从事花生病害研究；E-mail：lboshou@hotmail.com

First report of seedborne and stem necrosis caused by *Stenotrophomonas maltophilia* on biomes energy plant (*Jatropha curcas* L.) in China

Wang W. W.[1,2*], Yang J. J.[1], Tang W.[1,2], Ye X. Y.[1**]

(1. *School of Life Science*, *Yunnan Normal University*, *Kunming* 650500, *China*;
2. *Joint Academy of Potato Science*, *Yunnan Normal University*, *Kunming* 650500, *China*)

Abstract: Barbados Nut (*Jatropha curcas* L.) is one of the most important sustainable energy plant and mainly distributed to tropical and subtropical zone around the world. This plant is also grows in southwestern China, especially in Yunnan, Sichuan and Guizhou province. Its seeds contained higher oil up to 60%, and has a broad prospect for biomass resources. In July 2017, a new disease was observed on seeds brought from local market which harvested last year. Initially, the seeds germination rate almost decreased to 20%-30% when we induce with 1.3% $CuSO_4$ disinfection (30 minutes), washed twice by stilled water, placed on sterilizing filter paper and maintained in 24℃. The discolor progressed over time and finally the whole seeds became yellowish necrosis. The germinated but infected plants also showed stem yellow wilt. In many case, stems and roots developed a necrosis symptom within 3-5 days after germination. Bacterial strains were isolated from symptomatic seeds and stems by dilution plating on LB medium cultured in 24℃. Morphological test showed Gram-negative and rod shaped and motile with a few polar flagella (1). Total genomic DNA was extracted from 5 strains of bacteria、2 asymptomatic seeds and 5 healthy stems by using bacterial DNA kit (DP302, TIANGEN). PCR was carried out with bacterial universal primer set 27F/1492R followed by (2), resulting in DNA fragment that were 1.5 kb, respectively, all asymptomatic samples were not amplified. PCR product were cloned into a pGEM-T Easy vector (Promega) and sequenced. Blaster analysis in NCBI shared 99% and above similarity with that species of *Stenotrophomonas maltophilia* (GenBank Accession No. GQ268318.1). Phylogenetic tree based on *Stenotrophomonas* spp. and combine other distinct genus 16S rDNA analysis also proved the sequence belong to *S. maltophilia* sub group. For test pathogenicity, the healthy seeds were immersed in bacterial suspension (10^8 CFU/liter) in 30 minutes, and inducing germination as above, meanwhile, the plant stems were also inoculated by spray with bacterial application of cell suspension at 10^8 CFU/liter and maintained in light incubator at 24℃. After 10 days inoculation, the same symptoms were observed on inoculated seeds and stems but no symptoms were observed on the all control treatments. The same cultural characters and 16S rDNA sequence of *S. maltophilia* were consistently with re-isolated isolates from diseased seeds and stems. Based on these results, we confirmed that the disease was caused by *S. maltophilia* and to our knowledge this is the first report of the pathogen on *Jatropha curcas* L. in China. This bacterium was common described as multidrug-resistant, wild range of animals organs and tissues (3).

* First author: Wang Weiwei; E-mail: 1174043860@qq.com

** Corresponding author: Ye Xinyu; E-mail: 13708736726@163.com

草莓上一种新的细菌性病害的病原鉴定*

努尔阿丽耶·麦麦提江[1**]，席　昕[2]，马占鸿[1***]
（1. 中国农业大学植物病理学系，北京　100193；2. 北京市植物保护站，北京　100029）

摘　要：草莓角斑病是草莓生产上危害严重的细菌性病害，其病原菌是草莓角斑病菌（*Xanthomonas fragariae*），属于薄壁菌门（Gracilicutes）假单胞菌科（Pseudomonaceae）黄单胞菌属。2017 年 12 月北京市昌平区马池口镇某草莓生产基地发现疑似草莓角斑病症状的草莓病珠。本研究分别用 PDA，NA，LB 和 Aay wood 四种培养基对来自病株标样的病原菌进行分离纯化。在扫描电镜下观察到菌体呈杆状，具单极鞭，无芽胞，无荚膜，大小约为 0. 4μm×1. 3μm，属于革兰氏染色阴性细菌。进一步采用细菌 16s rDNA 通用引物和特异性引物 XF-F/XF-R 进行 PCR 检测。只有 Aay wood 培养基中的 8 个单菌落中有 6 个单菌落能扩增出 550bp 的条带，细菌通用引物能扩增出 1 400bp左右的目标条带。将核酸片段输入 NCBI 数据库进行 BLAST 序列对比，获得同源序列的物种信息和相似度发现 8 个单菌落与草莓角斑病相似度 100%，其中 2 个单菌落被鉴定为嗜根寡养单胞菌。采用柯赫法则，将病原菌接种到健康的草莓植株上，两周后观察到与草莓角斑病发病症状相同的症状，再分离获得相同的病原菌，再次证实了北京昌平区草莓种植地确实存在草莓角斑病病害。作者也通过阳性克隆技术制作了阳性核酸对照，并在风险评估的基础上给予了防治措施的建议。

关键词：草莓角斑病；引物；PCR；阳性克隆

---

* 基金项目：宁夏回族自治区重点研发计划项目（2016BZ09）

** 第一作者：努尔阿丽耶·麦麦提江，女，硕士研究生
*** 通信作者：马占鸿；Email：mazh@ cau. edu. cn

细菌群体感应淬灭剂高通量筛选体系的构建*

张俊威**，张力群***
（中国农业大学植物病理学系/农业部有害生物监测与绿色防控重点实验室，北京　100193）

摘　要：群体感应（quorum sensing，QS）是细菌通过分泌和感应特定信号分子的浓度来判断环境中自身或其他细菌的密度，调整基因表达以适应环境的变化的机制。多种动植物病原细菌利用 QS 系统调控致病因子的表达，如 Ti 质粒的转移、胞外多糖的产生、植物细胞壁降解酶的产生等，因此，QS 系统可以作为细菌致病性抑制剂筛选的新靶点。目前研究较多的 QS 淬灭剂包括 QS 信号降解酶和 QS 抑制化合物。本研究针对以 *N*-酰基高丝氨酸内酯（*N*-acyl homoserine lactones，AHLs）作为信号分子的 QS 系统，以 *Agrobacterium tumefaciens* NT1 QS 系统 TraI/TraR 为基础，以 β-内酰胺酶为报告基因，构建了以土壤杆菌转录调控因子 TraR 与 AHL 复合物结合区域"tra-box"连接无启动子 β-内酰胺酶基因的报告质粒，将报告质粒转入低 β-内酰胺酶表达的突变菌株 *A. tumefaciens*N5 构成 QS 信号报告菌株。AHLs 信号分子可诱导报告菌株 *A. tumefaciens*N5（pBA7P）β-内酰胺酶的表达，在以头孢硝噻酚作为底物时，β-内酰胺酶催化头孢硝噻酚内酰胺键断裂使反应体系由黄色变为红色，指示 AHL 存在。灵敏度检测结果显示：报告菌株对多种 AHL 分子敏感，其中对 *N*-3-羰基辛酰高丝氨酸内酯［*N*-（3-oxooctanoyl）-DL-homoserine lactone］信号分子的检测灵敏度达 10pmol/L。与传统报告系统相比，该报告系统具有操作简便，反应快速，颜色差异明显，容易观察，筛选效率高，适合高通量筛选等优点。同时适合 QS 抑制剂化合物和信号降解酶基因文库的通量筛选，目前利用此报告系统已筛选到 3 个 QS 信号降解酶和 16 个 QS 系统抑制化合物。

关键词：群体感应；淬灭剂；*N*-酰基高丝氨酸内酯；筛选系统

* 基金项目：国家自然科学基金（31272082）；国家重点研发计划（2017YFD0201108）；国家 973 计划（2015CB150605）
** 第一作者：张俊威，男，在读博士研究生；E-mail：zhangjunwei2008. hi@ 163. com
*** 通信作者：张力群，教授，主要从事植物病害生物防治及病原细菌相关分子生物学研究；E-mail：zhanglq@ cau. edu. cn

Effect of phosphate and potassium solubilizing bacteria on tobacco plant growth

Sabai Thein [1,2], Zhang Chengkang[1], Wang Shumin[1], Liu Hong[1], Stefan Olsson[3], Wang Zonghua[3]

(1. *College of Resource and Environmental Science*, *Fujian Agriculture and Forestry University*; 2. *Department of Botany*, *University of Yangon*; 3. *College of Plant Protection*, *Fujian Agriculture and Forestry University*)

Abstract: In this research, investigation of (6) phosphate and potassium solubilizing bacteria from the total of (37) strains that isolated from (4) different soil samples of China. The solubilizing activities of isolated bacteria were analyzed qualitative and qualitative by agar and broth media as PVK, NBRIP for phosphate solubilizing and AKD for potassium. Among the (6) solubilizing strains, S_{31} was represented the maximum solubilizing abilities in broth media of PVK, NBRIP (48. 71μg/mL, 59. 66μg/mL) and AKD media (20. 49μg/mL). S16 showed as the second highest activities in PVK (36. 42μg/mL), NBRIP (38. 10μg/mL) and AKD (24. 00μg/mL). The sugar fermentation, protease enzyme and siderophore production tests were supported the P, K solubilizing activities of selected bacteria. On the basic of 16S rRNA gene sequencing, all (6) strains were closely related with each other. The (4) strains such as S_{16}, S_{23}, S_{25} and S_{29} were represented as *Bacillus thuringiensis* and (2) strains S_{31} and S_{35} were observed as *Lysinibacillus* species. And examination with *gyrB* gene sequencing processes, S_{16}, S_{23}, S_{25} and S_{29} were also shown as *Bacillus thuringiensis serovar poloniensis*, *Bacillus thuringiensis serovar kenyae*, *Bacillus thuringiensis serovar nigeriensis* and *Bacillus thuringiensis serovar entomocidus*. Furthermore, S_{31} was associated with *Lysinibacillus sphaericus* and S_{35} was *Lysinibacillus parviboronicapiens*. According to the analyzed of solubilizing acitivites and phylogenetic analysis, S31 (*Lysinibacillus sphaericus*) indicated that the highest P, K solubilizing bacteria among the other isolated.

Moreover, the isolated bacteria S16, S31, (S16 + S31) and Sbm (positive control) were used as biofertilizer effect on tobacco plant growth in green house. The different ratio of chemical fertilizer and bacteria were utilized to determine the effect of PSB, KSB on tobacco plant growth. In this experiment, (17) treatments were designed with (3) replications. During this experiment, plant parameters (plant height, total leaves area and plant biomass) were recorded. And plant samples and soil samples at different growing stages were also collected to determine the P, K contents in plant and soil samples.

蕹菜细菌性叶斑病的病原菌鉴定*

胡宇如**，杨丙烨，胡方平，蔡学清***
（福建农林大学植物保护学院，福州　35002）

摘　要：蕹菜（*Ipomoea aquatica*）属旋花科草本植物，含有多种营养物质，是一种高产优质的绿叶蔬菜，也是夏秋季节主要的绿叶菜之一。近年来在福建部分地区种植的空心菜发现一种叶部病害，该病害主要危害叶片，初期症状为叶片正面出现黄褐色圆形褪绿斑，叶背面刚开始出现针头大小的水渍状病斑，边缘明显的黄晕，随后病斑扩大，呈黑褐色，严重的叶片卷缩，甚至脱落；从发病的叶片上分离纯化获得 10 株细菌菌株，接种在健康相同品种的空心菜后，接种的空心菜的发病症状与田间症状完全一致，而且从接种空心菜病株上又重新分离到了菌落形态特征相同的细菌，这 8 株细菌菌株经柯赫氏法则证实为该病的致病菌。细菌在 NA 板上的菌落为黄色，用 16S rDNA 的通用引物 27F/1492R 对分离物进行扩增及测序，得到其序列长度为 1 476bp，测定结果获得的序列在 NCBI 上比对，与 *Xanthomonas* 的同源性为 99%，初步鉴定为黄单胞杆菌属。

关键词：蕹菜细菌性叶斑病；病原菌鉴定；黄单胞杆菌属

---

* 基金项目：国家重点研发计划项目（2017YFD0201106-02）；福建农林大学科技创新项目（KFA17541A）
** 第一作者：胡宇如；E-mail：1811882015@qq.com
*** 通信作者：蔡学清；E-mail：caixq90@163.com

繁殖噬菌体的烟草青枯菌无毒菌株的筛选*

林志坚**，夏志辉，胡方平，蔡学清***
（福建农林大学植物保护学院，福州 350002）

摘 要：由 *Ralstonia solanacearum* 引起的烟草青枯病是烟草种植业上的一种毁灭性病害。噬菌体是一类感染细菌、真菌、藻类、放线菌或螺旋体等微生物的病毒的总称，广泛存在于自然界中。噬菌体可分为烈性噬菌体及温和性噬菌体，烈性噬菌体在侵入宿主细胞后，会引起宿主细胞裂解死亡。因此，可利用噬菌体防治作物细菌性病害。但首先要对噬菌体进行扩大生产，目前对于植物病原细菌的噬菌体大都是利用其宿主病原菌进行繁殖，这在使用中有一定的风险。

对烟草青枯菌野生菌株进行连续 20 代以上的培养，挑取疑似致病性丧失的变异菌株，通过剪叶、注射和伤根接种，结果表明，筛选获得的变异菌株接种 30d 无萎蔫症状出现。将筛选获得的变异菌株和噬菌体的共培养液灌根接种烟苗后 35d 均无症状出现，而野生菌株和噬菌体的共培养液灌根接种后 35d 发病率为 66.7%。另外，筛选获得致病性丧失烟草青枯菌株可被从福建不同烟区分离纯化的 8 株噬菌体裂解，繁殖效价可达 10^{10}pfu/mL。本研究采用继代培养筛选获得的无毒变异菌株可用于噬菌体的扩大繁殖，为今后研制噬菌体制剂的生产提供参考。

关键词：烟草青枯病菌；无毒菌株；噬菌体

* 基金项目：国家重点研发计划项目（2017YFD0201106-02）；中国烟草总公司福建省公司科技计划项目（闽烟司科〔2017〕2 号）；福建农林大学科技创新项目（KFA17541A）

** 第一作者：林志坚；E-mail：705250271@qq.com

*** 通信作者：蔡学清；E-mail：caixq90@163.com

Enrichment of *Candidatus* Liberibacter asiaticus by dodder (*Cuscuta campestris*), an optimal bacterial sources for genome sequencing and morphology analysis

Zheng Zheng, Li Tao, Bao Minli, Deng Xiaoling*

(*Citrus Huanglongbing Research Laboratory, South China Agricultural University, Guangzhou* 510642, *China*)

Abstract: *Candidatus* Liberibacter asiaticus (CLas), a phloem-limited α-proteobacterium, is associated with citrus Huanglongbing (yellow shoot disease), one of the most destructive disease affecting citrus industry worldwide. Currently, the CLas still cannot be culture *in vitro*, which result in the primary characterization of CLas was mostly relied on analysis of CLas-infected host DNA sources. However, the uneven distribution and lower concentration of CLas in infected citrus make the CLas characterization more difficult. Genome sequencing, especially the next-generation sequencing, became a powerful tool to characterize and study the plant pathogenic bacteria, especially for the fastidious microorganism, which can provide a shortcut to cross the bottleneck of difficult to isolation and cultivation. Here, we developed a rapid and efficient enrichment procedure for CLas by mediation with dodder (*Cuscuta campestris*) to obtain the high ratio of CLas DNA in total plant DNA from excised CLas-infected citrus shoots. For 55 dodder-citrus sets, a total of 48 dodders (48/55, 87.3%) were able to form the haustoria and parasitize on citrus shoots. Quantification analysis revealed that the higher concentration of CLas in dodders than the corresponding citrus leaf midribs from 30 CLas-infected citrus shoots. Compared to the citrus leaves samples, the concentration of CLas in CLas-enriched dodder was increased by 1.68- to 418.97-fold with an average of 52.86 folds. Further, the CLas genome sequences obtained from citrus shoots and its parasitic dodder tissue were sequenced and compared. Reads mapping result showed the coverage of dodder-origin CLas genome was higher than it from associated citrus-origin CLas genome, which indicated the enrichment of CLas after transmission from citrus to dodder. Genome sequence comparison revealed that the citrus-origin CLas genome was nearly identical as its parasitic dodder-origin CLas genome with only few SNPs detected. In addition, the observation of CLas by electron microscopy showed more abundant of CLas cells in dodder tendrils/coils than in the midrib of citrus leaves. Thus, the dodder-mediated enrichment of CLas can provide optimal bacterial sources for genome sequencing and morphology analysis of CLas.

Key words: *Candidatus* Liberibacter asiaticus; *Cuscuta campestris*; Enrichment; Genome sequencing; Morphology analysis

* Corresponding author: Deng Xiaoling; E-mail: xldeng@ scau. edu. cn

西宁地区柳树枯萎病的调查及其病原鉴定

许冠堂，李　永，薛　寒，汪来发，曹业凡
（中国林业科学研究院森林生态环境与保护研究所，北京　100091）

摘　要：柳树（*Salix*），属杨柳科，其观赏价值高，适应能力强，品种繁多，而且也是重要的城市绿化树种。西宁地区种有大量柳树用作公园观赏以及城市绿化，近年来当地柳树枯萎病盛行，具体表现症状：发病中期树木小枝顶梢新生叶片卷曲，萎蔫，侧枝整个纸条干枯，由侧枝蔓延到主干，最后整株死亡。将发病部位剖开，可以看到在木质部发褐。采集柳树枯萎病样品，并对柳树的木质部进行细菌分离，将分离得到的细菌提交至中国林业微生物菌种保藏中心进行保存，并且提取细菌基因组 DNA，然后测定，比对分离菌株的 16S rRNA 序列确定细菌物种。选取 *Brenneria salicis* 菌株进行接种实验，以健康的扦插垂柳树苗为接种对象。用针刺法将菌悬液接种到柳树苗木质部内，覆膜保湿处理一周，揭膜后再过两周后观察发病情况。在接种 3 周后，取柳树苗接种部位的小段，在接种点处取木质部横截面，可以看到实验组木质部在针扎位置及其上下部位变成褐色，症状与西宁地区柳树枯萎病发病症状相似，经柯赫氏法则验证，证实 *Brenneria salicis* 为柳树枯萎病病原。

The *Xanthomonas oryzae* type III effector XopL mediates degradation of plant ferredoxin and triggers plant immunity

Ma Wenxiu, Zou Lifang, Xu Xiameng, Cai Lulu,
Cao Yanyan, Zhu Bo, Chen Gongyou*
(*School of Agriculture and Biology*, *Shanghai Jiao Tong University*, *Shanghai* 200240, *China*)

Abstract: *Xanthomonas oryzae* pv. *oryzae* (*Xoo*) causes bacteria blight on host rice plants, while triggers hypersensitive response (HR) on non-host tobacco, which highly depends on type III secretion system effectors (T3SSE). Here we found that, a T3SSE, XopL, induced HR, expression of defense-related genes and ROS accumulation on tobacco. Yeast two-hybrid was conducted to identify the protein target of XopL using a *Nb* cDNA library. Ferredoxin was found to interact with XopL. BiFC results showed that Ferredoxin interacts with XopL in cytoplasm. Lack of signal peptide of Ferredoxin led stronger interaction with XopL. Both of N terminal (contains leucine-rich repeat domain) and C terminal (E3 ligase domain) of XopL were able to interact with Ferredoxin. Our results also showed that XopL mediated the ubiquitination and subsequent degradation of Ferredoxin. Silencing of *ferredoxin* caused ROS accumulation. Co-infiltration with ROS scavenger NAC, XopL failed to induce HR. All results indicated that by mediating the degradation of Ferredoxin, XopL activated ROS accumulation and then HR on tobacco. Transgenic rice expressing *ferredoxin* turned to be more resistant to *Xoo*, which suggested that *ferredoxin* could be a choice for resistance breeding.

Key words: *Xanthomonas oryzae*; Type III effector; Non-host; HR

* 通信作者：陈功友，教授，博士，研究方向为植物病原细菌互作；E-mail：gyouchen@ sjtu. edu. cn

水稻白叶枯病菌 MinCDE 系统调控 T3SS 基因的表达、游动性及 c-di-GMP 水平*

杨小菲**，王艳艳，美丽·吾尼尔别克，宋函默，
张翠萍，李生樟，陈晓斌，陈功友，邹丽芳***
（上海交通大学农业与生物学院，上海　200240）

摘　要：水稻白叶枯病菌（*Xanthomonas oryzae* pv. *oryzae*，*Xoo*）侵染寄主水稻，引起水稻白叶枯病（bacterial leaf blight，BLB）。是水稻上最严重的细菌病害之一。*Xoo* 主要依赖 hrp 基因簇编码的Ⅲ型分泌系统（Type Ⅲ secretion system，T3SS）将效应蛋白（T3SS effectors，T3SEs）注入水稻细胞中，引起水稻的抗（感）病性。细菌的分裂受到许多调控系统的精准调控，其中包括由 MinC、MinD 和 MinE 组成的 Min 系统。本研究在以 *hrpF*：：*gusA* 为报道体系的突变体库中，筛选到突变体 8-24，其 *hrpF* 的表达量明显升高，经测序分析发现该突变体中 Tn5 转座子插入在 *minC* 基因中。本研究构建了 *minC* 和 *minD* 的单基因缺失突变体 PΔ*minC* 和 PΔ*minD* 以及 *minC*、*minD* 和 *minE* 的 3 基因缺失突变体 *PΔminCDE*。从转录、转录后水平以及蛋白表达水平证明了 *minCDE* 系统通过 HrpG-HrpX 途径负调控 *hrp* 基因的表达。游动性和 c-di-GMP 水平的测定结果显示，与野生型菌株相比，PΔ*minC* 在半固体培养基上的游动性明显降低，c-di-GMP 水平明显升高。本课题系统研究了 *minCDE* 系统涉及水稻黄单胞菌 *hrp* 基因的表达调控，为 *hrp* 调控网络的解析和 *minCDE* 新功能的研究提供了思路。

关键词：水稻白叶枯病菌；Ⅲ型分泌系统；*hrp* 基因；*minCDE* 系统；基因表达调控

---

* 基金项目：国家自然科学基金（31371905，31470235）；公益性行业（农业）科研专项（201303015-02）

** 第一作者：杨小菲，女，河北人，硕士生，主要从事分子植物病理学的研究；E-mail：1587854214@ qq. com

*** 通信作者：邹丽芳，博士，副教授，主要从事分子植物病理学的研究；E-mail：zoulifang202018@ sjtu. edu. cn

辽宁省西瓜细菌性果斑病病原鉴定及其ITS序列分析*

于海博**，夏　博，夏子豪，安梦楠，吴元华***
（沈阳农业大学，沈阳　110866）

摘　要：西瓜细菌性果斑病（watermelon bacterial fruit blotch）是西瓜上的重要病害。2017年在辽宁省锦州市右卫镇大面积暴发，发病面积达500余亩，发病率高达80%，几乎近绝产。病害症状为叶片出现不规则褐色坏死病斑，偶尔叶斑上溢出白色菌脓；果实上有明显水渍状暗绿色大斑，后期果皮龟裂，表面溢出黏稠、透明的琥珀色菌脓。从田间发病西瓜植株上分离获得菌株JZ17，致病性测定表现出与田间病害相同的症状，且从接种发病植株重新分离到完全相同的细菌。该供试菌株在KB培养基上呈现乳白色圆形菌落，光滑，不透明，无黏性，中间稍突起，边缘整齐，不产荧光，菌落大小为1~2mm，能在41℃下生长，不能在4℃下生长。光学显微镜观察表明，病原菌菌体短杆状，大小为（0.2~0.8）μm×（1.0~5.0）μm，革兰氏阴性，严格好氧，极生单根鞭毛。

采用西瓜噬酸菌（Aac）检测试剂对病原菌进行DAS-ELISA血清学鉴定，结果表明供试菌株的A405值分别为3.784、3.767和3.775，远大于2倍的阴性对照A405值（0.144）；利用特异性引物WFB1和WFB2对菌株16SrDNA基因序列进行扩增，获得了360bp的DNA片段，菌株JZ17与*Acidovorax citrulli*各菌株16SrRNA的同源性均高达99%。因此将此致病菌株JZ17鉴定为西瓜嗜酸菌（*Acidovorax citrulli*）。利用pilL基因设计的特异性引物PL1、PL2扩增目的片段，结果表明供试菌株JZ17和对照菌株AAC00-1（亚群Ⅱ）可扩增出大小为332bp的DNA片段，而对照菌株pslbtw8（亚群Ⅰ）不能扩增出条带，因此将菌株JZ17鉴定为亚群Ⅱ型菌株。根据噬酸菌属ITS序列比对，设计特异性引物YH1/YH2，对供试菌株JZ17的16SrDNA部分片段、16S-23SrDNA全部片段及23SrDNA部分片段进行扩增及序列测定分析，获得了850bp的DNA目的片段，并将序列上传到NCBI（序列号为MG655621），采用MEGA 6.05构建系统发育进化树，结果表明菌株JZ17只与西瓜噬酸菌不同菌株聚为一类，自展支持率达100%，具有较近的亲缘关系。

关键词：西瓜；细菌性果斑病；病原菌鉴定；西瓜嗜酸菌；亚群鉴定

---

* 基金项目：沈阳市重点科技研发计划项目——重大检疫性病害西瓜果斑病和血瓤病致病机制及关键防控技术研究（17-146-3-00）

** 第一作者：于海博，女，硕士研究生，主要从事植物细菌病害研究；E-mail：1440862240@qq.com

*** 通信作者：吴元华，男，教授，主要从事植物植物病毒学和生物农药研究；E-mail：wuyh7799@163.com

Transcriptomic analysis of *Xanthomonas oryzae* pv. *oryzae* in response to the treatment of small phenolic compound *ortho*-coumaric acid

Fan Susu[1], Tian Fang[1*], Fang Liwei[2], Yang ChingHong[2], He Chenyang[1]

(1. *State Key Laboratory for Biology of Plant Diseases and Insect Pests*, *Institute of Plant Protection*, *Chinese Academy of Agricultural Sciences*, *Beijing* 100193, *China*; 2. *Department of Biological Sciences*, *University of Wisconsin-Milwaukee*, *Milwaukee*, *WI* 53211, *USA*)

Abstract: Previously, we have identifiedplant phenolic compound *ortho*-coumaric acid (OCA) as a type III secretion system (T3SS) inhibitor of *Xanthomonas oryzae* pv. *oryzae* (Xoo) without killing bacterial cells. The water soaking symptoms and disease symptoms caused by Xoo PXO99^{A} were reduced after treatment by OCA. But the functional mechanism by which OCA suppressed T3SS remains unclear. In this study, we performed transcriptomic analysis to reveal global gene expression changes of Xoo in response to the treatment of OCA at the concentration of 200μmol/L for 30min, 1h, 3h and 6h, respectively. Before adding OCA, Xoo was grown in T3SS-inducing medium for 1h to mimic the natural infection process. Results showed that OCA significantly inhibited expression of T3SS genes after 30min, and the inhibitory effect continue to exist during the 6-hour period of treatment. Despite of the structural similarity and gene homology between T3SS and flagellar system, OCA did not inhibit the expression of flagella-related genes. OCA had remarkable influence on transcriptome of Xoo. At all four time points tested, about 20% of total genes in the Xoo genomic were differentially expressed when comparing OCA treatment to DMSO according to the standard below: absolute value of $\log_2$ Fold Change > 0.5 and p (adjust) < 0.05. Using gene ontology (GO) classifications, differential expression genes (DEGs) at four different time point were categorized into different functional groups of biological process, cellular component and molecular function. At 30min after treatment, membrane proteins in the cellular process was the most dominant group, indicating that Xoo was in the early stress stage. As time extends, more DEGs gathered in biological process, such as small molecule catabolic process and oxidation-reduction process. Some DEGs associated with ion binding were also enriched in cellular components. To reveal the regulatory components responses to OCA treatment, 369 common DGEs at all four time points were identified. Among them, 170 DEGs were up-regulated and 199 DEGs were down-regulated. Some of them were functionally known and associated with pathogenic processes, which could be classified as secretion systems, oxidation-reduction reactions, transporters, membrane proteins, transcriptional regulators, signaling pathways, cytochrome and chemotaxis. In conclusion, we analyzed the transcriptome of Xoo under the treatment of OCA at both early and late stage, revealing the global gene transcription landscape of Xoo in response to OCA.

* Corresponding author: Tian Fang; E-mail: ftian@ ippcaas. cn

Functional analysis of the two-component system TriK/TriP that regulates virulence in *Xanthomonas oryzae* pv. *oryzae*

Xue Dingrong, Li Haiyun, Tian Fang*, Chen Huamin,
Yang Fenghuan, Yu Chao, He Chenyang*

(*State Key Laboratory for Biology of Plant Diseases and Insect Pests, Institute of Plant Protection, Chinese Academy of Agricultural Sciences, Beijing* 100193, *China*)

Abstract: The two-component system (TCS), consisting of a histidine kinase (HK) and a cognate response regulator (RR), is one of the major signaling pathways in bacteria to sense environmental stimuli and output responses. Here, we characterized a TCS TriK/TriP from*Xanthomonas oryzae* pv. *oryzae* (Xoo), the causal agent of bacterial blight of rice. We showed TriK and TriP interacted with each other using yeast two-hybrid assays. TriP has the typical feature of an OmpR-family transcriptional regulator, consisting of a N-terminal REC domain (6~121aa) and a C-terminal helix-turn-helix (HTH) DNA-binding domain (138~232aa). Mutation of *triP* impaired the exopolysaccharide (EPS) production and virulence of rice to a certain extent. To elucidate the role of *triP* in regulating the virulence of Xoo, we performed RNA-seq analysis to compare gene expression changes in the *triP* mutant and the wild-type PXO99^{A}. The result showed that compared with the wild type, 486 genes were upregulated, while 88 genes were downregulated in *ΔtriP*, suggesting that the function of *triP* tends to suppress gene transcription. Functional classification with GO revealed that the oxidation reduction pathway and polysaccharide decomposition genes were significantly enriched. Expression of *gum* genes which are responsible for biogenesis of EPS in Xoo was not affected the *triP* mutant. We suspected that TriP may function to repress gene expression responsible for EPS degradation. Currently, we are working on understanding the roles of genes regulated by TriP.

* Corresponding authors: TianFang; E-mail: ftian@ ippcaas. cn
He Chenyang; E-mail: hechenyang@ caas. cn

十字花科蔬菜黑腐病菌 VBNC 状态下内参基因的筛选

白凯红*，许晓丽，谈　青，陈　星，蒋　娜，李健强，罗来鑫**
（中国农业大学植物病理学系/种子病害检验与防控北京市重点实验室，北京　100193）

摘　要：十字花科蔬菜黑腐病（black rot of crucifers）是一种重要的种传细菌性病害，该病是由野油菜黄单胞杆菌野油菜致病变种（*Xanthomonas campestris* pv. *campestris*，Xcc）引起。已有文献报道，Xcc 在营养缺乏、Cu^{2+}诱导下能够进入有活力但不可培养（viable but nonculturable，VBNC）的状态。本试验选用 Xcc 8004 菌株，采用初始菌量为 10^8cfu/mL 的 50 μmol/LCu^{2+}体系（即初始诱导浓度为 OD_{600}=0.18）诱导 24h 后，测定发现所有有活力的细菌均进入 VBNC 状态，VBNC 状态菌量为 3.3×10^7cell/mL。在此诱导体系下，选取 0min、5min、12h、1d、2d、5d、10d 七个时间点收集菌体，提取总 RNA，之后反转录为 cDNA，作为实时荧光定量 PCR 的模板。选取文献报道中的 8 个持家基因：*pbpA*（Penicillin-binding protein 2）、*gyrB*（DNA gyrase B subunit）、*gapA*（Glyceraldehyde-3-phosphate dehydrogenase）、*rpoB*（RNA polymerase beta subunit）、*tufA*（GT-Pases - translation elongation factors）、16SrRNA、*ugpC*（Sn-glycerol-3-phosphate ABC transporter ATP-binding protein UgpC）、recA（Recombinase RecA），从中筛选 Xcc 在 VBNC 状态下基因表达量测定的内参基因。分别设计 *pbpA*、*gyrB*、*gapA*、*rpoB*、*tufA*、*16SrRNA*、*ugpC*、*recA* 的引物，扩增产物分别为 199bp、93bp、176bp、136bp、146bp、195bp、159bp、144bp，在 56℃均能扩增到目标条带。实时荧光定量 PCR 采用三步法进行，95℃预变性 30s，随后 95℃变性 5s，56℃退火 30s，72℃延伸 30s，共扩增 40 个循环。*pbpA*、*gyrB*、*gapA*、*rpoB*、*tufA*、16SrRNA、*ugpC*、*recA* 这 8 个持家基因实时荧光定量 PCR 的扩增效率分别为 95.2%、99.8%、100.7%、94.4%、94.4%、93.8%、102.8%、98.1%。本试验选用 ΔCt、geNorm、BestKeeper 和 NormFinder4 种算法来评价内参基因的稳定性，ΔCt 算法中，*pbpA*、*gyrB*、*gapA*、*rpoB*、*tufA*、16*S rRNA*、*ugpC*、*recA* 这 8 个持家基因的 AM SD 值分别为 0.643、0.659、0.750、0.801、0.714、1.18、0.591、0.742，因此 ΔCt 算法表明 *ugpC* 最稳定，16S rRNA 最不稳定。geNorm 结果显示，*pbpA*、*gyrB*、*gapA*、*rpoB*、*tufA*、16*SrRNA*、*ugpC*、*recA* 这 8 个基因的 M 值分别为 0.183、0.227、0.351、0.620、0.440、0.759、0.183、0.555，*pbpA* 与 *ugpC* 的稳定性最好，最不稳定的是 *rpoB* 与 16S rRNA；V2/3 为 0.077、V3/4 为 0.115、V4/5 为 0.110、V5/6 为 0.123、V6/7 为 0.100、V7/8 为 0.139，因为 V2/3<0.15，所以可以选择 2 个基因作为内参基因。BestKeeper 的结果表明，上述 8 个基因的相关系数 *R* 分别为 0.977、0.951、0.967、0.955、0.934、0.935、0.983、0.987，这 8 个基因稳定性均较好。NormFinder 结果显示，上述 8 个基因的稳定性值分别为 0.311、0.325、0.366、0.393、0.326、0.760、0.201、0.324，结果表明 *ugpC* 稳定性最好，16S rRNA 稳定性最差。综合 ΔCt、geNorm、BestKeeper 和 NormFinder 结果，最终选择 *upgC*、*pbpA* 为内参基因，之后应用于 Xcc VBNC 状态不同时刻取样样品的实时荧光定量 PCR 的测定。

关键词：十字花科蔬菜黑腐病菌；VBNC；实时荧光定量 PCR；内参基因

* 第一作者：白凯红，博士研究生；E-mail：bkh0616@126.com
** 通信作者：罗来鑫，副教授，主要从事种传病害研究；E-mail：luolaixin@cau.edu.cn

细菌素 SyrM 在干旱逆境下介导丁香假单胞菌间的竞争*

李俊州**，周丽颖，范　军***
（中国农业大学植物病理系，北京　100193）

摘　要：细菌素是一种由细菌合成的蛋白类潜在抗生素，目前认为其主要生物学功能是参与细菌间的竞争，但尚无明确证据表明大肠菌素 M 类细菌素在细菌间竞争起作用。我们从丁香假单胞菌番茄致病变种 *Pseudomonas syringae* pv. *tomato* DC3000 菌株（DC3000）中克隆了大肠菌素 M 的同源基因 *SyrM*，通过原核表达纯化得到 *SyrM* 蛋白，发现该细菌素在体外能够抑制近缘病原细菌 *Pseudomonas syringae* pv. *lachrymans* 的生长。同时研究发现，钙离子和镁离子可以增强细菌素的抑菌活性。为进一步研究该细菌素的生物学功能，我们利用细菌素的敏感菌分别与野生型 DC3000 和细菌素突变体共培养，发现在固体培养和侵染产生的植物病斑组织中，DC3000 在脱水-复水过程中可以利用细菌素 SyrM 抑制敏感菌的生长。本研究证实了大肠菌素 M 类细菌素可以作为竞争因子介导细菌间竞争，同时揭示了植物病原细菌在干旱逆境条件下依赖细菌素的定植策略。

关键词：丁香假单胞菌；细菌素；大肠菌素 M；干旱；竞争

---

* 基金项目：国家自然科学基金（No. 31272006）；国家重点研发计划项目子课题（2017YFD0201106-01C）

** 第一作者：李俊州，男，博士研究生，研究方向：植物病原物致病机理，E-mail：lijunzhou2010@163.com

*** 通信作者：范军，男，教授，研究方向：植物病原物致病机理及植物数量抗病性的遗传和分子机理；E-mail：jfan@cau.edu.cn

水稻细菌性条斑病菌中 GGDEF-EAL 结构域蛋白的功能分析*

魏　超，江雯迪，赵梦冉，孙文献
（中国农业大学植物保护学院，北京　100193）

摘　要：环鸟苷二磷酸（c-di-GMP）是细菌体内广泛存在的第二信使，可调控病原细菌在寄主中的定殖、生物膜形成、运动性、胞外多糖的合成、胞外酶的分泌以及致病性等多种生理生化功能。细菌体内 c-di-GMP 的合成与降解分别由鸟苷酸环化酶（通常是含有 GGDEF 结构域蛋白）和磷酸二酯酶（含有 HD-GYP 或 EAL 结构域蛋白）负责。目前发现的 c-di-GMP 受体包括 PilZ 结构域蛋白、退化的 GGDEF 和 EAL 结构域蛋白、转录因子以及核糖开关，这些蛋白在 c-di-GMP 信号网络中发挥重要的作用。

水稻细菌性条斑病菌（*Xanthomonas oryzae* pv. *oryzicola*，*Xoc*）是水稻上重要的细菌性病害之一。本研究成功构建了 Xoc 中 11 个编码 GGDEF-EAL 结构域蛋白的基因敲除突变体（Δ*XOC*_1633、Δ*XOC*_2102、Δ*XOC*_2120、Δ*XOC*_2179、Δ*XOC*_2277、Δ*XOC*_2335、Δ*XOC*_2466、Δ*XOC*_2393、Δ*XOC*_2395、Δ*XOC*_2944、Δ*XOC*_4190）以及 Δ*XOC*_2335-2393 双基因敲除突变体，对其生物膜、胞外多糖、蛋白酶分泌、游动性、滑动性及致病性进行了检测。发现 Δ*XOC*_2335、Δ*XOC*_2393 和 Δ*XOC*_2335-2393 突变体游动性下降，Δ*XOC*_4190、Δ*XOC*_2102、Δ*XOC*_2393、Δ*XOC*_2335-2393 滑动能力增强，Δ*XOC*_4190、Δ*XOC*_2335-2393 的致病性与野生型相比有不同程度的减弱；LC-MS/MS 实验显示，Δ*XOC*_2335、Δ*XOC*_2393、Δ*XOC*_2335-2393 胞内 c-di-GMP 的浓度与野生型相比均有明显升高；体外酶活实验发现，XOC_2335 和 XOC_2393 均具有磷酸二酯酶活性，可降解 c-di-GMP；通过酶活显色反应及高效液相色谱分析发现，体外纯化的 XOC_4190 和 XOC_2102 蛋白不具有合成或降解 c-di-GMP 的活性，但能够与 c-di-GMP 结合。XOC_2335 中 GGDEF 和 EAL 结构域的点突变不能互补Δ*XOC*_2335 游动性至野生型水平，表明这两个结构域对 XOC_2335 调控游动性的功能必不可少。以上结果为研究 c-di-GMP 信号调控途径提供了重要信息。

关键词：水稻细菌性条斑病菌；c-di-GMP；GGDEF；EAL

* 基金项目：作物细菌性病害防控技术研究与示范 201303015

柑橘黄龙病菌（*Candidatus* Liberibacter）DNA 促旋酶 B 亚基（GyrB）的重组表达和纯化

徐　敏*，王珊珊，赵彦翔，沈明鹤，刘俊峰**
（中国农业大学植物保护学院植物病理学系，北京　100193）

摘　要：柑橘黄龙病是柑橘产业最具摧毁力的病害，该病危害范围广，造成的经济损失巨大。由于存在缺乏抗病品种，化学药剂治疗效率低且农药残留及环境问题严重等问题，迫切需要开发针对该病原物特异性的绿色农药。深入地对柑橘黄龙病菌的生长发育、致病过程及调控机制等方面进行研究，将对于研发高效科学、环境友好、作用模式多样化的杀菌剂具有重要指导意义。前人的研究发现，细菌中的 DNA 促旋酶 B 亚基（GyrB）可以利用 ATP 水解产生的能量将负超螺旋引入 DNA，当其功能受阻时，由于 DNA 复制、转录、重组和维持基因组稳定性等过程中的拓扑异构问题得不到解决，将出现细胞功能紊乱甚至死亡等后果，且哺乳动物中不含有其同源蛋白。因此，以柑橘黄龙病菌 GyrB 为靶标，对其进行抑制剂筛选，对于筛选和设计新型防治黄龙病的农药具有重要的意义。

本研究利用原核表达系统，将编码 GyrB 全长及截短体的 DNA 片段分别构建到 pETM 10、pET-22b 等表达载体中，并尝试不同的表达菌株和诱导温度来进行目的蛋白的表达。通过亲和层析初步纯化等检测手段筛选到了最佳的载体和表达菌株组合及相应的表达条件。进一步通过亲和层析和分子筛层析纯化目的蛋白，获得了均一性好，纯度高的蛋白样品。该蛋白样品已在 JSCG-Ⅰ、Ⅱ、Ⅲ、Ⅳ及 Bioxtal 等试剂盒条件进行晶体生长条件筛选，以期获得高分辨率的蛋白晶体，为解析其三维结构和将之作为靶标开展基于结构的新型农药设计等研究提供结构基础。

关键词：柑橘黄龙病菌；GyrB；重组表达；晶体生长

* 第一作者：徐敏，硕士研究生，植物病理学专业；E-mail：xumin9483@163.com
** 通信作者：刘俊峰，教授；E-mail：jliu@cau.edu.cn

第五部分　线　虫

爪哇根结线虫 RPA-LFD 检测方法的建立*

迟元凯[1**]，叶梦迪[2]，赵 伟[1]，曹 舜[1]，张露雨[2]，汪 涛[1]，戚仁德[1***]
（1. 安徽省农业科学院植物保护与农产品质量安全研究所，合肥 230031；
2. 安徽农业大学植物保护学院，合肥 230036））

摘 要：RPA（recombinase polymerase amplifcation）是一项利用重组酶聚合酶等温扩增的核酸检测技术，该技术可以在 37~42℃的恒温条件下，利用 1 对引物在短时间内实现核酸靶标片段的快速扩增，结合侧向试纸条（lateral flow strips，LFD）检测，实现核酸的快速扩增和结果的可视化检测。本研究根据爪哇根结线虫（*Meloidogyne javanica*）的 ITS 等序列信息，通过生物信息学分析，分别设计了 5 对 RPA 引物，根据扩增特异性，从中筛选出 1 对可以特异检测 *M. javanica* 的引物：MjR2F（5′- ATACCGTAAAAGCTCTAA TTAAAGCCCGGTTC-3′）和 MjR2R（5′-CCATTTCCGATTTCCGACAGTTCCCATTTCCG-3′），以 *M. javanica* 的 DNA 为模板，利用该引物进行 RPA 反应，可以获得长度为 312 bp 的单一条带；根据扩增序列设计标记探针 MjPro：FITC-CCTTCACTAATAGAAGCCCATCTCTAAT ATAA-dSpacer-CCCACT CAAGGAGGCC-ddC，添加探针进行 RPA 反应后，使用侧向流试纸条对反应产物进行检测，仅有以 *M. javanica* 基因组 DNA 为模板的试纸条质控条带和阳性指示条带均显色，以其他 7 种植物寄生线虫 DNA 为模板的反应产物检测结果均为阴性；另外，结果表明，本研究中 RPA-LFD 能够检测 DNA 的最低浓度为 10 pg/μL。本研究提供了爪哇根结线虫 RPA-LFD 快速、可视化检测方法，其在生产上有较好的应用前景，同时对其他病原物 LFD-RPA 检测方法的探索有一定的借鉴意义。

关键词：RPA 技术；爪哇根结线虫；快速检测

* 基金项目：安徽省农业科学院科技创新团队项目（18C1122）
** 第一作者：迟元凯，助理研究员，从事植物线虫学研究；E-mail：chi2005112@163.com
*** 通信作者：戚仁德，研究员，主要从事植物土传病害综合防控技术研究；E-mail：rende7@126.com

Population dynamics of root knot nematode on winter planting tomato during growing season and its effect on yield under subtropical climate*

He Qiong, Li Tianjiao, Wu Haiyan, Zhou Xunbo

(*Guangxi key laboratory of Agric-Environment and Agric-products Safety, Agricultural College of Guangxi University, Nanning* 530004, *China*)

Abstract: Plant-parasitic nematodes cause an estimated $ 118 billion in annual losses to world crops. The root-knot nematode (*Meloidogyne* spp.) is an economically important plant parasite with a wide host range, and abundant field populations can develop quickly under appropriate conditions due to the completion of several generations during a single growing season. Climatic condition could affect the generations of root knot nematode. However, limited information is available on the dynamics of root knot nematode populations on tomato during winter growing season under subtropical climate. Field studies were conducted in 2014-2016 to investigate the dynamics of the root knot nematode population in the rhizosphere soil of winter tomato and to analyze the relationships grafting and non-grafting tomato, and yield. Results showed that root knot nematode had three generations occurred during tomato growth. One generation occurred before the early flowering, and the two other generations grew in the fruit set period and the harvest time of tomato. The yield of grafting tomato increased to 291. 3kg/ha, which was 3. 6 times of the yield of non-grafting, suggesting that the tolerance of the rootstock of grafting tomato to root knot nematode was higher than that of non-grafting tomato. Grafting could be widely applied to resist root knot nematode disease and increase tomato yield.

Key words: *Meloidogyne incognita*; Subtropical climate; Disease index; Grafting

* 基金项目：国家自然科学基金（31460464）；国家现代农业产业技术体系广西创新团队项目（nycytxgxcxtd-10-04）

利用高通量测序分析大豆孢囊线虫上微生物的多样性*

陈秀菊，李惠霞**，张译文，张淑玲
（甘肃农业大学植物保护学院，兰州　730000）

摘　要：大豆孢囊线虫（*Heterodera glycines*）是引起的线虫病是国内外大豆上最重要的病害之一。对大豆孢囊线虫的防治，主要采用轮作、抗病育种、化学防治和生物防治等方法。由于生物防治具有安全环保、持效期长等优点，利用此方法来控制大豆孢囊线虫的发生、发展成为人们关注的热点。在自然条件下，大豆孢囊线虫上有大量微生物寄生或共生，了解此类微生物的种类多样性有助于挖掘有生防潜力的微生物。

随着技术的发展，基于高通量测序技术的宏基因组技术，通过提取特定环境中的微生物总DNA、构建文库，可以获得大量微生物群落种类、丰度及相关生物学信息。相对于传统微生物研究方法的分离、培养，更能获得大量的不可培养的微生物信息，是目前研究特定环境微生物的重要技术手段。

本研究利用高通量测序技术，对大豆孢囊线虫上的微生物群落多样性和分类群丰度进行了研究。结果显示，采自甘肃省庆阳市的大豆孢囊线中，真菌的属平主要包含根霉属（*Rhizopus*）、丝核菌属（*Rhizoctonia*）、横梗霉属（*Lichtheimia*）、绿僵菌属（*Metarhizium Sorokin*）、毛壳菌属（*Chaetomium Kunze*）、弹球菌属（*Sphaerobolus*）、脉胞菌属（*Neurospora*）、曲霉属（*Apergillus*）、毛霉属（*Mucor*）、篮状菌属（*Talaromyces*）、镰孢菌属（*Fusarium*）、青霉属（*Penicillium*）、节丛孢属（*Arthrobotrys*）和节担菌属（*Wallemia*）等。其中相对丰度较高的属及其丰度分别为：根霉属8.00%，丝核菌属5.73%，横梗霉属3.74%，绿僵菌属2.95%，毛壳菌属1.90%，弹球菌属1.50%，脉胞菌属1.47%，曲霉属1.40%，毛霉属1.20%，相对丰度合计为26.51%。样品中的细菌的属水平主要包含肠杆菌属（*Eterobacter*）、芽胞杆菌属（*Bacillus*）、中慢生根瘤菌属（*Mesorhizobium*）、贪噬菌属（*Variovorax*）、草螺菌属（*Herbaspirillumseropedicae*）、梭菌属（*Clostridium*）、黄杆菌属（*Flavobacterium*）、慢生根瘤菌属（*Bradyrhizobium*）、慢生根瘤菌属（*Bradyrhizobium*）、农研丝杆菌属（*Niastella*）等。其中，相对丰度较高有肠杆菌属3.94%、芽胞杆菌属1.17%、贪噬菌属1.15%，属于优势属，其相对丰度合计为6.26%。

* 基金项目：甘肃省科技支撑计划项目（1604NKCA053-2）；公益性行业（农业）科研专项（201503114）
** 通信作者：李惠霞，教授，从事植物线虫病害研究；E-mail：lihx@ gsau. edu. cn

甘肃省陇东南大豆孢囊线虫的发生与多样性*

罗　宁，李惠霞**，郭　静，陈秀菊，徐志鹏
（甘肃农业大学植物保护学院，兰州　730070）

摘　要：为了解甘肃省陇东南地区大豆孢囊线虫病发生与分布，采用“Z”字形取样法，在甘肃省陇东南地区 9 个县（区）37 个乡镇大豆田间采集根际土样，共采集土样 411 份，其中 295 份样本分离到孢囊线虫，孢囊平均检出率为 71.8%，陇东地区的检出率为 87.2%，陇南地区的检出率为 63.7%。田间平均孢囊线虫基数分别为 8.71 个/100g 土和 1.06 个/100g 土。对其进行 rDNA-ITS 序列比对和 RFLP 分析鉴定线虫种类，利用通用引物对甘肃所采集的 23 个群体进行分子鉴定，并用 UPGMA 法构建系统发育树，进行亲缘关系分析。研究结果表明：所测的 23 个群体均属于大豆孢囊线虫（*Heterodera glycines*）。本研究的 23 个孢囊线虫群体扩增出的 rDNA-ITS 片段长度均为 1 030bp，陇东南线虫群体与 17 个大豆孢囊线虫的序列亲缘关系较近；经 RFLP 分析表明，8 种限制性内切酶 *Alu* Ⅰ、*Ava* Ⅰ、*Hha* Ⅰ、*Hinf* Ⅰ、*Rsa* Ⅰ、*Dde* Ⅰ、*Sdu* Ⅰ和 *Mse* Ⅰ酶切 23 个大豆孢囊线虫群体，共切出 17 个可见的酶切片段，产生的酶切表型均相同。

In order to understand the occurrence and diversity of soybean cyst nematode inSoutheast of Gansu Province, 411 soil samples were collected from 37 townships in 9 counties (districts) in southeastern Gansu Province using a zigzag sampling method, of which 295 samples were separated. The average detection rate of cysts was 71.8%, the detection rate in eastern Gansu was 87.2%, and the detection rate in southern Gansu was 63.7%. The average number of cyst nematode in the field was 8.71 and 1.06/100g soil, respectively. and the species of nematodes were identified based on t the analysis of rDNA-ITS molecular characteristics and RFLP analysis to identify nematode species. The molecular markers of 23 populations collected from Gansu were identified by universal primers, and phylogenetic tree was constructed by UPGMA. The results showed that the 23 populations tested belonged to *Heterodera glycines*. The lengths of rDNA-ITS fragments amplified by the 23 cyst nematode populations in this study were all 1 030bp. The genetic relationship between the populations of Southeastern Nematode and 17 soybean cyst nematodes was closer. RFLP analysis showed that 8 restriction enzymes of *Alu*I, *Ava*I, *Hha*I, *Hinf*I, *Rsa*I, *Dde*I, *Sdu*I and *Mse*I digested 23 soybean cyst nematode populations, and total 17 visible enzymatic fragments were cut out. The resulting enzyme phenotypes were same.

* 基金项目：甘肃省科技支撑计划项目（1604NKCA053-2）；公益性行业（农业）科研专项（201503114）

** 通信作者：李惠霞，教授，从事植物线虫病害研究；E-mail：lihx@gsau.edu.cn

番茄不同底肥根围土壤线虫群落结构动态研究*

丁晓帆**，龙　慧，毛　颖，杞世发，陈　微
（海南大学热带农林学院，海口　570228）

摘　要：通过设置有机肥（OF）、无机肥（NPK）和不施肥（CK）3个不同底肥处理，监测番茄根围土壤线虫群落组成及多样性的动态变化，并分析番茄根结线虫与根围土壤线虫群落组成之间的相关性。结果表明：共分离鉴定番茄根围土壤线虫24科、41属；明确了NPK明显提高番茄根围土壤线虫总数，且显著提高植食性线虫的丰度，而OP较NPK明显使瓦斯乐斯卡指数WI增加、植食性线虫成熟指数PPI相对降低，说明OF使土壤环境趋于健康；室内盆栽研究表明施用有机底肥（OF）能抑制根结线虫的入侵和发育，但田间小区试验表明，有机肥OF对根结线虫病不能起到直接的防控作用，仅能起到调控番茄根围土壤线虫中植食性线虫的比例。

关键词：番茄；底肥；土壤线虫；根结线虫

---

* 基金项目：2016年度海南省自然科学基金项目（20163040）；2016年度海南省高等学校教育教学改革研究项目（Hnjg2016ZD-2）；海南大学教育教学研究项目（hdjy1605）

** 通信作者：丁晓帆，女，广东潮州人，副教授，硕士，从事植物线虫学研究；E-mail：dingxiaofan526@163.com

马龙县马铃薯线虫病植株根际土壤微生物宏基因组研究

张丽芳[1]，胡海林[2]
（1. 曲靖师范学院，曲靖　655011；2. 曲靖市农业科学研究院，曲靖　655011）

摘　要：曲靖是云南省马铃薯（*Solanum turberosum* L.）种植的主要区域，常年种植面积达 300.00 余万亩，总产量达 476.15 余万 t。线虫病害难防难治，近年来马龙县鸭子塘马铃薯线虫病爆发流行，该病轻则造成马铃薯品质和产量下降，重则造成绝收。关于马龙县马铃薯线虫病植株根际土壤微生物宏基因组的研究尚未完全清楚。本研究拟定在马龙县鸭子塘马铃薯线虫病爆发田块取样，提取土壤微生物总 DNA 样品，并对样品进行焦磷酸深度测序，采用生物信息学方法分析获得各微生物 DNA 序列，构建土壤微生物属水平物种系统发育树。通过该研究从宏基因组学角度分析根际微生物与线虫病害发生的关系，为马龙县马铃薯线虫病防控工作提供科学依据和新思路。

关键词：马铃薯；线虫；根际微生物；宏基因组

The metagenomics studies of potato nematode plant rhizosphere microbes at Malong county

Zhang Lifang[1], Hu Hailin[2]
(1. *QujingNormal College*, *Qujing* 655011; 2. *QujingAgricultural Science Institute*, *Qujing* 655011)

Abstract: The Qujing of Yunnan province is potato main production, it's average planting area is more than 3 million mu, total output of 4.7615 million tons. Nematode disease was outbreak at duck pond of Malong county in recent years, which resulted production drawdown or no harvest. The metagenomics studies of potato nematode plant rhizosphere microbes have not fully clear at Malong county. This study will take the soil sample, extract DNA, analysis DNA sequence and construct phylogenetic tree, and will use bioinformation analysis the relationship between nematode disease in rhizosphere microorganisms. This result will provide scientific basis and new ideas in potato disease control.

Key words: The potato; Nematode; Rhizosphere microorganisms; Metagenomics

第六部分
抗病性

杜仲内生细菌 DZSY21 诱导玉米抗病基因变化的转录组学研究*

王 其**，陈小洁，顾双月，张欣悦，杭天露，丁 婷***
（安徽农业大学植物保护学院/安徽省作物生物学重点实验室，合肥 230036）

摘 要：杜仲内生细菌 DZSY21 可在玉米中稳定定殖并增强玉米植株的抗病能力。因此，本研究从基因水平上对 DZSY21 诱导玉米产生抗病性的分子机制进行预测，利用转录组测序技术对 DZSY21 处理玉米后不同生长时间段叶片的 Total mRNA 进行差异表达分析。以 Fold Change≥2 且 FDR<0.01 为标准，挑选差异表达基因（DEGs），结果显示，以接种 0h 作为对照，接种 12h 时有 2 413个差异表达基因，其中上调基因 1 278个，下调基因 1 135个；接种 24h 时有 737 个差异表达基因，其中上调基因 538 个，下调基因 199 个。在此基础上，根据 DEGs 功能注释分类，在差异表达基因中筛选与抗病性相关的基因，最终获得 267 个抗病基因，其中重叠基因 23 个。处理 12 h 时筛选得到 218 个基因，主要涉及脂质转移蛋白，MATE 转运蛋白及 lysM 受体蛋白激酶等 26 个抗病途径；处理 24 h 时获得 71 个基因，主要涉及异黄酮还原酶，纤维素合成酶，苯丙氨酸解氨酶，L-抗坏血酸过氧化物酶，GLK 转录因子及 ACC 氧化酶等 30 个抗病途径。上述结果表明杜仲拮抗内生细菌 DZSY21 引入玉米，可调节玉米叶片中抗病相关基因的表达，为进一步寻找抗病基因及其功能鉴定奠定了基础。

关键词：DZSY21；玉米；抗病基因；转录组

---

* 基金项目：国家重点研发计划课题植物微生态制剂的研制与应用（2017YFD0201106）
** 第一作者：王其，硕士研究生，植物病理学；E-mail：542637154@ qq. com
*** 通信作者：丁婷，教授，植物病害生物防治研究；E-mail：ting98@ 126. com

Transcriptome profiling of maize reveals resistance gene changes in response to DZSY21 induction

Wang Qi, Chen Xiaojie, Gu Shuangyue, Zhang Xinyue, Hang Tianlu, Ding Ting

(*College of Plant Protection, Anhui Agricultural University; Anhui Key Laboratory of Crop Biology, Hefei* 230036, *China*)

Abstract: Endophytic bacteria DZSY21 can stably colonize and enhance the defense response in maize. Therefore, this study was designed to predict the molecular mechanism of maize defense response induced by endophytic bacteria DZSY21 at transcription level. The transcriptome sequencing technology were used to analyze the differential expression pattern of genes in maize leaves after treatment with DZSY21 for different time. Changes in the expression level of Fold change $\geqslant 2$ and FDR<0.01 were recognized as differentially expressed. The sample inoculated DZSY21 for 0h was set as control. When this criterion was applied, a total of 2 413 genes showed significantly altered expression levels in response to strain DZSY21 for 12h. Among these, 1 278 were up-regulated and 1 135 were down-regulated. After inoculating with DZSY21 for 24h, 737 genes including 538 up-regulated DGEs and 199 down-regulated DGEs were differentially expressed. According to the results of functional annotation, 218 differentially expressed genes (DEGs) involved in 26 resistance pathways were obtained after inoculating for 12h, which including Bifunctional inhibitor/lipid-transfer protein, MATE efflux family protein and LysM domain receptor-like kinase. There were 71 DEGs were involved in 30 resistance pathways after inoculated 24 h, including Isoflavone reductase, Probable cellulose synthase, Phenylalanine ammonia-lyase, L-ascorbate peroxidase, Probable transcription factor GLK and ACC oxidase, The above results showed that the endophytic bacteria DZSY21 was introduced into corn and could regulate the expression of resistance-related genes in maize leaves. Which laid the foundation for further searching for resistance genes and their function identification.

Key words: DZSY21; Maize; Resistance gene; Transcriptome

小豆抗锈病最佳诱导剂筛选及其诱导抗性机理的初步研究*

康　静**，柯希望，申永强，殷丽华，杨　阳，张金鹏，左豫虎***
（黑龙江八一农垦大学农学院植保系，大庆　163319）

摘　要：由豇豆单胞锈菌（*Uromyces vignae*）引起的小豆锈病是小豆生产上危害最为严重的病害之一，发病严重时导致小豆提前落叶，严重影响小豆的产量和品质。种植抗病品种及合理利用品种抗性是作物锈病最为经济有效的控制措施。大量研究表明，外源植物类激素可诱导植物对病原菌产生抗性，为明确不同植物类激素诱导小豆抗锈病的效果及机理，本研究选取了水杨酸（SA）、褪黑素（MT）、苯并噻二唑（BTH）和茉莉酸甲酯（MeJA）等4种常用诱导剂，采用载玻片悬滴法观察了4种诱导剂不同浓度对豇豆单胞锈菌夏孢子萌发的影响，结果表明供试4种诱导剂对夏孢子萌发没有抑制作用。进一步的诱导抗病性试验结果表明，4种诱导剂在一定浓度范围内均可诱导小豆抗锈性，其中MT诱导抗病的效果最佳，当MT浓度为0.05mg/mL时诱导防效高达61.05%。对MT诱导抗性持效期及诱导抗病机理的初步研究表明，MT诱导抗病的持效期可长达10d，而最佳诱导间隔期为激发处理后48h。抗病相关酶活性及病程相关蛋白的表达分析表明，与对照相比，MT处理后接种锈病菌，小豆体内PPO、POD、CAT、APX和SOD等抗病相关酶的活性显著提高，病程相关蛋白CHI、GLU、PR1和PR5的相对表达水平也显著高于对照。同时发现，在不接种条件下，与无菌水处理相比，MT处理也可诱导抗病相关基因的上调表达，推测MT具备诱导小豆获得系统抗病性的能力。本研究明确了诱导小豆抗锈病的最佳诱导剂为0.05mg/mL MT，其诱导抗病的机理可能是通过激活抗病相关酶活性及防卫反应相关基因的高表达而增强了植株抗性，研究结果为深入探索MT诱导小豆抗病的机理奠定了基础，为利用品种抗性进行病害防治提供重要参考。

关键词：小豆；小豆锈病；植物激素；诱导抗病性；抗病机理

---

* 基金项目：黑龙江省大学生创新创业训练计划项目（201710223019，201810223018）；黑龙江省农垦总局科技计划（HNK125B-08-08A）

** 第一作者：康静，女，硕士研究生，主要从事植物病理学研究；E-mail：kangjingkx@163.com

*** 通信作者：左豫虎，男，教授，主要从事植物病理学研究；E-mail：zuoyhu@163.com

基于小豆全基因组的 WRKY 转录因子的鉴定*

杨　阳**，张金鹏，康　静，殷丽华，柯希望，左豫虎***
（黑龙江八一农垦大学农学院植保系，大庆　163319）

摘　要： 小豆是我国重要的小宗粮豆类作物之一，是我国欠发达地区农民增收的重要作物。然而，由豇豆单胞锈菌（*Uromyces vignae*）引起的小豆锈病严重影响了小豆的产量和品质。本研究小组前期利用转录组技术分析发现锈菌侵染可诱导多个 WRKY 转录因子上调表达，因此，为明确小豆 WRKY 转录因子在抗锈病中的作用，本研究以小豆全基因组数据为参考，利用生物信息方法分析了小豆基因组中 WRKY 转录因子的数量及其序列特征。研究结果表明，小豆 WRKY 基因家族包含 114 个成员，根据 WRKY 结构域数量和锌指结构特征，可将 114 个成员分为 Group Ⅰ、Group Ⅱ、Group Ⅲ 等 3 个亚族，其中 Group Ⅰ 有 23 个成员，其序列特征为 C-端和 N-端各包含 1 个 WRKY 及 1 个锌指结构；Group Ⅱ 有 76 个成员，包含 1 个 WRKY 结构域和 1 个 C2H2 型锌指结构；Group Ⅲ 有 15 个成员，包含 1 个 WRKY 结构和 1 个 C2HC 型锌指结构。结合小豆和拟南芥全部 WRKY 转录因子构建系统发育树表明，小豆 WRKY 基因家族的 Group Ⅱ 亚族可进一步分为Ⅱa（12 个）、Ⅱb（19 个）、Ⅱc（25 个）、Ⅱd（12 个）和Ⅱe（8 个）等 5 个亚类。WRKY 结构域序列特征分析显示，小豆 WRKY 成员的绝大多数都含有保守的 WRKYGQK 七肽域和锌指结构（CX4-5CX22-23HXH 或 CX7CX23HXC），但部分成员存在个别位点的突变，包括 WRKY 七肽域第 2、5、6 及 7 位点的突变（WKKYGQK、WRKYGKK、WRKYGEK、和 WRKYRQM），以及锌指结构的突变，主要包含在两个半胱氨酸（C）或两个组氨酸（H）中间插入（CX5CX23HX2H）、N 端锌指结构整体缺失以及在两个半胱氨酸（C）之间缺失（CX6CX23HXC）等突变类型。小豆 WRKY 转录因子的分布不具偏好性，不均匀分布在小豆的 11 条染色体上。通过对小豆 WRKY 转录因子类别及序列特征的分析，更为全面地解析了小豆 WRKY 基因家族的基本信息，为深入探索 WRKY 转录因子在小豆生长发育及应对胁迫过程中的功能提供参考。

关键词： 小豆；WRKY 转录因子；抗锈病基因

---

* 基金项目：国家自然科学基金（31501629）；黑龙江省青年创新人才（UNPYSCT-2016201，UNPYSCT-2017113）

** 第一作者：杨阳，硕士研究生，研究方向为植物病理学；E-mail：1217058303@ qq. com
*** 通信作者：左豫虎，教授，主要从事植物病理学研究；E-mail：zyhu@ 163. com

黑龙江省主栽水稻品种抗瘟基因检测及稻瘟病菌无毒基因检测分析*

周弋力**，张亚玲，于连鹏，刘殿宇，靳学慧***

（黑龙江八一农垦大学农学院植保系，大庆　163319）

摘　要：稻瘟病是黑龙江省水稻种植区最主要病害之一。要保持高产稳产，选育和合理利用抗病品种是控制稻瘟病的最有效途径。主效抗稻瘟病基因 *Pi-zt* 和 *Pi-ta* 在很多稻区表现高水平的稻瘟病抗性，被广泛应用于水稻育种和生产中。为明确稻瘟病菌株无毒基因的编码产物（AVR）可否与水稻抗病（R）基因相互作用，引发水稻一系列的防卫反应导致其产生抗病性，本研究利用特异性分子标记对黑龙江省 48 个水稻主栽品种携带 *Pi-zt* 和 *Pi-ta* 抗性基因情况进行检测分析。结果表明：携带 *Pi-zt* 和 *Pi-ta* 基因的品种分别占供试品种的 77.08%和 72.92%；利用特异性引物对黑龙江省 30 个市（县）采集的 288 个稻瘟病菌菌株进行 PCR 扩增，检测稻瘟病菌无毒基因 AVR*Pi-zt* 和 AVR*Pi-ta* 的存在情况并对部分菌株进行测序分析，无毒基因 AVR*Pi-zt* 和 AVR*Pi-ta* 在黑龙江省的出现频率分别为 56.60%和 22.90%，测序分析发现两个无毒基因在黑龙江省稻瘟病菌群体中都存在变异的情况，特别是 AVR*Pi-ta* 存在多个变异位点和类型，这些改变可能会导致基因功能缺失。此研究结果揭示了黑龙江省稻瘟病菌群的多样性和变异的复杂性，同时为黑龙江省采取水稻抗性品种合理布局而实现生态控制稻瘟病发生与危害提供理论依据。

关键词：水稻；稻瘟病；抗性基因；无毒基因；基因检测

---

* 基金项目：黑龙江省自然基金（QC2011C046）；黑龙江省教育厅项目（12521376）；黑龙江省农垦总局科技攻关项目（HNK125A-08-06，HNK125B-03-02）；学成、引进人才科研启动计划（XDB-2016-05）

** 第一作者：周弋力，女，硕士研究生，主要从事植物病理学研究；E-mail：zhouylby@163.com

*** 通信作者：靳学慧，男，教授，主要从事植物病理学研究；E-mail：jxh2686@163.com

MiR482 regulates the resistance of tomato to *Phytophthora infestans* by interacting with lncRNAs*

Jiang Ning[1**], Cui Jun[1], Yang Guanglei[1], Meng Jun[2], Luan Yushi[1***]

(1. *School of Life Science and Biotechnology*, *Dalian University of Technology*, *Dalian* 116024, *China*; 2. *School of Computer Science and Technology*, *Dalian University of Technology*, *Dalian* 116024, *China*)

Abstract: Our previous studies showed that that a tomato lncRNA, lncRNA16397, could induce *glutaredoxin* expression to enhance resistance to *P. infestans*, and miR482b was a negative regulator during tomato resistance to *P. infestans*. However, the regulatory mechanisms between miR482 and lncRNAsis unknown. In this study, we wrote a program to identify 89 lncRNA-originated endogenous target mimics (eTMs) for 46 miRNAs from our RNA-Seq data. Three tomato lncRNAs, lncRNA23468, lncRNA01308 and lncRNA13262, contained conserved eTM sites for miR482b. When lncRNA23468 was overexpressed in tomato, miR482b expression was significantly decreased, and expression of its target genes, NBS-LRRs, was significantly increased, resulting in enhanced resistance to *P. infestans*. LncRNA23468 silencing in tomato led to increased accumulation of miR482b and decreased accumulation of NBS-LRRs, as well as reduced resistance to *P. infestans*. The accumulation of both miR482b and NBS-LRRs was not significantly changed in tomato plants overexpressing lncRNA23468 with a mutated eTM site. In addition, we found that tomato miR482a could target another lncRNA, lncRNA15492 using degradome data set. Transgenic tomato plants that overexpressed the miR482a display more serious disease symptoms than wild-type tomato plants after infection with *P. infestans*. Meanwhile, silencing of miR482a were performed by sort tandem target mimic (STTM), resulting in enhancement of tomato resistance to *P. infestans*. In addition, overexpression of lncRNA15492 in tomato plants also enhanced tomato resistance. These results suggest that miR482a may regulated the resistance of tomato to *P. infestans* by targeting lncRNA15492. Our results will not only improve our understanding of the regulatory mechanism between miR482 and lncRNAs in tomato response to *P. infestans* infection but also help future molecular-based breeding approaches of pathogen resistance.

---

* Funding: National Natural Science Foundation of China (No. 31471880 and No. 61472061)

** First author: Jiang Ning, Ph. D candidate; E-mail: jiangning@ mail. dlut. edu. cn

*** Corresponding author: Luan Yushi; E-mail: luanyush@ dlut. edu. cn

Alternative splicing analysis of LncRNAs between powdery mildew resistant and susceptible lines of melon*

Zhou Xiaoxu[1**], Luan Feishi[2], Luan Yushi[1***]

(1. *School of Life Science and Biotechnology*, *Dalian University of Technology*, *Dalian* 116024, *China*; 2. *College of Horticulture and Landscape Architecture*, *Northeast Agricultural University*, *Harbin* 150030, *China*)

Abstract: Melon (*Cucumis melo* L.) is an important economic and horticultural crop, which is widely cultivated around the world. Powdery mildew (PM), one of the globally catastrophic disease world-wide in melon, can decimate the foliage of melon that influence the melon's yield and quality. Physical, chemical and biological are three control measures that cannot effectively protect against plant diseases. Therefore, the molecular mechanism of melon PM resistance is the most effective way to eliminate pathogen. Alternative splicing (AS) as a ubiquitous post-transcription regulation, has been documented that could regulate plant growth and controlling its diseases. MR-1 and Topmark cultivars had significant differences in response to variously physiological strain of PM. In the present study, the AS analysis between two contrasting melon genotypes is processed by MATS. A total of 9 902 ASs were identified, including 2 195 A3SS, 1 041 A5SS, 290 MXE, 851 RI and 5 525 SE events. Long non-coding RNA (lncRNA) can also regulate its transcriptional process through AS events to involvement in the downstream regulatory of target genes. This study obtained 30 AS events with four types (A3SS、A5SS、SE、MXE) associated with 22 lncRNAs which related to growth and immune. In co-expression analysis, LNC000127 which contain SE type event can co-expression with *Pal* and *POD*. In co-location analysis, LNC00091 which contain A5SS type can targeted to its adjacent gene *LRK*10*L*1. 2. Similarly, *PYL4-like* was predicted associated to LNC000127. Multiple transcription factors (TFs) were also identified that can be targeted by multiple lncRNAs in two contrasting melon genotypes, such as *TCP*15, *WRKY*48, *WRKY*26, *ERF*4. This study will play a guiding role in future functional studies which manipulate melon growth and resistance to disease, and to find practical applications in the breeding of agricultural plants.

---

* Funding: National Natural Science Foundation of China (No. 31471880 and No. 31772331)

** First author: Zhou Xiaoxu, Ph. D candidate; xiaoxuzhou_zoe@mail. dlut. edu. cn

*** Corresponding authors: Luan Yushi; luanyush@dlut. edu. cn

Screening and functional analysis of GSTF genes related to *Sclerotinia sclerotiorum* resistance in *Brassica napus*

Tian Shifu[1*], Gao Xiuqin[2], He Dou[2], Wang Airong[1**]

(1. *State Key Laboratory of Ecological Pest Control for Fujian and Taiwan Crops*, *Fuzhou* 350002, *China*;

2. *College of Plant Protection*, *Fujian Agriculture and Forestry University*, *Fuzhou* 350002, *China*)

Abstract: *B. napus* is a significant oilseed crop in China. *Sclerotinia* stem spot caused by *S. sclerotiorum* is the most devastating disease in *B. napus*. At present, there are no immune or high-resistance varieties in production. It is a difficult problem to urgently solve the rapeseed germplasm resource that is resistant to *S. sclerotiorum*. It is unknown whether rapeseed Glutathione-s-transferase (GST) is involved in the immune response to *S. sclerotiorum*. This study was based on the results of previous studies of GST gene family resistance in *Arabidopsis thaliana*, using RNAseq, RT-PCR techonology to screen pathogen or hormone-induced up-regulated genes from *B. napus* and obtain seven genes. According to the degree of induced expression, *BnaA02g20640D*, *BnaC03g30870D* and *BnaA03g14140D* were studied intensively. These three genes belong to the GSTF family. we cloned *BnaA03g14140D*, *BnaA02g20640D*, *BnaC03g30870D* into different overexpression vectors (pEG103 or pCAMBIA3301) and transformed into the *Nicotiana benthamiana* by Agrobacterium-mediated injection of leaf tissue protocol. Then, the target genes were stably expressed in *N. benthamiana* leaves and *S. sclerotiorum* inoculated in the injection area of the leaf. The inoculation results showed that the average lesion size of wild type was 160. 6mm^2, while the average lesion size of 35S:: *BnaA03g14140D*-GFP, 35S:: *BnaA02g20640D*-GFP and 35S:: *BnaC03g30870D*-GFP were smaller than that of wild type. They were 83. 4mm^2, 144. 9mm^2, and 104. 7mm^2, seperately. These results preliminarily demonstrated that these four genes are likely to be closely related to the resistance to disease, pending further study.

Key words: Hormone induction; *Brassica napus*; *Sclerotinia sclerotiorum*; Glutathione-s-transferase

* First author: Tian Shifu, Master Degree Candidate; E-mail: tianshifu128199@ 163. com

** Corresponding author: Wang Airong; E-mail: airongw@ 126. com

中蔗系列甘蔗品种耐寒性及抗黑穗病评价*

张姗姗[1]，张沛然[1]，兰仙软[1]，李　茹[1,2]，陈保善[1,2]**
（1. 广西大学生命科学与技术学院，南宁　530005；
2. 亚热带农业生物资源保护与利用国家重点实验室，南宁　530005）

摘　要：甘蔗是一种多年生的宿根热带植物，是我国食糖的主要来源之一。我国蔗区主要分布在广西、广东、云南、海南和福建，寒害和黑穗病一直是影响甘蔗产量的重要因素。广西历年出现不同程度的低温霜冻寒害，造成不同品种蔗苗死亡，导致产量降低。另外，宿根蔗的黑穗病发病情况严重，广西崇左市扶绥县以ROC22和GT42发病最为严重，而新植蔗种植成本较高，因此选择高抗黑穗病的甘蔗品种尤为重要。

中蔗1号、中蔗6号和中蔗9号为本实验室自育品种，田间综合表现优良。本研究以中蔗1号、中蔗6号、中蔗9号和田间主栽品种ROC22为材料，分别进行芽期0℃不同时长冷冻处理和苗期低温处理，通过芽期萌芽率与苗期最大光化学效率（Fv/Fm）、电导率、叶绿素、丙二醛、脯氨酸、可溶性糖、可溶性蛋白含量和SOD、POD酶活性综合评价4个参试甘蔗品种的耐寒性。实验结果表明，种茎经0℃冷冻处理0~6h，4个甘蔗品种萌芽率均稳定在90%左右，品种间没有明显差异。0℃冷冻处理9h后，中蔗1号、中蔗6号、中蔗9号和ROC22萌芽率分别为22.22%、48.15%、74.19%和100%。当种茎于0℃冷冻处理12h后，中蔗1号萌芽率为零，而中蔗6号、中蔗9号和ROC22的萌芽率分别为3.70%、61.29%和74.07%。苗期低温处理结果也表明中蔗9号较中蔗1号、中蔗6号更为耐寒，与ROC22耐寒能力相当但恢复能力更强。综上结果表明，中蔗系列中中蔗9号最为耐寒。

为了评价3个中蔗系列品种对甘蔗黑穗病的抗性，我们用4份来源不同的黑穗病菌单倍体配合悬浮液注射接种蔗芽，统计不同品种的发病潜伏期、发病率，结合大田调查结果进行黑穗病抗性评价。中蔗1号、中蔗6号、中蔗9号和ROC22经人工催芽注射接种后发病潜伏期分别为67d、77d、81d和62d（以第一株发病时间计），发病率分别为42.85%、37.50%、42.85%和71.43%。大田调查发现，中蔗1号、中蔗6号、中蔗9号和ROC22一年宿根黑穗病发病率分别为0、0、0.48%和5.71%（以丛计算）。综上结果表明，中蔗系列整体较ROC22对甘蔗黑穗病具有更强的抗性。

关键词：中蔗系列甘蔗；低温胁迫；耐寒性；甘蔗黑穗病

* 基金项目：广西蔗糖产业协同创新项目

** 通信作者：陈保善；E-mail：chenyaoj@gxu.edu.cn

橡胶树 LFG1 和 LFG2 的基因克隆及表达分析*

李书缘**，刘承圆，林春花，刘文波，缪卫国***，郑服丛***
（海南大学植物保护学院/海南大学热带作物种质资源
保护与开发利用教育部重点实验室，海口 570228）

摘　要：LFG 是类似于凋亡抑制剂转膜蛋白，拥有抗凋亡活性，在大麦中表达单个 HvLFGa 基因，白粉菌能成功穿透寄主表皮；但如果沉默了该基因，则表现抗性。本研究采用同源克隆法和 RT-PCR 法，从橡胶树中克隆出 *AtLFG*1 和 *AtLFG*2 两个基因。并在相同时期不同病害等级的橡胶叶片进行 RT-PCR 测定，选取感病 0、1、2、3、4、5 六个不同病害等级的橡胶叶片提取 RNA，反转录后进行 AtLFG1 和 AtLFG2 基因的荧光定量分析。结果表明，AtLFG1 基因和 AtLFG2 基因在不同病理等级叶片中的表达量趋势近似，都是先上升后下降的趋势。相对表达量最高点在感病等级 2 处达到最高峰。上述结果推测表明，AtLFG 感病基因随着病害等级严重指数的上升表达量上升，在叶片处于病害严重的时期，全部橡胶基因的表达量都呈下降趋势致死叶片死亡。

关键词：橡胶；白粉菌；AtLFG 基因；RT-PCR

---

* 基金项目：海南省重点研发计划项目（ZDYF2016208）；现代农业产业技术体系建设专项资金项目（CARS-33-BC1）；国家自然科学基金（31660033）

** 第一作者：李书缘，在读硕士研究生；E-mail：1129342636@ qq. com
*** 通信作者：缪卫国，博士，教授；E-mail：weiguomiao1105@ 126. com
郑服丛，教授

玉米 miRNA：PC732 在抗弯孢霉叶斑病中的调控机理研究*

刘　震**，陈　迪，张锋涛，张荣意，缪卫国，邢梦玉，刘　铜***
（海南大学热带农林学院，海口　570228）

摘　要：由新月弯孢［*Curvularia lunata*（Wakker）Boed］引起的玉米弯孢霉叶斑病是我国玉米产区的一种重要性病害，给玉米生产带来了极大的损失。microRNA（miRNA）是一类非编码小 RNA，在植物抗病方面有重要作用，是一种新的基因调控模式。前期通过高通量测序芯片技术从玉米中鉴定出一个新的 miRNA：PC732，响应弯孢霉叶斑病菌的侵染。在抗病和感病品种中对玉米 PC732 的表达进行比较分析发现，它在抗病品种中明显下调，在感病品种上调表达，因此推测 PC732 可能涉及玉米抗弯孢霉叶斑病的调控作用。为了明确 PC732 在抗病性中的调控作用，实验构建了过表达 PC732 的 PC732-OX 载体和抑制 PC732 表达的 PC732-STTM 载体，并将其遗传转化到玉米植株中，经分子鉴定分别获得 9 株 PC732-OX 和 12 株 PC732-STTM 转基因玉米植株。对转基玉米和非转基因玉米接种弯孢霉叶斑病菌，结果发现与非转基因玉米植株相比 PC732-OX 转基因玉米植株表现更加感病，而 PC732-STTM 转基因玉米植株提高了对弯孢霉叶斑病的抗性。采用生物信息学和小 RNA 降解组测序分析发现 PC732 的靶基因为 metacaspase1（ClCMA1）蛋白，ClCMA1 基因与 PC732 呈负相关的表达模式。同时，Western blot 杂交实验也表明过表达 PC732 导致 ClCMA1 蛋白表达降低，而抑制 PC732 的表达使 ClCMA1 蛋白的表达量增加，推测 PC732 可能影响了 ClCMA1 的蛋白翻译，进而影响植物的抗病性，ClCMA1 在抗弯孢叶斑病中的机理正在开展。上述研究结果将有利于揭示 PC732 在抗弯孢霉叶斑病中的分子调控机制。

关键词：玉米；弯孢霉叶斑病菌；miRNA；转基因；抗病

---

* 基金项目：国家自然科学基金“PC732 与 ClCMA1 互作调控玉米抗弯孢叶斑病的分子机制研究”
** 第一作者：刘震，男，博士研究生，主要从事分子植物病理学；E-mail：liuzhenhenan@163.com
*** 通信作者：刘铜，教授，博士生导师，主要从事植物病理学与生物防治研究；E-mail：liutongamy@sina.com

F-box/Kelch 类基因在小麦抗/感叶锈菌侵染中的作用*

魏春茹[1**]，于秀梅[1,2***]，刘大群[2***]

（1. 河北农业大学生命科学学院/河北省植物生理与分子病理学重点实验室，保定 071001；
2. 河北省农作物病虫害生物防治工程技术研究中心，保定 071001）

摘　要：F-box 蛋白是一类含有 F-box 基序（motif）、在泛素介导的蛋白质水解过程中具有底物识别特性的蛋白质，因其专化性识别待降解目标蛋白而在植物生长发育、激素信号转导和抗病、抗逆境胁迫中发挥重要作用。为探讨 F-box 蛋白是否参与小麦的抗/感叶锈病过程，本研究对小麦 F-box/Kelch 类基因进行克隆、表达模式分析和互作靶蛋白筛选。以接种非亲和叶锈菌株 05-19-43②的小麦抗叶锈病近等基因系 Thatcher-Lr15 为材料，通过 RT-PCR 扩增获得 4 个 F-box/Kelch 类基因：*Ta-FBK*1、*Ta-FBK*2、*Ta-FBK*3 和 *Ta-FBK*4。4 个序列均包含完整的开放阅读框，其编码多肽链的长度分别为：*Ta-FBK*1 383 aa，*Ta-FBK*2 421 aa，*Ta-FBK*3 425 aa，*Ta-FK*4 404 aa。4 个基因所编码的蛋白质 N 端均包含一个 F-box 结构域，C 端包含数量不等的 Kelch 结构域。以 Thatcher-Lr15/05-19-43②组成的抗病组合与 Thtacher-Lr15/05- 5-137③组成的感病组合为材料，利用 qRT-PCR 技术对这 4 个基因响应叶锈菌侵染的表达模式进行分析。*Ta-FBK*1 在感病组合中的表达量除 48h 时稍低于抗病组合外，其他时间点均高于抗病组合，且到 96 h 表达量达到最大，约为抗病组合的 3 倍；*Ta-FBK*3 基因在 6h、12h 和 24h 的抗病组合中的表达量均高于感病组合，且于 24 h 达到最大，约为感病组合的 3. 5 倍；*Ta-FBK*2 和 *Ta-FBK*4 在感病组合中的表达量虽然均略高于抗病组合，但抗/感组合之间并无明显差异。由此推测 *Ta-FBK*1 基因可能在叶锈菌侵染小麦的感病过程中发挥作用，相反，*Ta-FBK*3 基因可能在小麦抵抗叶锈菌侵染的抗病过程中发挥作用。基于此，构建了 *Ta-FBK*1 和 *Ta-FBK*3 2 个基因的酵母诱饵载体，并对小麦 Thatcher-Lr15/05-19-43②的酵母双杂交文库进行互作靶蛋白筛选，与 Ta-FBK1 互作的靶蛋白有 retrotransposon protein、root phototropism protein 2、serine/threonine-protein kinase PBL15 和 Laccase-7 等 11 种，与 Ta-FBK3 互作的靶蛋白有 Skp1/ASK1-like protein、SEC1 family transport protein SLY、RTE1-HOMOLOG protein 和 obtusifoliol 14-alpha-demethylase（CYP51）等 12 种。目前为止，通过酵母双杂交一对一回复验证，初步证实 Ta-FBK1 和 Ta-FBK3 与 Skp1/ASK1-like protein 均存在相互作用，由此推断 Ta-FBK1 和 Ta-FBK3 可能需要与 Skp1/ASK1-like protein 形成 SCF 复合体，进而参与小麦抗/感叶锈病过程。

关键词：小麦；F-box/Kelch；基因克隆；表达模式；酵母双杂交

---

* 基金项目：国家自然科学基金（31301649）；旱区作物逆境生物学国家重点实验室开放课题（CSBAAKF2018008）

** 第一作者：魏春茹，在读硕士研究生，从事植物抗病机理研究；E-mail：992669202@ qq. com

*** 通信作者：于秀梅，副教授，从事植物抗病机理研究；E-mail：yuxiumeizy@ 126. com

刘大群，教授，从事分子植物病理学和植物病害生物防治研究；E-mail：ldq@ hebau. edu. cn

Novel *WRKY* transcriptional factors associated with *NPR*1 during systemic acquired resistance in barley are potential resources to improve wheat resistance to *Puccinia triticina*

Li Huanpeng[1*], Wu Jiaojiao[1*], Gao Jing[1], Bi Weishuai[1], Yu Xiumei[2], Liu Daqun[1,3**], Wang Xiaodong[1**]

(1. *College of Plant Protection*, *Biological Control Center for Plant Diseases and Plant Pests of Hebei*, *Hebei Agricultural University*, *Baoding* 071000, *China*; 2. *College of Life Science*, *Hebei Agricultural University*, *Baoding* 071000, *China*; 3. *Graduate School of Chinese Academy of Agricultural Sciences*, *Beijing* 100081, *China*)

Abstract: In *Arabidopsis*, both initial pathogen infection and benzothiadiazole (BTH) treatment are sufficient to induce systemic acquired resistance (SAR), which is an inducible form of enhanced resistance to secondary pathogen infection. *NPR*1 is reported to be the master regulator of SAR. In *Arabidopsis* and rice, *WRKY* transcription factors are designated as key components during SAR in either *NPR*1-dependent or -independent manner. Although several SAR-like responses discovered in wheat and barley can improve their resistance to various fungal diseases including *Blumeria graminis* and *Puccinia triticina* (*Pt*), roles of *NPR*1 and *WRKY* genes during SAR in these crop species are largely unknown. By a series of transcriptome analysis on barley transgenic lines over-expressing wheat *wNPR*1 (wNPR1-OE) and knocking down barley *HvNPR*1 (HvNPR1-Kd), the regulatory networks of *NPR*1 during SAR triggered by *Pseudomonas syringae* pv. *tomato* DC3000 and BTH were clarified. A total of 17 differentially expressed *WRKY* genes were selected for further functional analysis. Interestingly, some of them may also function through physical interaction with NPR1 protein. The transient expression of three novel *WRKY* genes, including *HvWRKY*165, *HvWRKY*213, and *HvWRKY*248, in wheat leaves by *Agrobacterium*-mediated infiltration enhanced the resistance to *Pt*. Wheat transgenic lines over-expressing these *WRKY* genes may be potential resources to improve wheat resistance to various fungal diseases.

Key words: *WRKY* transcription factors; *NPR*1; Systemic acquired resistance; Barley; Wheat; *Puccinia triticina*

---

* These authors contribute equally to this work

** Corresponding author: Wang Xiaodong; E-mail: zhbwxd@hebau.edu.cn

Liu Daqun; E-mail: liudaqun@caas.cn

RNA-seq analysis reveals differentially expressed genes during the *Lr*47-mediated wheat resistance to *Puccinia triticina*

Gao Jing[1*], Bi Weishuai[1*], Zhao Jiaojie[1], Li Huanpeng[1], Wu Jiaojiao[1], Yu Xiumei[2], Liu Daqun[1,3**], Wang Xiaodong[1**]

(1. *College of Plant Protection, Biological Control Center for Plant Diseases and Plant Pests of Hebei, Hebei Agricultural University, Baoding* 071000, *China*;
2. *College of Life Science, Hebei Agricultural University, Baoding* 071000, *China*;
3. *Graduate School of Chinese Academy of Agricultural Sciences, Beijing* 100081, *China*)

Abstract: Wheat leaf rust, caused by *Puccinia triticina* (*Pt*), is one of the most severe fungal diseases threatening the global wheat production. The use of leaf rust resistance (*Lr*) genes in wheat breeding program is the major solution to solve this issue. Seedling resistance *Lr*47 gene was introgressed from chromosome 7S of *Aegilops speltoides* to chromosome 7AS of hexaploid wheat *Triticum aestivum*. Wheat lines carrying *Lr*47 showed immune responses to all the *Pt* pathotypes detected in China. However, this gene has not been cloned yet and its molecular mechanism remains unknown. In the present study, RNA-seq analysis was applied on three different wheat lines carrying *Lr*47 inoculated with epidemic *Pt* pathotype THTT at 3 days post-inoculation, when a clear hypersensitive response (HR) was observed. Transcript reads were assembled using reference genomes of *Triticum uratu* (AA), *Aegilops tauschii* (DD) and *Triticumaestivum* (AABBDD), respectively, to reveal differentially expressed genes (DEGs) during the *Lr* 47-mediated resistance. A total of eight Chromosome 7-located DEGs encoding NBS-LRR proteins were identified and selected for further functional validation. Compared with mock inoculation with water, a total of 152 up-regulated (higher than 4 fold) and 82 down-regulated (less than 0.25 fold) DEGs were identified. The expression profiles of several pathogenesis-related (*PR*) genes and transcription factor gene families were generated to reveal the regulatory network of *Lr*47. DEGs identified in the current study might be valuable resources to improve wheat resistance to *Puccinia triticina*.

Key words: RNA-seq; Differentially expressed genes; Leaf rust resistance; Wheat; *Puccinia triticina*

---

* These authors contribute equally to this work

** Corresponding auther: Wang Xiaodong; E-mail: zhbwxd@hebau.edu.cn
Liu Daqun; E-mail: liudaqun@caas.cn

Role of G Protein Signaling pathway in N-acyl-homoserine lactones-elicited plant resistance*

Liu Fang, Zhao Qian, Huang Yali, Jia Zhenhua, Song Shuishan**

(*Biology Institute, Hebei Academy of Sciences; Hebei Engineering and Technology Center of Microbiological Control on Main Crop Disease, Shijiazhuang, China*)

Abstract: N-acyl-homoserine lactones (AHLs) are the quorum-sensing (QS) signal molecules used to coordinate the population behaviors in gram-negative bacteria. Recent evidence demonstrates that plants are able to respond to bacterial AHLs, including intracellular calcium elevation and G protein-mediated AHL-induced plant root elongation. However, little is known about the molecular mechanism of plants reacting to these bacterial signals. Here we show that treatment of Arabidopsis roots with the N-3-oxo-octanoyl-homoserine lactone (3OC8-HSL) significantly increased plant resistance to infection of pathogen bacteria *Pseudomonas syringae pv tomato* DC3000. Pretreatment with 3OC8-HSL and subsequent pathogen invasion triggered an augmented burst of hydrogen peroxide, accumulation of salicylic acid (SA), and fortified expression of the Pathogen-related 1 and 5 (*PR*1/*PR*5) genes. The increased resistance in wild type Arabidopsis induced by 3OC8-HSL were abolished in *GPA*1 functional-deficiency mutant *gpa*1-4 and *AGB*1 functional-deficiency mutant *agb*2-1. Moreover, 3OC8-HSL-primed resistance to *Pst*DC3000 in wild-type plants was impaired by *GCR*2 functional-deficiency mutating while enhanced in plants *GCR*2 overexpressing. The concentration of SA and the accumulation of H_2O_2 were increased by 3OC8-HSL, and this effect was weakened by Gα functional-deficiency mutating and Gβ functional-deficiency mutating. These data suggested that G protein signaling play a positive role in plant resistance induced by bacterial AHLs. The out-come of this study will be great importance of further understanding AHL-mediated cross-kingdom communication between bacteria and host plant.

---

* Funding: This work was financially supported by projects from the National Basic Research Program of China (No. 2015CB150600), the National Natural Science Foundation of China (No. 31601144) and the Natural Science Foundation of Hebei Province (No. C2015302020)

** Corresponding author: Song Shuishan; E-mail: shuishans620@163.com

78 个小麦品种苗期抗叶锈性鉴定*

李晓娟**，张立荣***，闫红飞***，刘大群***
（河北农业大学植物保护学院/国家北方山区农业工程技术研究中心/
河北省农作物病虫害生物防治工程技术研究中心，保定 071000）

摘　要：由叶锈菌（*Puccinia triticina*）引起的小麦锈病是重要的麦类病害，严重危害时减产可达 50%以上。查阅文献得知，已报道的抗叶锈病小麦品种较少，且近年来随着全球变暖，气候条件发生变化，叶锈病已逐步上升为危害我国小麦生产的重要病害，选育和利用抗病品种是减轻小麦锈病危害最经济有效的方法。本研究对 78 个东北小麦品种进行了苗期抗病性表型鉴定。

利用具有强致病性的 5 个小麦叶锈菌混合菌株对 78 个小麦品种进行苗期接菌，待其充分发病后根据 Roelfs 的鉴定标准对供试样品进行表型鉴定。结果表明：供试样品中，未检测出对供试混合小种表现免疫品种，表现型为近免疫的品种有 26 个，所占比例为 33. 33%；表现型为高抗的品种有 13 个，所占比例为 16. 67%；表现型为中抗的品种有 6 个，所占比例为 7. 70%；表现型为感病的品种有 33 个，所占比例为 42. 31%。以上结果表明，东北地区小麦品种表现较好的抗性水平，抗性水平好的主要为东农、龙辐系列品种，能为小麦抗叶锈育种提供抗性材料，进一步防控小麦叶锈病具有重要意义。

关键词：小麦；叶锈病；苗期抗性

---

* 基金项目：国家重点研发计划子课题（2017YFD0300906）

** 第一作者：李晓娟，在读硕士研究生，研究方向为分子植物病理学；E-mail：1152434365@ qq. com

*** 通信作者：张立荣，副教授，主要从事植物病害生物防治与分子植物病理学研究；E-mail：zlr139@ 163. com
闫红飞，副教授，主要从事植物病害生物防治与分子植物病理学研究；E-mail：hongfeiyan2006@ 163. com
刘大群，教授，主要从事植物病害生物防治与分子植物病理学研究

94个小麦后备品种抗白粉病基因推导

史文琦，龚双军，曾凡松，向礼波，薛敏峰，杨立军，喻大昭*
（湖北省农业科学院植保土肥研究所/农业部华中作物有害生物综合治理重点实验室/
农作物重大病虫草害防控湖北省重点实验室，武汉　430064）

摘　要：为明确我国小麦生产后备品种（系）中抗白粉病基因的组成，利用35个不同毒性的小麦白粉菌菌株对94个小麦生产后备品种（系）进行抗白粉病基因推导。结果表明，参试的94个小麦品种（系）中有46个小麦品种（系）对供试的35个菌全部感病，1个品种含有抗病基因*Pm*30，6个品种含有抗病基因*Pm*2和*Pm*30，5个品种含有抗病基因*Pm5a*、*Pm*6和*Pm*19，2个品种含有抗病基因*Pm5a*、*Pm*6、*Pm*19和*Pm*30，6个品种含有抗病基因*Pm5a*、*Pm*6、*Pm*19和*Pm*2+*Ta*，1个品种含有有抗病基因*Pm5a*、*Pm*6、Pm7、*Pm*19和*Pm*2+*Ta*，27个品种（系）可能含有供试基因之外的其他抗性基因或新基因。此研究结果可为小麦抗病育种以及品种利用提供依据。

关键词：小麦；小麦白粉菌；小麦抗白粉病基因；基因推导

Postulation of wheat powdery mildew resistance genes in 94 wheat cultivars (lines)

Shi Wenqi, Gong Shuangjun, Zeng Fansong,
Xiang Libo, Xue Mingfeng, Yang Lijun, Yu Dazhao
(*Institute for Plant Protection and Soil Sciences*, *Hubei Academy of Agricultural Sciences and Hubei Key Laboratory of Crop Diseases*, *Insect Pests and Corp Weeds Control*, *Hubei Key Laboratory of Crop Disease*, *Insect Pests and Weeds Control*, *Wuhan* 430064, *China*)

Abstract: Wheat powdery mildew resistance genes in 94 wheat cultivars or lines were postulated by inoculating 35 isolates of *Blumeria graminis* f. sp. *tritici*. The resulates indicated that 46 cultivars or lines were susceptible to all tested isolates of *B. graminis* f. sp. *tritici* 1 cultivar or line carried *Pm*30, 6 cultivars or lines carried *Pm*2 and *Pm*30, 5 cultivars or lines carried *Pm5a*, *Pm*6 and *Pm*19, 2 cultivars or lines carried *Pm5a*, *Pm*6, *Pm*19 and *Pm*30, 6 cultivars or lines carried *Pm5a*, *Pm*6, *Pm*19 and *Pm*2+*Ta*. 1 cultivar or line carried *Pm5a*, *Pm*6, Pm7, *Pm*19 and *Pm*2+*Ta*, and the other 27 cultivars or lines carried unknown resistance genes. These results can provide information for wheat resistance cultivar breeding and production use.

Key words: Wheat; *Blumeria graminis* f. sp. *tritici*; Wheat resistance gene; Gene postulation

---

* 通信作者：喻大昭

OsPht1; 8, a rice phosphate transporter, regulates plant innate immunity and plant growth

Dong Zheng, Liu Jing, Li Wei, Dai Liangying*

(*Hunan Provincial Key Laboratory of Crop Germplasm Innovation and Utilization and College of Plant Protection*, *Hunan Agricultural University*, *Changsha* 410128, *China*)

Abstract: The disease resistance and absorption of inorganic nutrients are two essential physiological activities in plant. However, it is still unclear whether there is cross talk between their molecular signaling pathways. OsMPK12, a rice mitogen-activated protein kinase, is a positively regulator of plant innate immunity. In this study, we identified OsPht1; 8, a member of phosphate transporters (PTs) Pht1 family in rice (*Oryza sativa*), as an interactor of OsMPK12 and characterized the functions of OsPht1; 8. Under low phosphate (Pi) conditions, the transcription level of *OsPht*1; 8 is induced obviously and the *OsPht*1; 8 over-expression plants show shorter root length and higher plant height than the non-transgenic plants. Whereas, the differences in development between *OsPht*1; 8 over-expression plants and the non-transgenic plants are reduced upon the increase of Pi concentration in growth conditions. Interestingly, we found over-expression of *OsPht*1; 8 suppresses rice disease resistance against the pathogens *Magnaporthe oryzae* and *Xanthomonas oryzae* pv. *oryzae* which cause rice blast and bacterial leaf blight disease, respectively. Accordingly, the transcription level of the resistance related genes, such as *OsPR*10 and *OsNPR*1, and *OsMPK*12 are inhibited in *OsPht*1; 8 over-expression plants after inoculation of the above mentioned pathogens. And the *OsMPK*12 gene is also suppressed, whereas, the *OsPht*1; 8 gene is induced obviously after the pathogens inoculation. In addition, we also found OsPht1; 8 is involved in regulating the PAMP flagellum and chitin triggered immunity (i. e. PTI). These results demonstrate that OsPht1; 8 is a integrated regulator that it is involved in transduction of Pi signaling for development and negatively regulates rice innate immunity.

* Corresponding author: Dai Liangying; E-mail: daily@hunau. net

The bHLH transcription factor PUIP2 regulates plant immunity, senescence and development in *Arabidopsis thaliana*

Huang Zhe, Liu Jing, Li Wei, Dai Liangying*

(*College of Plant Protection*, *Hunan Agricultural University*, *Changsha* 410128, *China*)

Abstract: The transcription factors are vital for many important cellular processes in plant, for instance, cell cycle, response to environment, development, disease resistance, and so on. Here we show that PUIP2, a typical bHLH transcription factor from *Arabidopsis thaliana*, was identified as a regulator of both flagellin and chitin triggered immunity (i. e. PAMP-triggered immunity, PTI). The transcription level of *PUIP2* is enhanced obviously after *Arabidopsis thaliana* being treated with the PAMP flagellin and chitin, respectively. Moreover, the *PUIP2* is also activated by the inoculation of pathogens *Pseudomonas syringae* pv. *tomato* DC3000 and *Powdery mildew*. Therefore, we treated the *PUIP2* T-DNA knock-out mutant with flagellin, chitin, *P. s. t.* DC3000 and *P. mildew* respectively, and found that the *puip2* mutant shows decreased PTI responses and compromised disease resistance against *P. s. t.* DC3000 and *P. mildew*. Accordingly, the transcription level of the resistance related genes, such as *PR1* and *NPR1*, is inhibited in the *puip2* mutant. During the planting of the *puip2* mutant, we found that the lower leaves of *puip2* display much less chlorosis (i. e. senescence) than wild-type under long day (16h light/8h dark) conditions. Furthermore, we found the dexamethasone-induced cell death is also inhibited in *puip2* mutant, while the PUIP2 over expression transgenic plants display spontaneous cell death phenotype. On the other hand, the leaves and whole plant size of *puip2* mutant are smaller than the wild-type plants. Interestingly, the hypocotyl of *puip2* mutant is much longer than wild-type under blue and far red light but not white light, red light and other light. Based on CHIP-seq data, we screened and identified disease resistance and senescence pathways related genes as candidate targets of PUIP2, which are needed to further study. In summary, the transcription factor PUIP2 synthetically regulates plant innate immunity, senescence and development.

* Corresponding author: Dai Liangying; E-mail: daily@ hunau. net

香蕉枯萎病菌 Foc4 侵染不同香蕉品种的差异分析*

雷朝喜**，王文玮，董红红，李华平***
（华南农业大学农学院，广州 510642）

摘 要：香蕉枯萎病是由尖孢镰刀菌古巴专化型（*Fusarium oxysporum* f. sp. *cubense*，Foc）引起的香蕉上的一种毁灭性病害，目前尚无有效的化学药剂进行防控，培育和栽种抗病品种是目前最经济和有效的一种防治方法。该研究对近年来新选育的 8 个香蕉品种（系）进行了针对香蕉枯萎病菌 4 号生理小种（Foc4）的抗性水平测定。结果表明，在对照品种‘巴西蕉’表现为高感的状况下，只有‘中蕉 9 号’表现为高抗。在不同侵染时间段，利用 qPCR 技术检测‘中蕉 9 号’和‘巴西蕉’植株中的病原菌含量，发现‘中蕉 9 号’根系中的病原菌含量始终显著低于‘巴西蕉’根系中的病原菌含量；对香蕉根际土中的病原菌含量分析表明，在‘中蕉 9 号’中的病菌含量也显著低于在‘巴西蕉’中的病菌含量。进一步使用 GFP 标记的 Foc4 侵染这两个品种，利用激光共聚焦显微镜进行观察。结果表明，病原菌在‘中蕉 9 号’植株中的侵染速度显著慢于在‘巴西蕉’中的侵染速度，并且在‘中蕉 9 号’中，病原菌仅能从根部扩展至植株的球茎部位，不能进一步向上扩展，而在‘巴西蕉’中病原菌能从根部继续向上扩展至球茎、假茎、叶柄和叶片等部位。进一步对抗病机制研究发现，‘中蕉 9 号’在被 Foc4 侵染时，植株根部和球茎的细胞壁会显著增厚，相关生理变化差异研究工作正在进行中。

关键词：香蕉；香蕉枯萎病；抗性鉴定；抗病机制

---

* 基金项目：现代农业产业技术体系建设专项（CARS-31-09）
** 第一作者：雷朝喜，硕士研究生，植物病理学；E-mail：9245009488@ qq. com
*** 通信作者：李华平，教授；E-mail：huaping@ scau. edu. cn

植物生长过程中小 RNA 对自身免疫的调控机制*

邓颖天[1**]，王矩彬[1]，Tung Jeffrey[2,3]，刘　丹[1]，
周迎佳[1]，何　双[1]，杜云莲[1]，Baker Barbara[2,3]，李　峰[1***]
（1. 华中农业大学园艺林学学院/园艺植物生物学教育部重点实验室，武汉　430070；
2. 加州大学伯克利分校植物与微生物生物学系，美国；3. 植物基因表达研究中心，美国）

A role for small RNA in regulating innate immunity during plant growth*

Deng Yingtian[1], Wang Jubin[1], Tung Jeffrey[2,3], Liu Dan[1], Zhou Yingjia[1],
He Shuang[1], Du Yunlian[1], Baker Barbara[2,3], Li Feng[1]
(1. *Key Laboratory of Horticultural Plant Biology, Ministry of Education, College of Horticulture and Forestry Sciences, Huazhong Agricultural University, Wuhan, China*; 2. *Department of Plant and Microbial Biology, University of California, Berkeley, Berkeley, CA, United States of America*; 3. *Plant Gene expression Center, ARS-USDA, Albany, CA, United States of America*)

Abstract: Plant genomes encode large numbers of nucleotide-binding (NB) leucine-rich repeat (LRR) immune receptors (NLR) that mediate effector triggered immunity (ETI) and play key roles in protecting crops from diseases caused by devastating pathogens. Fitness costs are associated with plant *NLR* genes and regulation of *NLR* genes by micro (mi) RNAs and phased small interfering RNAs (phasiRNA) is proposed as a mechanism for reducing these fitness costs. However, whether *NLR* expression and *NLR*-mediated immunity are regulated during plant growth is unclear. We conducted genome-wide transcriptome analysis and showed that *NLR* expression gradually increased while expression of their regulatory small RNAs (sRNA) gradually decreased as plants matured, indicating that sRNAs could play a role in regulating *NLR* expression during plant growth. We further tested the role of miRNA in the growth regulation of NLRs using the tobacco mosaic virus (TMV) resistance gene *N*, which was targeted by miR6019 and miR6020. We showed that *N*-mediated resistance to TMV effectively restricted this virus to the infected leaves of 6-week old plants, whereas TMV infection was lethal in 1- and 3-week old seedlings due to virus-induced systemic necrosis. We further found that *N* transcript levels gradually increased while miR6019 levels gradually decreased during seedling maturation that occurs in the weeks after germination. Analyses of reporter genes in transgenic plants showed that growth regulation of *N* expression was post-transcriptionally mediated by *MIR*6019/6020 whereas *MIR*6019/6020 was regulated at the transcriptional level during plant growth. TMV infection of *MIR*6019/6020 transgenic plants indicated a key role for miR6019-triggered phasiRNA production for regulation of *N* mediated immunity. Together our results demonstrate a mechanistic role for miRNAs in regulating innate immunity during plant growth.

Key words: Plant growth; Innate immunity; *NLR* genes; *N* gene; TMV; nta-miR6019/6020

---

* 基金项目：国家自然科学基金（91440103，31600984）
** 第一作者：邓颖天，博士，副研究员，主要研究植物抗病性与生长发育；E-mail：dengyt@mail.hzau.edu.cn
*** 通信作者：李峰，博士，教授，主要研究小分子 RNA 对植物抗病机制的调控作用；E-mail：chdlifeng@mail.hzau.edu.cn

猕猴桃木葡聚糖内糖基转移/水解酶基因的克隆及功能分析*

贺 哲[1**]，王园秀[1]，刘 冰[1]，熊桂红[1]，赵尚高[2]，李帮明[2]，涂贵庆[2]，蒋军喜[1***]
（1. 江西农业大学农学院，南昌 330045；2. 江西省奉新农业局，奉新 330700）

摘 要：主要由葡萄座腔菌（*Botryosphaeria dothidea*）引起的猕猴桃果实熟腐病（简称果腐病）是猕猴桃果实近成熟期至贮藏期的重要真菌病害。将葡萄座腔菌接种猕猴桃抗病品种“金艳”和感病品种“红阳”，采用 RNA-seq 技术对接种样品进行转录组测序，通过分析比较筛选出与抗果腐病相关的 3 个木葡聚糖内糖基转移/水解酶（XTH）基因，即 *XTH*5、*XTH*7 和 *XTH*14。对这 3 个基因进行克隆，编码产物分析和表达量检测，以此来探究该基因与抗病之间的联系。

（1）*XTH* 基因克隆。利用 RT-PCR 技术从抗病品种“金艳”猕猴桃中克隆出 *XTH*5、*XTH*7 和 *XTH*14 三个基因的全长 ORF 序列，该序列与 GenBank 中来自美味猕猴桃的对应序列均具有 90%以上的同源性，其中同源性最高为 99%。

（2）*XTH* 基因的生物信息学分析。通过对 *XTH*5、*XTH*7 和 *XTH*14 三个基因建立系统发育树、进行氨基酸序列理化性质分析、疏水区/亲水区预测、信号肽和跨膜结构分析、以及蛋白质二级、三级结构的预测与分析，得知 *XTH*5、*XTH*7 基因编码产物的理化性质及功能较为相似，而 *XTH*14 基因编码产物与以上两个基因存在较大差异。根据前人的研究可以判断三个基因均发挥 XTH 活性，但是，*XTH*14 基因编码产物的 loop 2 长度与以上两个基因的编码产物不同，推断其功能也存在差异。

（3）分别对抗病品种“金艳”和感病品种“红阳”的 *XTH*5、*XTH*7 和 *XTH*14 基因进行实时荧光定量 PCR 分析，结果表明“金艳”相比“红阳”*XTH*5 和 *XTH*7 基因表达水平更高；而对于 *XTH*14 基因，感病品种“红阳”的 *XTH*14 基因表达水平更高，尤其是在第 6 天，而抗病品种“金艳”的变化则不明显。经过前人的研究分析已知这些 *XTH* 基因的功能与果实软化相关，XTH 在果实生长和成熟期间与维持植物细胞壁的结构完整性有重要关系。由此表明，感病品种“红阳”在遭受葡萄座腔菌侵染的过程中所产生的这些 *XTH* 基因的差异表达，会使其果实比抗病品种“金艳”更容易软化，最终导致葡萄座腔菌在“红阳”中更容易扩展。

综上所述，*XTH* 基因与猕猴桃果实熟腐病的发病严重与否有着重要关系，其差异表达类型以及表达水平的高低是影响猕猴桃抗果实熟腐病程度的重要因子。

关键词：猕猴桃果实熟腐病；XTH 基因；RT-PCR；荧光定量 PCR

---

* 基金项目：国家自然科学基金（31460452）
** 第一作者：贺哲，男，硕士生，主要从事分子植物病理学研究；E-mail：hezhe1993@163.com
*** 通信作者：蒋军喜，男，教授，主要从事植物病害综合治理研究；E-mail：jxau2011@126.com

抗病毒转基因马铃薯的获得

李姗姗，哈 达
（内蒙古大学生命科学学院，呼和浩特 010070）

摘 要：马铃薯是重要的粮菜兼用作物，在中国粮食生产和国民经济发展中占有举足轻重的地位。生长过程中易受病毒病危害，病毒侵入到马铃薯植株后，会破坏其正常的生理功能，植株生长异常，产量和品质不断下降，我国马铃薯病毒主要有马铃薯Y病毒（PVY）、马铃薯X病毒（PVX）、马铃薯S病毒（PVS）、马铃薯卷叶病毒（PLRV），常发生复合侵染。植物中克隆得到的抗病（resistance，R）基因大多数属于NBS-LRR蛋白编码基因。在前期研究中利用本氏烟草瞬时表达及HR反应系统克隆得到一个NBS-LRR家族抗病毒蛋白编码基因*GmNH23*，其具有广谱抗病毒活性。本实验建立了马铃薯的再生体系和农杆菌介导的马铃薯转化体系，构建*GmNH23*基因转基因过表达载体，利用农杆菌GV3101介导转化马铃薯，转化后获得马铃薯再生植株。对转化后的马铃薯进行PCR、Southern Blotting等分子生物学检测，证明*GmNH23*基因已整合到马铃薯基因组。通过对转*GmNH23*马铃薯进行抗病毒鉴定，结果证明转*GmNH23*马铃薯对马铃薯病毒具有显著的抗性作用。抗病毒转基因马铃薯培育成功，为我国马铃薯病毒病害防治开辟了一条崭新的途径，也必将有力地促进我国马铃薯生产的发展。

关键词：马铃薯；抗病基因；*GmNH23*；农杆菌介导

利用 tasiRNA 对大豆抗病基因 *GmNH23* 的功能研究

于若男[*]，哈 达[**]
（内蒙古大学生命科学学院/内蒙古自治区牧草与
特色作物生物技术重点实验室，呼和浩特 010000）

摘 要：大豆花叶病毒（*Soybean mosaic virus*，SMV）是一种对大豆质量和产量造成严重破坏的植物病毒。之前，我们已经发现并成功克隆了对 SMV 具有抗性的一条基因 *GmNH23*，这条基因为一个编码 NBS-LRR 蛋白的抗病毒基因。但对于大豆 *GmNH23* 基因对抗 SMV 的机理尚不明确。因此，需要对此基因的功能和作用机理进一步研究。在真核生物已发现了大量的非编码小 RNA 分子，如 microRNA、siRNA 和 piRNA。siRNA 是一类约 20-30nt 的互补双链 RNA，siRNA 能通过 RNAi 作用引发 RNA 沉默，参与植物对外源病原体的防御作用，而在染色体上发现的内源性 siRNA 则是细胞主动利用 RNAi 机制，其中就包括反式作用干扰小 RNA（transacting siRNAta-siRNA）。单个 miRNA 靶标足以产生 tasiRNA，其靶向序列可被结合到载体中以诱导产生 siRNAs，并最终导致基因沉默。通过在转基因毛状根和转基因植株中沉默转基因 *RFP* 基因，对 miRNA 靶标进行了实验验证。然后利用 miRNA 沉默大豆中 *GmNH23* 内源性基因，再对转基因大豆对抗 SMV 表型变化及分子检测来验证 *GmNH23* 基因的功能。

关键词：*GmNH23* 基因；对抗 SMV；反式作用干扰小 RNA；基因沉默

---

* 第一作者：于若男，硕士研究生，主要研究方向：植物抗病及分子生物学；E-mail：yuruonan2016@ sina. com
** 通信作者：哈达，教授，主要从事植物基因工程与植物分子生物学研究；E-mail：nmhadawu77@ imu. edu. cn

苹果 *MdT5H1* 的克隆和功能分析*

吴成成**，练 森，李保华，王彩霞***
（青岛农业大学植物保护学院/山东省植物病虫害综合防控重点实验室，青岛 266109）

摘 要： 苹果炭疽叶枯病（Glomerella leaf spot，GLS）是近年我国新发现的一种病害，其病原菌为 *Glomerella cingulata*，主要为害叶片和果实，严重影响果实产量和品质。目前化学防治是防治该病害的主要方法，但频繁使用杀菌剂导致果园生态环境恶化，并给食品安全带来极大隐患。不同苹果品种对炭疽叶枯病抗性存在明显差异，'富士''红星'等高度抗病，而'嘎啦''秦冠'等高度敏感，利用抗病基因育种是防治该病的理想策略和有效途径。

褪黑素（melatonin）是一种吲哚胺类小分子物质，在植物生长发育过程中发挥重要作用，最近研究发现外源褪黑素可显著提高植物的抗病性。本研究克隆了苹果褪黑素合成基因色胺-5-羟化酶基因 *MdT5H1* 的 cDNA 全长，对其序列进行了生物信息学分析，并获得了基因过表达拟南芥植株，对该基因功能进行了初步分析。结果表明 *MdT5H1* 的 cDNA 全长为 1515bp，编码 504 个氨基酸（登录号 443138），该基因编码的氨基酸序列没有信号肽，为亲水的不稳定非分泌型蛋白，属于 P450 家族。系统发育树分析表明苹果与青梅聚在一个分支，说明 MdT5H1 与青梅中 T5H 的亲缘关系较近。采用荧光定量 PCR 技术测定了苹果炭疽叶枯病菌接种，外源褪黑素和水杨酸处理对'富士'和'嘎啦'叶片中 *MdT5H1* 表达的影响。结果表明，炭疽叶枯病菌接种后 6h，'富士'叶片中 *MdT5H1* 表达水平开始显著升高，而'嘎啦'叶片中基因表达量没有明显变化，推测'富士'对炭疽叶枯病的抗性与 *MdT5H1* 显著上调表达有关。外源褪黑素处理后 6h，'富士'叶片中基因表达量为对照 3.5 倍，随后基因表达量先降低后升高，处理后 72h 为对照的 3.8 倍；'嘎啦'叶片中 *MdT5H1* 表达呈先升高后降低的趋势，处理后 48h 达到峰值，为对照的 3.5 倍。然而，外源水杨酸处理后，'富士'和'嘎啦'叶片中 *MdT5H1* 均未上调表达。表明该基因表达收到外源褪黑素的诱导，但不受外源水杨酸的诱导。

将 *MdT5H1* 与携带 *GFP* 报告基因的双元载体 pGWB5 载体连接，通过蘸花法获得基因过表达拟南芥植株。野生型和转基因拟南芥培养 4 周时，分别接种灰葡萄孢菌（*Botrytis cinerea*）和丁香假单胞菌（*Pseudomonas syringae*），灰葡萄孢菌接种后 36h，可观察到明显的发病症状，相比野生型植株，基因过表达植株的病斑面积降低了 55%；丁香假单胞菌注射后 3d，野生型植株的接种叶片明显变黄，而基因过表达植株叶片仍为绿色，其菌落数相比野生型植株减少了 64.3%。表明 *MdT5H1* 过表达植株可通过提高褪黑素的含量，抑制灰葡萄孢菌的扩展和丁香假单胞菌的繁殖，提高植物的抗性，为进一步研究该基因的功能奠定了基础。

关键词： 苹果炭疽叶枯病菌；褪黑素；基因克隆；基因表达；基因功能

---

* 基金项目：现代农业产业技术体系建设专项资金（CARS-28）；国家自然科学基金（31272001）

** 第一作者：吴成成，女，硕士研究生，研究方向果树病理学；E-mail：78196514@qq.com

*** 通信作者：王彩霞，女，教授，主要从事果树病害研究；E-mail：cxwang@qau.edu.cn

一种超高活性植物免疫诱抗剂促生及抗病机制研究*

路冲冲**，储昭辉，丁新华***

（作物生物学国家重点实验室/山东农业大学，泰安 271018）

摘　要：植物免疫诱抗剂也叫植物疫苗。植物免疫诱抗剂在激活植物体内分子免疫系统，提高植物抗病性的同时，还可激发植物体内的一系列代谢调控系统。植物内生菌在与植物长期的共进化过程中发展了多种多样的有益于植物生长与适应环境的因子，诱导植物产生系统抗性，或直接毒杀昆虫，从而提高植物抗病、抗虫能力；也能够合成植物生长激素类物质或促进植物对营养物质的吸收来刺激植物生长，达到促生的作用。前期研究发现，野生沙棘内生菌次生代谢产物智能聪可以显著促进植物生长，增加作物产量，且具有超高活性，使用浓度为 10ng/mL，活性远超前人研究发现的促生物质，而在较高浓度（100ng/mL）引起植物免疫反应（PAMP-triggered immunity，PTI），最终提高植物对病原菌的抗性。在本研究中，DAB 和 NBT 染色证明了智能聪能够在两小时内引起活性氧爆发，胼胝质沉积；实验证明智能聪喷施 24h 后，胼胝质在植物叶片中显著积累，且转录组测序数据分析也揭示了智能聪处理后抗病基因的上调以及促进生长相关基因的上调表达，初步解析了智能聪的抗病和促生机制。

关键词：智能聪；免疫诱抗剂；促生；抗病

* 基金项目：山东省自然科学杰出青年基金（JQ201807）；山东省农业重大应用技术创新项目

** 第一作者：路冲冲，在读博士研究生，主要从事植物抗病以及抗逆研究；E-mail：1258901652@ qq. com

*** 通信作者：丁新华 教授，主要从事植物-微生物相互作用研究；E-mail：xhding@ sdau. edu. cn

硅诱发的马铃薯抗晚疫病依赖茉莉酸合成和水杨酸的信号传导*

薛晓婧**，丁新华，刘海峰，储昭辉***

（作物生物学国家重点实验室/山东农业大学，泰安　271018）

摘　要：马铃薯晚疫病是由丝状卵菌致病疫霉［*Phytophthora infestans*（Mont.）de Bary］引起的毁灭性植物病害。硅（silicon）不仅储量丰沛，而且能够广泛参与各种植物的抗病性，成为当前热门的防治作物病害的药剂。本研究发现叶面喷施 100mmol/L 硅酸钠（pH = 10.3）溶液对马铃薯晚疫病的防治效果显著。利用平板抑制实验，发现硅酸钠对晚疫菌株 HLJ1 的生长有一定程度的抑制作用且在一定范围内与硅酸钠的 pH 无显著相关性。NBT、DAB 染色以及抗病相关基因的定量 RT-PCR 结果显示，喷施硅酸钠并不直接激活马铃薯的防卫反应，但在接种 HLJ1 后能迅速激发 ROS 防御酶活性、更强的表达抗病相关基因 *ERF*、*PIN*2 等，属于典型的 Prime 抗病机制。

为研究硅 Prime 马铃薯对晚疫病菌的抗性与植物激素的关系，我们发现喷施硅酸钠后接种晚疫病菌，茉莉酸含量显著增高，水杨酸含量变化不显著。采用病毒介导的基因沉默技术（VIGS），分别沉默了马铃薯品种 Desiree 中与水杨酸（SA）、茉莉酸（JA）、乙烯（ET）合成或信号传递途径相关基因 *SID*2、*NPR*1、*OPR*3、*Coi*1、*ETR*1 和 *EIN*2。对相关 VIGS 植株分别喷施水以及硅酸钠溶液处理，1d 后采用离体叶片法接种晚疫病菌株 HLJ1。结果表明，相比于 pTV00 空对照，上述所有基因的 VIGS 马铃薯叶片对晚疫病菌更加感病；以喷施水和硅酸钠后对晚疫病抗性差异的比较分析，*EIN*2、*ETR*1、*NPR*1 和 *OPR*3 等 4 个基因的 VIGS 植株中，硅诱发的马铃薯对晚疫病的抗性丧失；而 *SID*2 和 *Coi*1 的 VIGS 植株中，硅诱导的抗性依然存在，暗示硅诱发马铃薯对晚疫病的抗性可能属于依赖 JA 合成的 SA 信号传导途径，而不依赖 JA 信号传递的信号途径。

关键词：硅；马铃薯；晚疫病；植物激素；抗病性

---

* 基金项目：山东省“双一流”建设工程项目和中国博士后科学基金资助项目（2017M612310）

** 第一作者：薛晓婧，在读硕士研究生，主要从事植物抗病性研究；E-mail：961953519@qq.com

*** 通信作者：储昭辉 教授，主要从事植物-微生物相互作用；E-mail：zchu@sdau.edu.cn

东北地区粳稻抗纹枯病资源筛选*

杨晓贺[1,2**]，王海宁[1]，李　帅[1]，王　妍[1]，魏松红[1***]，丁俊杰[2]，顾　鑫[2]
（1. 沈阳农业大学植物保护学院，沈阳　110866；
2. 黑龙江省农业科学院佳木斯分院，佳木斯　150407）

摘　要：水稻纹枯病是由立枯丝核菌（*Rhizoctonia solani* Kühn）引起的水稻重要病害，其为我国南方水稻种植区的三大病害之一。近年来，随着北方水稻种植面积的扩大和种植年数的增加，水稻纹枯病在北方水稻种植区对水稻产量和品质造成的危害越来越重。由于水稻纹枯病菌（*R. solani*）的广寄主性和半腐生性，生产中很难找到对该病菌表现抗病的抗源，目前研究中的抗性材料多为中抗材料，尚无免疫材料。

为了评价东北地区粳稻对水稻纹枯病的抗性，作者收集东北地区粳稻品种（系）631 份，利用强致病力菌株进行苗期和分蘖期离体叶片接种、分蘖期牙签接种鉴定供试水稻材料对纹枯病的抗性。结果表明，苗期离体叶片接种试验中，有 36 份材料表现良好抗性。其中辽优 5206、松粳 12、广稻 1 号、珍龙 13、福星稻 339、丹粳 21 号、云大 120、沈稻 505、北粳 1501、创粳 6 号 10 个材料在接种 48h 时表现为 4 级，其他材料皆表现为 5 级。在分蘖期离体叶片接种试验中，256 份辽宁及吉林粳稻材料中，有 53 份表现抗性良好，其中盐粳 167、辽优 99418 和辽优 9914 在接种 60h 时表现为 3 级，通系 929 表现为 2 级。375 份黑龙江粳稻材料中，有 60 份材料表现良好的抗性，接种 60h 时，龙稻 18 和三江 5 号发病级别为 1 级，龙粳 49、龙稻 23、垦稻 26 和垦稻 23 发病级别为 2 级，其余材料发病级别皆为 3 或 3 以上。表现抗性良好的试验材料在试验中表现为病斑扩展延迟。在分蘖期牙签接种试验中，供试材料共 80 份，其中营 9443 抗性表现最好，接种后 28d 病级最大值为 2 级。

关键词：水稻纹枯病；离体叶片接种；牙签接种；抗性鉴定

---

* 基金项目：国家水稻产业技术体系（CARS-01）

** 第一作者：杨晓贺，在读博士研究生，植物病理学专业；E-mail：yangxiaohe_2000@163.com

*** 通信作者：魏松红，教授，主要从事植物病原真菌学及水稻病害研究；E-mail：songhongw125@163.com

Molecular mapping of a recessive powdery mildew resistance gene in wheat cultivar Tianxuan 45 using bulked segregant analysis with polymorphic SNPs relative ratio distribution*

Chao Kaixiang, Su Wenwen, Wu Lei, Su Bei, Li Qiang**, Wang Baotong**

(*State Key Laboratory of Crop Stress Biology for Arid Areas*, *College of Plant Protection*, *Northwest A&F University*, *Yangling* 712100, *China*)

Abstract: Powdery mildew is a destructive foliar disease of wheat worldwide. Wheat variety 'Tianxuan 45' exhibits resistance to the highly virulent isolate HY5. Genetic analysis of the F_2 and $F_{2:3}$ populations of a Mingxian169/Tianxuan 45 cross revealed that the resistance to HY5 was controlled by a single recessive gene, temporarily designated as *PmTx*45. A Manhattan plot with the relative frequency distribution of single nucleotide polymorphisms (SNP) was used to rapidly narrow down the possible chromosomal regions of the associated genes. This microarray-based bulked segregant analysis (BSA) largely improved traditional analytical methods. *PmTx*45 was located in chromosomal bin 4BL5-0. 86-1. 00 and flanked by SNP marker *AX*-110673642 and Intron length polymorphism (ILP) marker *ILP*-4*B*01*G*269900 with genetic distances of 3. 0cM and 2. 6cM, respectively. Molecular detection in a panel of wheat cultivars using the markers linked to *PmTx*45 showed that the presence of *PmTx*45 in commercial wheat cultivar was rare. Resistance spectrum and chromosomal position analyses indicated that *PmTx*45 may be a novel recessive gene with moderate powdery mildew resistance. This new microarray-based BSA method is feasible and effective and has the potential application for mapping genes in wheat in marker-assisted breeding.

Key words: Wheat powdery mildew; Resistance gene; Mapping; Bulked segregant analysis; SNP

---

* Funding: This research was supported by the national Key Research and Development Foundation (No. 2016YFD0300705), the Technical Guidance Project of Shaanxi Province (2017CGZH-HJ-01)

** Corresponding authors: Li Qiang; E-mail: qiangli@ nwsuaf. edu. cn

Wang Baotong; E-mail: wangbt@ nwsuaf. edu. cn

Rapid mapping of a stripe rust resistance gene in wheat cultivar Zhongliang 31 using BSA combined with high-throughput SNP genotyping arrays*

Liu Huan[1], Su Wenwen[1], Chao Kaixiang[1], Li Qian[1], Yue Weiyun[2], Wang Baotong[1**], Li Qiang[1**]

(1. *State Key Laboratory of Crop Stress Biology for Arid Areas*, *College of Plant Protection*, *Northwest A&F University*, *Yangling* 712100, *China*; 2. *Tianshui Institute of Agricultural Sciences*, *Tianshui* 741000, *China*)

Abstract: Stripe rust, caused by *Puccinia striiformis* f. sp. *tritici* (*Pst*), is one of the most important diseases of wheat (*Triticum aestivum* L.) and causes substantial yield losses in many wheat-growing regions of the world. Identifying and utilization of new resistance genes is the most effective way for achieving durable disease control. Zhongliang 31, a common wheat highly resistant to Chinese predominant *Pst* races both in the seedling and adult-plant stages, has been grown widely in Longnan region in Gansu Province where is the hotspot for stripe rust pathogen. Inheritance analysis of F_2 and $F_{2:3}$ populations indicated that the stripe rust resistance of Zhongliang 31 is controlled by a single dominant gene, temporarily designated as *Yrzl*31. Bulked segregant analysis (BSA) combined with wheat 660 K single nucleotide polymorphism (SNP) array showed 2050 of 9118 polymorphic SNPs located on chromosome 2B. 141 kompetitive allele specific PCR (KASP) selected from the 2050 SNPs and 165 SSR markers on chromosome 2B were used to map *Yrzl*31. Linkage analysis indicated that 49 markers were linked to *Yrzl*31 and the genetic distances of two closest flanking markers KASP AX-111650565 and AX-110196738 were 2.8cM and 4.1cM, respectively. Also, *Yrzl*31 was located on wheat chromosome 2BL. The chromosome location, resistance and molecular tests suggested that *Yrzl*31 may be a novel gene. Since this gene is present at low frequency in the current wheat germplasms in China, it can be pyramided with other effective stripe rust resistance genes using marker-assisted selection (MAS).

Key words: *Puccinia striiformis* f. sp. *tritici*; Resistance gene; Mapping; BSA; SNP

---

* Funding: This research was supported by the national Key Research and Development Foundation (No. 2016YFD0300705), the Technical Guidance Project of Shaanxi Province (2017CGZH-HJ-01)

** Corresponding authors: Wang Baotong; E-mail: wangbt@ nwsuaf. edu. cn

Li Qiang; E-mail: qiangli@ nwsuaf. edu. cn

本氏烟抗性相关基因 *NbHIN*1 的克隆、表达与抗烟草花叶病毒功能分析*

彭浩然**，蒲运丹，薛 杨，吴根土，李明俊，青 玲，孙现超***
（西南大学植物保护学院，重庆 400715）

摘 要：*HIN*1（Harpin-induced gene 1）基因是受 Harpins 蛋白和丁香假单胞菌（*Pseudomonas syringae*）所诱导过程中表达的一种抗性基因，它与拟南芥抗性基因 *NDR*（Non-race-specific disease resistance gene）具有相似的基因序列，所以统称为 *NHL*（NDR1/HIN1-Like）家族。该家族的基因在多种植物防卫反应、生长发育、衰老以及抗逆过程中都发挥着重要功能，目前关于植物抗性基因 *HIN*1 的研究大多集中在对于真菌或者细菌的抗性研究，对植物病毒的抑制作用及其作用机理方面的研究仍十分少见，并且明确该基因在抗烟草花叶病毒的功能对于防治病毒病有重要的理论和实际意义。本研究通过分子克隆技术从本氏烟中分离得到 *HIN*1 基因，通过生物信息学工具对 DNA 序列及其编码的蛋白序列进行分析；明确烟草 *NbHIN*1 的亚细胞定位情况和组织表达水平，并成功构建了植物表达载体 pFGC5941-NbHIN1，通过遗传转化方法得到了超表达 *NbHIN*1 的本氏烟草，并在此基础上进行了抗烟草花叶病毒的功能鉴定，最后通过转录组测序，探求其抗病毒作用机理。结果表明本氏烟 NbHIN1 开放阅读框 687bp（KU195817），进化树结果表明茄科植物之间亲缘关系最近，拟南芥次之，与水稻、高粱单子叶植物的亲缘关系较远。蛋白预测结果表明 NbHIN1 编码 229 个氨基酸，蛋白的理论分子量为 26.2kD，具有保守结构域 LEA-14。激光共聚焦显微镜下观察到融合 RFP 的 NbHIN1 定位在细胞膜上。*NbHIN*1 基因在开花期的本氏烟草各个组织中均有表达，且相对表达量由高到低依次为根>花>叶>茎。利用农杆菌介导法转化烟草叶盘，获得阳性遗传转化植株，它在形态学上和野生型并没有明显的差异，也并未出现过敏性坏死斑点。通过摩擦接种 TMV-GFP 后，在第 2 天就出现了肉眼可见的绿色荧光斑点，相比之下对照组的斑点数多于处理组。接种后第 3 天斑点开始变大并开始扩散，第 4 天时对照组已经扩展到整片心叶而处理组则还未扩展到心叶，处理组的绿色荧光斑点也相对较少，通过荧光定量 PCR 检测 TMV 含量也间接证明病毒 RNA 水平的积累量显著低于对照组。通过比较野生型和遗传转化植株的转录组数据，发现了 102 条差异表达的基因，其中 48 条上调、54 条下调。它们参与了植物体内多种的生理生化过程，包括植物与病原菌的互作、植物激素信号转导、内吞作用、RNA 降解等多达 23 个不同的通路。通过实时荧光定量 PCR 的验证后我们发现烟草 *PARN*、*CNGCs*、*RAB*11 基因在处理组和对照组均上调表达，经过茉莉酸处理之后，本氏烟中 *HIN*1 和 *RAB*11 分别在 5h 和 2h 开始上调，在 5~12h 两个基因的响应趋势是基本一致的。但是蛋白互作的试验证明 NbRAB11 和 NbHIN1 之间并没有存在直接的互作关系，它们之间具体的关系还需要进一步研究。

---

* 基金项目：国家自然科学基金（31670148）；重庆市社会事业与民生保障创新专项（cstc2015shms-ztzx80011，cstc2015shms-ztzx80012）；中央高校基本科研业务费专项资金资助项目（XDJK2016A009，XDJK2017C015）

** 第一作者：彭浩然，男，硕士研究生，从事植物病理学研究

*** 通信作者：孙现超，博士，研究员，博士生导师，主要从事植物病毒学及植物病害生物防治研究；E-mail：sunxianchao@163.com

四倍体马铃薯‘合作 88’自交群体晚疫病抗性的分离研究*

王伟伟**，王洪洋，刘　晶，梁静思，唐　唯***
（云南师范大学马铃薯科学研究院，昆明　650500）

摘　要：四倍体马铃薯‘合作 88’是我国西南地区的主栽品种，其在抗病害、种植面积、经济效益等方面都有着举足轻重的地位。2014 年对‘合作 88’自花授粉得到‘合作 88’的自交分离群体 F_2 代，通过对自交分离群体 F_2 代的晚疫病表型统计结果发现，抗病性有不同程度的分离。本研究随机挑选‘合作 88’自交分离群体 28 株，进行室内离体叶片接种调查、和抗病品种基因型的分析，最后利用 SSR 对基因型的分离情况进行测定，结果表明：28 个自交后代株系与‘合作 88’亲本相比，有 7 株晚疫病抗性呈显著性差异（$P<0.05$），为易感病植株，21 株为抗病植株（亲本检测为抗性）；通过 3 对 SSR 引物（STM 2022，STM 0030，STM 3012）的 SSR 聚类分析可知‘合作 88’自交分离群体的多样性为 0.75，说明自交后代的基因型存在分离，该结果可为四倍体马铃薯抗病性遗传分析提供支持，也可用于抗病基因的定位和克隆。

关键词：马铃薯；合作 88；自交分离群体；SSR；晚疫病菌

* 基金项目：国家自然科学基金项目（31660503）；农业部“优薯计划”（2017-2025）
** 第一作者：王伟伟，女，硕士研究生，研究方向：马铃薯晚疫病的抗病性；E-mail：1174043860@qq.com
*** 通信作者：唐唯，男，讲师，研究方向：马铃薯晚疫病防治研究；E-mail：4497049@qq.com

我国主栽小麦品种抗条锈病基因的分子检测*

马佳瑞，马占鸿**
（中国农业大学植物病理学系，北京　100193）

摘　要：小麦条锈病是由 *Puccinia striiformis* f. sp. *tritici* 引起的重要病害，流行时可引起严重的产量和经济损失。2017 年我国小麦条锈病出现大面积流行发病，为了从小麦品种含抗病基因情况解释流行原因，本研究采集了来自甘肃、陕西、四川、贵州、河南、天津、河北、山东、湖北和新疆全国各地 10 个省份的 69 个主栽小麦品种的发病叶片，检测包含 *Yr*9、*Yr*10、*Yr*15、*Yr*17、*Yr*18 和 *Yr*26 在内已知的六个抗病基因。由于这 10 个省份小麦总种植面积达 28714 万亩，占全国总种植面积的 79.3%，基本囊括了我国几乎所有小麦主产区的小麦材料，具有一定的实验代表性。检测结果表明，所有的待检测的小麦品种中携带 *Yr*9、*Yr*10、*Yr*15、*Yr*17、*Yr*18、*Yr*26 基因的材料分别有 24、48、23、34、3、17 份材料，分别占比为：34.78%、69.57%、33.33%、49.28%、4.35%和 24.64%。由此可见，在我国 90%多的小麦主栽区的推广品种是有抗病性的。但就目前条锈菌生理小种的变异方面来看，仅有 15（占 32.61%）份小麦材料对致病类型 G22（即 CY34 号小种）具有抗性，而 CY34 号是这几年出现的新的毒性小种，其上升势头迅猛，这也就解释了 2017 年我国小麦条锈病大流行的原因。

关键词：小麦条锈病；抗病品种；抗条锈病基因；分子检测；CY34 新小种

---

* 基金项目：国家重点研发计划项目（2017YFD0201700，2017YFD0200400）
** 通信作者：马占鸿；E-mail：mazh@ cau. edu. cn

6 个梨品种果实对轮纹病的抗性测定及梨轮纹病菌的杀菌剂筛选*

张 璐**，张国珍***
（中国农业大学植物保护学院植物病理学系，北京 100193）

摘 要：我国是梨生产大国，品种繁多。由葡萄座腔菌（*Botryosphaeria dothidea*）引起的梨轮纹病是梨生产中重要真菌性病害，主要为害梨枝干和果实，造成树势早衰和果实腐烂，严重影响梨的产量和品质。为了解不同梨品种对梨轮纹病的抗性差异，本研究选取市售的梨果实，分别为白梨系统的库尔勒香梨、砀山酥梨和雪花梨；砂梨系统的皇冠梨和丰水梨；秋子梨系统的南果梨共 6 个梨品种，用分离自梨树的轮纹病菌进行了室内离体接种，测定不同品种果实对梨轮纹病的抗性差异。将无伤的健康梨果实用 75% 乙醇表面消毒，在每个果实的赤道部打 1 个直径约 2mm 的小孔，接种梨轮纹病菌菌丝块，以接种培养基块的处理为对照。每个处理重复 3 次。25℃，48h 黑暗处理后，再 12h：12h 光照黑暗交替培养 6 天，测量病斑直径。按照病斑直径从大到小的顺序，丰水梨的病斑直径最大，为 49.70mm；其次为南果梨和库尔勒香梨，病斑直径分别为 40.00mm 和 36.10mm；皇冠梨和雪花梨的病斑直径较小，为 25.90mm 和 24.40mm；砀山酥梨的病斑直径最小，为 15.10mm。可见同一梨系统的不同品种对轮纹病的抗性并不相同，不同品种果实对轮纹病的抗性有明显差异。测定了 4 种杀菌剂对梨轮纹病菌菌丝生长的抑制作用，发现咯菌腈、氟啶胺和咪鲜胺对梨轮纹病菌的菌丝生长有很强的抑制作用，EC_{50} 值分别为 0.01μg/mL、0.02μg/mL 和 0.03μg/mL；代森锰锌的 EC_{50} 值为 4.70μg/mL，也有较好的抑菌效果。本试验结果为了解不同梨品种对轮纹病的抗性及杀菌剂的选用提供了依据，具有生产指导意义。

关键词：梨轮纹病；品种抗性；杀菌剂

---

* 基金项目：国家科技支撑计划项目（2014BAD16B0702）

** 第一作者：张璐，在读硕士研究生，植物病理学专业；E-mail：zhangl0320@163.com

*** 通信作者：张国珍，教授，主要从事植物病原真菌学研究；E-mail：zhanggzh@cau.edu.cn

北京昌平地区生菜不同品种的抗病性比较

卢　蝶[1]，李　杨[1]，哈帕孜·恰合班[2]，托里肯别克·阿汉[3]，韩莹琰[1]，尚巧霞[1*]

（1. 农业应用新技术北京市重点实验室/植物生产国家级实验教学示范中心/
北京农学院，北京　102206；2. 新疆青河县农业技术推广中心，新疆　836200；
3. 新疆沙湾县东湾镇农业综合服务站，新疆　832107）

摘　要：生菜（*Lactuca sativa* L.）为菊科莴苣属的一、二年生草本植物，又称为叶用莴苣，由于富含蛋白质、糖类、维生素和矿物质等营养成分、热量低，受到消费者青睐[1,2]。近年来生菜成为设施蔬菜的主栽类型，随着种植面积逐年增加，病害普遍发生，造成大量叶片变黄或变褐枯死，导致减产、影响食用和贮运[3]。为了解北京市昌平区不同生菜品种的病害发生情况，并为生菜抗病品种的选育奠定基础，本文以24个品种为调查对象，对温室栽培环境中的生菜进行了病害调查，明确不同生菜品种的抗病性，以期为生菜育种以及病害的防治提供必要的依据。从2017年4月开始至2018年6月，对北京市昌平区温室栽培的生菜进行了病害发生情况的调查和病原鉴定。调查的生菜品种共有24个，包括北散生2号、北散生1号、LZB-06、LZB-05、HH2017、AG762、AG761、LZB-02、LE505、LE15002、LE1703、LE1701、LE601、WXL01、LZB-03、LZB-01、HZB-16、HZB-3、HZB-9、PF-LE-4、LE1603、LE1702、北紫生4号以及红皱。对生菜不同生长时期的病害进行了调查，重点调查了生菜育苗期、定植期和采收期病害发生的基本情况，调查内容主要有每个生菜品种发生的病害种类、病株率以及病情指数等。调查结果显示：从育苗期到采收期，生菜病害以生菜霜霉病和生菜灰霉病为主，其中HZB-16、PF-LE-4、红皱等3个品种在生长期均未发生病害。品种LE1701和LE1703只在采收期发生少量霜霉病，发病率分别为2%和4%，病情指数分别为0.4和0.8。品种北散生1号在定植期和采收期霜霉病发病率为1%和4%，病情指数为0.2和0.8。调查结果显示，对于生菜霜霉病和生菜灰霉病，HZB-16、PF-LE-4、红皱等3个品种在调查的24个品种中属于抗病性最好的品种，另外3个品种LE1701、LE1703和北散生1号的抗病性较好。本文的研究结果初步明确了北京市昌平区种植的不同生菜品种的抗病性，可以为生菜抗病品种的进一步选育提供可靠依据。

参考文献

[1] 范双喜，韩莹琰．生菜品种与栽培［M］．北京：中国农业出版社，2018.

[2] 李雅博，李婷，韩莹琰，等．叶用莴苣热激蛋白基因LsHsp70-2711的克隆及高温胁迫下的功能分析［J］．中国农业科学，2017，50（8）：1486-1494.

[3] 卢志军，徐帅，张群峰，等．生菜种传真菌的初步研究［J］．天津农学院学报，2017，24（2）：25-29.

* 通信作者：尚巧霞，教授，主要从事园艺植物病害防治及植物病毒学研究；E-mail：shangqiaoxia@ bua. edu. cn

Metabolomic profiling revealed general and specific chemical elicitors of rice defense response against *Magnaporthe oryzae*

Justice Norvienyeku[1,2], Lin Lili[2], Sami Rukaiya Aliyu[2], Chen Xiaomin[2], LinLianyu[1,2], Franklin Jagero[1], ZhouJie[1,2], Wang Zonghua[1,2,3]

(1. *Fujian University Key Laboratory for Plant-Microbe Interaction*, *the School of Life Sciences*, *College of Plant Protection*, *Fujian Agriculture and Forestry University*, *Fuzhou* 350002, *China*; 2. *State Key Laboratory for Ecological Pest Control of Fujian and Taiwan Crops*, *College of Plant Protection*, *Fujian Agriculture and Forestry University*, *Fuzhou* 350002, *China*; 3. *Minjiang University*, *Fuzhou* 350108, *China*)

Abstract: Generally, plants exposed to persistent irritations from microbial pathogens, insect pest, parasitic plants and unfavorable environmental factors (biotic and abiotic stress) tend to generate and accumulate a host of phytochemicals (secondary metabolites) in different tissues as reactive chemicals to ward-off or kill invading pathogens and insects. These secondary metabolites also serve as a signaling cue for initiating hormonal signaling processes necessary for mitigating their successful adaptation and subsequent survival under harsh environmental conditions. Previous metabolomics studies identified metabolomics divergence between japonica and indica rice species. Additional insights gained from population genetic studies as well as rice blast disease epidemiology studies showed that japonica and indica rice species exhibit different levels of resistance and susceptibility against cosmopolitan and the most economically destructive rice blast pathogen *M. oryzae*. However, the impact of metabolomics differentiations on differential resistance of different rice cultivars from japonica and indica species against *M. oryzae* is still not well understood. In this study, we used UPLC-TOFF mediated non-targeted whole metabolome profiling techniques to investigate metabolomics divergence prevailing between whole leaf tissues and leaf trichome of four homogeneously susceptible and five differentially resistant rice cultivars from both japonica and indica species. We also monitored differential *M. oryzae* mediated metabolomics reprogramming and reconstitution events occurring in respective rice cultivars during host-pathogen interaction. Our study identified set of metabolites that functions as phytochemicals in susceptible and resistant rice species under infection, among the disease resistance related phytochemicals identified exclusively resistant rice seedlings inoculated with the blast fungus includes, sakuranin (sakuranetin) and other reactive flavonoids. Comparative leaf trichome metabolome analysis also revealed digoxin, 4-coumarate (coumaric acid) and pyridoxine as exclusive phytochemicals present in leaf trichome of resistant rice cultivars. Further metabolomics profiling results identified saponins as a general defense molecule generated in both susceptible and resistant rice cultivars in response to *M. oryzae*. Results obtained from this study will serve as a blueprint for investigating saponin biosynthesis genes and their possible exploration for breeding blast resistant rice cultivars.

Key words: Phytochemical; Saponin; Metabolomics reprogramming; UPLC-TOFF

水稻 KH 结构域蛋白 OsKDP 在 APIP12 介导的水稻免疫反应中的作用机制研究

李　亚[1]，朱明慧[1]，周　波[2]，鲁国东[1]
（1. 生物农药与化学生物学教育部重点实验室/福建农林大学，福州　350002，中国；
2. 国际水稻所，DAPO BOX 7777，菲律宾）

摘　要：水稻与稻瘟菌间存在广泛而特异的相互作用，是研究寄主与病原物互作的重要模式系统。无毒基因是病原物遗传因子，能诱发寄主植物产生抗病性，是稻瘟菌与水稻互作最重要的激发子。在之前有文章报道称，水稻 Piz-t 能够识别稻瘟病菌 AvrPiz-t 基因，前人的研究利用酵母双杂交筛选到了 12 个与 AvrPiz-t 存在互作的水稻蛋白 AvrPiz-t Interacting Protein（APIPs），并证明 APIP5、APIP6、APIP8、APIP10 和 APIP12 都参与了水稻抗稻瘟病的免疫反应。本研究前期通过酵母双杂交对 APIP12 进行了互作蛋白筛选得到一个含 KH domain 蛋白（OsKDP）。因而，本研究从 APIP12 与 OsKDP 互作的关系上来继续研究稻瘟病菌 AvrPiz-t 介导的水稻抗稻瘟病免疫反应。目前通过单独酵母双杂交试验证明，APIP12 与 OsKDP 蛋白的两种剪切方式（CDS1 与 CDS2）都存在较明显的互作。接着构建了水稻原生质体表达的载体，并与水稻核定位蛋白 Histon 进行共定位研究发现，无论是 OsKDP-CDS1 还是 OsKDP-CDS2 都定位在细胞核里，而没有发现 APIP12 蛋白的明确定位结果。之后构建了 APIP12 与 OsKDP 蛋白的原核表达载体，并在 18℃条件下通过 IPTG 成功诱导三种蛋白。接下去，将利用 Pull-down 进一步验证 APIP12 与 OsKDP 的互作关系；同时，创建 OsKDP 的 Crispr 突变体和过表达植株，分析突变体植株的表型，最终阐明 OsKDP 在水稻免疫反应中的作用机制。

关键词：水稻；KH 结构域；APIP12

Screening for resistance to *Alternaria alternata*, the causal agent of black spot, in *Pyrus pyrifolia*[*]

Yang Xiaoping[1,2], He Xiujuan[1], Chen Qiliang[1], Zhang Jingguo[1],
Fan Jing[1], Hu Hongju[1**], Liu Pu[3**]

(1. *Research Institute of Fruit and Tea*, *Hubei Academy of Agricultural Science*, *Wuhan* 430064, *China*;
2. *Hubei Laboratory of Crop Diseases*, *Insect Pests and Weeds Control*, *Wuhan* 430064, *China*;
3. *College of Horticulture*, *Anhui Agricultural University*, *Hefei* 230036, *China*)

Abstract: Black spot disease (BSD), caused by *Alternaria alternata*, is one of the most serious fungal disease in sand pear (*Pyrus pyrifolia*), reducing the productivity and quality of fruits. BSD is characterized by necrosis on leaves, twigs and fruit. In this study, 331 sand pear germplasm including 72 improved cultivars, 18 breeding lines and 241 landraces from the germplasm bank of WCSPGNFG were evaluated for their resistance to *A. alternata* under both natural infection and artificial inoculation conditions in three consecutive years. Results showed that, nine sand pear varieties were highly resistant to *A. alternate*; Whereas, 71 were resistant, 165 were moderately resistant, 68 were susceptible and 18 were highly susceptible to *A. alternata*. Multiple linear stepwise regression analysis indicated that susceptibility of improved cultivars, breeding line and landraces of sand pear to *A. alternata* was related to five main botanical and biological characteristics: stalk length, branching ability, days of fruit development, weight per fruit, and soluble solids content. The results will be helpful for genetic improvement to develop cultivars resistant to pear black spot.

Key words: *Pyrus pyrifolia*; Pear black spot; Inoculation; Resistance

---

* Funding: This research was financially supported by the National Natural Science Fund (31601721), Hubei Agricultural Science and Technology Innovation Fund (2016-620-000-001-029), Hubei Laboratory of Crop Diseases, Insect Pests and Weeds Control Open project (2017ZTSJJ1) and the construction of modern agricultural industry technology system (CARS-29-34)

** Corresponding author: Hu Hongju; E-mail: hongjuhu@ sina. com
Liu Pu; E-mail: puliu@ ahau. edu. cn

297份青稞种质资源对条纹病的抗性鉴定研究*

张调喜**，侯　璐***，郭青云***
（青海大学农林科学院/青海省农林科学院/农业部西宁作物有害生物科学观测实验站/
青海省农业有害生物综合治理重点实验室/青海省高原作物种质
资源创新与利用国家重点实验室培育基地，西宁　810016）

摘　要：条纹病为青海省青稞产区发生的最主要病害之一，本研究拟寻找表现优良抗条纹病性的青稞种质资源，为青海省青稞育种提供优良抗条纹病种质资源和理论依据。于2016、2017年两年共四个点的重复田间病圃抗病性鉴定和室内人工接种抗病性鉴定相结合的方法，对297份青稞种质资源进行了系统的抗病性测试发现，在所有测试中均表现免疫的资源102份，表现高抗的资源29份，中抗资源56份，分别占总资源数的34.30%、9.80%和18.90%；还有110份种质资源对条纹病表现感病，其中87份资源表现为中感，23份为高感，感病资源占总测试资源数的37.0%。

关键词：青稞；种质资源；条纹病；抗病性

---

* 基金项目：国家重点实验室培育基地青海省高原作物种质资源创新与利用重点实验室开放课题（2014-06）
** 第一作者：张调喜，在读硕士研究生，研究方向为植物病理学；E-mail：2295376286@ qq. com
*** 通信作者：侯璐，副研究员，主要从事植物抗病遗传研究；E-mail：mantou428@ 163. com
郭青云，研究员，主要从事植物保护研究；E-mail：Guoqingyunqh@ 163. com

Maize homologs of COMT, a key enzyme in lignin biosynthesis, modulate the hypersensitive response mediated by resistance protein Rp1-D21

Liu Mengjie*, Sun Yang, Luan Qingling, Liu Xiaoying, Wang Mei, Zhu Yuxiu, Mao Weichao, Wang Guanfeng**

(*The Key Laboratory of Plant Cell Engineering and Germplasm Innovation, Ministry of Education, College of Life Sciences, Shandong University, Qingdao* 266237, *China*)

Abstract: *Rp*1-*D*21, a naturally occurring mutant in maize, derives from an intragenic recombination event between two CC-NB-LRR genes, *Rp*1-*D* and *Rp*1-*dp*2. Rp1-D21 induces an auto-active hypersensitive response (HR) in maize and *Nicotiana benthamiana* in the absence of pathogen infection, which has been used as a powerful tool to investigate the genes function in modulating the HR mediated by Rp1-D21. Lignin plays significant roles in plant development and defense and multiple key enzymes in lignin biosynthesis pathway have been reported to be involved in response to pathogen infection. In our previous studies, hydroxycinnamoyltransferase (HCT) and caffeoyl-CoA O-methyltransferase (CCoAOMT), two key enzymes in lignin biosynthesis, have been proved to suppress Rp1-D21-mediated HR through physical interaction. Caffeic acid O-methyltransferase (COMT) is another key enzyme in lignin biosynthesis and the well-known *bm*3 (*brown midrib* 3) mutant in maize is due to the disruption of *COMT*. To investigate the function of COMT in Rp1-D21-mediated HR, two homologs of COMT (COMT1 and COMT2) were transient co-expression with Rp1-D21 or its functional signaling domain coiled coli (CC) in *N. benthamiana*. The results showed that COMT2, but not COMT1 suppressed both Rp1-D21 and CC mediated HR. Co-IP assay showed that COMT2 interacts with CC in plant. Furthermore, COMT2, but not COMT1 interacts with HCT and CCoAOMT, suggesting these three proteins might form a complex in plant. These results indicate that some homologs of key enzymes in lignin biosynthesis may be synergetic to regulate Rp1-D21-mediated HR. This study will clarify the regulatory function of maize COMT homologs in defense response and it is potential to use *COMT*2 as a new gene resource for maize genetic improvement.

Key words: Maize; Hypersensitive response; Rp1-D21; COMT

---

* 第一作者：刘孟洁，博士，玉米抗病分子机理研究；E-mail：mjliu1988@163.com

** 通信作者：王官锋，博士，教授，玉米抗病分子机理研究；Tel：0532-58630828，E-mail：gfwang@sdu.edu.cn

Maize metacaspase inhibits the hypersensitive response induced by autoactive NLR protein Rp1-D21

Luan Qingling*, Liu Mengjie, Sun Yang, Wang Mei, Liu Xiaoying, Zhu Yuxiu, Mao Weichao, Wang Guanfeng**

(*The Key Laboratory of Plant Cell Engineering and Germplasm Innovation*, *Ministry of Education*, *College of Life Science*, *Shandong University*, *Qingdao* 266237, *China*)

Abstract: Programmed cell death (PCD) plays important roles in plant innate immunity. Most disease resistance (*R*) genes encode nucleotide binding leucine-rich-repeat (NLR) proteins that trigger a rapid localized PCD termed the hypersensitive response (HR) upon pathogen recognition. The maize NLR protein Rp1-D21 derives from an intragenic recombination between two NLRs, Rp1-D and Rp1-dp2, and confers an autoactive HR in the absence of pathogen infection. Metacaspase (MC), the distant homolog of caspase in the caspase-like domain (CD) cysteine protease superfamily, is widely distributed in different species and plays important roles in immunity. In maize, MC can be divided into two types, type I and type II. Phylogenetic analysis showed that eight genes encode type I (ZmMC1-8) and three genes encode type II (ZmMC9-11). Both types of MC contain two conserved caspase-like catalytic domains, P20 (20kDa) and P10 (10kDa). Two types of MC differ in their N-terminal pro-domains and the length of the linker between P20 and P10. From our RNA-seq data, we found that several ZmMC genes are differentially expressed in *Rp*1-*D*21 mutant compared to wild type. We transiently co-expressed ZmMC and Rp1-D21 in *N. benthamiana* and found that type I ZmMC1 and ZmMC2 suppress Rp1-D21-mediated HR, while type II ZmMC9 has no obvious effect. The suppression function of ZmMC1 and ZmMC2 is independent of the putative catalytic residues and the N-terminal pro-domain. These results suggest that two types of MC have different function in regulating NLR-mediated HR. The molecular mechanism will be further explored.

Key words: NLR; Rp1-D21; Metacaspase; Hypersensitive response

---

* 第一作者：栾庆玲，硕士生，研究玉米中的半胱氨酸蛋白酶介导 Rp1-D21 诱导超敏感防卫反应的机理；E-mail：18353118086@163.com

** 通信作者：王官锋，博士，教授，玉米抗病分子机理研究；E-mail：gfwang@sdu.edu.cn

N gene enhances resistance to *Chilli veinal mottle virus* and hypersensitivity to salt stress in *Nicotiana tobacum*

Yang Ting, Lv Rui, Xu Zhenpeng, Zhu Lisha,
Peng Qiding, Qiu Long, Lin Honghui, Xi Dehui*
(*Key Laboratory of Bio-Resource and Eco-Environment of Ministry of Education*,
College of Life Sciences, *Sichuan University*, *Chengdu* 610065, *China*)

Abstract: Plants use multiple mechanisms to fight against pathogen infection. Disease resistance (R) gene which specifically mediate plant defense is one of the major mechanisms, while recent studies have shown that R genes have broad spectrum effects in response to various stresses. *N* gene is the resistance gene specifically resistant to *Tobacco mosaic virus* (TMV). However, the role of *N* gene in abiotic stress and other viral response remains obscure. *Chilli veinal mottle virus* (ChiVMV), a member of Potyvirus genus which contain the largest group of known plant viruses and comprise many agriculturally and economically important viruses. In this study, we investigated the mechanisms by which *N* regulated plant defense responses under ChiVMV infection and salt stress. Here, we monitored the physiological and molecular changes of tobacco plants under virus attack. The results showed that when tobacco^{NN} and tobacco^{nn} plants were challenged with ChiVMV, tobacco^{NN} plants displayed more susceptibility at 5 days post infection (dpi), while tobacco^{nn} plants exhibited more susceptibility at 20dpi. The accumulation of ROS and *NtHIN*1 expression were higher in tobacco^{NN} than tobacco^{nn}plants at 5dpi, and the defense gene *NtPR*1, the activities of antioxidant enzymes and salicylic acid (SA) content were increased in tobacco^{NN} plants compared with tobacco^{nn} plants. It was suggested that *N* gene induced hypersensitive response (HR) and enhanced the systemic resistance of plants in response to ChiVMV via a SA-dependent signaling pathway, which could be supported by some studies that systemic necrosis shared HR attributes. *N* gene induced HR and enhanced the systemic resistance of plants in response to ChiVMV. *N* gene could also be induced significantly by salt stress. But, tobacco^{NN} plants showed hypersensitivity toward increased salt stress, and this hypersensitivity was dependent on abscisic acid and jasmonic acid but not SA. Taken together, our results indicated that *N* gene appeared to important for tobacco plants in response to ChiVMV infection and salt stress.

* Corresponding author: Xi Dehui; E-mail: xidh@ scu. edu. cn

Cytokinin receptor CRE1 positively regulates the defense response of *Nicotiana tabacum* to *Chilli veinal mottle virus*

Zou Wenshan, Chen Lijuan, Lin Honghui, Xi Dehui*

(*Key Laboratory of Bio-Resource and Eco-Environment of Ministry of Education, College of Life Sciences, Sichuan University, Chengdu* 610065, *China*)

Abstract: Plants have a variety of strategies to defend against pathogens, and more and more phytohormones are now considered to play important roles in the interaction between plants and pathogens. Cytokinins are phytohormones that participate in various regulatory processes throughout plant development. Its functions are well documented in terms of regulating organ formation, promoting bud development, and delaying leafsenescence, etc. Furthermore, cytokinins have been shown to confer resistance against several fungal and bacterial pathogens. CRE1 is the best characterized of the three cytokinin histidine kinase receptors, and loss-of-function mutants of CRE1 result in reduced cytokinin sensitivity. *Chilli veinal mottle virus* (ChiVMV), a member of the *Potyvirus* genus, primarily infects *Capsicum* sp. Its symptoms result in significant losses in yield and product quality. Therefore, it is very important to find an effective method to control ChiVMV.

In the present study, the recombinant vector pRNAi-LIC-CRE1 was used for achieving tobacco (*Nicotiana tabacum*) CRE1 defective mutant via the agrobacterium-mediated transformation method. Then, molecular and physiological principles were investigated in CRE1 defective *N. tabacum* plants in response to ChiVMV infection. The results indicated that CRE1 defective plants were more susceptible to ChiVMV infection. There were higher viral replication level, more impetuous viral symptoms in CRE1 defective mutants along the time going when compared with wild-type (WT) plants. ChiVMV caused more severe photosystem damage in mutants, while the WT suffered the least damage. Furthermore, we tested the transcripts of salicylic acid (SA) responsive defence related genes pathogenesis-related gene 1 (PR1), pathogenesis-related gene 2 (PR2), non-expressor of pathogenesis-related gene 1 (NPR1), enhanced disease susceptibility 1 (EDS1), and PR1-associated transcription factor TGA 1A and TGA 2. 1; the transcripts of jasmonic acid (JA) responsive defence related genes pathogenesis-related gene 3 (PR3), allene oxide synthase (AOS), crown gall insensitive 1 (COI1), and the transcription factor WRKY11; and the transcripts of ethylene responsive defence related genes 1-aminocyclopropane-1-carboxylic acid oxidase (ACCOx) and pathogenesis-related gene 4 (PR4). Except NPR1, ACCOx and COI1, the transcription level of other defense-related genes in WT plants were significantly higher than that of mutants. And the activities of antioxidant enzymes in CRE1 mutants were down-regulated when compared with wild-type plants after ChiVMV infection. At the late stage of ChiVMV infection, it can be seen from the phenotype that it was significantly shorter in plant height in mutant plants than that of WT plants, and the biomass of the CRE1 defective plants were more negatively affected.

Taken together, our study indicated that CRE1 positively regulates plant defense responses to ChiVMV. It provides a new idea for the research of CRE1 in*N. tabacum* and plant immune system.

---

* Corresponding author: Xi Dehui; E-mail: xidh@ scu. edu. cn

Rice *AGF*1 is a susceptibility factor activated by the rice false smut pathogen *Ustilaginoidea virens**

Fan Jing[1**], Gong Zhiyou[1], Yang Juan[1,3], Du Ning[1],
Li Guobang[1], LI Yan[1], Huang Fu[1,2], Wang Wenming[1***]
(1. *Rice Research Institute & Key Laboratory for Major Crop Diseases, Sichuan Agricultural University, Chengdu* 611130, *China*; 2. *College of Agronomy & Institute of Agricultural Ecology, Sichuan Agricultural University, Chengdu* 611130, *China*; 3. *Chongqing Institute of Medicinal Plant Cultivation, Chongqing* 408435, *China*)

Abstract: With the increasing occurrence and detriments on rice yield and grain quality, rice false smut (RFS) disease has attracted more and more attention worldwide. Our work is focused on the formation mechanism of the RFS ball (RFSB), the only visible symptome of this disease. We found that the rice grain filling process was impeded by the RFS pathogen *Ustilaginoidea virens*. Subsequently, the ovary of infected rice spikelet stopped developing and remained un-pollinated, but a series of grain-filling-related genes were highly induced in infected spikelets. Among these genes, *AGF*1 (Activated Grain-Filling-Related Gene 1) was further investigated. The knock-out mutant *agf*1 showed significantly reduced susceptibility to multiple *U. virens* isolates. The average number of RFSB per diseased panicle was decreased by 1.6~3.6 folds in *agf*1, compared to that in wild-type. Phenotype data displayed that the seed setting rate of *agf*1 was decreased by 26%, while chalkiness degree and chalky kernel percentage was remarkably increased. The GUS staining and RNA *in situ* analyses revealed that *AGF*1 was mainly activated in the lodicules of rice flowers at 9 days post inoculation under our experimental conditions. These data suggest that *AGF*1 is manipulated by *U. virens* as a susceptibility factor, and *U. virens* may hijack the rice grain filling process particularly in lodicules to support the formation of RFSB.

Key words: Lodicule; Grain-filling; Rice false smut; Susceptiblity factor; *Ustilaginoidea virens*

---

* Founding: National Natural Science Foundation of China (31772241)

** First author: Fan Jing, Associate Professor, specialized in rice false smut disease; E-mail: fanjing7758@126.com

*** Corresponding author: Wang Wenming, Professor, specialized in molecular plant-pathogen interaction; E-mail: j316wenmingwang@163.com

Dual regulation of miR396 in balancing rice yield and immunity*

Chandran Viswanathan**, Wang He, Zhu Yong, Wang Wenming***

(Rice Research Institute & Key Laboratory for Major Crop Diseases, Sichuan Agricultural University, Chengdu 611130, *China)*

Abstract: Rice (*Oryza sativa*) is the staple food for more than half of the world's population. Rice production is highly affected by a number of diseases, among which rice blast (*Magnaporthe oryzae*) is considered to be the most destructive fungal disease. MicroRNAs (miRNAs) are short non-coding RNAs which regulate gene expression either by DNA methylation or by mRNA cleavage or translation inhibition. They play a major role in diverse biological processes, including growth, development and responses to biotic and abiotic stresses. Recent studies have depicted a few miRNAs to be functionally interactive during *M. oryzae* infection in rice. However, less is known about the molecular genetic network mediating miRNA regulation of rice resistance during *M. oryzae* infection. In the present study we have identified that miR396 is differentially regulated upon *M. oryzae* infection in resistant and susceptible accession. In addition, over-expression of miR396 isoforms shows susceptibility to *M. oryzae*. Correspondingly, over-expressing miR396 target mimicry were highly resistance to *M. oryzae*. In addition, target mimicry shows increase in the rice yield. Collectively, our results provide basic evidence for the role of miR396 in rice immunity in addition to grain yield.

Key words: *Oryza sativa*; miR396; *Magnaporthe oryzae*; Disease susceptibility; Rice immunity

---

* Founding: National Natural Science Foundation of China (31430072 and 31471761)

** First author: Chandran Viswanathan, Postdoctoral Fellow, specialized in rice immunity-associated miRNAs; E-mail: 3496326074@qq.com

*** Corresponding author: Wang Wenming, Professor, specialized in molecular plant-pathogen interaction; E-mail: j316wenmingwang@163.com

Osa-miR164a 调控稻瘟病抗性及水稻的生长发育*

鲁均华**，王　贺，朱　勇，马晓春，樊　晶，李　燕，王文明***
（四川农业大学水稻研究所，成都　611130）

摘　要：稻瘟病是水稻的重要病害之一，可引起水稻大幅度减产，严重时甚至颗粒无收，所以我们迫切需要寻找新的抗性资源。MicroRNAs（miRNAs）是一类长度为 20～24nt 的非编码小 RNA，参与调控植物的抗病、抗逆及生长发育等过程。本实验室在前期工作中，已经筛选出 33 个候选 miRNAs 参与稻瘟病的免疫响应。本研究以 Osa-miR164a 为研究对象，首先在感病材料 LTH 和抗病材料 IRBLkm-Ts 接种稻瘟病后，检测 Osa-miR164a 及其靶基因在抗感材料的表达模式。接着构建 Osa-miR164a 过表达材料，分析 Osa-miR164a 对抗稻瘟病菌的抗性以及对水稻生长发育的影响。结果表明，稻瘟病菌侵染感病材料时，Osa-miR164a 的累积量有轻微的上调；而侵染抗病材料 12h 后，Osa-miR164a 的累积量逐渐下调。Osa-miR164a 的靶基因 *NAC* 在感病材料中的累积量变化不大，而在抗病材料中的累积量明显增加。与对照相比，过表达 Osa-miR164a 材料更感稻瘟病，主要表现为：叶片发病病斑数量更多、病斑面积更大、附着胞和侵染菌丝形成更早、过氧化氢累积更少；此外，过表达 Osa-miR164a 材料株高变矮且不结实，叶片呈弹簧状的卷曲。这些结果表明 Osa-miR164a 负调控水稻对稻瘟病菌的抗性并影响水稻的生长发育。

关键词：Osa-miR164a；水稻；稻瘟病

---

* 基金项目：国家自然科学基金（31430072）

** 第一作者：鲁均华，硕士研究生，主要研究水稻 microRNA 调控稻瘟病抗性的分子机制；E-mail：1104495049@ qq. com

*** 通信作者：王文明，研究员，主要从事植物-病原菌相互作用机制研究；E-mail：j316wenmingwang@ 163. com

Osa-miR535 调控水稻稻瘟病抗性并影响水稻生长发育*

张凌荔**，李金璐，周士歆，汪亮芳，郑雅平，李 燕，樊 晶，王文明***
（四川农业大学水稻研究所，成都 611130）

摘 要：miRNAs 作为一种重要的调节因子，调节着植物生长发育、抗逆、抗病等，揭示 miRNAs 调控稻瘟病与水稻互作的分子机理，对粮食生产具有重要意义。目前，水稻中鉴定出来的 miRNA 有很多，但其机理并不十分明确。我们通过感病材料 *LTH* 和抗病材料 *IRBLkm-Ts* 接种稻瘟病菌，高通量测序检测侵染前后 miRNAs 积累量，鉴定出 Osa-miR535 受稻瘟菌诱导。随后我们构建了 Osa-miR535 的转基因水稻，划伤接菌结果显示过表达转基因系（*OX*535）增加了水稻对稻瘟病的感病性而模拟靶标转基因系（*MIM*535）对稻瘟病的抗病性增强。Osa-miR535 也影响水稻的农艺性状，表现为 *OX*535 株高变矮、穗长变短、一级枝梗数减少 50%、二级枝梗数减少 80%，因此 *OX*535 的每穗粒数减少。而 *MIM*535 株高增高，一级枝梗数增多 20%，二级枝梗数增多 30%，每穗粒数增加，粒宽增加，但穗长、分蘖数量无显著差异。此外，与野生型相比，*OX*535 和 *MIM*535 对结实率均没有明显影响。上述结果表明，Osa-miR535 不仅影响水稻对稻瘟病菌的抗性，同时调控水稻株高、穗形等农艺性状。

关键词：miRNA；水稻；稻瘟病

* 基金项目：国家自然科学基金（31430072）
** 第一作者：张凌荔，博士研究生，主要研究水稻 microRNA 调控稻瘟病抗性的分子机制；E-mail：261030802@ qq. com
*** 通信作者：王文明，研究员，主要从事植物-病原菌相互作用机制研究；E-mail：j316wenmingwang@ 163. com

小麦—条锈菌互作中小麦 *TaAMT2. 3a* 基因克隆和初步功能分析

蒋俊朋，段婉露，赵　晶，康振生
（西北农林科技大学植物保护学院/旱区作物逆境生物学国家重点实验室，杨凌　712100）

摘　要：由条形柄锈菌（*Puccinia striiformis* f. sp. *tritici*）引起的条锈病是小麦最为严重的流行病害之一，严重威胁着小麦的生产。开展小麦与条锈菌互作机理的研究对于该病的可持续绿色防控具有重要意义。本研究鉴定到一个小麦铵盐转运蛋白基因 *TaAMT*2. 3*a*，并对该基因及其编码蛋白的功能进行了分析。表达特征分析发现 *TaATM*2. 3*a* 在根茎叶中均受条锈菌诱导表达，且在根中诱导表达最明显。铵含量测定分析发现接种后根中铵盐含量增加，而叶片中铵盐含量明显下降。通过病毒诱导的基因沉默技术对 *TaATM*2. 3*a* 基因进行了功能分析，发现条锈菌在基因沉默植株上的生长受到阻碍，侵染面积和产孢量均减少，表明铵盐转运基因的表达有利于条锈菌的侵染。综上所述，条锈菌可能通过调控寄主铵盐转运基因的表达，以利于病菌从寄主细胞获取氮元素，促进条锈菌的侵染。

关键词：小麦条锈菌；铵转运蛋白；小麦与条锈病的互作；病毒诱导的基因沉默

小麦 CBL 结合蛋白激酶 TaCIPK14 介导的感病机理研究*

季长安，谭成龙，郭　军**
（旱区作物逆境生物学国家重点实验室/西北农林科技大学植物保护学院，杨陵　712100）

摘　要：类钙调磷酸酶 B 蛋白（Calcineurin B-like proteins，CBL）是植物特有的钙传感蛋白，并通过与 CBL 互作蛋白激酶（CBL-interacting protein kinases，CIPK）相互作用来解码和传递钙信号。实验室的前期研究发现，小麦 TaCIPK14 参与了小麦与条锈菌的亲和互作过程。本研究中，利用小麦原生质体定位、酵母双杂交、qRT-PCR 及病毒介导的基因沉默（virus-induced gene silence，VIGS）等技术对该基因的功能进行深入的研究。结果表明，该基因定位于小麦的细胞膜、细胞质及细胞核中；TaCIPK14 与 TaCBL1. 1、TaCBL3 及 TaCBL4 存在互作关系；在小麦与条锈菌的亲和互作中，瞬时沉默 TaCIPK14 导致小麦的活性氧面积积累面积降低、条锈菌亲和小种 CYR31 的菌丝长度及菌丝面积减少，并且在侵染后期产孢量明显降低；利用酵母双杂交技术筛选到 TaCIPK14 的 6 个候选靶标，分别为多聚嘧啶结合蛋白、ATP 结合转运体 F 家族成员 5、钙依赖蛋白激酶相关激酶 3 及 3 个含有信号肽的条锈菌效应蛋白。由此，本实验说明小麦 CBL 结合蛋白激酶基因 TaCIPK14 为小麦候选的感病基因，在条锈菌侵染小麦过程中起到重要作用，同时还有可能参与了寄主体内 mRNA 可变剪接的调节、能量代谢以及脱落酸过程和蛋白磷酸化过程。

关键词：小麦；条锈病；TaCIPK14；感病机理；小麦抗病性

* 基金项目：国家重点基础研究发展计划（No. 2013CB127700）；国家自然科学基金资助项目（No. 31371889；No. 31171795）

** 通信作者：郭军；E-mail：guojunwgq@ nwsuaf. edu. cn

TaCIPK10 interacts with and phosphorylates TaNH2 to activate wheat resistance against stripe rust*

Liu Peng, Guo Jia, Liu Cong, Xue Qinghe, Tan Chenglong,
Qi Tuo, Duan Yinghui, Kang Zhensheng**, Guo Jun**
(*State Key Laboratory of Crop Stress Biology for Arid Areas, College of Plant Protection, Northwest A&F University, Yangling* 712100, *Shaanxi, P. R. China*)

Abstract: The protein kinase activity of calcineurin B-like interacting protein kinase (CIPKs) is regulated by calcineurin B-like proteins (CBLs) binding to Ca^{2+}. Recent studies have demonstrated that CIPK is required for mediating biotic stress tolerance. However, the functions of CIPKs in immune signaling in crop plants are largely unknown. In addition, an in-depth understanding of endogenous targets or substrates of CIPKs in response to biotic stress are also unclear. In this report, we use qRT-PCR assay to identify a wheat CIPK gene, *TaCIPK*10, with highly expression under *Puccinia striiformis*f. sp. *tritici* (*Pst*) inoculation and salicylic acid (SA) treatment. The analysis of *in vitro*phosphorylation assay reveals that the kinase activityof TaCIPK10depends on Ca^{2+} and TaCBLs. Functional analysis of TaCIPK10 by transgenic overexpression and transient silencing confirmed its positive role in resistance of wheat against *Pst*. Moreover, TaNH2, an ortholog of AtNPR3/4, was confirmed as the target of TaCIPK10, which positively regulate wheat resistance against *Pst*. Together, these findings indicate that TaCIPK10 interacting with and phosphorylating TaNH2 is involved in wheat resistance against *Pst*. Together these findings indicate that TaCIPK10 is co-regulated in wheat resistance against*Pst*with TaNH2. Our results provide new insights for understanding the roles of CBL-CIPK and NPR family in wheat.

Key words: Wheat; TaCIPK10; Resistance; TaNH2; *Puccinia striiformis*f. sp. *tritici*

---

* Funding: the NationalNatural Science Foundation of China (No. 31371889 and31620103913) and National Basic Research Program of China (No. 2013CB127700)

** Corresponding author: Guo Jun, professor, Plant Immunology; Tel: 029-87082439, E-mail: guojunwgq@ nwafu. edu. cn
KangZhensheng, professor, Plant Immunology; Tel: 029-87081317, E-mail: kangzs@ nwsuaf. edu. cn

利用多组学手段解析小麦赤霉病寄主抗性机制

周　瑶，刘家俊，毛雪芸，李　磊，李　韬
（扬州大学，扬州　225009）

摘　要：由镰刀菌属类引起的赤霉病是我国长江中下游麦区的重要病害，可造成小麦产量锐减和品质变劣，同时受感染的小麦籽粒积累真菌毒素，对人畜健康造成严重威胁。由于小麦基因组及小麦-真菌互作的复杂性，目前科学界对于赤霉病寄主抗性机制的了解仍然有限。近年来转录组、蛋白组和代谢组等组学的兴起和应用极大地促进了科学家对于赤霉病寄主抗性机制的理解。基于我们前期转录组和蛋白组学的研究，并结合国内外关于植物-镰刀菌属类互作的组学进展分析，得出以下主要结论：寄主的磷酸戊糖路径和抗菌因子与赤霉病基础抗性有关；细胞壁初生结构与细胞壁次生结构加厚，三羧酸循环、乙烯合成路径及茉莉酸/甲酯茉莉酸路径的上调和水杨酸路径的早期激活可提高赤霉病抗性；寄主光合路径的下调、糖酵解路径和活性氧/一氧化氮路径上调、水杨酸路径的晚期激活降低赤霉病抗性；寄主钙离子信号路径与赤霉病抗感的相关性取决于与其互作的信号路径；主要病程相关蛋白参与赤霉病基础抗性，其效应因不同病程蛋白而异；苯丙氨酸路径是调控赤霉病抗性的关键路径；脯氨酸富集蛋白、胼胝质合成蛋白、烯醇酶、咖啡酸甲基转移酶以及胚胎晚期富集蛋白可能与抗病关联；转运蛋白C和紫色酸性磷酸脂酶可能是感病因子。通过基因编辑和标记辅助选择策略操控或利用上述关键路径或抗/感相关基因，可进一步改良小麦赤霉病抗性，促进粮食安全和食品安全。

关键词：小麦；赤霉病；多组学；抗性机制；抗性基因

Proteomics analysis of disease-resistant lily clones toward *Fusarium oxysporum*

Zhang Yiping[1,2], Wang Jihua[2], Qu Suping[2], Yang Xiumei[2], Xu Feng[2], Zhang Lifang[2], Wang Lihua[2], Su Yan[2], He Yueqiu[1*]

(1. *Yunnan Agricultural University*, *Kunming* 650205, *China*; 2. *Flower Research Institute*, *Yunnan Academy of Agricultural Sciences*, *National Engineering Research Center for Ornamental Horticulture*, *Yunnan Flower Breeding Key Laboratory*, *Yunnan Flower Engineering Center*, *Kunming* 650205, *China*)

Abstract: Lily blight, caused by the soil-borne pathogen *Fusarium oxysporum* f. sp. *lilii*, is one of the most serious diseases impacting lily production worldwide. Oriental lily hybrid ' Casa Blanca ' blight-resistant clones were obtained by toxin screening. To elucidate the disease-resistance mechanisms of lily against *F. oxysporum* f. sp. *lilii*, we performed the compared proteomics research in susceptible and resistant cultivars inoculated with the pathogen. Using 2-DE and MALDI-TOF-TOF MS analysis, 25 differentially expressed proteins were identified. The proteins can be categorized into 4 classes according to their function. There were 6 differentially expressed defense-related proteins identified in the susceptible and resistant cultivar, including presumption of disease-resistance protein RPS2, putative late blight resistance protein homolog R1C-3, peroxidase Q, ascorbate peroxidase, putative ethylene-responsive protein, and NBS-LRR-like protein, which may play key roles in the resistance mechanisms against lily blight. Further investigations are required to elucidate the complexities of the disease resistance mechanism.

Key words: Lily disease-resistant clones; 2-DE; Proteomics; *Fusarium oxysporum*; MALDI-TOF-TOF

* Corresponding author: He Yueqiu; E-mail: ynfh2007@163.com

Functional characterization of miR1320 in response to both *Xanthomonas oryzae* pv. *oryzae* infection and nitrogen deficiency in rice

Hu Jixiang, Chen Huamin*, Tian Fang, Yu Chao, Yang Fenghuan, He Chenyang*
(*State Key Laboratory for Biology of Plant Diseases and Insect Pests*, *Institute of Plant Protection*, *Chinese Academy of Agricultural sciences*, *Beijing* 100193, *China*)

Abstract: Plant microRNAs play important roles in response to biotic and abiotic stress conditions. miR1320, a rice specific small RNA, is induced by both*Xanthomonas oryzae* pv. *oryzae* (*Xoo*) infection and nitrogen deficiency, which was identified by deep sequencing and qRT-PCR assay. Overexpression of miR1320 in rice promoted plant growth and enhanced the immune responses to *Xoo* infection regardless of normal or low nitrogen conditions. Disease lesions caused by *Xoo* were much shorter on miR1320 OE rice than on wild type. Salicylic acid colorimetry and ninhydrin chromogenic method was used to determine the nitrogen and total amino acid content respectively. The results showed that these contents of stem and root in OE rice are higher than those in WT. In addition, we demonstrated that a WRKY transcript (*LOC_Os*08*g*09800. 1) was a target of miR1320 by qRT-PCR and LUC-reporter assays. It is generally known that WRKY transcriptional factors modulate many seemingly disparate processes in plant. Therefore, miR1320 may positive regulate disease resistance against *Xoo* and adaption to nitrogen deficiency through modulating *LOC_Os*08*g*09800. 1 gene expression in rice.

* Corresponding author: Chen Huamin; E-mail: hmchen@ippcaas. cn
He Chenyang; E-mail: hechenyang@caas. cn

Omics analysis of maize seedlings responding to *Sugarcane mosaic virus* infection*

Du Kaitong, Jiang Tong, Chen Hui, Fan Zaifeng, Zhou Tao**

(*Department of Plant Pathology*, *China Agricultural University*, *Beijing* 100193, *China*)

Abstract: Maize dwarf mosaic disease caused by *Sugarcane mosaic virus* (SCMV) has serious damage to maize production in China and Europe. RNAseq and iTRAQ methods were used separately to determine the transcriptome and proteome of the shoots of SCMV-infected B73 maize seedlings at both early infection stage (three days post inoculation, 3 dpi) and stable symptoms stage (9 dpi). Analysis of transcriptome data using a generalized linear model revealed that the majority of differentially expressed genes (DEGs) in maize seedlings responding to SCMV infection had appeared at 3 dpi rather than at 9 dpi, and most of these DEGs were significantly up-regulated. The newly emerged DEGs at 9 dpi showed randomness and did not form clear enrichment of KEGG pathway. The most of differentially expressed proteins (DEPs) in maize seedlings responding to SCMV infection appeared at 9 dpi. Correlation of the proteome and transcriptome data revealed that DEGs were not necessarily correlated to DEPs and vice versa. Meanwhile, enrichments of many DEGs and DEPs were observed in RNA-splicing pathway. Further, 489 genes with differentially usage of exons were found at the post-transcriptional level, indicating that post-transcriptional regulation occurred in maize seedlings responding to SCMV infection.

* Funding: a grant from the Ministry of Agriculture of China (2016ZX08010-001)

** Corresponding author: Zhou Tao; E-mail: taozhoucau@ cau. edu. cn

拟南芥数量性状抗病基因 *Qpm*3. 1 的精细定位和克隆*

包淑文**，罗　奇，陈俊斌，范　军***

（中国农业大学植物病理系，北京　100193）

摘　要：拟南芥与丁香假单胞杆菌是研究植物与病原物互作的模式系统。本实验室前期在研究拟南芥数量抗病性自然变异的过程中，用病原细菌 *Pseudomonas syringae* pv. *maculicola*（*Psm*）ES4326 接种 Col-0×Aa-0 重组自交系，通过数量性状位点（QTL）作图分析，在三号染色体上发现一个贡献对 *Psm* 数量抗性变异的位点，将其命名为 *Qpm*3. 1（QTL to *Psm*ES4326）。为了对 *Qpm*3. 1 进行精细定位，在 Col-0×Aa-0 F6 群体内筛选与 *Qpm*3. 1 紧密连锁标记的位点为杂合基因型的单株，并以其后代构建杂合自交系群体（Heterogenous Inbred Family，HIF）。利用 HIF 群体在涵盖 *Qpm*3. 1 的两个分子标记 SNPCA200 和 SNPCA265 之间筛选遗传交换单株，由 5 000株的 HIF 群体内共获得 619 株重组子。根据重组子及其自交后代的表型是否与基因型共分离的特征进一步将 *Qpm*3. 1 定位于距离为 27kb 的两个分子标记之间。经序列分析发现在该区间共包含 8 个已注释基因和一个仅在抗性亲本 Aa-0 中存在的新基因。对这些候选基因克隆并进行遗传转化 HIF-C 植株（基因型为 *qpm*3. 1），结果表明此新基因贡献了对 Psm 的抗性，具有 *Qpm*3. 1 已知的所有功能，PCR 分析显示其广泛存在于拟南芥大部分生态型中。通过 Smart 技术克隆 *Qpm*3. 1 的全长 cDNA，测序结果表明 *Qpm*3. 1 有 3 种不同剪接形式的转录本，RT-PCR 结果显示中间长度的转录本丰度最高，其余两种转录本含量较少。在 HIF-C 植株中组成性表达这 3 个转录本，结果显示只有最长的转录本贡献了对 *Psm* 的抗性。*Qpm*3. 1 编码蛋白的 N 端含有典型的 Ankyrin 结构域，C 端含有跨膜结构，与经典抗病蛋白不同。因此，进一步解析 *Qpm*3. 1 发挥作用的分子机理，将为深入理解拟南芥抗病性自然变异的分子机制以及植物—病原物互作的分子基础提供重要参考。

---

* 基金项目：国家自然科学基金（No. 31272006）

** 第一作者：包淑文，女，博士研究生，主要研究方向植物数量抗病性的遗传与分子机理

*** 通信作者：范军，男，教授，主要研究方向植物病原物致病机理及植物数量抗病性的遗传与分子机理；E-mail：jfan@cau. edu. cn

介导 NLP 激发细胞死亡的拟南芥 QTL 精细定位*

陈俊斌**，范　军***
（中国农业大学植物病理系，北京　100193）

摘　要：NLP（Necrosis and ethylene inducing peptide like protein）是微生物中广泛存在的一类可以引起双子叶植物细胞死亡和诱导乙烯生成的蛋白。目前对于 NLP 引起双子叶植物细胞死亡的机理还了解不多。本研究借助拟南芥这一模式植物来解析 NLP 引起细胞死亡的遗传机制。

在前期工作基础上，我们发现 NLP 引起的拟南芥细胞死亡反应是一种数量性状，并且在 Zu-1 XCol-0 重组自交系中发现了两个贡献表型变异的位点 *QZ*1. 1 和 *QZ*4. 1。其中 *QZ*4. 1 位于 SNPCZ427 和 SNPCZ103 之间，对表型贡献率达到 18%。

为了解析 QZ4. 1 调控 NLP 激发细胞死亡的分子机制，我们对该位点进行了精细定位。首先我们在 F2 群体中挑选 *QZ*4. 1 区间纯合植株为母本，构建回交群体。通过筛选 42 个回交二代群体发现 *QZ*4. 1 位点质量化群体 ZC46Z1。该群体在 NLP 处理后，纯合 Col-0 基因型和杂合植株死亡率显著高于纯合 Zu-1 基因型植株，从而确定在 *QZ*4. 1 位点 Col-0 基因型决定了植物对 NLP 的敏感性。通过筛选 ZC46Z1 群体约 8 000个植株，共计获得 768 个在 SNPCZ427 和 SNPCZ103 之间发生遗传交换的重组单株。通过对重组单株进行表型分析，进一步将候选区间缩小到约 100kb 的区间。该区间内含有 18 个基因，编码多个 TIR-NB-LRR 蛋白，跨膜蛋白及激酶等潜在的与受体识别及信号转导相关的蛋白质。我们推测 QZ4. 1 可能是一个 TIR-NBS-LRR 蛋白，它可能直接识别 NLP 并将信号传递到下游，从而调控细胞死亡。目前正在对这些候选基因进行功能互补验证，其结果将为深入认识 NLP 激发双子叶植物细胞死亡的分子机制奠定基础。

* 基金项目：国家自然基金（No. 31571946）
** 第一作者：陈俊斌，男，博士研究生，主要研究方向植物数量抗病性的遗传与分子机理
*** 通信作者：范军，男，教授，主要研究方向植物病原物致病机理及植物数量抗病性的遗传与分子机理；E-mail：jfan@cau. edu. cn

水稻核糖核酸酶 T2 蛋白家族在抗病性中的功能研究

高　涵，方安菲，孙文献
（中国农业大学植物保护学院，北京　100193）

摘　要：水稻核糖核酸酶（RNase）T2 蛋白家族包括多个成员，分别是 RNS1-RNS8。有报道 RNase T2 家族在响应干旱，调节磷酸盐循环等方面均有作用；根据基因表达分析数据推测 RNS4 可能参与植物免疫反应。因此，本研究对该蛋白家族成员在水稻抗病性中的功能进行了探索。根据日本晴的参考序列，成功克隆到了 RNS1-RNS6，并确定了 RNS1-6 蛋白间相互作用的关系，结果表明除 RNS6 之外，RNS1-5 均与 SCRE2 互作。利用水稻原生质体瞬时表达体系与 Co-IP 实验验证了这些互作关系。此外，RNase T2 家族成员也存在自身互作，例如 RNS1、RNS3 和 RNS5。推测这些蛋白能够在体内形成多聚体发挥生物学功能。RNase T2 蛋白家族典型的特征是 N 端有信号肽，中间有两个酶催化中心 CASI 和 CASII，并各含有一个关键酶活位点组氨酸 H。但是，从序列判断 RNS4 和 RNS5 两个酶活位点突变，从而失去 RNase 活性；RNS6 的 CASII 也有突变。通过胶内酶活分析实验，验证到 RNS1、RNS2 有 RNase 活性。此外，本实验确定了 RNS1-6 是否参与在烟草中的免疫反应。在本生烟上单独表达 RNS1-6，相较于对照其不能诱导细胞死亡，Western bloting 结果显示蛋白表达正常。在此基础上，进行了这些蛋白抑制细胞死亡的分析，当 RNS1-6 分别与 BAX 同时在烟草中瞬时表达 3～4d 后发现相较于对照 GFP，RNS2、RNS4、RNS5 能够抑制 BAX 引起的细胞死亡。而将 RNS1-6 分别在烟草中瞬时表达 6h 后，再接种表达 INF1，发现 RNS2、RNS3、RNS4、RNS5 能够抑制细胞死亡。因此，初步实验表明 RNase T2 家族部分成员可抑制 BAX 和 INF1 引起的细胞死亡。以上结果为进一步研究 RNase T2 蛋白在水稻抗病过程中发挥功能的研究提供了基础。

关键词：核糖核酸酶 T2 蛋白；植物免疫；抗病研究

小麦品种“红火麦”中抗锈病和白粉病 QTL 的 DNA 标记定位

姜　旭，张逸彬，王　振，王永吉，马　渊，赵　寅，任俊达，张忠军
（中国农业大学植物保护学院，北京　100083）

摘　要： 小麦条锈病、叶锈病、白粉病对其普通小麦（*Triticum aestivum* L.）生产造成严重威胁。小麦数量抗病品种能够减轻病情或减缓病情发展速度，且在有利于病害发生的环境中大面积长期种植中，仍保持其抗病性不被新的小种克服。大部分持久抗病品种，其抗病性由多基因或数量性状位点（quantitative trait loci，QTL）控制。

本实验室在甘肃省天水地区田间对小麦品种“红火麦”（HH）进行多年观察，未发现抗性丧失现象与小种专化性，也对叶锈病和白粉病具有一定程度的数量抗性。对于美国小麦品种 Nugaines（NG）品种的多年观察验证了其成株期在高温条件下对我国甘肃天水地区条锈菌群体具有数量抗性。使用研究材料为本实验室经 10 多年时间构建了 NG×HH 杂交组合的 196 个高纯度（$F_{10\text{-}14}$）重组自交系。

在此基础上开展进一步研究：①以小麦条锈菌条中 32 号小种、叶锈菌 THTT 与 FHTR 小种以及白粉菌 E20 小种为病原材料，以小麦品种 NG×HH 杂交组合的 95 个 $F_{10\text{-}14}$重组自交系为寄主材料，进行病情表现型观测试验；②采用聚丙烯酰胺凝胶电泳法对 1 000对染色体专一程度较高的 SSR 引物进行筛选，鉴定出多态性引物；③使用上述多态性引物，采用聚丙烯酰胺凝胶电泳和全自动毛细管电泳（DNA/RNA 片段分析系统）对 95 个重组自交系进行多态性位点的基因型测定，构建染色体分子标记连锁图；④利用上述构建的染色体分子标记遗传连锁图和观测的病情表现型数据进行 QTL 分析，筛选获得与 QTL 紧密连锁的（<3cM）DNA 标记；

试验结果如下：①筛选出 205 对多态性 SSR 引物；②构建了 19 个连锁群，除染色体 1A、4B、3D 和 4D 外，覆盖了小麦染色体的 2 065. 7cM，标记间的平均遗传距离为 12. 01cM；③在2B 染色体上发现 1 个抗叶锈病 QTL，编号为 *QLr. cau-2B*，距离其最近的 DNA 标记是 *cfd*73，最高能解释病情表现型变异的 24%；在 1B 染色体上发现 1 个抗白粉病 QTL，编号为 *QPm. cau-1B*，距离其最近的 DNA 标记是 *wmc*134，最高能解释病情表现型变异的 19%。

发现并定位的新的抗病 QTL 及与其紧密连锁的分子标记对未来小麦标记辅助选择育种技术的进一步研究及持续稳定控制小麦锈病与白粉病具有重要意义。

关键词： 小麦条锈病；小麦叶锈病；数量抗病性；DNA 分子标记；抗病 QTL

水稻抗病突变体遗传筛选体系的建立*

李 冉**，孙 炜**，齐 婷，吴文章，张 亢，孙文献，崔福浩***
（中国农业大学植物保护学院/农业部作物有害生物监测与绿色防控重点实验室，北京 100193）

摘 要：水稻是我国最重要的粮食作物之一，稻瘟病、稻曲病等病害对水稻产量造成了严重威胁，提高水稻抗病性已成为保障我国水稻生产安全的重要途径。近年来，以拟南芥-丁香假单胞系统为代表的植物-病原微生物互作研究进展显著，但对单子叶模式植物水稻的先天免疫调控网络的认识仍十分有限，亟须建立一套高效的水稻抗病突变体遗传筛选体系。前人研究发现，细菌鞭毛蛋白、真菌几丁质等病原物相关分子模式（PAMPs）能显著诱导水稻抗病相关基因 *OsPBZ*1 的表达。本实验将 *OsPBZ*1 的启动子与荧光素酶（luciferase）基因融合，构建了 *pOsPBZ*1：：*LUC* 转基因水稻稳定表达株系，发现鞭毛蛋白等 PAMPs 能显著诱导转基因水稻中 *pOsPBZ*1：：*LUC* 的表达，研究结果为创建水稻抗病突变体库奠定了基础。水稻抗病突变体高效遗传筛选系统的建立，不仅能加速解析水稻抗病信号调控网络，而且能为提高水稻抗病性提供新的靶标和思路。

关键词：水稻抗病突变体；遗传筛选；信号传导

---

* 基金项目：中国农业大学基本科研业务费（15058110）
** 第一作者：李冉，硕士研究生，研究方向：水稻与病原细菌的分子互作；E-mail：1569848992@ qq. com
孙炜，硕士研究生，研究方向：水稻与病原细菌的分子互作；E-mail：1259502394@ qq. com
*** 通信作者：崔福浩，副教授，主要从事水稻与病原细菌、真菌互作；E-mail：cuifuhao@ 163. com

Artificial microRNA-mediated resistance to *Cucumber green mottle mosaic virus* in *Nicotiana benthamiana*[*]

Liang Chaoqiong[1,2**], Hao Jianjun[3], Li Jianqiang[1,2],
Barbara Baker[4,5***], Luo Laixin[1,2***]

(1. *Department of Plant Pathology, China Agricultural University/Key Laboratory of Plant Pathology, Ministry of Agriculture, Beijing* 100193, *China*; 2. *Beijing Key Laboratory of Seed Disease Testing and Control, China Agricultural University, Beijing* 100193, *China*; 3. *School of Food and Agriculture, The University of Maine, Orono, ME* 04469, *USA*; 4. *Department of Plant and Microbial Biology, University of California, Berkeley, Berkeley, CA* 94720, *USA*; 5. *Plant Gene Expression Center, United States Department of Agriculture, Agricultural Research Service, Albany, CA* 94710, *USA*)

Abstract: *Cucumber green mottle mosaic virus* (CGMMV) infects cucurbit plants and causes severe economic losses in crop production. Introducing artificial microRNAs (amiRNAs) targeting the genes, which responsible for viral replication, transmission and symptom expression, offers a promising strategy to interfere the multiplication and spread of CGMMV in plants. In this study, six amiRNAs were designed based on three *Arabidopsis thaliana* miRNA precursor backbones (ath-miR156a, ath-miR164a and ath-miR171a), which targeting conservative sequence elements of CGMMV genes for coat protein (CP), movement protein (MP) and replicase gene (Rep). For analyzing CGMMV resistance level in *Agrobacterium*-infiltrated *N. benthamiana* plants, *N. benthamiana* plants at 3 days post *Agrobacterium*-infiltration (dpa) were gently rubbed with CGMMV sap. Symptoms of the CGMMV-infected transgenic *N. benthamiana* plants were observed at 20 days post inoculation (dpi). The results showed that transgenic *Nicotiana benthamiana* plants showed various levels of resistance against CGMMV, and the level of resistance was determined by the expression level of amiRNAs. Transgenic line expressing amiRNA targeted the CP gene induced the highest viral resistance, whereas targeting CGMMV replicase gene exhibited only a moderate tolerance, targeting the MP gene induced the lowest viral resistance. This study demonstrated that amiRNA technology was an effective approach to engineer viral resistance in *N. benthamiana*. This biotechnological approach may have the potential to provide resistance sources for future crop breeding in the case of limited natural resistant resources.

Key words: Overexpression; amiRNA technology; Viral resistance; *Cucumber green mottle mosaic virus*

---

* Funding: National Natural Science Foundation of China (NSFC) (Project No. 31371910) and Chinese Scholarship Council (CSC) (201606350070)

** First author: Liang Chaoqiong, PhD student, mainly focused on the study of plant virus and host interactions; E-mail: lcq19880305@126.com

*** Corresponding author: Luo Laixin, research field focused on Seed Pathology; E-mail: luolaixin@cau.edu.cn
Barbara Baker, research field focused on Molecular Plant Pathology; E-mail: bbaker@berkeley.edu

Expression profiling and regulatory network of cucumber microRNAs and target genes in response to *Cucumber green mottle mosaic virus* infection*

Liang Chaoqiong[1,2**], Liu Huawei[3], Hao Jianjun[4], Li Jianqiang[1,2], Luo Laixin[1,2***]

(1. *Department of Plant Pathology, China Agricultural University/Key Laboratory of Plant Pathology, Ministry of Agriculture, Beijing* 100193, *China*; 2. *Beijing Key Laboratory of Seed Disease Testing and Control, China Agricultural University, Beijing* 100193, *China*; 3. *Molecular Plant Pathology Laboratory, United States Department of Agriculture, Agricultural Research Service, Beltsville, MD* 20705, *USA*; 4. *School of Food and Agriculture, The University of Maine, Orono, ME* 04469, *USA*)

Abstract: *Cucumber green mottle mosaic virus* (CGMMV) is an important pathogen of cucumber (*Cucumis sativus*). The molecular mechanisms mediating host-pathogen interactions are likely to be strongly influenced by microRNAs (miRNAs), which are known to regulate gene expression during the disease cycle. The current study focused on six known miRNAs (miR159, miR169, miR172, miR838, miR854 and miR5658), eight novel ones (csa-miRn1-3p, csa-miRn2-3p, csa-miRn3-3p, csa-miRn4-5p, csa-miRn5-5p, csa-miRn6-3p, csa-miRn7-5p and csa-miRn8-3p) and their target genes. The data collected was used to construct a regulatory network of miRNAs and target genes associated with cucumber-CGMMV interaction, which identified 608 potential target genes associated with all the miRNAs except csa-miRn7-5p. Five of the miRNAs including miR159, miR838, miR854, miR5658 and csa-miRn6-3p, were found to be mutually linked by target genes, while another eight including miR169, miR172, csa-miRn1-3p, csa-miRn2-3p, csa-miRn3-3p, csa-miRn4-5p, csa-miRn5-5p and csa-miRn8-3p formed sub-networks that did not display any connectivity with other miRNAs or their target genes. Reversed transcript quantitative real-time PCR (RT-qPCR) was used to analyze the expression levels of the different miRNAs and their putative target genes in leaf, stem, and root samples of cucumber over a 42-day period post-inoculation with CGMMV. A positive correlation was found between some of the miRNAs and their respective target genes, although for most the response varied greatly depending on the time point post inoculation, which indicated that additional factors are likely to be involved in the interaction between cucumber miRNAs and their target genes. Several miRNAs, including miR159 and csa-miRn6-3p were linked to target genes that have been associated with plant responses to disease and a hypothetical model linking miRNAs, their targets and downstream biological processes was proposed to indicate the role of these miRNAs in the cucumber-CGMMV interaction.

Key words: miRNAs; Gene expression; Plant-virus interactions; Disease resistance

* Funding: National Natural Science Foundation of China (NSFC) (Project No. 31371910)

** First author: LiangChaoqiong, PhD student, mainlyfocused on the study of plant virus and host interactions; E-mail: lcq19880305@ 126. com

*** Corresponding author: Luo Laixin, research field focused on Seed Pathology; E-mail: luolaixin@ cau. edu. cn

水稻钙离子依赖蛋白激酶家族的功能研究

牟保辉*，汪激扬，王善之，孙文献**

（中国农业大学植物保护学院/农业部作物有害生物监测与绿色防控重点实验室，北京 100193）

摘　要：钙依赖蛋白激酶（calcium-dependent protein kinases，CPKs）作为一种典型的钙结合蛋白，参与植物生长与发育、生物与非生物胁迫响应和胞内激素调节，部分 CPKs 在抗病信号传递过程中发挥着重要作用，但是，其参与水稻抗病性的分子机制的研究甚少。

前期研究表明，水稻钙依赖蛋白激酶 OsCPK4 在水稻耐盐、耐旱及生长发育中起到重要作用，进一步研究表明 OsCPK4 与类受体胞内激酶 OsRLCK176 在水稻细胞内发生相互作用，且这两个蛋白间能够相互磷酸化。非磷酸化状态的 OsCPK4 能够促进 OsRLCK176 的降解，但是，这两个蛋白的磷酸化都有利于 OsRLCK176 的稳定。所以，OsCPK4 能够通过调控 OsRLCK176 的稳定性从而参与水稻先天免疫。OsCPK4 与 OsRLCK176 互作所介导的水稻免疫信号传递途径有待深入研究。另一方面，根据 MPSS（Massively Parallel Signature Sequencing）数据库分析推测 OsCPK17 参与水稻免疫调控，并在其中起到重要作用。本研究发现 *oscpk*17 突变体在接种水稻白叶枯病菌后所形成的病斑相对于野生型品种显著增长；而且用 flg22 与几丁质等病原相关分子模式（PAMPs）处理水稻原生质体，OsCPK17 表现出较明显的磷酸化迁移条带；当水稻幼苗用 chitin 和 flg22 等处理后，野生型品种 DJ 和 *oscpk*17 突变体 MAPK 的激活无明显变化。最后，通过体外磷酸化证明了 OsCPK17 和 OsRLCK176 均可以磷酸化 OsRbohB。在此研究基础上，将进一步探寻 OsCPK17 在水稻中互作蛋白及其参与的信号传导途径以及该蛋白激酶在先天性免疫中的功能，并深入探究了其潜在的分子机制。

关键词：钙依赖蛋白激酶；类受体胞内激酶；水稻；先天免疫

---

* 第一作者：牟保辉，硕士研究生，研究方向：水稻钙依赖蛋白激酶研究；E-mail：821136464@ qq. com

** 通信作者：孙文献，教授，主要从事水稻与病原细菌、真菌的互作；E-mail：wxs@ cau. edu. cn

玉米抗病蛋白 PSiP NB-ARC 结构域的重组表达和纯化

尚福弟*，张　鑫，赵彦翔，刘俊峰**

（中国农业大学植物保护学院植物病理系，北京　100193）

摘　要：在自然环境中植物会受到各种各样的病原物威胁，为了抵抗病原物入侵，植物形成了极其复杂的防御系统，其中植物抗病基因（R 基因）能够直接或间接识别病原物分泌的效应蛋白，从而激发下游抗病反应（effector trigger immunity，ETI）。目前发现在植物中 R 蛋白结构大多为 NBS-LRR（Nucleotide Binding Site-Leucine Rich Repeat）类型，由 CC/TIR（coiled coil；Toll/interleukin-1 receptor like）、NB-ARC（nucleotide-binding adaptor shared by APAF-1，R proteins and CED-4）和 LRR（Leucine Rich Repeat）三个结构域组成。NB-ARC 片段高度保守，认为是"分子开关"，可以通过一个催化和水解核苷酸的口袋结构结合 ADP 或 ATP 来调节植物抗病蛋白的构象变化，从而调节下游抗病信号传导途径。前人研究表明，在抗病反应中玉米花粉信号蛋白（PSiP）的 NB-ARC 结构域与核酸相互作用，调节信号传导途径，并且该反应不依赖核苷酸调节。解析该结构域晶体结构，将为深入阐释 NB-ARC 结构域结合核酸以调节后续反应的机制奠定了基础。

本研究利用原核表达系统，将编码 PSiP NB-ARC 的 DNA 片段构建到含不同标签的原核表达载体中，热击转化到大肠杆菌 BL21（DE3）、Rosetta（DE3）等不同表达菌株中，尝试不同诱导温度与 IPTG 诱导浓度等方法筛选最佳表达条件。通过亲和层析、离子交换层析、凝胶过滤层析等纯化方法对重组表达的 NB-ARC 结构域进行纯化，初步获得可溶性蛋白。正在利用 TSA 等方法筛选不同缓冲液体系，优化纯化流程，为最终获得均一性好，适合晶体生长的蛋白质样品，解析 PSiP NB-ARC 的三维空间结构和探究其与核酸相互作用功能提供结构基础。

关键词：抗病蛋白；NB-ARC 结构域；原核表达；蛋白纯化

* 第一作者：尚福弟，在读硕士生，主要从事分子病理研究；E-mail：fudi_shang@126.com

** 通信作者：刘俊峰，教授，主要从事植物与病原菌分子互作的结构基础研究；E-mail：jliu@cau.edu.cn

拟南芥抗病性增强突变体 *aggie4* 的基因图位克隆与功能鉴定*

孙　炜[1**]，齐　婷[1]，刘若西[1]，孙文献[1]，单丽波[2]，何　平[3]，崔福浩[1***]

（1. 中国农业大学植物保护学院/农业部作物有害生物监测与绿色防控重点实验室，北京　100193；2. *Department of Plant Pathology & Microbiology*，*and Institute for Plant Genomics & Biotechnology*，*Texas A & M University*，*College Station*，*TX* 77843，*USA*；3. *Department of Biochemistry & Biophysics*，*and Institute for Plant Genomics&Biotechnology*，*Texas A & M University*，*TX* 77843，*USA*）

摘　要：植物细胞表面的模式识别受体能感知细菌鞭毛蛋白、真菌几丁质等微生物相关分子模式（Microbe-associated Molecular Patterns，MAMPs），进而激发植物蛋白激酶磷酸化、活性氧爆发等一系列防卫反应，以抵抗病原微生物的侵染与繁殖。通过对前期建立的 *pFRK*1::*luciferase* 转基因拟南芥 EMS 突变体库的遗传筛选，我们获得了细菌鞭毛蛋白短肽 flg22 处理后 *pFRK*1::*LUC* 活性显著升高的突变体 *aggie*4。植物免疫反应分析发现，flg22 触发的丝裂原活化蛋白激酶 MAPKs 磷酸化与活性氧爆发均显著增强。抗病性分析表明，*aggie*4 对丁香假单胞细菌的抗性明显提高。图位克隆和基因测序发现，引起 *pFRK*1::*LUC* 活性升高的突变基因编码一种磷酸酶，并且基因互补实验证实目的基因能够互补 flg22 触发的 *aggie*4 高 *pFRK*1::*LUC* 活性表型。目前，植物抗病信号传导中 MAPKs 的磷酸化激活机制研究较为清楚，而对 MAPKs 激活后的去磷酸化机理认识较少。因此，解析 Aggie4 负调控 MAPKs 磷酸化的分子机制，对深入认识植物先天免疫信号调控网络和提高植物抗病性具有重要意义。

关键词：拟南芥；先天免疫；信号传导；磷酸酶；抗病分子机制

* 基金项目：中国农业大学基本科研业务费（15057006）

** 第一作者：孙炜，硕士研究生，研究方向：植物与病原细菌互作；E-mail：1259502394@ qq. com

*** 通信作者：崔福浩，副教授，主要从事植物与病原细菌、真菌互作；E-mail：cuifuhao@ 163. com

基于 DNA 标记选择含有多个抗病 QTL 的小麦重组自交系

张逸彬，王　振，姜　旭，马　渊，赵　寅，张忠军
（中国农业大学植物病理系，北京　100193）

摘　要：小麦的稳产、高产、优质受多方面因素影响，病害是一个主要限制因素，我国经常大面积流行的病害包括条锈病、赤霉病、纹枯病、白粉病、叶锈病等。利用抗病品种是防治病害的主要措施。小麦中存在着颇为丰富的数量抗病资源，有一部分表现为数量抗病性的品种具有持久抗病特点，从遗传学方面来说，这一类抗病性由数量性状位点（quantitative trait locus，QTL）控制，DNA 标记技术为发现、定位、累加 QTL 提供了一个有力的工具。

本实验室（中国农业大学植物抗病性遗传实验室）在前期工作中，把两个具有不同数量抗病性的小麦品种（Luke 和 AQ）进行杂交，构建了 Luke×AQ 的高世代（F_8 至 F_{12}）重组自交系，从中发现并在国际上报道了多个小麦抗病 QTL，其中 4 个抗条锈病，7 个抗纹枯病，6 个抗叶锈病，6 个抗白粉病，及多个提高籽粒重量的 QTL，对这些 QTL 中的 12 个，已经筛选获得了紧密连锁（<3cM）DNA 标记。在此基础上，本文作者做了进一步研究：①分别在田间和温室条件下，用小麦条锈菌条中 32 号小种和叶锈菌 THTT 和 FHTR 小种为病原材料，用小麦品种杂交组合 Luke×AQ 的 1 652个高世代重组自交系为寄主材料，进行了抗病性试验；②与同学合作，测定了其中 994 个重组自交系在上述 12 个 QTL 的 DNA 标记位点的基因型；③与本实验室其他人员合作测定了这 1 652个重组自交系的籽粒重量。这些试验的目的之一是验证能否根据上述 DNA 标记有效地选择抗病重组自交系，另一个目的是从 994 个重组自交系中选择出来聚合多个抗病/高产 QTL 的重组自交系。

试验结果表明：①当 DNA 标记与它所代表的 QTL 之间的遗传距离小于 3cM 时，且该 QTL 能够控制 10%以上的表现型变异，则基于 DNA 标记对 QTL 进行的选择高度有效；②从上述 994 个重组自交系中选择出来了聚合 6 个抗病/高产 QTL 的重组自交系，例如，其中一个重组自交系除了含有 *Lr*34/*Yr*18/*Pm*3，还含有其他 3 个抗条锈病 QTL，1 个抗白粉病 QTL，及 1 个抗叶锈病 QTL，该重组自交系对条锈病接近免疫，对白粉病和叶锈病高度抵抗（严重度不超过 10%），适于用作甘肃等条锈病重病区小麦育种的抗源材料。还选择出来了适于用作河南和河北等地小麦育种的抗源材料。

关键词：抗病 QTL；DNA 标记辅助选择；基因/QTL 聚合；重组自交系；小麦病害

水稻抗瘟新基因的筛选与抗瘟基因 *Piyj* 的精细定位*

周　爽，李腾蛟，王　丽，方安菲，赵文生，李振宇，张士永，彭友良，孙文献
（中国农业大学植物保护学院　辽宁省盐碱地利用研究所 山东省农业科学院水稻所）

摘　要：稻瘟病是我国水稻生产上最重要的病害。水稻抗瘟品种的鉴定与抗瘟基因的利用是生产上控制稻瘟病最经济有效的策略。本研究利用一套稻瘟菌鉴别菌系，用离体接菌的方法，对26个不同水稻品种进行抗瘟基因的鉴定，其中多个品种可能含有未鉴定的抗瘟新基因。继而对其中在辽宁省审定的高产、优质、抗病性强的水稻品种盐粳456进行抗瘟性分析，推测其含有至少2个抗瘟基因（其中1个为新抗瘟基因，暂时命名为 *Piyj*）。通过稻瘟菌小种 11-856-57-1，11-856-9-2 和 11-856-20-1 对盐粳456进行划伤接菌鉴定，利用简单序列重复标记（simple sequence repeat，SSR）对盐粳456与感病亲本丽江新团黑谷的 F_2 后代进行抗瘟基因的连锁分析，将新抗瘟基因定位在水稻第12号染色体约6.2Mbp 物理距离内。随后，通过对盐粳456进行全基因组测序，拼接获得了盐粳456基因组序列，将其与丽江新团黑谷基因序列进行对比，获得了在新抗瘟基因初定位的区间内两个品种间的插入与缺失片段（insertion and deletion，InDel），并据此设计了27对 InDel 分子标记。接着，运用多态性 SSR 和 InDel 分子标记筛选约14 000个 F_2 单株，得到60个在初定位区间内发生基因重组的个体。通过对重组个体及其后代抗感表型进行了鉴定，结合重组个体的基因型，将抗瘟基因 *Piyj* 定位在分子标记 InDel4 与 InDel25 间约580kb 的物理距离内。比对水稻品种日本晴与盐粳456的基因序列，在该区域中有2个基因编码具有核苷酸结合位点（NBS）和富含亮氨酸重复（LRR）结构域的蛋白。目前，正在对这两个候选抗瘟基因进行敲除分析。研究结果为水稻抗瘟品种的选用及合理布局提供了依据。

关键词：稻瘟病；抗瘟基因；图位克隆；分子标记；抗瘟基因型

* 基金项目："十二五" 国家科技支撑计划

龙舌兰防御素基因的鉴定与表达分析*

黄　兴**，梁艳琼，习金根，郑金龙，贺春萍，吴伟怀，李　锐，易克贤***
（中国热带农业科学院环境与植物保护研究所/农业部热带农林有害生物入侵检测与控制重点开放实验室/海南省热带农业有害生物检测监控重点实验室，海口　571101）

摘　要：防御素在植物中广泛存在，其抗菌活性对真菌、细菌等的入侵具有抑制作用。本研究前期已从剑麻中克隆出 1 条防御素基因 *AsPDF*1，以此为检索序列在已公布的剑麻近源物种龙舌兰（*Agave tequilana*）转录组数据库中进行 Blast 比对，从中获得 1 条 *AsPDF*1 的同源序列。对其进行生物信息学分析发现其具有完整的编码序列，开放阅读框具有 267bp，编码 88 个氨基酸，含有 5 个保守 Cys 残基，具备 Knot1 功能域将，因此将其命名为 *AtqPDF*1（NCBI 序列号：GAHU01192839）。蛋白质序列比对显示 *AtqPDF*1 与 *AsPDF*1 差异较大，系统进化分析也显示 *AtqPDF*1 与剑麻、烟草、拟南芥、芦笋、油棕等防御素基因进化关系均较远，其功能可能与已知植物防御素差异较大。时空表达分析表明 *AtqPDF*1 在龙舌兰幼苗、叶和根部表达水平较高，在茎部表达水平较低。

关键词：龙舌兰；防御素基因；表达分析

* 基金项目：国家麻类产业技术体系建设项目（CARS-16-E16）

** 第一作者：黄兴，男，博士，助理研究员，研究方向：剑麻逆境生理及分子机制；E-mail：huangxing@ catas. cn

*** 通信作者：易克贤，男，博士，研究员，研究方向：分子抗性育种；E-mail：yikexian@ 126. com

茉莉酸甲酯诱导水稻叶片的磷酸化蛋白质组学分析*

聂燕芳[1]，张　健[1]，王振中[1,2]，李云锋[1,2]**
（1. 华南农业大学植物病理生理学研究室，广州　510642；
2. 广东省微生物信号与作物病害防控重点实验室，广州　510642）

摘　要：茉莉酸甲酯（methyl jasmonate，MeJA）作为一种重要的信号分子，可诱导水稻的抗病性。蛋白质磷酸化作为一种重要的蛋白质翻译后修饰，几乎参与了所有的生命过程，尤其在植物抗性信号转导途径中起着重要的作用。开展 MeJA 诱导水稻磷酸化蛋白质组的差异表达分析，有利于全面了解 MeJA 诱导的水稻抗性分子机理。

以抗稻瘟病近等基因系水稻 CO39（不含已知抗稻瘟病基因）及 C101LAC（含 *Pi*-1 抗稻瘟病基因）为材料，用 MeJA 喷雾接种水稻，于接种后的 12h 和 24h 取样。经叶片总蛋白质的提取、磷酸化蛋白质的富集、双向电泳（2-DE）和凝胶染色，获得了不同时间段的磷酸化蛋白质 Pro-Q Diamond 特异性染色 2-DE 图谱和硝酸银染色 2-DE 图谱。用 PDQuest 8.0 软件进行图像分析，共获得了 44 个差异表达的磷酸化蛋白质。

采用 MALDI-TOF/TOF 质谱技术，对差异表达的磷酸化蛋白质进行了分析，成功鉴定了其中的 38 个磷酸化蛋白质点；主要参与光合作用、碳水化合物代谢、蛋白质合成与降解、防卫反应、抗氧化作用、氨基酸代谢和能量代谢等功能。

关键词：茉莉酸甲酯；水稻；磷酸化蛋白质组；双向电泳

---

* 基金项目：国家自然科学基金（31671968）；广东省自然科学基金（2015A030313406）；广东省科技计划项目（2016A020210099）；广州市科技计划项目（201804010119）

** 通信作者：李云锋；E-mail：yunfengli@ scau. edu. cn

Lignin metabolism involves *Botrytis cinerea* BcGs1- induced defense response in tomato*

Yang Chenyu, Liang Yingbo, Qiu Dewen, Zeng Hongmei, Yuan Jingjing, Yang Xiufen**

(*Key Laboratory of Control of Biological Hazard Factors (Plant Origin) for Agri-product Quality and Safety, Ministry of Agriculture, Institute of Plant Protection, P. R. China*)

Abstract: BcGs1, a cell wall degration enzyme (CWDE) is originally derived from *Botrytis cinerea*. Our previous study revealed BcGs1 could trigger defense response and protect plants against various pathogens. In this study, two domans of Glyco-hydro 15 (GH15) and CBM20_glucoamylase (CBM20) of BcGs1 were transiently expressed in *Nicotiana benthamiana* and the results revealed that the two domains were required for BcGs1 full necrosis activity. To best understand the defense response mechanism underlying this BcGs1 elicitation in tomato, the differential protein expression profiles between BcGs1 and Tris-HCl buffer treatment plants was performed using the iTRAQ-based quantitative proteome approach. Total 71 up-regulated with ratio >1.3 and 38 down-regulated proteins with ratio <0.77 were identified. GO analyses and functional assignments indicated a significant expression complexity in differentially expressed proteins. Among up-regulated proteins, major was focus on pathogenesis-related protein, peroxidases, Glucan endo-1, 3-β -glucosidase, chitinase, biosynthesis of secondary metabolites. Quantitative real-time PCR (qPCR) was performed to investigate gene transcriptional profile post BcGs1 infiltration. These genes encoding above differential proteins were expressed with 5–20 folds increase. According to the up-regulated proteins and genes, oxidative metabolism and phenylpropanoid metabolism were speculated to be involved in BcGs1-triggered defense response in tomato. Furthermore, the experimental evidence showed BcGs1 triggered ROS burst, increased level of phenylalanine-ammonia lyase (PAL) and peroxidase (POD) enzyme activity and lignin accumulation. Moreover, histochemical analysis revealed that BcGs1 infiltration tomato leaves exhibited cell wall thickness compared with untreated plants. Overall, BcGs1 activated basal defense response and lignin metabolism contributed to BcGs1-induced resistance to *B. cinerea* infection in tomato.

Key words: Fungal protein elicitor; Defense response; Phenylpropanoid; Lignin; *Botrytis cinerea*

* Funding: National Key Research and Development Program of China (2017YFD0201100)

** Corresponding author: E-mail: yangxiufen@caas.cn

弱毒菌株诱导向日葵抗黄萎病的转录组学研究*

赵　鑫**，王　东，孟焕文，周洪友***

（内蒙古农业大学农学院，呼和浩特　010019）

摘　要：向日葵黄萎病主要是由大丽轮枝菌（*Verticillium dahliae*）引起的土传病害，在世界范围内普遍发生。近年来，该病害在我国呈现逐年加重的趋势，且难以有效防控，严重影响向日葵产业的健康发展。针对向日葵黄萎病，为进一步探寻高效环保的防治方法，本课题组从诱导抗病性角度出发，利用弱毒菌株作为诱导因子进行筛选；目前已获得一个弱毒菌株 Vn-1 可诱导向日葵植株抗黄萎病，且防效显著。本研究为揭示该弱毒菌株诱抗向日葵黄萎病的分子机制，利用高通量测序方法，分别在弱毒菌株诱导后的 24h、48h 和 5d 三个时间点取样并进行转录组学分析。结果表明：经弱毒菌株 Vn-1 诱导 24h、48h 和 5d 后，分别获得到 1 790个、701 个和 2 780 个差异表达的基因；通过 GO 功能富集分析和 KEGG 通路富集分析，其中多个基因可能与诱导抗病性相关。24h 组，筛选到上调基因有 174 个，下调基因 679 个；48h 组，筛选到上调基因 65 个，下调基因 132 个；5d 组，上调基因有 5 个，下调基因有 76 个。这些差异表达基因主要参与的生命活动涉及氧化还原酶活性、氧化应激响应、超氧化物代谢过程、活性氧代谢过程，以及细胞壁组织合成等；上调基因可能对抗病过程进行正向调控，而下调基因则从负调控方向对植物抗病产生影响。此外，对不同时间点进行纵向比较，共筛选到 28 个在两个及两个以上时间点出现差异表达的基因，这些差异表达的基因可以作为潜在的功能基因进行分析。在后续研究中，将选择目标基因进行功能验证，为进一步揭示弱毒菌株诱抗向日葵黄萎病的机制提供重要的理论依据。

关键词：向日葵黄萎病；弱毒菌株；诱导抗病性；转录组学

---

* 基金项目：轮枝菌弱毒菌株诱导向日葵黄萎病抗病性及相关抗病基因功能分析（31572049）

** 第一作者：赵鑫，硕士研究生；E-mail：1078912823@ qq. com

*** 通信作者：周洪友，博士，教授；E-mail：hongyouzhou2002@ aliyun. com

谷子 MYB 转录因子响应 *Sclerospora graminicola* 侵染的生物信息学及表达分析[*]

韩彦卿[1,2**]，王　鹤[3]，刘　锐[1]，武彩娟[1]，韩渊怀[1,2***]

（1. 山西农业大学农学院，太谷　030801；2. 山西农业大学农业生物工程研究所，太谷　030801；3. 山西农业大学新农村发展研究院，太谷　030801）

摘　要：谷子白发病可严重降低谷子的产量和品质，谷子 MYB 转录因子在调控生物胁迫响应中扮演重要的角色。本研究依据课题组前期白发病菌侵染谷子不同时期的转录组数据，获得 6 个显著差异表达的 MYB 转录因子，结合 ExPASY、GSDS、Phytozome、Prot Comp 9.0 和 MEGA7.0 等软件对其启动子元件、亚细胞定位及系统进化等分析。利用 qRT-PCR 方法对该 6 个转录因子的表达模式进行验证。结果表明，通过比较分析 6 个显著差异表达的 MYB 转录家族与玉米、水稻、拟南芥 MYB 家族共同构建的进化树，发现谷子 MYB 基因家族与玉米、水稻等禾本科聚为一类，与拟南芥亲缘关系较远；亚细胞定位预测结果显示，4 个 MYB 转录因子定位于细胞质中，其余 2 个主要定位于胞外；顺式作用元件分析，谷子 6 个 MYB 转录因子中均含有响应防御胁迫和真菌激发响应、MeJA、脱落酸和水杨酸等作用元件。最后，基于 qTR-PCR 的差异表达数据进一步验证了 MYB 转录因子在抗病过程中发挥重要转录调控作用。该研究结果可为今后 MYB 基因的克隆、功能验证以及开展抗病分子育种提供理论依据。

关键词：谷子；白发病菌；MYB 转录因子；转录组测序；表达模式

---

* 基金项目：国家自然科学基金（31701440）；山西省青年科技研究基金（201701D221183）和山西农业大学科技创新基金（2016YJ06）

** 第一作者：韩彦卿，女，河北定州市人，讲师；E-mail：yanqinghan125@126.com

*** 通信作者：韩渊怀，男，山西原平人，教授，博士生导师，研究方向：谷子分子育种与遗传改良；E-mail：swgctd@163.com

第七部分
病害防治

小麦全蚀病拮抗细菌的筛选及初步研究

秦 旭*，魏君君，沈鹏飞，羊国根，潘月敏**
（安徽农业大学植物保护学院，合肥 230036）

摘 要：小麦全蚀病是由禾顶囊壳小麦变种（*Gaeumannomyces graminis* var. *tritici*）引起的毁灭性病害之一，在我国安徽、山东和河南等栽培地区广泛发生，主要依赖于化学防治。化学防治易引起环境污染及产生抗药性，因此，筛选有益微生物进行绿色防控是新的途径。本研究从安徽北部罹患小麦全蚀病的土壤中分离到112株细菌，利用平板对峙法筛选到2株对小麦全蚀病菌有拮抗作用的细菌。经生理生化鉴定和16S rDNA测序，这2株拮抗细菌均为芽胞杆菌（*Bacillus*）。芽胞杆菌XJ-3和XJ-4对小麦全蚀病菌的菌丝生长有显著的抑制作用，抑制率分别为60%和64%；可引起小麦全蚀病菌菌丝尖端分枝异常和原生质体渗透。同时，XJ-3和XJ-4菌株对炭疽菌属（*Colletotrichum*）、葡萄孢属（*Botrytis*）、丝核菌属（*Rhizoctonia*）、平脐蠕孢属（*Bipolaris*）、赤霉属（*Gibberella*）和镰孢属（*Fusarium*）20种病原真菌的菌丝生长均有显著抑制作用。盆栽试验结果进一步表明，XJ-3和XJ-4对小麦全蚀病均有良好的生防效果，对小麦的发芽和生长也有促进作用。XJ-3和XJ-4菌株的发酵液对小麦全蚀病菌的菌丝生长同样有抑制作用，抑制率分别为70%和100%；而菌悬液的抑制效果相对较差。因此，芽胞杆菌XJ-3和XJ-4有潜在的生防功能，可用于多种病害的生物防治，其抗生物质主要存在于发酵液中。

关键词：小麦全蚀病；芽胞杆菌；生物防治

* 第一作者：秦旭，在读硕士研究生，植物保护专业；E-mail：2504995926@qq.com
** 通信作者：潘月敏，副教授；E-mail：panyuemin2008@163.com

杜仲内生拮抗细菌对小麦赤霉病抑制活性的研究

陈小洁，王 其，张欣悦，丁 婷*
（安徽农业大学植物保护学院，合肥 230036）

摘 要：为明确杜仲内生细菌对小麦赤霉病的抗病机制，以小麦赤霉菌为指示菌，采用平板对峙法、活体盆栽实验获得 1 株抑菌效果较好的杜仲内生细菌 DZSG23，分子鉴定表明 DZSG23 为芽胞杆菌属微生物，随后对 DZSG23 菌株的抑菌机理进行研究。提取 DZSG23 的次生代谢产物、脂肽粗提物、菌悬液进行分生孢子萌发实验，结果表明：DZSG23 的次生代谢产物、脂肽粗提物、菌悬液均对小麦赤霉菌分生孢子萌发影响较低，但致畸作用较高。其中，脂肽粗提物（5mg/mL）对小麦赤霉菌分生孢子的影响最大，畸形率达到 97%左右，而次生代谢产物（5mg/mL）和菌悬液（1×10^6cfu/mL）对小麦赤霉菌的畸形率仅为 19%和 46%左右。显微观察结果显示 DZSG23 菌株的不同处理均能使小麦赤霉菌分生孢子细胞膨大、畸形，并进一步造成分生孢子萌发的芽管肿胀、扭曲。该研究结果为揭示内生细菌 DZSG23 的生防机理及应用提供了科学依据。

关键词：杜仲；芽胞杆菌属；脂肽粗提物；分生孢子；畸形率

Antibacterial activity of endophytic antagonistic bacteria from *Eucommia ulmoides* against wheat scab

Chen Xiaojie, Wang Qi, Zhang Xinyue, Ding Ting*
(*School of Plant Protection, Anhui Agricultural University, Hefei* 230036, *China*)

Abstract: This study was carried out to explicit the resistance mechanism of endophytic bacterium against Fusarium head blight. And the antimicrobial activity of endophytic bacterium was examined against Fusarium head blight using plate dilution method and pot experiment, DZSG23 had significant antagonistic effects on the *Fusarium graminearum*. Molecular identification results indicated DZSG23 was *Bacillus* sp., subsequently, the antibacterial mechanism of the DZSG23 was studied. The results showed that the secondary metabolites, crude lipopeptide extracts, and bacterial suspensions of DZSG23 were also resistant to *Fusarium graminearum*, and the above three samples were affected lower on the conidial germination and higher on the teratogenicity. The lipopeptide crude extracts (5mg/mL) had the greatest effect on the spores of *Fusarium graminearum*, the malformation rate could reach about 97%, while the secondary metabolites (5mg/mL) and bacterial suspensions (1×10^6cfu/mL) only had about 19% and 46% malformation rates of *Fusarium graminearum*. It was revealed microscopically the above three samples of strain DZSG23 could cause the abnormity and tortuosity of the spores of *Fusarium graminea-*

* 通信作者：丁婷

rum, and further cause the germinated germ tubes swelling, distortion. The results of endophytic bacteria DZSG23 provide scientific basis for revealing the biocontrol mechanism and application.

Key words: *Eucommia ulmoides*; *Bacillus* sp. ; Lipopeptide crude extracts; Conidia; Malformation rate

大豆疫霉拮抗菌的分离鉴定及生防作用研究*

赵振宇，屈　阳，李坤缘，潘月敏，陈方新，高智谋**

（安徽农业大学植物保护学院，合肥　230036）

由大豆疫霉（*Phytophthora sojae*）引起大豆疫病是大豆上的毁灭性病害。生物防治是防治该病的有效安全途径之一。为给大豆疫病生物防治提供新的生防菌资源，并为生防制剂开发提供实验依据，作者对大豆疫霉拮抗菌的分离、筛选、鉴定及生防作用进行了较为系统的研究，取得的主要结果如下。

1　大豆疫病拮抗菌的分离与鉴定

从采自安徽省合肥市大洋店大豆田土样和安徽农业大学农翠园大棚土样中分离到 4 株对大豆疫霉具有抑制作用的拮抗细菌，其中 2 株对大豆疫霉具很强的拮抗作用。菌落形态及生理生化测定结果表明，拮抗菌 YG-2 革兰氏阴性、好氧型，菌落边缘光滑平整；葡萄糖氧化发酵实验为氧化型，不能使明胶液化，可以分解过氧化氢，能使淀粉水解，不能水解纤维素，具有耐盐性，在含 1%、2%和 7% NaCl 的 LB 培养液 OD600 值变化不大；可以在 pH 值为 5~10 的环境生长，最适 pH 值为 7，可以在 10~45℃生长，最适温度为 37℃；能够利用多种物质作为碳氮源。经 16S r DNA 序列比对，与序列号为 CP019667. 1 的洋葱伯克氏菌菌株的同源性为 99%。据此，将拮抗菌 YG-2 鉴定为洋葱伯克氏菌（*Burkholderia cenocepacia*）。

拮抗菌 YG-4 与芽胞杆菌接近，革兰氏阴性、好氧型，葡萄糖氧化发酵实验为氧化型，能使明胶液化，可以分解过氧化氢，能使淀粉水解，不能水解纤维素，没有耐盐性，在含 7% NaCl 的 LB 培养液生长缓慢；可以在 pH 值为 5~10 的环境生长，最适 pH 值为 7，可以在 10~45℃生长，最适温度为 37℃；能够利用多种碳氮源。经 16S r DNA 序列比对，与序列号为 JF496342. 1 的解淀粉芽胞杆菌菌株的同源性为 98%。据此，将拮抗菌 YG-4 鉴定为解淀粉芽胞杆菌（*Bacillus amyloliquefaciens*）。

2　拮抗菌 YG-2 和 YG-4 对大豆疫霉的抑制作用

采用平板对峙法，测定了拮抗菌株 YG-2 和 YG-4 对不同地区的 8 株大豆疫霉 P6497，XX2，GZ6，GZ37，SX8，30，LB5-7，GY18-1 的抑制率。结果表明，拮抗菌 YG-2 和 YG-4 对不同地区的大豆疫霉的抑制率有所差异，并且同一种拮抗菌对不同地区的大豆疫霉的抑制率也有所差异。拮抗菌 YG-2 对大豆疫霉 SX8 的抑制率最高达到 78. 31%（对峙培养第 6 天），对 GZ37 的抑制率最低仅 16. 88%（对峙第 6 天），对 P6497 的抑制率为 59. 52%，对 XX2 的抑制率为 62. 35%。

3　拮抗菌 YG-4 对植物病原真菌的抑菌谱测定

测定了拮抗菌 YG-4 对油菜菌核病菌（*Sclerotinia sclerotiorum*）、小麦赤霉病菌（*Gibberellazeae*）、小麦纹枯病菌（*Rhizoctonia cerealis*）、燕麦镰孢（*Fusarium avenaceum*）、玉米小

* 基金项目：公益性行业（农业）科研专项（201303018）

** 通信作者：高智谋，教授，主要研究方向为真菌学及植物真菌病害；E-mail：gaozhimou@ 126. com

斑病菌（*Bipolaris maydis*）、棉花红粉病菌（*Trichothecium roseum*）、烟草赤星病菌（*Alternaria alternata*）、马铃薯晚疫病菌（*Phytophthora infestans*）、番茄早疫病菌（*A. solani*）、番茄枯萎病菌（*F. oxysporum* f. sp. *lycopersici*）、白菜黑斑病菌（*A. tenuis*）、西瓜枯萎病菌（*F. oxysporum* f. sp. *niveum*）、苹果炭疽病菌（*Colletotrichum gloeosporioides*）等13种病原真菌的抑制率。结果表明，拮抗菌YG-4对不同病原真菌的抑制效果有较大差异，对油菜菌核病菌的抑制率为79.63%，对小麦纹枯病菌抑制率为74.07%；对玉米小斑病菌、白菜黑斑病菌、棉花红粉病菌、番茄早疫病菌、燕麦镰孢、烟草赤星病菌的抑制率依次为55.56%、52.27%、48.15%、44.44%、41.67%、37.04%；对西瓜枯萎病菌、番茄枯萎病菌抑制能力较弱（抑制率分别为14.81%、10.19%），对小麦赤霉病菌、马铃薯晚疫病菌和苹果炭疽病菌几无抑制作用（抑制率均在10%以下）。

68.75%氟吡菌胺·霜霉威对马铃薯晚疫病菌的室内毒力测定及防治效果研究*

李　璐，李媛媛，姜　萌，陈　梅，张铉哲**
（东北农业大学农学院，哈尔滨　150030）

摘　要：马铃薯晚疫病（potato late blight）是由致病疫霉［*Phytophthora infestans*（Mont.）de Bary］引起，能导致马铃薯茎叶死亡和块茎腐烂的一种毁灭性病害，制约着我国马铃薯产业的发展。目前为止，化学防治依然是各国马铃薯晚疫病最有效的防治方法。68.75%氟吡菌胺·霜霉威（银法利）悬浮剂是德国拜耳公司开发的一种酰胺类化合物卵菌类杀菌剂，本研究以从黑龙江省马铃薯主产区采集和分离的 30 株菌株作为供试菌株，进行室内毒力测定和盆栽防治效果试验，旨在为马铃薯晚疫病的防控提供一定的依据。

采用生长速率法测定了 68.75%氟吡菌胺·霜霉威对供试菌株菌丝生长的毒力作用。结果表明：30 株菌株的 EC_{50} 值分布于 0.162 3~0.623 0μg/mL，最大值的 EC_{50} 值是最小值的 EC_{50} 值的 3.8 倍，平均 EC_{50} 值为 0.352 4μg/mL，所测菌株对 68.75%氟吡菌胺·霜霉威全部敏感，没有抗性菌株。可作为黑龙江省马铃薯晚疫病菌对 68.75%氟吡菌胺·霜霉威（银法利）的敏感性基线。此外，在温室盆栽试验中，利用供试菌株进行人工接种，接种后 1d 进行第一次喷药，随后每隔 7d 进行一次喷药，共喷药 4 次，每次喷药前调查发病情况，计算药剂防治效果。结果表明：68.75%氟吡菌胺·霜霉威按照推荐使用剂量 1 125 mL/hm² 浓度处理时，四次防效分别为 86.23%、84.43%、82.22%和 82.76%，平均药效达到 83.91%以上，对马铃薯晚疫病的防治效果显著，可以使用 68.75%氟吡菌胺·霜霉威安全高效的防治马铃薯晚疫病。

关键词：马铃薯晚疫病菌；68.75%氟吡菌胺·霜霉威；毒力测定；盆栽防治效果

* 基金项目：黑龙江省自然科学基金项目（C2016019）；黑龙江省经济作物现代农业产业技术协同创新体系项目（HNWJZTX201701）

** 通信作者：张铉哲，博士，教授，硕士生导师，研究方向为植物病害综合防治；E-mail：zhe3850@163.com

镰刀菌酸对水稻稻瘟病菌和稻曲病菌抑制作用的研究*

甘　林**，阮宏椿，代玉立，杜宜新，石妞妞，杨秀娟，陈福如***
（福建省农业科学院植物保护研究所/福建省作物
有害生物监测与治理重点实验室，福州　350003）

摘　要：为了研发新型农用杀菌剂的活性物质，本研究采用菌丝生长速率法和孢子萌发抑制法，测定了镰刀菌酸对水稻稻瘟病菌和稻曲病菌的抑制作用。结果表明，镰刀菌酸对水稻稻瘟病菌和稻曲病菌具有较强的抑菌活性。其对病菌菌丝生长的 EC_{50} 值分别为 326.36mg/L 和 8.27mg/L，对孢子萌发的 EC_{50} 值分别为 40.17mg/L 和 222.93mg/L。此外，盆栽试验发现，在水稻破口期和齐穗期喷施 400mg/L 镰刀菌酸，对稻瘟病的防治效果为 66.72%；而在水稻破口前 7d 喷施 400mg/L 镰刀菌酸，其对稻曲病的防治效果可达 63.08%。

关键词：镰刀菌酸；水稻稻瘟病菌；水稻稻曲病菌；毒力测定；防治效果

* 基金项目：福建省属公益类项目（2016R1023-2）；福建省农业科学院植物保护创新团队（STIT2017-1-7）
** 第一作者：甘林，男，硕士，助理研究员，主要研究方向：植物病理学；E-mail：millergan@ yeah. net
*** 通信作者：陈福如，男，学士，研究员，主要研究方向：植物病害防治；E-mail：chenfuruzb@ 163. com

Tropomyosin as a critical target for control of *Diaphorina citri*[*]

Huang Yuling, Zhou Chenghua, Liu Yingxue, Yu Haizhong, Lu Zhanjun[**]

(*National Navel Orange Engineering Research Center, Gannan Normal University*, *Ganzhou* 341000, *China*)

Abstract: The Asian citrus psyllid *Diaphorina citri* is the major transmit vector of the citrus Huanglongbing (HLB) associated bacterial agent "*Candidatus* Liberibacter asiaticus (*C*Las)". In recent years, the control of HLB can be achieved according to inhibit the vector. In the present study, we identified a *D. citri* tropomysoin (DmTm) from previous proteome database. Tm showed down-regulation in CLas-infected Asian citrus psyllids compared with uninfected individuals. Bioinformatics analysis revealed that the full-length DmTm was 2 955bp and encoded a protein of 284 amino acids with a deduced molecular weight of 32. 15kDa. Phylogenetic analysis suggested that DmTm shared a high amino acid identify with the *Acyrthosiphon pisum*. Higher DmTm expression levels were found in the leg and head by reverse transcription quantitative PCR (RT-qPCR). In addition, recombinant DmTm was expressed and purified by prokaryotic expression system and prepared the polyclonal antibody. According to Blue-Native PAGE and String software analysis, DmTm might have an interaction with Citrate synthase and V-type proton ATPase subunit B-like. Eventually, RNAi was performed to knockdown the DmTm by oral delivery siRNA, and the relative expression level was examined by RT-qPCR. The results suggested that knockdown of DmTm did significantly increase the mortality rate and the expression levels were decreased about 42%. Taken together, our results showed that DmTm might play an important role in response to HLB, but also lay a foundation for further research the functions of DmTm.

Key words: Tropomyosin; *Diaphorina citri*; RT-qPCR; RNAi

---

* Funding: Natural Science Foundation of China (31560602); Jiangxi Province Youth Scientists Founding Program (No. 20171BCB23074)

** Corresponding author: Lu Zhanjun; E-mail: luzhanjun7@139.com

9种杀菌剂对甘蔗梢腐病菌毒力测定及其田间药效试验

黄海娟[1]，李界秋[2]，蒙姣荣[2]，陈保善[1,2]*
（1. 广西大学生命科学与技术学院，南宁　530004；
2. 亚热带农业生物资源保护与利用国家重点实验室，南宁　530004）

摘　要：甘蔗梢腐病是甘蔗分布较广且常见的一种真菌病害之一，轮枝镰孢菌（*Fusarium verticillioides*）是该病害的主要病原菌。本研究采用室内菌丝生长速率法测定了多菌灵、喹啉铜、中生菌素、咪鲜胺、咪鲜胺锰盐、恶霉灵、粉锈宁、梧宁霉素（四霉素）和氰烯菌酯等9种杀菌剂对轮枝镰孢菌（*F. verticillioides*）的毒力及其田间防治效果。结果显示，咪鲜胺锰盐、咪鲜胺、氰烯菌酯和多菌灵对甘蔗梢腐病菌具有强的毒力，其 EC_{50} 分别为 0.082 8 mg/L、0.087 5mg/L、0.270 6mg/L 和 0.379 8mg/L，梧宁霉素、粉锈宁和中生菌素也有较强的毒力，其 EC_{50} 依次为 1.799 8 mg/L、2.672mg/L 和 4.182 4 mg/L；喹啉铜悬浮剂和恶霉灵的毒力最弱，EC_{50} 分别为为 18.734 4mg/L 和 155.155 8mg/L。田间药效试验显示，25%氰烯菌酯 1 200倍液和80%多菌灵可湿性粉剂、70%恶霉灵、12%中生菌素及20%粉锈宁等药剂的800倍液均能较好控制病害的发展，防治效果均高于96.00%。生产上，推荐使用多菌灵防治甘蔗梢腐病，为减缓病原菌抗药性的产生，可以与氰烯菌酯、恶霉灵、中生菌素和粉锈宁等药剂轮换使用。

关键词：甘蔗梢腐病；轮枝镰刀菌；室内毒力测定；田间药效

---

* 通信作者：陈保善

小檗碱对水稻白叶枯病菌及细菌性条斑病菌的抑菌机制初步分析*

杨　平**，黎芳靖，罗　嫚，林　纬，袁高庆***，黎起秦***
（广西大学农学院，南宁　530004）

摘　要：小檗碱（berberine）是一种季胺型异喹啉类生物碱，多用于医学方面，近年来发现其在农用方面也具有较高的应用潜力。本课题组的前期研究发现，小檗碱对水稻白叶枯病菌（*xanthomonas oryzae* pv. *oryzae*，*Xoo*）和细菌性条斑病菌（*Xanthomonas oryzae* pv. *oryzicola*，*Xoc*）具有较强的抑菌活性，但对其抑菌机制尚未清楚。本研究从小檗碱对 Xoo 和 Xoc 菌体的细胞结构、功能和生理生化等方面的影响进行分析，为探明小檗碱对 Xoo 和 Xoc 的抑菌机制奠定基础。研究结果表明，菌体浓度为 107^{C}FU/mL 时，小檗碱对 Xoo 的抑制中浓度（EC_{50}）为 1.64μg/mL，最小抑菌浓度（MIC）为 10μg/mL，对 *Xoc* 的 EC_{50} 和 MIC 分别为 1.72μg/mL 和 15μg/mL；在电镜下观察 MIC 浓度的小檗碱对水稻白叶枯病菌和细菌性条斑病菌的形态结构影响，发现小檗碱处理两种病菌后，其菌体均有明显的破损，并随着药剂作用时间的延长破坏作用越明显；测定两种病菌培养液电导率、乳酸脱氢酶活性以及大分子物质含量的变化情况，结果发现小檗碱处理后的两种菌体电解质外渗，大分子物质渗漏到培养液中，乳酸脱氢酶（LDH）和 β-半乳糖苷酶活性提高，说明小檗碱不仅引起 *Xoo* 和 *Xoc* 细胞膜通透性的改变，还破坏了细胞膜的完整性；MIC 浓度的小檗碱处理菌体 240min 后，*Xoo* 的细胞表面疏水率比对照少 7.15%，*Xoc* 的细胞表面疏水率比对照少 11.3%，说明小檗碱可降低两种病菌细胞表面疏水性；通过测定小檗碱对两种病菌的生物膜形成和胞外物质合成的影响，结果发现小檗碱可抑制两种菌体生物膜的合成，并且药剂浓度越高，抑制作用越明显，不同浓度的小檗碱对两种病菌菌体胞外多糖的产生均没有影响，但分泌胞外淀粉酶和纤维素酶的含量均有所下降；小檗碱可抑制两种病菌的呼吸作用，用 MIC 浓度的小檗碱处理菌体后，其培养液中丙酮酸明显积累，水稻白叶枯病菌培养液中含量约为对照的 7 倍，水稻细菌性条斑病菌约为对照的 4 倍；经不同浓度的小檗碱作用两种病菌后，与菌体能量代谢相关的苹果酸脱氢酶（MDH）的活性均明显下降，并且随着药剂浓度的增高，抑制作用也随之提升，推测小檗碱可能对两种病菌的呼吸代谢三羧酸循环途径（TCA）有影响。

关键词：水稻白叶枯病菌；水稻细菌性条斑病菌；小檗碱；抑菌机制

---

* 基金项目：国家自然科学基金（31560523）
** 第一作者：杨平，博士研究生，研究方向为植物病害及其防治；E-mail：1369767934@ qq. com
*** 通信作者：黎起秦，教授，研究方向为植物病害及其防治；E-mail：qqli5806@ gxu. edu. cn
袁高庆，副教授，研究方向为植物病害防治；E-mail：ygqtdc@ sina. com

Bacillus atrophaeus strain HAB-5 promotes vegetative growth of tobacco and its secretion metabolites protect plants against tobacco mosaic virus infection*

Mamy Jayne Nelly Rajaofera, Jin Pengfei, Shen Haiyan, Hafiz Hasnain Nawaz, Wang Yi, He Qiguang, Xu Liangxiang, Cui Hongguang, Liu Wenbo, Miao Weiguo**

(*Institute of Tropical Agriculture and Forestry, Hainan University; Hainan Key Laboratory for Sustainable Utilization of Tropical Bioresource, Haikou, Hainan Province, China*)

Abstract: Finding alternatives of synthetic pesticide for health and the safe environment has become a crucial issue for scientific research. A number of studies have reported efficacy of *Bacillus* species on promoting plant development, as well as protecting plants against pathogens invasion, especially pathogenic fungi and bacteria. However, little was known about *Bacillus* species in controlling viral diseases. In this study, *Bacillus atrophaeus* strain HAB-5, isolated from soil of cotton field, Xinjiang, China, was able to efficiently promote the growth of tobacco plant in that the expansins genes *NtEXP*1 and *NtEXP*2 in tobacco leaves after treatment with HAB-5. Then *Tobacco mosaic virus* (TMV) / *Nicotiana tobacco* system was employed to evaluate virus resistance induced by HAB-5. Tobacco leaves were treated with antimicrobial metabolites of HAB-5 strain (1mg/mL), and 12 hours later the treated leaves were challenged with TMV via rub-inoculation. The results showed that diseasing symptoms were obviously compromised in tobacco leaves treated with HAB-5, and viral accumulation levels were also greatly reduced. Moreover, it was found that the signaling regulatory gene (*NPR*1), defense genes (*PR*-1*a*, *PR*-1*b*, *Chia*5), and hypertensive response related genes (*Hsr*203*J*, *Hin*1) were up-regulated in plants treated with the metabolites. Altogether, these accumulated results strongly supported the strain HAB-5 to be a biocontrol strain against TMV.

Key words: *Bacillus atrophaeus*; Tobacco mosaic virus; Biocontrol

* Funding: This work was supported in part by the National Natural Science Foundation of China (31160359, 31360029), China Agriculture Research System (No. CARS-33-BC1) and the Hainan Province Natural Science Foundation of China (No. 20153131)

** Corresponding author: Miao Weiguo; E-mail: miao@hainu.edu.cn

中国木霉菌资源收集与多功能评价*

陈　迪**，薛　鸣，梅　俊，吴翠丹，张锋涛，
张菊菊，张荣意，缪卫国，邢梦玉，刘　铜***
（海南大学热带农林学院，海口　570228）

摘　要：木霉菌（*Trichoderma* spp.）是一类重要的生防菌，广泛分布在不同地理位置和多种多样的生态环境中。本试验采集了中国 22 个省份和 5 个自治区的不同农作物（茄子、辣椒、番茄、玉米、水稻等）根际土壤、盐碱地、涂地、草原、高原地区等 2 218份土样，植物茎秆和叶片、腐木和落叶样本 423 份。从所有材料中分离木霉菌株 4 958份，去除同一个样品中相同木霉菌株，共获得 3 500株木霉菌株。通过核糖体内转录间隔区 *ITS*、转录延伸因子 *TEF*1 和 RNA 聚合酶第二亚基 *RBP*2 基因扩增和序列分析，结合形态学观察共鉴定 33 个木霉种，其中 *T. asperellum* 和 *T. harzianum* 为优势菌种。随后对所有鉴定的木霉菌株开展多功能评价，其中对病原菌（香蕉枯萎病菌 FOC4、杧果胶孢炭疽病菌和番茄灰霉病菌）对峙培养中发现有 89 株木霉菌对三种病原菌的抑制率在 90%以上，通过抑菌谱分析、发酵液抑菌试验、几丁质酶和 β-1，3 葡聚糖酶活性测定，对玉米、水稻、番茄、黄瓜、辣椒种子萌发和根促生作用分析，最终获得 28 株在抑菌促生方面具有优良性状的木霉菌株。这些结果将为我们后期木霉菌生防制剂的研制提供材料。

关键词：木霉菌；盐碱地；香蕉枯萎病菌；生防制剂

---

* 基金项目：海南大学高层次人才引进科研启动基金“木霉菌的开发与应用”

** 第一作者：陈迪，男，硕士，主要从事生物防治；E-mail：cd526702620@ live. com

*** 通信作者：刘铜，教授，博士生导师，主要从事植物病理学和生物防治研究；E-mail：liutongamy@ sina. com

芽胞杆菌 HAB-18 的鉴定及抑菌活性的研究*

谭 峥**，刘文波，缪卫国***，靳鹏飞***
（海南大学植物保护学院/海南省热带生物资源可持续利用重点实验室，海口 570228）

摘 要：芽胞杆菌（*Bacillus*）是被广泛用于生物防治中，可产生对植物病原真菌和细菌具有拮抗作用的活性物质的一类革兰氏阳性杆状细菌。芽胞杆菌 HAB-18 是从香蕉根际土壤中分离得到的芽胞杆菌，拟对其进行鉴定并对菌株产生的抗菌物质的种类和抑菌效果进行研究。采用形态学观察、16Sr DNA 序列以及特异性引物（β-甘露聚糖酶基因 *gumG* 或 *ydhT*）进行分类鉴定；通过硫酸铵沉淀法、酸沉淀法和正丁醇萃取的方法对生防菌 HAB-18 的发酵液中的活性成分进行提取。对提取得到的活性成分采用平板对峙法、生长速率抑制法和抑菌圈法测定其对植物病原真菌（*Colletotrichum gloeosporioiles*）和两种病原细菌（水稻白叶枯病原菌 *Xanthomonas oryzae* pv. *oryzae* 和十字花科黑腐病病原菌 *Xanthomonas campestris* pv. *campestris*）的抑制能力；经过研究发现：HAB-18 菌株是一株解淀粉芽胞杆菌 *Bacillus amyloliquefaciens*，通过各种提取方法提取得到的的活性成分中 HAB-18 菌株发酵液通过正丁醇萃取方法得到粗提物对病原真菌和细菌的活性最好，对杧果炭疽菌进行活性测试的抑菌圈大小为（24.935±0.445）mm；正丁醇粗提物对十字花科黑腐病原菌的抑菌圈大小为（24.360±0.378）mm，其 MIC_{50} 值为 45.644μg/mL；对水稻白叶枯病原菌的抑菌圈大小为（38.195±0.096）mm，其 MIC_{50} 值为 21.306μg/mL。综上所述，解淀粉芽胞杆菌 HAB-18 对杧果炭疽菌以及两种病原细菌具有较好的防治效果，为开发新型生防菌剂提供理论基础。

关键词：生防菌；菌种鉴定；正丁醇提取物；活性测试

* 基金项目：海南大学科研启动经费（No. KYQD（ZR）1842）；海南大学青年教师基金（No. hdkyxj201708）；海南自然科学基金创新研究团队项目（No. 2016CXTD002）；海南省重点研发计划项目（No. ZDYF2016208）

** 第一作者：谭峥，女，江西南昌，本科生，从事生防农药研究；E-mail：18014693035@163.com
*** 通信作者：靳鹏飞，讲师，博士，主要从事微生物相关研究；E-mail：jinpengfei@hainu.edu.cn
缪卫国，教授，博士生导师，主要从事分子植物病理相关研究；E-mail：miao@hainu.edu.cn

解淀粉芽胞杆菌 HAB-2 活性成分抑制橡胶树白粉菌的研究*

韦丹丹**，缪卫国，许沛冬，Ghulam Yaseendahar，何其光，
吴　华，刘文波***，靳鹏飞***
（海南大学植物保护学院/海南省热带生物资源可持续利用重点实验室，海口　570228）

摘　要： 橡胶树别称巴西橡胶树、三叶橡胶树，隶属大戟科（Euphorbiaceae）、橡胶树属（*Hevea*），是天然橡胶的主要来源。橡胶树白粉病是橡胶树生长中的一种重要病害，主要为害嫩叶，初期会有大小不一的白粉病斑，严重时叶片发黄脱落，至今已在海南大面积流行数次，造成了橡胶树的嫩叶脱落、开割期推迟和胶产量下降。为明确海南橡胶树白粉菌分生孢子形态以及研究解淀粉芽胞杆菌 HAB-2 活性成分对橡胶树白粉病菌的抑制，采用光学显微镜和扫描电镜观察分生孢子的形态，通过孢子萌发抑制试验和盆栽施药试验，研究 HAB-2 正丁醇提取物和单体化合物杆菌霉素 DC 对橡胶树白粉病菌的抑制作用。结果显示橡胶树白粉病菌分生孢子为有花纹的椭球形，内含一个或多个液泡，尾部芽管有耳垂状或掌状的附着胞，附着胞芽管可分化出次生菌丝。孢子萌发抑制试验显示，正丁醇提取物和杆菌霉素 DC 处理后的孢子形态异常、破裂、干瘪，孢子萌发抑制率分别为 89.36%、91.18%。室内盆栽试验显示，喷洒正丁醇提取物和杆菌霉素 DC 后，分生孢子生长异常，形态结构干瘪破裂，正丁醇提取物处理的叶片仅有少量菌体萌发，杆菌霉素 DC 处理叶片后无明显的白粉病菌菌落。综上所述，生防芽胞杆菌 HAB-2 的活性成分可抑制橡胶树白粉病菌，具有良好的生防潜力和应用开发价值。

关键词： 橡胶树白粉病；分生孢子；生防菌；脂肽类活性成分；杆菌霉素 DC

---

* 基金项目：海南大学科研启动经费（No. KYQD（ZR）1842）；海南大学青年教师基金（No. hdkyxj201708）；海南自然科学基金创新研究团队项目（No. 2016CXTD002）；海南省重点研发计划项目（No. ZDYF2016208）

** 第一作者：韦丹丹，女，江苏盐城，硕士研究生，从事生防农药研究；E-mail：18014693035@163.com

*** 通信作者：靳鹏飞，讲师，博士，主要从事微生物相关研究；E-mail：jinpengfei@hainu.edu.cn
刘文波，高级实验师，硕士，主要从事分子植物病理相关研究；E-mail：sauch@163.com

生防木霉菌发酵条件优化、不同剂型研制及促生防病效果评价*

张锋涛[1**]，崔 佳[2]，张荣意[1]，孙现超[3]，王 敏[4]，胡艳平[4]，梁根云[5]，刘华招[6]，左豫虎[2]，靳亚忠[2]，缪卫国[1]，邢孟玉[1]，曲建楠[2]，潘群胜[1]，刘 铜[1***]

（1. 海南大学热带农林学院，海口 570228；2. 黑龙江八一农垦大学，大庆 163319；3. 西南大学，重庆 400715；4. 海南省农科院，海口 571100；5. 四川省农科院园艺所，成都 610066；6. 中国科学院植物所海南分子育种基地，陵水 100093）

摘 要：木霉菌（*Trichoderma* spp.）是一类具有重要生防价值的植物病害生防菌，开发和应用木霉菌制剂对植物病害防治、促进绿色植保发展具有重要意义。本试验以前期获得具有较好生防效果的棘孢木霉 HN、哈茨木霉 YN、绿色木霉 BW、钩状木霉 TX 为出发菌，优化了产孢发酵条件，研制了可湿性粉剂、水分散粒剂和油悬浮剂等剂型，对其制剂的促生防病效果进行了评价。结果表明：木霉菌在 68%麦麸、12%稻壳、10%玉米粉、10%硅藻土，含水量 45%，接种量 0.5%，发酵时间 5 d，产孢较好，其产孢量可以达到 60 亿/g 以上。通过对环保型助剂类型的筛选研制出不同木霉菌制剂，其孢子含量均可达 2 亿/g 以上，各项试验检测指标均符合国家相应标准。木霉菌原孢子粉和各类制剂采用拌土、浸种、灌根、喷雾法处理番茄、黄瓜、草霉、苦瓜、甜瓜、辣椒、茄子、甘蓝等果瓜蔬菜类作物，水稻秧苗、中药材白芨、地环、人参和黄连及果树，检测其形态和生理指标测定发现所有木霉菌制剂可以促进瓜果类蔬菜种子萌发、根系生长、增加作物地上部分生长量、叶绿素和可溶性蛋白质含量，提高抗病相关基因的表达。同时，有效预防了瓜果蔬菜白粉病、枯萎病、疫病、煤污病、炭疽病、灰霉病和菌核病，水稻立枯病、中药材白芨、地环、人参根腐病，其防治效果可达 53.6%~91.8%。

关键词：木霉菌；发酵；制剂；蔬菜；中药材

* 基金项目：海南大学高层次人才引进科研启动基金“木霉菌的开发与应用”

** 第一作者：张锋涛，男，硕士，主要从事生物防治；E-mail：zhangft@ 163. com

*** 通信作者：刘铜，教授，博士生导师，主要从事植物病理学和生物防治研究；E-mail：liutongamy@ sina. com

16 种药剂对海南菠萝叶腐病病原菌的室内毒力测定*

罗志文[1**]，范鸿雁[1]，郭利军[1]，胡福初[1]，余乃通[2]，韩　冰[1]，刘志昕[2]，李向宏[1***]

（1. 海南省农业科学院热带果树研究所/农业部海口热带果树科学观测实验站/
海南省热带果树生物学重点实验室/海南省热带果树育种工程技术研究中心，海口　571100；
2. 中国热带农业科学院热带生物技术研究所/农业部热带作物生物学
与遗传资源利用重点实验室，海口　571101）

摘　要：采用生长速率法开展了采用 16 种药剂对海南菠萝叶腐病病菌尖孢镰刀菌（*Fusarium oxysporum* Schl.）的室内药效试验研究。试验结果表明：参试药剂对菠萝叶腐病病菌均有不同程度的抑制作用。其中，64%杀毒矾 WP 和 60%苯甲·醚菌酯 WP 对叶腐病病菌的抑菌效果最好，其 EC_{50}值为 0.730 9μg/mL和 1.184 7μg/mL；25%甲霜·霜霉威 WP、25%溴菌腈·多菌灵 WP、30%苯甲·丙环唑 EC 和 25%溴菌·多菌灵 WP 对菠萝叶腐病菌也有较好的抑制效果，其 EC_{50}均低于 10μg/mL；其次为 25%溴菌腈 WP、50%恶霉灵 TF、40%福·福锌 WP、20%腈菌唑 ME、75%百菌清 WP，其 EC_{50} 值分别为 15.161 0μg/mL、21.063 7μg/mL、29.953 0μg/mL、32.227 2μg/mL和 60.353 2μg/mL；而 70%甲基硫菌灵 WP 和 50%多菌灵 WP 等 5 种参试药剂对菠萝叶腐病菌的抑菌效果较差，其 EC_{50}值达 105~475μg/mL，是抑菌效果最佳的 64%杀毒矾 WP 的 140 余倍；12%松脂酸铜 EC 对菠萝叶腐病菌的抑制效果最差，其 EC_{50}值高达 13 847.674 1μg/mL，是抑菌效果最佳药剂的近 1.9 万倍。试验证明，混配药剂在室内毒力试验中的抑菌效果显著优于单剂，可见农药混配在提高防治效果、延缓病原菌抗药性产生方面具有较好作用。

关键词：海南菠萝叶腐病菌；化学药剂；室内毒力试验

---

* 基金项目：公益性行业（农业）科研专项经费项目（201203021）；海南省属科研院所技术开发专项（SQ2018JSKF0017）

** 第一作者：罗志文，男，硕士，助理研究员。研究方向：果树植物病理学；E-mail：zhiwenluo@163.com

*** 通信作者：李向宏；E-mail：lxh.0898@163.com

蛭石基质中微型薯疮痂病防治药剂的筛选*

邱雪迎[1**]，李寿如[2]，刘红博[1]，赵伟全[1***]，刘大群[3***]
（1. 河北农业大学植物保护学院/河北省农作物病虫害生物防治
工程技术研究中心，保　定 071000；2. 辽宁本溪市马铃薯研究所，本溪　117000；
3. 中国农业科学院研究生院，北京　100081）

摘　要：马铃薯是小麦、水稻和玉米后的第四大主粮作物，在我国粮食安全、农民增收和保证农业可持续发展等方面具有重要作用。随着我国马铃薯种植规模的不断增长，病害对马铃薯生产的影响日益突出，尤其是各类土传病害传播蔓延的速度明显加快。目前马铃薯疮痂病作为典型的土传与种传病害，已在我国各马铃薯主产区普遍发生。为探索马铃薯疮痂病的防治方法，本研究在蛭石基质微型薯繁育过程中进行了疮痂病防治试验。首先对微型薯疮痂病斑进行菌株分离纯化，经科赫氏法则验证致病性后，采用 CTAB 法提取 3 个菌株的基因组 DNA，采用链霉菌 16S rRNA 基因的通用引物 16S1：5′-CATTCACGGAGAGTTTGATCC-3′，16S2：5′-AGAAAGGAGGT-GATCCAGCC-3′进行扩增，回收测序后，通过构建系统发育树对菌株进行分子鉴定，确定 3 个菌株均为疮痂病原菌 *S. scabies*。采用纸碟法对 29 种不同药剂进行皿内抑菌筛选，获得了效果较好的 8 种药剂，将其与 2 种酸处理和 ZWQ-1 生防菌剂同时进行微型薯苗床防治试验。结果表明，在本研究使用的测试药剂浓度条件下，在测试的 11 个处理中，ZWQ-1 菌剂和福美双处理在收获前植株长势良好，无死亡现象发生；72%农用链霉素、咯菌腈、百菌清、柠檬酸和四霉素等处理均出现明显的影响，植株出现黄化，部分死亡，但后期会新生部分叶片；EDTA、亿度勇、氰烯菌酯和三唑酮处理植株均有大量植株死亡。微型薯收获后，经过对薯块数量和病害防治情况进行统计，清水对照收薯 189 粒，发病率为 70.90%；咯菌腈和福美双收薯 122 粒和 120 粒，减产明显，但对病害的防治效果较好，分别为 72.60%和 57.92%；ZWQ-1 菌剂、百菌清和柠檬酸处理收薯 198 粒、216 粒和 123 粒，防效均较低，分别为 33.26%、23.68%和 19.11%；其余处理由于薯块收获粒数过少均不适合用于病害防治。综合几种处理的表现，福美双和 ZWQ-1 菌剂对植株的生长有促进作用，咯菌腈对植株生长有一定影响，因此结合使用这 3 种处理方法也许可以为蛭石基质苗床中 *S. scabies* 引起的微型薯疮痂病的防治探索一种有效的方法。尽管疮痂病的防治较为困难，但在广大研究者们的不懈努力下，充分结合各项有利因素，一定会探索出有效的防治方法，为马铃薯的优质生产提供有力保障。

关键词：马铃薯疮痂病；*S. scabies*；药剂筛选；蛭石基质；防治试验

---

* 基金项目：河北省自然科学基金（C2014204109）；河北省高等学校科学技术研究项目（ZD2018077）

** 第一作者：邱雪迎，女，硕士研究生，主要从事马铃薯疮痂病生物防治方面的研究
*** 通信作者：赵伟全，教授，博士，主要从事马铃薯土传病害方面的研究；E-mail：zhaowquan@126.com
刘大群，教授，博士，主要从事植物病害生物防治方面的研究；E-mail：liudaqun@caas.cn

Isolation and identification of an antagonistic actinomycete from rhizosphere soil of tobacco*

Chen Qiyuan**, Bian Chuanhong, Chen Qianqian, Kang Yebin***

(*College of Forestry, Henan University of Science and Technologe, Luoyang* 471003, *China*)

Abstract: From May to September 2014, the antagonistic actinomyces strain LA5 with a strong inhibition activity to *Phytophthora parasitica* was isolated from rhizosphere soil of tobacco in Luoning county of Luoyang, Henan province. The strain were identified by using gram staining, observing the morphological characteristics by using oil immersion lens and cultural characteristic, determining physiological and biochemical characteristic, and analyzing the sequences of 16S rDNA. The research achievements as follows:

(1) The Gram stain test showed that the strain LA5 is positive. Long and straight spore chains were observed, rod-shaped spores and sporangia were found, and pear-shaped sporangia developed on the substrate mycelia under the light microscopy.

(2) On the Gause No. 1 medium, the strain LA5 produces ivory yellow substrate mycelia and snow-white aerial mycelia, no soluble pigment.

(3) The strain LA5 is positive for hydrolysis of starch, coagulation and peptonization of milk, liquefaction of gelatin, production of H_2S and negative for decomposition of cellulose. These show that this strain can produce amylase, protease, which does not produce cellulase.

(4) The almost-complete 16S rDNA gene sequence of strain LA5 was determined and deposited in the GenBank databases as GU47944. Similarities to *Streptomyces lincolnensis* were greater than 98%. Phylogenetic trees were constructed with the neighbour-joining algorithm using Molecular Evolutionary Genetics Analysis (MEGA) software version 5.05. These data suggest that strain LA5 should be *Streptomyces lincolnensis*.

Key words: Antagonistic actinomycetes; Morphological identification; Physiological and biochemical characteristics; Molecular identification; Rhizosphere soil; Tobacco

---

* 基金项目：河南省烟草公司科学研究与技术开发重点项目“河南烟草病虫害绿色防控关键技术研究与应用”(HYKJ201610)

** 第一作者：陈奇园，在读硕士研究生，主要从事植物免疫学研究

*** 通信作者：康业斌，教授，博士，主要从事植物免疫学研究；E-mail：kangyb999@163.com

Isolation and identification of an antagonistic actinomycete from tobacco field in Luoyang, Henan*

Chen Qianqian**, Bian Chuanhong, Chen Qiyuan, Kang Yebin***

(*College of Forestry*, *Henan University of Science and Technologe*, *Luoyang* 471003, *China*)

Abstract: A actinomycete SA74 was isolated from tobacco rhizosphere soils in Songxian, Henan. The inhibition rate of *Fusarium oxysporum* and *Phytophthora parasitica* determined based on plate confrontation test method was over 65%; and that of their fermentation broth on *Fusarium oxysporum* and *Phytophthora parasitica* determined through mycelial growth rate method was above 60%. The substrate mycelium on starch ammonium agar culture-medium is aubergine, aerial mycelium is white, and soluble pigment is faint yellow; on Kligler's agar medium No. 1, substrate mycelium is jacinth, aerial mycelium is white and no soluble pigment is produced; on potato dextrose agar medium, substrate mycelium is in dark red, aerial mycelium is white towards pinkish-orange, and soluble pigment is in light yellow; on dextrose yeast extract medium, substrate mycelium is saffron yellow, no aerial mycelium or soluble pigmentexists; on amninosuccinamic acid agar medium, substrate mycelium is red, aerial mycelium is white, and soluble pigment is light yellow; on Czapek-Dox sucrose medium, substrate mycelium is jacinth, no aerial mycelium or soluble pigment exists. Gram stain test indicates that actinomyces SA74 was gram positive microbes.

Physiological and biochemical tests showed that, actinomyces SA74 has a strong hydrolization of starch, and can decompose and utilize cellulose, and it can not make the milk coagulated and peptonized but is able to liquefy the gelatin to produce hydrogen sulfide. CTAB method is used to extract DNA and determine the sequences of rDNA-ITS and the phylogenetic tree is established by means of adjacent method. The analysis presents that the sequence homology between the 16S rDNA sequence of the bacterium and that with GenBank accession number of AY99974 (*Streptomyces aureoverticillatus*) is greater than 98%. In accordance with the morphological and physiological and biochemical reaction observation, and molecular biology analysis, the strain SA74 is identified as *Streptomyces aureoverticillatus*. According to *Streptomyces Identification Manual*, the classification status of the strain is *Streptomyces aureoverticillatus*, Streptomyces, Actinomycetales, Actinomycetes, Actinobacteria.

Key words: Tobacco; Soil-born pathogenic fungi; Antagonistic actinomyces; *Streptomyces aureoverticillatus*

* 基金项目：河南省烟草公司科学研究与技术开发重点项目“河南烟草病虫害绿色防控关键技术研究与应用”（HYKJ201610）

** 第一作者：陈倩倩，在读硕士研究生，主要从事植物免疫学研究

*** 通信作者：康业斌，教授，博士，主要从事植物免疫学研究；E-mail：kangyb999@163.com

麦根腐平脐蠕孢的生防菌的筛选及鉴定*

李光宇**，张亚龙，马庆周，徐 超，臧 睿，耿月华***，张 猛***

（河南农业大学植物病理学系，郑州 450000）

摘 要：小麦根腐病是小麦上一种非常普遍的病害，也是一种世界范围的病害，在美国、法国、加拿大、德国以及我国北方危害严重，主要病原为麦根腐平脐蠕孢（*Bipolaris sorokiniana*），小麦根腐病的病原孢子生命力非常强，在 3～39℃都可以生长，而且在小麦的整个生育期都可以发生，防治起来有很大的难度。2010 年有研究报道嗜麦芽窄食单胞菌（*Stenotrophomonas maltophilia*）C3 株系由于产几丁质的降解酶对麦根腐平脐蠕孢有较好的防治效果，而针对麦根腐平脐蠕孢生防真菌尚未见报道，本研究以该病原菌为靶标筛选不同的生防菌株。首先从实验室保存的真菌和细菌菌株共 210 株，进行平板初筛，平板复筛，筛选出生防效果好的细菌 17 株和真菌 36 株，最后筛选出来最好的 1 株真菌和 1 株细菌。然后对真菌进行 ITS 片段的 PCR 扩增获得 571bp 的目的条带，细菌进行了 16S 的 PCR 扩增获得 1455bp 条带，并进行形态特征观察，对筛选出的菌株进行鉴定。最后发现了一种真菌棘孢木霉（*Trichoderma asperellum*）和一种细菌解淀粉芽胞杆菌（*Bacillus amylofaciens*）对麦根腐平脐蠕孢有很好的生防效果，下一步拟对两个菌株的大田防效进行测定，以期为麦根腐平脐蠕孢的绿色防控提供重要的资源。

关键词：DNA 测序；麦根腐平脐蠕孢；生防菌；小麦病害

---

* 基金项目：国家自然科学基金项目（31770029）

** 第一作者：李广宇

*** 通信作者：耿月华；E-mail：gengyuehua@163.com

张猛；E-mail：zm2006@163.com

河南省不同类型土壤放线菌多样性及生防菌的筛选*

刘　闯**，赵　莹，习慧君，文才艺***
（河南农业大学植物保护学院，郑州　450002）

摘　要：河南省地处于中国中东部、黄河中下游，具有气候过渡性明显、地区差异性显著、地质条件复杂等特点，蕴含着独特的土壤微生物资源。放线菌是一类重要的微生物资源，因其丰富的抗生素和其他生物活性代谢产物而成为植物病虫害生物防治的重要因子。

本研究利用稀释平板涂布法于 8 种分离培养基（M1～M8）中对采集自河南境内潮土、褐土、黄棕壤、两合土和水稻土共五种不同类型的 45 份土壤样品的放线菌进行了分离纯化，通过 16S rDNA 序列鉴定结合表型分类和化学分类等方法，研究河南省不同类型土壤中放线菌种类和分布特点。以苹果轮纹病菌、苦瓜枯萎病菌、西瓜炭疽病菌等 7 种植物病原菌为靶标，通过对峙培养法，筛选出具有生防潜力的生防放线菌菌株。结果显示：从 45 份土壤样品中分离得到 955 株放线菌，分布于 10 个目、12 个科、17 个属，包含有 626 个 OTUs，其中 9 株放线菌 16SrDNA 序列与 NCBI 数据库比对结果低于 98%，说明其可能为潜在的新种。分离得到链霉菌 751 株，为主要的优势菌株。通过对峙培养筛选获得 181 株具有良好且稳定抑制作用的菌株，其中对 3 种及以上病原菌存在抑菌作用的为 58 株。并对其中 114 株活性放线菌菌株的聚酮合酶（*PKS* Ⅰ和 *PKS* Ⅱ）基因、非核糖体多肽合成酶（*NRPS*）基因、安莎类化合物（*AHBA*）基因和 3-羟基-3-甲基戊二酰辅酶 A 还原酶（*HMGA*）基因进行检测，结果显示，113 株活性菌株中至少含有一种功能基因。本研究揭示了河南地区不同类型土壤放线菌物种多样性，同时证实了河南省不同类型土壤中具有很大的生防菌株挖掘潜力。

关键词：土壤类型；放线菌；多样性；拮抗活性；基因筛选

---

* 基金项目：河南省自然科学基金项目（162300410136）
** 第一作者：刘闯，在读硕士，植物病理学专业；E-mail：17638563265@163.com
*** 通信作者：文才艺，博士，教授，研究方向：植物病害生物防治；E-mail：wencaiyi1965@163.com

河南黄河湿地放线菌多样性及植物病害生防放线菌的筛选[*]

习慧君[**]，赵 莹，刘 闯，臧 睿，文才艺[***]
（河南农业大学植物保护学院，郑州 450002）

摘 要：放线菌是一类重要的微生物资源，因其可产生丰富的抗生素和其他生物活性代谢产物在植物病虫害生物防治中起到重要的作用。河南黄河湿地分布于黄河中、下游过度地带，是我国湿地资源的重要组成部分，也是发掘放线菌新物种和新用途放线菌资源的理想生境。目前已在黄河上游和下游湿地等生境均开展了放线菌多样性、生态分布及生态学功能等方面的研究。但黄河中下游湿地生境放线菌资源方面的研究未见报道。

为了探究河南黄河湿地放线菌多样性，并筛选潜在的植物病害生防放线菌。本研究基于 16S rDNA 序列高通量测序技术分析了河南黄河湿地放线菌种类的多样性；利用稀释平板涂布法于 8 种分离培养基（M1～M8）中对采集自黄河沿岸的 21 份土样中的放线菌进行了分离纯化，通过 16S rDNA 序列鉴定其种类，了解河南黄河湿地可培养放线菌的多样性；以 7 种病原真菌为靶标指示菌检测分离放线菌的抑菌活性；PCR 扩增检测了抑菌放线菌菌株中聚酮合酶、非核糖体多肽合成酶和安莎类化合物等功能基因。高通量测序结果表明，河南黄河湿地中放线菌优势物种依次为 *Nocardioides*，*Streptomyces* 和 CL500-29_*marine_group* 等，此外还具有大量的未知类群，这表明了河南黄河湿地放线菌物种丰富，且具有一定的新物种发掘潜力；通过分离培养基共获得了 261 株纯培养菌株，它们分属于 9 个属，主要为 *Streptomyces* 和 *Nocardioides*，其中分离的菌株中有 8 株放线菌菌株的 16S rDNA 序列比对结果低于 97%，说明可能属于新的放线菌种类；分离的 261 株放线菌中对靶标病原菌有拮抗活性的为 86 株，其中至少具有一种功能基因的菌株为 74 株。该研究初步表明了河南黄河湿地放线菌的物种多样性和具备产生多种生理活性物质的巨大潜力，这为潜在的新物种和有价值放线菌的研究提供了便利和资源。

关键词：河南黄河湿地；放线菌；多样性；生防放线菌

---

* 基金项目：河南省自然科学基金项目（162300410136）

** 第一作者：习慧君，在读硕士，植物病理学专业；E-mail：xihuijun1994@ 126. com

*** 通信作者：文才艺，博士，教授，研究方向：植物病害生物防治；E-mail：wencaiyi1965@ 163. com

1株解淀粉芽胞杆菌B10-26生防机理的初步研究*

赵　辉**，刘红彦***，刘新涛，倪云霞，刘玉霞
（河南省农业科学院植物保护研究所/农业部华北南部作物有害生物综合治理重点实验室/河南省农作物病虫害防治重点实验室，郑州　450002）

摘　要： 利用平皿对峙法获得了1株对芝麻茎点枯病菌、芝麻枯萎病菌、棉花黄萎病菌、西瓜枯萎病菌、小麦纹枯病菌和小麦赤霉病菌具有较好抑菌效果，而且抑菌活性物质热稳定性较好的解淀粉芽胞杆菌B10-26。以B10-26为研究对象，对其生防机理、抑菌活性物质及其相关基因进行了初步研究。结果表明，B10-26具有较好的营养和空间竞争能力；其代谢产物中的活性物质能有效地抑制真菌菌丝生长，并且能造成真菌菌丝畸形；B10-26的发酵液对植物出苗、根系发育和幼苗生长有显著的促进作用。通过PCR检测和测序分析，确定B10-26具有*ituA*、*fenB*、*srfAD*、*zmaR*、*baeB*和*bglS*基因，利用Real-Time PCR分析其抗生素相关基因表达，确定B10-26的*bglS*和*baeB*基因表达量最高。B10-26代谢产物中的抑菌活性物质分析结果表明，其代谢产物中含有bacillomycin D、fengycin A、fengycin B 、mycosubtilin、surfactin和dihydrobacillaene等抑菌活性物质，其中Fengycin和BacillomycinD含量最高，其次是mycosubtilin，而surfactin和dihydrobacillaene的含量较少，这与酯肽类抗生素相关基因表达分析结果相同。另外，在B10-26代谢产物中还发现了抑菌活性物质生物合成酶bacillaene synthesis和polyketide synthase，因此推测B10-26还可能产生多烯类和聚酮类抗生素。

关键词： 解淀粉芽胞杆菌；B10-26；生防机理

---

* 基金项目：河南省科技发展计划项目（182102110466）；农业部现代农业产业技术体系（CARS-14-1-19）；河南省农业科学院科研发展专项资金项目（YCY20167806）

** 第一作者：赵辉，男，副研究员，博士，主要从事植物病理学和植物病害生物防治研究；E-mail：zhaohui_0078@126.com

*** 通信作者：刘红彦，研究员，博士，主要从事植物病理学和植物病害生物防治研究；E-mail：liuhy1219@163.com

源于植物内生菌的核桃细菌性疫病生防菌的筛选

余　雷*，邹路路**，涂　昌，王博凯，卫锦霞，周佳凯，魏　蜜，傅本重**
（湖北工程学院 生命科学技术学院/特色果蔬质量安全控制湖北省重点实验室，孝感　432000）

摘　要：核桃（*Juglans regia* L.）属于胡桃科（Juglandaceae）核桃属（*Juglans*），是重要的木本油料植物，核桃仁含油率 70%左右。核桃细菌性疫病是世界范围内核桃生产上最重要的细菌病害，其病原菌为树生黄单胞菌核桃致病变种（*Xanthomonas arboricola* pv. *juglandis*）。病害致使其早落、核桃仁干瘪，出仁率和出油率降低，严重影响核桃产量和质量。

由于长期使用化学农药带来的生态环境问题，利用微生物及其代谢产物为主的生物防治手段已成为世界范围内植物病害防治的发展方向。其中植物内生菌作为一种重要的资源微生物，在植物病害防治方面具有其他微生物无可比拟的优势，是近几年生物防治研究的热点之一。

为了寻找对该病原菌有潜在生物防治作用的菌株和药物。本研究从 87 种植物中分离内生细菌，并通过体外平板对峙法，逐一对分离到的菌株抑菌能力进行了分析和评价。通过菌落形态观察、革兰氏染色、MIDI 全自动微生物鉴定系统和 16S rDNA 与 *gyr*B 基因的测序分析和比对，对其中有活性的内生细菌进行了鉴定。

本研究共分离得到内生细菌 152 株，其中对核桃细菌性疫病菌有拮抗作用的菌株有 10 株，占测试菌株的 6.58%。拮抗效果明显的有 5 个菌株（抑菌圈直径 D/菌落直径 d 超过 1.5），其中 XGQNH17-8 菌株的抑菌圈直径 D/菌落直径 d 达到 2.2。革兰氏阳性菌有 8 株，阴性菌有 1 株。大部分都为杆状，少数为球状。经过脂肪酸全自动 MIDI 微生物鉴定系统鉴定，其中 8 株可能为枯草芽胞杆菌（*Bacillus subtilis*），1 株可能为萎缩芽胞杆菌（*Bacillus atrophaeus*）。经过 16S rDNA 和 *gyrB* 基因的测序分析和比对，结果表明筛选得到的 10 株生防菌有 9 株被鉴定为枯草芽胞杆菌（*Bacillus subtilis*），1 株被鉴定为分散泛生菌（*Pantoea dispersa*）。

室内平板拮抗效果最好的几个菌株正在进行盆栽防治试验，作用机理以及活性物质分析等研究。该研究为核桃细菌性疫病的生物防治菌的开发，以及其活性物质的挖掘与应用奠定了一定的基础。

关键词：植物内生菌；核桃细菌性疫病；生防菌；生物防治；芽胞杆菌

---

* 共同第一作者：余雷，男，生物科学专业本科生；E-mail：3288272842@ qq. com
邹路路，女，在读硕士研究生，研究方向：植物病害生物防治；E-mail：911162909@ qq. com
** 通信作者：傅本重，副教授，研究方向：核桃病害生物防治；E-mail：benzhongf@ yahoo. com

解淀粉芽胞杆菌 ZJ6-6 对香蕉枯萎病的生防机制研究*

吴欢欢**，叶景文，李华平***
（华南农业大学农学院，广州　510642）

摘　要：香蕉枯萎病是由尖孢镰刀菌古巴专化型（*Fusarium oxysporum* f. sp. *cubense*）引起的真菌毁灭性病害，共有3个生理小种，其中以4号生理小种（Foc4）危害最大。本实验室在先前的研究中筛选到对Foc4生长具有明显抑制作用的菌株（ZJ6-6），经鉴定该菌株为解淀粉芽胞杆菌。本研究进一步研究表明，在ZJ6-6处理Foc4后，Foc4菌丝出现明显畸形、孢子塌陷等现象，细胞内的各细胞器形态和数量发生变化，其中线粒体的数量显著减少；PCR分析表明，ZJ6-6存在*ituD*、*lpa*-14、*bmyB*、*fenD*、*srfAA*、*srfAB*、*bioA*、*yndj*、*yngG*等生防基因，能够分泌iturin家族、fengycin家族、surfactin家族等具有对Foc4强烈的拮抗作用的脂肽类抗菌化合物。在不同温度和pH条件下，这些生防基因的表达存在明显的差异；通过比较分析发现ZJ6-6抑制Foc4最佳pH和温度分别为pH 6.2和31℃。进一步在不同土壤、香蕉抗感品种中的定殖情况、促生作用以及在植株体内的动态分布等研究正在进行中。

关键词：解淀粉芽胞杆菌；香蕉枯萎病菌；脂肽抗生素；生物防治

---

*　基金项目：现代农业产业技术体系建设专项（CARS-31-09）
**　第一作者：吴欢欢，硕士研究生，植物病理学；E-mail：1293985838@qq.com
***　通信作者：李华平，教授；E-mail：huaping@scau.edu.cn

木麻黄病害及其防治研究进展*

谢银燕**，毛子翎，单体江***
（华南农业大学林学与风景园林学院/广东省森林
植物种质创新与利用重点实验室，广州 510642）

摘　要：木麻黄（*Casuarina* spp.）是世界热带和亚热带地区重要的生态林和经济林，作为我国沿海防护林的当家树种，木麻黄在防风固沙、抵御海啸以及风暴潮等自然灾害方面发挥了重要作用，其生态效益远大于直接的经济效益。近年来，随着全球气候环境的变化以及木麻黄人工林的大面积种植，木麻黄病害的发生和危害也日趋严重。目前国内外报道的木麻黄病害有 14 种，分别为木麻黄衰退病、青枯病、白粉病、溃疡病、猝倒病、立枯病、炭疽病、煤污病、根腐病、树干孢腐病、黑粉病、红根病、丛枝病和肿枝病等，其中细菌性病害青枯病和非侵染性病害衰退病是木麻黄的主要病害，危害也最为严重。其他病害主要为真菌性病害，其中白粉病、猝倒病和立枯病主要发生在苗期；丛枝病病原尚不清楚，但危害也主要发生在苗期；溃疡病和树干孢腐病为枝干病害，在我国尚未发现木麻黄树干孢腐病的发生；红根病和根腐病为根部病害，炭疽病、黑粉病和煤污病虽有报道，但发病并不严重。

林木病害的防治是一个综合性、持久性的问题，传统的化学防治已经不能适应当今社会和发展的需求。对于林木病害来说，选用抗病品种是最经济、最有效的防治措施，目前也是防治木麻黄青枯病的最好方法。然而木麻黄抗病品种相对较少，且青枯病菌在自然环境下易发生变异，因此抗性植株难以维持其抗性。不同病害虽然采取的防治措施不同，但对于木麻黄病害同样应做好病害的监测，加强检疫，选育抗病品种，采取以林业防治和生物防治为主，化学防治为辅综合防治措施。通过在广东沿海一带调查发现，木麻黄种子苗韧性好，抗病和抗风沙能力强，只是种子苗成本高，在市场利益驱动下，近二十年来几乎见不到种子苗。沿海木麻黄与国家生态安全和生态文明建设密切相关，因此需要国家政策的引导和扶持，大力推广和种植种子苗，从而降低病害发生的几率和危害。

关键词：木麻黄；病害；防治；研究进展

---

* 基金项目：广东省自然科学基金（2017A030313200）

** 第一作者：谢银燕，女，硕士，研究方向：植物和微生物的次生代谢；E-mail：xieyinyan@ stu. scau. edu. cn

*** 通信作者：单体江，男，博士，讲师，研究方向：植物和微生物的次生代谢；E-mail：tjshan@ scau. edu. cn

Transcriptomic investigation of biocontrol agent PP19 induced resistance to *P. litchii* on litchi fruit*

Li Zheng[1,2**], Situ JunJian[1], Xi Pinggen[1], Zhou Xiaofan[1,3***], Jiang Zide[1***]

(1. *Department of Plant Pathology*, *South China Agricultural University*, *Guangzhou* 510642, *China*; 2. *Chinese Academy of Tropical Agricultural Sciences Guangzhou Experimental Station*, *Guangzhou* 510140, *China*; 3. *Integrative Microbiology Research Centre*, *South China Agricultural University*, *Guangzhou* 510642, *China*)

Abstract: The production and fruit quality is severely affected by Litchi downy blight, caused by the oomycete *Peronophythora litchii*, which occurs in almost all thelitchi production regions of China. Therefore, there is urgent need for riskless and sustainable biocontrol strategies. Previously we have shown that the biocontrol agent PP19 (*Bacillus licheniformis*) and its associated VOCs could appear an efficacy to litchi downy blight. To elucidate the potential mechanism of PP19 induced resistance, we employed transcriptome sequencing to investigate the molecular mechanism of plant defense and fresh-keeping. Our transcriptome data showed that, upon pre-treatment with PP19, the expression levels of thousands of genes were significantly different from those in the control in the 36 hours period post inoculation (hpi). Meanwhile, pretreated PP19 could significantly alter the plant response to the pathogen *P. litchii*. It was also found that, while the relative value of *P. litchii* on the litchi pericarp were similar, from 0-12-24 hpi, a significant difference at 24-36 hpi where the control value was approximately 3 000 fold more than PP19 treatment. We clustered the genes with absolute fold changes greater than 1.5 based on their time-course expression patterns and found four clear types. Further gene ontology enrichment analyses showed that functions related to fructose metabolism, regulation of cell plasma membrane, ethanol biosynthesis, and regulation of defense response were over-represented in the four clusters, respectively. In summary, PP19 can indeed induce the resistance of litchi fruits to *P. litchii*, and might regulate some genes related to disease resistance and preservation to avoid plant browning and pathogen infection.

Key words: *P. litchii*; Biocontrol agent PP19; Litchi fruit; Transcriptomics

---

* Funding: This research was supported by the earmarked fund for China Agriculture Research System (CARS-33-11)

** First author: Zheng Li; E-mail: bluestar183@163.com

*** Corresponding author: Zhou Xiao-fan; E-mail: xiaofanzhou@scau.edu.cn.

Jiang Zide; E-mail: zdjiang@scau.edu.cn

克里本类芽胞杆菌 PS04 诱导水稻病程相关基因表达量的变化*

郑文博**，曲玮茵，程　妍，周而勋，舒灿伟***
（华南农业大学植物病理学系/广东省微生物信号与作物病害防控重点实验室，广州　510642）

摘　要：克里本类芽胞杆菌（*Paenibacillus kribbensis*）可产生抑菌物质，同时对水稻稻瘟病菌和纹枯病菌有较高的抑菌活性，其发酵液经无菌处理后稀释 100 倍对水稻稻瘟病菌和纹枯病菌的抑制效果均在 80%以上，且在水稻植株发病前后均能起到防治作用。为了研究克里本类芽胞杆菌 PS04 菌株对水稻病程相关蛋白基因的诱导作用，探索 PS04 菌株对水稻稻瘟病及纹枯病的防治机理，本研究通过对 PS04 菌株处理过的水稻苗进行荧光定量 PCR 检测，对水稻受 PS04 菌株诱导后病程相关基因的表达进行研究，旨在探究克里本类芽胞杆菌对水稻病害的防治作用的机理，为水稻病害的生物防治和生物源农药的研发提供参考。本研究选用克里本类芽胞杆菌 PS04 菌株，在 30℃、160r/min 条件下培养 84h 获得细菌发酵液，使用细菌发酵液 100mL 对四叶一心期水稻幼苗喷雾接种，在接种 0h、3h、6h、9h、12h 及 24h 时取样，采用荧光定量 PCR 方法，使用特异性引物，对水稻样品的病程相关蛋白基因进行转录水平上的定量分析。实验结果表明，编码几丁质酶的相关基因 *PR*3、伤害诱导蛋白质合成的相关基因 *PR*4、类甜蛋白质合成的相关基因 *PR*5、编码类草酸氧化酶的相关基因 *PR*16 和编码苯丙氨酸解氨酶（PAL）的相关基因在 PS04 菌株发酵液喷雾处理 6h 时呈现上调表达且表达量达到最大值，随后开始下降；编码类丝氨酸羧肽酶的相关基因 *PR*1 和编码丙二烯氧化物合成酶（AOS）的相关基因在发酵液喷雾处理 9 h 时呈现上调表达且表达量达到最大值，随后开始下降；与水稻乙烯信号传导途径相关的基因 *EIN*2 和调控水稻系统获得抗性的基因 *NPR*1 在 PS04 菌株发酵液喷雾处理后表达稳定，但在 6 h 后这两个基因呈现下调表达。综上所述，克里本类芽胞杆菌 PS04 菌株可以引起水稻的防御反应，并通过提高水稻的诱导抗病性和获得抗病性来提高水稻对纹枯病和稻瘟病的抗病性，并对水稻的化感作用产生影响。

---

* 基金项目：国家重点研发计划资助项目（2017YFD0201100）
** 第一作者：郑文博，硕士生，研究方向：植物真菌病害生物防治；E-mail：394814147@ qq. com
*** 通信作者：舒灿伟，副教授，研究方向：植物真菌病害生物防治；E-mail：shucanwei@ scau. edu. cn

DNA 病毒介导的低毒核盘菌 DT-8 菌株田间应用研究*

曲　正**，姜道宏***，谢甲涛，付艳萍，程家森，李　博
（湖北省作物病害监测和安全控制重点实验室/华中农业大学植物科学技术学院/
华中农业大学农业微生物学国家重点实验室，武汉　430070）

摘　要：由核盘菌（*Sclerotinia sclerotiorum*）引起的菌核病是油菜生产上的首要病害，严重影响了油菜产业的健康发展。由于环境友好、生态安全等原因，生物防治策略备受人们关注，而利用病毒性低毒力菌株防控真菌病害，是生物防治中的重要策略之一。课题组前期从核盘菌 DT-8 菌株中分离和鉴定了一种核盘菌低毒衰退相关 DNA 病毒 1（SsHADV-1）。该 DNA 病毒不仅可导致核盘菌毒力衰退，还可以突破核盘菌营养亲和型限制，使病毒进行有效传播，生防潜力巨大。研发可应用于生产实践的生防制剂是实践应用的前提。然而，货架期短是生防制剂实际应用的瓶颈，需要开发新的生防制剂应用方法，发挥其生防价值。种子引发是一种引动加回干的播前种子处理技术，将种子引发技术和生防菌相结合，进行油菜种子生物引发，可以发挥种子引发技术和生防菌两者的优势，延长生防制剂的货架期，增强植物抗病能力，具有广阔的应用前景。本研究在前期研究的基础上，利用微生物液体深层发酵方法，制得 DT-8 菌株菌丝悬浮液，用于油菜种子生物引发。通过单因素的筛选和基于响应面设计的多因素优化，得到的最佳的引发条件。通过在湖北省鄂州市长港镇峒山社区实验基地和武汉市华中农业大学实验基地的田间防效试验，调查发现在 2016—2017 年，经 DT-8 发酵菌丝悬浮液生物引发处理的油菜，菌核病发病率在两地分别降低 31.22%和 26.83%，而产量在两地分别增加 15.82%和 24.15%。在 2017—2018，经 DT-8 发酵菌丝悬浮液生物引发处理的油菜，菌核病发病率在两地分别降低 15.09%和 24.05%，产量在两地分别增加 19.61%和 13.87%。且处理后对油菜籽的千粒重和含油量没有不良影响，防效和增产效果与油菜盛花期喷施一次 15L/亩浓度为 667μg/mL 咪鲜胺的效果相当。

* 基金项目：国家重点研发计划（2017YFD0201103）；油菜现代产业技术体系岗位科学家科研专项（CARS-13）
** 第一作者：曲正，男，山东潍坊人，在读博士研究生，主要从事植物病害生物防治
*** 通信作者：姜道宏，男，华中农业大学植物科学与技术学院教授；E-mail：daohongjiang@mail.hazu.edu.cn

梨炭疽病化学防治药剂及复配增效配方的筛选*

沈 量，洪 霓，王国平**

（华中农业大学植物科技学院/湖北省作物病害监测与安全控制重点实验室/
华中农业大学农业微生物学国家重点实验室，武汉 430070）

摘 要：梨炭疽病近年在中国长江流域及其以南沿海砂梨产区发生严重，不仅造成梨树叶片大量异常脱落，削弱树势，还影响当年梨产量和品质，造成严重的经济损失。目前生产上针对梨炭疽病主要采用化学药剂防治。根据中国农药信息网，可用于梨树上的杀菌剂共有六大类 13 种，包括三唑类杀菌剂：苯醚甲环唑、氟硅唑、戊唑醇、己唑醇和晴菌唑；苯丙咪唑类杀菌剂：甲基硫菌灵、苯菌灵和多菌灵；有机硫类杀菌剂：代森锰锌和克菌丹；芳烃类杀菌剂：百菌清和β-甲氧基丙烯酸酯类杀菌剂醚菌酯及铜制剂：碱式硫酸铜。

本研究采用区分计量法测定了以上 13 种化学杀菌剂对梨炭疽病菌的敏感性，从中选取毒性较强的 6 种化学杀菌剂，采用生长速率法测定其对梨炭疽病菌的毒力。并对氟硅唑和苯醚甲环唑进行不同质量的复配和测定其对梨碳菌病菌的毒力，从中选取毒性最强的配方进行田间药效实验。结果表明，与其他类型化学杀菌剂相比，梨炭疽病菌对三唑类杀菌剂更加敏感。苯醚甲环唑、氟硅唑、戊唑醇、己唑醇、晴菌唑和百菌清对梨炭疽病菌的平均 EC_{50} 值分别为 0.686 9mg/L、0.446 0mg/L、0.544 2mg/L、0.929 6mg/L、4.350 3mg/L 和 11.927 4mg/L。当氟硅唑与苯醚甲环唑的质量比为 1∶3 时，抑菌活性最好，EC_{50} 值为 0.332 9mg/L，增效最明显，增效系数为 1.82。与常规用药相比，苯醚甲环唑和氟硅唑分别增效 16.41% 和 16.34%，氟硅唑与苯醚甲环唑的 1∶3 复配制剂增效 23.83%。这些均可作为防治梨炭疽病的有效药剂。

关键词：梨炭疽病；杀菌剂；区分计量法；复配增效

---

* 基金项目：农业产业技术体系（CARS-28-15）和中央高校基本科研业务费专项基金资助（2662016PY107）

** 通信作者：王国平；E-mail：gpwang@ mail. hzau. edu. cn

菘蓝抗菌肽 Li-AMP1 对辣椒疫霉病菌及线虫的抑制作用*

吴　佳**，董五辈***
（华中农业大学植物科技学院，武汉　430070）

摘　要：抗菌肽（antimicrobial peptide，AMP）是一种普遍存在于动植物体内，具有广谱抗性、抑菌活性强，作用机理多样、对高等生物细胞无毒害、自生抗逆性强等特点的一类小分子多肽的统称。近年来，由于抗生素的滥用，导致许多抗药细菌的产生，引起了国内外许多研究者的重视，因此抗菌肽作为代替品被广泛的开发应用。其中植物源抗菌肽，来源广泛、种类繁多、安全可靠，成为研究抗菌肽不可或缺的邻域。

Li-AMP1 是来自中草药植物菘蓝中的一个新的抗菌肽，对青枯病原菌、番茄溃疡病原菌、水稻白叶枯病菌、水稻细菌性条斑病菌，小麦苗枯病菌等都有抑菌作用。本研究将编码抗菌肽 Li-AMP1 的基因命名为 *LiR*1，并构建了该基因的枯草芽胞杆菌表达载体，成功表达了 Li-AMP1 抗菌肽。研究结果表明，与对照空载体菌株相比，含 *LiR*1 基因的枯草芽胞杆菌菌株在摇培 36h 后出现了大量的扭曲、变形或者破碎的菌体，可见 *LiR*1 基因的表达产物对寄主细胞产生了致死的作用。利用含 *LiR*1 基因的枯草芽胞杆菌菌株发酵液处理烟草叶片后接种辣椒疫霉病菌，避光处理 2 天，统计并分析辣椒疫霉病菌侵染后病斑大小，结果表明：Li-AMP1 对辣椒疫霉病菌的抑病率达到 21.6%。利用 Li-AMP1 对秀丽隐杆线虫进行了抑制线虫相关研究。滤纸片法筛选该基因对线虫的抑制率，以选择指数为指标（选择指数 =（测试菌中线虫数量-对照菌中线虫数量）/线虫总数），Li-AMP1 选择指数为-44.34%，结果显示 Li-AMP1 具有一定的抑制线虫作用。线虫后代数量统计结果显示：与空载体菌株相比，用含 *LiR*1 基因的菌株喂食的线虫产卵量降低了 20.2%。本研究分离到一个新的来源于中草药的抗菌基因 *LiR*1，在一些植物病虫害的防治中，具有很好的应用前景。

关键词：菘蓝；抗菌肽；Li-AMP1；*LiR*1；秀丽隐杆线虫

---

* 基金项目：农业部转基因生物新品种培育科技重大专项；抗除草剂、抗纹枯病等转基因育种新材料获得（2016ZX08003-001）

** 第一作者：吴佳，2016 级博士研究生，分子植物病理学

*** 通信作者：董五辈；E-mail：dwb@mail.hzau.edu.cn

水稻根际土放线菌多样性分析及生防潜能初步研究*

吴 吞**，程家森，付艳苹，陈 桃，姜道宏，谢甲涛***
（湖北省作物病害监测和安全控制重点实验室/
农业微生物学国家重点实验室/华中农业大学，武汉 430070）

摘 要：水稻是重要的粮食作物，由茄丝核菌（*Rhizoctonia solani*）和稻梨孢（*Magnaporthe oryzae*）引发的纹枯病和稻瘟病，严重影响水稻的产量和品质。筛选具有生防潜能的有益微生物，有助于绿色、安全防治水稻纹枯病和稻瘟病。本研究主要以分离自水稻根际土壤中的 137 株放线菌菌株为研究材料，评估了放线菌代谢产物及挥发性物质对水稻主要真菌病害防治潜能。基于扩增 16S rDNA 基因对 108 株放线菌进行初步鉴定，结果表明所分离的放线菌呈现多样性。发现它们分别隶属于 5 个属 51 个种，包括链霉菌属（*Streptomyces*）、假诺卡氏菌属（*Pseudonocardia*）、放线细菌属（*Actinobacterium*）、苍白杆菌属（*Ochrobactrum*）和黄单孢菌科（*Stenotrophomonas*）。隶属于链霉菌属的占比最高（96.9%），而灰黄链霉菌和环圈链霉菌分别占链霉菌种群数的 24.87%和 15.87%。对 137 株放线菌菌株进行生防效果评估，发现 5 株放线菌的代谢产物对纹枯菌菌丝生长抑制效果，拮抗带在 0.4~0.5cm，无抑制效果的有 22 株，而对纹枯菌菌丝生长有促进作用的有 1 株，其余 109 株放线菌对纹枯菌生长有一定的抑制效果但不显著（拮抗带在 0.1~0.4cm）。对 135 株放线菌产挥发性抗菌活性进行测定分析，发现分离获得的放线菌产生抗挥发性物质普遍有抗菌活性。131 株放线菌产挥发性物质对纹枯菌生长有显著抑制作用，最大抑制率为 77.6%，而仅有 4 株放线菌产挥发性气体无抑菌作用；对稻瘟菌进行抑菌试验，发现供测的 135 株放线菌均对稻瘟病菌菌丝生长有显著抑制作用，抑制率最大为 97.95%，抑制率在 90%以上的有 8 株。菌株 3SCK1-1 和 3S1-40-1 的代谢提取物对纹枯病菌、稻瘟病菌、灰霉病菌等 7 种植物病原真菌均有较好的抑制效果，且菌株 3SCK1-1 发酵液在离体叶片上有效抑制茄丝核菌在叶片上蔓延，其挥发性气体对草莓储藏期灰霉病具有显著的防治效果，显示出了较好的生防潜力。研究结果不仅初步了解水稻根际土中放线菌多样性，而且为水稻纹枯病、稻瘟病等多种植物病害防治提供了有用的生防资源。

* 基金项目：国家重点研发计划（2017YFD0201103）
** 第一作者：吴吞，男，硕士研究生，研究方向为作物病害生物防治；E-mail：59064609@qq.com
*** 通信作者：谢甲涛，教授，主要从真菌病毒及其生物防治的相关研究；E-mail：jiataoxie@mail.hzau.edu.cn

海洋细菌 GM-1-1 菌株抗菌物质初步分离及其抗菌作用机理初步研究*

曹雪梅**，李　欢，陈　茹，吴海霞，陈新元，马桂珍***，暴增海
（淮海工学院海洋学院，连云港　222005）

摘　要：为明确生防解淀粉芽胞杆菌 GM-1-1 产生的抑菌物质的种类和组成，对其进行分离纯化和结构鉴定。以对白色念珠菌（*Candida albicain*）的生物活性为追踪，采用有机溶剂萃取、硅胶柱层析、薄层层析以及 HPLC 等技术对海洋解淀粉芽胞杆菌 GM-1-1 抗菌活性组分进行分离纯化，通过 GC-MS 进行结构鉴定。本试验通过硅胶柱层析一共收集到 4 组组分，分别测定不同组分的抗菌活性，得到两组活性组分 C1、C4。HPLC 法纯化 C4 组分，通过 GC-MS 法确定 C4 组分的结构分别为 3，6-二异丙基哌嗪-2，5-二酮、邻苯二甲酸二丁酯、3 甲基-2（2 戊烯）-1 羟基-环戊烷。机理试验结果表明，经无菌发酵液作用后的白色念珠菌菌体表面出现凹陷，菌体出现不规则形态，细胞壁残缺，细胞上出现破洞；无菌发酵液影响白色念珠菌生物膜的形成，增加了细胞的通透性；无菌发酵液对白色念珠菌孢子萌发具有较强的抑制作用，对照组白色念珠菌的孢子萌发率随时间增加迅速提高，5h 时白色念珠菌孢子的萌发率达到 92.44%。而无菌发酵液处理的白色念珠菌孢子萌发速度较缓慢，5h 时孢子的萌发率仅为 34.22%，萌发率明显低于对照组。

关键词：海洋细菌；抑菌物质；分离纯化；抗菌机理

---

* 基金项目：江苏省科技厅（现代农业）重点研发计划（BE2016335）；连云港市科技局产业前瞻与共性关键技术项目（CG1513）

** 第一作者：曹雪梅，研究生在读；研究方向：生物化工；E-mail：2224256423@qq.com
*** 通信作者：马桂珍，博士；教授；研究方向：抗菌微生物及植物病害生物防治；E-mail：415400420@qq.com

海洋细菌 BMF 03 菌株对多种植物病原真菌和细菌的抑制作用*

陈 茹**，吴海霞，曹雪梅，李 欢，陈新元，马桂珍***，暴增海

（淮海工学院海洋学院，连云港 222005）

摘 要：海洋细菌 BMF 03 菌株是本实验室从连云港海域中分离得到的一株具有较强抑菌作用的优良菌株，为进一步探究其抑菌范围，本研究主要采用平板对峙法和牛津杯法测定贝莱斯芽胞杆菌（*Bacillus velezensis*）BMF 03 菌株及其无菌发酵液对 31 种植物病原真菌和 5 种病原细菌的抑菌效果。结果表明，BMF 03 菌株具有广谱抑菌作用，其中对 29 种病原真菌和 3 种病原细菌具有明显的抑制作用。活菌抑菌试验中，BMF 03 菌株对苹果腐烂病菌（*Valsa mali*）抑制效果最好，对葡萄白腐病菌（*Coniothyrium diplodiella*）、杧果炭疽病菌（*Colletotrichum gloesporioides* Penz.）抑制效果次之，抑菌带宽度分别为 27.33mm、23.76mm、22.67mm。无菌发酵液抑菌试验中，BMF 03 菌株无菌发酵液对斑点落叶病菌（*Alternaria alternate*）抑制效果最好，对玉米小斑病菌（*Bipolaris maydis*）、大豆菌核病菌（*Sclerotinia sclerotiorum*）抑制效果次之，菌带宽度分别为 25.33mm、23mm、21.33mm；BMF? 03 菌株无菌发酵液对角斑病（*Pseudomonas syringae*）抑制效果最好，对枯草芽胞杆菌（*Bacillus subtilis*）、青枯病（*Ralstonia solanacearum*）次之，抑菌圈分别为 17.5mm、15.67mm、15.5mm。

关键词：贝莱斯芽胞杆菌；BMF 03 菌株；抑菌测定

---

* 基金项目：江苏省科技厅（现代农业）重点研发计划项目（BE2016335）

** 第一作者：陈茹，研究生在读，研究方向：食品加工与安全；E-mail：691960245@ qq. com

*** 通信作者：马桂珍，博士，教授，研究方向：抗菌微生物及植物病害生物防治；E-mail：415400420@ qq. com

抗生素 PHL 和 PLT 对 *Pseudomonas fluorescens* FD6 抑菌能力的影响*

孔祥伟**，张　迎，张清霞***，纪兆林，陈夕军
（扬州大学园艺与植物保护学院，扬州　225009）

摘　要：荧光假单胞菌（*Pseudomonas fluorescens*）FD6 分离自福建闽侯青口青菜根围土壤，对番茄灰霉病和桃褐腐病具有较好的防病效果。该菌株可以产生多种抑菌物质，如抗生素 2，4-二乙酰基间苯三酚（2，4-diacetylphloroglucinol，PHL）、硝吡咯菌素（pyrrolnitrin，PRN）和藤黄绿脓菌素（pyoluterrin，PLT）等。利用 soe-PCR 法和同源重组构建硝吡咯菌素合成基因 *prnA*、抗生素 2，4-二乙酰基间苯三酚合成基因 *phlC* 及藤黄绿脓菌素合成基因簇 *pltD* 的缺失突变体并分析其功能。结果表明：与 FD6 野生菌相比，*pltD* 及 *prnA* 突变体对番茄灰霉病菌抑菌效果无明显差异，而 *phlC* 基因缺失则会导致其抑菌效果明显下降。且 *phlC* 和 *pltD* 突变后对生物膜、HCN、蛋白酶和嗜铁素影响不大，说明抗生素 PHL 在 FD6 对灰霉病菌拮抗作用中可能起主要作用。

* 基金项目：国家自然科学基金（31772210）；江苏省重点研究发展计划（BE2017344）
** 第一作者：孔祥伟，硕士研究生，植物病理学；E-mail：2608835072@ qq. com
*** 通信作者：张清霞，副教授，主要从事植物病害生物防治研究；E-mail：zqx817@ sina. com

拮抗芝麻茎点枯病木霉菌株的分离与筛选*

唐　琳**，肖玉林，史明艳，来艳飞，许雅娟
（洛阳师范学院生命科学学院，洛阳　471934）

摘　要：芝麻茎点枯病是为害芝麻生产的主要病害之一，常造成较大损失。本文从河南省的洛阳栾川、洛阳嵩县、驻马店遂平、南阳唐河、南阳镇平、南阳方城等 22 个地区的 126 份农田土壤样品中分离纯化得到 267 株木霉菌株。采用光学显微镜形态学观察和 ITS 序列分析对 267 株木霉菌株进行综合鉴定。结果表明：267 株木霉菌被鉴定为 7 个种，分别为长枝木霉（*Trichoderma longibrachiatum*）、非钩木霉（*Trichoderma inhamatum*）、拟康氏木霉（*Trichoderma pseudokoningii*）、哈茨木霉（*Trichoderma harzianum*）、棘孢木霉（*Trichoderma asperellum*）、绿色木霉（*Trichoderma viride*）和深绿木霉（*Trichoderma atroviride*）。其中，哈茨木霉（*T. harzianum*）和棘孢木霉（*T. asperellum*）所有土壤中均有分布，其分离频率均最高，分别为 50.39%和 36.52%，而拟康氏木霉（*T. pseudokoningii*）的分离频率最低，仅在南阳唐河、南阳方城和驻马店遂平的土壤中存在。进一步从分离纯化的菌株中，挑选具有代表性的 20 株木霉，通过平皿对峙法、含毒介质法和室内盆栽实验，对芝麻茎点枯病菌展开拮抗实验。结果表明，20 株木霉对芝麻茎点枯病菌均有明显的抑制作用，且不同木霉之间和同种木霉不同个体之间对芝麻茎点枯病菌的抑制效果不同。抑菌率最高的为绿色木霉 CCL024，为 70.56%。另外，绿色木霉 CCL024 和哈茨木霉 SXC018 室内防效最好，分别为 73.2%和 70.14%，具有一定的生防潜力。

关键词：芝麻茎点枯病；木霉；筛选；拮抗

---

* 基金项目：河南省高等学校重点科研项目计划（17A210025）；洛阳师范学院应用科学与技术研究项目（4320033）

** 通信作者：唐琳，博士，讲师，主要从事生物防治研究；E-mail：tanglin869@163.com

禾谷镰刀菌甾醇14α-脱甲基酶（CYP51B）与甾醇脱甲基酶抑制剂（DMIs）互作研究*

迟梦宇[1**]，钱恒伟[1]，赵　颖[1]，赵彦翔[1,2]，黄金光[1,2***]

（1. 青岛农业大学植物医学学院，青岛　266109；
2. 山东省植物病虫害综合防控重点实验室，青岛　266109）

摘　要：2017—2018年，农业部种植业司发布信息小麦赤霉病在长江流域、江淮、黄淮麦区继续呈大流行态势，需实施预防控制面积近2亿亩次。由禾谷镰刀菌引起的小麦赤霉病是全球性的麦类真菌性病害，不仅降低产量造成巨大的经济损失，而且染病麦粒中所含有的真菌毒素对人畜健康安全产生了严重的威胁。目前，生产上对于小麦赤霉病的防治主要依靠化学药剂防治。近年来在生产上，甾醇脱甲基酶抑制剂（DMIs）（包括三唑类、咪唑类药剂）已经成为防治小麦赤霉病的主要杀菌剂。该类杀菌剂主要作用于甾醇生物合成中的14α-脱甲基酶（CYP51B），CYP51B蛋白氨基酸的突变是病原菌对甾醇脱甲基酶抑制剂产生抗药性的一个重要机制之一。为了探究禾谷镰刀菌CYP51B蛋白与甾醇脱甲基酶抑制剂精细互作，明确禾谷镰刀菌对甾醇脱甲基酶抑制剂潜在的抗性风险与机制。前期研究发现了FgCYP51B蛋白与甾醇脱甲基酶抑制剂互作中发挥重要作用的位点，包括Phe511，Val136，le374，Ala308，Ser312，Try137，Try123。通过基因定点突变分别将禾谷镰孢菌CYP51B蛋白第136位缬氨酸突变成丙氨酸（Val-Ala），第511位苯丙氨酸突变成亮氨酸（Phe-Leu），并获得转化子。采用菌丝生长速率法测定了V136A和F511L突变体对戊唑醇、丙环唑，烯唑醇的敏感性以及Y123H突变体对咪鲜胺的敏感性。其中V136A突变体对烯唑醇的敏感性降低，产生抗性现象；Y123H突变体对咪鲜胺的敏感性降低；F511L突变体对烯唑醇的敏感性增加。分别测定了Y123H、Y137H、V136A、F511L四个突变体的生物学表型，四个突变体均能够降低分生孢子产孢量，影响有性态子囊孢子的发育而对菌落生长、致病性没有影响。

关键词：禾谷镰刀菌；CYP51B；甾醇脱甲基酶抑制剂（DMIs）；定点突变；敏感性

---

* 基金项目：国家自然基金项目（31471735）；国家重点研发项目（2017YFD0201705）

** 第一作者：迟梦宇，硕士研究生，植物病理专业

*** 通信作者：黄金光，教授，研究方向：蛋白质结构生物学，分子植物病理学；E-mail：jghuang@ qau. edu. cn

苹果苗木蘸根剂的研发*

李　栋**，董向丽，李平亮，李保华***

（青岛农业大学植物医学学院/山东省植物病虫害综合防控重点实验室，青岛　266109）

摘　要：苹果根部病害是为害苹果生长的一类重要病害，包括白绢病（*Sclerotium rolfsii* Sacc）、白纹羽病［*Rosellini necatrix*（Hartig）Berlese］、疫腐病［*Phytophthora cactorum*（Leb. et Cohn.）Schrot］、根朽病［*Armillariella tabescens*（Scop. et Fr.）Singer］等真菌病害，以及由癌肿野杆菌［*Agrobacterium tumefaciens*（Smith & Townsend）Cinn］引起的细菌性病害——根癌病等。随着矮砧密植栽培技术的发展，果树根部病害的危害呈上升趋势。目前，生产上对苹果根部病害常用多菌灵、福美双等药剂灌根防治，用药盲目，针对性差，往往达不到预期的防效。针对生产上苗木携带病菌及重茬果园土传病害严重导致死苗等现象，本研究拟开发一种蘸根剂，用于苗木移栽前处理苗木根部，以保护苗木，提高苗木成活率。

蘸根剂杀菌剂有效成分的筛选：本研究室内测定了 12 种生产上常用的杀菌剂对三种主要根部病害——白绢病、白纹羽和疫腐病的毒力，并测定了不同杀菌剂混合后对几种病原的联合作用。结果显示，不同的杀菌剂对三种病原真菌的毒力不同，并且有些杀菌剂混合后有增效作用，有的则有拮抗作用。选取具有增效作用的两种杀菌剂，利用体积混配法，测定并获得了两种杀菌剂的最佳配比。

蘸根剂植物生长调节剂的筛选：针对苹果苗木栽培过程中存在根部损伤的情况，测试了 6-BA，NAA，IAA 与 GA_3 对移栽海棠苗木伤口恢复与生长的影响，筛选出能够促进根部伤口愈合和苗木生长的最佳配方，该配方可提高海棠苗株高 30%，根数增加一倍，根长增长 83%，鲜重与干重分别是对照组的 2~3 倍，增长效果明显。

蘸根剂的研发：拟开发的蘸根剂的剂型为悬浮剂，并且加入了成膜剂、环糊精等助剂，使其蘸根后能迅速固化成膜且具有缓释作用，延长对苗木保护的时间，预期开发的缓释型悬浮包衣剂可以保护苗木达到 1 年以上。采用因子轮选法与正交试验法筛选出了适宜的助剂，并且优化了各个组分的用量；明确了剂型加工工艺，获得 3 个配方，并测试了其稳定性。

关键词：根部病害；杀菌剂；植物激素；蘸根剂

---

* 基金项目：国家重点研发计划（2016YFD0201122）；山东省重点研发计划（2017CXGC0214）；国家现代农业苹果产业技术体系（CARS-28）

** 第一作者：李栋，山东潍坊人，硕士研究生，研究方向为植物病害流行学；E-mail：ld1826765930@163.com

*** 通信作者：李保华，教授，主要从事植物病害流行和果树病害研究；E-mail：baohuali@qau.edu.cn

BHT 对苹果采后灰霉病的防效及其防病机制初探*

孟璐璐**，李保华，王彩霞***
（青岛农业大学植物医学学院/山东省植物病虫害综合防控重点实验室，青岛　266109）

摘　要：为明确 2,6-二叔丁基-4-甲基苯酚（BHT）对苹果采后灰霉病的防效及其防病机制，采用平板法和刺伤接种法，测定了 BHT 对灰葡萄孢菌的抑制作用及果实内防御酶活性的影响。结果表明，0.1 mmol/L 的 BHT 防效最高可达 68.59%~73.55%；BHT 处理后，果实内超氧化物歧化酶、过氧化物酶和过氧化氢酶活性以及总抗氧化能力均显著升高，其峰值是对照的 1.82~5.28 倍。表明 BHT 可通过提高果实内防御酶活性，增强果实的抗病性。

关键词：2,6-二叔丁基-4-甲基苯酚（BHT）；苹果灰霉病；防御酶；诱导抗性

Control efficiency of BHT against postharvest apple grey mold and its control mechanism

Meng Lulu，Li Baohua，Wang Caixia
（*Key Laboratory of Integrated Crop Pest Management of Shandong Province*，*College of Plant Health and Medicine*，*Qingdao Agricultural University*，*Qingdao* 266019，*Shandong Province*，*China*）

Abstract：In order to reveal the control efficiency and biocontrol mechanism of 2,6-di-tert-butyl-4-methylphenol（BHT）against postharvest apple grey mold caused by *Botrytis cinerea*，the inhibitory effect of BHT to *B. cinerea*，and its effect on the activity of defensive enzymes in apple fruit were determined using the agar plate method and the wound inoculation. The results showed that when treated with 0.1 mmol/L BHT followed by *B. cinerea* inoculation，the control efficiency was the best and up to 68.59%~73.55%. The activities of superoxide dismutase（SOD），peroxidase（POD）and catalase（CAT）as well as the total antioxidant capacity（T-AOC）were significantly enhanced in apple fruits treated with BHT. The peaks of defense enzyme activity and T-AOC in fruit treated with BHT were 1.82–5.28 times higher than those of controls. The results suggested that BHT could induce apple fruit resistance against pathogen infection via increasing the activity of defensive enzymes and T-AOC.

Key words：BHT；*Botrytis cinerea*；Defensive enzymes；Induced resistance

灰霉病是由灰葡萄孢菌 *Botrytis cinerea* 引起的苹果采后贮藏期间的主要病害之一，在苹果采后运输、贮藏等各个环节均可造成损失[1,2]。诱导抗性具有抗性持续时间长和广谱性等特点，在

* 基金项目：国家重点研发计划（2016YFD0201122）；国家现代农业产业技术体系（CARS-28）
** 第一作者：孟璐璐，在读硕士，植物病理学；E-mail：menglulu19931128@163.com
*** 通信作者：王彩霞，博士，教授，主要从事果树病害研究；E-mail：cxwang@qau.edu.cn

果蔬采后病害防治中具有巨大的应用前景[2,3]。Shao 等[1]报道苹果果实经热处理后，可通过降低乙烯释放量，提高多种防御酶活性及酚类物质和木质素的积累，促进伤口愈合，增加果实对青霉病菌和炭疽病菌等的抗性；雍道敬等[4]和 Zhang 等[3]研究发现娄彻氏链霉菌 *Streptomyces rochei* 能够提高防御酶活性，增加过氧化氢积累等，实现对果实轮纹病的有效防治。此外，外源水杨酸和褪黑素等处理也可显著提高苹果对采后灰霉病的抗性[2,5]。

2,6-二叔丁基-4-甲基苯酚（BHT）是一种广泛用于石油化工及食品工业的抗氧化剂[6,7]。关晔晴等[8]证实 BHT 对梨黑斑病菌、灰葡萄孢菌等具有抑制作用。本研究以富士果实为材料，采用平板法和刺伤接种法，测定 BHT 对苹果采后灰霉病的防效，及对果实内防御酶活性的影响，探讨 BHT 防治苹果灰霉病的作用机制，旨在为 BHT 在苹果采后保鲜中的应用提供理论依据。

1 材料与方法

1.1 供试苹果及菌株

‘富士’苹果 *Malus domestica* Borkh. cv. Fuji 采自山东莱阳商品苹果园，于低温保存备用。灰葡萄孢菌 LXS0101 于本实验室保存[2]。

1.2 方法

1.2.1 BHT 对苹果采后灰霉病的防效

菌株 LXS0101 接种在 PDA 平板上，25℃恒温避光诱导产孢。培养 7d 后，用 0.05% Tween 20 将菌丝上的分生孢子冲洗下来，过滤后用血球计数板计数，并将分生孢子浓度调整为 10^6 个/mL。

‘富士’苹果 75%酒精表面消毒后，用无菌接种针沿赤道造成 3~4 处伤口，深约 1mm，直径 3mm[4]。待伤口晾干后分别滴入 20μL 不同浓度 0.1mmol/L、0.2mmol/L、0.5mmol/L、1.0mmol/L 的 BHT 溶液，以无菌水处理作对照。于 25℃恒温处理 72h 后，每伤口接种 20μL 灰葡萄孢菌孢子悬浮液（10^6 个/mL）。接种后果实置于密封保鲜盒中，于 25℃培养，定期统计果实发病率，测量病斑直径，计算病斑面积和防治效果。防治效果=（对照组病斑面积-处理组病斑面积）/对照组病斑面积×100%。每处理接种 3 个果实，试验重复 3 次。

1.2.2 BHT 处理后果实内防御酶活性测定

按 1.2.1 中方法选取苹果后，将其分别进行如下处理：① 无菌水处理作对照；②BHT 处理；③ 接种灰葡萄孢菌；④ BHT 处理后接种病菌。每组处理接种 24 个苹果，每个果实刺伤 3 个点，接种病原菌后定期观察发病情况，以接种点为中心取病健交界处果肉组织，于-80℃冰箱保存备用[3]。每处理随机选取 1 个果实作为 1 个重复，以上试验重复 3 次。

取 2g 果肉组织，加入 5mL 含 1% PVP 的 0.1mol/L 磷酸缓冲液（pH 5.5~8.8），冰浴研磨后，于 4℃、12 000r/min 离心 20min，所得上清液即为酶粗提取液[9]。用南京建成试剂盒测定过氧化物酶（peroxidase，POD）、过氧化氢酶（catalase，CAT）和超氧化物歧化酶（superoxide dismutase，SOD）的活性，其中 CAT 活性测定采用钼酸铵法，POD 和 SOD 活性测定分别采用愈创木酚法和黄嘌呤氧化酶法，具体方法参考试剂盒说明书。酶活性以每克果肉组织鲜重表示（U/g FW）。

2 结果与分析

2.1 BHT 对苹果灰霉病的防效

BHT 对灰霉病有明显的抑制效果，但不同浓度 BHT 及处理时间对灰霉病的防效存在显著差异（Fig. 1）。接种灰葡萄孢菌后 3d 和 5d 时，0.1mmol/L BHT 的防效均显著高于其他 3 个浓度，分别高达 71.39%和 68.02%。

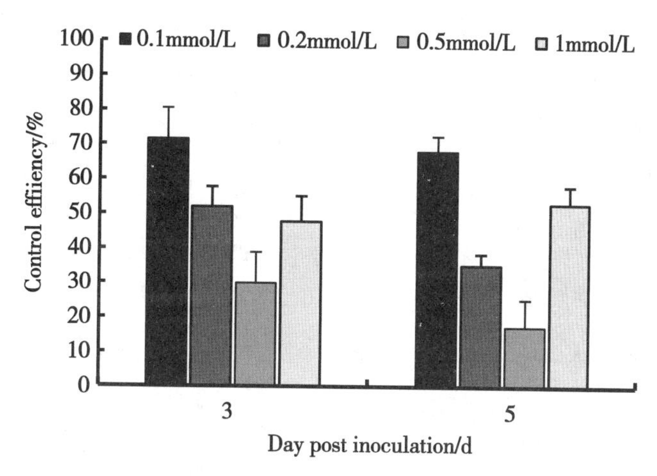

Fig. 1 Control efficiency of BHT at different concentrations against *Botrytis*

2.2 BHT 处理后果实内防御酶活性和 T-AOC 的变化

对照果实内 SOD、POD 和 CAT 活性均无明显变化，而其他各处理酶活性水平均有不同程度升高（Fig. 2-A，2-B，2-C）。接种灰葡萄孢菌的处理，果实内三种活性于接种后 1~2d 显著升高并达到峰值，随后酶活性急速下降至对照水平。BHT 单独处理后 0.5~1d，SOD 和 POD 活性开始显著升高，于处理后 2d 到达活性高峰是对照的 2.53~3.66 倍，随后酶活性均略有降低，但始终显著高于对照。BHT 处理后再接种灰葡萄孢菌，三种酶活性均于接种后 0.5d 显著升高，甚至达到峰值，是对照的 3.43 和 5.82 倍。BHT 单独处理后 0.5d，CAT 活性已显著升高，于 2d 时到达峰值为 28.64U/（g FW）；BHT 处理后在接种灰葡萄孢菌，于 0.5d 即达到活性高峰为 30.06U/（g FW），随后酶活性有所降低，但始终维持在较高水平。

BHT 处理无菌水对照果实内 T-AOC 活性无明显变化，其他各处理均有不同程度提高（Fig. 2-D）。灰葡萄孢菌接种后 2 d，T-AOC 开始显著升高，于接种后 3d 时达到峰值，为对照的 1.34 倍，但随后快速下降至对照水平。BHT 处理后接种或不接种灰葡萄孢菌，均于 0.5d 后 T-AOC 开始显著升高，3d 后到达峰值，分别为对照的 1.97 倍和 1.82 倍，随后 T-AOC 略有降低，但始终维持在较高水平

3 讨论

2,6-二叔丁基对甲酚（BHT）是一种应用广泛的抗氧化剂[7]，且已有研究表明 BHT 对多种植物病原真菌有抑制作用[8]，但尚未见其应用于苹果采后病害防治的报道。本研究结果表明，不同浓度 BHT 对苹果采后灰霉病均具有明显的防治效果，其中 0.1 mmol/L 的 BHT 防效最显著达 71.39%，其次为 1.0 mmol/L 的 BHT 防效最高达 52.94%。0.1 mmol/L 的 BHT 可显著提高果实内防御酶活性和总抗氧化能力，增强果实对灰霉病的抗性，表明 BHT 在果蔬采后病害防治中具有巨大的应用潜能。

植物与病原菌互作过程中可产生大量的活性氧，但其大量积累可导致细胞膜过氧化，甚至整个膜系统遭受破坏[1,10]。SOD、POD 和 CAT 是植物体内重要的活性氧清除剂，三者协同作用能够维持植物体内活性氧的代谢平衡，此外，POD 还参与木质素合成以加固细胞壁，阻止病原菌侵染[9,11]。本研究发现，BHT 处理能显著提高果实内 3 种酶活性，而 BHT 处理后再接种病原菌，酶活性升高更显著为对照的 2.34~5.28 倍，且始终维持在较高水平。结合 BHT 对灰霉病的防效结果，接种后 3d 和 5d 时其防效相当。表明 BHT 能够通过提高 3 种防御酶活性来调节活性氧，

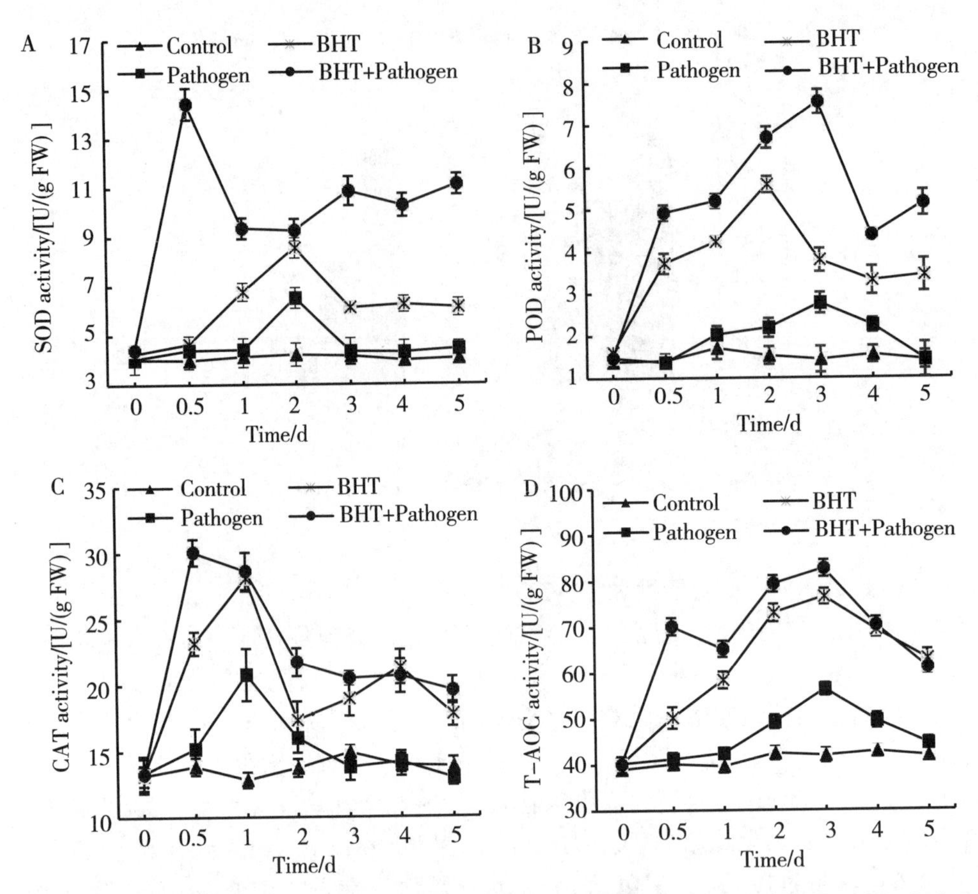

Fig. 2 Effect of BHT treatmenton SOC, POD, CAT activities and T-AOC in apple fruit

减少其过量积累对果实的毒害，从而增强果实的抗病性。总抗氧化能力是植物对抗过氧化损伤的体现，能够反映植物体内防御系统抗氧化能力的强弱程度[12]。本研究表明，灰葡萄孢菌接种后 2~3d，T-AOC 开始升高并到达峰值，随后降低至对照水平；而 BHT 处理后 0.5d，T-AOC 已显著上升，并一直维持在较高水平。这与 Zhang 等[3]利用娄彻氏链霉菌代谢物诱导苹果果实抵抗轮纹病菌侵染的研究结果一致。

综上所述，BHT 对苹果采后灰霉病具有显著防效，可提高果实内防御酶活性和总抗氧化能力，从而增强果实的抗病性。可见，BHT 在果蔬采后病害防治中有广泛的应用前景，且具有防病谱广、不污染环境等优点，符合现代农业减少农药使用量，降低食品农药残留的发展战略。因此，BHT 诱导苹果抗病的分子机制值得进一步深入研究。

参考文献

[1] Shao X, Tu K, Tu S, *et al.* Effects of heat treatment on wound healing in Gala and Red Fuji apple fruits [J]. Journal of Agricultural and Food Chemistry, 2010, 58 (7): 4303-4309.

[2] Cao J J, Yu Z C, Zhang Y, *et al.* Control efficiency of exogenous melatonin against postharvest apple grey mold and its influence on the activity of defensive enzymes (in Chinese) [J]. Plant Physiology Journal (植物生理学报), 2017, 53 (9): 1753-1760.

[3] Zhang Q M, Yong D J, Zhang Y, *et al.* *Streptomyces rochei* A-1 induces resistance and defense-related responses against *Botryosphaeria dothidea* in apple fruit during storage [J]. Postharvest Bio Tec, 2016, 115: 30-37.

[4] Yong D J, Wang C X, Li G F, *et al.* Control efficiency of endophytic actinomycetes A-1 against apple fruit

ring rot and its influence on the activity of defense-related enzymes (in Chinese) [J]. Journal of Plant Protection (植物保护学报), 2014, 41 (3): 335-341.

[5] Shi Y L, Zhou H L, Tang Y P, *et al.* Induced resistance of postharvest apples to *Botrytis cinerea* induced by salicylic acid treatment (in Chinese) [J]. Journal of Northwest A&F University (西北农林科技大学学报), 2018, 46 (2): 1-9.

[6] Li C L, Yu J, Liu Z H. Effect of antioxidants on antioxidant activity of melon seed oil (in Chinese) [J]. Journal of the Chinese Cereals Oils Association (中国粮油学报), 2009, 24 (7): 98-100.

[7] Zhang Z L, Xu C, Wu J W, *et al.* The test of antioxidants butylated hydroxytoluene in plastic sports cup by Gas Chromatography-Mass Spectrometry method (in Chinese) [J]. Chemical World (化学世界), 2017, 58 (5): 300-305.

[8] Guan Y Q, Chen H B, Zhang B J, *et al.* Study on the inhibition effect of BHT on six kind of plant pathogenic fungi (in chanese) [J]. Journal of Shanxi Agriculture University (山西农业大学学报), 2011, 31 (1): 47-49.

[9] Zhu X M, Shi X P, Yong D J, *et al.* Induction of resistance against *Glomerella cingulata* in apple by endophytic actinomycetes strain A-1 (in Chinese) [J]. Plant Physiology Journal (植物生理学报), 2015, 51 (6): 949-954.

[10] Wang C X, Chen X L, Li B H. Effects of *Valsa mali* var. *mali* infection on defense enzymes activity and MDA content in apple callus (in Chinese) [J]. Plant Physiology Journal (植物生理学报), 2014, 50 (7): 909-916.

[11] Zhang Q M, Wang C X, Yong D J, *et al.* Induction of resistance mediated by an attenuated strain of *Valsa mali* var. *mali* using pathogen-apple callus interaction system [J]. The Scientific World Journal, 2014 (2): 201382.

[12] Liu L, Meng C Y, Li P, *et al.* Effect of zinc on the ATP enzyme, MAO activity and T-AOC content of rats with spinal cord ischemia-reperfusion injury (in Chinese) [J]. Chinese Journal of Laboratory Diagnsis (中国实验诊断学), 2015, 19 (1): 10-13.

棒状拟盘多毛孢菌室内化学药剂的筛选*

薛德胜**，李保华，王彩霞***

（青岛农业大学植物医学学院/山东省植物病虫害综合防控重点实验室，青岛 266109）

摘 要：为明确山东省蓝莓叶斑病和根腐病病原菌的种类，筛选出有效防治药剂，采用组织分离法获得菌株，通过形态学特征，rDNA-ITS 序列结合致病性分析对菌株进行鉴定，并测试了 8 种药剂对病原菌的抑制效果。结果显示，引起山东省蓝莓叶斑病和根腐病的病原菌均为棒状拟盘多毛孢 *Pestalotiopsis clavispora*；三唑类杀菌剂苯甲·丙环唑和二甲酰亚胺类杀菌剂异菌脲对 *P. clavispora* 的抑制效果好，在稀释倍数为 16 000倍和 40 000倍时，抑菌率分别达 83. 33%和 88. 73%；而苯并咪唑类杀菌剂甲基硫菌灵几乎没有抑制效果，稀释 56 倍时，抑菌率仅为 7. 54%。

关键词：棒状拟盘多毛孢；蓝莓；药剂；抑菌效果

The indoor screening of fungicides of *Pestalotiopsis clavispora**

Xue Desheng **, Li Baohua, Wang Caixia***

(*College of Plant Health and Medicine*, *Qingdao Agricultural University*; *Key Laboratory of Integrated Crop Pest Management of Shangdong Province*, *Qingdao* 266019, *Shandong Province*, *China*)

Abstract: In order to clarify the pathogen of blueberry leaf spot and root rot disease occurred in Shandong province, and to screen the effective fungicide, strains were obtained using tissue isolation method. The strains were identified based on morphological characteristics, rDNA-internal transcribed spacer (ITS) analysis and pathogenicity assays, and the inhibitory effects of 8 kinds of fungicides on the pathogen were determined. The results showed that the pathogen of blueberry leaf spot and root rot disease in Shandong province was *Pestalotiopsis clavispora*. Inhibitory effects of 8 kinds of fungicides on the pathogen showed that difenoconazole · propiconazole and iprodione had the best inhibition. The inhibitory effect was up to 83. 33% and 88. 73% at the dilution of 16 000 and 40 000 times, respectively. However, thiophanate-methyl almost had no inhibitory effect on the pathogen. The inhibitory effect was only 7. 54% at the dilution of 56 times.

Key words: *Pestalotiopsis clavispora*; Blueberry; Fungicides; Inhibition effect

蓝莓（*Vaccinium* spp.）是一类属于杜鹃花科（Ericaceae）越橘属（*Vaccinium*）的植物，为

* 基金项目：国家现代农业产业技术体系（CARS-28）

** 第一作者：薛德胜，硕士研究生，研究方向为植物病害流行学；E-mail：xuedesheng2008@126. com

*** 通信作者：王彩霞，教授，研究方向为果树病理学；E-mail：cxwang@qau. edu. cn

多年生小灌木浆果类果树，具有很好的营养保健作用。1983 年开始引入我国并进行栽培研究[1]，山东半岛地区因气候和土壤适合蓝莓的生长，先后在青岛胶南、威海乳山、日照五莲等地建立了蓝莓生产基地，促进了山东半岛地区的蓝莓产业快速发展[2]。近年来，随着我国蓝莓栽培面积的不断扩大，病害也随之传播蔓延并逐年加重，成为制约蓝莓产业健康发展的主要限制因素。

2016 年和 2017 年 8—9 月，山东半岛蓝莓种植基地苗圃内叶斑病和根腐病大发生，甚至造成大量苗木死亡。为明确蓝莓两种病害的病原菌种类及不同药剂对病原菌室内抑菌效果，本研究通过形态学和分子生物学技术确定病原菌种类，并通过菌丝生长速率法对多种杀菌剂进行了室内筛选，以期为蓝莓叶斑病和根腐病有效防控提供参考依据。

1 材料与方法

1.1 材料

供试病样及植物：于 2016 年和 2017 年 8—9 月在山东半岛蓝莓种植基地苗圃，采集发病蓝莓植株，带回实验室进行病原菌分离。供试蓝莓品种为公爵（cv. Duke）。

培养基：马铃薯葡萄糖琼脂（potato dextrose agar，PDA）培养基：马铃薯 200g、葡萄糖 20g、琼脂粉 12g、蒸馏水 1 000mL。

供试药剂：根据生产上常用杀菌剂，选取其中 8 种为供试药剂，其种类、剂型和生产厂家见 Table 1。

Table 1 Effective constituent, formulation and manufacturer of fungicides used in the test

Effective constituent	Formulation	Manufacturer
Difenoconazole	10% Water dispersible granule (WG)	Xianzhengda Nantong Crop Preservation Co. LTD
Tebuconazole	43%Suspension concentrate (SC)	Bayer Crop Science (China) Co. LTD
Difenoconazole · Propiconazole	30%Emulsifiable concentrate (EC)	Syngenta Crop Protection Co. LTD
Thiophanate-Methyl	70%Wettable powder (WP)	Jiangsu Longdeng Chemical Co. LTD
Mancozeb	80%Wettable powder (WP)	Dow Agrosciences China Co. LTD
Pyraclostrobin	25% Suspension concentrate (SC)	Shandong Kangqiao Bio-technology Co. LTD
Iprodione	50%Suspension concentrate (SC)	Suzhou Fumeishi Plant Protection Co. LTD
Thiram	50%Wettable powder (WP)	Hebei Zanfeng Biological Engineering Co. LTD

1.2 方法

1.2.1 蓝莓叶斑病和根腐病病原菌鉴定

从发病蓝莓叶片和根部取样，采用组织分离法进行病原菌的分离，分别获得 3 个菌株，保存于青岛农业大学果树病害流行与综合防控实验室。25℃恒温暗培养，定期观察菌落生长情况及产孢特征，根据形态学鉴定病菌。提取真菌基因组 DNA，利用通用引物 ITS1、ITS4 进行 PCR 扩增和凝胶电泳检测，由青岛擎科梓熙生物技术有限公司进行测序，将获得的序列在 NCBI（http：//www. ncbi. nlm. gov）数据库中进行 BLAST 比对分析，鉴定病菌。最后根据科赫氏法则回接健康蓝莓叶片和根部验证病原菌的致病性。

1.2.2 化学药剂筛选

根据预试验，在无菌条件下，用无菌水将 8 种杀菌剂配成不同浓度的溶液，将 49mL PDA 融化并冷却至 45℃左右，每瓶 PDA 加入 1mL 药液，充分摇匀，然后等量倒入直径为 5. 5cm 的培养皿中，制成最终浓度的含药 PDA，以不含药剂的无菌水处理作空白对照，每处理重复 3 次。用

5mm 打孔器在活化好的菌落边缘打取菌饼，接种于含不同药剂浓度 PDA 平板中央，置于 25℃恒温暗培养，3d 后用十字交叉法测量菌落直径。计算抑制率。

菌丝生长抑制率= ［对照菌落直径-处理菌饼直径）/（对照菌落直径-菌饼直径）］×100%

2 结果与分析

2.1 蓝莓叶斑病和根腐病病原菌鉴定

从典型症状的蓝莓病叶和病根上分别获得 3 个菌株，菌落均为圆形，呈白色绒毛状，培养 7d 时，可见大量的分生孢子盘和分生孢子角形成，根据菌落和分生孢子的形态特征，该病原菌初步鉴定为棒状拟盘多毛孢菌 *Pestalotiopsis clavispora*。通过菌株的 ITS 进行 PCR 扩增和凝胶电泳检测，均获得约 600bp 的目标片段（Fig. 1）。

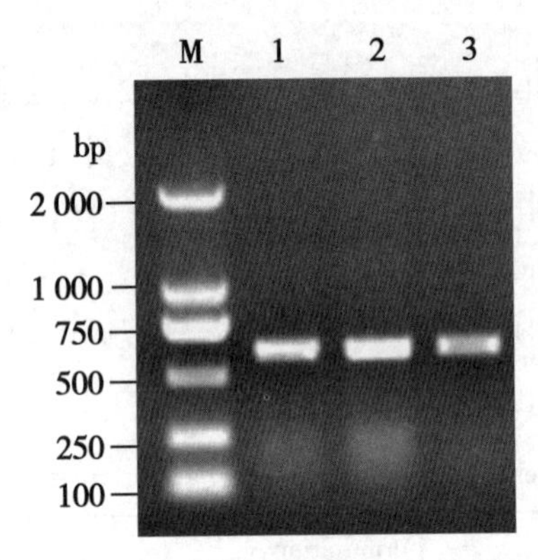

Fig. 1 PCR results of the DNAs of three typical strains with ITS1/ITS4

纯化 PCR 产物后分别进行测序，序列分析结果显示其 ITS 序列完全一致，说明为同一种病原菌，在 NCBI 数据库进行 BLAST 同源性比对，获得 ITS 序列与不同来源棒状拟盘多毛孢 *P. clavispora* 的同源性均在 99%以上。结合所分离菌株的形态学鉴定结果，将蓝莓叶斑病和根腐病病原菌鉴定为棒状拟盘多毛孢 *P. clavispora*。将菌株回接蓝莓叶片和根部组织后，其发病症状均与田间症状一致。

2.2 化学药剂筛选

所测试 8 种化学药剂均对病原菌有不同程度的抑制作用，且随药剂浓度升高抑制作用逐渐增强。Table 2 结果显示，三唑类杀菌剂苯甲・丙环唑和二甲酰亚胺类杀菌剂异菌脲对病原菌的抑制效果最明显，在稀释倍数分别为 16 000倍和 40 000倍下，抑菌率分别为（83. 33±1. 64）%（Fig. 2-A~F）和（88. 73±0. 98）%，其稀释倍数远大于市场上推荐倍数；其次为有机硫杀菌剂福美双，在接近推荐倍数下稀释 400 倍，抑菌率可达 100%；其次为有机硫杀菌剂代森锰锌和甲氧基丙烯酸酯类杀菌剂吡唑醚菌酯，分别在推荐稀释倍数 640 倍和 3 000倍下，抑菌率为（63. 37±6. 04）和（54. 58±2. 29）%；三唑类杀菌剂苯醚甲环唑、戊唑醇，在小于推荐稀释倍数下，抑菌率在 50%左右；抑菌效果最差的为苯并咪唑类杀菌剂甲基硫菌灵，稀释倍数为 56 倍时抑菌率仅为（7. 54±2. 78）%（Fig. 2-a~f），其使用倍数远小于推荐倍数。

Table 2 The inhibitory effects of the tested fungicides on mycelial growth of *Pestalotiopsis clavispora*

Effective constituent	Dilution times	Inhibitory effect (%)	Dilution times	Inhibitory effect (%)	Dilution times	Inhibitory effect (%)
Difenoconazole	167	(47. 20±3. 28)	1 667	(42. 06±7. 02)	3 333	(33. 64±1. 45)
Tebuconazole	2 867	(35. 51±5. 02)	5 733	(31. 31±2. 35)	11 467	(20. 56±1. 45)

（续表）

Effective constituent	Dilution times	Inhibitory effect (%)	Dilution times	Inhibitory effect (%)	Dilution times	Inhibitory effect (%)
Difenoconazole · Propiconazole	8 000	(100±0. 00)	16 000	(83. 33±1. 64)	32 000	(69. 28±1. 60)
Thiophanate-Methyl	56	(7. 54±2. 78)	560	0	2 240	0
Mancozeb	320	(94. 19±1. 80)	640	(63. 37±6. 04)	1 280	(48. 26±7. 78)
Pyraclostrobin	300	(60. 13±2. 37)	3 000	(54. 58±2. 29)	30 000	(39. 22±1. 24)
Iprodione	20 000	(100±0. 00)	40 000	(88. 73±0. 98)	80 000	(47. 06±6. 08)
Thiram	400	(100±0. 00)	4 000	(46. 83±5. 57)	40 000	(1. 19±4. 94)

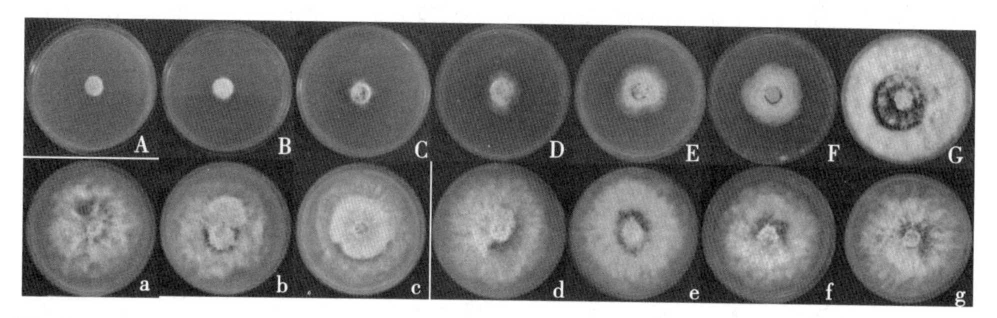

Fig. 2　The inhibitory effects of partial fungicides on mycelial growth of *Pestalotiopsis clavispora*

A~F：The inhibitory effect of difenoconazole · propiconazole on myceliumwith different dilution at 2 000 to 64 000 times；a~f：The inhibitory effect ofthiophanate-methyl on mycelium with different dilution at 56 to 2 240 times；G and g：Control with no fungicide.

3　讨论

通过形态学特征、rDNA-ITS 序列分析并结合致病性测定，将引起山东省蓝莓叶斑病和根腐病的病原菌鉴定为棒状拟盘多毛孢 *P. clavispora*。已有研究表明，拟盘多毛孢属 *Pestalotiopsis* 真菌在自然界中广泛存在，种类繁多，多数种可引起植物病害，造成严重的经济损失[3]。其中，棒状拟盘多毛孢 *P. clavispora* 为多种作物叶斑病及根腐病病原菌[4,5]，也可以侵染蓝莓引起病害，在国外报道该病菌可以引起枝条溃疡和枝枯病[6,7]，国内可引起枝枯病[8,9]等。本研究证实棒状拟盘多毛孢菌是引致蓝莓叶斑病和根腐病的病原菌，并首次对该菌的有效药剂进行了筛选。

虽然棒状拟盘多毛孢菌是一种较为严重的病原菌，但针对该病原菌有效化学药剂筛选的研究较少，尤其在蓝莓病害上的药剂筛选未见报道。本研究通过测定不同杀菌剂对 *P. clavispora* 的抑制效果，筛选出了高毒力杀菌剂。三唑类杀菌剂苯甲 · 丙环唑和二甲酰亚胺类杀菌剂异菌脲对 *P. clavispora* 的效果最好，苯并咪唑类杀菌剂甲基硫菌灵在生产上广泛使用，但对蓝莓上分离的棒状拟盘多毛孢菌几乎没有抑制作用。其他类型杀菌剂的抑制效果，所筛选药剂对蓝莓叶斑病和根腐病的田间防效及其持效期，还有待进一步测试。值得注意的是，化学药剂过量使用会造成农药残留超标影响食品安全、破坏生态环境等问题，因此，现代农业生产中有害生物的防控，需综合应用各项防治措施，并结合精准防控技术，降低化学农药的使用量。

参考文献

[1]　Wang H，Wang PY，Wang S，*et al*. Development status and prospect of blueberry in China [J]. Research of

Agricultural Modernization（农业现代化研究），2008，29（2）：250-253.

[2] Wu L. Development of blueberry in Shandong coastal area [J]. Yantai Fruits（烟台果树），2011，（4）：1-3.

[3] Wei J G，Xu T，Pan X H，*et al.* Progress of research on taxonomy of *Pestalotiopsis* [J]. Journal of Guangxi Agricultural & Biological Science（广西农业生物科学），2006，25（1）：78-85.

[4] Feng Y R，Liu B S，Bai P H. Pathogen identification and biological characteristics of rose leaf blotch in Tianjin [J]. Northern Horticulture（北方园艺），2015，（14）：125-129.

[5] Zhao Y，Qian H W，Xu P C，*et al.* Isolation and identification of pathogen of strawberry root rot in Qingdao [J]. China Plant Protection（中国植保导刊），2016，36（1）：43-46.

[6] Espinoza JG，Briceño EX，Keith LM，*et al.* Canker and twig dieback of blueberry caused by *Pestalotiopsis* spp. and a *Truncatella* sp. in Chile [J]. Plant Disease，2008，92（10）：1407-1414.

[7] Gonzúlez P，Alaniz S，Montelongo M J，*et al.* First report of *Pestalotiopsis clavispora* causing dieback on blueberry in Uruguay [J]. Plant Disease，2012，96（6）：914.

[8] Zhao H H，Yue Q H，Liang C. The pathogen causing *Pestalotiopsis* twig dieback of blueberry [J]. Mycosystema（菌物学报），2014，33（3）：577-583.

[9] Chen Y，Zhang A F，Yang X，*et al.* First report of *Pestalotiopsis clavispora* causing twig blight on highbush blueberry（*Vaccinium corymbosum*）in Anhui Province of China [J]. Plant Disease，2016，100（4）：859.

Optimization of fermentation conditions through response surface methodology to enhanced antibacterial metabolite production that *Streptomyces* sp. 1-14 isolated from the Cassava rhizosphere soil[*]

Yun Tianyan[1**], Feng Renjun[2], Zhou Dengbo[2], Pan Yueyun[1], Chen Yufeng[1], Wang Fei[2], Yin Liyan[1], Zhang Yindong[1], Xie Jianghui[2***]

(1. *Institute of Tropical Agriculture and Forestry*, *Hainan University*, *Haikou* 570208, *China*; 2. *Key Laboratory of Biology and Genetic Resources of Tropical Crops*, *Ministry of Agriculture*, *Institute of Tropical Bioscience and Biotechnology*, *Chinese Academy of Tropical Agricultural Sciences*, *Haikou* 570100, *China*)

Abstract: *Streptomyces* sp. 1-14 isolated from the rhizosphere soil of cassava were evaluated for antibacterial efficacy against *Fusarium oxysporum* f. sp. *cubense* race 4 (FOC4). Among 63 strains tested, thirteen recorded potent antibacterial properties and were further screened against eight bacterial pathogens. A strain showing maximum inhibition against all the test pathogens was identified by 16S rDNA sequencing as *Streptomyces* sp. 1-14 and was selected for further studies. Through propagation of *Streptomyces* 1-14 in soil under simulated conditions, can found that FOC4 had no significant influence on multiplication and survival of *Streptomyces* 1-14 in soil, but indigenous microorganisms in soil had significant influence on the counts of Streptomyces1-14. To achieve maximum metabolite production was optimized through response surface methodology employing Plackett-Burman, the path of steepest ascent test and Box-Behnken designs. The composition of the final optimized fermentation conditions was glucose, 38.877g/L; $CaCl_2 \cdot 2H_2O$, 0.161g/L; temperature, 29.97℃; and inoculation amount, 8.93%. The optimization resulted antibacterial activity of 56.13% against FOC4, which was 12.33% higher than that before optimization (43.80%). The results obtained that using response surface methodology to optimize the fermentation medium had a significant effect on the production of bioactive metabolites by *Streptomyces* sp. 1-14. On the other hand, pH, light, storage temperature, etc. during fermentation must be closely monitored to reduce the formation of fermentation products with reduced antibacterial activity. This method is useful for further investigation of the production of anti-FOC4 substances, can be used to develop bio-control agents to prevent and control banana fusarium wilt.

Key words: *Streptomyces iranensis* 1-14; *Fusarium oxysporum* f. sp. *cubense*; Response surface methodology; Bioactive metabolites

---

* 基金项目：现代农业产业技术体系建设专项资金项目（CARS－31）

** 第一作者：云天艳，博士生，研究方向：微生物资源及病害防治研究；E-mail：327871730@qq.com

*** 通信作者：谢江辉，博士，研究方向：栽培生理；E-mail：2453880045@qq.com

Antibacterial activity of *Polygonum orientale* extracts against *Clavibacter michiganensis* subsp. *michiganensis*, the agent of bacterial canker of tomato disease*

Cai Jin[1]**, Gao Yichen[2]

(1. *Institute of Applied Chemistry*, *Shanxi University*, *Taiyuan* 030006, *China*;

2. *School of Life Science*, *Shanxi University*, *Taiyuan* 030006, *China*)

Abstract: *Clavibacter michiganensis* subsp. *michiganensis* (Cmm), which is a Gram positive bacterium, causes the bacterialcanker of tomato disease. Our report provided the optimum extractive conditions of antibacterial substances from *Polygonum orientale* against Cmm. We studied the effects of three extracting parameters, extractive time, extractive temperature, and solid to liquid ratio (g: mL), for orthogonal experiment design L_{27} (3^{13}). The analysis of variance (ANOVA) revealed that extractive time and extractive temperature had the extremely significant ($P<0.01$) effects on the antibacterial activity of *P. orientale* extracts. The optimum conditions were as follows: 10h of extractive time, 60℃ of extractive temperature, and 1 : 20 (g : mL) of solid to liquid ratio. We detected extracellular OD_{260nm} value, extracellular protein content, and conformational structure of membrane protein to evaluate the integrity of cell membrane. We detected extracellular alkaline phosphatase (AKP) activity to evaluate the integrity of cell wall. Results indicated that the cell membrane and cell wall of Cmm were seriously damaged by *P. orientale* extracts. Furthermore, we demonstrated that *P. orientale* extracts reduced the intracellular ATPase activity dramatically. These results suggested that *P. orientale* extracts had a strong antibacterial activity to inhibiting Cmm, and could be used as the control of Cmm.

Key words: *Polygonum orientale* extracts; Antibacterial agent; Orthogonal experiment design; Antibacterial mechanism

* 基金项目：国家自然科学基金青年基金项目（31601677）；山西省应用基础研究青年基金面上项目（201701D221179）；山西省高等学校科技创新项目（2016117）

** 第一作者及通信作者：蔡瑾，副教授，主要研究方向为植物病害生物防治；E-mail：caijin@ sxu. edu. cn

山西仿野生黄芪根腐病病株和健株土壤微生物菌群的比较分析*

闫　欢[1,2]**，秦雪梅[2]，王梦亮[3]，高　芬[3]***
（1. 山西大学化学化工学院，太原　030006；2. 山西大学中医药现代研究中心，太原　030006；3. 山西大学应用化学研究所，太原　030006）

摘　要： 根腐病的本质是土壤微生物群落结构失衡的结果。黄芪为多年生中药材，近年来根腐病的发生日趋严重。本课题组对山西蒙古黄芪根腐病发病情况的田间调查发现，种植1年的黄芪基本不发病，2年发病开始增多，3年及3年以上发病逐渐加重。针对其发病原因，目前多从病原菌的分离鉴定方面进行研究，鲜有从微生态菌群变化的角度进行分析。

本试验以山西省浑源县种植1年、2年、3年和4年的仿野生蒙古黄芪健/病株根围土为研究对象，对其微生态区系及细菌多样性差异进行研究。试验采用平板计数法对根围土中的细菌（B）、真菌（F）和放线菌（A）进行分离、计数，在此基础上通过PCR-DGGE技术对细菌群落的多样性进行分析。结果表明：不同种植年限下，各样品中细菌总量占微生物总量的比例区间为61.82%~97.15%。此外，病土细菌总量均高于健土，而真菌及放线菌总量整体低于健土；对于B/F值，种植1~4年的病土比健土各增加36.12%、35.98%、539.51%、234.92%；B/A值除4年期样品降低外，1~3年病土比健土各增加62.57%、32.02%、390%。因此，健/病土中细菌总量及其所占微生物总量的比例变化可能是引起黄芪根腐病发生的主要原因。进一步的DGGE分析表明，随种植年限延长，健土中细菌的丰富度（S）、均匀度指数（J）、及香农多样性指数（H′）呈2~3年降低后升高的趋势，说明随种植年限延长，黄芪根围土中细菌多样性有所降低，4年时又升高可能是因为土壤自身的调控修复作用；而在病土中，2年期样品上述3个指标均明显高于1年期，而后又逐渐降低，推测原因是2年时根腐病开始发生，细菌群落出现急剧变化，继而多样性开始降低，病害逐渐加重；但比较同年限下健/病土的各项多样性指标发现，丰富度（S）除2年外，其他年限无显著变化，均匀度指数（J）和香农多样性指数（H′）除1年外，其余年限下均为病土高于健土，推测病土中尽管细菌种类数目的变化不大，但某些菌的分布可能发生了改变，导致其多样性指数高于健土。

本研究初步明确了土壤中细菌数量和多样性的改变可能是引发黄芪根腐病的主要原因，但具体哪些细菌的分布发生了变化、如何变化及其与根腐病发生的关系等，还有待研究。

关键词： 黄芪根腐病；发病原因；微生物区系；细菌多样性

---

* 基金项目：山西省科技重大专项（201603D3111001）；山西省中药现代化关键技术研究振东专项（NO. 2014ZD0501-2）
** 第一作者：闫欢，硕士研究生，主要从事黄芪根腐病与土壤微生物菌群变化相关性研究；E-mail：973887739@qq.com
*** 通信作者：高芬，副教授，主要从事药用植物病害及其生物防治；E-mail：gaofen@sxu.edu.cn

Influence of Different Crops on Grassland Soil Microbial Community Structure Changes

Wu W. X. , Liu Y. , Huang X. Q. , Zhang L. , Yang X. X. , Xue L. H.

(*Plant Protection Institute*, *Sichuan Academy of Agricultural Science*; *Key Laboratory of Integrated Pest Management in Southwest Agriculture Crops of Ministry of Agriculture*, *Chengdu* 610066, *China*)

Abstract: Soil quality is crucial to sustainable development of grassland ecosystems and to their productivity, soil microbe is an important component of the ecosystem, which can reflect the status of soil quality, and healthy soil must have reasonable community structure and rich species diversity. In this study, the effects of different crop varieties on grassland soil microbial community structure were analyzed based on 16S rRNA high-throughput sequencing technologies. The results indicate that different crops affect the grassland soil microbial community structure. The soil microbial communities in the alfalfa ground soil were dominated by *Bradyrhizobium*, *Bacillus*, *Pseudarthrobacter*, *Rhodoplanes*, *Sporosarcina*. The preponderant genera in the soil of planting oats were *Sphingomonas*, *Gemmatimonas*, *Solirubrobacter* and *Massilia*. And the dominant genera in control group were *Geobacter*, *Anaeromyxobacter* and some unclassified Bacteria. The results suggested that planting crops were significantly and positive related to the soil microbial community structure. In the high altitude grassland which had been planted crops such as alfalfa and oats could increase the population of biological control probiotics.

Comparative analysis of microbial community structure in the rhizosphere between soybean and oilseed rape by highthroughput pyrosequencing

Yang Xiaoxiang, Liu Yong, Zhang Lei, Huang Xiaoqin, Wu Wenxian
(*Plant Protection Institute*, *Sichuan Academy of Agricultural Science*, *Chengdu*, 610000, *China*)

Abstract: Clubroot, caused by the soil-borne obligate pathogen *Plasmodiophora brassicae*, is one of the most severe disease on cruciferous crops. Previously, We found soybean as the preceding crop could reduce the occurrence of clubroot on oilseed rape by about 80% less than which in continuous rape cropping. The Soil microbiome is important for growth promotion and disease suppression. In this study, we compared the rhizosphere microbiome of soybean and oilseed rape rhizosphere soil collected from the same natural field using 16S rRNA and internal transcribed spacer (ITS) sequencing techniques. The results showed that soybean rhizosphere shared features with oilseed rape rhizosphere soil, such as predominance of *Proteobacteria*, *Bacteroidetes*, *Acidobacteria*, *Actinobacteria*, *Ascomycota*, *Zygomycota*, *Basidiomycota*, *Chytridiomycota* and so on. But some unique genera which have biological control and plant growth promotion functions such as *Flavobacterium*, *Bradyrhizobium*, *Sphingomonas*, *Pseudomonas*, *Chitinophaga* and *Enterobacter* were more abundant in soybean rhizosphere than oilseed rape rhizosphere soil, indicating that may be account for the reduced occurrence of clubroot on oilseed rape when soybean as the preceding crop. The results showed the important relationship between rhizosphere microbiome and clubroot and provided some potential bio-control resources for clubroot prevention.

红掌叶斑病病菌对 6 种医用抗生素的敏感性测定*

张志鹏**，陈云彤，王彦譞，刘真真，刘慧芹***
（天津农学院园艺园林学院，天津　300384）

摘　要：红掌是现代家庭重要的观赏花卉，而近年来由于细菌性叶斑病（*Xanthomonas axonopodis* pv. *dieffenbachiae*，Xad）发生频繁，已严重影响到了红掌在家庭的养植。本试验采用了抑菌圈法，利用家庭常用的医用抗生素对该病菌进行了敏感性测定。试验结果表明：6 种家庭用药中，Xad 对罗红霉素胶囊和诺氟沙星胶囊最为敏感，EC_{50}分别为 $1.165\,1\times10^{-6}$mg/L 和 $3.147\,6\times10^{-4}$mg/L；其次为阿莫西林胶囊 EC_{50}为 0.017 3mg/L，表明这三种药物对 Xad 有极强的抑制作用。而其他三种药物头孢拉定胶囊、阿奇霉素胶囊、奥硝唑片的 EC_{50}值均超过 500mg/L。测定结果可为红掌叶斑病的家庭防治提供参考。

关键词：红掌细菌性叶斑病菌；医用抗生素；敏感性

---

* 基金项目：天津市高校“中青年骨干创新人才培养计划（J01009030709）；2017 年大学生创新创业训练计划项目（201710061062）；2017 年度研究生创新培育项目立项（2017YPY001）

** 第一作者：张志鹏；E-mail：851374249@ qq. com
*** 通信作者：刘慧芹，博士，副教授，硕士生导师，主要从事植物病原细菌致病性研究；E-mail：wjxlhq@ 126. com

防治柑橘黑点病的室内药剂筛选及复配增效机理研究*

陈　娅**，林凡力，王甲军，马冠华***
（西南大学植物保护学院，重庆　400716）

摘　要：我国是柑橘的主要产地之一，目前柑橘黑点病在我国各柑橘产区均有分布，逐渐成为国内柑橘的主要病害。柑橘黑点病其病原有性态为子囊菌亚门柑橘间座壳菌（*Diaporthe citri*），无性态为半知菌亚门柑橘拟茎点霉菌（*Phomopsis citri*）。

柑橘黑点病一直作为次要病害防治，对其有效防治的药剂、药剂组合报道较少。对此，本研究通过菌丝生长速率法和孢子萌发抑制法，从吡唑醚菌酯、丙森锌、代森锰锌、咪鲜胺、氟硅唑和苯醚甲环唑等6种药剂中筛选出对柑橘黑点病菌具有较高抑菌活性的吡唑醚菌酯、代森锰锌2种保护剂和咪鲜胺、氟硅唑2种治疗剂，其菌丝抑制 EC_{50} 分别为0.681 0 μg/mL、60.565 0μg/mL、0.742 8 μg/mL和0.086 6 μg/mL，孢子抑制 EC_{50} 分别为1.161 3 μg/mL、2.763 5μg/mL、0.262 2μg/mL、11.935 9μg/mL、0.378 5μg/mL、49.642 7μg/mL。再根据其作用机理按吡唑嘧菌酯：咪鲜胺，吡唑醚菌酯：氟硅唑，代森锰锌：咪鲜胺，代森锰锌：氟硅唑，每种组合分别以1：1、1：2、1：3、1：4和1：5进行复配组合测试，结果表明吡唑嘧菌酯：咪鲜胺=1：1，吡唑醚菌酯：氟硅唑=1：3，代森锰锌：咪鲜胺=1：3和代森锰锌：氟硅唑=1：3这4个复配组合具有很好的增效作用，其增效系数分别为。通过测定不同增效组合及单剂处理后柑橘黑点病菌的细胞膜透性、丙二醛含量及可溶性蛋白含量，发现增效组合处理菌丝后菌液电导率增大，丙二醛含量升高，可溶性蛋白含量下降，表明增效组合主要通过引发细胞膜脂质过氧化，使细胞膜受损及膜透性增加，电解质外渗，导致菌丝生长受损，且抑制其蛋白合成从而对该病菌产生抑制作用。

关键词：柑橘黑点病；杀菌剂；复配；增效机理

* 基金项目：国家重点研发计划（2016YFD0200505）
** 第一作者：陈娅，硕士研究生，主要从事植物病理学研究；E-mail：451902041@qq.com
*** 通信作者：马冠华，副教授，主要从事植物病原学及病害防控研究；E-mail：nikemgh@swu.edu.cn

薄荷精油对几种果实病害抑菌保鲜作用研究*

刘　凡**，范钧星，李克梅***

（新疆农业大学农学院/新疆农林有害生物防控重点实验室，乌鲁木齐　830052）

摘　要：植物精油作为植物次生代谢物质，具有很好的抑菌活性。研究薄荷精油对植物病原真菌的抑菌作用，可为天然抗菌剂的开发提供依据。采用菌丝生长速率法，主要通过薄荷精油体外直接接触法测定对精油病原真菌菌丝生长的抑制作用，以未加入植物精油但加入等量 0.1%吐温-80 的 PDA 培养基作为空白对照，测定了薄荷精油对几种引起果实采后病害的病原真菌（红枣黑斑病菌、梨黑斑病菌、葡萄灰霉病菌）的抑菌效果。根据对病原菌菌落直径抑制率的大小判定薄荷精油对 3 种果实病害的病原真菌菌落的抑菌活性等级。研究表明：薄荷精油对红枣黑斑病菌在 2.0μL/mL 时有较强的抑制作用，在 1.0μL/mL 时有中等强度的抑制作用，在 0.5μL/mL、0.3μL/mL 时，抑菌作用较弱。薄荷精油浓度为 1.6μL/mL 时对梨黑斑病菌表现出较强的抑菌作用；薄荷精油浓度在 0.8 μL/mL 时对梨黑斑病菌表现中等强度抑菌作用；薄荷精油浓度为 0.4μL/mL、0.2μL/mL 的样品，对梨黑斑病菌表现较弱抑菌作用。薄荷精油对葡萄灰霉病菌在浓度为 1.2μL/mL 时有较强的抑制作用，在 0.6μL/mL、0.3μL/mL 时表现中等强度抑制作用，0.1μL/mL 时抑菌作用不明显，表现出较弱抑菌作用。用含薄荷精油溶液浸泡处理葡萄、樱桃番茄和香梨，测定精油处理对不同果蔬防腐保鲜效果。结果表明：经薄荷精油浸泡处理，常温下保存 12 d 后，500μL/L 薄荷精油可使葡萄腐烂率较对照降低 38.9%；300μL/L 和 500μL/L 的薄荷精油可使樱桃番茄腐烂率分别较对照降低了 20%和 32.78%；500μL/L 、1 000μL/L 薄荷精油处理可显著降低香梨发病率，与对照相比分别降低了 66.67%、100%。

关键词：薄荷精油；果蔬病原真菌；菌丝生长；抑菌作用

---

* 基金项目：科技支撑计划（2014BAD23B03-02）

** 第一作者：刘凡，女，湖北黄冈人，在读硕士生，研究方向为植物病害及防治；E-mail：514540659@ qq. com

*** 通信作者：李克梅，女，江苏如皋人，副教授，研究方向为牧草病害及防治；E-mail：835004213@ qq. com

地衣芽胞杆菌W10诱导桃果抗褐腐病抗性相关防御酶系研究*

朱　薇**，谈　彬，曹　军，张　权，纪兆林***，董京萍，童蕴慧，徐敬友
（扬州大学园艺与植物保护学院，扬州　225009）

摘　要：桃褐腐病是桃树的重要病害之一，世界广泛分布，主要为害桃果，严重时也危害桃花、叶和幼嫩枝梢。在桃果运输、存储期间该病也易发生，常造成严重的经济损失。目前，控制桃褐腐病的主要措施是化学防治，但化学药剂大量使用给环境、生态平衡和人们的健康带来了负面影响，也使病菌产生抗药性，因此生物防治受到了广泛关注，成为一种重要、安全的防治方法。地衣芽胞杆菌（*Bacillus licheniformis*）W10是本实验室筛选出的一株生防细菌，对桃褐腐病菌（*Monilinia fructicola*）有较强的抑制作用，其产生的抗菌蛋白不仅具有抑菌作用还能在非寄主烟草上引起HR，对桃果褐腐病具有较好的防治效果且能明显推迟病害发生。本文测定了W10处理桃果后，果实中过氧化物酶（POD）、多酚氧化酶（PPO）、苯丙氨酸解氨酶（PAL）、超氧化物歧化酶（SOD）、β-1，3-葡聚糖酶（β-1，3-GA）、几丁质酶（CHI）等6种防御酶活性的变化以及丙二醛（MDA）和蛋白质羰基含量的变化。结果表明，喷施W10菌液1d后挑战接种*M. fructicola*的处理（W10+*M. fructicola*），桃果中POD、PPO、PAL、SOD、β-1，3-GA和CHI酶活性均在呈现先快速上升到达一定峰值后再缓慢下降或趋于平缓的趋势，且6种酶酶活性比仅喷施W10菌液和仅接种*M. fructicola*的处理要高，而仅喷施W10菌液的处理也存在活性上升变化的趋势，与W10+*M. fructicola*的趋势相似，但后期变化幅度要小。同时研究发现所有处理桃果中丙二醛（MDA）和蛋白羰基含量均呈现逐步上升的趋势，但W10和W10+*M. fructicola*处理的桃果MDA和蛋白质羰基含量明显低于其他处理，因此可以看出W10在一定程度上延缓了桃果实中的脂质氧化和蛋白质羰基化。因此，地衣芽胞杆菌W10通过促使桃果抗性相关防御酶活性升高，来防治桃果褐腐病，这为W10在桃褐腐病生物防治中的应用奠定了基础。

关键词：桃褐腐病；地衣芽胞杆菌；防御酶系；生物防治

---

* 基金项目：国家现代农业产业技术体系建设专项（CARS-30-3-02）；江苏省农业科技自主创新资金项目［CX（14）2015，CX（15）1020］

** 第一作者：朱薇，硕士研究生，研究方向：植物病害生物防治；E-mail：1098417067@qq.com

*** 通信作者：纪兆林，副教授，研究方向：植物病害生物防治及分子植病研究；E-mail：zhlji@yzu.edu.cn

Different strategies to properly manage the citrus huanglongbing in China*

Shahzad Munir**, Li Yongmei, He Pengfei, Wu Yixin,
He Pengjie, Cui Wenyan, He Yueqiu***
(*Faculty of Plant Protection*, *Yunnan Agricultural University*, *Kunming* 650201, *Yunnan*, *China*)

Abstract: Huanglongbing (HLB) also known as citrus greening is one of the serious diseases spread all over citrus growing regions of the world. The causal agent is *Candidatus* Liberibacter asiaticus, a phytopathogenic bacterium that can infect all *Citrus* cultivars. The causal agents of HLB have been putatively identified, and their transmission pathways and worldwide population structure have been extensively studied. However, very little isknown about the epidemiologic relationships of *Ca*. L. asiaticus, which has limited the scope of HLB research and especially the development of control strategies. HLB-affected plants produce damaged fruits and die within several years. Some candidate compounds show promise in eliminating or suppressing disease symptoms; however, others need to be evaluated in the form of antibiotics with less phytotoxicity. Furthermore, thermotherapy can be useful for combating HLB. The application of epibrassinolide reduces the causal agent of HLB and might provide a useful tool within an integrated management program. Water in oil (W/O) nanoemulsion formulation may provide a useful model for the effective delivery of chemical compounds into citrus phloem via a foliar spray for controlling HLB citrus disease. The production of transgenic plants with modified volatile profiles that are more tolerant to citrus greening disease can be helpful in reducing the disease incidence. Additionally, the potential impact on HLB should be conducted for discovering novel antibacterial compounds. More research is needed to provide an eco-friendly control strategy for HLB in the form of biocontrol. However, unfortunately, no study has reported the successful control of the disease by microbial control agents yet. Although HLB-resistant citrus varieties are being developed, it will presumably take many years before they are commercialized. Therefore, alternative measures are being used to reduce the incidence of this disease or HLB pathogens in the field. So far, there are no curative methods to control this pathogen with absolute results. However, scientists have used a few control measures to eliminate or reduce the pathogen growth. Combining these control measures was reported to be more effective than either measure alone in controlling the disease. To control the disease, scientists have developed new compounds and screened existing compounds for their antibiotic and antimicrobial activities against the disease. These compounds, however, have very little or even no effect on the disease. The aim of the present review was to compile and compare different methods of HLB disease control with newly developed integrative strategies. In light of recent studies, we also describe how to control the vectors of this disease and the biological control of other citrus plant pathogens. This work could steer the attention of scientists towards integrative control strategies. It is expected that our laboratory would publish the control effect of our own bioagents soon.

* 基金项目：国家“十三五”重点研发计划项目（SQ2018YFD020103）
** 第一作者：Shahzah MUNIR，男，博士研究生，从事植物病害生物防治研究；E-mail：3237093692@ qq. com
*** 通信作者：何月秋，从事功能微生物开发与植物病理学研究；E-mail：ynfh2007@ 163. com

解淀粉芽胞杆菌 B9601-Y2 对玉米防病促生研究*

崔文艳[1,2**]，何朋杰[1,2**]，何鹏飞[1,2]，吴毅歆[2,3]，Shahzad Munir[1]，何月秋[2,3***]
（1. 云南农业大学植物保护学院，昆明　650201；
2. 微生物菌种筛选与应用国家地方联合工程研究中心，昆明　650217；
3. 云南农业大学农学与生物技术学院，昆明　650201）

摘　要：玉米是我国主要粮食作物，病害是影响玉米产量和品质的主要因素之一。小斑病和茎基腐病是我国危害大、分布广且逐年加重的主要玉米病害。目前主要依靠化学农药，但长期大量使用化学药剂会带来一系列环境问题，因此，采用新型的防治策略迫在眉睫。生物防治因具有环境友好且可持续等特点，已成为当今研究的热点领域。B9601 - Y2（Y2）是本实验室分离的一株解淀粉芽胞杆菌植生亚种（*Bacillus amyloliquefaciens* subsp. *plantarum*）菌株，具有促进种子萌发和植物的插条生根、提高作物出苗率、加快植物生长等特点。Y2 可以分泌伊枯草菌素、丰齐素和聚酮类抗生素，能够拮抗纹枯病菌、炭疽病菌等多种常见病原真菌和细菌病害。本文通过研究 Y2 对玉米小斑病菌和茎基腐病菌的室内平板拮抗效果以及在玉米盆栽实验中的防病促生表现，为 Y2 菌株对玉米的促生效果及相关机制研究和为将其生产成控病、减肥增效的玉米微生物肥料奠定了基础。

平板对峙培养结果表明，Y2 发酵液、无菌滤液及菌体悬液对玉米小斑病菌和茎基腐病原菌均有拮抗作用；固体培养和液体培养结果表明，Y2 发酵液、无菌滤液及菌体悬液均能够不同程度地抑制菌丝生长和孢子萌发，显微结构观察显示 Y2 发酵液能够裂解菌丝和孢子。盆栽防病实验结果显示，3 种处理对玉米小斑病防效 60%左右，对茎腐病防效 50%左右，防效依次为 Y2 发酵液>菌体悬液>无菌滤液，且使用 Y2 的防治效果好于治疗效果。单独使用 Y2 发酵液、无菌滤液及菌体悬液处理的苗根长、植株型高、鲜重和干重均显著高于清水和病原菌对照 20%以上，喷施或灌溉接种病原菌的玉米苗生长量显著高于单独接种病原菌处理，有效消除了病原菌对植株生长的影响；此外，从植株生长情况来看，先喷施或灌溉生防菌 Y2 后接种病原菌的植株生长量显著高于先接种病原菌后喷施或灌溉生防菌 Y2 的植株。因此，生防菌 Y2 具有用于防治玉米病害和具有根肥及叶面肥的潜力。

---

* 基金项目：云南省玉米产业体系项目（2018KJTX002）
** 第一作者：崔文艳，女，博士研究生，从事植物病害生物防治研究；E-mail：2276612334@ qq. com
何朋杰，男，博士研究生，从事植物病害生物防治研究；E-mail：2497032366@ qq. com
*** 通信作者：何月秋，从事功能微生物开发与植物病理学研究；E-mail：ynfh2007@ 163. com

B9601-Y2 溶磷解钾固氮能力及防病促进玉米生长效果研究*

崔文艳[1,2**]，何朋杰[1,2**]，何鹏飞[1,2]，吴毅歆[2,3]，Shahzad Munir[1]，何月秋[2,3***]

（1. 云南农业大学植物保护学院，昆明 650201；
2. 微生物菌种筛选与应用国家地方联合工程研究中心，昆明 650217；
3. 云南农业大学农学与生物技术学院，昆明 650201）

摘 要：氮磷钾是植株生长发育不可或缺的大量元素，而土壤中存在一些磷、钾元素多以结合态存在，不能直接被作物吸收和利用，且随着作物复种指数不断增加、高产耗磷耗钾作物品种的推广及有机肥用量的下降，导致土壤中磷钾元素不断被消耗，土壤可溶性磷钾素亏缺已成全国性问题。此外大多施入土壤的氮肥主要是硝态氮肥和其他氮素肥料硝化作用的产物，除少部分被植物吸收利用，大部分随水流失，造成了浪费与地表水和地下水含氮化合物富集；大部分磷肥和钾肥施入土壤后容易发生专性吸附及化学沉淀固定，转变成了植物难以吸收和利用的无效态磷和钾。活化及释放土壤中这些难溶性的磷钾元素是农业生产及可持续农业发展的重中之重。

自然环境中，土壤微生物能够促进植物养分的获取，参与了广泛的生物过程，包括生物固氮作用，不溶的土壤养分转化。土壤与根际微生物互作能够有效地将土壤中难溶性磷钾释放转化成可溶性 P、K 才能供给植物吸收利用。为了明确解淀粉芽胞杆菌 B9601-Y2（下称 Y2）的促生长机制，通过摇瓶培养，检测其溶磷解钾固氮活性，通过盆栽试验，探索 Y2 对玉米生长量和溶磷解钾量的影响。结果表明，在第 7 天时，Y2 固氮量为 2.9mg/L，解钾量为 13.5μg/mL；在第 4 天时溶磷量达 732μg/mL。促生长实验结果显示，Y2 发酵液能增加玉米型高 28.29%，根长 27.21%，叶宽 18.56%，鲜重 80.93%，干重 66.67%；提高土壤中速效氮、速效磷和速效钾含量分别达 20.42%、111.01% 和 17.24%，能提高植株氮、磷、钾含量 45.46%、120.17%、68.45%。表明 Y2 活化了土壤中难溶性磷、钾和具有固氮能力，并能促进植株对氮、磷、钾营养的吸收利用。盆栽防病促生长实验结果表明，Y2 能够在 1/2 量肥料（氮肥、磷肥、钾肥和复合肥）条件下分别显著增加玉米的植株生长量，其植株生长量与全量（氮肥、磷肥、钾肥和复合肥）植株长势、鲜重和干物质积累量一致，并且还能有效防治玉米小斑病，防效可达 70%以上，因此，生防菌 Y2 可用于防治玉米病害、实现减肥增效的效果。

---

* 基金项目：云南省玉米产业体系项目（2018KJTX002）

** 第一作者：崔文艳，女，博士研究生，从事植物病害生物防治研究；E-mail：2276612334@qq.com
何朋杰，男，博士研究生，从事植物病害生物防治研究；E-mail：2497032366@qq.com

*** 通信作者：何月秋，从事功能微生物开发与植物病理学研究；E-mail：ynfh2007@163.com

枯草芽胞杆菌 XF-1 叶面喷施防治大白菜根肿病*

何朋杰[1,2]**，崔文艳[1,2]**，何鹏飞[1,2]，袁 海[2,3]，
吴毅歆[2,3]，Shahzad Munir[1]，何月秋[2,3]***
（1. 云南农业大学植物保护学院，昆明 650201；
2. 微生物菌种筛选与应用国家地方联合工程研究中心，昆明 650217；
3. 云南农业大学农学与生物技术学院，昆明 650201）

摘 要：根肿病是一种世界性的土传病害，严重威胁我油菜和十字花科蔬菜的生产。枯草芽胞杆菌 XF-1 是一株应用潜力巨大的优良生防菌株，并且被正式登记为防治根肿病的生物农药。本实验室的前期工作主要基于该菌株防治根肿病的功能基质开发、可湿性粉剂用于田间浇灌来控制根肿病和防病机制研究。XF-1 在田间对根肿病防效稳定，但常规应用方法较为繁琐，需要花费大量的人力物力，已成为其在田间大面积推广的重要制约因素之一。

为了建立简易、有效的根肿病生防体系，本研究采用浇灌和喷施枯草芽胞杆菌 XF-1 的绿色标记菌株 XF-1-*gfp*，检测其入侵大白菜植株方式和定殖能力，并用野生型菌株 XF-1 发酵液研究其防治根肿病和挽回产量效果。结果表明，叶面喷施 XF-1-*gfp* 发酵液后，标记菌处于光照条件下向张开的气孔聚集并通过气孔进入植株内，与此同时在黑暗的条件下表现出少量相同的内化行为。使用核菌孢菌素在黑暗中强迫气孔张开后对 XF-1 的内化并没有显著地影响，这些结果暗示 XF-1 受叶片活跃的细胞光合作用合成的养分的吸引。使用影响 XF-1 运动性和趋化性的突变菌株，的确显著地抑制 XF-1 的内化。进一步检测 XF-1 在植株内的定殖后发现其在大白菜根、茎、叶等组织内的密度呈现出“先上升后下降最后趋于平稳”的趋势，最终稳定在约 10^3cfu/g 组织；盆栽试验结果表明，与空白对照相比，所有处理发病率和病情指数均显著下降，喷施 XF-1 发酵液后最佳防治效果为 56.4%，浇灌化学杀菌剂 10%氰霜唑悬浮剂 2 000倍液及 1×10^7cfu/mL 的 XF-1 发酵液防效分别为 78.6%与 70.7%。大田试验结果表明，喷施 XF-1 发酵液后防治效果达 52.6%，与浇灌化学杀菌剂 10%氰霜唑悬浮剂（64.6%）及 XF-1 发酵液（74.0%）相比无显著差异。此外，与空白对照、浇灌 10%氰霜唑悬浮剂及 XF-1 发酵液相比，喷施 XF-1 发酵液后大白菜单株产量分别增加了 74.0%、35.1%及 23.6%。试验结果表明叶面喷施 XF-1 发酵液是一种有效的防控大白菜根肿病及增产增收的方法，对简化施用生防制剂程序和劳动强度及十字花科根肿病大面积的防控具有重要的理论与实践意义。

---

* 基金项目：国家自然科学基金（31560503）；农业部公益性行业计划项目（201003029）
** 第一作者：何朋杰，男，博士研究生，从事植物病害生物防治研究；E-mail：2497032366@qq.com
崔文艳，女，博士研究生，从事植物病害生物防治研究；E-mail：2276612334@qq.com
*** 通信作者：何月秋，从事功能微生物开发与植物病理学研究；E-mail：ynfh2007@163.com

假单胞菌 11K1 抑菌化合物分析*

赵　辉**，张力群***
（中国农业大学植物病理学系/农业部有害生物监测与绿色防控重点实验室，北京　100193）

摘　要：假单胞菌（*Pseudomonas*）11K1 分离自云南蚕豆根际土壤，对多种病原真菌、细菌有较好的抑菌作用。该菌不产生 2，4-二乙酰基间苯三酚、吩嗪、藤黄绿脓菌素、硝吡咯菌素等常见的假单胞菌抗生素，为了确定菌株 11K1 的分类地位，深入了解其生防机制，本研究在全基因组测序的基础上，对基因组序列和次生代谢产物进行了信息学分析。基因组 ANI 和 DDH 分析发现 11K1 与芸薹假单胞菌（*P. brassicacearum*）亲缘关系最近，暂命名该菌株为芸薹假单胞菌。AntiSMASH 预测分析表明菌株 11K1 可能产生 43 种次生代谢产物，与研究较多的生防假单胞菌次生代谢产物的比较发现，11K1 产生的三种脂肽类化合物可能是主要抑菌活性物质，其中 brasmycin 含有 9 个氨基酸，brasypeptin 和 brasamide 分别含有 22 个和 8 个氨基酸。通过构建定点插入突变体和缺失突变体证明 brasmycin 和 brasypeptin 为 11K1 抑制葡萄座（*Botryosphaeria dothidea*）的活性物质。根据腺苷酰化功能域（A domain）特征推测三种脂肽的氨基酸序列，brasmycin 中为 Ser-Orn-Asp-nrp-His- Thr-Dhb-（3- OH）Asp-（4- Cl- Thr），属于 syringomycin 类型；brasypeptin 中为 Dhb- Pro- Ala- Ile- Ala- Val- Ile- Dhb- Thr- Val- Ser- Ser- Ala - Ala- Dab- Val- nrp- Ala- Ala- Dab- Ser- Val，属于 syringopeptin 类型。MALDI-TOF 质谱分析表明 brasmycin（m/z 1268. 706）和 brasypeptin（m/z 2175. 493）与已报道的脂肽类化合物不同，可能是两种新的脂肽类衍生物。Brasmycin 促进 11K1 生物被膜的形成，brasypeptin 部分抑制 11K1 生物被膜的形成，而 brasamide 对生物被膜的形成没有影响。三种脂肽类化合物对 11K1 的游动能力都有促进作用。

关键词：假单胞菌；基因组；脂肽

* 基金项目：国家自然科学基金（31272082）；国家重点研发计划（2017YFD0201108）；国家葡萄产业体系（CARS-29-bc-3）

** 第一作者：赵辉，男，山东临沂人，博士研究生；E-mail：zhaohuichinese@ 163. com
*** 通信作者：张力群，教授，主要从事植物病害生物防治及病原细菌相关分子生物学研究；E-mail：zhanglq@ cau. edu. cn

橡胶树紫根病菌生物学特性及药剂毒力测定*

贺春萍**，梁艳琼，李 锐，吴伟怀，黄 兴，郑金龙，习金根，易克贤***
（中国热带农业科学院环境与植物保护研究所/农业部热带农林有害生物入侵检测与控制重点开放实验室/海南省热带农业有害生物检测监控重点实验室，海口 571101）

摘 要：紫根病（*Helicobasidium compactum* Boed.）是天然橡胶的重要根部病害之一。为了更好控制和防治该病害，对橡胶紫根病菌的生物学特性进行研究，并测定其对药剂的敏感性。采用十字交叉法研究了不同培养条件和营养环境对病菌菌丝生长的影响，结果表明：病原菌在橡胶树根汁培养基、面粉培养基和面粉橡胶根汁培养基上生长较好，最适 pH 值为 5~7，持续光照、28℃的条件下病菌生长最好，病菌致死温度为 45℃ 10min；不同的碳源中，果糖、葡萄糖、麦芽糖和可溶性淀粉较适合菌丝生长；在供试的氮源中，甘氨酸和精氨酸的基础培养基上菌丝生长最快。采用菌丝生长速率测定了 12 种杀菌剂的室内毒力，结果表明：多菌灵对紫根病菌的抑制效果最好，其 EC_{50} 值为 0.080 8μg/mL；其次为咪鲜胺、甲基硫菌灵和戊唑醇，其 EC_{50} 值分别为 0.100 4μg/mL、0.168 7μg/mL 和 0.177 7μg/mL；嘧菌酯、腈菌唑、抑菌唑、丙环唑、百菌清的 EC_{50} 值为 0.310 8~1.045 7μg/mL，抑制效果也较强；仅三唑酮、十三吗啉和异菌脲抑制效果相对弱些，其 EC_{50} 值均高于 2.0μg/mL。

关键词：橡胶树紫根病；紧密卷担菌；生物学特性；室内毒力

* 基金项目：国家天然橡胶产业技术体系建设专项（No. CARS-33-GW-BC1）；海南省科协青年科技英才创新计划项目（No. QCXM201714）

** 第一作者：贺春萍，女，硕士，研究员；研究方向：植物病理；E-mail：hechunppp@ 163. com
*** 通信作者：易克贤，博士，研究员；E-mail：yikexian@ 126. com

柱花草炭疽病生防菌的筛选与鉴定*

梁艳琼**，吴伟怀，习金根，李 锐，郑金龙，黄 兴，贺春萍***，易克贤***
（中国热带农业科学院环境与植物保护研究所/农业部热带农林有害生物入侵检测与控制重点开放实验室/海南省热带农业有害生物检测监控重点实验室，海口 571101）

摘 要：由胶孢炭疽菌（*Colletotrichum gloeosporioides*）引起的柱花草炭疽病是影响柱花草产量的重要病害。为了更好利用生防菌防控炭疽病，提高柱花草的饲用价值，采用平板对峙培养法、抑菌圈法和菌丝生长速率法综合筛选出对柱花草炭疽病具有生防作用的菌株。结果表明：从坚尼草健康植株中分离获得的 36 株细菌中筛选获得 4 株抑菌活性较高的生防细菌，经炭疽病菌孢子萌发抑制试验、柱花草离体叶片药效试验获得 1 株对柱花草炭疽病抑制作用较强的生防菌株 JNC2，其抑菌圈直径为 35.87mm，菌丝生长抑制率为 76.33%。离体叶片试验表明，接种柱花草炭疽病菌前后不同时间喷施 JNC2 发酵滤液的处理均有较高的防治效果。在保护处理中，生防菌株的防效为 82.12%，在治疗处理中，生防菌株的防效为 70.58%。根据 16S r DNA 和 *gyr B* 基因序列分析结果并结合形态学观察、生理生化特性，鉴定 JNC2 为解淀粉芽胞杆菌（*Bacillus amyloliquefaciens*）。

关键词：柱花草炭疽病；生防菌筛选；抑菌活性；鉴定

---

* 基金项目：公益性行业（农业）科研专项（201303057）；海南省科协青年科技英才学术创新计划项目（QCXM201714）

** 第一作者：梁艳琼，女，苗族，助理研究员；研究方向：植物病理；电话：0898-66969238，E-mail：yanqiongliang@126.com

*** 通信作者：贺春萍，女，硕士，研究员；研究方向：植物病理；E-mail：hechunppp@163.com
易克贤，男，博士，研究员；研究方向：分子抗性育种；E-mail：yikexian@126.com

东北三省玉米病害发生和防治现状*

张 鑫[1**]，张宗英[1]，韩成贵[1]，王 颖[1***]，杨普云[2***]
（1. 中国农业大学作物有害生物监测与绿色防控农业部重点实验室/中国农业大学植物保护学院，北京 1001932；2. 全国农业技术推广服务中心，北京 100125）

摘 要：玉米是东北地区四大主要农作物之一，东北地区的土壤和气候条件都非常适宜玉米的生长，从2014—2016年，东北三省玉米年种植面积为1 154.60万 hm^2，占全国玉米种植面积的30.92%，年产量达7 475.57万 t，占全国玉米年产量的33.99%，东北三省玉米高产稳产在保障我国粮食安全方面有着重要作用。玉米病害一直是制约玉米产量提升的重大限制因素，从2014—2016年，东北三省玉米病害累计发生995.33万 hm^2·次，造成的实际损失达133.71万 t。在东北三省发生最为广泛，危害最为严重的玉米病害是大斑病，其次是丝黑穗病，3年累计大斑病和丝黑穗病发生面积分别是615.71万 hm^2·次和140.91万 hm^2·次，每年的发生面积分别占玉米种植面积的17.73%和4.06%，累计造成的实际损失分别为91.93万 t和17.53万 t，占所有玉米病害造成的产量损失的68.00%和13.25%。其他比较常见的玉米病害有瘤黑粉病、顶腐病、纹枯病、弯孢菌叶斑病和小斑病，它们在东北三省均有不同程度的发生，且表现出一定的地域性。其中瘤黑粉病和顶腐病在黑龙江省发生危害最为严重，纹枯病和弯孢叶斑病在辽宁省发生最为严重，小斑病在黑龙江省和辽宁省都有较大面积的发生。从2014—2016年，东北三省玉米病害年均防治面积为420.02万 hm^2·次，约为其发生面积的1.28倍，发生面积和防治面积均表现出逐年下降趋势，尤其是在2016年，病害发生面积较15年下降27.36%，说明防治取得了明显成效。然而在防治措施应用方面，目前化学防治依然占据着主导地位，且未表现出明显的下降趋势，而在生物防治、物理防治等方面处于比较薄弱的状态。从2014—2016年，东北三省玉米种植带每年采取化学防治措施的土地面积为2 137.13万 hm^2·次，主要包括化学施药、种子处理和土壤处理技术，其中种子处理应用面积最大，其次是化学施药，最后是土壤处理技术，分别占总化学防治面积的43%，41%和16%。每年采取生物防治措施的土地面积564.54万 hm^2·次，应用面积在年度间差异较大，主要包括人工饲放天敌、微生物制剂治病和微生物制剂治虫技术，其中人工饲放天敌技术的运用范围最广，主要用于防治玉米螟，占生物防治总面积的81%，其次是微生物制剂治虫技术，占生物防治总面积的19%，而微生物制剂治病技术的应用范围最小，接近生物防治总面积的0%。虽然近几年来东北三省的玉米病害防治取得了明显效果，但过度依赖化学防治必将加剧3R问题，未来还应多推广绿色防控技术，尤其是在病害防治上推荐使用枯草芽胞杆菌、木霉菌和井冈霉素等生物农药，它们对包括大斑病在内的多种玉米病害均有稳定的防效。

---

* 基金项目：国家重点研发计划（2016YFD0300710-1）
** 第一作者：张鑫，硕士生；E-mail：zhang506@cau.edu.cn
*** 通信作者：杨普云，博士，推广研究员，主要从事农作物有害生物综合技术推广工作；E-mail：yangpy@agri.gov.cn
王 颖，副教授，主要从事植物病毒学研究；E-mail：yinwang@cau.edu.cn

Perillaldehyde increases the susceptibility of *Aspergillus flavus* to agricultural azoles following treatment with clinical azoles[*]

Liu Peiqing[**], Wang Rongbo, Li Benjin, Chen Qinghe[***], Weng Qiyong

(*Fujian Key Laboratory for Monitoring and Integrated Management of Crop Pests, Institute of Plant Protection, Fujian Academy of Agricultural Sciences, Fuzhou, China*)

Abstract: *Aspergillus flavus* is distributed throughout diverse environments and is a historically pathogenic fungi, causing severe aspergillus diseases upon infection following agricultural harvests. Currently, azole resistance has become an emerging concern for both plants and patients due to the continued improper and over use of agricultural and clinical azoles. The purpose of this study was to elucidate whether agricultural azoles can induce resistance to clinical azoles in *A. flavus* and if cross-resistance has developed. Additionally, we assessed the anti-fungal activity of Perillaldehyde (PAE, a safe, post-harvest fungicide) against such cross-resistance. In the present study, triazole fungicides and clinical triazole all inhibited mycelial growth and conidiation, and there was no obviously cross-resistance observed in the treated *A. flavus*. Moreover, PAE accelerated the susceptibility to the agricultural azoles following treatment with clinical azoles. PAE also caused significant changes in the mycelium morphology when the mycelium was co-treated with agricultural and clinical azoles. Macroscopic examination revealed that the pigmentation of treated mycelium changed from yellow to white, and there were fewer and smaller colonies. Microscopic observations revealed a complete absence of conidiation following PAE + TUB + caspofungin treatment. Furthermore, decreased expression of *mdr*1 and *Cyp*51*A* was observed following PAE exposure. Our results suggest that agricultural azoles do not evoke resistance to clinical azoles in *A. flavus*, and PAE accelerates the susceptibility of *A. flavu*s to agricultural azoles following treatment with clinical azoles. These findings may assist in the design of an efficient therapeutic strategy for *A. flavus*.

Key words: *Aspergillus flavus*; Azoles resistance; Perillaldehyde; Morphological changes

---

* 基金项目：福建省自然科学基金（2018J01043）；福建省属公益项目（2018R1024-3）

** 第一作者：刘裴清，博士，副研究员，作物病害综合防控研究；E-mail：liupeiqing11@163.com

*** 通信作者：陈庆河，博士，研究员，作物病害综合防控研究；E-mail：chenqh@faas.cn

11 种杀菌剂不同施药时期对瓜类疫病的防效*

蓝国兵[1,2]**，于　琳[1]，佘小漫[1]，汤亚飞[1]，邓铭光[1]，李正刚[1]，何自福[1,2]***
（1. 广东省农业科学院植物保护研究所，广州　510640；
2. 广东省植物保护新技术重点实验室，广州　510640）

摘　要：疫病是广东及华南地区瓜类生产上主要的病害之一，每年均造成严重损失。为明确目前生产上常用于防治瓜类疫病杀菌剂的防效和适宜施药时期，本研究采用离体黄瓜子叶接种黄瓜疫霉菌的方法，测定了在同一浓度下（100mg/kg）10%氟噻唑吡乙酮可分散油悬浮剂、23.4%双炔菌胺悬浮剂、100g/L 氰霜唑悬浮剂、50%烯酰吗啉可湿性粉剂、250g/L 嘧菌酯悬浮剂、20%氟吗啉可湿性粉剂、500g/L 氟啶胺悬浮剂、75%百菌清可湿性粉剂、72%甲霜灵原粉可湿性粉剂、722g/L 霜霉威盐酸盐水剂和 430g/L 代森锰锌悬浮剂等 11 种药剂对接种前 5d、3d 和 1d 施药的预防效果和接种后 1d 施药的治疗效果。结果显示，接种前 5d 施药，11 种药剂对黄瓜疫病的防效存在明显差异，为 35.9%~93.1%，其中 10%氟噻唑吡乙酮可分散油悬浮剂和 23.4%双炔菌胺悬浮剂的防效达 91.6%以上；接种前 3d 施药，11 种药剂的防效差异也较大，为 38.8%~97.2%，其中 10%氟噻唑吡乙酮可分散油悬浮剂、23.4%双炔菌胺悬浮剂、100g/L 氰霜唑悬浮剂、50%烯酰吗啉可湿性粉剂等 4 种药剂的平均防效达 87.7%以上；接种前 1d 施药，11 种药剂平均防效均在 83%以上；而接种后 1d 再治疗性施药，11 种药剂的防效均较差，平均防效为 4.8%~34.3%。这些结果表明，在田间瓜类疫病的化学防治中，为取得良好防效并减少农药使用量，每次用药均应在病菌侵入之前采用保护性施药，尽量避免在病菌侵入之后进行治疗性施药，优选药剂有 10%氟噻唑吡乙酮可分散油悬浮剂、23.4%双炔菌胺悬浮剂、100g/L 氰霜唑悬浮剂、50%烯酰吗啉可湿性粉剂等。

关键词：瓜类疫病；杀菌剂；防效

* 基金项目：广东省省级科技计划项目（2016B020201005，2014B020202004）；广东省农业科学院院长基金项目（201822）
** 第一作者：蓝国兵，助理研究员，硕士，植物病理学，主要从事蔬菜病害研究；E-mail：languo020@163.com
*** 通信作者：何自福，博士，研究员；E-mail：hezf@gdppri.com

两种 PGPR 菌剂对辣椒青枯病的生物防治效果*

胡春锦[1**]，农泽梅[1,2]，史国英[1]，叶雪莲[1]，曾 泉[1]
（1. 广西农业科学院微生物研究所，南宁 530007；2. 广西大学农学院，南宁 530005）

摘 要：辣椒青枯病是一种重要的细菌性土传病害，该病害的防治一直是个难题，化学防治或者抗病品种选育等尚无理想的防治效果。近年来，对辣椒青枯病的防治重点已逐渐转向以生物防治为主的综合防治。生物防治作为控制土传病害的措施，主要是通过引用外来土壤习居菌，从而调控植物的微生态环境，达到抑制植物病害的目标。因此，获得高效拮抗菌是生物防治的基础。植物根际促生长细菌（PGPR）是存在于植物根际的一类兼有促生和生防功效的根际自生细菌，利用 PGPR 进行生物防治的研究已经成为一个热点方向。作者在前期研究中，从广西特色作物木薯和甘蔗上的根际土壤中分离获得了大量 PGPR，通过菌株的功能评价和筛选，发现部分 PGPR 对植物细菌性青枯病菌具有良好的抑制作用，并从中选择了 4 个功能性互补且相互间无拮抗作用的菌株进行复配，制成了 2 个防治辣椒青枯病的生防菌剂：A11（菌株来源于木薯 PGPR）和 B11（菌株来源于甘蔗 PGPR）。本文对这两种 PGPR 菌剂进行了防治辣椒青枯病的小区试验，以确定菌剂的田间实际应用效果。辣椒种植在前茬作物为甘蔗的土壤中，起高垄种植，并于辣椒移栽前在垄内接种辣椒青枯病菌（*Ralstonia solanaeaurum*），以保证田间有一定的病原菌数量；PGPR 菌剂的使用方法：以终浓度为 2×10^{8} cfu/mL 的菌剂溶液进行灌根，每株 100mL，移栽初期连接种 2 次，间隔 7d；而后在辣椒开花初期田间出现零星发病时调查记录青枯病发病情况，并再次施等量相同浓度的菌剂进行防治处理，连续 3 次，每次间隔 10d，于最后一次处理 20d 后（辣椒结果后期）调查记录辣椒青枯病的发病情况。根据两次调查记录结果计算菌剂对辣椒青枯病的防治效果如下：A11 菌剂在辣椒开花初期以辣椒结果后期对青枯病的防治效果分别为 68.95%和 51.69%，而 B11 菌剂在两个不同时期的防治效果则分别达到 81.58%和 67.87%。

* 基金项目：国家自然科学基金（31660025）；广西科学基金（2016GXNSFBA380009）；广西农科院基本科研业务专项（2015YT76）

** 第一作者：胡春锦，研究员，博士，主要从事农业微生物研究；E-mail：chunjin-hu@126.com

烟草黑胫病生防芽胞杆菌的筛选及田间防效*

余　水[1**]，张　恒[2]，夏志林[3]，罗玉英[3]，丁海霞[4]，彭丽娟[1***]
（1. 贵州大学烟草学院，贵阳　550025；2. 黔西南州公司安龙县分公司，贵州　552400；
3. 贵州省烟草公司遵义市公司，遵义　563000；4. 贵州大学农学院，贵阳　550025）

摘　要： 烟草黑胫病（Tobacco black shank）是由烟草疫霉菌（*Phytophthora parasitica* var. *nicotianae*）引起的我国烟草生产中最具破坏性的土传病害之一，每年造成巨额经济损失。贵州省是我国烟草的主产区之一，该病严重发生影响烟农的经济收入。目前生产上主要采用药剂防治，已造成病原菌的抗药性逐年增加、农药残留及环境污染等负面效应。因此，生物防治将成为烟草病害防治研究的热点领域。使用芽胞杆菌（*Bacillus* spp.）进行植物病害防治是生物防治研究的热点之一。本研究在贵州生态区域和种植模式下，从贵州烟草种植区烟草黑胫病发生严重的地块，采集健康烟株的根际土壤，从中筛选拮抗烟草黑胫病菌的芽胞杆菌，并在大田进行小区防效试验。研究结果如下。

1　烟草黑胫病生防芽胞杆菌筛选

2017 年，从贵州湄潭、毕节、安龙和绥阳等地采集 48 份健康烟株根际土样，分离到 300 株芽胞杆菌，其中 57 株菌株对烟草黑胫病菌具有拮抗活性；通过平板对峙、生物膜的形成、运动能力测定等方法筛选获得拮抗效果明显的芽胞杆菌 3 株；通过形态学特征观察及 16S rRNA 序列测定，3 个菌株均为枯草芽胞杆菌（*Bacillus subtilis*），编号分别为 MT3-17、AL2-15 和 QX3-10。在平板对峙实验中，3 个菌株均可抑制烟草疫霉菌的菌丝生长，致使孢子囊畸形；抑菌圈大小分别为 3.7cm、3.4cm 和 3.5cm；此外，3 个菌株均能产生复杂的生物膜结构；也能表现良好的运动性，在琼脂含量为 0.8 %的 LB 半固体培养基上，30℃ 培养 12h 后，菌落直径分别为 6.5cm、5.2cm 和 5.5cm。

2　田间小区试验

将上述 3 个菌株采用 LB 液体培养基培养，浓度约为 3×10^{10}cfu/mL，施入大田中，在烟草移栽时开始施用，每隔 7d 施用 1 次，总计 4 次。在烟草旺长期进行的田间初步调查表明，MT3-17、AL2-15 和 QX3-10 处理的烟株发病率分别为 0、4%和 4%，空白对照（CK）处理发病率为 8%，药剂对照（精甲霜-恶霉灵）处理的为 4%。MT3-17、AL2-15 和 QX3-10 处理的烟株病情指数分别为 0、0.44 和 0.44，CK 的病情指数为 0.89，药剂对照处理的为 0.44。

综上所述，枯草芽胞杆菌（*B. subtilis*）MT3-17、AL2-15 和 QX3-10 是 3 株具开发潜力的生防菌。

关键词： 烟草黑胫病；枯草芽胞杆菌田间试验

---

* 基金项目：贵州省烟草公司黔西南州公司科技项目（JS-JL-11/D）；贵州省烟草公司遵义市公司科技项目（遵烟计〔2017〕8 号）

** 第一作者：余水，硕士研究生，作物栽培学；E-mail：393102944@qq.com

*** 通信作者：彭丽娟，教授，植物病理学；E-mail：296430006@qq.com

解淀粉芽胞杆菌 D2WM 对软腐病菌 HBEU-9 的抑菌机理研究

陈嘉敏，朱志强，傅本重，魏　蜜

（湖北工程学院，武汉）

摘　要：为明确生防菌 *Bacillus amyloliquefaciens* D2WM 对软腐病菌菊欧文氏菌 HBEU-9 的抑菌作用机理，通过添加不同浓度的生防菌正丁醇提取物与病原菌共培养，监测生防菌提取物对病原菌细胞壁降解酶系及菌体细胞代谢活性的影响，并进一步分离纯化粗提物，通过半制备高效液相色谱和液质联用技术分析鉴定拮抗物质的种类，结果表明，当粗提物浓度为 0.2%时病原菌 PG、PMG、Cx 活性均显著下降，而 β-葡萄糖苷酶活有所上升，可能是因为粗提物促进了病原菌中葡萄糖的代谢；经过生防菌的发酵液提取物处理后的病原菌，生物量比对照显著减少，细胞膜的通透性增大，可溶性蛋白含量和还原糖含量增加，可见粗提物可以破坏病原菌细胞膜结构，使内容物外泄，并影响病原物菌体内的代谢过程；粗提物抑菌物质鉴定结果表明，其抑菌活性物质为抗菌肽和聚酮类，为后续进一步结构确证和新药开发提供依据。

关键词：解淀粉芽胞杆菌 D2WM；欧文氏菌；软腐病；抑菌机理；抑菌物质

Study on the Antibacterial Mechanism of *Bacillus amyloliquefaciens* D2WM against the Pathogen *Erwinia chrysanthemi* HBEU-9

Abstract: In order to study the antibacterial mechanism of biocontrol bacteria *B. amyloliquefaciens* D2WM on soft rot disease which caused by *E. chrysanthemi* HBEU-9. Pathogenic bacteria *E. chrysanthemi* HBEU-9 was cultured by adding different concentrations of n-butanol extract from biocontrol bacteria. The effects of biocontrol bacteria extracts on cell wall degrading enzymes and metabolic activity of the pathogen *Erwinia chrysanthemi* HBEU-9 were analyzed. Further separation and purification of crude extract were also studied. Using Semipreparative High Performance Liquid Chromatography and LC-MS to identify the antagonist substances. The results indicated that when the crude extract concentration was 0.2%, the activity of PG, PMG and Cx decreased significantly. However, β-glucosidase activity increased, probably because crude extracts promoted glucose metabolism in the bacteria. After pathogenic bacteria treated with extracts from fermentation broth of biocontrol bacteria, the biomass decreased significantly compared with the control, the contents of soluble protein and reducing sugar are higher than the control and increasing of permeability of cell membrane. Therefore, crude extracts can destroy the cell membrane structure of pathogens and leakage of cytoplasm. It may be that *Bacillus amyloliquefaciens* D2WM extract affects the metabolism process of bacteria. It was suggested that the bacteriostatic substances were antimicrobial peptide and polyketones. This work provides a basis for further structure confirmation and new drug development.

Key words: *B. amyloliquefaciens* D2WM; *E. chrysanthemi* HBEU-9; Soft rot disease; Antibacterial mechanism; Bacteriostatic substances

Research progress on Litchi disease and their prevention and control*

Wang Song**, Mao Ziling, Shan Tijiang***

(*Guangdong Key Laboratory for Innovative Development and Utilization of Forest Plant Germplasm, College of Forestry and Landscape Architecture, South China Agricultural University, Guangzhou*510642, *China*)

Abstract: *Litchi chinensis* Sonn was one of the most important economic fruit trees in South China. With the large-scale planting and the growing number of cultivated varieties, litchi diseases were becoming more and more serious. Now 10 litchi diseases were reported at home and abroad, namely Litchi downy blight, Acidosis, Anthracnose, Ulcer disease, Leaf spot, Powdery mildew, Dark mildew, Broomstick disease, Felt disease and Algae spot disease, respectively. Litchi downy blight, Acidosis, Broomstick disease, and Felt disease caused by *Aceria litchi* (Keifer) were the main diseases, and the damages were also the most serious. Other diseases were mainly fungal diseases. Among them, Anthracnose, Leaf spot and Dark mildew mainly damaged to the leaves; Ulcer disease mainly caused damages on the trunk; Powdery mildew can cause damages on the leaves and fruits. Broomstick disease was a virus disease caused by LWBV and the transmission vectors were *Comegenapsylla sinica* (Linnaeus) and *Tessaratoma papillosa* Drury. Algae spot disease mainly had damages on the leaves and always occurred in the litchi garden with high humidity and poor management.

Chemical prevention and control were still the most important means for the diseases of litchi. However, the problems caused by chemical pesticides also became increasingly prominent, such as pesticide residues, food safety, reduced natural enemies, environmental pollution and increasing drug resistance. The prevention and control of litchi diseases was a comprehensive and persistent issue. Traditional chemical control no longer met the needs of today's society and development. For litchi diseases, prevention was the prerequisite, mainly depended on agricultural prevention, physical prevention and biological control, supplemented by chemical control. It was necessary for the growers to master the law of occurrence and development of diseases, to explore three-dimensional and ecological cultivation, and to use various control measures. In addition, the global climate was complex and changeable, and the occurrence and damages of the diseases were constantly changing. Litchi diseases should be forecasted and monitored to make losses minimized in the future.

Key words: Litchi; Disease; Prevention and control; Research progress

---

* 基金项目：广东省林业科技创新项目（2015KJCX043）

** 第一作者：王松，男，硕士研究生，研究方向：植物和微生物的次生代谢；E-mail：wangsong@ stu. scau. edu. cn

*** 通信作者：单体江，男，博士，讲师，研究方向：植物和微生物的次生代谢；E-mail：tjshan@ scau. edu. cn

Biological activity of pterostilbene against *Peronophythora litchii*, the litchi downy blight pathogen*

Xu Dandan[1,2**], Deng Yizhen[1], Xi Pinggen[1], Gao Lingwang[2***], Jiang Zide[1***]

(1. *Department of Plant Pathology*, *Guangdong Province Key Laboratory of Microbial Signals and Disease Control*, *South China Agricultural University*, *Guangzhou* 510642, *China*; 2. *College of Plant Protection*, *China Agricultural University*, *Beijing* 100193, *China*)

Abstract: *Peronophythora litchii*, the oomycete pathogen of litchi downy blight, infects leaves, flowers and fruits of litchi, leading to great economic loss during fruit riping, storage and transportation. Therefore, the new effective, environment-friendly fungicide (s) is urgently required. In this study, eight phenolic compounds which exhibited strong bioactivity on *Botrytis cinerea* were selected to test their effectiveness on the inhibition of *P. litchii*, which conducted by treating sporangia suspension with different tested phenolic compounds at the concentration of 10 and 50mg/L. Our results indicated that pterostilbene showed strongest antifungal activity on sporangia germination among all tested compounds, which substantially suppressed sporangia germination of *P. litchii*, with inhibition rate of 100% in the treatment of pterostilbene at 32mg/L, and its IC_{50} value on zoospore release was evaluated to be 6. 8mg/L. Then, Sytox green uptake assay and ultrastructure observation were used to explore to the action mechanism of pterostilbene on the inhibition of *P. litchii*, the results showed that pterostilbene significantly inhibit the mycelial growth and induced deleterious morphological modifications and ultrastructural alteration, including deformation and shrinking of mycelia and sporangia, the damage of cell wall, plasma membrane and organelles. Since fruit decay and peel browning caused by *P. litchii* during postharvest storage or transportation are two major factors affecting the commercial value of litchi fruit, and the effectiveness of pterostilbene on litchi downy blight control was assessed. Inoculation assay demonstrated pterostilbene application significantly reduced the decay of litchi fruit and leaf and peel browning caused by *P. litchii*, with the decay index reduction up to 48. 6% and peel browning of litchi reduced from 3. 5 to 1. 8 after treated with 1 600mg/L pterostilbene. Our research provides further proof that pterostilbene is a potential and better candidate agent for antifungal agrochemicals discovery on controlling litchi downy blight, and it will be interesting to explore further application of pterostilbene or other active compounds in the postharvest disease control of fruits and vegetables.

Key words: Litchi; postharvest rot; pterostilbene; antifungal activity; peel browning

---

* Funding: This work was supported by earmarked grants for China agriculture research system (CARS-33-11) and (CARS-29-bc)

** First author: Xu Dandan, Doctor, E-mail: happyxudandan@ 126. com

*** Corresponding authors: Gao Lingwang, Doctor, Associate Professor; E-mail: lwgao@ cau. edu. cn

Jiang Zide, Doctor, Professor; E-mail: zdjiang@ scau. edu. cn

灰葡萄孢对琥珀酸脱氢酶类抑制剂类杀菌剂抗药性的快速检测*

范　飞[1**]，林　杨[1]，李国庆[1,2]，罗朝喜[1,2***]

（1. 华中农业大学植物科技学院，武汉　430070；
2. 湖北省作物病害监测和安全控制重点实验室，武汉　430070）

摘　要：灰葡萄孢（*Botrytis cinerea*）是一种植物真菌病原菌，能侵染超过 200 种作物。目前，琥珀酸脱氢酶抑制剂类杀菌剂（SDHI）是灰葡萄孢防治中常用的一类杀菌剂。研究表明，此类杀菌剂的抗药性与琥珀酸脱氢酶 B 亚基（SdhB）的多种点突变有关。在众多点突变中，最为常见的是 SdhB 的第 272 位密码子由组氨酸突变为精氨酸（H272R）。

为快速检测灰葡萄孢对 SDHI 类杀菌剂的抗药性，本研究建立了一种基于环介导等温扩增技术（LAMP）的检测方法。此方法能够特异性扩增含有点突变 H272R 的 DNA 模板，但不能扩增野生型的 DNA 模板。在优化反应体系和条件之后，特异性检测表明，此方法只能特异性扩增灰葡萄孢的 DNA 模板，说明在灰葡萄孢相关近似种中具有很好的特异性。此外，研究表明该方法还具有很好的灵敏度和准确性。更重要的是，在本检测方法中，沸水处理的菌丝和孢子可以作为 DNA 模板直接用于 LAMP 的检测。这不仅简化了操作，提高了效率，而且降低了技术门槛。

鉴于其快速、简便、高效等特点，该 LAMP 技术是一种很有潜力的检测灰葡萄孢对 SDHI 类杀菌剂抗药性的方法。另外，由于其不需要复杂的仪器设备，此 LAMP 技术还将在田间和偏远地区灰葡萄孢对 SDHI 类杀菌剂的抗药性监测中发挥重要的作用。

关键词：灰葡萄孢；琥珀酸脱氢酶抑制剂；杀菌剂抗药性；环介导等温扩增；点突变

---

* 基金项目：公益性行业（农业）科研专项经费（201303025 和 201303023）

** 第一作者：范飞，男，博士研究生

*** 通信作者：罗朝喜，教授，主要从事病原真菌抗药性分子机理及稻曲病与水稻互作研究；E-mail：cxluo@ mail. hazu. edu. cn

Pseudomonas sp. strain Z0-J is a promising biocontrol agent on postharvest brown rot of apple*

Li Zhengpeng, Song Huwei, Gu Yi'an, Yang Wei, Luo Yuming
(*Jiangsu Key Laboratory for Eco-Agricultural Biotechnology around Hongze Lake*, *School of Life Science*, *Huaiyin Normal University*, *Huaian*, *China*)

Abstract: Apple brown rot, caused by *Monilinia fructicola*, results in a serious enormous loss during apple industry. More and more beneficial microorganisms are considered as potential biological agent. In this study, an endophytic *Pseudomonas* sp. strain Z0-J was identified and the biocontrol effects on postharvest brown rot of apple were evaluated under laboratory conditions as well. Based on the library of beneficial microbial resources, we screened and identified the endophytic *Pseudomonas* sp. strain Z0-J by colony characteristics, physiological and biochemical methods, 16S rDNA technology. Antagonistic experiment in dishes indicated that the treatment with fermentation broth (FB) (0-, 10-, 20-, and 50-fold dilutions) inhibited mycelial growth by more than 90%. Moreover, FB still retained a significant inhibitory activity (about 50%) even after a 500-fold dilution. The treatment also induced severe malformation and protoplasm releases compared with the normal hypha. Above all, FB significantly inhibited lesion expansion on apple in laboratory conditions. Moreover, *Pseudomonas* sp. strain Z0-J could stably colonize on the apple peel for 12 days. These results showed that *Pseudomonas* sp. strain Z0-J can be further developed as an effective biocontrol agent for postharvest brown rot of apple.

Key words: Postharvest diseases; Colonization; Microscopic observation; Endophytic bacteria

* Funding: This work was financially supported by the Jiangsu Provincial Natural Science Research Project (No. 17KJB210002)

解淀粉芽胞杆菌 Jt84 防治水稻稻瘟病机制初探*

张荣胜**，王法国，齐中强，杜　艳，刘永锋***
（江苏省农业科学院植物保护研究所，南京　210014）

摘　要：生防芽胞杆菌防治植物病害主要通过竞争营养与空间、产生具有抑菌和溶菌活性代谢产物、诱导植株产生系统抗病性等多方面协同作用，同时生防芽胞杆菌发挥作用的前提是在植株上有效定殖。我们研究室前期筛选获得一株解淀粉芽胞杆菌 Jt84，通过喷雾干燥法制备成干悬浮剂，田间试验表明该菌对水稻穗颈瘟具有良好的防治效果，防效为 79.2%，与化学药剂三环唑防效相当。为了明确其对稻瘟病的防治机制，本研究围绕解淀粉芽胞杆菌 Jt84 产生抗菌物质的种类和定殖规律开展相关工作，为深入研究解淀粉芽胞杆菌 Jt84 防治稻瘟病提供理论基础，同时为解淀粉芽胞杆菌 Jt84 的推广与应用提供技术支撑。通过 4 对特异性引物 PCR 检测生防菌 Jt84 中相关抗菌物质合成基因，表明解淀粉芽胞杆菌基因组中含有 *sfp*、*fenB*、*ituA* 或 *bamA*、*mycB* 基因。平板对峙试验结果也显示，解淀粉芽胞杆菌 Jt84 干悬浮剂提取的脂肽类物质对稻瘟病菌拮抗带宽为 9.8mm；利用液-质联用方法检测，发现干悬浮剂的甲醇萃取液中含有 surfactins、fengycins 和 iturins 三大类家簇脂肽类抗生素。前人研究表明，iturin 类抗菌物质在防治植物真菌病害中起着关键作用，我们构建了 *ituA* 和 *mycB* 双交换载体，经化学转化获得 *ituA*、*mycB* 敲除突变株，平板抑菌试验显示突变株对稻瘟病菌拮抗能力降低约 50%。生防菌 Jt84 定殖动态结果显示：在水稻三叶期时，喷施初始菌量为 5.5×10^{8}cfu/mL 的 JT84*gfp*^{rif} 在水稻叶片上；喷施后 2h 取样检测，叶片上的菌量为 4×10^{6} 个/cm^{2}，喷施后 7～11d，芽胞杆菌菌量维持稳定（回收菌量为 10^{4} 个/cm^{2} 左右），喷施后 30d 仍然可以回收到菌量为 22 个/cm^{2}，说明解淀粉芽胞杆菌 Jt84 能够有效定殖于水稻叶片上。建议田间使用解淀粉芽胞杆菌 Jt84 干悬浮剂防治稻瘟病时，药剂喷施后 10d 左右，再喷施一次生防菌确保对稻瘟病的有效防治。

* 基金项目：国家重点研发计划（2016YFD0300706）；江苏省自主创新资金项目 CX15（1054）

** 第一作者：张荣胜，男，江苏泗洪人，博士，副研究员，主要从事水稻病害生物防治及其应用技术研究；E-mail：r_szhang@163.com

*** 通信作者：刘永锋，研究员，主要从事植物病害致病机制及其防控技术研究；Tel：025-84391002，E-mail：liuyf@jaas.ac.cn

枯草芽胞杆菌 S-16 对核盘菌抑菌物质的分析及全基因组解析*

扈景晗**，王　东，王　祺，周洪友***

（内蒙古农业大学农学院，呼和浩特　010019）

摘　要：向日葵菌核病是由核盘菌［*Sclerotinia sclerotiorum*（Lib）de Bary.］侵染向日葵所引起的一种毁灭性病害。本研究以前期筛选出对向日葵菌核病具有显著抑制作用的枯草芽胞杆菌 S-16 为材料，对其抑菌物质的理化性质及不同培养条件下的抑菌活性等进行研究。利用质粒 pHV1249（包含 mini-Tn10）进行电击转化，已筛选枯草芽胞杆菌 S-16 的突变子，构建突变子库。同时，利用 *de novo* 测序，对枯草芽胞杆菌 S-16 全基因进行比较分析。

分别以葡萄糖和牛肉浸膏为碳、氮源时，最有利于菌株 S-16 抑菌物质的产生，并且其粗提物的抑菌活性最高；抑菌物质的热稳定性较高，对蛋白酶较为稳定，较耐酸不耐碱，紫外照射处理对于抑菌活性的影响不明显；初步推断枯草芽胞杆菌 S-16 的抑菌物质的主要成分为脂肽类物质。

使用转座子 mini-Tn10 诱变具有抑制核盘菌的枯草芽胞杆菌 S-16，构建了转座子插入突变体库，筛选到 3 株丧失抑菌能力的突变株，并初步判定了其转座子插入位点的基因；并筛选到 6 株丧失产生气体抑菌物质的突变子。

利用 *de novo* 测序，初步对枯草芽胞杆菌 S-16 进行结构及功能分析。S-16 全基因组序列总长度为 4.2Mb，GC 含量为 43.54%，共预测到 4 422个基因；其中 3 662个基因具有直系同源族（COG）分类，1 608个基因与代谢通路有关。30 个基因参与生物过程的负调控。2 个基因与氮利用有关；抗氧化活性相关的 12 个基因，与分子转导活性有关的 92 个基因，核酸结合转录因子活性相关基因 212 个，蛋白质结合转录因子活性相关基因 65 个，转运蛋白活性相关基因 260 个。比较基因组学研究发现，枯草芽胞杆菌 S-16 共线性比对覆盖长度为 3.91Mb，与模式菌株枯草芽胞杆菌菌株 168 的基因结构共线性较好。

关键词：枯草芽胞杆菌；核盘菌；抑制作用；突变子；*de novo* 测序

---

* 基金项目：国家自然科学基金项目（31260445）；国家重点研发计划（2017YFD0201101）

** 第一作者：扈景晗，硕士研究生；E-mail：1761640250@ qq. com

*** 通信作者：周洪友，博士，教授；E-mail：hongyouzhou2002@ aliyun. com

贺兰山东麓酿酒葡萄果实致腐病菌鉴定及生物防治技术研究*

王忠兴**，贾 倩，顾沛雯***
（宁夏大学农学院，银川 750021）

摘 要：贺兰山东麓地区是我国最佳酿酒葡萄生态区之一，至2013年已建成葡萄基地51万亩，葡萄酒年生产能力10万t。近年来，随着葡萄种植面积的扩大和种植年限的增加，因病害防治不力等造成产量下降问题突出。本文以贺兰山东麓葡萄转色-成熟期危害较重的致腐葡萄果实为研究对象，对葡萄病果进行组织分离、致病性检测及其室内抑菌高活性菌株筛选。结果表明；引起葡萄果实致腐性病害的病原菌为 *Rhizopus stolonifera*、*Penicillium expansum*、*Botrygis cinerea* 和 *Colletotnchum gloeosprioides*。BM-木霉对4株致腐菌株均有较好的抑菌活性，最高抑菌率为79.78%，）EC50值为1.38，YWZKDS4对4株致腐菌株的抑菌宽度均超过9.86mm，BM-木霉和YWZKDS4均具有广谱抗菌活性。田间药效试验表明，BM-木霉、YWZKDS4和阳性对照药剂戊唑醇均有较高的防效，并与其他药剂之间有显著性差异。

关键词：贺兰山东麓；酿酒葡萄；果实致腐病害；生物防治

* 基金项目：宁夏“十三五”重大科技项目——酿酒葡萄安全生产关键技术研究（2016BZ06）
** 第一作者：王忠兴，硕士研究生，主要从事园艺植物病理研究；E-mail：2672883906@ qq. com
*** 通信作者：顾沛雯，教授，主要从事植物病理学研究；E-mail：gupeiwen2013@ 126. com

山东省稻瘟病菌对稻瘟灵的敏感性研究*

杨　军**，朱其松，陈　峰，陈博聪，马　惠***
（山东省水稻研究所，济南　250100）

摘　要：为了明确山东省稻瘟病菌对稻瘟灵的敏感性，利用菌丝生长速率法，对 2017 年收集分离的 44 个稻瘟病菌单孢菌株进行了稻瘟灵的敏感性研究。试验结果表明：稻瘟灵对山东省稻瘟病菌的抑制中浓度 EC_{50}值为 0. 96～62. 39μg/mL，敏感性差异达 65 倍；各地区平均 EC_{50}为 2. 35～9. 75μg/mL，敏感性差异达 4. 15 倍。全省敏感菌株出现频率为 54. 55%，低抗菌株出现频率为 36. 36%，中抗菌株出现频率为 6. 82%，高抗菌株出现频率为 2. 27%；稻瘟灵仍可作为山东省防治水稻稻瘟病的有效药剂。这些研究结果为科学指导使用稻瘟灵防治稻瘟病提供了依据。

关键词：山东省；稻瘟病菌；稻瘟灵；敏感性

---

* 基金项目：山东省农业重大应用技术创新项目（鲁财农指〔2017〕6 号 SF1405303301）；山东省重点研发计划项目（2017GNC11111）

** 第一作者：杨军，男，硕士，助理实习员，主要从事植物病理学等研究；E-mail：yangjuncol@ 163. com

*** 通信作者：马惠，女，硕士，副研究员，主要从事植物保护研究；E-mail：mahui8. 18@ 163. com

生防链霉菌的筛选及抗真菌活性代谢产物的分离、纯化*

司洪阳**，吴元华***
（沈阳农业大学植物保护学院，沈阳　110866）

摘　要：从全国各地采集的30份土样中共分离得到链霉菌菌株200余株，通过筛选，得到一株抗真菌效果较好的，来自辽宁省丹东市的菌株BD01。该菌株在高氏一号培养基上生长良好，基丝无横隔，气生菌丝长而纤细，末端略微弯，孢子丝呈链状，孢子呈球形或卵圆形，表面光滑，同时结合化学分类研究和分子分类研究，将其鉴定为杀真菌链霉菌（*Streptpmyces fungicidicus*）。BD01菌株抑菌谱较广，对烟草赤星病菌（*Alternaria alternata*）、水稻恶苗病菌（*Gibberella fujikuroi*）、辣椒根腐病菌（*Fusarium solani*）、辣椒炭疽病菌等十余种常见的真菌病害均有抑制作用，其中，该菌株对烟草赤星病菌（*Alternaria alternata*）抑制效果最好。因此，选用烟草赤星病菌（*Alternaria alternata*）为靶标病原菌，从BD01菌株发酵液中分离抗真菌活性物质。每升发酵培养基中包含可溶性淀粉4.7%、花生饼粉2.2%、酵母粉0.3%、硫酸铵0.27%、碳酸钙0.27%、氯化钠0.27%。采用5L玻璃发酵罐（型号：BL-5GJ）共发酵20L发酵液，经过离心，滤膜过滤，去除培养基成分及大量菌丝体，获得17L澄清发酵液。采用XAD-16大孔吸附树脂吸附活性物质、甲醇浸泡树脂、并用二氯甲烷萃取，得到3.125g深棕色有刺激性气味的粗提物浸膏。对粗提物进行一级硅胶柱层析，分别选用二氯甲烷：甲醇=100：0、100：2、100：4、100：8、100：16为洗脱剂进行梯度洗脱，分管收集，每管收集50mL，浓缩之后进行薄层层析检测，最终共分离得到4个组分，A_1-A_4。通过活性检测发现，这4个组分均对烟草赤星病菌（*Alternaria alternata*）有抑制作用，选出活性较好的A_1组分进行二级硅胶柱层析，选用石油醚：乙酸乙酯=100：2为洗脱剂进行洗脱，分管收集，每管收集30mL，浓缩之后同样进行薄层层析检测，获得了1个化合物。选取乙腈：水=30：70为流动相，进样量20μL，流速为1ml/min，对该物质进行高效液相检测，在第17.059min时出现了单一峰，有且只有这一个峰，因此判定该物质纯度可达99%。具体的物质结构及分子式我们正在进行进一步的红外，质谱，核磁共振，旋光测定分析。

关键词：链霉菌；生物防治；代谢产物；分离纯化

---

* 基金项目：微生物源代谢产物杀菌剂的研制与示范（2017YFD0201104）
** 第一作者：司洪阳，硕士研究生，主要从事生物防治研究；E-mail：shyyang666 @ foxmail. com
*** 通信作者：吴元华，教授，博士生导师，主要从事植物病毒学和生物农药方向研究；E-mail：wuyh7799@ 163. com

生测法高效筛选烟草青枯病生防菌*

卢灿华**，夏振远***

（云南省烟草农业科学研究院，昆明 650021）

摘 要：烟草青枯病是由茄科雷尔氏菌（*Ralstonia solanacearum*）侵染引起的维管束病害。该病原菌最早被 Smith（1896）命名为 *Bacillus solanacearum*，1996 年由 IJSB 正式更名为茄科雷尔氏菌（*R. solanacearum* E. F. Smith）（曾用名 *Pseudomonas solanacearum* Smith 或 *Burkholderia solanacearum*）。青枯病是热带、亚热带和一些温带地区常见的植物细菌病害之一，1880 年首先发现于美国北卡罗来纳州格兰维尔（Granville），也称作“Granvillewilt”，而后在印度尼西亚、日本、澳大利亚和韩国等逐渐演变为烟草上的重要病害。该病害在我国长江流域及其以南各大烟区普遍发生，其中广西、广东、福建、湖南、浙江、安徽、四川及贵州等省危害严重。云南省早在 1987 年就有烟草青枯病的报道，但危害较轻。2002 年以来，云南省南部旱地烟区烟草青枯病危害逐渐加重，局部地块发病率达到 80%以上。目前，在云南省的文山、保山、临沧、红河、昆明、玉溪、曲靖、昭通、大理、丽江和楚雄等地均有发生危害的报道，其中文山、保山和临沧地区发病较为严重。因此，必须加强该病的防控研究。烟草青枯病的防治方法主要有抗病品种的利用、化学农药防治、栽培措施和生物防治等。其中，生物防治由于其对环境、生态和人畜的安全性而受到了国内外研究者的广泛关注，是烟草青枯病绿色防控的理想措施之一。目前已报道的烟草青枯病生防菌主要是通过高温加热法筛选获得的芽胞杆菌，还有少量的荧光假单胞菌，生防资源范围较为狭窄。烟草青枯病生防菌的分离多以营养丰富的 LB、NA 培养基为主，初筛主要依据平板拮抗表型，这些方法不能有效筛选具有促进生长、诱导植物抗病、营养竞争、生态位竞争能力的生防菌。本研究针对上述不足，将土壤细菌分离的培养基改进为寡营养的 CN 培养基（0.1%酪蛋白氨基酸、0.1%营养肉汤和 1.5%琼脂），并采用温室生物测定法评价细菌防病效果。在温室内建立高效筛选生防菌的生物测定体系：用 8×14 规格的漂浮盘漂浮培育感病品种“红大”，种子发芽 7d 后施用适当烟草专用型复合肥，4～5 周创伤处理烟苗根系，用带筛选菌（10^8cfu/mL）预处理烟苗，以培养基处理为对照，2d 后挑战接种烟草青枯病菌（10^8cfu/mL），待对照完全发病后（20d）调查细菌预处理对病害发生的影响，筛选有减缓病害发生的生防菌。运用上述生测筛选体系，已从 2 500多株细菌中初筛选出 80 株具有防治烟草青枯病的潜在生防菌，为后续田间试验和生防菌防病机理的研究提供了材料。

关键词：烟草青枯病；生物防治；生防菌分离；生物测定

---

* 基金项目：中国烟草总公司云南省公司科技计划重点项目（2018530000241006）

** 第一作者：卢灿华，男，云南洱源人，助理研究员，从事植物病原细菌相关分子生物学与生物化学研究；E-mail：lucanhua1985@163.com

*** 通信作者：夏振远，研究员，主要从事烟草病虫害绿色防控研究；E-mail：648778650@qq.com

In vitro and *in vivo* effectiveness of phenolic compounds for the control of postharvest gray mold of table grapes*

Xu Dandan[1,2**], Deng Yizhen[2], Xi Pinggen[2],
Wang Qi[1], Jiang Zide[2***], Gao Lingwang[1***]
(1. *College of Plant Protection, China Agricultural University, Beijing* 100193, *China*;
2. *Department of Plant Pathology, Guangdong Province Key Laboratory of Microbial Signals and Disease Control, South China Agricultural University, Guangzhou* 510642, *China*)

Abstract: *Botrytis cinerea* is the pathogen of gray mold disease leads to huge postharvest losses and is considered as the main postharvest decay of table grapes (*Vitis vinifera*). In consideration of the hazardous effect of SO_2 application on human health and environment, alternatives to SO_2 are urgently required. As the natural antimicrobial metabolites, phenolic compounds were reported to be effective in the inhibition of phytopathogenic fungi, including the postharvest decay agents. However, comprehensive study on the biological activity of phenolic compounds and their application on controlling postharvest gray mold of table grapes is lacking. In this study, the antifungal effect of 18 natural or synthetic phenolic compounds purchased from commercial suppliers, including simple phenolic, phenolic acids, stilbenes and flavonoids, were determined on four gray mold strains by the agar dilution assay. Overall, seven phenolic compounds (naringenin, coumarin, resveratrol, ferulic acid, catechol, piceatannol and pterostilbene) were effective on inhibiting *B. cinerea* growth and were selected to test their activity on conidial germination as well as in vivo application on grape berries. Pterostilbene showed the highest antifungal activity and greatly reduced the growth of the mycelia, caused hyphae deformation, suppressed conidial germination of *B. cinerea*, and completely inhibited the germination of conidia at the concentration of 50mg/L. Furthermore, treatment of grape berries with pterostilbene and piceatannol significantly reduced the disease incidence and severity. Our results demonstrate the antifungal activity of phenolic compounds and highlight the great potential of natural compounds to be used as alternative strategy to traditional fungicides in the control of postharvest gray mold of table grapes.

Key words: Antifungal activity; Piceatannol; Postharvest decay; Pterostilbene

---

* Funding: This work was supported by earmarked grants for China agriculture research system (CARS-29-bc) and (CARS-33-11)

** First author: Xu Dandan, Doctor, E-mail: happyxudandan@126.com

*** Corresponding authors: Gao Lingwang, Doctor, Associate Professor; E-mail: lwgao@cau.edu.cn
Jiang Zide, Doctor, Professor; E-mail: zdjiang@scau.edu.cn

枯草芽胞杆菌 9407*pnpA* 调控生物膜形成及其生防作用的研究

顾小飞*，韩　敏，范海燕，李　燕，王　琦**
（中国农业大学植物保护学院，北京　100193）

摘　要：枯草芽胞杆菌 9407 是一株从苹果植株中分离到的生防菌，对苹果轮纹病和甜瓜果斑病具有良好的防治效果。通过对已构建的枯草芽胞杆菌 9407 Tn*YLB*-1 转座子突变体库的筛选，我们获得一株生物膜形成能力显著下降的突变体。经 Southern 杂交验证该突变体为 Tn*YLB*-1 单拷贝插入菌株。反向 PCR 验证 Tn*YLB*-1 插入到 *pnpA* 基因 ORF 区。该基因编码多核苷酸磷酸化酶（PNPase），该酶具有 3′-5′核糖核酸外切酶活性，参与 RNA 的降解。*pnpA* 缺失菌株 swarming、生物膜形成能力均下降，对甜瓜果斑病菌的拮抗能力下降。β-半乳糖苷酶活性检测实验显示，*pnpA* 能够影响生物膜基质胞外多糖 *eps* 基因、胞外蛋白 *tasA* 基因的表达；不影响 *abrB*、*sinI*、*sinR* 的表达，互补实验发现 *abrB*、*sinI*、*sinR* 互补菌株生物膜形成能力没有恢复；影响 *spoOA* 的表达，但互补 *spoOA* 生物膜形成能力并没有恢复，说明 *spoOA* 并不是 *pnpA* 调控生物膜形成的主要途径。目前，我们正在通过构建 *pnpA* 缺失菌株的 Tn*YLB*-1 突变体库，通过报告系统寻找受 *pnpA* 调控的下游基因，以解析 *pnpA* 调控生物膜形成的机制；同时，检测 *pnpA* 缺失菌株在甜瓜根和叶中的定殖情况以及对甜瓜果斑病菌的生物防治效果，从而进一步阐明 *pnpA* 在生防中发挥的作用。

关键词：枯草芽胞杆菌；*pnpA*；生物膜；定殖；生物防治

* 第一作者：顾小飞，博士研究生，植物病理学；E-mail：gxfmail2013@ 163. com
** 通信作者：王琦，教授，主要从事植物病害生物防治与微生态研究；E-mail：wangqi@ cau. edu. cn

gidA 对枯草芽胞杆菌 9407 生物膜形成及定殖的影响

韩　敏*，顾小飞，范海燕，李　燕，王　琦**
（中国农业大学植物保护学院，北京　100193）

摘　要：枯草芽胞杆菌（*Bacillus subtilis*）9407 是本实验室从苹果植株上筛选获得的、对苹果轮纹病、甜瓜细菌性果斑病等有良好防效的有益菌株。生防菌发挥生防作用的重要前提是在寄主植物上具有良好的定殖能力，而定殖能力与其生物膜形成能力、运动能力等密切相关。本实验室前期研究发现，当转座子 Tn*YLB*-1 插入 *B. subtilis* 9407 的 *gidA* 后，插入突变体的薄皮型生物膜形成能力发生显著变化。GidA（glucose inhibited division A）是一种 tRNA 修饰酶，在原核和真核生物中具有极高的保守性，它能催化 tRNA-U_{34}-C_5 上氨甲基羧甲基基团（CMNM）的合成，从而促使反密码子第一位是 A 或 G 的 tRNA 与 mRNA 上的密码子正确配对，减少碱基配对的摇摆现象对翻译造成的影响。目前尚未见 *gidA* 生物膜形成及定殖相关的研究报道。

本研究对 *gidA* 的缺失突变体、功能互补菌株和 *B. subtilis* 9407 进行了生物膜形成能力和运动能力检测，发现 Δ*gidA* 生物膜形成能力与野生型相比增强，运动能力减弱，功能互补菌株与野生型无显著差异。对西瓜嗜酸菌 *Acidophilus citrulli* MH21 平板拮抗结果显示，Δ*gidA* 在平板上对 *A. citrulli* MH21 不产生抑菌带，而功能互补菌株的抑菌带宽与野生型菌株无显著差异。目前，野生型、缺失突变体和功能互补菌株在甜瓜植株上的定殖能力检测和对甜瓜细菌性果斑病的生防效果检测试验正在进行。本研究将明确 *gidA* 对 *B. subtilis* 9407 生物膜形成和定殖的影响，进一步发掘该菌株的生防机制。

关键词：*gidA*；枯草芽胞杆菌；生物膜；定殖

---

* 第一作者：韩敏，硕士研究生，中国农业大学植物病理学系；E-mail：hmggseohyun@163.com
** 通信作者：王琦，教授，主要从事植物病害生物防治与微生态方面研究；E-mail：wangqi@cau.edu.cn

岗松精油对植物病原菌的抑制效果研究

暴晓凯[*]，李迎宾，张治萍，蒋　娜，李健强，罗来鑫[**]
（中国农业大学植物保护学院/种子病害检验与防控北京市重点实验室，北京　100193）

摘　要： 植物精油是通过特定方法从植物体内提取的一类由多种物质组成的天然化合物，多种植物精油具有抗菌活性，其应用开发研究成为有害生物防控的热点。岗松（*Baeckea frutescen*）是桃金娘科（Myrtaceae）岗松属（*Baeckea*）植物，广泛分布于东南亚部分国家和我国南方等地，是传统的药用、香料植物。岗松精油从岗松带花果的枝叶中蒸馏制备，近年来在医药卫生、轻化工等领域得到广泛应用，但对于作物生产中常见植物病原微生物抑制活性的相关研究鲜有报道。

本研究采用平板熏蒸法测定了有效含量为 99% 的岗松精油对 21 株植物病原真菌、3 株植物病原卵菌和 6 株植物病原细菌的毒力作用。结果表明，岗松精油对 13 株植物病原真菌及 3 株卵菌的菌丝生长均具有一定抑制作用，其中，水稻纹枯病菌（*Rhizoctonia solani*）、小麦纹枯病菌（*Rhizoctonia cerealis*）及终极腐霉（*Pythium aphanidermatum*）对岗松精油较为敏感，其 EC_{50} 分别为 18. 15μg/mL、37. 42μg/mL、76. 37μg/mL，柑橘青霉病菌（*Penicillium italicum*）、玉米小斑病菌（*Fusarium moniliforme*）及西瓜蔓枯病菌（*Mycosphaerlla melonis*）对其敏感性较差，其 EC_{50} 分别为 811. 12μg/mL、824. 12μg/mL、995. 57μg/mL，而岗松精油对核桃溃疡病菌（*Dothiorella gregaria*）、黄瓜靶斑病菌（*Corynespora cassiicola*）及苹果斑点落叶病菌（*Alternaria mali*）等 8 株植物病原真菌几乎无抑制作用。岗松精油对供试 8 株植物病原真菌及 1 株卵菌的孢子萌发具有一定的抑制活性，其中，木瓜根霉病菌（*Rhizopus stolonifer*）表现最为敏感，其 EC_{50} 仅为 21. 01μg/mL，柑橘青霉病菌（*Penicillium italicum*）对其敏感性最差，其 EC_{50} 为 298. 56μg/mL。相比之下，岗松精油对供试菌株的孢子萌发抑制效果优于菌丝生长。岗松精油对供试 6 株植物病原细菌具有较强的抑菌活性，具体表现：滴加有岗松精油药剂的滤纸片周围出现清晰可见的抑菌圈，在岗松精油处理后各靶标菌生长曲线发生明显变化，表现为延滞期增长、对数生长期延迟、稳定期生物量降低等。其中，番茄溃疡病菌（*Clavibacter michiganensis* subsp. *michiganensis*）对岗松精油最为敏感，其余 5 株病原细菌对其敏感性则相对较差。

研究表明，岗松精油是一种效果优异的广谱型抑菌活性物质，在试验设置的不与病原菌进行直接接触的熏蒸条件下，能够有效抑制多种植物病原真菌及卵菌的菌丝生长、孢子萌发以及细菌的菌落生长。

关键词： 岗松；植物精油；农用抑菌活性

---

* 第一作者：暴晓凯，硕士研究生，主要从事种子病理学和作物病害防治研究；E-mail：baoxk2016@ cau. edu. cn
** 通信作者：罗来鑫，博士，博士生导师，主要从事种子病理及杀菌剂药理学研究；E-mail：luolaixin@ cau. edu. cn

棘孢木霉诱导番茄抗灰霉病菌的 miRNA 的筛选与鉴定*

崔　佳[1**]，刘　震[2]，曲建楠[1]，陈　迪[2]，缪卫国[1]，左豫虎[1***]，刘　铜[2***]
（1. 黑龙江八一农垦大学，大庆　163319；2. 海南大学热带农林学院，海口　570228）

摘　要：木霉菌（*Trichoderma* spp.）是一种重要的生防菌，在促进植物生长、提高植物抗病性方面具有重要作用。microRNA（miRNA）是一类结构相当保守、长度约为 21 个核苷酸的内源单链非编码 RNA，在动物和植物的生长发育及逆境应答过程中发挥重要的调控作用。本研究通过棘孢木霉处理番茄根系发现可以明显提高番茄对灰霉病的抗病性，采用定量 PCR 技术检测不同互作时间番茄根和叶中的 Lox1、ETR1、CTR1 和 Pal1（JA/ET 途径的标志性基因）表达水平，发现棘孢木霉与番茄互作 24h 和 48h 后，4 个基因表达明显升高，这结果表明棘孢木霉与番茄根系互作可能通过 JA/ET 途径诱导了植物的抗病性。为了探索棘孢木霉是否涉及诱导抗病性，实验采集与番茄根系互作不同时间的棘孢木霉，采用高通量测序技术对其进行小 RNA 测序，将测序得到的小 RNA 比对到 GenBank、Rfam（11.0）、miRBase20 等数据库进行分类注释，同时将 sRNA 序列比对到棘孢木霉基因组序列，对 miRNA 和其相应的靶基因进行预测。结果获得 126 个已知 miRNA，27 个全新的 milRNA，预测的靶基因主要涉及生物生长发育、细胞分化、糖代谢等方面。通过生物信息学技术，结合 stem-loop RT-PCR 及 Northern blot 技术筛选到可能与诱导抗病相关的 miRNA 5 个。笔者将进一步对其相关的 miRNA 开展功能鉴定，结果将有助于棘孢木霉 miRNA 在诱导番茄抗灰霉病中的调控功能研究。

关键词：棘孢木霉；JA/ET；miRNA；高通量测序

---

* 基金项目：海南大学高层次人才引进科研启动基金“木霉菌的开发与应用”
** 第一作者：崔佳，硕士，主要从事分子植物病理学；E-mail：conjurejia@163.com
*** 通信作者：左豫虎，教授，博士生导师，主要从事植物病理学研究；E-mail：zyhu@163.com
刘铜，教授，博士生导师，主要从事植物病理学和生物防治研究；E-mail：liutongamy@sina.com

Enrichment of beneficial and suppression of pathogenic microorganisms in response to the addition of *Sclerotinia sclerotiorum* sclerotia in soil and its effect on microbial diversity*

Mirza Abid Mehmood[1,2**], Xie Jiatao[1,2], Cheng Jiasen[1,2], Fu Yanping[2], Jiang Daohong[1,2***]

(1. *The State Key Laboratory of Agriculture Microbiology*, *Huazhong Agricultural University*, *Wuhan* 430070, *China*; 2. *The Key Laboratory of Plant Pathology of Hubei Province*, *Huazhong Agricultural University*, *Wuhan* 430070, *China*)

Abstract: Soil microbiome plays an imperative role due to their multifunctional activities including suppression of soil-borne pathogens. *Sclerotinia sclerotiorum* is a notorious soil-borne pathogen of various important crops and produce sclerotia to survive within soil for long time. It is enriched in carbohydrates, fats, proteins and chitin which can be utilized by microbes to obtain nutrients required for their optimum growth. Keeping in view the sclerotia as a nutritional source for microbes, we hypothesized that sclerotia in soil may affect the microbial diversity directly or/and indirectly. In this study, we incubated sclerotia of *S. sclerotiorum* in soil collected from field to observe shift-in microbial diversity across three months using 16S rRNA and ITS sequencing technique. We observed surprising shift-in microbial diversity with non-amended soil having more diverse microbes than sclerotia-amended soil samples. Alpha diversity indices confirmed the decline in diversity of sclerotia-amended soil samples of bacterial and fungal communities with the exception of 3rd month in fungal community where more diverse community was observed in sclerotia-amended soil samples compared to the non-amended control. Sclerotia-amended soil activated the antagonists and plant growth promoting microbes whereas, several plant-pathogenic fungi depicted decline in their abundances with the passage of time. Precisely, bacteria with potential role in plant growth promotion showed enhanced abundance in sclerotia-amended soils, such as *Burkholderia*, *Chitinophaga* and *Dyella* etc. Moreover, fungal diversity exhibited enrichment of fungi with reported antagonistic activities such as, *Clonostachys*, *Trichoderma* and *Talaromyces* etc. On the contrary, we observed a drastic decline in abundance of numerous notorious plant-pathogenic fungi such as, *Alternaria alternata*, *Botrytis cinerea*, *Fusarium graminearum*, *F. merismoides*, *F. oxypsorum*, *F. verticilloides* and *Sclerotiumrolfsii* etc. in sclerotia-amended soil samples. Thus, we conclude that sclerotia-amended soil could reduce the soil microbial diversity resulting in enrichment of beneficial microbes and suppression of plant pathogens. So far as we know, it is the first time we found a plant pathogen that could significantly suppress other pathogens in soil.

Key words: Enrichment; Suppression; Microbiome; *Sclerotinia sclerotiorum*; Sclerotia; 16S rRNA; ITS

---

* Funding: This research was funded by the National Key Project of Research and Development Plan (Grant No. 2017YFD0200602) and the earmarked fund for China Agriculture Research System [Grant No. CARS-13].

** First author: Mirza Abid Mehmood, PhD candidate, major in Molecular Plant Pathology; E-mail: mirzaabidpp@ gmail. com

*** Corresponding author: Dr. Jiang Daohong, professor; E-mail: daohongjiang@ mail. hzau. edu. cn

本氏烟草 RNAi 途径中与病毒防御相关的基因功能的研究

刁鹏飞，哈　达*

（内蒙古大学生命科学学院，呼和浩特　010000）

摘　要：RNA 干扰（RNA interference，RNAi）是一种由双链 RNA（dsRNA）诱发的一种基因沉默现象。在拟南芥中，RNAi 诱导的与病毒防御相关的基因沉默通路的核心元件主要由 *AGO*、*DCL*、*DRB*、*RDR*、*SGS* 等家族基因编码，并且相关研究已阐述的比较清楚，而在本氏烟草中，这种防御通路的固有元件未有详细报道。本研究参考了拟南芥中 RNAi 病毒防御通路中的相关元件，通过构建过表达载体瞬时表达、amiR 干扰载体抑制表达、RT-PCR、Northern Blot 等方法拟验证这些元件在本氏烟草中的相关功能。研究表明本氏烟草 *AGO2* 基因的表达量与烟草花叶病毒（TMV）的增殖量有着很强的正相关性，同时在此过程中也会诱发内源水杨酸（SA）含量的积累。

关键词：RNAi；本氏烟草；*AGO2*；TMV；SA

* 通信作者：哈达，教授，主要从事植物基因工程与植物分子生物学研究；E-mail：nmhadawu77@ imu. edu. cn

A model bacterial community of maize roots*

Niu Ben[1,2**], Joseph Paulson[3,4], Zheng Xiaoqi[3,5],
Wang Pengchao[1], Yuan Zhibo[1], Roberto Kolter[2]

(1. *Discipline of Forest Biological Engineering, College of Life Science, Northeast Forestry University, Harbin, China*; 2. *Department of Microbiology and Immunobiology, Harvard Medical School, Boston, Massachusetts, USA*; 3. *Department of Biostatistics and Computational Biology, Dana-Farber Cancer Institute, Boston, Massachusetts, USA*; 4. *Department of Biostatistics, Harvard T. H. Chan School of Public Health, Boston, Massachusetts, USA*; 5. *Department of Mathematics, Shanghai Normal University, Shanghai, China*)

Abstract: Plant-associated microbes are crucial for the health of their hosts. However, the high complexity of plant microbiomes challenges detailed studies to define experimentally the mechanisms underlying the beneficial effects of such microbiota on plant hosts and the dynamics of community assembly. Using host-mediated selection, we obtained a greatly simplified synthetic bacterial community consisting of seven strains (*Enterobacter cloacae*, *Stenotrophomonas maltophilia*, *Ochrobactrum pituitosum*, *Herbaspirillum frisingense*, *Pseudomonas putida*, *Curtobacterium pusillum* and *Chryseobacterium indologenes*) representing three of the four most dominant phyla found in maize roots. *In planta* and *in vitro*, this model community inhibited the phytopathogenic fungus *Fusarium verticillioides* indicating a clear benefit to the host. By utilizing a selective culture-dependent method to track the abundance of each strain we investigated the role that each plays in community assembly on roots of axenic maize seedlings. Only the removal of *E. cloacae* led to the complete loss of the community and *C. pusillum* took over. This suggests that *E. cloacae* plays the role of keystone species in this model ecosystem. Thus, our synthetic seven-species community has the potential to serve as a useful system to dissect the beneficial effects of root microbiota on hosts and explore how bacterial interspecies interactions affect root microbiome assembly under laboratory conditions in future.

Key words: Maize; Synthetic community; Community assembly; Biological control

* Funding: NIH Grant No. GM58213 (to R. K.), Start-up Scientific Foundation of Northeast Forestry University No. JQ2017-02 (to B. N.) and Fundamental Research Funds for the Central Universities No. 2572018BD05 (to B. N.)

** Corresponding author: Niu Ben; E-mail: ben_niu@ nefu. edu. cn

稻瘟病菌对稻瘟灵的抗性分子机理研究*

王佐乾[1]**，林　杨[1,2]，阴伟晓[1,2]，尹良芬[1,2]，罗朝喜[1,2]***
（1. 华中农业大学植物科技学院，武汉　430070；
2. 湖北省作物病害监测和安全控制重点实验室，武汉　430070）

摘　要：稻瘟病是由子囊菌门真菌 *Magnaporthe oryzae* 引起的一种世界性病害。稻瘟灵（isoprothiolane，IPT）于20世纪70年代开发并成功用于稻瘟病的控制。该药剂是一种系统性杀菌剂，能够抑制稻瘟病菌菌丝生长以及侵染钉的形成。稻瘟灵一直以来被认为与异稻瘟净（iprobenfos，IBP）类似，是稻瘟病菌磷脂酰胆碱合成转甲基酶的抑制剂。然而稻瘟灵对稻瘟病菌抑制的作用机理以及其作用靶标蛋白始终没有被确证。

本研究通过基因组重测序，对稻瘟灵抗性突变体菌株变异位点进行检测。以亲本敏感型菌株基因组为参考序列，使用 Genome Analysis Toolkit 对抗药性突变体重测序数据进行变异位点检测。经过对变异位点的分析以及筛选，发现在抗药性突变体有一个变异位点位于编码假定蛋白的基因中。经过 Sanger 测序，在突变体 1a_mut、1c_mut 和 6c_mut 分别存在点突变和 16bp 的插入突变，并且都位于编码蛋白特定结构域的区域。通过基因敲除确认了其与稻瘟灵抗性的相关性，所以将此基因命名为 MoIRR（*Magnaporthe oryzae* isoprothiolane resistance related）基因。抗药性突变体以及 MoIRR 敲除菌株在生长速率、分生孢子形成、分生孢子萌发以及致病性与敏感型菌株没有显著差异，表明 MoIRR 缺陷对于稻瘟病菌适合度没有影响。同时抗药性突变体以及 MoIRR 敲除菌株没有表现出对稻瘟灵、异稻瘟净以外的杀菌剂的抗性。

关键词：稻瘟病菌；稻瘟灵；杀菌剂抗性；基因组重测序

---

* 基金项目：国家重点研发计划项目（2016YFD0300700）；华中农业大学基础研究支持项目（2662015PY195）

** 第一作者：王佐乾，男，博士研究生
*** 通信作者：罗朝喜，教授，主要从事病原真菌抗药性分子机理及稻曲病与水稻互作研究；E-mail：cxluo@mail. hazu. edu. cn

柑橘木虱应对球孢白僵菌侵染的免疫应答转录组分析*

宋晓兵[1,2**]，彭埃天[1***]，凌金锋[1]，崔一平[1]，程保平[1]，张炼辉[2]

（1. 广东省农业科学院植物保护研究所/广东省植物保护新技术重点实验室，广州　510640；
2. 华南农业大学农学院/广东省微生物信号与作物病害防控重点实验室，广州　510640）

摘　要：筛选柑橘木虱应对球孢白僵菌侵染的免疫应答及其网络调控基因，以进一步探讨柑橘木虱对球孢白僵菌的免疫防御机制。采用 Illumina 高通量测序平台对感染球孢白僵菌 24h、48h、72h 与健康柑橘木虱转录组进行了测序，利用生物信息学软件对筛选到的差异表达基因进行了功能注释、分类以及参与的信号通路分析。组装得到 138 313条不可延长的非冗余 Unigene，其 N50 和 N90 分别为 2 532bp 和 413bp，平均长度为 1 191. 26bp。在 CK vs. S24h、CK vs. S48h 和 CK vs. S72h 三个转录组里分别获得了 405、614 和 542 个显著差异表达基因，GO 富集分析表明 56 个、83 个和 60 个 GO terms 分别有显著性富集现象，KEGG pathway 分析结果显示分别有 98、333 和 247 个差异表达基因显著富集到 10、27 和 25 条代谢通路。差异表达基因主要富集在能量代谢、离子运输、转录和翻译调控、生殖和发育调控以及免疫防御反应等相关通路，大部分编码潜在的与免疫识别及调控相关的基因，并从中筛选到 5 个显著上调表达的免疫相关基因，为开展柑橘木虱免疫应答虫生真菌的研究奠定理论基础。

关键词：柑橘木虱；球孢白僵菌；侵染；转录组

---

* 基金项目：国家重点研发计划项目（2017YFD0202005）；广东省公益研究与能力建设项目（2014B020203003）；广东省现代农业产业技术体系建设专项（2017LM1077）

** 第一作者：宋晓兵，助理研究员，研究方向：柑橘木虱综合防控；E-mail：xbsong@ 126. com

*** 通信作者：彭埃天，研究员；E-mail：pengait@ 163. com

拮抗菌群对烟草野火病叶际微生物群落结构及分子生态网络的影响*

刘天波[1,3**]，秦　崇[2]，匡传富[3]，李佳颖[3]，滕　凯[3]，尹华群[2]，周志成[1,3***]

（1. 湖南省烟草科学研究所，长沙　410004；2. 中南大学资源加工与生物工程学院，长沙　410083；3. 湖南省烟草公司，长沙　410004）

摘　要：由丁香假单胞菌（*Pseudomonas syringae* pv. *tabaci*）引起的烟草野火病是我国烟草（*Nicotiana tobacum*）上的主要病害，应用拮抗菌群防治烟草野火病已受到广泛关注。本研究以前期获得的对烟草野火病菌具有拮抗能力的 3 个高效菌群为试验菌群，大田小区试验施用于烟草，每次施用前及最后一次施用 10d 后取新鲜烟叶并调查病害发生情况，采用 16s rDNA 高通量测序技术对烟草叶际微生物测序，对所获得的数据进行微生物群落结构、优势种群与多样性分析，研究拮抗菌群对烟草叶际微生物群落结构及分子生态网络的影响。结果表明，施用拮抗菌群的三个处理相比空白处理芽胞杆菌属（*Bacillus*）、假单胞菌属（*Pseudomonas*）、寡养单胞菌属（*Stenotrophomonas*）等菌属丰度显著较高，在菌群中所占比例分别为 99. 1%、90. 82% 和 49. 4%；α-多样性分析显示菌群 B 处理的微生物多样性最高，β-多样性分析表明菌群 C 处理的微生物群落结构与其他处理差异最大；芽胞杆菌属和寡养单胞菌属的丰度与烟草病情指数呈显著负相关关系（$P<0.05$）；施用拮抗菌群提高了菌群间网络关系的整体复杂度，拮抗菌群中的主要菌属芽胞杆菌属、假单胞菌属、寡养单胞菌属等与其他菌间的关系也更为紧密。本研究解析了施用拮抗菌群后烟草叶际微生物群落结构和相互关系，为拮抗菌群定殖与应用提供了理论依据。

关键词：烟草野火病；拮抗菌群；叶际微生物；群落结构；分子生态网络

---

* 基金项目：湖南省烟草公司重点项目（16-19Aa02）

** 第一作者：刘天波，博士研究生，研究方向：烟草病害绿色防控技术研究；E-mail：liutb@ hntobacco. com

*** 通信作者：周志成，高级农艺师，研究方向：烟草病虫害防治；E-mail：zhouzc@ hntobacco. com

自然诱发区肥料种类对南方水稻黑条矮缩病发生的影响

龚朝辉[1*]，龚航莲[2,3**]，敖新萍[3]

（1. 江西省萍乡市农技站，萍乡 37000；2. 江西省萍乡市植保植检站，萍乡 337000；
3. 江西省萍乡市芦溪县银河国家现代农业示范园，芦溪 337251）

摘　要：2015 年在武功山三农农资公司有机大米生产基地测产时，发现不施化肥只施有机肥稻田，南方水稻黑条矮缩病（Southem rice black-stveaked dwarf，SRBSDV）尚未发病，即使发病的稻田，危害较轻。带着这个问题，2016—2017 年在萍乡连陂病虫观察区应用自然诱发圃施用不同肥料种类，对南方水稻黑条矮缩病发生的影响进行了观察。试验设 8 个处理。处理 1：碳胺（N 17.1%）；处理 2：尿素（N 46.2%）；处理 3：钙镁磷（P_2O_5 16%）；处理 4：第四元素（N-P_2O_5-K_2O 18-18-18）；处理 5：脲铵氮肥（总氮）≥31%，胺态氮 12%，尿素态氮 19%，锌（Zn）≥0.02%，硫（S）≥2%；处理 6：有机肥［土壤养分级别 1 级（人类尿+草本灰）］；处理 7：施药区（与大田施肥相同）；处理 8：对照区（与大田施肥相同），三次重复，18 个小区。上述处理作基肥 75kg/667m^2，穗肥 15kg/667m^2。小区面积 50m^2。供试品种，晶两优 1212。自然诱发区试验田从 4 月 1 日至 8 月 31 日用 40 瓦黑光灯诱集白背飞虱，稻田南方水稻黑条矮缩出现明显症状后，调查各小区病丛率，病株率及病情指数，计算其防控效果。结果证明，以施有机肥防控效果最佳，以病情指数计算结果，2016 年防控效果达 96.42%，2017 年达 95.61%，有个别小区未查到病株。其次是 54%第四元素及 50%脲铵氮肥其防效效果分别是 2016 年 38.09%、41.66%，2017 年分别是 32.87%、35.61%。最差的是 17.1%碳胺及 46.2%尿素。以肥料的防控效果从高到低依次为有机肥>50%脲铵氮肥、>54%第四元素，>16%钙镁磷>46.2%尿素，>17.2%碳胺。初步认为，肥料防控效果主要是钾及锌等微量元素起作用。但其防控机理尚不清楚，本试验为大面积防治该病毒提供施肥种类参考价值。

关键词：自然诱发；肥料种类；南方水稻黑条矮缩病；发生影响

* 第一作者：龚朝辉，男，学士学位，农艺师，研究方向：病虫中长期测报及病虫综合治理；E-mail：26537383qq@qq.com

** 通信作者：龚航莲；E-mail：ghl1942916@sina.com

根际非生物因素对重庆石柱黄连根腐病发生的影响*

张永至[1**]，聂广楼[2]，丁振华[1]，向顺雨[1]，汪祈登[2]，孙现超[1***]
（1. 西南大学植物保护学院，重庆　400715；2. 石柱农业特色产业发展中心，重庆　409100）

摘　要：黄连属于毛茛科草本植物，其根茎可入药。据《中国药典》记载，黄连主要的功效是抗菌、抗病毒，也可以改善心功能、帮助消化系统，还有降血糖等功能。目前，由于栽培技术的成熟、产量高、适应性广，市场上主要的黄连药材为味连。味连主要种植于西南地区一带，其中重庆石柱是味连的主要生产地之一，占全国的60%。近年来，土地的重复耕作导致了黄连病害的频繁发生，黄连根腐病是影响黄连生产中尤为重要的病害之一，严重时，可造成黄连绝产。

黄连喜潮湿、冷凉的环境，而根腐病在多雨、光照不足、湿度和气温较较高的条件下发病率较高黄连根腐病的发生可能是由细菌、真菌和线虫单独引起的，也可能由多种因素复合侵染所致。因此，可通过调查黄连根部的非生物因素对黄连根腐病的发生的影响，了解田间黄连根腐病发病黄连与健康黄连之间的pH及非生物因素的差异，结合生物药剂处理之后的田间黄连根际土壤样品，对田间根系非生物含量影响黄连根腐病的发生做一个初步预测。

本次试验通过采集石柱县黄水3个黄连试点的健康黄连根际土壤与发病黄连根际土壤，参考《土壤农化分析》中对土壤理化性质的测定方法，测定样品中的pH、有机质、碱解氮、有效磷、速效钾、全氮、全磷等。结果显示pH、速效钾及有效锰的含量在发病土壤与健康土壤中具有一定的规律性。其中健康土壤中的pH与速效钾的含量显著大于发病土壤中的pH及速效钾的含量，而发病土壤中的有效铁的含量显著大于健康土壤中的含量。这种分生物因素含量的差异是否是造成黄连根腐病发生的重要因素有待进一步的调查研究。

---

* 基金项目：重庆市社会事业与民生保障创新专项（cstc2016shmszx0368）；西南大学石柱科技创新基金项目（石柱黄连病害的无公害防）

** 第一作者：张永至，硕士研究生，从事植物病理学研究

*** 通信作者：孙现超，博士，研究员，博士生导师，主要从事植物病毒学及植物病害生物防治研究；Tel：023-68250517，E-mail：sunxianchao@163.com

浙江省泰顺县猕猴桃周年病害调查及病原菌鉴定*

潘 慧[1**]，陈美艳[1]，邓 蕾[1]，张胜菊[1]，
刘康猛[2]，张庆朝[2]，庄期海[2]，李 黎[1***]，钟彩虹[1***]
（1. 植物种质创新与特色农业重点实验室/中国科学院武汉植物园，武汉 430074；
2. 浙江省泰顺县林业局，温州 325599）

摘 要：浙江省泰顺县周年雨水较多，部分猕猴桃园区由于栽培管理方式不当造成病害严重流行。中国科学院武汉植物园联合泰顺县林业局分别于 2016 年 8 月及 10 月，2017 年 4 月对泰顺县共 7 个乡镇 19 个代表性栽培园区进行了猕猴桃周年病害调查。调查结果将为泰顺县后期猕猴桃病害的预测及综合防治提供理论依据。

针对不同感病症状采集大量病害样本，结合生物学特征、分子鉴定及致病性验证实验进行分析，结果发现泰顺县夏季和秋冬季果园均鉴定出大量导致猕猴桃果实软腐病、黑斑病、炭疽病、灰斑病的真菌性病原菌。其中鉴定到的果实软腐病致病菌有葡萄座腔菌（*Botryosphaeria dothidea*），拟盘多毛孢菌（*Pestalotiopsis* sp.），拟茎点霉菌（*Phomopsis* sp.），间座壳菌（*Diaporthe* sp.，拟茎点霉菌 *Phomopsis* sp. 的有性态），链格孢菌（*Alternaria alternata*）。同时，拟盘多毛孢菌（*Pestalotiopsis* sp.）和胶孢炭疽菌（*Colletotrichum gloeosporioides*）分别会引起灰斑病和炭疽病，鉴定到球黑孢菌（*Nigrospora sphaerica*）引起猕猴桃叶斑病，稻黑孢菌（*Nigrospora oryzae*）引起黑斑病和褐斑病。春季在大部分园区并未鉴定到真菌性病害病原菌，比夏季和秋冬季轻微很多。另外，罗阳镇、泗溪镇、三魁镇、大安乡共 9 个园区检测到细菌性溃疡病病原菌（丁香假单胞杆菌猕猴桃致病变种，*Pseudomonas syringae* pv. *actinidiae*，Psa）。

综上，泰顺县猕猴桃夏季和秋冬季主要病害为细菌性溃疡病和真菌性软腐病、黑斑病、灰斑病和炭疽病，春季真菌性病害轻微很多，但细菌性溃疡病发生率显著升高。

关键词：猕猴桃；病害；生物学特征；ITS 鉴定；Psa 鉴定

---

* 基金项目：中国科学院科技服务网络计划研究项目（KFJ-EW-STS-076）；农业部作物种质资源保护与利用项目（2015NWB027）；国家自然科学基金青年科学基金项目（31701974）；湖北省自然科学基金面上项目（2017CFB443）；湖北省技术创新专项（重大项目）（2016ABA109）

** 第一作者：潘慧，硕士，研究助理，主要从事猕猴桃病害鉴定等研究；E-mail：panhui@wbgcas.cn

*** 通信作者：李黎，副研究员。主要从事猕猴桃病害研究；E-mail：lili@wbgcas.cn

钟彩虹，研究员，主要从事猕猴桃资源挖掘、育种、病害等相关研究；Tel：027-87510298，E-mail：zhongch1969@163.com

受青苔侵染后柑橘叶际生物多样性分析

杨　蕾[1]，洪　林[1]，杨海健[1]，李勋兰[1]，杨波华[2]，张云贵[1]
（1. 重庆市农业科学院果树研究所，重庆　401329；
2. 重庆市农业科学院玉米研究所，重庆　401329）

摘　要：柑橘青苔病是一种普遍发生且为害严重的病害，本文对重庆地区受青苔侵染后的柑橘叶际生物多样性进行分析，旨在找到可能的病原物类群，为更好地防治柑橘青苔病奠定基础。本文利用Illumina Miseq高通量测序技术探索重庆地区有青苔病症和无病症的柑橘叶际真核生物的群落组成、结构及差异，利用mothur进行多样性指数分析，利用mothur做rarefaction分析及分类学分析，利用R语言工具制作曲线图等。结果表明13个柑橘叶片样本共检测到303个OTUs，多样性较为丰富；优势门为链形植物门Streptophyta、子囊菌门Ascomycota、绿藻门Chlorophyta和担子菌门Basidiomycota，优势纲为座囊菌纲Dothideomycetes、共球藻纲Trebouxiophyceae、散囊菌纲Eurotiomycetes、子囊菌纲Sordariomycetes、外担菌纲Exobasidiomycetes等；通过分析发现可能的病原物为*uncultured Apatococcus*（不可培养的虚幻球藻）、*Heterochlorella luteoviridis*（绿藻）、*Cyphellophora sessilis*、*Heveochlorella hainangensis*（海南橡胶藻）、*Coniochaetales* sp. GMG C4、*Chloroidium ellipsoideum*（椭圆球藻）、*Kalinella bambusicola*、*Colletotrichum gloeosporioides*（胶孢炭疽菌）等；不同区县表现出青苔病症状的柑橘叶片上疑似病原物的种类和丰度都差异很大。柑橘青苔病的发生可能是由多种藻类及真菌复合侵染造成的，健康及患病柑橘叶片间的相互作用有待进一步研究。

关键词：柑橘；青苔病；高通量；病原；多样性

在三个枣园内用不同抗性品种枣树嫁接传病后枣疯植原体的 PCR 检测及分子变异分析*

张文鑫[1**]，于少帅[1]，林彩丽[1]，王　合[2]，任争光[3]，孔德治[1]，田国忠[1]

（1. 中国林业科学研究院森林生态环境与保护研究所/
国家林业局森林保护学重点实验室，北京　100091；
2. 北京市林业保护站，北京　100029；3. 北京农学院植物科学技术学院，北京　102206）

摘　要：检测并掌握三个枣园不同抗病枣树嫁接传病材料携带植原体状况；分析植原体株系来源、同源性及遗传变异与品种抗性之间的关系。采集北京玉泉山枣树资源圃、北京昌平王家园枣园和河北唐县军城镇三地枣园不同品种、不同抗性和不同症状与病级的枣树接穗和砧木组织样品提取总 DNA，利用植原体 16S rDNA、16S-23S 间区序列（SR）、*secY* 基因、*secA* 基因、*tuf* 基因、*fusA-tuf* 基因间区、*himA* 下游基因间区引物，进行植原体 PCR 检测并测定特异性 PCR 产物的序列，结合已报道的测序数据，进行序列同源性和系统进化分析。结果表明来源于玉泉山苗圃的枣树抗病品系的采穗树 Z18、T27、T30、M11 均未检测到植原体；而嫁接到发病砧木上的一直未表现症状的 Z18 和 T30 接穗用直接和巢式 PCR 均检测不到植原体的存在，表现出高度的抗感染能力，抗病接穗 T27 黄叶症状部位检测到植原体而花变叶部位则未检测到；表现花变叶、小叶丛枝等症状及无症的感病接穗与砧木样品包括冬枣、泗洪大枣等大多用直接 PCR 即检测到植原体，表明这些样品植原体浓度相对较高。16S rDNA 及 16S-23S 间区序列（SR）分析结果证实三地枣园所检测到的植原体皆属于榆树黄化 16S rV-B 亚组；三地枣园不同品种枣树接穗和砧木所测定的植原体 SR、*secY* 基因、*secA* 基因、*tuf* 基因片段序列均未发现核苷酸变异，而 16S rDNA、*himA* 与下游基因间区和 *fusA-tuf* 基因间区存在一定程度的序列差异。基于 *himA* 与下游基因间区序列的系统发育分析发现北京玉泉山枣树资源圃、北京昌平王家园枣园和河北唐县军城镇三地枣园的所有样品与 OM-Y 和 AYWB 植原体处于不同的进化支，大多玉泉山和军城镇样品与昌平样品被划分为两个进化支，而军城镇样品又与玉泉山样品各聚为不同的分支。对 *fusA-tuf* 基因间区分析显示玉泉山嫁接抗病 T30 接穗的感病襄汾圆枣砧木样品、感病冀抗 1 号接穗和昌平抗病 Z17 壶瓶枣样品、抗病 50 接穗与江苏泗洪、北京通州、江苏南京的枣疯病植原体样品在 39bp 位置都有一个 A 碱基的缺失。本研究结果有助于揭示不同枣树品种的抗病能力、寄主与病原的互作关系及病原群体遗传变异特性，指导抗病品系合理利用和病害防控。

关键词：嫁接；抗病性；枣疯病；植原体；16S rDNA；*himA* 下游基因间区

---

* 基金项目：国家自然科学基金项目（31370644）

** 第一作者：张文鑫，博士研究生，研究分子植物病理方向；E-mail：61960467@ qq. com

两种轮作作物土壤中可培养微生物的数量动态分析*

句梦娜**，王　东，孟焕文，周洪友***
（内蒙古农业大学农学院，呼和浩特　010019）

摘　要：马铃薯作为第四大主粮作物，因其较高的营养价值，备受人们喜爱。但近年来，由于常年连作，马铃薯黄萎病等土传病害不断加重，且缺乏有效的防控措施，严重影响马铃薯的产量及品质。前期研究表明，轮作西兰花可以有效降低土壤中黄萎病菌的种群数量，从而减少作物黄萎病的病害发生；但其机制尚未明确。本研究于2017年在田间建立马铃薯黄萎病人工病圃，以无病圃作为对照，并分别种植马铃薯和西兰花两种作物，即设置西兰花加菌（PB）、马铃薯加菌（PP）、西兰花不加菌（NB）和马铃薯不加菌（NP）共4个处理，分别于种植后的5—9月，每月定期采集作物根际土壤，利用稀释平板法对土样中可培养细菌和真菌的数量进行测定。结果表明：在整个生长期，PB处理条件下的土壤中可培养细菌的菌量先增高后降低，且在7月达到高峰，显著高于同期其他处理；而PB和NB土样中可培养真菌变化趋势与细菌相反，且在生长旺期（7月）可培养，真菌总数显著低于其他处理。土壤中细菌和真菌数量的相对比例往往与土壤健康水平密切相关。本研究发现，种植西兰花可以积累土壤中可培养细菌，而使可培养真菌的数量显著降低；进一步揭示，西兰花可以通过调节其根际土壤微生物相对数量，改变土壤微生态条件，从而抑制黄萎病的发生。

关键词：马铃薯黄萎病；西兰花轮作；可培养微生物；微生态调控

* 基金项目：公益性行业（农业）科研专项经费（201503109）

** 第一作者：句梦娜，硕士研究生；E-mail：jumengna945@163.com

*** 通信作者：周洪友，博士，教授；E-mail：hongyouzhou2002@aliyun.com

第八部分　其　他

3 种马铃薯病原菌多重 PCR 检测方法的建立

王　甜[*]，沈林林，谢家慧，王艳平，周世豪，汤一凡，詹家绥[**]
（福建农林大学植物病毒研究所/福建省植物病毒学国家重点实验室，福州　350002）

摘　要：根据马铃薯上的 3 种病原菌，即致病疫霉（*Phytophthora infestans*）、立枯丝核菌（*Rhizoctonia solani*）AG3 融合群和茄链格孢菌（*Alternaria solani*）的核苷酸保守序列，分别设计 3 对特异引物，从影响多重 PCR 扩增的因素，如退火温度和引物比例，对反应体系进行了优化，建立了一种能够同时检测致病疫霉、立枯丝核菌和茄链格孢菌的多重 PCR 检测体系。结果表明，该检测体系具有较高的灵敏度和良好的特异性。致病疫霉、立枯丝核菌和茄链格孢菌基因组 DNA 的检测限依次为：10pg/μL、1pg/μL 和 1pg/μL。该检测方法实现了对马铃薯上的 3 种病原菌的高效、快速的同时检测，提高了检测效率，降低了检测成本，具有较高的应用价值，可应用于这 3 种病害的早期诊断和病原菌的监测、鉴定，为防治病害提供可靠的技术和理论支持。

关键词：致病疫霉；立枯丝核菌；茄链格孢菌；分子检测；三重 PCR

* 第一作者：王甜，女，硕士研究生，主要从事分子植物病理学研究；E-mail：670471192@ qq. com
** 通信作者：詹家绥，教授，主要从事群体遗传学；E-mail：Jiasui. zhan@ fafu. edu. cn

柑橘茎尖微嫁接脱毒技术研究进展*

陈毅群**，易　龙***，李双花，姚林建

（国家脐橙工程技术研究中心/赣南师范大学生命科学学院，赣州　341000）

摘　要：柑橘黄龙病是一种细菌性病害，其病原菌属寄生韧皮部筛管细胞内生存的革兰氏阴性细菌，主要通过柑橘木虱进行传播。黄龙病主要的病状表现为树势差、“红鼻果”、叶片斑驳黄化等。目前，对黄龙病尚无有效的治疗手段，只能挖除。微嫁接是在无菌环境下，将接穗茎尖嫁接在组培砧木苗上，培育成新植株的技术。用微嫁接可较好的脱除病菌，获得无毒苗木。本文对柑橘接穗微嫁接成活率和脱毒率进行了简述，为建立无毒苗木繁殖体系提供参考。

关键词：柑橘黄龙病；微嫁接；成活率；脱毒率

柑橘黄龙病对柑橘产业具有毁灭性的危害。据报道，截至 2016 年江西约有 13 000hm^2 柑橘受害，福建种植的柑橘有三分之一遭受黄龙病侵染[1]。在我国广东、广西和福建等地已砍伐黄龙病果树 4 000多万棵[2]。黄龙病可通过柑橘木虱、带病接穗、带病苗木进行传播。感病柑橘树树势差、果子小，出现“红鼻果”等症状[3]，对柑橘的产量和品质造成严重影响，甚至死亡，给柑橘产业的发展造成了严重的威胁。目前，针对黄龙病尚无有效的治疗方法，对带病苗木进行脱毒，并建立完善的无毒苗木繁殖体系是现今 主要的防控手段。微嫁接技术脱毒是目前对柑橘最有效的脱毒方式[4]，该技术是利用茎尖细胞分裂速度快，生长点病毒含量低（最顶端的 1~2 片叶原基不带毒）的特点，在无菌条件下将诱导的不定芽嫁接在试管培养的砧木苗上，在人工控制的条件下培养形成无病的新植株。自 1972 年微嫁接技术创立以来，国内外学者对该技术不断的摸索和完善，现已具有较全的微嫁接技术体系[5-9]。茎尖嫁接不仅可以对带病苗木进行脱毒，还能有效改善茎尖培养生长缓慢的问题，因此茎尖嫁接技术在世界上广泛推行。陈国华等[10]用培养的柑橘不定芽接穗嫁接在砧木实生苗形成健全的无毒苗，微芽嫁接愈合成活率平均达 87%，提供了新型快速繁殖方法。本文就接穗对微嫁接成活率的影响和微嫁接与其他脱毒技术结合脱毒的效果两个方面作简要概述。

1　接穗对微嫁接成活率的影响

1.1　接穗大小

茎尖大小对茎尖嫁接成活率和脱毒率具有一定的影响。茎尖嫁接时茎尖过大则不能完全脱除病毒，茎尖过小则会影响嫁接苗成活率。李丽[11]在田间采取本地早蜜橘嫩芽进行微嫁接，茎尖带 3~4 个叶原基的成活率明显高于 1~2 个和 5~6 个叶原基的茎尖微嫁接成活率，嫁接成活的苗木脱毒率为 100%；丁明华[12]将南丰蜜橘不定芽分别保留 2 个、4 个、6 个、8 个叶原基，嫁接到苗岭 15d 的甜柚上，25d 后成活率分别为 27.78%、61.11%、15.56%、7.78%。Zhang 等[13]用茎尖嫁接技术脱除佛手黄龙病病原体，研究发现带 2 个叶原基的茎尖嫁接成活率为 21.67%，脱

* 基金项目：江西省重点研发项目（20161BBF60070）；赣州市科技计划项目（赣市财教字［2013］68 号）

** 第一作者：陈毅群，男，在读硕士研究生，主要从事柑橘病害防治研究；E-mail：326443361@ qq. com

*** 通信作者：易龙，男，教授，博士，主要从事柑橘病害防控研究；E-mail：yilongswu@ 163. com

毒率为100%，带4个叶原基时嫁接成活率为60%，脱毒率为85.71%。Sanabam等[14]研究发现接穗大小对微嫁接有显著影响，当接穗小于0.5 mm时成活率较低，为7.24%，而接穗大小为0.5~0.65mm时成活率较高，为45.09%。

1.2　接穗类型

李丽[11]对本地早蜜橘茎段再生芽和大田本地早蜜橘嫩芽进行微嫁接，20d后前者存活率为73.5%，后者存活率为51.6%，表明不同类型的茎尖对嫁接成活率具有一定的影响。刘月[15]把诱导出的星路比不定芽和温室中路星比嫩芽嫁接在曼赛龙柚的黄化砧木上，试管诱导不定芽嫁接成活率为76.67%，田间嫩芽嫁接成活率为38.33%，两者效果差异显著。罗君琴等[16]分别在4—11月各月上旬采本地早橘嫩芽进行微嫁接，结果表明用7—8月夏秋梢抽发期的接穗进行微嫁接，嫁接苗存活率和萌芽率明显高与其他月份。

1.3　接穗品种

由于接穗和砧木存在亲和性关系，不同品种的接穗嫁接成活率存在明显差异。刘科宏[17]以枳、枳橙和甜橙作为微嫁接砧木，分别对黄果柑、长泰芦柑、玉环高橙以及玉环柚采用倒“T”字法进行茎尖嫁接脱毒，发现选用同一品种嫁接不同砧木其微嫁接成活率有差异。Lahoty等[18]以卡里佐枳橙、莱檬和粗柠檬3种品种为砧木进行微嫁接，发现其成活率分别为53.3%、40.0%和43.3%。李丽[11]在7—8月份取本地早蜜橘、温州蜜柑、秋辉、红玉柑、黄皮5个品种嫩梢进行微嫁接，结果表明，嫁接后20d嫁接苗成活率分别为64.5%、71.6%、40%、42.4%、80%。罗君琴等[19]以枳壳为砧木，选用温州蜜柑、本地早蜜橘、秋辉、红玉葡萄柚和大谷伊予柑杂交的后代、黄皮五个品种茎尖接穗进行微嫁接，结果表明，嫁接20d后茎尖成活率分别为60%、46.7%、20%、26.7%、90%。刘月等[15]采集火焰、哈路比、瑞路比、里约红、星路比5个品种春梢进行不定芽诱导，待萌芽后作为接穗进行穿刺法嫁接，嫁接20d后萌芽率分别为32.22%、58.89%、71.11%、28.89%、67.78%。Vijayakumari等[20]对引进的路比血橙、达库拉本地桔、卡芬克里曼丁柑橘品种进行了微嫁接，研究表明嫁接成活率存在明显差异，其中路比血橙的嫁接成活率最高，达到80%。

1.4　接穗激素处理

刘柏玲[21]设置6-BA对老芽系脐橙、耐湿脐橙、纽荷尔脐橙、伦晚脐橙、日辉脐橙5个品种的茎尖，用0.5mg/L、1.0mg/L、2.0mg/L的6-BA分别浸泡5min、10min、20min进行试验；设置GA_3对早金甜橙、秋辉甜橙、德尔塔夏橙3个品种的茎尖，用0.5mg/L、1.0mg/L、2.0mg/L的GA3分别浸泡5min、10min、20min进行试验。研究表明，前者1.0mg/L的6-BA浸泡老系脐橙茎尖10min的处理效果最好，成活率达75%；后者2.0mg/L的GA_3浸泡早金甜橙茎尖20min的效果最佳，成活率达62.5%。Xu等[22]对经过消毒处理后的化州橘红茎尖分别用1mg/L的6-BA和0.1mg/L的GA_3处理10min，嫁接至红江橙、柚和柠檬砧木上的成活率均高于未经激素处理的对照。董高峰等[23]在沙田柚茎尖嫁接中用GA_3、6-BA和IBA处理沙田柚接穗和枳壳砧木，研究表明10mg/LGA_3处理效果最好嫁接成活率达45%，6-BA和IBA处理也可提高成活率，但增加了接穗脱落死亡率。Edriss等[24]以卡里佐枳橙为砧木，对墨西哥酸橙、瓦伦西亚橙、星路比葡萄柚接穗用2，4-D或激动素处理后微嫁接，能明显提高成活率。陈泽雄[25]用不同浓度的6-BA对茎尖处理，发现用0.5~1.0mg/L的6-BA浸泡茎尖10min，成活率最高可达60%。

2　柑橘脱毒技术

随着嫁接技术的广泛应用，该技术不断被更新优化。但有些病害，如碎叶病、裂皮病、衰退病等，单独依靠茎尖嫁接无法完全脱除，为更好的脱除茎尖病菌，可与其他脱毒方式相结合，进行共处理，以达到完全脱除病菌的目的。

2.1 热处理茎尖脱毒

Navarro 等[26]研究发现在 32℃温室中生长 8～ 12d 的接穗用于嫁接，脱毒率达 90%以上。谭祖国等[27]通过利用 50℃湿热空气、95%的相对湿度处理苗木 60min，再用处理的茎尖进行嫁接可提高成活率和脱毒效果。Sharma 等[28]通过比较水浴和湿热空气处理发现，水浴处理带毒茎尖具有较好的脱毒效果。Roistacher 等[29]研究也发现茎尖经过热处理后，进行嫁接能够脱除黄龙病病菌。热处理和茎尖嫁接方式相结合，与单独热处理和茎尖嫁接相比具有更好的脱毒效果。由于高温条件容易伤害茎尖导致茎尖活力下降，因此无毒苗嫁接的成活率也受到影响。

2.2 超低温处理茎尖脱毒

大多数细胞因其内含水量较高，在低温过程中容易形成较多的冰晶，使细胞受到了损伤而死亡，能够存活下来的仅有生长点的分生组织。对经过超低温处理的茎尖进行嫁接可以达到脱毒目的。超低温技术已在百合、草莓、马铃薯等方面取得了较好的茎尖脱毒效果[30-32]。丁芳等[33-34]通过包埋玻璃化法对红江橙离体茎段诱导的嫩芽进行超低温处理，对黄龙病病菌的脱毒率达 91.6%；随后又利用超低温技术与茎尖嫁接相结合对红江橙、萝岗甜橙、北京柠檬、椪柑以及沙田柚 5 种品种脱除黄龙病病菌，脱毒率高达 98.1%。

2.3 化学药物处理茎尖脱毒

采用某些化学药物能有效抑制茎尖中病毒的复制，从而达到脱毒的效果。祁鹏志[35]通过设置不同浓度、不同时间梯度病毒唑处理感病茎尖，得出病毒唑浓度在 20mg/L 处理时间 10min 效果最佳，嫁接培育出的幼苗均不带黄龙病。隆雨薇等[36]对离体感病茎段进行培养，每隔一天喷施 20μg/L 的抗生素 30mL，长出的嫩芽用于微嫁接，微嫁接剩余的嫩芽组织用于黄龙病检测。结果表明氟喹诺酮类（甲磺酸左氧氟沙星）、丙烯胺类（盐酸特比萘芬）、硝基咪唑类衍生物（奥硝唑）对江西安远（纽荷尔）黄龙病病原的脱除有积极的作用；用于微嫁接的嫩芽成活后脱毒率达 100%。

3 小结与展望

成活率与脱毒率的高低直接影响着脱毒苗生产的效率，对无毒苗木繁育体系的建立至关重要。接穗是茎尖嫁接中重要的原材料，不仅对成活率造成影响，也会影响脱毒效果。接穗的大小，不同阶段，培养方式和处理方式均会对成活率及脱毒率产生影响。在微嫁接中茎尖接穗过大脱毒效果不明显，接穗过小容易失水，降低了成活率。不同时期的接穗会对成活率产生影响。由于春梢抽发期花芽的产生造成营养争夺，导致接穗生理活性降低；其次，春季湿润，极易滋生病菌，嫁接时存在消毒不彻底的情况，从而提高了污染率，故该时期嫁接成活率低。秋季温差变化较大，降低了枝芽接穗生理活性，成活率也较低。因此嫁接时应选择夏梢接穗进行，此时嫁接效果最好。试管培育的不定芽比田间自然生长的芽具有更高的成活率，主要是试管不定芽带有较少的外生菌，降低了嫁接苗的污染率。用一定浓度的生长激素浸泡处理接穗，嫁接成活率高于对照组。过高的浓度会对嫁接苗生长受到抑制，在嫁接成活后也存在嫁接芽脱落的情况；浓度过低则达不到最好的生长效果。在嫁接过程中，还应考虑接穗与砧木的亲缘性，接穗和砧木存在远缘不亲和，为提高成活率在嫁接时应选择亲缘度较近的砧木。

为得到更好的脱毒效果，通常采用物化脱毒与微嫁接相结合的方式。较常用的有高温，超低温和药物分别与茎尖嫁接结合。柑橘茎尖接穗采用一定的温度进行处理后再嫁接，有利于提高脱毒效果。由于柑橘茎尖较为脆弱，在高温条件下容易使茎尖失去活性，因此对温度要求比较苛刻。超低温脱毒具有操作简便、脱毒率高、成本低等特点。脱毒时，茎尖越小，脱毒效果越好，但其成活率降低，因此在脱毒时应选择适宜大小的茎尖。同时在使用超低温脱毒时因步骤繁杂，操作过程中极易使得茎尖失去活性，导致成活率低。对茎尖使用药物处理能有效脱除病菌，方法简便、高效、速效，但在使用过程中容易使嫁接苗产生耐药性，同时也会对环境造成一定的污染。

微嫁接是建立柑橘苗木中运用最广的脱毒技术。在生产实践中，为提高微嫁接的成活率，应充分考虑嫁接亲缘性，选择适宜大小的茎尖，用一定浓度的激素处理等方面。同时为提高脱毒率，根据情况合理选择，与不同形式的脱毒方式相结合，获得更好的脱毒效果。微嫁接能有效脱除病原菌，但存在成活率低的问题。虽然广大学者通过改变茎尖大小，采用一定激素浓度处理和不同茎尖类型等方面的研究，都能够的改善柑橘微嫁接的成活率，但其成活率和脱毒效果仍待提高。为降低嫁接苗污染率，达到更高的成活率，得到更好的脱毒效果，还需要进一步探究以建立完善的柑橘脱毒技术体系。

参考文献

[1] 汪汇源．受青果病影响，中国柑橘产量减少［J］．世界热带农业信息，2016（4）：13.

[2] 柏自琴，周常勇．柑橘黄龙病病原分化及发生规律研究进展［J］．中国农学通报，2012（1）：133-137.

[3] 袁亦文，戈丽清，王德善，等．柑橘黄龙病对柑橘产量和品质的影响［J］．浙江农业科学，2007（1）：87-88.

[4] Chand L，Sharm S，Dalal R，*et al. In vitro* shoot tip grafting in citrus species-A review［J］. Agricultural Reviews，2013，34（4）：279-287.

[5] Murashige J，Bitters W P，Rangan J S，*et al.* A technique of shoot apex grafting and its utilization towards recovering virus-free citrus clone［J］. J Hortic Sci，1972，7：118-119.

[6] 张秋胜，舒广平，宋顺华．柑橘茎尖嫁接技术的改进［J］．中国南方果树，1991（2）：11-13.

[7] 姜玲，万蜀渊．柑橘茎尖嫁接操作方法的改进及研究［J］．华中农业大学学报，1995（4）：381-385.

[8] Jonard R. Micrografting and its applications to tree improvement［J］. Biotechnology in Agriculture and Forestry，1989，1：31-48.

[9] Juarez J，Camarasa E，Ortega V，*et al.* Recovery of virus-free almonds plants by shoot tip grafting *in vitro*［J］. Acta Hort，1992，309：393-400.

[10] 陈国华，陈冬怡，马文卿，等．柑橘脱毒快繁及微芽嫁接技术试验研究［J］．农业工程，2017（2）：129-132，142.

[11] 李丽．柑橘茎尖微芽嫁接脱毒技术研究［D］．杭州：浙江大学硕士学位论文，2014.

[12] 丁明华．成年态南丰蜜橘试管育苗技术研究［D］．南昌：江西师范大学硕士学位论文，2012.

[13] Zhang G F，Hong H E，Hong-Hua X U. Study on Pathogen-removal Shoot-tip Micrografting Technology of *Citrus medica* L.［J］. Research & Practice on Chinese Medicines，2010.

[14] Sanabam R，Singh N S，Handique P J，*et al.* Disease-free khasi mandarin（Citrus reticulata Blanco）production using in vitro microshoot tip grafting and its assessment using DAS-ELISA and RT-PCR［J］. Scientia Horticulturae，2015，189（23）：208-213.

[15] 刘月，叶维雁，熊欢，等．葡萄柚茎尖微芽嫁接成活率的研究［J］．西南林业大学学报，2013，26（2）：318-324.

[16] 罗君琴，李丽，徐建国，等．本地早桔试管微芽嫁接初步试验［J］．中国南方果树，2011（4）：37-39.

[17] 刘科宏．砧木品种与茎尖嫁接成活率关系的研究［J］．安徽农业科学，2012（16）：8866，8917.

[18] Lahoty P，Singh J，Bhatnagar P，*et al. In-vitro* multiplication of nagpur mandarin（*Citrus reticulata* Blanco）through STG［J］. International Journal of Plant Research，2013，26（2）：318-324.

[19] 罗君琴，李丽，聂振朋，等．柑橘试管内茎尖微芽嫁接技术试验初报［J］．浙江农业科学，2011（5）：1031-1032.

[20] Vijayakumari N, Ghosh D K, Das A K, *et al*. Elimination of citrus tristeza virus and greening pathogens from exotic germplasm through *in vitro* shoot tip grafting in citrus [J]. Indian Journal of Agricultural Sciences, 2011, 76 (3): 209-210.

[21] 刘柏玲. 柑橘黄龙病的茎尖微芽嫁接脱毒及其 PCR 检测的研究 [D]. 武汉: 华中农业大学, 2004.

[22] Xu X R, Li S N. Shoot-tip Grafting Method of Huazhou Orange [J]. Chinese Journal of Tropical Crops, 2013.

[23] 董高峰, 李耿光, 张兰英, 等. 提高沙田柚茎尖嫁接成活率的研究 [J]. 广西植物, 2001, 21 (3): 273-276.

[24] Edriss M H, Burger D W. Micro-grafting shoot-tip culture of citrus on three trifoliolate rootstocks [J]. Scientia Horticulturae, 1984, 23 (3): 255-259.

[25] 陈泽雄. 利用柑橘茎段诱导不定芽改进微芽嫁接脱毒技术的研究 [D]. 武汉, 华中农业大学, 2005.

[26] Navarro L. Application of shoot-tip grafting *in vitro* to woody species [J]. Acta Horticulturae, 1998, 227: 43-45.

[27] 谭祖国, 钟炳辉, 陈燕等. 红江橙热处理-茎尖微芽嫁接脱毒方法的研究 [J]. 湛江师范学院学报, 1996 (2): 113-115.

[28] Sharma S, Singh B, Rani G, *et al*. *In vitro* production of *Indian citrus ringspot virus* (ICRSV) free kinnow plants employing phytotherapy coupled with shoot tip grafting [J]. Journal of Central European Agriculture, 2007, 43 (3): 254-259.

[29] Roistacher C N. Detection of citrus tristeza virus by graft transmission: a review. In: Calavan E C. Proceedings of the 7th Conference of the International Organization of Citrus Virologists [D]. Riverside: University of California, 1976: 175-184.

[30] 靳慧洁. 东方百合病毒检测与茎尖超低温脱毒研究 [D]. 福州: 福建农林大学, 2009.

[31] 周世杰. 草莓茎尖超低温脱毒处理及其病毒检测研究 [D]. 南京: 东南大学, 2014.

[32] 王彪. 马铃薯茎尖超低温保存及超低温疗法脱毒技术体系的建立 [D]. 杨凌: 西北农林科技大学, 2011.

[33] 丁芳. 柑橘黄龙病菌及与其混合发生病毒的分子特性及超低温脱除研究 [D]. 武汉: 华中农业大学, 2006.

[34] Ding F, Jin S, Hong N, *et al*. Vitrification-cryopreservation, an efficient method for eliminating Candidatus Liberobacter asiaticus, the citrus Huanglongbing pathogen, from in vitro adult shoot tips [J]. Plant Cell Reports, 2008, 27 (2): 241-250.

[35] 祁鹏志. 柑橘茎尖微芽嫁接脱毒及黄龙病和衰退病分子检测的研究 [D]. 武汉: 华中农业大学, 2007.

[36] 隆雨薇. 柑橘成年态组织培养及脱毒方法的研究 [D]. 武汉: 华中农业大学, 2015.

中国茄子植原体的分子检测及同源性鉴定*

李正刚[1**]，佘小漫[1]，汤亚飞[1]，于　琳[1]，蓝国兵[1]，邓铭光[1]，何自福[1,2***]
(1. 广东省农业科学院植物保护研究所，广州　510640；
2. 广东省植物保护新技术重点实验室，广州　510640)

摘　要：植原体属于原核生物界、柔膜菌纲、植原体属，可侵染上百种植物，包括果树、蔬菜、观赏性植物以及园林绿化树木。植原体可通过嫁接和菟丝子传播，也可通过叶蝉等取食韧皮部的昆虫传播，造成植物黄化、丛枝、簇生、花变叶、萎缩等症状。茄子是在全世界范围内广泛种植的蔬菜，深受人们的喜爱。茄子植原体是威胁茄子生产的重要病原菌之一，严重时可以造成100%的绝产。茄子被植原体侵染的症状包括小叶、丛枝、簇生、花变叶等。茄子植原体病害已在印度、孟加拉、澳大利亚、日本、伊朗、俄罗斯、巴西等国家发生，但是在中国目前还没有报道。2018 年 4 月，我们在广东省惠州市茄子产区调查时发现 2 株茄子病株，其症状表现为小叶、丛簇、花变叶，非常类似于已报道的茄子在受到植原体侵染后表现出的症状。以植原体 16S rDNA 通用引物 R16mF2/R1、P1/P7 对病株总 DNA 分别进行 PCR 扩增，可以扩增到大小 1. 4 kb 和 1. 8 kb 的片段，对获得的 PCR 片段进行测序，序列比较结果显示，该病原菌 16S rDNA 序列与已报道茄子植原体序列（Genbankaccession number：FN257482）同源率最高，为 99. 67%。系统进化树分析结果显示，该植原体 16S rDNA 序列属于 16SrⅡ-D 亚组，与该亚组其他植原体相比，变异性小。该研究在中国首次报道了茄子植原体病害并对其进行了分子检测，为茄子植原体的预防提供了参考。

关键词：植原体；茄子；分子检测；进化树

---

* 基金项目：广东省特色蔬菜产业技术体系创新团队（2017LM1079）；广东省级现代农业产业技术推广体系建设项目（2017LM4163）

** 第一作者：李正刚，助理研究员，博士；主要从事植物病毒学研究；E-mail：lzaagg@ cau. edu. cn
*** 通信作者：何自福，研究员，博士；主要从事蔬菜病理学研究；E-mail：hezf@ gdppri. com

小麦 F-box 家族蛋白全基因组分类和分析*

李虎滢[1**]，于秀梅[1,2***]，刘大群[2***]
（1. 河北农业大学生命科学学院/河北省植物生理与分子病理学重点实验室，保定 071001；
2. 河北省农作物病虫害生物防治工程技术研究中心，保定 071001）

摘 要：F-box 蛋白是一类含有 F-box 结构域并广泛存在于真核生物中的蛋白家族，在泛素介导的蛋白质水解过程中通过特异识别底物蛋白而参与细胞周期调控、细胞凋亡、细胞信号转导等生命活动。目前，从各种植物中已鉴定出大量的 F-box 蛋白质，拟南芥、水稻和谷子全基因组分别包含 1 000个、687 个和 525 个 F-box 蛋白。目前在小麦中并没有关于全基因组 F-box 蛋白存在数量、类型和染色体定位等的报道。为了鉴定小麦中 F-box 基因家族的潜在成员，首先从 Pfam 下载 F-box 基序（PF00646），采用隐马尔可夫模型（HMM）通过 HMMER3. 0 软件搜索小麦蛋白质组数据库 *Triticum aestivum* v2. 2，获得 2 199条序列。剔除不含有 F-box 结构域的冗余序列，剩余 1 013条序列。对这些序列的 C-末端进行预测，发现多种潜在的参与底物识别的蛋白质相互作用结构域，包括 FBD（5. 73%），FBA（9. 28%），LRR（1. 3%），Kelch（5. 82%），WD-40（2. 67%），Cupin_8（0. 49%），DUF295（1. 87%），PAS_9（0. 29%），Tub（6. 12%），SNF2_N（0. 39%），zf-CW（0. 39%），Helicase_C（0. 19%），PP2（0. 39%），C-末端没有特殊结构域的占 65. 07%。为凸显出 F-box 基序中的保守残基，将上述非冗余序列中的 F-box 结构域进行序列比对，生成 Weblogo，发现小麦 F-box 基序中高度保守的残基是 Leu-8，Ile-17，Leu-21，Pro-29，Trp-44，随后是 Pro-9，Ser-30，Arg-31，Val-40。利用 MapDraw 绘制染色体定位图，发现 1013 条序列随机分布在 42 条小麦染色体上。这些数据为进一步探索目的基因的功能提供了理论依据。

关键词：小麦；F-box 蛋白；生物信息学分析

---

* 基金项目：国家自然科学基金（31301649）；旱区作物逆境生物学国家重点实验室开放课题（CSBAAKF2018008）

** 第一作者：李虎滢，在读硕士研究生，从事植物抗病机理研究；E-mail：527469150@ qq. com

*** 通信作者：于秀梅，副教授，从事植物抗病机理研究；E-mail：yuxiumeizy@ 126. com
刘大群，教授，从事分子植物病理学和植物病害生物防治研究；E-mail：ldq@ hebau. edu. cn

3个梨品种的带病毒与无病毒梨离体植株的生根及移栽成活率比较*

高晓雯[1]，王国平[1,2]，洪　霓[1,2]**
（1. 华中农业大学植物科技学院，湖北省作物病害监测与安全控制重点实验室，武汉　430070；
2. 华中农业大学，农业微生物学国家重点实验室，武汉　430070）

摘　要：苹果茎沟病毒（*Apple stem grooving virus*，ASGV）和苹果茎痘病毒（*Apple stem pitting virus*，ASPV）是侵染我国栽培梨的两种重要病毒，主要通过带病毒繁殖材料调运和嫁接等方式传播。目前防治梨病毒病害的有效方式是培育和栽培无病毒梨苗，茎尖培养是获得无毒梨种质资源的重要方法之一，而提高梨离体植株的生根效率以及移栽成活率是加快离体植株的应用和快速繁育无病毒种苗的一个重要环节。已有研究表明，不同遗传背景的梨离体植株茎尖培养及生根存在较大差异，同时病毒侵染影响梨离体植株的诱导生根。为明确病毒侵染对不同种质梨的生根影响，本研究分别以ASGV单一侵染及ASGV和ASPV两种病毒复合侵染的西洋梨（*Pyrus communis* L.）两个品种‘红茄梨’和‘巴梨’以及单一携带有ASGV的新疆（*Pyrus sinkiangensis* Yü.）‘色尔克甫’的离体植株为研究材料，以这3个梨品种的无病毒离体植株为对照，将带病毒与无病毒离体植株同时置于MS生根培养基培养，于培养5~40d每5d测量一次生根数量、根长及愈伤直径。研究结果表明，病毒对不同品种的梨离体植株生根效率的影响存在较大差异，其中新疆梨‘色尔克甫’的携带有ASGV植株与无病毒植株的生根率和根长有显著差异，生根诱导7d时，两者均形成愈伤组织；至15d时，66%无病毒植株形成幼根，而带病毒植株的生根率仅33%；生根诱导30d时，无病毒植株生根数量和根长均明显高于带病毒植株。ASGV单一侵染及ASGV和ASPV两种病毒复合侵染对西洋梨的两个品种‘巴梨’和‘红茄梨’的生根率、根数、根长和愈伤形成无明显影响。对健壮的梨生根离体植株进行移栽，并在移栽前对植株进行炼苗处理，至40d时统计这些离体植株的移栽成活率，发现‘红茄梨’的带病毒与无病毒离体植株移栽成活率并无显著差异，而新疆梨‘色尔克甫’的无病毒离体植株的移栽成活率为带病毒离体植株的近3倍。这些结果表明，病毒侵染对西洋梨红茄梨’和‘巴梨’及新疆梨‘色尔克甫’具有不同的影响，其中新疆梨‘色尔克甫’对ASGV侵染较敏感，ASGV不仅抑制‘色尔克甫’的诱导生根，而且影响根系发育，从而明显降低离体植株的移栽成活率。

---

* 基金项目：政府间国际科技创新合作重点专项（2017YFE0110900）；农业产业技术体系（CARS-28-15）和中央高校基本科研业务费专项基金资助（2662016PY107）

** 通信作者：洪霓；E-mail：whni@ mail. hzau. edu. cn

内含子镶嵌的 inPTA-Dicer 高效表达 amiRNA 系统的建立

包文化*，哈　达**

（内蒙古大学生命科学学院/牧草与特色作物生物技术教育部重点实验室，呼和浩特　010070）

摘　要：植物体内有一系列基因抵抗病原侵染，以保证植物的正常生长。RNA 干扰（RNA interference，RNAi）是植物针对病毒侵染的一个重要的应答反应。人工微 RNA（artificial microRNA，amiRNA）是一种沉默基因表达的第二代 RNAi 技术，是利用天然 miRNA 的生成和作用原理设计的，以调控生物体内某个基因的表达的基因沉默技术。该技术克服了以往的 RNA 干扰技术易脱靶的弱点，具有很高的特异性。

本实验室之前对本氏烟草 RNAi 通路中抗病毒相关的 10 条基因，设计并构建了含有 amiRNA 的 33 个重组载体。但是在本氏烟草中瞬时表达这些单个 amiRNA 后其相应基因的表达量虽有所下降但 RNA 沉默效率较低。为了克服单个 amiRNA 只能干扰一个位点的缺陷，本课题利用 Golden Gate 克隆技术串联表达了多个 t-RNA 和 amiRNA。此 PTA（Poly-tRNA-amiR）多顺反子表达盒巧妙地利用内源 tRNA 转录时会被两种特异的核酸内切酶（RNaseP 和 RNaseZ）切割的特点，使得被 t-RNA 连接的多个不同的 amiRNA 同时释放出来，达到多位点或多基因同时产生转录后基因沉默效应的目的。

为进一步优化实验方案同时提高 Dicer 蛋白的表达量，获得更显著的 RNA 沉默效率，我们将上述多顺反子（PTA）表达盒嵌入至一种能够产生套索结构的内含子中，再将 Dicer 基因的编码序列插入到下游的第二个外显子处，获得 inPTA-Dicer（intron-PTA-Dicer）杂合基因。inPTA-Dicer 杂合基因利用真核生物内源 mRNA 剪接和 tRNA 加工机制，过表达 Dicer 蛋白进而精确切割出多个 amiRNA。从 inPTA-Dicer 中转录出来的多个 amiRNA 序列各自寻找自己的靶标位点，同一条或多条 mRNA 同时被多个 amiRNA 识别并切割，与此同时，大量的有活性的 Dicer 蛋白切割对初级转录产物 pri-RNA 进行切割，最终产生相对于一个 amiRNA 更为显著的基因沉默效应。

关键词：本氏烟草；RNAi；抗病相关基因；amiRNA；inPTA-Dicer 表达盒

* 第一作者：包文化，女，博士生；E-mail：1123054488@ qq. com

** 通信作者：哈达

寄生基因 *TVPirin* 和 *TVQR*1 在向日葵列当吸器形成中的功能研究

江正强，哈 达

（内蒙古大学生命科学学院/内蒙古自治区牧草与
特色作物生物技术重点实验室，呼和浩特 010070）

摘 要：向日葵列当（*Orobanche cumana* Wallr）是一年生全寄生的草本植物，寄生在向日葵的根部。列当病是全世界范围内向日葵最大病害之一。之前的研究报道了一些与寄生相关的基因，*TvPirin*（一种调节吸器诱导因子响应和非响应的转录因子）和 *TvQR*1（编码醌氧化还原酶）是寄生过程中吸器形成的关键基因。本研究通过高通量的转录组测序，在转录组数据中发现了 2 个与 *TvQR*1 基因同源的基因，克隆 *TvQR*1 的同源基因，同时建立向日葵列当的寄生体系，通过 VIGS 方法使 *TvQR*1 的同源基因低表达或不表达，观察吸器发生的情况。

关键词：向日葵列当；吸器；转录组测序；*TvPirin*；*TvQR*1

本氏烟草 rdr6 和 dcl2,4 突变体纯合体的筛选和鉴定

王 月，哈 达*

（内蒙古大学生命科学学院/内蒙古自治区牧草与
特色作物生物技术重点实验室，呼和浩特 010070）

摘 要：RNA 干扰（RNA interference，RNAi）是存在于酵母、植物、动物中基因转录后沉默作用（post-transcriptional gene silencing，PTGS）的重要机制之一。一些 21~23nt 双链 RNA（double-strand RNA，dsRNA）导入到宿主体内后，可以阻断宿主体内一些基因的表达，将靶 mRNA 切割成小的序列，细胞将表现新的表型，这些双链 RNA 既可以来自体外也可以来自体内。在 RNA 干扰中 RNA 依赖型的 RNA 聚合酶（RNA-directed RNA polymerase，RdRp）和核糖核酸内切酶（Dicer-like，dcl）起着重要作用。

本研究采用 T-DNA 法对 *DCL2*、*DCL4*、*RDR6* 基因进行插入突变，这些基因与植物的抗病性相关。通过提取本氏烟草 rdr6 和本氏烟草 dcl2,4 的基因组 DNA 以及聚合酶链式反应（polymerase chain reaction，PCR）鉴定，现已成功筛选出本氏烟草 rdr6 和 dcl2,4 突变体纯合体。通过农杆菌（Agrobacterium）GV3101 介导的瞬时表达实验，采用摩擦法将烟草花叶病毒（tobacco mosaic virus，TMV）涂抹到野生型烟草 NC89、本氏烟草 rdr6 及本氏烟草 dcl2,4 的叶片表面，发现 *DCL2*、*DCL4*、*RDR6* 基因的下调对本氏烟草抗烟草花叶病毒的能力没有影响。

关键词：RNA 干扰；农杆菌介导法；RNA 依赖型的 RNA 聚合酶；核糖核酸内切酶 dicer

---

* 通信作者：哈达

褪黑素增强农杆菌介导植物转化机理的研究

左田田，哈　达
（内蒙古大学生命科学学院，呼和浩特　010070）

摘　要： 褪黑素（*N*-乙酰基-5-甲氧基色胺），是一种由松果体分泌的一种小分子激素，在动物体内广泛存在，后研究发现褪黑素普遍存在于高等植物的根、茎、叶、种子等器官中，但是在植物中的功能研究尚在起步阶段。本研究在250mmol/L NaCl处理的紫花苜蓿种子中外源施加25μmol/L的褪黑素，结果显著提升了发芽率及其形态指标（根长、苗长、鲜重、干重）。初步确定了褪黑素对NaCl胁迫下紫花苜蓿种子的萌发表现出恢复作用。这是由于外源褪黑素具有高效的活性氧清除功能，作为抗氧化剂来缓解NaCl胁迫导致的氧化胁迫。

农杆菌介导的植物转化，由于氧化反应导致植物组织褐变（TB）甚至导致细胞死亡，因此需要加入抗氧化剂来减少氧化反应，进而提高转化效率。因此想要通过外源施加褪黑素，参与农杆菌介导的植物遗传转化，来减少植物组织褐变和细胞死亡而不影响T-DNA整合，增加植物的稳定转化效率。

关键词： 褪黑素；抗氧化剂；农杆菌；转化效率

槟榔“黄化”症状的原因分析*

唐庆华**，宋薇薇，牛晓庆，覃伟权***
（中国热带农业科学院椰子研究所，文昌 571339）

摘 要：槟榔黄化病是一种毁灭性植原体病害，于20世纪80年代在屯昌县首次发现，由于尚无有效控制方法，该病现已给中国（主要分布于海南省）槟榔产业造成了严重威胁。然而，近年来发现海南省各市县槟榔“黄化”现象普遍发生，由于广大农户缺乏槟榔病虫害和营养等相关知识，错误地将其全部归结为槟榔黄化病，致使失去槟榔种植管理信心，甚至“谈黄色变”。为此，有必要系统分析生产上导致“黄化”的原因从而对症下药，采取相应的控制措施。调查发现导致槟榔“黄化”的因素很多，可分为生物因素和非生物因素两大类。生物因素主要有槟榔黄化病、炭疽病、细菌性叶斑病、鞘腐病、藻斑病、椰心叶甲、红脉穗螟、椰子织蛾、蚧壳虫等，非生物因素主要是缺素、肥害、水害等引起。此外，生产中除草剂问题也很多，但其与槟榔“黄化”的相关性尚需实验证据。目前，亟须解决的问题：①通过培训、宣传等手段促使广大农户转变观念，加强田间管理，重视水肥供给，使种植模式由粗放型转变为精细型；②加强椰心叶甲、红脉穗螟、炭疽病等病虫害的防治；③强化槟榔黄化病科研攻关和综合治理技术研究；④科学、合理地施用除草剂。

关键词：槟榔“黄化”现象；槟榔黄化病；椰心叶甲；红脉穗螟；种植模式

---

* 基金项目：中国热带农业科学院基本科研业务费专项：槟榔产业技术创新团队-槟榔病虫害综合防控技术研究（1630152017015）；海南省农业厅重点项目：槟榔黄化症状的发病原因研究

** 第一作者：唐庆华，男，博士，助理研究员，研究方向为植原体病害综合防治及病原细菌-植物互作功能基因组学；E-mail：tchuna129@ 163. com

*** 通信作者：覃伟权，男，研究员；E-mail：QWQ268@ 163. com

“治未病”让植物更强壮更健康*
——作物免疫机理研究及其实践探索

丁新华**
（作物生物学国家重点实验室/山东农业大学，泰安　271018）

2015年2月17日，原农业部（现农业农村部）印发了《到2020年化肥使用量零增长行动方案》和《到2020年农药使用量零增长行动方案》，围绕“稳粮增收调结构，提质增效转方式”的工作主线，大力推进化肥减量提效、农药减量控害，积极探索产出高效、产品安全、资源节约、环境友好的现代农业发展之路的建设；十九大报告指出：“坚持节约资源和保护环境的基本国策，像对待生命一样对待生态环境”“实施食品安全战略，让人民吃得放心”“强化土壤污染管控和修复，加强农业面源污染防治”。这些方案或报告为我们指明了持续的土壤修复、环境保护、食品安全的未来农业产业发展之路。

我国粮食实现了“十三连增”，综合能力显著提高，但我国面临的粮食安全挑战不断加大，具体表现在以下几方面。

第一，过量使用化学肥料和农药，利用率低。农业面源污染已经成为我国的主要污染源，农药化肥过量使用是我国农业面源污染严重的主要原因。

第二，我国幅员辽阔，自然灾害频发，非生物胁迫带来巨大损失。非生物胁迫因素如低温、干旱、盐碱等对作物生长影响很大，是作物减产甚至绝产的最大因素。

第三，复种指数高，连作障碍严重。我国耕地少，人口多，过高的复种指数，导致连作障碍严重，有益微生物缺失，作物产量持续走低。

生态环境和食品安全与人民生活息息相关。当下，人们对生态产品的需求越来越迫切。在过量施用化肥农药带来的生态问题日益突出的今天，寻找更为安全高效的植物病害防治方式，就显得尤为重要。“上工治未病”，植物病害治理同样如此。如何增强植物免疫力，提高植物的抗病性，让植物自身更“强壮”更“健康”是当前迫切需要解决的问题。本课题组致力于通过植物遗传改良以及小分子诱抗物质的利用来提高植物的抗病性，从而达到病害绿色防控的目的。

1　通过植物抗性基因鉴定及分子遗传改良来提高植物自身免疫力

病害是影响农作物产量的主要因素之一。利用植物抗病性是最经济有效的病害防治方式，绿色、生态和安全。同人和动物一样，长期的进化使植物具备抵抗病原侵害的基因资源。遗传育种培育更好的作物品种，必须具备基因资源，“没有基因资源，遗传育种就无从谈起。而植物的抗病性主要分为两类：质量抗性和数量抗性，人们对农作物抗病的分子机理尤其是数量抗性的分子机理了解非常有限。”通过发掘植物中参与质量和数量抗性调控的基因，研究作物抗病调控的分子机理，来回答如何高效利用抗性基因资源改良作物的科学问题，以期为作物抗病品种的培育提供基因资源和新方法。

---

*　基金项目：山东省自然科学杰出青年基金（JQ201807）；山东省农业重大应用技术创新项目
**　通信作者：丁新华，教授，主要从事植物-微生物相互作用研究；E-mail：xhding@ sdau. edu. cn

2 通过植物源小分子物质（植物免疫诱抗剂）激发植物的免疫力

植物的次生代谢调控会产生一些小分子物质：多酚、萜类、植保素等，在植物对病原和逆境的抵抗中起着重要的作用。比如类黄酮，芦丁是其中的一种，喷施芦丁可以激发植物的防卫系统，提高植物对多种病害和虫害的抗性。鉴定植物中天然产物在激发植物免疫中的作用及其调控机制，培育植物生物反应器来工业化生产这些天然化合物，并通过提取纯化技术获得天然化合物来开发植物源药物用于病害的绿色防控。

3 通过微生物源小分子物质（植物免疫诱抗剂）激发植物的免疫力

来源于生长在自然环境恶劣、土壤贫瘠的万亿年野生植物的内生菌产生的次生代谢物，它能直接或者间接的激发植物优良基因的表达，启动植物免疫系统，使植物能主动应对逆境，提高作物抵抗低温、盐碱、干旱等逆境的能力和抗病能力，促进根系发育，保花保果，提高养分的吸收利用率，增加土壤有益微生物菌群，缓解重茬病害。

当前国内和国际植物诱抗剂市场都处于初期，价格相对较高，产品宣传力度不够，生产企业市场开发、拓展能力不强，农业及相关产业用户对相关产品知之甚少，对其应用效果没有充分认识，这造成一方面用户对相关产品有非常大的市场需求，另一方面，受物质活性和生物提取原料来源的限制，生产植物免疫诱抗剂企业的产能和产量都比较小，产品销售不顺畅。总体情况，国际市场的情况好于国内市场，日本、德国等国家已经对相关产品有所认识和了解，并逐步应用到农业生产中，产品的用量也在一步步增加，而在国内产业化应用则较少。

近年来，随着微生物代谢工程的兴起，对植物基因表达调控方面的一些高活性化合物不断从微生物中发现，这些化合物揭示了植物与微生物质检长期共同进化关系，同时也为我们开发新型生物农药提供了思路。相关的化合物经过亿万年的自然选择，不仅活性高且安全环保，通过调整逆境中植物基因表达，使植物得以在逆境中健康生长。这些化合物在农业生态系统中极度缺乏，有望解决农业生态系统中土壤退化、气候剧变等灾害影响作物的生长问题。

根据 Transparency Market Research 新发布的报告《全球植物生长调节剂市场报告（2013—2019）》显示，2012 年全球植物生长调节剂的需求价值为 33.6 亿美元，并有望在 2019 年达到 59.362 亿美元，年复合增长率达 8.5%。全球化程度的提升以及对种植利润的需求将从多方面迫使农化行业进行重大转变，各公司将重点开发创新且危害较小的植物生长调节剂等植保产品。环境友好型的植物生长调节剂迎来新的发展机遇。

前期带领研究团队校企联合成功研发了超高活性植物免疫诱抗剂，商品名“智能聪”。该物质是一种来源于植物内生真菌基于生物质的新材料，具有促进植物生长、增加作物产量、提高抗病性、增强抗逆性等作用；对农作物普遍有效；可以提高肥料的利用率（化肥利用率提高 40% 以上），并减少农药的使用。和国外进口的生物刺激素标杆产品对比发现，“智能聪”优于同类产品；且性价比高，在农业上的应用潜力巨大。“智能聪”在山东以及河北、内蒙古、黑龙江、新疆等地开展了应用示范和推广，面积超过 100 万亩，效果优良，得到种植农户高度评价，取得了良好的经济、社会和生态效益。

4. 铜制剂农药的病害防治新机理解析和缓释新型铜制剂的研发

铜制剂（波尔多液）是一种使用量最大的广谱性杀菌剂，也是应用历史最为悠久的一种杀菌剂，现在仍然在被大量过量使用。经典的理论明确了铜离子通过直接抑菌而发挥作用，然而生产上发现了大量的抗铜突变病原。虽然抗铜，但喷施铜制剂仍能有效防控。为解释这一科学问题，我们提出了铜离子可以激发植物免疫反应的假说。通过试验证明了铜离子在极低浓度下

（纳摩尔）可以激活植物免疫反应提高作物抗病性，揭示了铜离子杀菌功能的另一面，阐明了铜制剂这种广谱杀菌剂，且能被长期、有效使用的机理；同时解释了从硫酸铜-波尔多液-氢氧化铜发展过程中“缓释”的作用机理。为铜制剂的减量施用奠定了科学基础，为缓释铜制剂的开发应用提供了技术支撑。

关键词：治未病；植物免疫；作物健康；抗病基因；免疫诱抗剂

烟草丛顶病毒 RdRp 介导的体外复制的对比研究*

于成明**，逯晓明，耿国伟，原雪峰***
（山东农业大学植物保护学院植物病理系/山东省农业微生物重点实验室，泰安 271018）

摘　要：烟草丛顶病毒（*Tobacco bushy top virus*，TBTV）属于番茄丛矮病毒科幽影病毒属。TBTV 基因组是一条（+）ssRNA，全长由 4 152个核苷酸组成，有 4 个可读框（ORF），编码 4 个蛋白，5′端缺乏帽子结构（m7GPPPN），3′末端也不带 poly（A）尾。TBTV 的 RNA 依赖 RNA 聚合酶（RdRp）是 ORF1 通过-1 位移码机制表达，其分子量约等于 ORF1 和 ORF2 的分子量之和。

原核表达 TBTV RdRp，并利用其融合的 MBP 标签进行纯化，纯化后 MBP-RdRp 可特异性识别 TBTV 正链和负链的 3′末端序列，实现对模板链的体外复制；并且对正负链的 3′末端的体外复制效率存在差异性，对负链 3′末端的复制效率约是对正链 3′末端复制效率的 3~5 倍。通过对 TBTV 正链 3′末端的定点突变结合体外复制分析，初步确定了以正链 RNA 为模板合成负链的核心调控区域。通过 TBTV 不同分离物 TB-JC，TB-MDI，TB-MDII 的 RdRp 介导的体外复制效率的比较，发现 TBTV 不同分离物的 RdRp 活性具有一定的差异性。本研究创建的 TBTV RdRp 介导的体外复制体系即比较研究为进一步研究 TBTV 基因组复制调控奠定了基础。

关键词：烟草丛顶病毒；RNA 依赖 RNA 聚合酶；体外复制

---

* 基金项目：国家自然科学基金资助项目（31670147；31370179）；山东省“双一流”建设资助（SYL2017XTTD11）
** 第一作者：于成明，山东平阴人，博士后，主要从事分子植物病毒学研究；E-mail：ycm2006. apple@ 163. com
*** 通信作者：原雪峰，教授，博士生导师，主要从事分子植物病毒学研究；E-mail：snowpeak77@ 163. com

Multiplex RT-PCR simultaneous detection technology for two quarantine pathogens in watermelons: *Cucumber green mottle mosaic virus* and *Acidovorax citrulli*[*]

Bi Xinyue[**], Yu Haibo, An Mengnan, Li Ri, Xia Zihao[***], Wu Yuanhua[***]

(*College of Plant Protection*, *Shenyang Agricultural University*, *Shenyang* 110866, *China*)

Abstract: Two major quarantine diseases, watermelon blood flesh disease caused by *Cucumber green mottle mosaic virus* (CGMMV) and bacterial fruit blotch caused by *Acidovorax citrulli*, are widespread in watermelon production areas and result in considerable economic losses to global watermelon production. In this study, we aimed to establish a multiplex RT-PCR system for simultaneous detection of CGMMV and *A. citrulli* in watermelon using the genome of CGMMV, the internal transcribed spacer (ITS) of *A. citrulli*, and the gene sequence of watermelons elongation factor-1α (*EF*-1α). Three bands for CGMMV (756bp), watermelon *EF*-1α (540bp), and *A. citrulli* (248bp) were detected after amplification. The detection system had high sensitivity and could detect up to a dilution of 1×10^{-4} from reverse transcription products of total nucleic acids. pplications in the examination of watermelon seedlings in the field and to perform a rapid and early molecular diagnosis. Therefore, the significance of the multiplex RT-PCR detection system we established lies in achieving shorter detection time, lowering the experimental cost, reducing environment pollution and providing theoretical basis and technical support for the monitoring, prediction and prevention of two kinds of quarantine disease.

Key words: Multiplex RT-PCR; Watermelons; *Cucumber green mottle mosaic virus*; *Acidovorax citrulli*; Molecular diagnosis

---

* Funding: Shenyang Science and Technology Project – Research on Pathogenic Mechanisms and Key Prevention and Control Technologies of Major Quarantine Diseases: Watermelon Fruit Blotch and Blood Flesh Disease (project No. 17-146-3-00)

** First author: Bi Xinyue; E-mail: mj_bxy@163. com

*** Correspondence author: Xia Zihao; E-mail: zihao8337@syau. edu. cn

Wu Yuanhua; E-mail: wuyh7799@163. com

褐色橘蚜全蛋白双向电泳体系的建立及条件优化

刘莹洁，王瑛丽，王　琴，杨方云，周常勇，周　彦
（西南大学/中国农业科学院柑桔研究所，重庆　400712）

摘　要：为建立有效分离褐色橘蚜（*Toxoptera citricida*）全蛋白的双向电泳体系，进而筛选鉴定褐色橘蚜中与柑橘衰退病毒（*Citrus tristeza virus*，CTV）结合的蛋白受体。通过比较、改进饱和酚抽提法、三氯乙酸（trichloroacetic acid，TCA）/丙酮沉淀法、直接裂解液法和 Tris-HCl 法，同时对电泳上样量、聚焦条件和固相 pH 梯度（immobilized pH gradient，IPG）胶条等方面进行条件优化。结果发现，不同提取方法获得的全蛋白存在显著差异，其中 TCA/丙酮沉淀法和直接裂解液法获得的蛋白浓度分别为（4.25±0.40）μg/μL 和（4.03±0.46）μg/μL，显著高于饱和酚抽提法和 Tris-HCl 法，且 TCA/丙酮沉淀法所提取的蛋白种类丰富度最高，适用于提取褐色橘蚜全蛋白。采用该抽提方法时，当蛋白上样量为 100μg 时所得蛋白质点多，分辨率高，背景清晰。同时进行除盐 3 h，等点聚焦量 45 000V · h，并选用 pH 值=3~10 非线性 IPG 胶条，横向拖尾现象少，蛋白点相对清晰，分布均匀。本研究所建立的双向电泳体系，结合银染，可从褐色橘蚜全蛋白中识别出（1 264±32）个蛋白点，且重复性研究匹配率高，可用于后期褐色橘蚜蛋白质组学研究。

关键词：褐色橘蚜；全蛋白提取；双向电泳；条件优化

Development and application of specific SSR primers for *Malus sieversii* and cultivated apple*

Yu Shaoshuai**, Zhao Wenxia***, Yao Yanxia, Huai Wenxia, Xiao Wenfa

(*Key Laboratory of Forest Protection of State Forestry Administration*, *Research Institute of Forest Ecology*, *Environment and Protection*, *Chinese Academy of Forestry*, *Beijing* 100091, *China*)

Abstract: The SSR primers with specific, stable and polymorphic genes were designed and screened with the encoding gene sequences of Xinjiang wild apple (*Malus sieversii*) or cultivated apple resistance related proteins according to the complete genome sequencing of the completed genome of the cultivated apple. The newly developed SSR primers were screened and detected by PCR amplification and gene sequencing. Fifteen SSR specific primers could be used to amplify specific, stable and polymorphic SSR bands in *M. sieversii* and cultivated apple, and 8 specific primers of SSR could only amplify SSR stripe specifically in cultivated apples. 290 samples of *M. sieversii* and cultivated apple were amplified and total 69 alleles were obtained using the 15 pairs of specific SSR primers. There is a close genetic relationship between *M. sieversii* and cultivated apple. The genetic diversity of *M. sieversii* is rich with a genetic differentiation coefficient of 0. 248 6 and a gene flow of 0. 755 8. The *M. sieversii* from Xinyuan and Gongliu, is clustered in an evolutionary branch. The cultivated apple and the red meat apple collected from Xinjiang are clustered in an evolutionary branch. The number of alleles amplified by different SSR loci was distinct and the frequencies of different alleles in the same microsatellite loci in different *M. sieversii* or cultivated apple groups were significantly different. 15 pairs of specific SSR primers revealed the genetic diversity and phylogenetic relationship of *M. sieversii* and cultivated apples and the possible effects of genetic variation on the biological functions of *M. sieversii* and cultivated apple, exploring the genetic variation associated with resistance to *M. sieversii*.

Key words: *Malus sieversii*; Microsatellite markers; Genetic variation; Stress resistance

---

* Funding: National Key R&D Plan (2016YFC0501503)

** First author: Yu Shaoshuai, PhD, engaged in Plant Pathology; E-mail: hzuyss@163.com

*** Corresponding author: Zhao Wenxia, Prof, engaged in Forest Pest Quarantine & Forest Pathology; E-mail: zhaowenxia@caf.ac.cn

Genome-wide identification of aquaporin gene family in wheat and their roles in responding to salt and drought stress*

Yang lei, Zhang Huili[1], He Yiqin[1], He xiaohang[1], Yin Junliang[1]**, Ma Dongfang[1,2]**

(1. *College of Agriculture*, *Yangtze University*, *Jingzhou* 434025, *China*;

2. *State Key Laboratory of Biology of Plant Diseases and Insects*, *Institute of Protection*, *Chinese Academic of Agricultural Sciences*, *Beijing* 100193, *China*)

Abstract: Aquaporins (AQPs) are used to selectively control the flow of water and other small molecules through biological membranes and are essential for several physiological processes in the organism. Many studies have linked plant aquaporins to many processes such as nutrient collection, carbon dioxide transport, plant growth and development, and response to abiotic stresses. wheat is the most important food crop planted worldwide, and the effects of drought and salt stress on the growth and yield of wheat in the main producing areas are also becoming more and more serious. In this study, we identified 144 TaAQPs based on the wheat genome sequence. Analysis of conserved motifs revealed that all TaAQPs contain a typical AQP-like or major intein (MIP) domain. The qRT-PCR analysis showed that the expression of TaAQPs increased when wheat received salt and drought stress. Taken together, this study identified a number of excellent abiotic stress response candidate TaAQPs. These genes can lay a solid foundation for the genetic improvement of wheat varieties.

Key words: Aquaporin (AQP); Abiotic stress; Expression analysis; Gene expression

* Funding: This work was supported by the National Key R & D Foundation (2018YFD0200500)

** Corresponding authors: Ma Dongfang; E-mail: madongfang1984@ 163. com

Yin Junliang; E-mail: xbnlzyx@ 163. com

小麦 SNRK 基因家族的全基因组分析及其功能研究

何艺琴[1]，杨　蕾[1]，黄文娣[1]，何小行[1]，马东方[1,2]*
（1. 主要粮食作物产业化湖北省协同创新中心/长江大学农学院，荆州　434025；
2. 植物病虫害生物学国家重点实验室/中国农业科学院植物保护研究所，北京　100193）

摘　要：小麦是全世界范围内最主要的粮食作物之一，占人类总消费量一半以上。小麦在全球范围内种植，地理环境复杂，多发自然灾害。其中，干旱、盐碱及极端温度等不良环境因素严重威胁小麦粮食生产安全，导致小麦减产严重，故提高小麦对胁迫的抵抗能力十分重要。本研究从生物信息分析入手，利用已知的水稻、拟南芥、玉米中的调控胁迫相关基因家族蔗糖非发酵相关蛋白激酶（Sucrose Non-fermenting-1- related Protein Kinase，SNRK）对小麦基因组进行搜索。对 Blast 结果进行标准筛选，并对筛选的基因序列、蛋白质生理生化特征进行分析。将筛选结果构建系统发育树来确定各基因在小麦基因组中 snrk 的分类地位。最后利用荧光定量对 NaCl、甘露醇、PEG、条锈病等 4 种胁迫进行具体分析以初步确定 SNRK 基因家族在小麦胁迫调控中扮演的角色。

关键词：snrk；胁迫；小麦基因组

* 通信作者：马东方

Differential expression of rice VQ protein gene family in response to nitric oxide and the regulatory circuit of VQ7 and WRKY24*

Wang Haihua[1,2], Xiao Ting[1], Meng Jiao[1],
Tao Zong[1], Peng Xixu[1,2**], Zhou Dinggang[1,2], Tang Xinke[1]
(1. *School of Life Science, Hunan University of Science and Technology, Xiangtan* 411201, *China*;
2. *Key Laboratory of Integrated Management of the Pests and Diseases on Horticultural Crops in Hunan Province, Xiangtan* 411201, *China*)

Abstract: The functional diversity of plant-specific VQ proteins are closely associated with their partners WRKY transcription factors, and with a complex network of signaling pathways that mediated by hormone molecules. However, no information is available about the expression patterns of VQ genes modulated by nitric oxide (NO), thus posing a hindrance to defining the mechanisms underlying the involvement of VQ proteins in NO signaling pathway. Herein, we report genome-wide expression profiles of the differentially expressed rice VQ genes under NO treatment based on a microarray analysis. Cluster analysis of expression patterns revealed that some VQ genes and WRKY genes share similar expression trends. Prediction of *cis*-elements shows that W-box, or W-box like sequences are overrepresented within the promoters of most of the NO-responsive VQ genes. In particular, the similarly expressed *VQ*7 and *WRKY*24 showed great induction upon NO triggering. Transient expression assay demonstrated that WRKY24 specifically bound to the promoter regions of *VQ*7 and *WRKY*24 itself, which contain a multiple of copies of W-box or W-box like *cis*-elements. Yeast-two-hybrid assay indicated WRKY24 could interact physically with VQ7 through the C-terminal WRKY domain. Thus, VQ7 and WRKY24 formed an auto- and cross-regulation circuit that is required for tight regulation and fine-tuning of physiological processes they are involved in. These findings provide a solid foundation for exploring the specific functions of VQ protein family in NO signaling pathway.

Key words: VQ proteins; Expression profiles; WRKY transcription factors; Nitric oxide; Regulatory circuit; Rice

---

* Funding: This research was funded by National Natural Science Foundation of China (No. 31301617), Project of Hunan Provincial Natural Science Foundation (No. 2016JJ3060), and Project of Scientific Research Fund of Hunan Provincial Education Department (No. 15K045)

** Corresponding author: Peng Xixu

中国不同地区泡桐越冬休眠枝的植原体检测和组织培养研究*

孔德治[1**]，田国忠[1]，张文鑫[1]，于少帅[1]，王圣洁[2]，宋传生[3]，林彩丽[1***]
（1. 中国林业科学研究院森林生态环境与保护研究所/
国家林业局森林保护学重点实验室，北京 100091；
2. 中国林业科学研究院热带林业研究所，广州 510000；3. 菏泽学院，菏泽 274007）

摘　要：泡桐（*Paulownia* spp.）是我国重要的速生用材树种，其自然分布范围较广，横跨亚热带与暖温带地区，涵盖了9个种、变种及丰富的遗传变异类型。而由植原体引起的泡桐丛枝病是危害泡桐的主要病害之一。前期的研究检测到不同地区发病泡桐体内的植原体株系之间存在着明显的分子变异，但尚不清楚这些遗传变异是否与病害发生与流行相关。本研究通过对不同株系、生境的发病泡桐越冬枝条外植体的组织培养获得不同遗传背景的植原体—寄主共生体，旨在阐明泡桐丛枝植原体不同株系间的致病性变异及其与寄主的互作关系。本研究分别从福建、四川、浙江、江苏、山西、陕西以及北京等地调查采集到不同品种的感病泡桐越冬休眠枝，进行室内水培试验，然后用水培萌发的嫩枝芽作为外植体进行组织培养。同时以新鲜叶片提取的总DNA为模板，进行植原体16S rDNA的直接PCR、巢式PCR和*tuf*-LAMP检测。结果显示：中国不同地区泡桐丛枝病发生程度差异很大，其中华北和黄淮海地区危害较重，南方地区危害较轻。各地采集的越冬存活病枝大多能水培萌芽，且部分病枝萌条即表现小叶和腋芽萌生等病状。对新鲜叶片样品提取的DNA采用常规的直接PCR检测，其产物均未检测到植原体的存在，而巢式PCR检测到部分样品植原体的繁殖；以本实验室建立的16SrⅠ-LAMP检测方法，同样检测到部分样品植原体的繁殖，进一步验证了巢式PCR检测结果。以休眠枝萌条和直接采自野外发病新鲜枝条作为外植体分别进行组织培养，发现来源于休眠枝萌条外植体的组培污染程度较轻，易于组培成功；根据外植体组培实验观察记录发现，升汞消毒时间控制在8~10min为宜。现已成功获得的福建、四川、江苏三省的泡桐带毒外植体组培苗中，部分组培苗已表现出植原体感染的典型丛枝、小叶症状。根据本研究初步推断我国不同株系、生境的泡桐丛枝植原体都能够在树枝部顺利越冬存活，次年随嫩枝萌芽而运转繁殖致病，而不必运转至地下根部越冬。为下一步对不同菌株组培苗的致病性的差异研究奠定基础。

关键词：泡桐丛枝病；植原体；16S rDNA；休眠枝；组织培养；LAMP检测

---

* 基金项目：国家重点研发计划子课题“泡桐丛枝植原体扩散流行的生态适应性与分子基础研究（2017YFD0600103-3）”
** 第一作者：孔德治，男，硕士研究生，主要从事植物病理学研究；E-mail：419187550@qq.com
*** 通信作者：林彩丽，博士，博士，主要从事森林病理学研究；E-mail：lincl@caf.ac.cn

苦豆子内生真菌诱导子 $XKZKDF_{11}$ 对LDC基因表达的影响*

闫思远**，孙牧笛，顾沛雯***
（宁夏大学农学院，银川 750021）

摘 要：内生真菌诱导子作为一种的化学信号，可诱发植物细胞产生一系列生理生化效应，诱导特定的基因表达，激活次生代谢途径中关键酶的活性，最终导致次生代谢产物的含量发生变化。本研究以苦豆子组培苗为研究对象，在内生真菌诱导子 $XKZKDF_{11}$ 的作用下，分析在不同诱导时间下，LDC基因表达与主要信号分子NO、SA和JA含量及主要活性成分OMA的关系。结果表明：内生真菌诱导子 $XKZKDF_{11}$ 明显促进了宿主中LDC基因的表达，且在各个诱导时间段内，都高于同时期的对照组。在诱导0~12天内，LDC基因表达量和OMA含量持续增长，在第12天时达到顶峰。结合宿主中信号分子的变化情况，发现诱导处理期间JA与LDC基因表达量基本保持同步变化，推测JA参与介导内生真菌诱导子 $XKZKDF_{11}$ 促进LDC基因的表达。

关键词：内生真菌诱导子；LDC基因；信号分子

* 基金项目：国家自然科学基金项目——苦豆子内生真菌促进宿主喹诺里西啶生物碱合成积累的机制研究（31260452）
** 第一作者：闫思远，硕士，生物防治与菌物资源利用；E-mail：2047277674@ qq. com
*** 通信作者：顾沛雯，教授，主要从事植物病理学研究；E-mail：gupeiwen2013@ 126. com

Expression profile and cloning of genes encoding PP2A subunits of *Nicotiana benthamiana**

Chen Xiaoren**, Huang Shenxin, Zhang Ye, Li Yanpeng, Che Tong, Ji Zhaolin

(*College of Horticulture and Plant Protection*, *Yangzhou University*, *Yangzhou* 225009, *China*)

Abstract: Ser/Thr protein phosphatase 2A (PP2A), consisting of a catalytic subunit C, a scaffold subunit A, and a highly variable regulatory subunit B, plays important roles in cellular processes in organisms. However, its role in plant disease resistance is obscure. In the present study, the genes encoding PP2A subunits of *Nicotiana benthamiana* were obtained by searching its genome database using *Arabidopsis thaliana*, common tobacco, tomato and rice PP2A subunit sequences as queries. Real-time RT-PCR was performed to determine the expression pattern of six selected genes during an infection period of *N. benthamiana* by *Phytophthora capsici* (0, 8, 24, 72h post-inoculation), and of two PP2A-A genes in different plant tissues (root, stem, leaf, flower and seed). It turned out that most of the genes demonstrated significant up-regulation during the infection stage relative to the un-infected control. The most significant up-regulation was observed for *NbPP2Ac*-4 during the infection course. PP2A-A genes (*NbPP2Aa*-1, *NbPP2Aa*-2) showed significantly higher expression level in stem, leaf, flower and seed than in root. These two PP2A-A genes were cloned with full length from *N. benthamiana* and its relative bell pepper. Sequence analysis showed that α- and η-helices are the main components of their secondary structure. They possess conserved domains such as HEAT_2 and show high similarity to the homologues of PP2A-A in other plant species and human. This study provides essential experimental data for elucidating the roles of PP2A-A subunit in plant resistance against diseases.

Key words: Protein phosphatase 2A; Plant disease resistance; Transcriptional level; Domain; *Phytophthora capsici*

---

* Funding: This work was supported by the National Natural Science Foundation of China (31671971), the Natural Science Foundation of Yangzhou City (China) (YZ2016121), the Special Fund for Agro-Scientific Research in the Public Interest of China (201303018) and the Yangzhou University 2016 Project for Excellent Young Key Teachers

** Corresponding author: Chen Xiaoren; E-mail: xrchen@ yzu. edu. cn

水稻转录因子 WRKY46 和 WRKY72 的重组表达和纯化

蒋青山*，程先坤，彭友良，刘俊峰**
（中国农业大学植物保护学院植物病理学系，北京 100193）

摘　要： WRKY 转录因子是高等植物中一类广泛存在的转录因子，参与调控很多生物反应，如调控植物生长发育、形态建成、代谢调控和抗逆境信号转导途径建立。OsWRKY46 和 OsWRKY72 分别属于水稻中第Ⅲ组（1 个典型的 WRKY 结构域和 C2HC 型锌指结构）和第Ⅱ组 WRKY 转录因子（1 个典型的 WRKY 结构域和 C2H2 型锌指结构）。前人的研究发现 WRKY46 可以抵抗非生物和生物胁迫、介导油菜素内酯（BR）调节的干旱反应；WRKY72 直接参与防卫反应中的信号通路、正向调节脱落酸诱导型 HVA22 启动子。WRKY46 和 WRKY72 在水稻抗病和抗虫反应中可能存在不同的调节机制，解析它们的结构将为探究不同类型 WRKY 转录因子在水稻调节抗病虫害的机制提供结构基础。

本研究利用原核表达系统，将编码 OsWRKY46 和 OsWRKY72 的全长基因分别构建到不同的表达载体，并将构建好的载体转化到大肠杆菌 Bl21（DE3）、Rosetta-gami（DE3）等不同的表达菌株中，经 IPTG 诱导目的蛋白的表达来筛选到合适的表达体系。并通过亲和层析、离子交换层析和凝胶过滤层析等技术纯化符合晶体生长要求的蛋白样品。利用气相扩散法对纯化好的蛋白样品进行大量晶体生长条件的筛选，以期获得蛋白晶体，进而为解析其结构和分析其结合 DNA 发挥功能的机制提供结构学数据和基础。

关键词： OsWRKY46；OsWRKY72；原核表达；蛋白纯化

* 第一作者：蒋青山，硕士研究生，植物保护专业；E-mail：jiangqs19@163.com
** 通信作者：刘俊峰，教授；E-mail：jliu@cau.edu.cn

水稻E3泛素连接酶APIP6 RING结构域的表达纯化和结构解析

刘　洋，张　鑫，程希兰，刘俊峰
（中国农业大学植物保护学院植物病理系，北京　100193）

摘　要：由稻瘟病菌（*Magnaporthe oryzae*）引起的稻瘟病是世界各水稻产区普遍发生、危害极大的真菌病害，也是我国及全球水稻安全生产和粮食安全供给的重要威胁之一。因此，深入研究水稻抗病分子机制，对于开展水稻抗病遗传育种及保障水稻安全生产等方面具有重要指导意义。

APIP6（AvrPiz-t Interacting Protein 6）作为一种水稻E3泛素连接酶，参与水稻识别无毒效应蛋白AvrPiz-t后的抗病过程，其中APIP6催化结构域RING在与水稻E2泛素结合酶互作及泛素传递过程中起重要作用。本研究通过解析APIP6 RING结构域的结构为探究APIP6与水稻E2泛素结合酶互作提供结构基础，首先将编码RING结构域的DNA片段克隆到原核表达载体中，利用大肠杆菌异源表达RING结构域；通过亲和层析、分子排阻层析等手段对表达的目的蛋白进行纯化，获得纯度较高且均一的目的蛋白；利用气相扩散法筛选目的蛋白的最适结晶条件，最终获得可用于衍射的蛋白晶体；优化结晶条件，得到1.7Å衍射数据，利用分子置换法（molecular replacement，MR）求解相位并解析其晶体结构；将所得APIP6中的RING结构域结构进行同源结构比对发现，虽然APIP6的RING结构域与其他RING结构域的拓扑结构相似，其二聚化的方式存在显著差异。上述结果将为进一步阐明水稻E3泛素连接酶与E2泛素结合酶的互作机制，为深入分析水稻的抗病机制提供理论基础。

关键词：水稻；APIP6 RING结构域；原核表达；晶体结构

五谷丰素种子处理对玉米种苗生长发育的影响*

张博瑞**，王国祯，刘盼晴，薛昭霖，刘西莉***
（中国农业大学植物病理学系，北京　100193）

摘　要： 玉米（*Zea mays* Linn.）为禾本科玉蜀黍属作物，至今在我国乃至全世界都是种植面积和产量位居前列的重要作物。在玉米等作物生长中，由于一些相关的植物生长调节剂可通过调节植物内源激素水平而改善其生理生化过程，并可增强植物抗病性，因此，目前玉米素，矮壮素和芸苔素等植物生长调节剂被广泛用于农业生产中，并已成为我国高效农业新技术的重要组成部分，在玉米生产上也占有举足轻重的地位。

五谷丰素是东北农业大学向文胜教授课题组从放线菌 *Streptomyces* sp. NEAU6 中分离发现的一种新型微生物源化合物，前期研究发现其具有促进植物生长的作用，并可诱导植物产生抑菌活性，但该化合物对于玉米种苗生长发育的影响未见报道。本研究拟通过种子浸种和包衣的方法，研究五谷丰素种子处理的最佳使用浓度以及对玉米种子萌发和幼苗生长的影响，为该化合物在玉米种苗期的科学使用提供参考。研究结果表明，在 10μg/mL、30μg/mL、50μg/mL、70μg/mL 和 100μg/mL 五个供试浓度下，浸种或包衣后玉米种子出苗安全，与空白对照相比无显著差异；种子处理后 4d 观察发现，在种苗发育初期五谷丰素对于玉米种子萌发和种苗生长无明显作用；但随着培养时间延长，7~14 天时观察和测量发现五谷丰素能够显著促进玉米中胚轴的伸长和种苗地上部的生长，并能够使幼苗茎节部增粗，其中 50μg/mL、70μg/mL 五谷丰素浸种或包衣玉米种子后促进幼苗生长的作用最为明显。同时，也探究了五谷丰素的体外抑菌活性，发现五谷丰素对于几种常见的可引起玉米病害的病原菌无抑菌活性。结合前期研究，认为其可通过浸种或者包衣的方式，作为植物生长调节剂单独使用或者添加至相关玉米种衣剂产品中用于玉米种子处理，以促进种苗生长及培育壮苗。

关键词： 五谷丰素；玉米；种子处理；种苗生长

---

* 基金项目：国家重点研发计划（2017YFD0201602）

** 第一作者：张博瑞，硕士研究生；E-mail：zhangbr96@163.com

*** 通信作者：刘西莉，女，教授，主要从事杀菌剂药理学及病原物抗药性研究；E-mail：seedling@cau.edu.cn

RT-qPCR法对强弱毒株接种棉花体内不同部位的相对菌量测定*

黄 薇**，袁 斌，金利容，万 鹏***

（湖北农业科学院植保土肥研究所/农业部华中作物有害生物综合治理重点实验室/农作物重大病虫草害防控湖北省重点实验室，武汉 430064）

摘 要：前期研究中本实验室在PDA培养条件下从*V*991b中分离得到的一株菌丝型菌株*V*991w，其性状经多次继代培养后可稳定遗传。经查氏液培摇菌后接种发现突变株*V*991w与对照菌株*V*991b相比致病力明显降低。本研究拟采用荧光实时定量PCR方法，以大丽轮枝菌核糖体基因ITS区保守序列构建的特异性引物来扩增病原菌DNA，以棉花的管家基因*Actin*为内参，检测棉花寄主体内不同部位病原菌含量，以期获得棉花不同部位病菌相对含量。结果表明，接种24h之内在棉花的叶部未检测到病原菌。随着接种时间的延长，棉花叶部的病原菌含量呈上升趋势，但*V*991b中的菌量始终高于*V*991w中的菌量。在茎部样品中，接种后0hri和24hri均未检测到黄萎病菌，*V*991w中15dpi的相对菌量与其他采样时间点相比有显著的上升。可能是接种15dpi后，菌丝在维管束中堵塞成团，而*V*991b在20dpi时才达到最大菌量。棉苗根部样品检测结果表明，接种0hri时强弱毒株在棉苗根部的相对菌含量基本相当，根部的病原菌在接种后0hr最高，24hri仅次于初侵染的菌量，到7dpi反而含量非常低；在*V*991w中，接种24hri后相对菌量达到最大值，且此时*V*991w中的菌量高于*V*991b中的菌量，说明在侵染初期，棉花根部中*V*991w的生长速度是高于*V*991b的生长速度的，后期菌量明显减少，说明仅有少量的病原菌对棉苗完成了侵染，大部分病原菌都在植物的根部表面定殖下来。通过检测棉花不同部位的相对菌量，发现接种强弱毒株后棉苗中的病原菌含量分布有较大差异。接种*V*991b的棉苗茎部和叶部的病原菌含量基本呈上升趋势，接种20dpi时叶部菌含量>茎部菌含量>根部菌含量。接种*V*991w的棉苗叶部菌含量呈缓慢上升趋势，但与其他部位菌含量相比呈较低水平；茎部菌量在15dpi达到最大菌量，20dpi反倒降低很多，可能是由于15dpi时大量的菌丝团堵塞在茎部导致了植物的萎蔫和失水情况，致使此时*V*991w茎部菌含量最高。20dpi时，*V*991w接种的根部含量最高，相当于15dpi时根部含量的4~5倍，远高于此时的叶部和茎部含量。试验结果明确了强弱菌株产生致病力变化是由于强弱菌株在棉花体内的生长速度不同造成的，但在PDA培养基上*V*991b和*V*991w的生长速率没有显著性差异。*V*991b在接种15d后在棉花叶部的生长速度明显高于*V*991w在叶部的生长速度，导致它们在棉花上的病情指数也有较大差异。

关键词：致病力变化；RT-qPCR；相对菌量

* 基金项目：湖北省农科院院青年基金项目（2014NKYJJ38）；农业部华中作物有害生物综合治理重点实验室/农作物重大病虫草害防控湖北省重点实验室开放基金课题（2015ZTSJJ7）；湖北省农业科技创新中心项目（2015-620-003-001）

** 第一作者：黄薇，女，助理研究员，主要从事棉花病害的调研与防治研究；Tel：13487097672，E-mail：34966440@qq.com

*** 通信作者：万鹏，研究员，博士，主要从事农业昆虫与转基因植物环评；Tel：027-87380522，E-mail：wanpenghb@126.com

槟榔黄化病媒介昆虫甘蔗斑袖蜡蝉 *Proutista moesta*（Westwood）研究进展*

唐庆华**，宋薇薇，牛晓庆，覃伟权***

（中国热带农业科学院椰子研究所，文昌　571339）

摘　要：槟榔黄化病是一种毁灭性植原体病害，该病目前在中国（海南省）、印度和斯里兰卡均有发生，现已给中、印两国槟榔产业造成了严重威胁。印度学者报道该国黄化病媒介昆虫为甘蔗斑袖蜡蝉 *Proutista moesta*（Westwood）。用人工饲养的成虫取食带菌槟榔植株然后进行电镜观察实验，实验发现取食期（aquisition period）加接种期（incubation period）超过 30d 才能在唾液腺中观察到植原体。随后进行了昆虫田间接种实验，用带菌昆虫接种一年生健康槟榔幼苗 30 个月后部分植株开始表现典型的黄化症状，Dienes 染色和电镜观察实验也证实根部组织中存在植原体；39 个月后全部接种植株全部发病，而对照植株未表现黄化症状。上述实验证实 *P. moesta* 可以传播槟榔黄化病。*P. moesta* 生活史 30~70d，在槟榔植株上雌虫和雄虫寿命最长分别为 62d 和 55d，平均寿命为（49.35±1.7）d。成虫喜在槟榔植株外层黄色成熟叶片上取食。雌虫在腐烂材料上产卵，产卵时一枚接着一枚地产卵，产下的卵呈线性排列。单头雌虫可产卵 32~68 枚，平均（44±4）枚，雌雄性比平均为 1∶0.59。若虫 5 龄，各龄 4~5d。雄虫体型比雌虫小。在田间，除 4 月、5 月、7 月和 9 月外，雌雄虫性比几乎完全相等。6 月种群数量最高，11 月最低。2015 年 Muddumadiah 等发现该国槟榔黄化病还存在另外一种病原，属于 16SrI 组（中国槟榔黄化植原体同属于 16SrI 组，印度 2015 年前报道该国槟榔黄化病病原属于 16SrXI 组。因此，两种植原体是否均可通过 *P. moesta* 传播尚需进一步研究。此外，植原体是否可通过口针从而槟榔韧皮部依次进入 *P. moesta* 消化系统的肠道、食道、前中肠、中肠、滤池、马氏管和后肠也值得关注。

关键词：槟榔黄化病；媒介昆虫；甘庶斑袖蜡蝉 *Proutista moesta*（Westwood）

---

* 基金项目：中国热带农业科学院基本科研业务费专项：槟榔产业技术创新团队——槟榔病虫害综合防控技术研究（1630152017015）

** 第一作者：唐庆华，男，博士，助理研究员，研究方向为植原体病害综合防治及病原细菌—植物互作功能基因组学；电话：0898-63330001；E-mail：tchuna129@163.com

*** 通信作者：覃伟权，男，研究员；电话：0898-63330001；E-mail：QWQ268@163.com